Treves-Keith

Chirurgische Anatomie

Nach der sechsten englischen Ausgabe übersetzt

von

Dr. A. Mülberger

M. R. C. S. (England), L. R. C. P. (London)

Mit einem Vorwort von

Geh. Med.-Rat Professor Dr. E. Payr

Direktor der Kgl. Chir. Universitäts-Klinik zu Leipzig

und mit 152 Textabbildungen von

Dr. O. Kleinschmidt und Dr. C. Hörhammer

Assistenten an der Kgl. Chir. Universitäts-Klinik zu Leipzig

Springer-Verlag Berlin Heidelberg GmbH

1914

ISBN 978-3-662-24408-1   ISBN 978-3-662-26541-3 (eBook)
DOI 10.1007/978-3-662-26541-3

Vorwort.

Gern folge ich der Aufforderung der Verlagsbuchhandlung Julius Springer, der deutschen Übersetzung des bekannten englischen Werkes über angewandte (chirurgische) Anatomie für Praktiker von Treves und Keith ein Geleitwort mit auf den Weg zu geben.

Ich tue es um so lieber, als zwei zeichnerisch begabte Assistenten meiner Klinik, die Herren Dr. Kleinschmidt und Dr. Hörhammer es übernommen haben, die deutsche Ausgabe völlig neu zu illustrieren.

Wir haben in der deutschen Literatur einige Werke mit ähnlichen Zielen, so beispielsweise das chirurgisch-anatomische Vademecum von K. Roser, das Werk Juvaras, den kürzlich neu aufgelegten ausgezeichneten Leitfaden der chirurgisch-topographischen Anatomie von Hildebrand und endlich das groß angelegte Lehrbuch der topographischen Anatomie mit zahlreichen Hinweisen auf ihr Anwendungsgebiet in der Praxis von F. Merkel. Zu einem Vergleiche mit dem uns vorliegenden Werke der beiden englischen Autoren eignen sich eigentlich nur die von den Chirurgen Roser und Hildebrand verfaßten Werke. Ersteres ist schon seit Jahren nicht mehr neu aufgelegt und in seinem geringen Umfang tatsächlich ein allerdings ganz vorzügliches Taschenbuch. Hildebrands Leitfaden jedoch bietet dem Studierenden und Praktiker tatsächlich alles, was er gegebenenfalls an topographisch-anatomischer Belehrung braucht. Überall sind die wertvollsten Hinweise für die Bedürfnisse der praktischen Chirurgie eingestreut. Und trotzdem deckt sich Hildebrands Leitfaden weder in der Tendenz, noch im Inhalt auch nur annähernd mit der chirurgischen Anatomie von Treves-Keith.

Es ist gerade reizvoll zu sehen, in wie verschiedener Weise sich die beiden englischen Autoren und unser erfahrener deutscher Kollege ihrer Aufgabe entledigen.

Der Engländer ist in seinen ganzen Lebensanschauungen, auch in seiner Wissenschaft, der geborene Praktiker. Was er nicht braucht, läßt er fort. Das praktisch Wichtige wird stets besonders hervorgehoben in den Vordergrund gestellt, und Treves selbst meint in seiner Vorrede, daß das Büchlein den Zweck verfolge, wenn im Laufe der Jahre beim Arzt die Einzelheiten der anatomischen Schulung in das Meer der Vergessenheit sinken, das „Geeignetste wieder zu beleben und überleben zu lassen".

Man würde sich aber irren, wenn man in dem vorliegenden Werk nur eine chirurgische, d. i. topographische Anatomie suchen wollte! Es enthält tatsächlich viel mehr. Es bringt zahlreiche Angaben aus der Entwicklungsgeschichte, aus der normalen systematischen und topographischen Anatomie, aus der Histologie, der Physiologie, der Pathologie, der spez. Chirurgie und Operationslehre. Rein mit den Bedürfnissen der Praxis rechnend, werden alle diese Angaben, die sich bei uns nur in den Lehrbüchern der Spezialdisziplin finden, dort herangezogen, wo sie eben gebraucht werden.

Ein solches Werk zu schreiben, wie jenes von Treves und Keith, liegt uns Deutschen nicht. Wir lieben es, jedes Gebiet möglichst vollständig und abgerundet zur Darstellung zu bringen. So zeichnet sich unser deutsches Werk von Hildebrand in jeder Zeile durch seine Gründlichkeit, Exaktheit und streng wissenschaftliche Darstellung aus, ohne die Reichhaltigkeit der der Praxis gewidmeten Einschläge erreichen zu wollen und zu können.

Unsere deutschen Lehrmethoden sind eben grundverschieden von jenen der Engländer. Wir nehmen von der Hochschule viel mehr an theoretischen Kenntnissen mit in die Praxis, jene stellen diese an erste Stelle und geben ihr die Theorie als Führerstab nur dort mit auf den Weg, wo sie seiner Stütze notwendig bedarf.

Bei einer solchen Fülle und Mannigfaltigkeit des Gebotenen aus so verschiedenen Gebieten, ist es zu begreifen, wenn sich manche Angaben finden, welche der strengen Kritik der Spezialdisziplin nicht ganz standzuhalten vermögen. Aber der Inhalt des Werkes ist ein doch so wertvoller, gibt in gedrängter Kürze eine solche Menge von wichtigsten Hinweisen auf die gesamte praktische Medizin, daß wir diese für uns Deutsche ganz neue Art der Darstellung der Wechselbeziehungen zwischen Theorie und Praxis nur mit größtem Interesse und rückhaltloser Anerkennung an uns vorüberziehen lassen. Wir halten es für sehr erwünscht, daß dieses Dokument einer eminent praktischen Lehrmethode unseren deutschen Studierenden und Ärzten bequem zugänglich gemacht ist.

Manches berührt uns Deutsche angesichts unseres Bildungsganges vielleicht etwas eigentümlich; wir sind beispielsweise gewöhnt, die Schädelgehirntopographie nach für jeden Einzelfall anwendbaren Verhältnisregeln zu bestimmen, während wir im Werke von Treves-Keith sie nach Zentimetern von typischen topographischen Punkten dargestellt finden. Auch sonst finden wir bei allen Angaben über Länge, Weite, Breite, Dicke der Organe völlig scharfe Einzelmaße angegeben. Es ist offenbar stets eine Durchschnittszahl angenommen, deren Korrekturen für den Einzelfall dem Praktiker überlassen bleiben.

Aber, wie gesagt, ist es gerade immer wieder die Eigenartigkeit der Lehrmethode, welche uns fesselt und anregt; oft finden wir unsere anerkannten Schulregeln in ganz anderer Gestalt wieder, oftmals ganz neue originelle und deshalb reizvolle Auffassungen.

Alles dies soll, weit entfernt von einer Kritik, die ja nicht unsere Sache ist, nur dartun, daß das Studium dieses ganz vorzüglichen Büchleins auf das wärmste empfohlen werden kann. Es ist für den älteren Studierenden der Medizin und den Praktiker geradezu eine Fundgrube wissenswerter Dinge.

Möge die deutsche Ausgabe der „Chirurgischen Anatomie" sich bei uns jener Wertschätzung erfreuen, die sie verdient.

Leipzig, im April 1914.

                                                         E. Payr.

Vorwort zur ersten Auflage.

Angewandte Anatomie hat, wie ich glaube, eine zweifache Aufgabe. Einmal dient sie dazu, eine exakte Grundlage für alle diejenigen Ereignisse und Verrichtungen der ärztlichen Tätigkeit zu geben, die spezielle anatomische Kenntnisse voraussetzen; zum andern belebt sie mit Hilfe von Abbildungen aus der allgemeinen ärztlichen und chirurgischen Erfahrung die trockenen Einzelheiten dieser Wissenschaft mit Sinn und Interesse. In letzterer Hinsicht steht sie zur systematischen Anatomie in etwa demselben Verhältnis wie in der Physik eine Reihe von Experimenten zu einer Abhandlung, die sich nur mit den nackten Tatsachen dieser Wissenschaft beschäftigt.

Wer sich mit den Anfängen der menschlichen Anatomie beschäftigt, hat oft eine nebelhafte Vorstellung, daß das, was er lernt, ihm vielleicht einmal von Nutzen sein könnte; auch mag er sich dessen bewußt sein, daß dieses Studium eine wertvolle, wenn auch nicht gerade sehr aufregende geistige Übung ist. Außer diesen Eindrücken muß er seine Aufmerksamkeit hauptsächlich darauf richten, eine Menge unverdaulicher Tatsachen seinem Gehirn einzuprägen. Ein Ziel der angewandten Anatomie sollte es sein, diese Tatsachen mit dem Interesse zu umgeben, das sich von der Verbindung mit den Verhältnissen des täglichen Lebens ableitet; sie sollte die trockenen Knochen zum Leben erwecken.

Ferner muß man bedenken, daß nicht alle anatomischen Einzelheiten denselben praktischen Wert besitzen und daß die Erinnerung an viele derselben ruhig dahinschwinden kann, ohne daß der Praktiker in Medizin oder Chirurgie seiner Sachkenntnis verlustig geht. Deshalb sollte ein Buch, das wie das vorliegende für einen solchen Zweck geschrieben ist, ein zweites Ziel verfolgen, nämlich dem Studierenden an die Hand zu gehen, den verhältnismäßigen Wert der Materie, die er gelernt hat, richtig abzuschätzen, wie es ihm, sollten seine Kenntnisse der anatomischen Einzelheiten allmählich verschwimmen, auch helfen sollte, das „Überleben des Geeignetsten" zu bestärken.

Beim Abfassen dieses Buches war ich bemüht, soweit der mir zur Verfügung stehende Raum es gestattete, die oben skizzierten Absichten auszuführen. Während ich nun glaube, daß ich die wichtigsten Tatsachen, die für gewöhnlich in den Büchern über chirurgische Anatomie abgehandelt werden, nicht vernachlässigt habe, habe ich trotzdem versucht, das Buch in der Weise aufzubauen, wie es Hilton in seinen allbekannten Vorlesungen über „Ruhe und Arbeit" getan hat.

Ich setze voraus, daß der Leser eine gewisse Kenntnis der menschlichen Anatomie besitzt und habe mich nur an ganz wenigen Stellen in detaillierte anatomische Beschreibungen eingelassen. Die nackten Daten z. B. der Gegenden, die bei den Hernien in Betracht kommen, habe ich den Beschreibungen der systematischen Anatomie überlassen und habe die Anatomie dieser Teile nur in so weit abgehandelt, als sie den Verhältnissen des praktischen Handelns entsprechen. Der beschränkte Raum hat mich ferner veranlaßt, all das über die Chirurgie der Gefäße wegzulassen, was mit deren Unterbindung, mit dem Kollateralkreislauf, mit Anormalitäten und dergleichen zusammenhängt. Dieses Versäumnis bedauere ich aus dem Grunde nicht, weil diese Dinge nicht nur in den Büchern über operative Chirurgie, sondern auch in den Handbüchern der allgemeinen Anatomie ausführlich besprochen werden.

Das Buch ist vor allem für diejenigen Studierenden bestimmt, die sich auf ihr Schlußexamen in Chirurgie vorbereiten. Doch gebe ich mich der Hoffnung hin, daß es sich auch denjenigen Praktikern als nützlich erweisen möge, deren auf dem Präparierboden erworbene Kenntnisse etwas verblaßt sind und die sich gerne diejenigen anatomischen Tatsachen ins Gedächtnis zurückrufen möchten, die unmittelbar mit den Einzelheiten des täglichen Handelns zu tun haben. Außerdem kann auch die Möglichkeit eintreten, daß sich jüngere Studierende der Medizin für das Buch interessieren und so ihr Studium insofern erfolgreicher gestalten können, als sie lernen, in welcher Weise die Anatomie bei der tatsächlichen Beschäftigung mit Krankheiten in Betracht kommt.

September 1883.

Frederick Treves.

Vorwort des Übersetzers.

Von 1883, in welchem Jahre das vorliegende Buch zum ersten Male in England erschien, bis zum heutigen Tage sind nicht weniger als 21 Neuauflagen nötig geworden, eine Tatsache, die zur Genüge für sich selbst spricht.

Wenn je ein anatomisches Buch geschrieben wurde, das von Anfang bis zum Ende mit hohem Genuß zu lesen ist, so scheint es mir dieses Buch zu sein.

Ich habe deshalb mit großer Freude die Gelegenheit ergriffen, dasselbe ins Deutsche zu übertragen, hoffe ich doch dem Buche auch unter denjenigen Ärzten und Studierenden neue Freunde zu gewinnen, die nicht in der Lage sind, ein gutes fremdsprachliches Buch im Original zu lesen.

Trotz des illustren Namens des Verfassers und trotz der vorzüglichen Zusätze und Erweiterungen, die vom Herausgeber der letzten Auflage, A. Keith, in das Buch aufgenommen worden sind, habe ich es doch gewagt, mich absichtlich da und dort vom Originaltext zu befreien oder selbst kleine Absätze und Anmerkungen hinzuzufügen, von denen ich glaube, daß sie gerade für den deutschen Leser von Wert sind, da die Gedankengänge der Engländer oft so grundverschieden von den unsrigen sind und infolgedessen auch die Art und Weise, wie drüben die Anatomie gelehrt und gelernt wird, uns oft eigenartig und fremd anmutet. Ein nicht geringer Reiz dieses Buches scheint mir gerade in dieser Eigenart und Fremdartigkeit zu liegen.

Die im englischen Original zur Erklärung des Textes dienenden Bilder waren zwar sachlich gut ausgesucht, doch oft zu schematisch, allzuklein und technisch unvollendet, so daß ihre Übersichtlichkeit gestört wurde. Es wurden daher alle Bilder durch neue ersetzt und einzelne ganz neue hinzugefügt. Für viele Zeichnungen dienten Abbildungen aus den bekannten deutschen Atlanten von Braune, Spalteholz, Toldt, Merkel, Corning und Schultze als Unterlage.

Crailsheim, im April 1914.

Arthur Mülberger.

Inhaltsverzeichnis.

I. Teil

Kopf und Hals.

1. Die Kopfschwarte.

Die das knöcherne Schädeldach bedeckenden Weichteile lassen sich in fünf Schichten teilen: 1. Die Haut, 2. das subkutane Fettgewebe, 3. den Musculus epicranius (Musculus occipitofrontalis) mit seiner Aponeurose, 4. das subaponeurotische Bindegewebe und 5. das Periost des Schädeldaches. Unter „Skalp" im engeren Sinne versteht man hierbei die ersten drei der oben genannten Schichten (Abb. 1).

Die Haut der Kopfschwarte ist dicker als die irgend einer anderen Körperstelle. An allen Stellen ist sie durch das subkutane Gewebe fest mit der Aponeurose und dem Muskel unter ihr verwachsen, so daß die Haut bei allen Kontraktionen dieses Muskels sich mitbewegt. Das Unterhautzellgewebe ist, wie ein ähnliches Gewebe in der Hohlhand, in hohem Maße darauf hin eingerichtet, einem auf dasselbe ausgeübten Druck Widerstand zu leisten, da es aus einer Masse derber Bindegewebszüge besteht, die mit Fettgewebe erfüllte Hohlräume einschließen. Die Festigkeit der Kopfschwarte ist eine derart große, daß bei oberflächlichen Entzündungen, wie z. B. beim Hauterysipel, zwei Hauptsymptome einer solchen Entzündung, nämlich Rötung und Schwellung im allgemeinen fehlen. In der Haut finden sich reichlich Talgdrüsen, die sich zu cystischen Tumoren oder „Grützebeuteln" entwickeln können, welche an diesen Orten viel häufiger angetroffen werden, als an irgend einer anderen Körperstelle. Da es sich hierbei um Hautgeschwülste handelt, so liegen diese Cysten, selbst wenn sie sehr groß sind, ganz seltene Fälle ausgenommen, gänzlich oberhalb der Aponeurose und können deshalb, ohne Gefahr das lockere Unterhautzellgewebe zwischen Aponeurose und Periost bloßzulegen, entfernt werden. Da mit Ausnahme des subkutanen Fettgewebes sich in keiner der übrigen Schichten des Skalp Fett findet, so verändert sich in Fällen von hochgradiger Fettsucht die Kopfschwarte nur wenig, da ja das Fett in dem Unterhautzellgewebe in derbe Bindegewebsmaschen eingeschlossen ist (Abb. 1). Deshalb sind auch Fettgeschwülste des Skalp sehr selten. Die Verbindung der Kopfhaare mit der Kopfschwarte ist eine so feste, daß eine ganze Anzahl Fälle bekannt sind, in denen das gesamte Körpergewicht von den Haaren

der Kopfschwarte getragen wurde. In der Literatur findet sich ein Fall
einer Frau, deren Haar in die Räder einer Maschine geriet. Das Haar
gab nicht nach, dagegen wurde der ganze Skalp vom knöchernen Schädel
abgerissen. Die Frau genaß.

Die gefährliche Zone der Kopfschwarte. Zwischen der Aponeurose
des Musculus epicranius und dem Periost findet sich eine breite Lage
lockeren Bindegewebes (Abb. 1), das, aus den oben erwähnten Gründen, mit

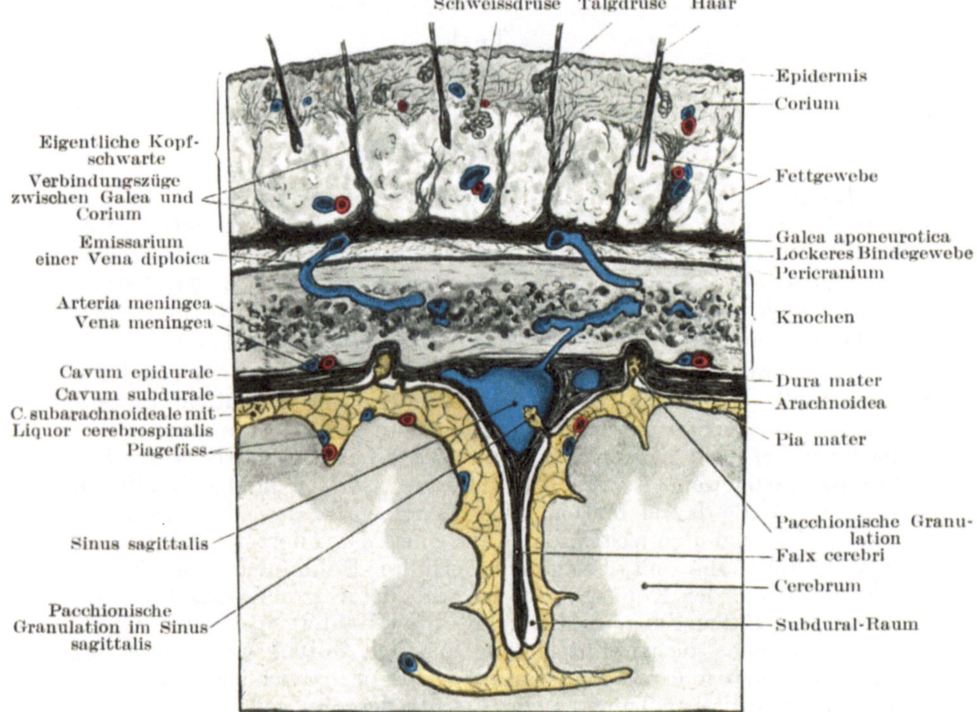

Abb. 1. Schnitt durch Skalp, Schädelknochen und Hirnhäute.

Recht die gefährliche Zone der Kopfschwarte genannt werden kann. Die
Beweglichkeit der Kopfschwarte beruht einzig und allein auf der Schlaffheit dieser Gewebsschicht. Bei ausgedehnten Wunden des Skalp, wenn
ein Teil der Kopfschwarte in Gestalt eines großen Hautlappens abgetrennt ist und unter Umständen nach unten hängend, das halbe Gesicht bedeckt, geschieht die Trennung in dem eben erwähnten lockeren
Gewebe. Bei der indianischen Art des Skalpierens, ein Brauch, der nun
der Vergangenheit angehört, war der geschätzteste Skalp derjenige,
welcher in diesem losem Bindegewebe abgetrennt war, und fehlte diese

Gewebsschicht, so wäre das Skalpieren eine Operation, die einige Zeit und eine gewisse Geschicklichkeit beanspruchen würde.

Die Bloßlegung des Schädeldaches zwecks Eröffnung des Schädels bei der Obduktion wird dadurch erreicht, daß die Kopfschwarte in dieser Schicht lockeren Gewebes abgezogen wird, und es ist erstaunlich, wie leicht hierdurch das Schädeldach frei gelegt werden kann.

Wunden der Kopfschwarte klaffen niemals, es sei denn, daß der Muskel und seine Aponeurose mitdurchtrennt sind. Dann allerdings gestattet die darunter liegende lose Gewebsschicht ein weites Klaffen selbst der einfachsten Wunden. Bei unkomplizierten Schnittwunden hängt der Grad des Klaffens des Schnittes von der Tätigkeit des Musculus epicranius ab. Diejenigen Wunden nämlich klaffen am meisten, welche quer über den Muskel gesetzt sind und so senkrecht zu seinen Muskelfasern verlaufen, während diejenigen das geringste Auseinanderweichen der Wundränder zeigen, welche die Aponeurose getroffen haben und von vorne nach hinten verlaufen. Die Beweglichkeit der Kopfschwarte ist in der Jugend größer als im Alter. Dies wird besonders deutlich durch den von Agnew beschriebenen Fall eines Neugeborenen. Eine Hebamme, die einer Frau bei ihrer Niederkunft beistand, hielt die Kopfschwarte des Kindes für die Eihäute und eröffnete sie mit der Schere. Durch die Geburtswehen wurde der Kopf durch die Kopfschwarte hindurchgetrieben, so daß der ganze Schädel wie eine Orange geschält war. Da der Skalp sehr fest über dem unterliegenden Schädeldach ausgebreitet ist, machen Kontusionswunden oft den Eindruck von reinen Schnittwunden. Derartige Wunden kann man mit den glattrandigen Rissen vergleichen, die entstehen, wenn man beim Tragen eines enganliegenden Glacéhandschuhes die Fingerknöchel heftig anstößt.

Die Kopfschwarte ist außerordentlich gefäßreich und deshalb sehr widerstandsfähig gegen nekrotische und gangränöse Prozesse. Selbst große und fast gänzlich vom Kopfe abgetrennte Hautlappen sterben nicht ab, sondern heilen wieder an, wenn ein ähnlicher Hautlappen an einer anderen Körperstelle sicher gangränös würde; die Kopfschwarte enthält eben ihre Blutgefäße in der Haut selbst, oder doch wenigstens in dem Gewebe unter der Aponeurose. Wenn demnach ein Hautlappen teilweise abgerissen ist, so hat er immer noch einen reichlichen Blutzufluß. Solche Wunden bluten gewöhnlich sehr stark und die Blutstillung ist erschwert, nicht etwa, weil die Blutgefäße zu zahlreich sind, sondern weil dieselben, in festem Zusammenhange mit dem derben Gewebe, sich, wenn durchtrennt, nicht genügend kontrahieren können. Deshalb ist es auch so gut wie unmöglich, in der Kopfschwarte eine durchtrennte Arterie mit der Klammer zu fassen und zu unterbinden, vielmehr muß die Blutstillung durch Umstechung oder Tamponade erreicht werden. Wo immer am Körper ein dicker Knochen von relativ dünnen Schichten weichen Gewebes bedeckt ist, ist bei langer Einwirkung eines starken Druckes die Gefahr der Nekrose eine große. (Dekubitalgeschwüre am Kreuzsteißbein, den Trochanteren der Femurknochen, den Kondylen des Humerus.) Beim Skalp besteht dank seiner reichen

Gefäßversorgung diese Gefahr viel weniger, wenngleich sie nicht ganz ausgeschlossen ist. So sah ich einen Fall, in dem das Gewebe über der Stirn- und Hinterhauptgegend durch das langdauernde Anlegen eines zu engen Verbandes, um die Blutung aus einer Stirnwunde zu stillen, nekrotisch geworden war.

Das Perikranium (Abb. 1) (äußeres Periost der Schädelkapsel) ist nur in leichtem Zusammenhang mit den Knochen, mit Ausnahme der Nahtstellen, wo eine innige Verwachsung besteht. Bei Rißwunden kann diese Haut leicht vom Schädel abgestreift, und so große Knochenpartien bloßgelegt werden. Die Funktion des Perikraniums ist eine etwas andere, als die des Periosts der übrigen Knochen. Wenn ein Knochen in einer größeren Ausdehnung seines Periosts beraubt ist, so stirbt er ab, da aus Mangel an genügender Blutzufuhr Knochennekrose eintritt. Nicht so verhält es sich beim Perikranium, das in großer Ausdehnung vom Knochen abgezogen sein kann, ohne daß letzterer nekrotisch wird, da die Kopfknochen ihr Blut hauptsächlich von der harten Hirnhaut beziehen und so in hohem Maße von ihrem Perikranium unabhängig sind. Eine ähnliche Unabhängigkeit besteht bei den übrigen Knochen nicht, vielmehr ist die Blutzufuhr durch das Periost zum Knochen eine ausgedehnte und lebenswichtige. Diese Besonderheit des Perikraniums ist noch in anderer Hinsicht auffallend. Während bei der Nekrose eines langen Röhrenknochens, z. B. die Abstoßung des Sequesters, mit einer lebhaften Knochenneubildung von seiten des Periosts beantwortet wird, findet bei der Nekrose der Schädelknochen keine Knochenneubildung statt, und der Defekt bleibt bestehen. Die Unfähigkeit des Perikraniums, neue Knochen zu bilden, wird auch sonst häufig beobachtet.

Abszesse der Kopfschwarte finden sich: 1. oberhalb der Aponeurose, 2. zwischen Aponeurose und Perikranium und 3. unter dem Perikranium. Abszesse oberhalb der Aponeurose sind immer klein und unbedeutend, da die Straffheit der Kopfschwarte einer Ausbreitung des Eiters großen Widerstand entgegensetzt. Solche in dem lockeren Gewebe unter der Aponeurose dagegen können sehr gefährlich werden. Das lockere Bindegewebe gibt dem Eiter Gelegenheit, sich überall zwischen Aponeurose und Perikranium auszubreiten. Eine Eiterung in dieser Gewebsschicht kann unter Umständen die ganze Kopfschwarte unterminieren, so daß in schweren nicht behandelten Fällen der „Skalp" auf dem Abszeß wie auf einem Wasserkissen liegen kann. Da in Skalpwunden häufig die Aponeurose mitdurchtrennt ist und Eiterung dem Trauma folgen kann, beruht die Hauptgefahr derartiger Verletzungen darin, daß der Eiter seinen Weg in dieses lockere Gewebe finden kann. Ist demnach bei einer Schädelwunde der Knochen in geringer Ausdehnung freigelegt, so entsteht daraus für den Knochen selbst kaum eine Gefahr, vielmehr besagt der Befund, daß die Aponeurose sicher durchtrennt und so die „gefährliche Zone" der Kopfschwarte eröffnet worden ist. Bildet sich in dieser Gewebsschicht Eiter, so wird seinem weiteren Vordringen nur durch die Ansatzstelle des Musculus epicranius und

seiner Aponeurose Einhalt geboten; es finden sich deshalb die tiefsten
Stellen, an welchen der Eiter entleert werden kann, auf einer Linie,
die oberhalb der Augenbrauen beginnend, rings um den Schädel verläuft,

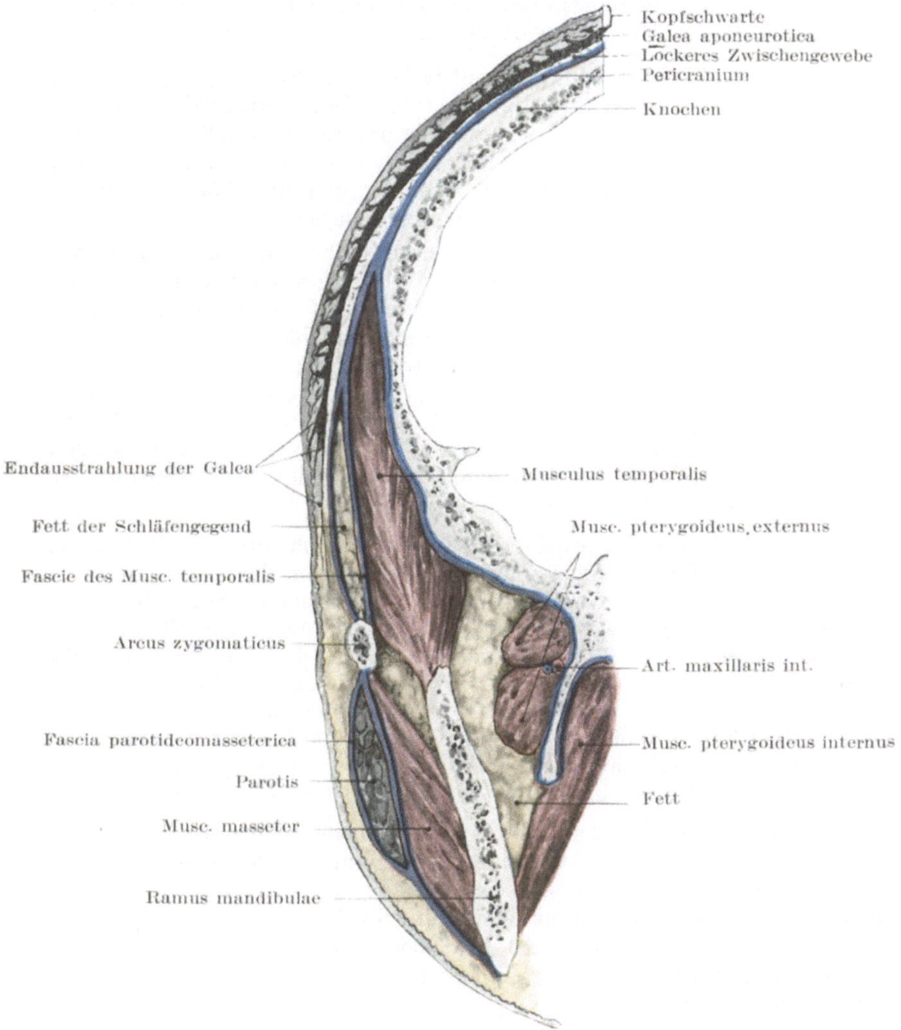

Abb. 2. Frontalschnitt durch die Schläfengegend. (Mod. nach Merkel.)

an den Seiten etwas oberhalb der Jochbeine liegt und hinten an der
Linea nuchae superior endet. Da die Kopfschwarte, wie schon oben
erwähnt, ihren Blutzufluß in sich selbst führt, so stirbt dieselbe auch

bei den ausgedehntesten Abszessen nicht ab. Derartige Abszesse heilen oft nur sehr langsam aus, da durch die Bewegungen des Musculus epicranius die Abszeßwandungen nicht völlig ruhig gestellt werden können.

Abszesse unter dem Perikranium sind auf einen Knochen beschränkt, da das innige Verwachsensein der Beinhaut mit den Nähten ein weiteres Umsichgreifen der Eiterung verhindert.

Hämatomata oder **Blutgeschwülste** der Kopfschwarte finden sich an den gleichen Stellen wie die Abszesse. Der Blutaustritt oberhalb der Aponeurose ist begrenzt, während er unterhalb derselben sehr ausgedehnt sein kann. Da aber glücklicherweise das Gewebe zwischen Aponeurose und Perikranium nur sehr wenig Blutgefäße enthält, so sind große Blutansammlungen an dieser Stelle selten.

Blutaustritte unter dem Perikranium heißen **Zephalhämatomata**; sie sind auf **einen** Knochen beschränkt. Für gewöhnlich sind sie angeboren, und durch den während der Geburt auf den Kopf ausgeübten Druck entstanden. Deshalb finden sie sich am häufigsten über einem Scheitelbein, da dieser Knochen offenbar dem Drucke am meisten ausgesetzt ist. Ihr häufigeres Vorkommen bei Neugeborenen männlichen Geschlechts mag durch den größeren Umfang des männlichen Schädels bedingt sein. Solche Blutaustritte in den ersten Lebenstagen werden durch die Schlaffheit des Perikraniums sowie den Blutreichtum des darunter liegenden Knochens begünstigt.

In der Schläfengegend (Abb. 2) sind die Schichten der Weichteile zwischen Haut und Knochen etwas verschieden von denen, wie sie sonst an der Kopfschwarte im vorhergehenden beschrieben worden sind. Es findet sich nämlich in den Temporalgruben eine reichliche Menge Fettgewebes, dessen Schwund den Jochbogen und den Unterkiefer mehr oder minder stark hervortreten läßt, wie es bei starker Abmagerung der Fall ist. Der Musculus temporalis ist oberhalb des Jochbogens von einer sehr derben Faszie umhüllt, welche oben an der Linea temporalis des Stirn- und Scheitelbeines und unten an dem Arcus zygomaticus befestigt ist. Die Unnachgiebigkeit der Faszie ist eine sehr hochgradige.

In einem von Denonvilliers beschriebenen Falle war eine Frau auf der Straße gefallen und mit einer tiefen Wunde in der Schläfengegend ins Hospital gebracht worden. Eine genaue Untersuchung ergab einen Riß in der Fascia temporalis mit Verletzung des Muskels selbst, in welchem eingebettet, ein ausgetrocknetes Knochenstückchen sich vorfand, das, zufällig auf der Straße liegend, beim Fall mit großer Gewalt in die Weichteile eingedrungen war.

Abszesse in der Fossa temporalis werden durch die Faszie nach oben hin abgeschlossen (Abb. 1), so daß sie nicht oberhalb des Jochbogens perforieren können, sondern gegen das Keilbein, die Unterkiefergegend und den Hals zu ihren Ausweg suchen. Das Perikranium der Schläfengegend haftet dem Knochen viel fester an als am übrigen Schädeldach, so daß subperikraniale Blutaustritte in dieser Gegend so gut wie unbekannt sind.

Trepanation. Diese Operation wird in der Regio temporalis häufig ausgeführt, um Hämatome der Arteria meningea media zu erreichen. Diese Arterie kreuzt den vorderen unteren Winkel des Scheitelbeines an einer Stelle, welche 4 cm hinter dem Processus zygomaticus des Stirnbeines und 4 cm oberhalb des Jochbogens liegt. Um diese Arterie

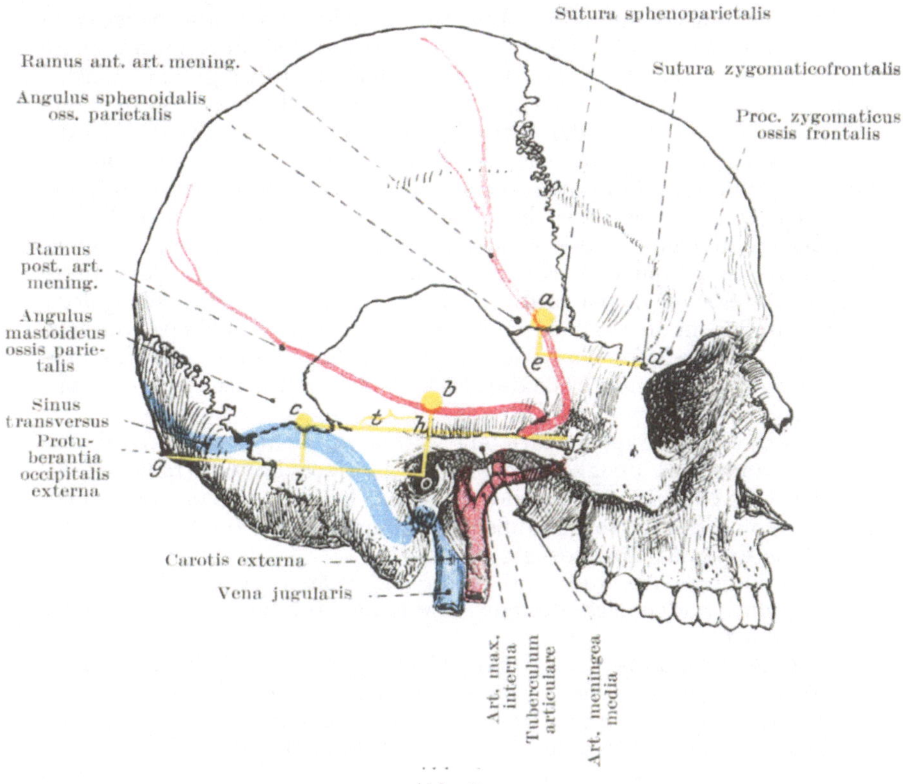

Abb. 3.

Linie d e = parallel zum Proc. zygom. oss. temporalis (Länge 4 cm). a e = senkrecht auf d e Länge 1,25 cm. a = Trepanationspunkt für den Ramus anterior der Art. mening. media. b o = senkrecht von der Mitte des Gehörganges 2,5 cm. b = Trepanationspunkt für den Ramus posterior der A. mening. med. c f = horizontal. zum Arcus zygomaticus. h = Schnittpunkt der Linien o b u. c f. h c ergibt halbiert in der vorderen Hälfte das Tegmen tympani h t. o g = Verbindungslinie vom Gehörgang zur Protuberantia occipitalis externa. o i = 4 cm lang. i c = senkrecht auf o g = 1,25 cm lang. c = höchster Punkt des Sinus transversus.

bloßzulegen, trifft man der Reihe nach auf folgende Gewebsschichten: 1. Haut, 2. Äste der oberflächlichen Temporalgefäße und Nerven, 3. die Fortsetzung der epikranialen Aponeurose, 4. die Temporalfaszie, 5. den Temporalmuskel, 6. die tiefen Temporalgefäße, 7. das Perikranium, 8. den Angulus sphenoidalis des Scheitelbeines.

Trepanation wegen meningealer Blutung und Gehirnabszeß. Am Angulus sphenoidalis des Scheitelbeines verläuft der vordere Ast der Arteria meningea media mit den ihn begleitenden Venen in einer tiefen Furche oder selbst in einem Kanal. Ein Bruch des Knochens, der in der Gegend der Sutura sphenoparietalis relativ dünn ist, kann leicht die Arterie in Mitleidenschaft ziehen, so daß ein epidurales Hämatom mit seinen Folgeerscheinungen entsteht. Die Sutura sphenoparietalis liegt 4 cm hinter (Linie d e) und 1,25 cm oberhalb (Linie e a) der Sutura zygomaticofrontalis, einer Stelle, die von außen deutlich gefühlt werden kann. Ähnliche Maße, nämlich 4 cm nach hinten (Linie o i) und 1,25 cm nach oben (Linie c i) von der Mitte des äußeren Gehörganges ergeben die Lage des Angulus mastoideus des Scheitelbeines, unter welchem der höchste Punkt des Sinus transversus liegt. Eine Trepanationsöffnung von 2 cm Durchmesser über dem Angulus mastoideus des Scheitelbeines legt den Sinus transversus frei und verschafft Zutritt zu dem Schläfenlappen oberhalb und dem Kleinhirn unterhalb desselben. Der hintere Ast der Arteria meningea media wird in den meisten Fällen bloßgelegt, wenn man 2,5 cm oberhalb des äußeren Gehörganges den Trepan ansetzt, (Linie o b). Diese Maße beziehen sich auf den Schädel des Erwachsenen. Die Jugend, Form und Größe des Schädels muß natürlich berücksichtigt werden.

Um die Sutura sphenoparietalis zu finden, zieht man parallel zum oberen Rande des Jochbogens eine Linie nach hinten (Linie d—e); um den Angulus mastoideus des Scheitelbeines zu finden, zieht man eine Linie von der Mitte des äußeren Gehörganges bis zur Protuberantia occipitalis externa (Linie o—g).

Intrakraniale Abszesse sind häufig die Folge von Mittelohrerkrankungen, und finden sich deshalb gewöhnlich im Schläfenlappen oder im Kleinhirn.

Der Schläfenlappenabszeß findet sich in der Regel dicht oberhalb des Tegmen tympani, einer dünnen Knochenplatte, welche das Dach der Paukenhöhle und des Antrum mastoideum bildet. Die Lage des Tegmen tympani wird folgendermaßen bestimmt: Man zieht in der Verlängerung des oberen Jochbogenrandes eine Linie nach hinten (c f) und senkrecht zu ihr eine zweite durch den Gehörgang (o h); ihren Schnittpunkt verbindet man mit dem Angulus mastoideus (s. o.); die vordere Hälfte dieser Linie entspricht dem Tegmen tympani (h t). Eine Trepanationsöffnung, die 2,5 cm oberhalb des Tegmen tympani angelegt wird, gewährt am ehesten Zutritt zu einem Schläfenlappenabszeß.

Um einen Kleinhirnabszeß zu erreichen, wählt man am Erwachsenen am besten einen Punkt, der 4 cm hinter der Mitte des Gehörganges und 0,75 cm unterhalb der Linie liegt, welche die Gehörgangsöffnung mit der Protuberantia occipitalis externa verbindet (Linie o g).

In manchen Fällen ist es unmöglich zu sagen, ob ein Schläfenlappen- oder Kleinhirnabszeß vorliegt. Man trepaniert alsdann an einem Punkte, welcher 3 cm hinter und 0,75 cm über dem Gehörgang liegt. Dabei wird der Sinus transversus mit einem Teil der harten Hirnhaut oberhalb des Tentorium cerebelli freigelegt; von hier aus kann dann der Schläfenlappen angegangen werden. Erweitert man die Trepanationsöffnung 1,5 cm nach abwärts, so gelangt man an das Kleinhirn.

Trepanation wegen Gehirntumors. Die Stelle, an welcher der Schädel eröffnet wird, ist durch die mehr oder minder deutlichen Lokalisationssymptome bestimmt. Es ist bemerkenswert, wie wenig diese Operationen durch Blutungen gestört werden. In jedem Falle kann das bei der Trepanation entfernte Knochenstück, wenn richtig behandelt, wieder zum

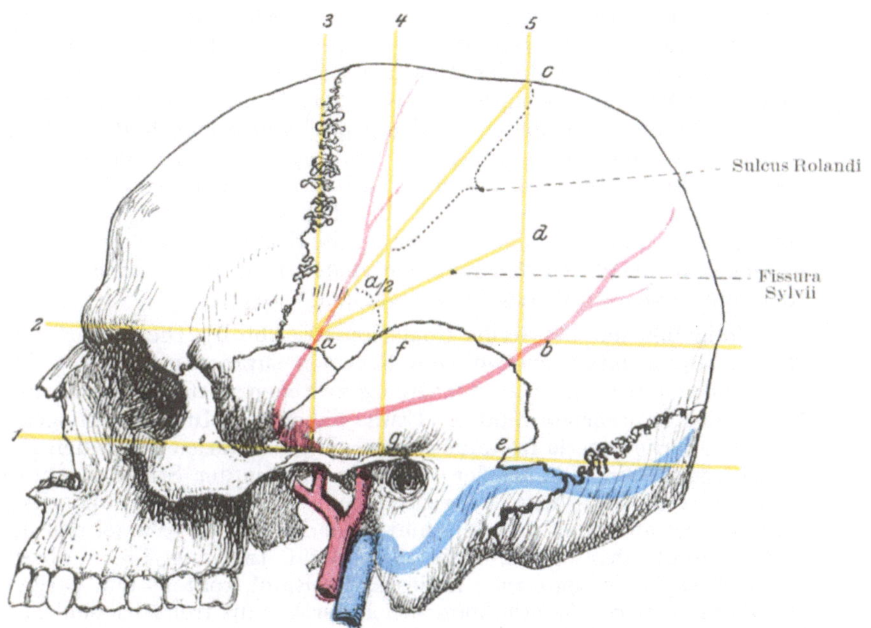

Abb. 4. Krönlein, Schema zur Kraniometrie.

Linie 1 = Untere Horizontale, unterer Orbitalrand und obere Gehörgangsbegrenzung, Linea auriculo orbitalis oder horizontalis inferior. Linie 2 = Obere Horizontale, oberer Orbitalrand parallel zu 1. = Linea supraorbitalis oder Linea horizont. sup. Linie 3 = Vordere Vertikallinie = Mitte des Jochbogens, senkrecht auf 1, Linea verticalis zygomatica. Linie 4 = Mittlere Vertikallinie = Mitte des Kiefergelenkes = Lin. verticalis auricularis. Linie 5 = Hintere Vertikallinie = hinterer Ansatzpunkt des Process. mastoideus senkrecht auf 1 = Linea verticalis retromastoidea. a = Trepanationspunkt für vorderen Ast der Art. meningea media. b = Trepanationspunkt für hinteren Ast der art. meningea media. Linie a c = Richtungslinie für Sulcus Rolandi, gelegen zwischen 4 u. 5. Linie a d halbiert den ⟨ a b c = Fissura Sylvii. Rechteck e b f g = Trepanationsstelle für Schläfenlappen.

Verschluß der Öffnung benützt werden, was hauptsächlich bei jugendlichen Individuen von großem Wert ist. Die Osteoblasten in dem Knochenstück sterben nicht ab, sondern behalten die Fähigkeit zu neuer Knochenbildung. Bei den Schädeltrepanationen muß immer die verschiedene Dicke des Schädels an den verschiedenen Stellen beachtet werden, wie auch die großen Arterien der Kopfschwarte geschont werden sollten. Um den Trepan der verschiedenen Dicke des Schädels anzupassen, darf die Spitze desselben nicht weiter als 2 mm hervorstehen.

Der **Jochbogen** kann bei direkter oder indirekter Gewalteinwirkung brechen. In letzterem Falle hat die Gewalteinwirkung das Bestreben, den Oberkiefer oder das Jochbein nach innen zu treiben. Bei direkter Gewalteinwirkung kann ein Knochenfragment in den Temporalmuskel eindringen, und bei der Bewegung des Unterkiefers heftige Schmerzen verursachen. Für gewöhnlich sind die Knochenfragmente nur wenig oder gar nicht verschoben, da dieselben oben durch die Fascia temporalis und unten durch den Musculus masseter in ihrer Lage gehalten werden. Der Jochbogen dient als ausgezeichneter Führer für tiefer gelegene Teile. Sein oberer Rand entspricht in seinen hinteren $^3/_4$ dem Boden der mittleren Schädelgrube und bezeichnet den unteren Rand des Schläfenlappens, welcher in dieser Grube liegt; sein Tuberculum articulare (s. Abb. 3), welches sehr deutlich an seiner Wurzel durch die Haut hindurch zu fühlen ist, bezeichnet die Stelle, an welcher die Arteria meningea media durch das Foramen spinosum in die Schädelhöhle eintritt und zugleich die Lage des Ganglion Gasseri.

Blutgefäße und Nerven der Kopfschwarte (Abb. 5). Die Arteria und der Nervus supraorbitalis ziehen vom Foramen supraorbitale senkrecht in die Höhe; letzteres liegt an der Grenze zwischen mittlerem und innerem Drittel des Supraorbitalrandes. Etwas näher der Mittellinie steigen der Nervus und die Arteria frontalis empor. Diese Arterie enthält den Hautlappen am Leben, der bei der Rhinoplastik aus der Stirne geschnitten wird, um eine künstliche Nase zu bilden. Die Arteria temporalis mit dem Nervus auriculotemporalis hinter ihr kreuzt die Wurzel des Jochbogens unmittelbar vor dem Ohr. Das Gefäß teilt sich 4,5 cm oberhalb des Jochbogens in seine zwei Endäste, die Rami frontalis und parietalis. Die Endäste dieser Arterie, namentlich der Ramus frontalis, sind häufig im Alter stark geschlängelt und sklerotisch. Der Aderlaß wird manchmal an diesem Aste der Arterie ausgeführt. Die oberflächlichen Temporalgefäße sind bisweilen der Sitz des sog. Aneurysma cirsoides, während die übrigen Arterien der Kopfschwarte weniger davon befallen sind. Die Arteria auricularis posterior mit dem Nervus auricularis magnus verläuft in der (häufig fehlenden) Grube zwischen Ohr und Processus mastoideus, während die Arteria occipitalis mit dem Nervus occipitalis maior die Kopfschwarte an einer Stelle erreicht, die etwas lateral von der Mitte zwischen Processus mastoideus und Protuberantia occipitalis externa liegt.

Von den **Venen** (Abb. 6) der Kopfschwarte sind einige besonders wichtig. Dieselben treten durch kleine Öffnungen des Schädels hindurch und stellen Verbindungen zwischen dem venösen Kreislauf der Sinus innerhalb des Schädels und der oberflächlichen Venen außerhalb desselben her. Die hauptsächlichsten Venae emissariae sind die folgenden: 1. eine Vene, die durch das Foramen mastoideum zieht und den Sinus transversus mit der Vena auricularis posterior oder mit einer Vena occipitalis verbindet. Sie ist die größte und konstanteste von allen. Das Vorhandensein dieser Vene dient dazu, die Frage zu beantworten: Warum ist es ein allgemeiner Brauch, bei gewißen Hirnaffektionen Blutegel und Schröpfköpfe hinter das Ohr zu setzen?

2. Eine Vene, welche den Sinus sagittalis superior durch das Foramen parietale mit den Venen der Kopfschwarte verbindet.

3. Eine Vene, welche durch den Canalis condyloideus den Sinus transversus mit den tiefen Venen des Nackens verbindet (inkonstant).

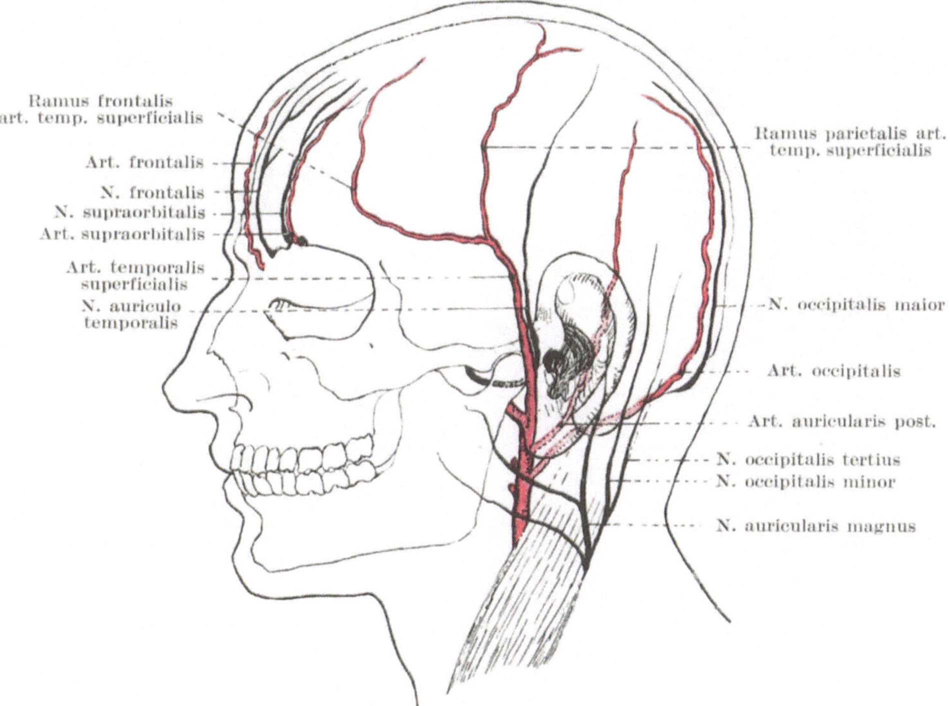

Fig. 5. Blutgefäße und Nerven der Kopfschwarte.

4. Allerkleinste Venen, welche den Nervus hypoglossus durch seinen Canalis hypoglossi begleiten und den Sinus occipitalis mit den tiefen Nackenvenen verbinden.

5. Ebenfalls sehr kleine Venen, welche durch das Foramen ovale, Foramen lacerum und den Canalis caroticus ziehen und so den Sinus cavernosus mit dem Plexus venosus pterygoideus, dem Plexus venosus pharyngis und der Vena jugularis interna verbinden. Ferner stehen eine große Anzahl der kleinen Venen der Kopfschwarte mit solchen der Diploë im Zusammenhang. Von den vier Venae diploicae gehen zwei

(die Vena frontalis und Vena temporalis anterior) in oberflächliche
Hautvenen über (Vena supraorbitalis und temporalis profunda), während
die beiden anderen (die Vena temporalis posterior und die Vena occipitalis) in den Sinus transversus münden.

Und endlich findet sich eine bekannte Verbindung zwischen dem
extra- und intrakranialen venösen Kreislauf in dem Ursprung der Vena

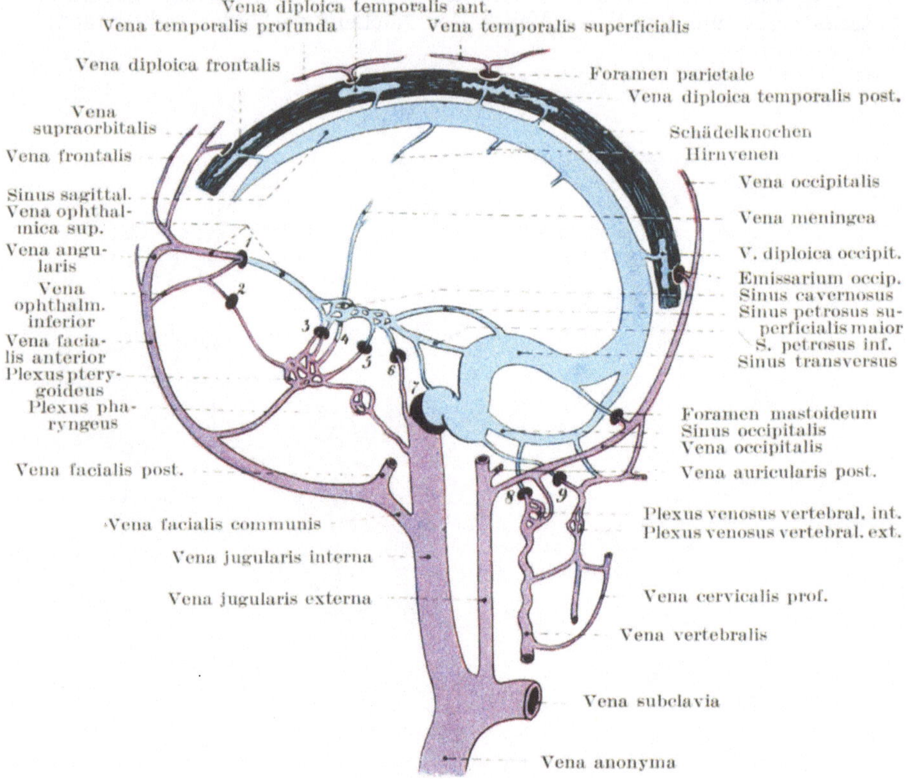

Abb. 6.   Schema der wichtigsten Anastomosen des intrakraniellen Venensystems
(blau) mit dem extrakraniellen (violett).

1. Fissura orbitalis sup.   2. Fissura orbitalis inf.   3. Foramen ovale.   4. Foramen
spinosum.   5. Foramen lacerum.   6. Canalis caroticus.   7. Foramen jugulare.
8. Canalis hypoglossi.   9. Canalis condyloideus.

facialis am inneren Winkel der Orbita.   In dieser Verbindung vereinigen
sich die Vena angularis und supraorbitalis mit der Vena ophthalmica
superior, die ihrerseits dem Sinus cavernosus ihr Blut zuschickt.   Die
Venen innerhalb der Nasenhöhlen und des Mittelohres stehen ebenfalls
mit den Venen der Hirnhäute in Verbindung.

Durch diese verschiedenen Kanäle und sicherlich noch durch eine

ganze Anzahl allerkleinster Kanälchen können entzündliche Prozesse
der Schädelaußenfläche auf das Schädelinnere übergreifen. So finden
wir, daß das Erysipel der Kopfhaut, diffuse Eiterung der Kopfschwarte,
Knochennekrose u. dgl. durch Fortkriechen in diesen Kanälen zu Störungen innerhalb der Diploë, zu Thrombose der Blutleiter und Entzündung der Hirnhäute führen. Wären diese venösen Emissarien nicht vorhanden, so würden Traumen und Erkrankungen des Skalp und knöchernen
Schädels einen großen Teil ihres Ernstes verlieren. Selbst von innen nach
außen kann sich auf diese Weise eine Krankheit weiter verbreiten.
Erichsen beschreibt einen Fall, in welchem der Sinus transversus

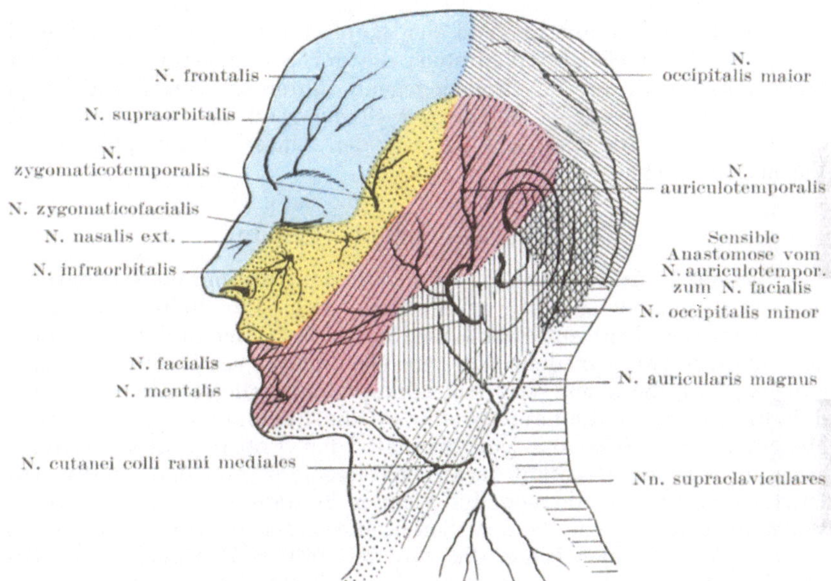

Abb. 7. Sensible Nervenversorgung von Kopfschwarte und Gesicht, speziell
Trigeminus. I. Trigeminusast blau. II. Trigeminusast gelb. III. Trigeminusast rot.
Zervikalnerven weiß. (Nach Corning.)

durch eine komplizierte Fraktur bloßgelegt war. Die Öffnung wurde
durch Tamponade geschlossen. Thrombose und Eiterung des Sinus
schloß sich an, und ein Teil des Eiters drang durch die Vena mastoidea
nach abwärts und bildete einen Abszeß am Nacken.

Gewisse venöse Blutgeschwülste (Sinus pericranii) finden sich
am Schädel. Sie bestehen aus einer Blutansammlung unter dem Perikranium, die durch Löcher im Schädel mit dem Sinus sagittalis superior
kommunizieren. Sie liegen in der Mittellinie, verschwinden auf Druck
und zeigen leichte Pulsation. Die Löcher sind bisweilen die Folge von
Traumen, andere sind entstanden durch Erkrankung des Knochens
oder Atrophie desselben über einer Pacchionischen Granulation, und

eine kleine Anzahl sind verursacht durch varikös erweiterte Emissarien oder beruhen auf einem kongenitalen Defekt des Schädels, so vor allem in der Nachbarschaft der Foramina parietalia.

Die Nerven der Kopfschwarte (Abb. 7), so vor allem die Äste des Trigeminus, sind häufig der Sitz von Neuralgien. Um eine Art solcher Neuralgien zu beseitigen, wird der Nervus supraorbitalis durchtrennt (Neurotomie) oder durch Injektion von absolutem Alkohol an der Stelle, an welcher er die Orbita verläßt, gelähmt.

Gewisse Formen des Stirnkopfschmerzes beruhen auf einer Neuralgie dieses Nerven. Der innere Ast dieses Nerven geht bis zur Mitte des Scheitelbeins, der äußere Ast bis zur Lambdanaht.

Die Lymphgefäße der Hinterhauptgegend und der hinteren Abschnitte der Scheitelbeingegend der Kopfschwarte münden in die okzipitalen und Mastoidlymphknoten; die der Stirngegend und der vorderen Abschnitte der Scheitelbeingegend führen zu den Parotislymphknoten; während einige Gefäße der Stirngegend in die Lymphgefäße des Gesichts übergehen und so mit den Unterkieferlymphknoten in Verbindung stehen.

2. Der knöcherne Schädel.

Verlauf der Nähte (Abb 8). Die große oder Stirnfontanelle (Fonticulus maior), d. h. der Punkt, an welchem sich die Pfeil- und Kranznaht schneiden, liegt auf einer Linie, die bei normaler Stellung des Schädels unmittelbar vor dem äußeren Gehörgang, senkrecht nach oben gezogen wird, die kleine oder Hinterhauptsfontanelle (Fonticulus minor), d. h. die Stelle, wo die Lambdanaht auf die Pfeilnaht trifft, liegt in der Mittellinie, ungefähr 6,5 cm oberhalb der Protuberantia occipitalis externa. Die Lambdanaht deckt sich ungefähr mit den oberen zwei Drittel einer Linie, die von der kleinen Fontanelle zu der Spitze des Warzenfortsatzes nach beiden Seiten hin gezogen wird. Die Kranznaht entspricht einer Linie, die von der großen Fontanelle zur Mitte des Jochbogens führt. Auf dieser Linie findet sich an einem Punkte 4 cm hinter, und $1^1/_4$ cm oberhalb der Sutura frontomaxillaris eine Stelle, an welcher vier Knochen zusammenstoßen, nämlich das Schläfenbein, der große Flügel des Keilbeins, das Stirn- und Scheitelbein. Der höchste Punkt der Sutura squamosa liegt 4,5 cm oberhalb des Jochbogens. Unter normalen Verhältnissen verschwinden alle Spuren der Fontanellen oder sonstige nicht verknöcherte Teile des Schädels vor vollendetem zweiten Lebensjahr.

Die große Fontanelle (Abb. 11) schließt sich zuletzt, während die kleine schon bei der Geburt so gut wie geschlossen ist. An der Stelle der großen Fontanelle wird in der Regel bei Hydrozephalus die Flüssigkeit aus den Ventrikeln abgesaugt. Man sticht die Nadel entweder an den Seiten der Fontanelle in genügendem Abstande von der Mittellinie ein (Abb. 9), um den Sinus sagittalis superior zu schonen, oder man geht an irgend einer Stelle der Kranznaht, mit Ausnahme des Mittelpunktes derselben durch den Schädel hindurch. In hochgradigen Fällen von

Hydrozephalus ist sowohl die Kranznaht, wie auch die übrigen Suturen des Schädeldaches bekanntlich weit offen.

Die als Kraniotabes bezeichneten Veränderungen der Schädelknochen, die teils auf Rachitis, teils auf hereditäre Lues zurückgeführt werden, finden sich in der Regel am Planum occipitale und den anliegenden Teilen der Scheitelbeine, vor allem am Angulus mastoideus dieser letztgenannten Knochen. In diesen Fällen ist der Knochen stellenweise hochgradig verdünnt, und das Knochengewebe so sehr geschwunden, daß es sich für den untersuchenden Finger wie Pergamentpapier anfühlt. Die Verdünnung des Knochens kommt hauptsächlich auf Kosten

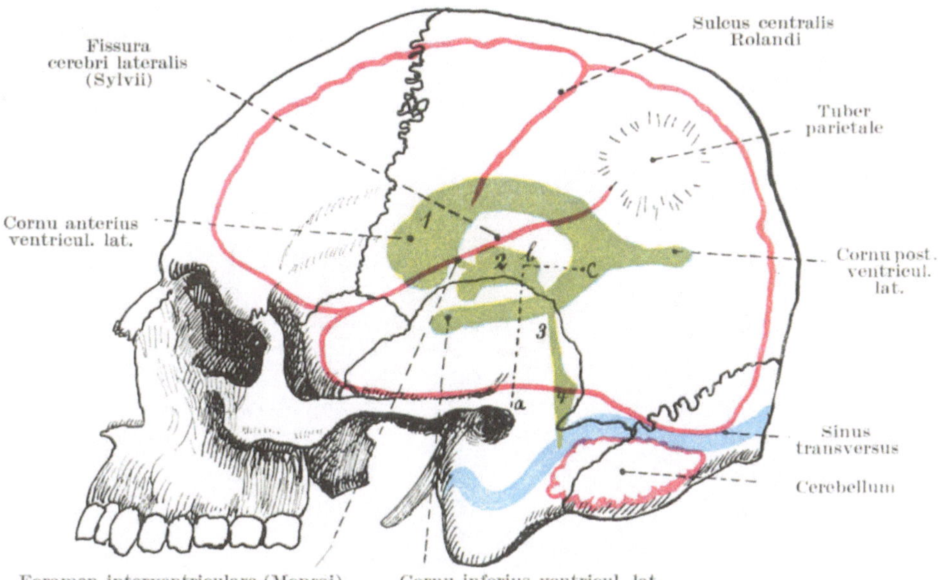

Abb. 8. Topographie der Gehirnventrikel, des Sulcus centralis und der Fissura Sylvii. 1 = Ventriculus lateralis. 2 = Ventriculus tertius. 3 = Aquae ductus Sylvii. 4 = Ventriculus quartus. Linie a b = 5 cm lang. Linie b c = 2 cm lang. C = Punktionsstelle (hintere) für den Seitenventrikel. (Mod. nach Hermann).

der Tabula interna und der Diploë zustande. Die Vertiefungen liegen über den Eindrücken früh gebildeter Gehirnwindungen. Andererseits finden sich um die große Fontanelle herum in Fällen von hereditärer Syphilis auf der Schädeloberfläche die sog. Parrotschen Knochenverdickungen. Diese Verdickungen liegen als rundliche Erhabenheiten porösen Knochens auf den Stirn- und Schläfenbeinen und stoßen in der Mittellinie zusammen. Diese „Beulen" sind voneinander getrennt durch eine kreuzförmige Vertiefung, die von der Kranznaht einerseits, der Pfeil- und Stirnnaht andererseits gebildet wird. Parrot nannte sie „natiforme" Erhabenheiten, da sie, im ganzen betrachtet, etwas

Ähnlichkeit mit den Nates haben sollen, eine Bezeichnung, die nicht besonders glücklich gewählt zu sein scheint.

Es ist notwendig, kurz auf die Entwickelung des Schädels einzugehen, um gewisse Veränderungen, hauptsächlich angeborene Mißbildungen, zu verstehen, die nicht selten angetroffen werden. Im großen ganzen kann man sagen, daß die Gehirnbasis knorplig, das Schädeldach dagegen bindegewebig (häutig) vorgebildet ist.

Die bindegewebig vorgebildeten Teile sind am entwickelten Schädel das Stirn- und die Scheitelbeine, die Squama temporalis mit dem Processus zygomaticus und der größte Teil des Hinterhauptbeines, die Squama

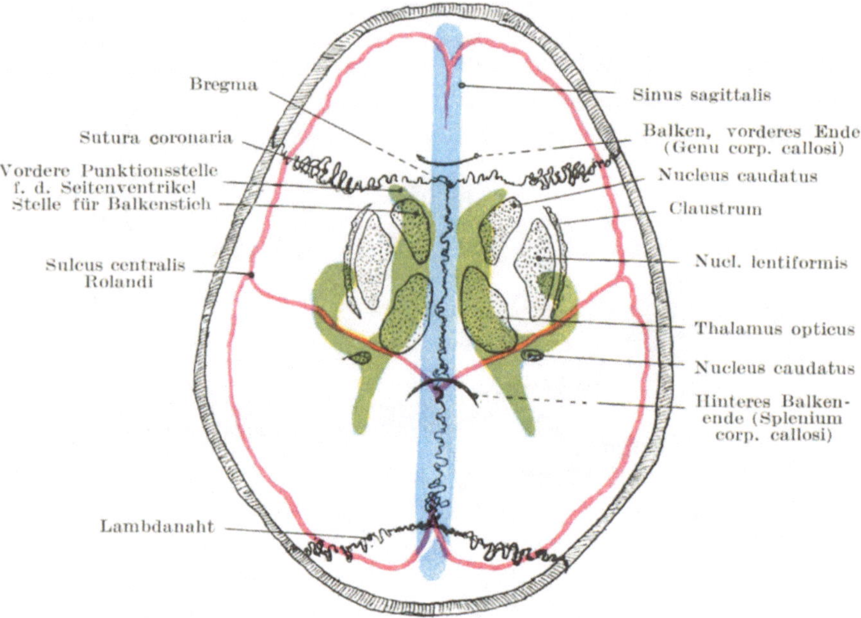

Abb. 9. Topographie der Seitenventrikel, Stammganglien und des Sinus sagittalis von oben. (Nach Hermann.)

occipitalis. Der Unterschied dieser beiden Teile des Schädels wird oft durch Erkrankungen besonders deutlich. So finden sich im Museum des Royal College of Surgeons die Schädel einiger junger, in einer Menagerie geborener Löwen, welche infolge unzweckmäßiger Ernährung die folgenden Knochenveränderungen aufweisen. Ein großer Teil jeder dieser Schädel zeigt eine beträchtliche Verdickung der stark porösen Knochen, und zwar sind diese Veränderungen auf die bindegewebig vorgebildeten Knochen des Schädeldaches beschränkt, während die Schädelbasis frei blieb. Beim Hydrozephalus und dem als Achondroplasia bezeichneten Zustande sind nur die häutig vorgebildeten Knochen ungebührlich ausgedehnt.

Unter den häufigeren groben Mißbildungen des Schädels ist besonders das vollständige Fehlen des häutig vorgebildeten Schädeldaches zu erwähnen, wie es sich bei der Anenzephalie findet; die knorplig vorgebildeten Teile der Schädelbasis sind dagegen vollständig entwickelt.

Unter **Meningozele** versteht man einen angeborenen Tumor, welcher dadurch entsteht, daß ein Teil der Hirnhäute durch einen Spalt eines unvollständig entwickelten Schädels herausgepreßt wird. Findet sich in der Ausstülpung auch noch Gehirnsubstanz, so spricht man von einer Meningoenzephalozele; ist der ausgestülpte Gehirnabschnitt noch außerdem durch eine Ansammlung von Flüssigkeit innerhalb der Ventrikel erweitert, so bezeichnet man diesen Zustand als Hydromeningoenzephalozele. Am häufigsten finden sich diese Hervorwölbungen am Hinterhauptsbein, dann folgt die Sutura frontonasalis, während in seltenen Fällen die Lambda- Pfeil- und andere Nähte der Sitz solcher Vor-

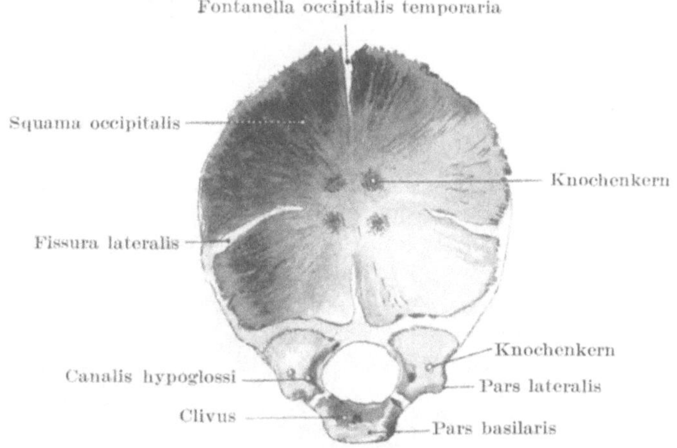

Abb. 10. Entwicklung des Hinterhauptbeines (von vorne gesehen).

wölbungen sind, die mitunter durch normale und pathologische Spaltbildungen in der Schädelbasis in die Augenhöhle, Nase oder den Mund sich ausbuchten. Ihre Häufigkeit gerade am Hinterhauptsbeine wird durch die Entwicklungsgeschichte dieses Knochens verständlich. Bei der Geburt besteht der Knochen aus vier voneinander getrennten Knochen (Abb. 10), der Schuppe, der Pars basilaris und den beiden Partes laterales. In der Schuppe des Knochens treten etwa in der siebenten Woche des fötalen Lebens vier Knochenkerne auf, ein oberes und ein unteres Paar. Diese Knochenkerne sind gewissermaßen durch Fissuren getrennt, welche von den vier Winkeln des Knochens nach der Mitte ziehen und sich an der Protuberantia occipitalis externa treffen. Der in der Medianlinie von dem Foramen magnum bis zur Protuberantia externa verlaufende Spalt ist besonders deutlich (Fontanella occipitalis temporaria Sutton). Er besteht vom Beginn des dritten bis zum Ende des vierten Monats

der intrauterinen Entwicklung. Meningozelen des Hinterhaupts liegen
immer in der Medianlinie und wölben sich wahrscheinlich durch diesen
Spalt nach außen vor. Die mit einer solchen Meningozele vergesell-
schaftete Knochenlücke kann die ganze vertikale Länge des Knochens
durchsetzen und erweitert für gewöhnlich auch das Foramen magnum.
Die seitlichen oder querverlaufenden Fissuren teilen den Knochen in
zwei Teile. Der obere Teil ist bindegewebig, der untere knorplig vorgebildet. Die seitlichen Fissuren können offen bleiben und so Frakturen
vortäuschen; ferner können sie so lang sein, daß sie den oberen Teil
der Hinterhauptschuppe vollständig abtrennen (das Os interparietale
einiger Tiere).

Fissurae parietales. Während der Entwicklung des Scheitelbeines
verlaufen von den in der Mitte gelegenen zwei Knochenkernen Gewebs-

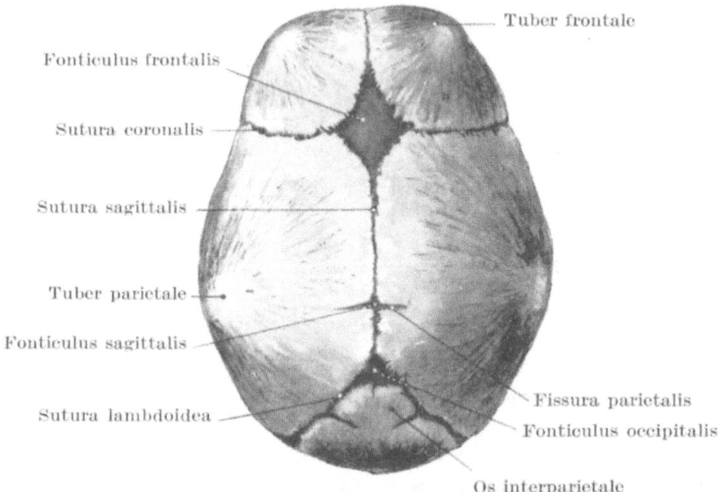

Abb. 11. Entwicklung der Schädelknochen, Suturen und Fontanellen.

züge strahlenförmig nach der Peripherie, die für die Verknöcherung
von Wichtigkeit sind.

Ungefähr im fünften Embryonalmonat entsteht auf der Höhe des
Scheitelbeines, nahe der kleinen Fontanelle eine Fissur (Fissura parietalis),
die sich in der Regel wieder schließt und keine Spuren hinterläßt; bleibt
sie jedoch bestehen (Abb. 11), so kann sie eine Fraktur vortäuschen.
Bleibt sie zu beiden Seiten der Mittellinie in gleicher Ausdehnung offen,
so entsteht ein längsovaler Spalt, der Fonticulus sagittalis. Er liegt
ungefähr 2,5 cm vor der kleinen Fontanelle und findet sich bei etwas
über $4^0/_0$ aller Neugeborenen (Lea). Die Foramina parietalia am aus-
gewachsenen Schädel sind die Überreste dieses Spaltes.

Wormiussche Knochen. Diese nach dem dänischen Anatomen
Wormius benannten Ossa suturalia (Schaltknochen) können unter

Umständen für Knochenfragmente gehalten werden. Sie finden sich am häufigsten in der Lambdanaht. Ein Wormiusscher Knochen verdient besondere Beachtung, da er bei der Trepanation über der Arteria meningea media zu Gesicht kommen kann. Er findet sich zwischen dem großen Keilbeinflügel und dem Angulus sphenoidalis des Scheitelbeines. Er hat die Form einer Fischschuppe und macht den Eindruck, als ob die Spitze des großen Keilbeinflügels abgebrochen wäre.

Nekrose am Schädeldach ist relativ häufig und findet sich hauptsächlich am Stirn- und den Scheitelbeinen, während sie aus unbekannten Gründen am Hinterhauptsbein selten ist. Die Tabula externa ist häufig allein nekrotisch, da sie Traumen mehr ausgesetzt ist und nicht so reichlich mit Blut versorgt wird wie die Tabula interna. Demzufolge ist die Nekrose der inneren Tafel selten. Eine die ganze Dicke des Schädels befallende Nekrose kann sehr ausgedehnt sein, und in einem von Saviard beschriebenen Falle stieß sich so ziemlich das ganze knöcherne Schädeldach nekrotisch ab. Es handelte sich um eine Frau, die in der Trunkenheit auf den Kopf gefallen war. Die Nekrose des Schädels sowohl wie auch die Karies desselben bringen gewisse Gefahren mit sich, die durch die gegenseitigen anatomischen Beziehungen der Schädelknochen bedingt sind. So kann in Fällen, in denen der Schädelknochen in seiner ganzen Dicke erkrankt oder wenn hauptsächlich die Tabula interna ergriffen ist, zwischen dem erkrankten Knochen und der Dura mater sich reichlich Eiter ansammeln und so zu Hirndruck führen. Ist die Diploë erkrankt, so können deren Venen thrombosieren oder es kommt zu einer eitrigen Phlebitis. Solche lokale Prozesse können weiter um sich greifen, die großen intrakranialen Sinusse können durch Thrombose vollständig verschlossen werden oder es findet ein Eitereinbruch in den Körperkreislauf mit anschließender Pyämie statt.

Selbst eine umschriebene Ausbreitung kann den Anlaß zu einer Meningitis geben. In Fällen von Nekrose der Tabula externa spielt das aus der bloßgelegten, sehr bluthaltigen Diploë aufsproßende Granulationsgewebe eine wichtige Rolle in der schließlichen Ausstoßung einer toten Knochenlamelle.

Schädelbrüche. Es ist nicht besonders leicht, die Schädelknochen eines kleinen Kindes zu brechen. Der Schädel als Ganzes ist in diesem Alter noch sehr unvollkommen verknöchert, die Suturen sind weich und zwischen den Knochen findet sich viel Knorpel und Bindegewebe. Außerdem sind die Knochen selbst in früher Jugend elastisch, verhältnismäßig weich und nachgiebig. Trifft das kindliche Schädeldach ein Schlag oder Stoß, so ist, soweit der Knochen selbst in Betracht kommt, der Effekt dieses Traumas eine Knochendelle ohne eigentliche Fraktur. In dieser speziellen Hinsicht verhält sich der kindliche Schädel zu dem eines alten Mannes wie ein Gefäß aus dünnem Zinn zu einem solchen aus festem Ton. Die Nachgiebigkeit des kindlichen Schädels zeigt sich am besten an den groben Mißgestaltungen, welche bei gewissen Indianerstämmen durch feste Verbände um den kindlichen Schädel erzeugt werden.

2*

In dem Museum des Royal College of Surgeons finden sich eine Anzahl Schädel dieser flachköpfigen Indianer, die deutlich beweisen, bis zu welch hohem Grade diese Mißgestaltung gebracht werden kann. Guéniot versichert, daß es möglich ist den kindlichen Schädel stark zu deformieren, indem man die Säuglinge dauernd auf eine Seite legt. Das Gewicht des Gehirns allein schon genügt, um eine Formveränderung herbeizuführen.

Selbst beim Erwachsenen ist der Schädel lange nicht so brüchig, wie allgemein angenommen wird. Die Resultate hinsichtlich der Brüchigkeit, wie man sie an getrockneten Schädeln erhält, sind in dieser Hinsicht trügerisch. Während des Lebens kann ein scharfes Messer durch das Schädeldach gestoßen werden, ohne daß mehr als eine einfache Perforation ohne Splitterung und ohne Bruch des Knochens entsteht, mit Ausnahme des vom Messer gebildeten Loches. Eine solche Wunde kann so glattrandig sein wie bei dickem Leder.

Im Lancet 1881 ist ein merkwürdiger Fall beschrieben, in welchem ein Messer den Schädel durchbohrte, ohne offenbar den Knochen zu zersplittern. Ein Mann, der sich das Leben nehmen wollte, setzte sich die Spitze eines Dolches in der oberen Stirngegend auf den Schädel und trieb die Klinge durch einen Hammerschlag ins Gehirn. Er hoffte tot umzufallen, und war sehr erstaunt, daß weiter keine ernsten Erscheinungen auftraten. Hierauf trieb er sich den Dolch durch etwa ein Dutzend Hammerschläge weiter hinein, bis die 10 cm lange Klinge nicht mehr weiter vordrang. Nur mit großer Schwierigkeit konnte der Dolch entfernt werden, der Kranke verlor nicht einen Augenblick das Bewußtsein und genaß vollständig.

Die folgenden anatomischen Verhältnisse reduzieren die Kraft der den Schädel treffenden Gewalteinwirkungen auf ein Minimum: die Dicke und große Beweglichkeit der Kopfschwarte; der kuppelförmige Bau des Schädeldaches; die Zahl der Knochen, welche den Schädel zusammensetzen, sowie sein Bestreben die Gewalteinwirkung auf die einzelnen Partien zu verteilen; ferner die Nähte, welche die Fortleitung einer Gewalteinwirkung unterbrechen, das in den Nähten liegende Bindegewebe, das wie eine Art Puffer wirkt; dazu kommt die Beweglichkeit des Schädels auf der Wirbelsäule und die Elastizität der Schädelknochen selbst.

Der Schädel wird ferner an der Verbindung von Dach und Schädelbasis gleichsam von sechs Pfeilern gestützt. Zwei derselben sind seitlich angebracht, vorne der orbitosphenoidale und hinten der petro-mastoidale, während der frontonasale und occipitale Pfeiler die vorderen und hinteren Teile des Schädels stützen.

Beim Kinde ist die Gewebsschicht zwischen den Suturen beträchtlich dick, aber mit zunehmendem Alter schwindet dieses Bindegewebe mehr und mehr und die Knochen verschmelzen untereinander (Synostosis). Die Suturen beginnen etwa mit dem 40. Lebensjahr zu obliterieren und zwar von innen nach außen, zuerst die Sutura sagittalis, dann die Kranz- und Lambdanaht und ganz zuletzt die Sutura squamosa. Weiterhin wird der Schädel durch Knochenablagerung in der Tabula interna, welche auf die Verkleinerung des Gehirns folgt,

dicker und spröde. Deshalb sind die Schädelknochen im Alter viel
brüchiger als in der Jugend und schließlich gibt Agnew als einen
Grund für die größere Brüchigkeit der Tabula interna einen Umstand an, der sich auf die allgemeine Nachgiebigkeit des Knochens
bezieht. In Abb. 12a soll AB. einen Schnitt durch beide Tabulae
des Schädeldaches vorstellen, während die einander parallelen Linien
C D und E F vertikal angelegt sind. Wirkt nun eine Kraft zwischen
diesen beiden vertikalen Linien auf das Schädeldach ein, dann werden
die Enden des Bogens A B das Bestreben haben, sich von einander
zu entfernen und der ganze unter dem Drucke nachgebende Bogen
wird gezwungen, eine Kurve zu bilden, wie sie in Abb. 12b aufge-
zeichnet ist. In diesem Falle werden die Linien C D und E F oben kon-
vergieren und unten divergieren, sodaß die einwirkende Kraft die einzelnen Knochenteilchen an der Tabula externa zusammengepreßt,
während sie an der Tabula interna auseinandergedrängt werden.

Beim Bruch eines Schädelknochens geht die Fraktur für gewöhnlich durch die ganze Dicke des Schädels; aber auch die Tabula externa

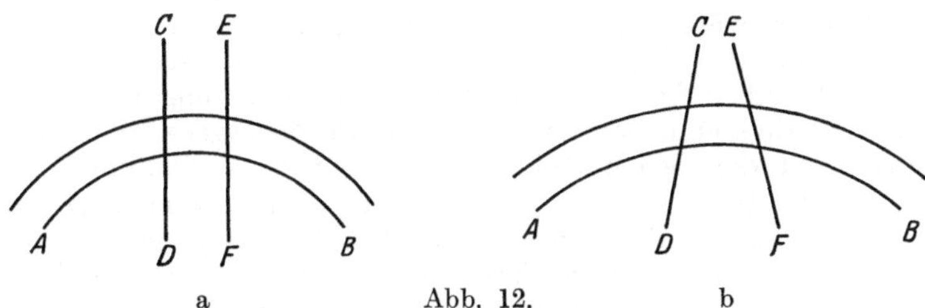

allein kann gebrochen oder selbst nur eingebuchtet sein und ist alsdann
in die Diploë oder in der unteren Stirngegend in die Stirnhöhlen verlagert. Die Tabula interna kann gebrochen sein, ohne daß sich eine
entsprechende Fraktur in der äußeren Tafel findet; ferner findet sich
fast in allen Fällen von vollständigem Bruch eines Schädelknochens,
vor allem bei den sog. Depressionsfrakturen an der inneren Tafel größere
Splitterung wie an der äußeren. Hierfür gibt es eine Reihe von Erklärungen.

Die Tabula interna ist nicht nur dünner als die Tabula externa,
sondern auch brüchiger, daher auch ihre Bezeichnung „Tabula vitrea“.
Eine die äußere Tafel treffende Gewalteinwirkung mag sehr begrenzt
sein und nur eine umschriebene Läsion bewirken, wie z. B. ein Säbel-
hieb. Aber während sie die Diploë durchdringt, breitet sie sich aus
und trifft die Tabula vitrea in einem viel größeren Bezirk, vor allem,
wenn Teile der Tabula externa mit in die Tiefe gerissen werden. Ferner
ist die innere Tafel stärker gekrümmt als die äußere.

Brüche des Schädeldaches entstehen durch direkte Gewalteinwirkung.
Der Aufbau des Schädels ist derart, daß dem einwirkenden Trauma
auf verschiedener Weise ein Widerstand entgegengesetzt wird.

1. Trifft ein Stoß den Schädel an der Berührungsfläche beider Scheitelbeine, so werden die oberen Ränder dieses Knochens nach innen gedrückt; dabei streben dann natürlich die unteren Knochenränder nach außen, werden aber durch die Schuppe des Schläfenbeines und den großen Flügel des Keilbeines, der den unteren Rand des Scheitelbeines überragt, an einem Ausweichen gehindert. So wird die einwirkende Kraft durch das Schläfenbein auf den Jochbogen übertragen, der seinerseits wieder von dem Oberkiefer und Stirnbein gestützt wird. Dieser Bogen dient demnach als ein zweiter Stützpfeiler und diese Übertragung der Kraft vom Scheitel auf die Gesichtsknochen soll die Ursache für den Schmerz sein, der oft nach einem Schlag auf den Kopf im Gesicht gefühlt wird.

2. Wird der obere Teil des Stirnbeines getroffen, so wird die Kraft sofort auf die Scheitelbeine übertragen, weil das Stirnbein in seinen oberen Abschnitten infolge seines abgeschrägten Randes in Wirklichkeit auf beiden Scheitelbeinen ruht; so wirkt hier derselbe Widerstand. Würden die unteren Abschnitte dieses Knochens sich nach außen bewegen können, wie es beim Bestehenbleiben der Sutura frontalis sicherlich der Fall sein würde, so würde diese Bewegung von den großen Keilbeinflügeln und den Anguli sphenoidales der Scheitelbeine gehemmt werden, da dieselben diese Teile des Stirnbeines umklammern oder überdecken. Deshalb kommt sehr viel darauf an, wie die gegenseitigen Kanten des Stirn- und der Scheitelbeine miteinander in Verbindung stehen.

3. Das Hinterhaupt ist gegen Traumen viel weniger geschützt und schon ein leichter Fall kann zu einer Fraktur des Knochens führen, wenngleich er auch durch seine Verbindung mit den Scheitel- und Schläfenbeinen und durch seine Artikulation mit der elastischen Wirbelsäule einigermaßen geschützt ist.

Schädelbasisfrakturen kommen zustande:

1. durch direkte oder 2. durch indirekte Gewalteinwirkungen oder am häufigsten 3. als direkte Fortsetzung solcher des Schädeldaches.

1. Die direkten Brüche können durch Eindringen eines Fremdkörpers durch die Nasen-, Augen- oder Mundhöhle entstehen. Ein Bruch der hinteren Schädelgrube kann auch vom Nacken aus herbeigeführt werden.

2. Beispiele von Frakturen durch indirekte Gewalteinwirkungen sind folgende: Ein Schlag oder Stoß gegen den unteren Abschnitt des Stirnbeins kann mitunter nichts weiter bewirken als einen Bruch der Lamina cribrosa des Siebbeines oder der Pars orbitalis des Stirnbeines, da diese Knochen wegen ihrer Dünne sehr gefährdet sind. In 86 Fällen von Schädelbasisfrakturen war das Dach der Orbita 79 mal, die Foramina optica 63 mal und die Lamina cribrosa in fast allen Fällen in Mitleidenschaft gezogen.

Beim Fall auf das Kinn kann der Processus condyloideus des Unterkiefers mit solcher Gewalt gegen die Fossa mandibularis gedrückt werden, daß die mittlere Schädelgrube frakturiert. Der beim Boxen gegen das Kinn geführte Stoß, um den Gegner kampfunfähig zu machen, führt zu einer Gehirnerschütterung ohne Schädelbruch. Fällt der Körper beim Sturz aus der Höhe auf die Füße, Kniee oder das Gesäß, so wird die Kraft auf die Wirbelsäule übertragen und kann zu einem Bruche des Hinterhauptes Veranlassung geben. Solche Zufälle ereignen sich gerne, wenn die Wirbelsäule durch Muskelkontraktion steif gehalten wird und der Vorgang ist genau derselbe, wie wenn man einen Hammergriff dadurch in einen Hammer eintreibt, daß man das Ende des Hammergriffes fest auf den Boden stößt. Die Theorie, daß die Schädelbasis oft durch sog. Contrecoup bricht, ist im allgemeinen jetzt aufgegeben, wenn auch einzelne Fälle sich ereignen, die diese Vermutung zu stützen scheinen. So berichtete J. Hutchinson über einen Fall, in welchem sich neben dem Bruche des Hinterhauptbeines ein solcher der Lamina cribrosa des Siebbeines fand, ohne daß der dazwischen liegende Teil eine Verletzung aufwies.

3. Brüche des Schädeldaches, vor allem solche beim Fall auf den Kopf, setzen sich gerne bis zur Schädelbasis fort, und zwar erreichen sie dieselbe immer auf dem kürzesten Wege ohne Rücksicht auf die Dicke des Knochens oder etwa vorhandener Nähte. So greifen Brüche der Stirnbeingegend auf die vordere Schädelgrube über, während solche der Scheitelbeingegend in die mittlere und solche der Hinterhauptgegend in die hintere Schädelgrube sich fortsetzen. Diese Regel hat nur wenige Ausnahmen. Um die Knochen, welche in diesen drei Bezirken verletzt werden können, genau bezeichnen zu können, hat Hewett den Schädel in drei Zonen geteilt. Die vordere Zone umfaßt das Stirnbein und den oberen Teil des Siebbeines mit der Sutura sphenofrontalis; die mittlere Zone umschließt die Scheitelbeine, die Schuppe des Schläfenbeines mit dem vorderen Teil des Felsenbeines und dem größeren Teil des Keilbeinkörpers; die hintere Zone das Hinterhauptbein, den Warzenfortsatz, den hinteren Teil des Felsenbeines mit einem kleinen Teile des Keilbeinkörpers.

Bei allen Schädelbasisfrakturen findet sich gewöhnlich ein Austritt von Blut und Zerebrospinalflüssigkeit nach außen. 1. Bei Frakturen der vorderen Schädelgrube entweicht das Blut aus der Nase und kommt aus den meningealen und ethmoidalen Gefäßen oder auch wahrscheinlich zum großen Teil aus der zerrissenen Schleimhaut des Nasendaches. Entweicht auch Zerebrospinalflüssigkeit durch die Nase, so kann das nur möglich sein, wenn außer dem Bruch des knöchernen Nasendaches eine Schleimhautverletzung unterhalb der Fraktur, sowie eine Zerreißung der den Nervus olfactorius umgebenden Hüllen, die von der harten und weichen Hirnhaut entnommen sind, besteht. Eine profuse Entleerung von Zerebrospinalflüssigkeit durch die Nasenschleimhaut kann auch ohne Verletzung stattfinden, höchstwahrscheinlich durch die Hüllen des Nervus olfactorius hindurch unter Bedingungen, die eine vermehrte Abscheidung oder verminderte Resorption der Flüssigkeit verursachen. In vielen Fällen derartiger Frakturen dringt das Blut in die Orbita ein und erscheint unter der Konjunktiva. 2. Handelt es sich um einen Bruch der mittleren Schädelgrube, so entweicht das Blut entlang dem äußeren Gehörgang durch einen Riß im Trommelfell und kommt aus den Gefäßen des Mittelohres und des Trommelfelles oder von einem intrakranialen Blutextravasat, in einzelnen Fällen auch aus einem geborstenen Sinus cavernosus oder petrosus. Auch kann das Blut entlang der Tuba auditiva (Eustachii) aus Nase oder Mund hervorquellen oder verschluckt und alsdann erbrochen werden. Um der Zerebrospinalflüssigkeit das Entweichen aus dem Ohr zu ermöglichen, müssen folgende Bedingungen erfüllt sein: a) der Bruch muß den Meatus auditorius internus durchsetzt haben; b) die in die Tuba auditiva übergehende Verlängerung der Schleimhaut dieses Meatus muß zerrissen sein; c) es muß eine Verbindung zwischen dem inneren Ohre und dem Mittelohre bestehen; d) das Trommelfell muß zerrissen sein. 3. Bei Brüchen der hinteren Schädelgrube kann das Blut am Warzenfortsatz oder am Nacken erscheinen und bis zur Halsgegend vordringen.

Bei komplizierten Frakturen des Schädeldaches wird in einigen seltenen Fällen das Entweichen von Zerebrospinalflüssigkeit beobachtet, wenn nämlich die Hirnhäute dabei zerrissen sind. Nach unkomplizierten Frakturen des kindlichen Schädels bildet sich bisweilen an der Stelle der Verletzung eine fluktuierende Schwellung, die beim Schreien des Kindes gespannter wird und unter Umständen gleichzeitig mit dem Gehirne pulsiert. Derartige Schwellungen entstehen durch Ansammlung von Zerebrospinalflüssigkeit unter der Kopfschwarte und beweisen eine mit dem Bruch entstandene Zerreißung der Hirnhäute.

Trennung der Nähte. Als Folge einer Verletzung findet sich eine Trennung der Nähte so gut wie ausschließlich am kindlichen Schädel. Im späteren Leben kann ein Trauma, das die Stelle einer ehemaligen Naht trifft, einen Bruch bedingen, der genau in der Linie der ehemaligen Naht verläuft. Unabhängig von einer Fraktur findet sich am erwachsenen Schädel eine Nahttrennung außerordentlich selten. In einigen derartigen Fällen fand sich die Schuppe des Schläfenbeines vom übrigen Knochen abgetrennt. Findet sich dabei eine Fraktur, so entsteht am häufigsten eine Trennung der Pfeil- und Kranznaht, seltener der Lambdanaht.

Die Dicke des Schädels ist sehr verschieden und zwar nicht nur an den verschiedenen Teilen desselben Schädels, sondern auch an den entsprechenden Teilen verschiedener Individuen.

Die ungefähre Dicke ist ein halber Zentimeter, sie ändert sich mit dem Alter; bei der Geburt beträgt die Dicke des Scheitelbeines $^1/_2$ mm; im dritten Lebensjahr tritt die Diploë auf und trennt so die Tabula interna von der Tabula externa; am Schädel eines alten Individuums kann die Dicke des Scheitelbeines $^3/_4$—1 cm betragen. Die dicksten Teile des Schädels finden sich an der Protuberantia occipitalis, wo der Knochen auf dem Durchschnitt $1^1/_4$ cm messen kann, am Processus mastoideus und dem untersten Abschnitt des Stirnbeines. Der Knochen über der Augenhöhle ist sehr dünn, während er an der Schläfenschuppe am dünnsten ist. Hier finden sich Stellen, an welchen er die Dicke einer Visitenkarte nicht übersteigt. Der Schädel ist ebenfalls über den Sinus und Sulci der meningealen Gefäße, wie auch über dem Angulus sphenoidalis des Scheitelbeines (Furche für die Arteria meningea media) sehr dünn. Es ist wichtig, sich bei der Trepanation daran zu erinnern, daß die Tabula interna nicht immer parallel zur Tabula externa verläuft.

Kraniektomie. Diese Operation wird in Fällen von Mikrozephalie bei Säuglingen und Kindern ausgeführt. Sie besteht darin, daß man aus dem Schädel einen Knochenstreifen entfernt, um, wie ein amerikanischer Autor sich ausdrückt, dem Gehirn mehr Ellbogenfreiheit zu geben. Die Operation geht von der Voraussetzung aus, daß die mangelhafte Entwicklung des Gehirns durch zu langsames Wachstum des knöchernen Schädels bedingt sei, aber alles, was wir wissen, deutet darauf hin, daß die mangelhafte Entwicklung des Gehirns das Primäre und die Kleinheit des Schädels das Sekundäre ist. Beim Hydrozephalus antwortet der Schädel prompt auf die schnelle Ausdehnung des Gehirns; hört die Ausdehnung des Gehirns auf, dann wird auch der Schädel nicht größer.

3. Der Inhalt des knöchernen Schädels.

Die Hirnhäute (Abb. 1). Die harte Hirnhaut bildet infolge ihrer Zähigkeit einen ausgezeichneten Schutz des Gehirns. Sie ist über der ganzen Schädelbasis außerordentlich fest mit dem Knochen verwachsen, so daß in dieser Gegend Blutaustritte zwischen ihr und dem Knochen so gut wie unmöglich sind. Ihr Zusammenhang mit dem Schädeldach ist dagegen ein relativ loser, wenngleich im Verlauf der Nähte der Zusammenhang ein festerer ist. Dieser im allgemeinen lockere Zusammenhang ermöglicht die Ansammlung großer Blut- oder Eiterherde zwischen Knochen und harter Hirnhaut. Solche Flüssigkeitsansammlungen führen für gewöhnlich zu den Erscheinungen des Hirndrucks und es ist wichtig zu wissen, daß in der Mehrzahl der Fälle von Hirndruck die Ursache desselben außerhalb der Dura mater liegt. So sind in unkomplizierten Fällen die Erscheinungen des Hirndrucks, wenn sie in unmittelbarem Anschluß an ein Trauma auftreten, am wahrscheinlichsten durch eine Knochendepression bedingt; treten sie nach einem kurzen Zeitraum auf, so wird es sich in den meisten Fällen um einen Bluterguß zwischen Knochen und Dura handeln, während bei einem über Tage oder Wochen sich erstreckenden Intervall, Ansammlung von Eiter an derselben Stelle die Ursache ist.

C. Bell machte darauf aufmerksam, daß die Dura mater des Schädeldaches schon durch die Erschütterung abgelöst werden kann, die durch einen Schlag auf den Kopf entstehen kann. „Schlage den Schädel eines Individuums mit einem schweren Hammer; bei der Obduktion wirst Du an der Stelle des einwirkenden Traumas die Dura mater vom Knochen abgelöst finden. Wiederhole das Experiment an einem anderen Individuum und injiziere den Schädel vorsichtig mit Leim, so wirst Du an der Stelle des Schlages zwischen Schädel und Dura einen Leimklumpen finden, der genau dem Blutklumpen ähnelt, der nach heftigen Schlägen auf den Kopf gefunden wird." Tillaux hat gezeigt, daß die Verwachsungen zwischen Knochen und Hirnhaut hauptsächlich in den Schläfengruben besonders lose sind und hier ist auch der häufigste Sitz einer meningealen Blutung.

Sammelt sich in Fällen von Frakturen Blut zwischen Knochen und harter Hirnhaut an, so kommt es in der Regel aus der geborstenen Arteria meningea media. In 31 Fällen einer derartigen Hämorrhagie war nach P. Hewett 27 mal diese Arterie verletzt. Nach seinem Durchtritt durch das Foramen spinosum teilt sich dieses Gefäß in zwei Äste; der Ramus anterior, der größte von beiden, zieht quer über den Angulus sphenoidalis des Scheitelbeins nach aufwärts und erreicht den Scheitel etwas hinter der Kranznaht; der Ramus posterior zieht in einem leichten Bogen quer über die Schuppe des Schläfenbeines nach hinten und verläuft in der Richtung der zweiten Temporalwindung nach oben (siehe Abb. 3 u. 4).

Die Äste der Arterie sind häufiger verletzt als der Stamm; letzterer am häufigsten an der Stelle, wo er den Angulus sphenoidalis des Scheitelbeines kreuzt. Hiefür gibt es eine Reihe von Gründen: Die Stelle, an welcher der Knochen durch die Arterie ausgehöhlt wird, ist sehr dünn, die Arterie verläuft oft so sehr in dem Knochen eingebettet, daß eine Fraktur ohne Verletzung des Gefäßes fast unmöglich ist und ferner ist gerade diese Stelle des Schädels, an der die Arterie verläuft, besonders häufig der Sitz einer Fraktur. Jacobson hat gezeigt, daß die Arterie durch eine Gewalteinwirkung von außen zerrissen sein kann, ohne daß der Knochen gebrochen ist, sondern nur die harte Hirnhaut an dieser Stelle sich gelöst hat. Die nächsthäufigste Quelle einer extrameningealen Blutung ist der Sinus transversus.

Die venösen Sinusse. Die schlaffwandigen zerebralen Venen, welche durch jede Gehirnpulsation zusammengedrückt werden, entleeren ihr Blut in die venösen Sinusse, d. h. in starrwandige Kanäle, die von den beiden Blättern der harten Hirnhaut gebildet werden. An der Stelle, an welcher die Venae cerebri superiores in den Sinus sagittalis superior, sowie die Venae cerebri inferiores in den Sinus transversus einmünden, hängen die weichen Hirnhäute fest mit der Dura zusammen, während sie sonst nicht mit ihr in Verbindung stehen.

Vom Standpunkt des Chirurgen ist der Sinus transversus der wichtigste; da er nach abwärts zu dem Processus mastoideus zieht und so in enge Berührung mit dem Antrum und den Zellen des Warzenfortsatzes (Abb. 27) kommt, kann er bei Mittelohreiterungen durch Fortleitung der Infektion leicht erkranken und thrombosieren (Sinusthrombose). Der Sinus transversus wird durch folgende drei Punkte bestimmt: 1. Protuberantia occipitalis externa, 2. die Stelle, an welcher die Sutura lambdoidea, parietomastoidea und occipitomastoidea (das Asterion der Engländer) sich treffen (s. Abb. 3 u. 4); 3. ein Punkt $1^1/_4$ cm hinter dem unteren Rande des Gehörgangs. Verbindet man diese drei Punkte, dann sieht man den Sinus transversus, aus zwei Teilen bestehend, einem horizontalen, der langsam ansteigt, während er von der Protuberantia occipitalis externa (dem Inion der Engländer) zum Asterion zieht und einem vertikalen, der steil vom Asterion zu dem hinter dem Gehörgang gelegenen Punkte abfällt. Der Sinus ist 10 mm breit. Nach seinem Durchtritt durch den Schädel geht der Sinus transversus in die Vena

jugularis interna über, in einer Linie mit dem vorderen Rande des Warzenfortsatzes, aber tief unter der Glandula parotis gelegen. Eine von der
Nasenwurzel zur Protuberantia occipitalis externa über die Mitte des
Schädeldaches gezogene Linie bezeichnet den Verlauf des Sinus sagittalis superior; unterhalb des letzteren Drittels der Sutura sagittalis
liegt er bisweilen nicht in der Mitte und zeigt in diesem Teile seines
Verlaufes häufig seitliche Ausbuchtungen oder Divertikel, die als Para-
sinusse bezeichnet werden. In der Mehrzahl der Fälle endigt der Sinus
sagittalis superior im rechten Sinus transversus, der deshalb gewöhnlich
breiter ist als der linke. Der Sinus cavernosus einschließlich der Arteria
carotis interna und des sechsten Hirnnerven mit dem dritten, vierten
und größeren Teile des fünften in seine Wand eingebettet, liegt über den
Keilbeinhöhlen, von welchen aus eitrige Prozesse auf ihn übergreifen
und zu Thrombosen führen können. In solchen Fällen quellen infolge
der Erweiterung der Venae ophthalmicae die Augen vor, da der venöse
Blutstrom von der Augenhöhle durch den Sinus cavernosus fließt, um
in den Sinus transversus und die Vena jugularis zu gelangen auf dem
Wege über den Sinus petrosus superior et inferior. Die Beziehungen
zwischen Arteria carotis interna und Sinus cavernosus sind so innige,
daß im Anschluß an ein Trauma an dieser Stelle ein arteriell-venöses
Aneurysma entstehen kann. Ferner ist es gut verständlich, wie leicht
bei entzündlichen Prozessen innerhalb der Augenhöhle die Entzündung
entlang deren großen Zuflüssen, den Venae ophthalmicae auf diesen
Sinus übergreifen können.

Zwischen den weichen und den harten Hirnhäuten findet sich das
Cavum subdurale, welches, ähnlich wie die Pleurahöhle, keinen tatsächlichen Hohlraum darstellt, da unter normalen Verhältnissen die
Arachnoidea der glatten Durainnenfläche fest anliegt. Nur wenn Blut
und seröse oder eitrige Flüssigkeit zwischen den zwei Häuten sich ansam-
melt, entsteht ein eigentlicher Raum. Das Cavum subdurale enthält
normalerweise eine ganz geringe Menge Flüssigkeit und hat Ähnliches
zu leisten wie der Pleura- und der Peritonealüberzug, nämlich die Reibung bei den pulsatorischen Bewegungen des Gehirns zu verhindern.

Eine genaue Kenntnis des **subarachnoidealen Raumes** (s. Abb. 13
und 14) wird von immer größerer Wichtigkeit für den Chirurgen. Der
Raum, welcher das Rückenmark umgibt, steht in direkter Verbindung
mit dem subarachnoidalen Raume des Gehirns, und deshalb kann bei
einer Lumbalpunktion von hier aus die im subarachnoidealen Raume
des Gehirns befindliche Flüssigkeit abgelassen werden. Bei einer Meningitis wird die Zerebrospinalflüssigkeit trübe; der subarachnoideale Raum,
oder wenigstens Teile desselben können Eiter enthalten. Am Rückenmark ist der Zwischenraum zwischen Pia mater und Arachnoidea groß,
das Cavum subarachnoideale deshalb weit. An der Grenze zwischen
Wirbelsäule und Schädel erweitert sich der Raum zwischen Kleinhirn
und dem Dache des vierten Ventrikels zur Cisterna subarachnoidealis
magna; eine Öffnung im Dache des vierten Ventrikels (das Foramen
Majendie) gestattet der Flüssigkeit in den Ventrikeln des Großhirns
zur Cisterna magna abzufließen. An der Schädelbasis erweitert sich

das Cavum subarachnoideale spinale vor der Medulla oblongata und
der Brücke in die Cisterna pontis, welche ihrerseits wieder mit einem
großen Raume in Verbindung steht, welcher an der Schädelbasis zwischen
den Schläfenlappen und dem Spatium interpedunculare sich findet,
die Cisterna basalis. In dieser Cisterne liegt der Circulus arteriosus
(Willisi), der dritte, vierte und die Wurzel des fünften Gehirnnerven,
das Chiasma opticum mit den Tractus optici sowie das Infundibulum
hypophyseos. Bei einer Basilarmenigitis kann diese Zisterne durch
Eiteransammlug stark erweitert sein. Die entzündlichen Verwachsungen,
die unter Umständen am Velum medullare posterius des Kleinhirns

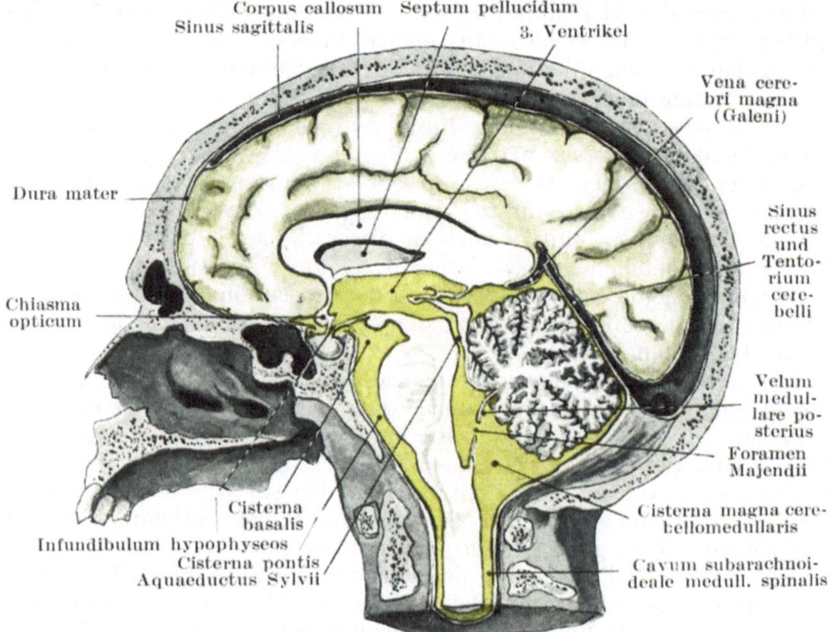

Abb. 13.   Die Subarachnoideal-Räume mit Liquor cerebrospinalis (grün).
(Nach Corning.)

entstehen, können die Öffnungen dieses Häutchens verschließen und
so zu einem Hydrozephalus führen. Über den Gehirnwindungen liegt
die Arachnoidea der Pia mater an, die hier ein weitmaschiges, subarach-
noideales Gewebe bildet. Ausbuchtungen der Cisterna basalis setzen
sich überall hin entlang den Gefäßen des Circulus arteriosus in die Pia
mater der Gehirnfurchen fort. Während der als Pars interpedoncularis
bezeichnete Teil der Gehirnbasis, die Brücke und die Medulla oblongata
auf diesen Zisternen ruht, liegen die Schläfen- und Stirnlappen der
Schädelbasis unmittelbar an, während die Hinterhauptslappen dem Tentorium cerebelli aufliegen. Es sind deshalb die drei Gehirnpole (der
frontale, occipitale und temporale) in unmittelbarer Berührung mit

den Hirnhäuten und dem Schädel, weshalb es verständlich ist, daß gerade sie bei Schädeltraumen am meisten der Gefahr einer Verletzung ausgesetzt sind.

Die Zerebrospinalflüssigkeit hat den Zweck, etwaige Störungen zu verhüten, die durch Unregelmäßigkeiten der Blutzirkulation im Gehirn entstehen können, da letzteres in einen starren Hohlraum, nämlich den Schädel eingeschlossen ist. Ist daher eines der großen Nervenzentren nahe den Seitenventrikeln durch irgendwelche Störungen (Kongestion) vergrößert, so stoßen sie nicht auf unnachgiebige Wände, geben vielmehr etwas ihres flüssigen Inhalts durch das Foramen Majendie ab, so lange bis die Blutzirkulation wieder geregelt ist. Wird das gesunde Gehirn durch eine Trepanationsöffnung bloßgelegt, so pulsiert es mit jedem Herzschlag; pulsiert es nicht, so ist der Druck innerhalb des Schädels größer als der arterielle Blutdruck (100—130 mm Hg); unter normalen Verhältnissen entspricht der intrakranielle Druck dem Blutdruck in den Venen (10—15 mm Hg), wie Hill gezeigt hat. Mit jeder Herzkontraktion werden etwa 5 ccm arterielles Blut in den Schädel geworfen, die die Abgabe derselben Menge venösen Blutes in die Vena jugularis interna bewirken.

Aus den Seitenventrikeln kann die Flüssigkeit durch das Foramen Monroi in den dritten Ventrikel abfließen, aus letzterem durch den Aquaeductus Sylvii in den vierten Ventrikel und aus letzterem durch das schon erwähnte Foramen Majendie in die Cisterna magna. Von manchen wird noch die Ansicht von Hilton, daß ein Verschluß des Aquaeductus Sylvii, des Formen Majendie oder auch zweier weiterer Öffnungen an den Seiten des vierten Ventrikels (die Foramina von Key und Retzius) den Austritt von Zerebrospinalflüssigkeit aus den Ventrikeln verhindern und so zu einem Hydrozephalus führen kann, geteilt. Die Flüssigkeit fließt ferner noch in die Vena Galeni ab, so daß ein auf dieselbe ausgeübter Druck denselben Enderfolg hat. Es ist vorgeschlagen worden, bei Hydrozephalus den Druck in den Seitenventrikeln dadurch herabzusetzen, daß man mittelst einer Kanüle die Zerebrospinalflüssigkeit in den subduralen Raum ableitet, da er dort unter jedem beliebigen Drucke, der größer ist als der in den zerebralen Venen (Hill), absorbiert wird. Tritt durch Stauung eine Volumszunahme des Gehirns ein, so trifft dasselbe nicht auf unnachgiebige Knochen, sondern gewissermaßen auf ein sehr anpassungsfähiges Wasserbett, und während der Zeit der Volumzunahme gibt es einfach einen Teil der es umgebenden Flüssigkeit in das spinale Cavum subarachnoideale ab. Als Beweis dafür dient ein von Hilton beschriebener Fall, in welchem bei einer Schädelbasisfraktur die Zerebrospinalflüssigkeit durch das Ohr abfloß. Wurden nämlich bei starken Exspirationsbewegungen Mund und Nase geschlossen gehalten und die Venen im Nacken komprimiert, so entleerten sich besonders reiche Mengen Zerebrospinalflüssigkeit aus dem Ohr.

Die Zerebrospinalflüssigkeit. Die Gesamtmenge der Flüssigkeit im ganzen Zerebrospinalsystem eines Erwachsenen wird auf 100—130 ccm geschätzt. Sie wird ausgeschieden von den Plexus chorioidei: 1. in den

Seitenventrikeln, 2. am Dache des dritten Ventrikels und 3. am Dache des vierten Ventrikels, wobei dem ependymalen Epithel, das diese Plexus überzieht, die Sekretion der Flüssigkeit zugeschrieben wird. Die Flüssigkeit wird absorbiert durch: 1. die Lymphspalten, von denen die Wurzeln der Gehirnnerven umgeben sind, 2. durch Übertritt in Venen und venöse Hohlräume, 3. können auch die Pacchionischen Granulationen durch ihre Vermittlung die Flüssigkeit in das venöse Zirkulationssystem überleiten. Injiziert man Methylenblau in das Cavum subarachnoidale spinale, so erscheint es sehr rasch in den Ventrikeln, von wo es in kurzer Zeit nach allen Seiten hin diffundiert.

Der Hirnanhang (Hypophysis) (Abb. 14). In den letzten Jahren hat die Hypophyse erhöhte chirurgische Bedeutung gewonnen. In einem besonderen Abteil der Dura mater in der Fossa hypophyseos des Türkensattels

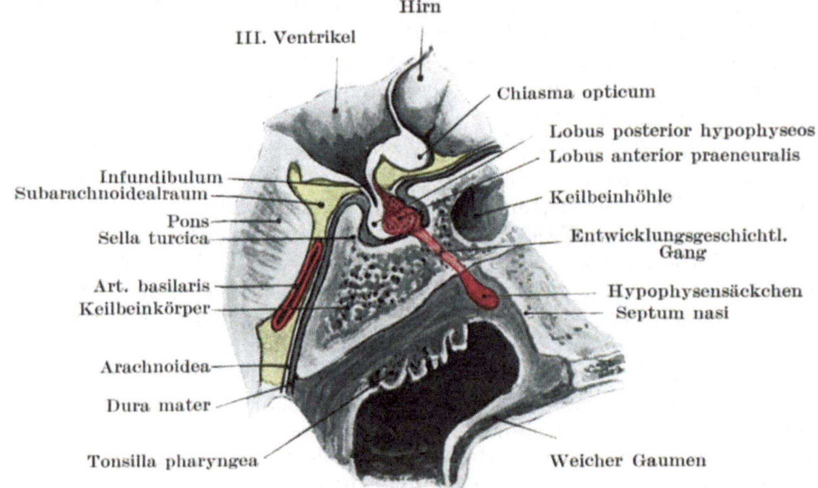

Abb. 14. Schnitt durch die Hypophyse, 3. Ventrikel.

liegend, entspringt ihr Stiel (infundibulum) vom Boden des dritten Ventrikels; sie selbst wird eingeteilt in einen Lobus anterior oder glandularis, der seinerseits wieder in zwei Teile zerfällt, die Pars perineuralis und praeneuralis, sowie in einen Lobus posterior oder neuralis. Der Lobus glandularis enthält keine nervösen Elemente, da derselbe aus der primitiven Mundbucht (dem Stomodaeum) des Embryo entspringt. Die Pars peri- und praeneuralis sind durch einen im späteren Leben obliterierenden zentralen Hohlraum voneinander getrennt. Der praeneurale Abschnitt des Lobus anterior (glandularis) kann sich stark vergrößern und so einen glandulären Tumor (Adenom) bilden, wobei in zahlreichen Fällen verschiedene Teile des Körpers, vor allem das Gesicht, die Hände und Füße, aber auch andere Organe wie Leber, Milz etc. unverhältnismäßig groß werden können, ein Bild, das unter dem Namen Akromegalie und

Splanchnomegalie bekannt ist. Findet diese Hypertrophie in früher Jugend statt, dann wachsen alle Knochen unverhältnismäßig rasch, wodurch der sog. Riesenwuchs oder „Gigantismus" entsteht. Der praeneurale Teil des vorderen Lappens hält, offenbar vermittelst seiner inneren Sekretion, das Wachstum der einzelnen Körperteile in Schranken und führt, bei stark vermehrter Sekretion, zu diesem Riesenwuchs.

Zahlreiche Fälle von Akromegalie sind durch Operation geheilt worden, indem ein Teil des vorderen Lappens mit dem scharfen Löffel entfernt wurde. Beim Erwachsenen erreicht man die Hypophyse durch den Sinus sphenoidalis, an dessen Dache der Hirnanhang liegt. Den Sinus erreicht man, indem man den knorpligen Teil der Nase zurückschlägt und dem Septum nasi entlang nach rückwärts geht, bis der Sinus erreicht ist. Tumoren der Hypophyse komprimieren bei ihrem Wachstum die Sinus cavernosi, und durch ihre nahe Beziehung zu den Nervi optici führen sie zu einer Atrophie des Sehnerven und Erblindung. Ein derartiger Tumor kann das Dach des Sinus sphenoidalis eindrücken. Ein Überbleibsel vom Stil des sich entwickelnden Hirnanhangs (die sog. Hypophysis nasopharyngealis) findet sich am Dache des Nasopharynx und zwar konnte Erdheim dasselbe bei über 50 daraufhin untersuchten Schädeln in jedem einzelnen Falle nachweisen. Die Blutversorgung der Hypophyse geschieht durch zahlreiche Blutgefäße des Circulus arteriosus Willisi durch den Stiel des Organes hindurch. Wie schon oben erwähnt, liegt die Hypophyse in einem gesonderten Fache der Dura mater, dessen Dach von dem Stiel des Hirnanhangs durchbrochen ist.

Kraniozerebrale Topographie. Die Fissura longitudinalis cerebri verläuft in einer Linie, die man über den Scheitel von der Glabella bis zur Protuberantia occipitalis externa sich gezogen denkt. Die Fissur ist vorne schmal, wird aber in ihrem Verlaufe nach hinten rasch breiter, da sie den Sinus sagittalis umgibt und weicht in der Regel ganz wenig von der Mittellinie ab, da die linke Gehirnhemisphäre etwas stärker entwickelt ist, als die rechte. Zwischen der Protuberantia occipitalis externa und dem Ohre liegt der Sinus transversus zwischen der Unterfläche des Großhirns und der Oberfläche des Kleinhirns. Vor dem Ohre entspricht der obere Rand des Jochbogens in seinen hinteren $^3/_4$ dem unteren Rande des Schläfenlappens. Der Pol des Lobus temporalis liegt fast 2 cm hinter dem lateralen Rande der Augenhöhle. Die unterste Grenze des Großhirns an der Stirne liegt annähernd $1^1/_4$ cm über dem oberen Rande der Augenhöhle. Die Bulbi olfactorii liegen auf einer Höhe mit der Sutura nasofrontalis.

Das Kleinhirn wird am besten an einer Stelle freigelegt, welche $3^3/_4$ cm hinter und $1^1/_4$ cm unterhalb des äußeren Gehörgangs liegt. Es liegt sehr tief, da es außer von dem Schädel noch von den Insertionen der Occipitalmuskeln bedeckt ist.

Von den vielen Methoden, die angegeben wurden, um den Verlauf des **Sulcus centralis** (Rolando) zu markieren (Abb. 4), ist die einfachste und zuverlässigste die folgende (Abb. 15): Man halbiert die von der

Glabella zur Protuberantia occipitalis externa über den Scheitel gezogene Linie (S g). 1¹/₄ cm hinter h i diesem Mittelpunkte endet der Sulcus centralis. Eine in einem Winkel von 67,5⁰ von diesem Punkte nach vorne und abwärts gezogene 9 cm lange Linie i k bezeichnet den ganzen Verlauf des Sulcus centralis beim Erwachsenen. Beim Kinde ist der Sulcus natürlich kürzer und der Neigungswinkel 5⁰ kleiner. Den Winkel von 67,5⁰ kann man sich jederzeit selbst herstellen, indem man ein quadratisches Stückchen Papier einmal in der Diagonale und einmal durch die Mitte zweier gegenüberliegender Seiten faltet. Dadurch erhält man einen in vier gleiche Teile geteilten Winkel von 90⁰. Schneidet man einen dieser Teile weg, so bleibt ein Winkel von 67,5⁰. Diese Linie deckt sich mitunter nicht ganz genau mit dem Sulcus, da seine Lage von der Form des Schädels abhängig ist. Die sensorischen und motorischen Zentren des Gehirns finden sich hauptsächlich in dem Gyrus centralis anterior et posterior, die beide zusammen den Sulcus centralis bilden. Die ungefähre Dicke jeder dieser Gehirnwindungen ist 1³/₄ cm. Die Kranznaht liegt ungefähr 5 cm vor dem oberen Teile und 3 cm vor dem unteren Teile des Sulcus centralis.

Die Fissura cerebri lateralis (Sylvii) (Abb. 15) wird in folgender Weise gefunden: Die Sutura zygomaticofrontalis kann für gewöhnlich als umschriebene Vertiefung gefühlt werden. Ein Punkt 3³/₄ cm hinter l m und 1¹/₄ cm l n über ihr bezeichnet die Stelle des Angulus sphenoidalis des Scheitelbeins (das Pterion der Engländer). Hier treffen sich die drei Schenkel der Fissur (der Ramus posterior, anterior horizontalis und anterior ascendens). Eine Linie n o, welche nach rückwärts und aufwärts vom Angulus sphenoidalis zu einem Punkte gezogen wird, der ca. 2 cm unterhalb o p des Tuberparietale liegt, bezeichnet den Verlauf des Ramus posterior fissurae cerebri lateralis. Ist das Tuber parietale nicht deutlich ausgeprägt, so kann man den Verlauf des hinteren Astes dadurch finden, daß man die Sutura zygomaticofrontalis mit dem Angulus sphenoidalis des Scheitelbeins verbindet und die Linie gerade nach hinten verlängert (R. J. Berry). Der Ramus posterior n o wird unten von dem Gyrus temporalis superior begrenzt, welcher in seinem mittleren Drittel die Hörsphäre enthält. Oben wird derselbe von vorne nach hinten von der Pars triangularis gyri frontalis inferioris, den unteren Teilen des Gyrus centralis anterior und posterior, sowie dem Gyrus supramarginalis begrenzt. In den drei erstgenannten Teilen finden sich die Zentren für die Bewegung der Zunge, des Larynx, Pharynx und des Mundes (Abb. 17). Unmittelbar hinter dem Ende der Fissura lateralis liegt in der Größe eines Einmarkstückes der Gyrus angularis mit einem Teile der Sehsphäre. Das Tuber parietale bedeckt den Gyrus supramarginalis. Der Ramus anterior ascendens der Fissura Sylvii verläuft entsprechend einer Linie n q, die, in einer Entfernung von 1³/₄ cm, vom Angulus sphenoidalis nach aufwärts und etwas nach vorwärts gezogen wird, während der Ramus anterior horizontalis derselben Fissur sich mit einer Linie n r deckt, welche in einer Länge von 1¹/₄ cm von demselben Punkte nach vorwärts führt. Zwischen diesen beiden eben genannten Ästen findet sich die Pars triangularis gyri frontalis inferioris, in welcher das motorische Sprachzentrum liegt. Broca betrachtete die linke untere Stirnwindung (häufig auch Brocasche Windung genannt) als den Sitz des Sprachzentrums, allein Pierre Marie hat die Befunde einer Anzahl von Erkrankungen dieser Gehirnwindung veröffentlicht, in welchen der Sprechakt nicht gestört war. Der Stamm der Fissura Sylvii ist nur $1\frac{1}{4}$ cm lang und verläuft nach abwärts und vorwärts unter dem großen Keilbeinflügel. Der Lobus temporalis liegt unter ihm. Die vier Ecken des Scheitelbeins haben wichtige Beziehungen zum Gehirn. Der Angulus sphenoidalis

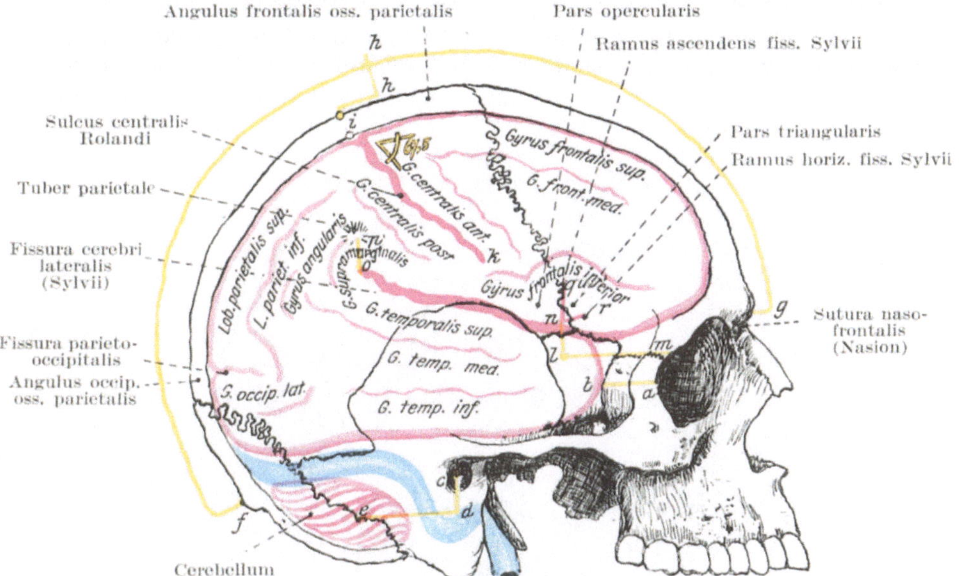

Abb. 15. Die topographischen Beziehungen der Hirnfurchen und Windungen zur Schädeloberfläche.

Linie a b = 2 cm lang = Entfernung d. Lobus temp. bis zum Orbitalrand. c d = $1\frac{1}{4}$ cm, d e = $3\frac{3}{4}$ cm = Linien zur Freilegung des Kleinhirns. f g = Entfernung von der Protuberantia ext. bis zur Glabella. f h = Halbierung der Länge f g. h i = $1\frac{1}{4}$ cm. i = Punctum Rolandi superius. i k = 9 cm. k = Punctum Rolandi inferius. l m = $3\frac{3}{4}$ cm lang, l n = $1\frac{1}{4}$ cm lang, n = (Pterion) angulus sphenoidalis oss. parietalis. o p = 2 cm. o = Endpunkt der Fissura Sylvii. n q u = $1\frac{3}{4}$ cm lang = Ramus ascendens fissurae Sylvii. n r = $1\frac{1}{4}$ cm lang = Ramus horizont. fissurae Sylvii.

bedeckt den hinteren Abschnitt des Gyrus frontalis inferior, sowie die beiden vorderen Teile der Fissura Sylvii. Der Ramus anterior arteriae meningeae mediae steigt unter ihm empor (s. Abb. 3). Der Angulus frontalis ossis parietalis bedeckt das Ende des Gyrus frontalis superior und das Zentrum für die Bewegung der Hüfte. Der Angulus occipitalis an der Lambdanaht liegt über dem oberen Teile des Hinterhauptlappens und $1\frac{1}{4}$ cm hinter der Fissura parietooccipitalis. Der Angulus masto-

ideus bedeckt die Konvexität des Sinus transversus und bezeichnet die
untere Grenze des Gehirns. Der Ramus posterior fissurae cerebri lateralis
liegt mit seiner vorderen Hälfte unter der Sutura squamosa, hinten
dagegen ganz unter dem Scheitelbein. Es zeigt sich also, daß das Scheitelbein den ganzen Scheitellappen, die hintersten Abschnitte des Stirn-
sowie den oberen Abschnitt des Hinterhauptlappens bedeckt (Abb. 16).

Der Gyrus temporalis inferior (Abb. 15) zieht am oberen Rande des
Jochbogens in der Höhe des äußeren Gehörgangs nach hinten und
liegt auf dem dünnen Dache der Paukenhöhle. Daher ist er bei Mittelohrerkrankungen der gewöhnlichste Sitz eines Abszesses.

Die Stammganglien des Gehirns (Abb. 9) — das Corpus striatum und
der Thalamus opticus — sind an ihrer Außenseite von der Insula Reili

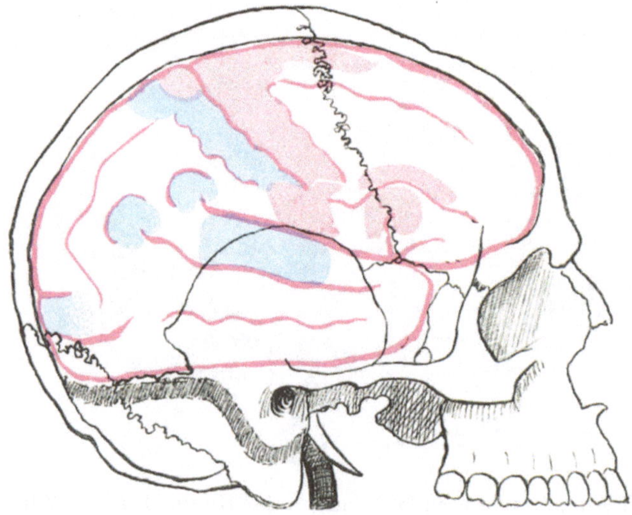

Abb. 16.   Sensor. und motor. Rindengebiete auf die Schädeloberfläche projiziert.

bedeckt. Diese Insel liegt in den vorderen $^3/_4$ der Fissura cerebri lateralis,
weshalb die Punkte für die Bestimmung des Verlaufs der Fissura lateralis
auch für die Insel und die Stammganglien Geltung haben. Ein Halb-
kreis mit einem Radius von $1^1/_4$ cm mit dem Angulus sphenoidalis des
Scheitelbeins als Mittelpunkt, bezeichnet nach vorne hin die vordere
Grenze der Stammganglien, während ihre hintere Grenze etwas vor
dem Punkte liegt, an welchem der Seitenventrikel punktiert wird.
Dieser Punkt wird folgendermaßen bestimmt: Man zieht vom äußeren
Gehörgang eine 5 cm lange Linie vertikal nach oben; die Stelle für die
Punktion des Seitenventrikels liegt 2 cm hinter dem oberen Ende dieser
Linie; eine Punktionsnadel, die an dieser Stelle eingestoßen wird, erreicht
den Seitenventrikel an der Verbindung der Pars centralis mit den Cornua
inferius et posterius (Jenkins) (s. Abb. 8).

Die sensorischen und motorischen Zentren der Großhirnrinde (Abb. 17). Eine Kenntnis der Lage dieser Zentren ist hinsichtlich der Lokalisation gewisser Hirnverletzungen, sowie eventueller chirurgischer Eingriffe an der Großhirnrinde von höchster Bedeutung.

Früher verlegte man diese Zentren in die Gyri centralis anterior et posterior, allein Sherrington und Grünbaum haben durch ihre Reizversuche an anthropoiden Affen gezeigt, daß motorische Reaktionen nur am Gyrus centralis anterior ausgelöst werden können. Die Lage der motorischen Zentren ist folgende: Im oberen Drittel des Gyrus centralis anterior liegt das motorische Zentrum für die untere Extremität und den Rumpf (dieses Zentrum greift noch etwas auf die Medianfläche des Gehirns über); im mittleren Drittel liegt das Zentrum für die obere

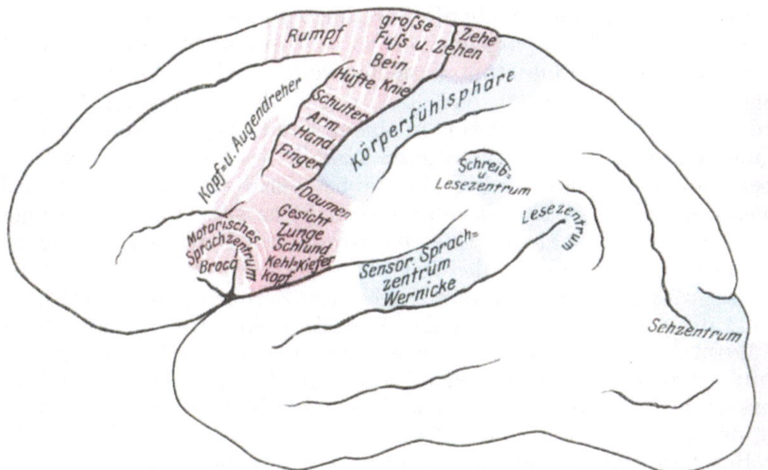

Abb. 17. Die wichtigsten Lokalisationen der motorischen und sensorischen Rindengebiete auf der linken Gehirnhemisphäre.

Extremität, während das untere Drittel die motorischen Zentren für Gesicht, Mund und Kehlkopf beherbergt. Hinter dem Sulcus centralis (Rolandi) liegen in dem Gyrus centralis posterior die den motorischen Zentren des Gyrus centralis anterior entsprechenden sensorischen Zentren. Eine Geschwulst, welche die Gehirnoberfläche komprimiert, reizt zunächst die Hirnrinde; daher wird ein über den motorischen Zentren gelegener Tumor die entsprechenden Bewegungen auslösen, während ein solcher über den sensorischen Zentren die dort lokalisierten Empfindungen auslösen wird. Auf die Reizung der Hirnrinde folgt sehr bald deren Lähmung und Zerstörung, weshalb die anfängliche Erregung sehr bald von einer Lähmung oder Empfindungslosigkeit abgelöst wird. Die Symptome, welche eine intrakraniale Geschwulst auslöst, können häufig nicht genau lokalisiert werden, da selbst ein kleiner Tumor innerhalb der starrwandigen Schädelhöhle sehr weitverzweigte Druckerscheinungen auslösen kann. Das Zentrum für die konjugierten Augenbewegungen befindet sich am hinteren Ende des Gyrus frontalis medius. Die primären sensorischen Zentren der Rinde, d. h. die Seh-, Hör- und Riechsphären können bei intrakranialen Läsionen in Mitleidenschaft gezogen sein und so dem Chirurgen die genaue Lokalisation der Erkrankung erleichtern. Der Sitz der Gesichtsempfindungen ist der Cuneus und Lobus occipitalis, beide durch die Fissura calcarina voneinander getrennt. Im Gyrus angularis liegt das Lesezentrum, das Hörzentrum dagegen im vorderen Teile des Gyrus temporalis superior, während dessen hinterer Teil vom Zentrum für das Sprachverständnis (Wernickesche Stelle) eingenommen wird. Die Riechsphäre liegt im Uncus gyri hippocampi an der medialen Fläche des Schläfenlappens. Tumoren in der Nachbarschaft des Uncus bedingen neben den Störungen der Geruchsempfindungen häufig Traumzustände.

Über das **Gehirn** im allgemeinen braucht nur wenig gesagt zu werden. In chirurgischem Sinne stellt dasselbe weiter nichts als eine reichliche Menge weichen Gewebes dar, das durch Erschütterung beschädigt werden kann, wie etwa Gelatine in einem Gefäße. Da es sehr nachgiebig ist und die Schädelhöhle nicht ganz ausfüllt, so kann es innerhalb derselben umhergeworfen werden und so bei Berührung mit dem Knochen Schaden leiden. Bei Kontusionen des Gehirns sitzt die Verletzung am häufigsten an der Gehirnunterfläche, sowohl am Großhirn, wie auch am Kleinhirn, mit Ausnahme allerdings derjenigen Stellen der Gehirnbasis, die den großen basalen Ansammlungen von Zerebrospinalflüssigkeit aufliegen; diese Stellen, nämlich die Medulla oblongata, die Brücke und die Fossa interpeduncularis, werden nur sehr selten beschädigt. Das Gehirn ist in verschwenderischer Weise mit Blut versorgt. Die Hauptarterienäste (die Carotis interna und vertebralis) sind vor ihrem Durchtritt durch den Schädel geschlängelt, wahrscheinlich um die Wirkung der Herzkontraktion auf das Gehirn zu schwächen. In der Schädelhöhle selbst vereinigen sich die Arterien alsbald zu dem Circulus arteriosus Willisi zu dem Zweck einer möglichst gleichmäßigen Blutzirkulation im Gehirn. Embolie der Arteria cerebri media führt zu einer ausgedehnten Zerstörung der Hirnrinde. Dieses Blutgefäß versorgt die Gyri frontalis inferior, temporales superior et medius, angularis, supramarginalis, sowie die unteren zwei Drittel der Gyri centrales anterior und posterior. Die einzigen Abschnitte der kortikalen Zentren, die hierbei nicht in Mitleidenschaft gezogen werden, sind die für die untere Extremität und den Rumpf. Die Arteria cerebri anterior versorgt diese letzteren Zentren, ferner die mediale Fläche der Stirn- und Scheitellappen. Der Hinterhautlappen, sowie der Gyrus temporalis inferior erhalten ihr Blut aus der Arteria cerebri posterior. Die Unterbindung einer Arteria carotis communis braucht nicht notwendig Störungen von seiten des Gehirns auszulösen, wenn auch die Mortalität nach dieser Operation hauptsächlich auf Komplikationen von seiten des Gehirns zurückzuführen ist. Eine Karotis und zwei Vertebrales sind in der Lage dem Gehirn genügend Blut zuzuführen, das ebenso gleichmäßig durch

den Circulus arteriosus Willisi verteilt wird, wie unter normalen Verhältnissen. Beide Karotiden sind gleichzeitig unterbunden worden, oder
eine Karotis blieb unversehrt, während die zweite auf der anderen Seite
durch eine Erkrankung verschlossen war und trotzdem folgten keine
nennenswerten zerebralen Störungen. Jedoch überlebte bisher in keinem
Falle ein Kranker die Operation, wenn der Zwischenraum zwischen der
Unterbindung beider Karotiden weniger als 4—6 Wochen betrug. Die
Vertebralarterien allein können dem Gehirn genügend Blut zuführen,
wenn ihnen nur diese Mehrleistung allmählich zugemutet wird und
das Gehirn Zeit hat, sich allmählich dieser Veränderung anzupassen.
Nach Unterbindung aller vier Arterien am Hunde genügten noch die
Anastomosen zwischen den spinalen und zerebralen Arterien innerhalb
des Foramen magnum, das Tier am Leben zu erhalten (Hill). Die
Verstopfung irgend einer der kleinen Gehirnarterien durch einen Embolus
führt in der Regel zu ausgesprochenen schweren Störungen. Solche
Embolien begegnen dem Chirurgen bei den Aneurysmen der Carotis
communis. Es genügt schon, ein solches Aneurysma zu betasten, um
ein kleines Gerinnsel von der Wand abzulösen, das ins Gehirn verschleppt
wird und eine der Arterien verschließt. So beschreibt Teale einen
Fall, in welchem während der Untersuchung eines Karotidenaneurysmas
eine Hemiplegie auftrat. Deswegen ist auch die Fergussonsche Methode
der Aneurysmenbehandlung, die darin bestand, durch Massage die
Gerinnsel zu verkleinern, aufgegeben worden. Im zweiten von Fergusson selbst massierten Falle eines Aneurysmas der Subklavia trat
gleich bei der ersten Sitzung eine linksseitige Hemiplegie auf.

Die Pulsationen des Gehirns können jedem Tumor oder jeder Flüssigkeitsansammlung mitgeteilt werden, die durch eine Öffnung im Schädel
die Oberfläche des Gehirns erreichen. Derartige Pulsationen sind
synchron mit dem Pulse, allein ein Sphygmogramm der Gehirnpulsationen zeigt nebenbei noch die Respirationskurve, die durch das Blut
in den Venen vom Thorax direkt übertragen wird. Die Klappe am unteren Ende der Vena jugularis verhindert zwar direktes Zurückfließen
von Blut aus dem Herzen ins Gehirn, hält aber die Fortleitung des Blutdrucks nicht auf. Wenn auch Gehirnwunden stark bluten, so ist doch
die Blutstillung wegen der prompten Kontraktion der Gefäße nicht
schwer. Große Tumoren können aus der Hirnrinde entfernt werden,
ohne daß eine größere Blutung stattfindet. Die kleinsten Verzweigungen
der zerebralen Arterien anastomosieren in reichem Maße in der Pia mater,
allein die kleinen Arterien, die die Rinde versorgen, sind Endarterien.
Daher wird jeder Druck auf die Gehirnoberfläche zu Anämie und wenn
länger dauernd, zur Zerstörung der Hirnsubstanz führen.

Die Unterbindung einer zerebralen Vene führt gewöhnlich zur
Atrophie des zu ihr gehörigen Rindenabschnittes (Horsley). Auf der
Gehirnoberfläche findet sich immer eine — manchmal auch mehrere —
anastomosierende Venen zwischen den oberen und unteren Zerebralvenen. Die unteren Venae cerebrales sind vier an der Zahl: drei von
ihnen ziehen von den Schläfen- und Hinterhauptlappen zum Sinus
transversus, eine vierte, die Vena superficialis Sylvii endet in dem Sinus

am kleinen Keilbeinflügel. Der Schläfen- und Hinterhauptlappen kann nicht von dem Tentorium cerebelli abgehoben werden, ohne daß die in den Sinus transversus mündenden Venen abgerissen werden.

Fast alle Venen des **Kleinhirns** enden in dem Sinus transversus; die Arterien dagegen sind Äste der Basilar- und Vertebralarterien. Geschwülste des Kleinhirns verursachen Schwäche und Inkoordination der Muskeln, Schwindelgefühl und Störungen des Gleichgewichts. Der Wurm oder mittlere Teil des Kleinhirns beherrscht die Beugebewegungen des Rumpfes, während die beiden Hemisphären bei der Koordination der drehenden Bewegungen — Bewegung um die vertikale Achse des Rumpfes — in Betracht kommen (Horsley).

4. Die Augenhöhle und das Auge.

Die Augenhöhle (Orbita) (Abb. 18).

Der antero-posteriore Durchmesser der Augenhöhle beträgt 4,4 cm, ihr vertikaler Durchmesser an der Basis 3,7 cm. Die Durchmesser des Augapfels sind folgende: Der quere Durchmesser 2,4 cm, der antero-posteriore Durchmesser 2,45 cm, der vertikale Durchmesser 2,3 cm (Brailey). Der Augapfel liegt daher dem oberen und unteren Orbital-rande näher an als den Seiten und der größte Zwischenraum zwischen Augapfel und Orbita findet sich an der Außenseite. Das Innere der Augenhöhle wird deshalb am besten durch Inzisionen erreicht, die an der Außenseite des Augapfels gemacht werden, wie auch bei der Enuklea-tion des Augapfels die Schere für gewöhnlich an dieser Seite eingeführt wird, um den Nervus opticus zu durchschneiden. Bei der Enukleation des linken Auges ist es jedoch für den Operateur bequemer, den Seh-nerv von innen her zu durchtrennen. Die **Knochen,** welche den Boden, das Dach und die innere Wand der Orbita bilden, sind sehr dünn, vor allem an der letzterwähnten Stelle. Deshalb durchbohren in die Orbita eingedrungene Fremdkörper leicht die Schädelhöhle, die Nase oder die Siebbeinzellen, oder wenn von oben her eindringend, das Antrum High-mori des Oberkiefers.

In verschiedenen Fällen drang auf diesen Wegen ein spitzer Gegen-stand, wie z. B. das Ende eines Stockes od. dgl. durch die Orbita in das Gehirn ein, und hatte äußerlich nur geringe Anzeichen einer so schweren Verletzung hinterlassen. Nélaton hat einen Fall beschrieben, in welchem die Arteria carotis interna durch die Augenhöhle hindurch verletzt wurde. Gewisse Fälle von pulsierenden Tumoren der Orbita entstehen aus einer Kommunikation der Arteria carotis mit dem Sinus cavernosus und beruhen auf einem Trauma. Eine Betrachtung der knöchernen Augen-höhle macht es leicht verständlich, daß ein Tumor ohne große Schwierig-keiten in dieselbe eindringen kann, und zwar: 1. von der Schädelbasis, 2. den Nasenhöhlen, 3. vom Antrum des Oberkiefers, 4. von der Fossa temporalis oder infratemporalis aus. In jedem dieser Fälle kann die Geschwulst den dünnen dazwischen liegenden Knochen zerstören und so in die Orbita eindringen, ein Weg, den die Tumoren des Antrums ausnahmslos nehmen. Von der Schädelhöhle aus kann eine Geschwulst jedoch leichter durch das Foramen opticum oder die Fissura orbitalis superior, von der Nase aus durch den Ductus nasalis und von der Fossa temporalis oder infratemporalis aus durch die Fissura orbitalis inferior eindringen. Nach heftigen Schlägen auf die Schläfengegend kann das Blut durch die Fissura orbitalis inferior in die Augenhöhle fließen und so zu subkonjunktivalen Blutungen Anlaß geben. Erweiterung des Sinus frontalis durch Schleim oder Eiter, dessen Abfluß behindert ist, kann zu einer starken Vorwölbung am oberen inneren Orbitalrande führen und zwar oberhalb des Tendo musc. obliqui superioris, wodurch eine Verlagerung des Augapfels nach vorwärts, auswärts und abwärts entsteht. Die Knochen der Augenhöhle sind der Lieblingssitz der Elfenbeinexostosen (Leontiasis ossium), welche unter Umständen die ganze Orbita ausfüllen können. Das vordere Drittel der Außenseite der Augenhöhle wird durch das Os zygomaticum von der Fossa temporalis, die hinteren zwei Drittel werden von der mittleren Schädelgrube, die den Schläfenlappen enthält, durch die großen Keilbeinflügel getrennt. Krönlein entfernt Tumoren der Orbita, indem er die Außenwand derselben in der Fossa temporalis entfernt. In einem berühmten Falle, in welchem ein Mörder einen Selbstmordversuch machte, drang das Geschoß in die Fossa temporalis ein, durchbohrte die laterale Wand der knöchernen Augenhöhle und zerstörte das Auge, ohne das Gehirn zu berühren. Der Pol des Lobus temporalis liegt 2 bis 2,5 cm hinter der lateralen Orbitalwand.

Die Tenonsche Kapsel (Fascia bulbi) (Abb. 18). Die beste Beschreibung dieser Kapsel stammt von Lockwood, aus dessen Studien Professor Cunningham das folgende Resumé gibt: „Die Kapsel ist eine feste Membran, welche lose über die hinteren fünf Sechstel des Augapfels ausgebreitet ist, wodurch nur die Kornea frei bleibt. Vorne liegt sie unter der Conjunctiva bulbi, mit der sie fest verwachsen ist und am Rande der Kornea mit ihr verschmilzt. Hinten geht sie an der Stelle, an welcher der Nervus opticus die Sklera durchbohrt, in die Sehnervenscheide über. Die dem Augapfel zugekehrte Seite der Kapsel ist glatt und steht mit demselben durch Maschen lockeren Bindegewebes in Verbindung. So dient dieselbe gleichsam als eine Hülle, Tasche oder eine Art Bursa, in welcher der Augapfel sich bewegt. Die Außenfläche der Kapsel stößt an das Fett der Augenhöhle. Die Sehnen der Augenmuskeln durchbohren die Kapsel gegenüber dem Äquator des Augapfels. Die Ränder dieser Öffnungen, durch welche die vier Rekti hindurchtreten, sind nach hinten auf die Muskeln selbst in der Form von Scheiden verlängert, fast gerade so wie vom inneren Leistenringe aus die Fascia transversalis auf den Samenstrang übergreift.

Die Stellen, an welchen die Musculi recti interni und externi die Kapsel durchbohren, geben derbe Stränge zu der lateralen und medialen Augenhöhlenwandung ab. Da diese Stränge die Bewegungen der beiden Musculi recti beschränken, werden sie auch **Hemmungsbänder** genannt. Sie gestatten dem Augapfel eine Seitwärtsbewegung von 45°. Das äußere Hemmungsband ist stärker und unmittelbar hinter dem

äußeren Ligamentum tarsi an der lateralen Augenhöhlenwand befestigt;
die Befestigung des inneren Hemmungsbandes liegt dicht hinter dem
Tränensack. Eine Verlängerung der Kapsel zieht zu der Trochlea
und umgibt die Sehne des Musculus obliq. sup. Das Ligamentum suspensorium des Augapfels durchzieht die Augenhöhle wie eine Hänge-
matte, auf welcher der Augapfel ruht. Es ist in Wirklichkeit nichts
weiter als eine Verdickung der unteren Hälfte der Fascia bulbi, die durch
die beiden Hemmungsbänder an der Wandung der Orbita befestigt
ist. Nach Entfernung des Oberkiefers muß der Chirurg darauf bedacht
sein, die Befestigungspunkte dieses Ligamentes zu schonen. Werden
sie durchtrennt, dann sinkt der Augapfel nach unten.

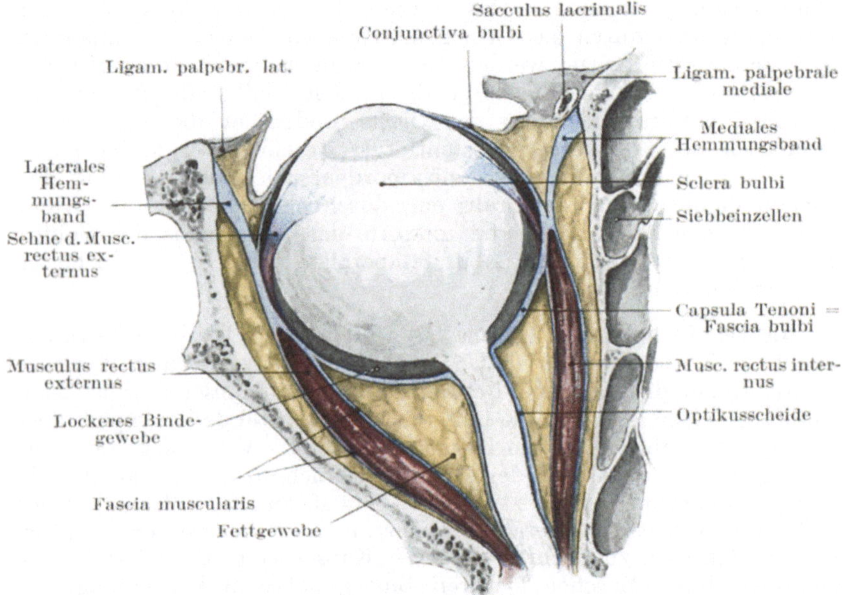

Abb. 18. Schematische Darstellung der Tenonschen Kapsel (blau).

Die innige Beziehung der Fascia bulbi zum Augapfel, zur Konjunktiva, den Augenmuskeln und den Wandungen der Orbita muß im Auge
behalten werden, wo es sich um Schieloperationen handelt. Aus dem
Vorhergesagten ergibt sich von selbst, daß jeder der Musculi recti, dessen
Sehne innerhalb der Tenonschen Kapsel durchtrennt ist, immer noch
durch die Fortsetzung seiner Sehnenscheide in die Fascia bulbi sowohl
mit dem Augapfel und der Konjunktiva, als auch durch die Hemmungsbänder mit den Wandungen der Augenhöhle in Verbindung steht. Deshalb
kann ein Muskel, selbst wenn seine Sehne vollständig durchtrennt ist,
immer noch auf den Bulbus einwirken; seine vollständige Retraktion
wird durch die Hemmungsbänder verhütet.

Die Orbita hinter der Fascia bulbi wird außer von den Augenmuskeln, Blutgefäßen und Nerven noch von einer reichlichen Menge lockeren Fettgewebes ausgefüllt. In Fällen langer Krankheit und Abmagerung entstehen die „eingesunkenen Augen" durch Resorption dieses Fettes. Dieses Gewebe erleichtert das weitere Umsichgreifen eines Orbitalabszesses in hohem Maße. Die Ursachen eines solchen Abszesses sind Traumen, gewisse Augenentzündungen, Periostitis etc. oder aber entstehen dieselben durch Übergreifen aus der Nachbarschaft. Der Eiter kann die ganze Augenhöhle ausfüllen, wobei er den Augapfel nach vorwärts verlagert, seine Bewegungen hemmt und durch Störungen der Blutzirkulation, starke Rötung der Konjunktiva und Schwellung der Lider bedingt.

Fremdkörper, selbst von beträchtlicher Größe und Form sind lange Zeit von dem Fettgewebe der Orbita beherbergt worden, ohne viel Schaden anzurichten. So berichtet Lawson einen Fall, in welchem ein $7^{1}/_{2}$ cm langes Stück einer Hutnadel einige Tage in der Orbita steckte, ohne daß der Träger derselben davon Kenntnis hatte. Ein in mancher Hinsicht noch viel merkwürdiger Fall wurde von Furneaux Jordan beschrieben: „Ein mit Dreschen beschäftigter Mann bekam eine sehr heftige Ophthalmie. Nach Verlauf von einigen Wochen drückte derselbe auf sein unteres Augenlid, wobei plötzlich eine reichliche Menge Eiter hervorquoll, in welchem sich ein Weizenkorn fand, das einen kräftigen grünen Sproß getrieben hatte." Das Fettgewebe der Augenhöhle bildet ferner eine Prädilektionsstelle für wachsende Tumoren. Brüche der medialen Orbitalwand mit Verletzung der Nasenhöhle oder der Knochenhohlräume des Oberkiefers können zu ausgedehntem Emphysem der Augenhöhlengewebe führen. Die eingedrungene Luft kann den Augapfel vortreiben, seine Bewegung hemmen, kann auf die Augenlider übergehen und wird in jedem Falle durch das Schneuzen der Nase noch verstärkt.

Die Muskeln der Augenhöhle (Abb. 18, 19, 20). Die vier Musculi recti laufen in dünne platte Sehnen aus. Diejenige des Musculus rectus externus oder internus wird häufig beim Strabismus durchtrennt. Die Breite der Sehnen schwankt zwischen 7 und 9 mm. Sie inserieren in der Sklera nahe der Kornea. Der Musculus rectus internus inseriert 6,5 mm hinter dem Kornealrande, der rectus externus 6,8 mm, der rectus inferior 7,2 mm und der rectus superior 8 mm (Merkel).

Während die Musculi recti externus und internus reine Aus- und Einwärtsdreher des Augapfels sind, bewirken die Musculi recti superior und inferior wegen der Richtung, in welcher sie ziehen, neben der Einwärts- auch eine Auf- und Abwärtsbewegung. Ihr Bestreben als Einwärtsdreher zu wirken, wird durch zwei Musculi obliqui verhindert, welche ihrerseits den Augapfel sowohl nach außen als auch nach oben und unten bewegen.

Konjugierte horizontale Bewegungen nach rechts oder links werden von den Musculi recti externus und internus ausgeführt. Bei Aufwärtsbewegungen des Augapfels treten die Musculi obliquus inferior und rectus superior in Tätigkeit, von denen der erste die Kornea nach der lateralen Seite, letzterer nach der medialen Seite bewegt. Die Abwärtsbewegungen des Bulbus werden von den Musculi rectus inferior und obliquus superior ausgeführt, wobei ersterer die Bewegung gegen die Nase zu, letzterer die gegen das Jochbein zu vollzieht. Die Muskeln beider Augäpfel sind in konjugierten Bewegungen einander koordiniert. So arbeitet beim Blick nach abwärts und nach rechts der Musculus obliquus superior der rechten Seite zusammen mit dem Musculus rectus

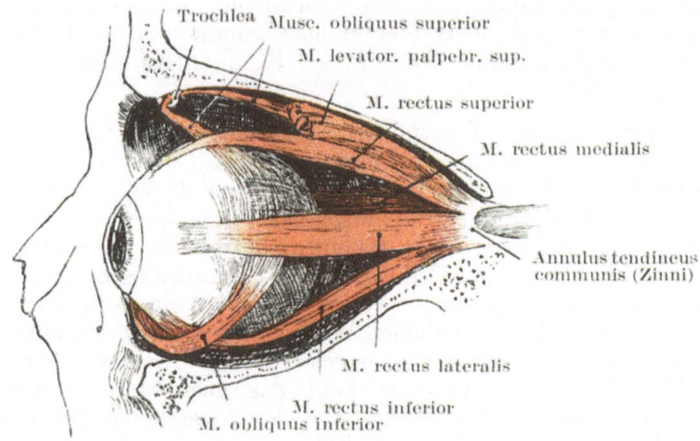

Abb. 19. Augenmuskeln.

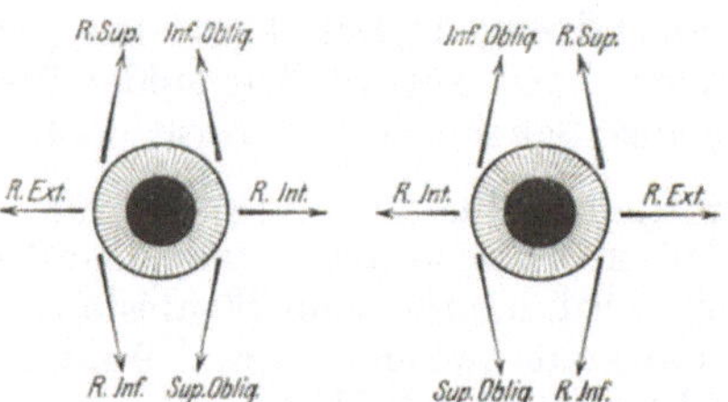

Abb. 20. Schematische Darstellung der Wirkung der Augenmuskeln.

inferior der linken Seite. Ist einer dieser Muskeln gelähmt, so tritt beim Ausführen dieser Bewegung Diplopie (Doppelsehen) auf.

Die Arterien der Augenhöhle sind klein und stören die Enukleation, wenn durchtrennt, nur selten, da sie bequem gegen die knöcherne Wandung der Orbita gedrückt werden können. Pulsierende Tumoren in dieser Gegend sind entweder traumatische Aneurysmen einer der Orbitalarterien oder arteriell-venöse Aneurysmen zwischen der Carotis interna und dem Sinus cavernosus. Ein durch ein Aneurysma der Arteria carotis interna auf die Vena ophthalmica an ihrem Eintritt in den Sinus ausgeübter Druck kann alle die Erscheinungen einer pulsierenden

Geschwulst der Orbita zeigen. Thrombose des Sinus cavernosus bedingt Erweiterung der Venae ophthalmicae mit Proptosis.

Die Augennerven können bei Wunden und Brüchen der Orbita, sowie der Schädelbasis verletzt werden. Außerdem können sie durch Geschwülste, Aneurysmen, hämorrhagische oder entzündliche Flüssigkeitsansammlungen komprimiert werden. So berichtet Lawson, daß durch eine Stichverletzung des oberen Augenlides der Sehnerv durchtrennt wurde, ohne daß das Auge selbst verletzt oder ein Knochen frakturiert wurde. Derselbe Nerv wurde bei Frakturen der Augenhöhle und bei Brüchen der kleinen Keilbeinflügel vollständig durchtrennt. In Fällen von Aneurysmen der Arteria carotis interna kann der dritte, vierte und sechste, sowie der erste Ast des fünften Gehirnnerven in Mitleidenschaft gezogen werden, da sie dem Sinus cavernosus eng anliegen. Außerdem werden sie leicht durch eine Geschwulst komprimiert, die sich in der Fissura orbitalis superior entwickelt, wie z. B. eine Exostose am Rande der Fissur, während der sechste Gehirnnerv wegen seiner nahen Beziehung zur Schädelbasis bei einer Fraktur derselben vollständig zerreißen kann (Prescott Hewett).

Bei **Lähmung des dritten Gehirnnerven** (Nervus oculomotorius) hängt das obere Augenlid herab (Ptosis); das Auge ist so gut wie bewegungslos, zeigt Strabismus divergens wegen der nicht gehemmten Tätigkeit des Musculus rectus externus und kann weder einwärts, aufwärts noch gerade abwärts bewegt werden. Drehung in der Richtung nach ab- und auswärts kann aber durch die Musculi obliquus superior und rectus externus noch bewirkt werden. Die Pupille ist weit und reaktionslos, die Akkommodation stark beeinträchtigt, es besteht Diplopie und bisweilen eine geringe Vortreibung des Augapfels wegen der Erschlaffung der Musculi recti. Diese Sypmtome deuten auf vollständige Okulomotoriuslähmung hin. Bei nicht kompletter Okulomotoriuslähmung findet sich eines oder mehrere der eben beschriebenen Symptome.

Bei **Lähmung des vierten Gehirnnerven** (Nervus trochlearis) ist äußerlich am Auge nur wenig zu sehen, da die Funktion des von diesem Nerven versorgten Musculus obliquus superior, zum Teile vikariierend ausgeführt wird. Gewöhnlich findet sich nur eine ganz geringe Motilitätsstörung des Augapfels; es besteht Doppelsehen beim Blick nach abwärts, sowie Einschränkung des Gesichtsfeldes im inneren, unteren Quadranten. Bei Lähmung des sechsten Gehirnnerven (Nervus abducens) findet sich Strabismus convergens mit Diplopie und das Unvermögen das Auge gerade nach außen zu drehen. Lähmung dieses Nerven kann mit einer Lähmung des Musculus rectus internus der anderen Seite vergesellschaftet sein, wodurch die konjugierte Deviation der Augen entsteht. Ein solcher Befund weist auf die Erkrankung des Kernes des sechsten Nerven hin, da zwar die Nervenfasern für den Musculus rectus internus mit dem Nervus oculomotorius zusammen zur Peripherie verlaufen, aber zusammen mit dem Nervus abducens in dessen Kerne entspringen.

Bisweilen sind alle motorischen Augenmuskelnerven gelähmt; in diesen Fällen sitzt die Läsion entweder in ihren Kernen im Gehirn oder aber am Sinus cavernosus, in dessen Wand alle diese Nerven nahe beieinander liegen.

Bei **Lähmung des ersten Astes des fünften Gehirnnerven** (Nervus ophthalmicus des Nervus trigeminus) findet sich eine Anästhesie der gesamten Konjunktiva mit Ausnahme des Teiles, der das untere Augenlid überzieht (derselbe wird versorgt von den Rami palpebrales des Nervus infraorbitalis, sowie von dem Ramus zygomaticofacialis des Nervus zygomaticus), Anästhesie des Augapfels sowie der von den Nervi supratrochlearis und supraorbitalis versorgten Hautabschnitte, ferner Empfindungslosigkeit in den Schleimhaut- und Hautbezirken, welche vom Nervus nasociliaris versorgt werden (Schleimhaut der Siebbeinzellen und Keilbeinhöhle, Nasenschleimhaut, Haut der äußeren Nase). Der anästhetische Bezirk ist viel kleiner als die anatomische Ausbreitung der Nerven, da zahlreiche Hautnerven sich zwischen den Ästen des Trigeminus ausbreiten. Reizt man die Konjunktiva, so bleiben die Reflexbewegungen (Blinzeln) aus, trotzdem kann der Kranke veranlaßt werden zu blinzeln, wenn man dem Auge eine starke Lichtquelle nahebringt, da dann der Nervus opticus in diesem Falle den Reiz auf den Nervus facialis überträgt. Reizt man die vorderen Abschnitte der Nasenschleimhaut, so wird kein Niesen ausgelöst. Ulzerationen der Kornea sind bei dieser Lähmung nicht ganz selten; diese sind veranlaßt: 1. durch die teilweise Zerstörung der in dem gelähmten Nervenstamme verlaufenden trophischen Fasern, 2. durch die Anästhesie, welche eine leichte Verletzbarkeit der Kornea bedingt, 3. durch das Fehlen des Reflexes, der unter normalen Verhältnissen das Kaliber der Blutgefäße beeinflußt und bei seinem Nichtvorhandensein die entzündlichen Erscheinungen ungehemmt um sich greifen läßt (Nettleship).

Bei Lähmung **der zervikalen Abschnitte des Nervus sympathicus** findet sich eine Verengerung der Lidspalte durch ein leichtes Heruntersinken des oberen Augenlides, deutliche Verlagerung des Augapfels nach rückwärts, sowie eine gewisse Enge der Pupille wegen der Lähmung des vom Sympathikus versorgten Musculus dilatator pupillae. Das Heruntersinken des oberen Augenlides kann damit erklärt werden, daß jedes Lid eine Schicht glatter Muskelfasern enthält. Die Schicht des oberen Augenlides entspringt von der Unterfläche des Musculus levator palpebrae und endet nahe dem oberen Rande des knorpelähnlichen Bindegewebes. Diese Muskelschicht hält bei ihrer Kontraktion das Augenlid offen, steht aber unter dem Einfluß des Nervus sympathicus. Das Zurückweichen des Augapfels wird von einigen auf die Lähmung des Müllerschen Augenmuskels zurückgeführt. Dieser Muskel überbrückt die Fissura orbitalis inferior, besteht aus glatten Msukelfasern und wird vom Sympathikus innerviert. Kontraktionen dieses Muskels, wie sie beim Tiere durch Reizung des Nervus sympathicus am Halse ausgelöst werden können, bedingen Vorquellen des Augapfels, während die Durchtrennung des Halssympathikus Zurücksinken des Augapfels bewirkt

(Claude Bernard). Dabei werden keine Veränderungen in der Weite der Blutgefäße des Augapfels beobachtet. Der glatte Muskel hält den intra- orbitalen Druck aufrecht und erleichtert so das Zurückströmen des Blutes aus den Venae ophthalmicae. Bei gewissen Tieren (Rindvieh), bei welchen die Venen bei gesenktem Kopfe, wie z. B. beim Fressen, stark erweitert werden, ist dieser Muskel besonders stark entwickelt.

Der Augapfel (Bulbus oculi) (Abb. 21).

Die Hornhaut (Kornea). Die Dicke der Kornea schwankt zwischen 0,9 mm in den zentralen Abschnitten und 1,1 mm in der Peripherie. Man läßt sich gerne hinsichtlich der Dicke derselben täuschen, da ein nicht in dem richtigen Winkel eingeführtes Messer eine Strecke weit zwischen den Blättern derselben vorgeschoben werden kann

Vorne ist die Kornea von geschichtetem Plattenepithel überzogen. Fehlt dieser Epithelüberzug, so kann sich an dem bloßgelegten Korneal- gewebe ein weißer Niederschlag von Bleisalzen bilden, wenn Bleiwasser- umschläge aufs Auge gemacht werden. Die Substantia propria corneae besteht aus zahlreichen bindegewebigen Lamellen, zwischen denen in anastomosierenden Hohlräumen große gut entwickelte, breite Binde- gewebszellen, die sog. Hornhautzellen liegen. Dieses feine Netzwerk kleinster Hohlräume (die sog. Recklinghausenschen Kanäle) kann mit einer dünnen Nadel injiziert werden. Tritt in der Kornea eine Eiterung auf, so kriecht der Eiter höchstwahrscheinlich in diesen Kanälen weiter und führt so zu dem „Onyx". Die Kornea enthält nur in ihrer äußersten Peripherie Blutgefäße. Dieser Mangel einer direkten Blut- versorgung bedingt nicht selten eine spontane Entzündung bei schlecht genährten und kachektischen Individuen. Das entzündete Gewebe trübt sich. Bei der als Ceratitis interstitialis bezeichneten Erkrankung sprossen vom Rande der Kornea aus Blutgefäße auf einige Entfernung in die Kornea hinein. Da diese Blutgefäße etwas unter der Oberfläche dahin- ziehen und von dem getrübten Kornealgewebe bedeckt sind, ist deren scharlachrote Farbe stark gedämpft.

Beim **Pannus** erscheint die Kornea von zahlreichen Gefäßen durch- zogen; allein die Gefäße der zunächstliegenden Abschnitte der Konjunk- tiva ziehen oberhalb der Kornea zwischen ihr und der Epithelschicht hinweg und lassen die Kornea blutleer wie immer. Die Bezeichnung „**Arcus senilis**" bezieht sich auf zwei weiße schmale Sicheln an der Peri- pherie der Kornea unmittelbar an ihrem Rande, wie sie im Alter und bei gewissen Erkrankungen gefunden werden. Diese Sicheln liegen am oberen und unteren Rande und ihre Enden treffen sich in der Mitte zu beiden Seiten. Sie sind durch fettige Degeneration des Kornealgewebes be- dingt; die Veränderung findet sich am ausgesprochensten unmittelbar unter der Lamina elastica anterior, d. h. in dem Teil, der am meisten von Randgefäßen beeinflußt wird. Trotz des Mangels an direkter Blut- versorgung, heilen Wunden der Kornea im allgemeinen gut.

Die Kornea ist reichlich mit **Nerven** versorgt, in einer Anzahl von schätzungsweise 40—45. Sie sind Äste des Nervus ciliaris, dringen durch die vorderen Abschnitte der Sklera in die Kornea ein und verteilen sich über die ganze Hornhaut. Beim Glaukom, dessen Symptome auf stark vermehrtem intraokularem Drucke beruhen, wird die Kornea anästhetisch, da die Ziliarnerven einem starken Drucke ausgesetzt sind, ehe ihre Endverzweigungen die Hornhaut erreichen.

Sklera, Chorioidea und Iris (Abb. 21). — **Die harte Augenhaut (Sklera)** ist in ihren hintersten Abschnitten am dicksten, während sie $^3/_4$ cm hinter der Kornea am dünnsten ist. Berstet der Augapfel durch ein Trauma, so gibt für gewöhnlich die Sklera nach, und zwar findet sich der Riß in der Regel etwas hinter der Kornea, d. h. an der soeben erwähnten dünnsten Stelle. Eine Ruptur der Kornea allein durch ein Trauma ist selten. Die Sklera kann bersten, ohne daß die über ihr locker befestigte Konjunktiva zerreißt. In einem solchen Falle kann die Linse

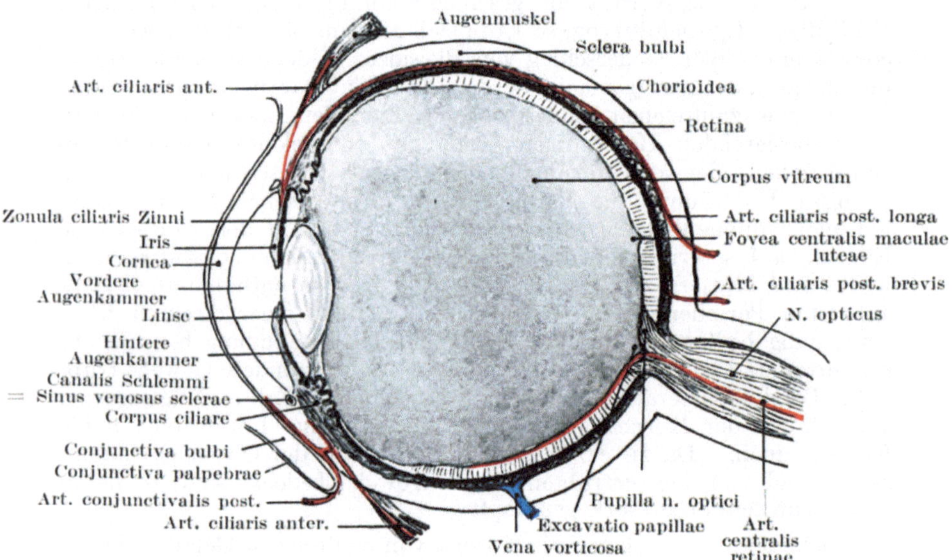

Abb. 21. Augendurchschnitt mit den wichtigsten Gefäßen.

durch den Riß in der Sklera entweichen und unter der Konjunktiva gefunden werden. An der Stelle, an welcher der Nervus opticus die Sklera durchsetzt, ist letztere dünn und von zahlreichen Löchern für den Durchtritt von Nervenbündeln durchsetzt. Diese schwache Stelle, die sog. Lamina cribrosa, spielt beim Glaukom eine wichtige Rolle. Sie verleiht der Sehnervenpapille das getüpfelte Aussehen. Brailey behauptet, daß die seitlichen Abschnitte der Sklera dünner seien als die oberen und unteren Segmente, daß der unterste Teil der dickste und die äußere Wand die dünnste sei. Deshalb dehnt sich unter dem Einfluß des intraokularen Druckes das Auge nicht so sehr in vertikaler als vielmehr in seitlicher Richtung aus. Die Festigkeit und Unnachgiebigkeit der Sklera ist die hauptsächlichste Ursache des heftigen, durch Kompression der Nerven bedingten Schmerzes, über welchen bei solchen Augenaffektionen geklagt wird, die mit vermehrtem intraokularem Drucke einhergehen (Glaukom usw.).

Die Aderhaut (Chorioidea) (Abb. 21). Die Aderhaut ist die blutführende Haut des Augapfels. Zwischen ihr und der Sklera finden sich zwei dünne Membranen, die Lamina suprachorioidea und Lamina fusca, beide durch eine Lymphspalte voneinander getrennt. Bei Verletzungen des Augapfels kann zwischen diesen beiden Membranen ein ausgedehnter Bluterguß sich ansammeln, ferner kann eine derartige Blutung im Anschluß an eine plötzliche Verringerung des intraokularen Druckes, wie sie nach einer Iridektomie oder nach einer Kataraktoperation entsteht, auftreten. Die Aderhaut allein kann infolge eines Schlages auf das Auge einreißen (der Riß findet sich gewöhnlich in ihren hinteren Abschnitten). Ferner ist dieselbe eine der wenigen Stellen des Körpers, wo melanotische Geschwülste entstehen können. Diese Tumoren sind im allgemeinen von sarkomatösem Bau, enthalten reichlich Pigment und finden sich primär nur dort, wo sich Pigmentzellen vorfinden. In der Aderhaut finden sich nun aber Pigmentzellen besonders reichlich.

Anmerkung des Übersetzers: Eine Reihe der melanotischen Tumoren, vor allem die der Haut, sind keine Sarkome, sondern typische Epitheliome, von den Nävuszellen der Epidermis ausgehend.

Die Regenbogenhaut (Iris) (Abb. 21). Die Iris entzündet sich wegen ihres reichlichen Gehaltes an Blutgefäßen besonders leicht. Wegen ihrer nahen Beziehung zur Hornhaut und zur weißen Augenhaut greifen Entzündungen der letzteren Häute leicht auf die Iris über. Auf der anderen Seite stehen die Blutgefäße der Iris und der Chorioidea in so engem Zusammenhange, daß Entzündungen der Iris ebenso leicht auf sie übergehen können. Bei Iritis ändert sich wegen der Stauung, sowie der Exsudation von Lymphe und Serum die Farbe der Regenbogenhaut. Die dadurch entstehende Schwellung zusammen mit der flüssigen Ausschwitzung verwischen die feine netzförmige Struktur des Häutchens, wie wir es durch die Kornea hindurch sehen. Diese Irisschwellung läßt auch die Pupille enger erscheinen, während ihre Bewegungen sehr träge ausgeführt werden. Wenn man sich vergegenwärtigt, daß ein Teil der Irishinterfläche mit der Linsenkapsel zusammenhängt, versteht man, daß sich leicht zwischen beiden Teilen entzündliche Verwachsungen bilden können. Deshalb findet man häufig nach Iritis die Irishinterfläche entweder in toto oder an verschiedenen Stellen (sog. hintere Synechien) mit der Linsenkapsel verwachsen, im Gegensatz zu den Verwachsungen der Iris mit der Kornea (vordere Synechien). Bei Iritis kann auch die Linse von der Entzündung ergriffen werden, man spricht dann von sekundärem oder entzündlichem Katarakt.

Die Regenbogenhaut hängt nicht sehr fest mit ihrer Umgebung zusammen. Deshalb kann sie bei Augenverletzungen mehr oder weniger abgelöst sein, ohne daß die übrigen Augenhäute beschädigt sind. Unter Umständen kann sie vollständig abreißen und durch eine Wunde im Augapfel nach außen prolabieren. Angeborenes Fehlen der Iris ist beschrieben worden. Bei perforierenden Wunden der Kornea fällt die Iris gerne vor. Sie ist so zart und nachgiebig, daß bei der Iridektomie das zu exzidierende Stückchen Regenbogenhaut ohne merkbaren Widerstand durch die Kornealwunde herausgezogen werden kann. Ferner wird sie wesentlich durch die ihr anliegenden Teile der Linse gestützt. Ist z. B. die Linse entfernt oder in den Glaskörper verlagert, so zittert die Iris bei Bewegung des Augapfels. Obgleich sie sehr blutgefäßreich ist, so blutet sie doch, wenn angeschnitten, wenig, ein Umstand, der vielleicht dadurch bedingt ist, daß sich die so reichlich in ihr enthaltenen Muskelfasern zusammenziehen. Bisweilen findet sich in der Iris ein angeborener Spalt, der von der Pupille nach abwärts und etwas nach einwärts zieht. Diesen Befund bezeichnet man als Coloboma iridis.

Anmerkung des Übersetzers: „Früher auf das Offenbleiben der Fötalspalte zurückgeführt, werden diese Kolobome in neuerer Zeit mehr für Residuen intrauteriner Erkrankungen gehalten."

Bisweilen sieht man noch einige Fäden von Resten einer sog. Nickhaut, wie sie bei Vögeln und anderen Tieren zeitlebens besteht, über die Pupille hinwegziehen. Unter normalen Umständen ist dieselbe schon vor der Geburt wieder verschwunden.

Die Blutversorgung des Augapfels. 1. Die Arteriae ciliares posteriores breves von der A. ophthalmica durchbohren die Sklera dicht neben dem Sehnerven, verlaufen eine kurze Strecke in der äußersten Schicht der Chorioidea und lösen sich dann in einen kapillaren Plexus auf, welcher den Hauptbestandteil der inneren Schicht der Aderhaut bildet. Vorne gibt dieser Plexus einige Gefäße zu dem Corpus ciliare ab. Die zu diesen Arterien gehörigen Venae vorticosae fließen zu vier oder fünf Stämmen zusammen, durchbohren die Sklera in der Mitte zwischen Kornea und Nervus opticus und liegen in der Aderhaut nach außen von den Arterien.

2. Die zwei Arteriae ciliares posteriores longae, ebenfalls Äste der Arteria ophthalmica, durchbohren die weiße Augenhaut an der Außenseite des Nervus opticus, ziehen zu beiden Seiten nach vorwärts bis zum Annulus ciliaris, wo sie sich in zahlreiche kleinste Äste teilen, um den Circulus iridis maior zu bilden. Einige Äste dieses Circulus gehen zum Ziliarmuskel weiter, während die übrigen in der Iris konvergierend zur Pupille ziehen und am Rande derselben den Circulus iridis minor bilden.

3. Die Arteriae ciliares anteriores (Äste der Rami musculares sowie der Arteria lacrimalis aus der Arteria ophthalmica) durchbohren die Sklera etwa 2—3 mm. hinter der Kornea, gehen in den Circulus iridis maior über und geben Ästchen zum Corpus ciliare ab, welche zahlreiche anastomosierende Schleifen bilden. Diese Arterien liegen in dem subkonjunktivalen Gewebe. Ihre episkleralen oder nicht perforierenden Zweige sind sehr klein, zahlreich und unter normalen Verhältnissen unsichtbar. Bei Entzündung der Iris und ihrer Umgebung dagegen sind diese Gefäße als ein schmaler, rosafarbener Gürtel rings um den Rand der Kornea deutlich sichtbar (Zona ciliaris).

4. Die Gefäße der Konjunktiva sind Äste der Arteria lacrimalis

und der beiden Arteriae palpebrales. Bei Entzündungen des Auges kann man diese Gefäße leicht von den vorhergehenden unterscheiden. Sie sind relativ groß, gewunden, von leuchtend ziegelroter Farbe, können leicht mit der Konjunktiva bewegt und durch Druck entleert werden. Die Verschiedenheiten dieser beiden Blutgefäße dienen dazu, konjunktivale Entzündungen von tiefer gelegenen zu unterscheiden. Die konjunktivalen Gefäße am Rande der Kornea bilden ein enges Geflecht anastomosierender kapillarer Schleifen, welches bei heftigen oberflächlichen Entzündungen der Kornea sich erweitert; sie können aber von der oben genannten „Zona ciliaris" durch die eben erwähnten Besonderheiten unterschieden werden. Die Retina besitzt ein eigenes Blutgefäßsystem aus der Arteria centralis retinae, das nirgends mit den Gefäßen der Chorioidea in Verbindung steht, mit Ausnahme der Stelle des Sehnerveneintritts. In der Tat sind die der Chorioidea zunächst liegenden äußeren Schichten der Retina vollständig gefäßlos. Wenn daher die Arteria centralis retinae verstopft ist, so entsteht plötzliche Erblindung; da der ungenügende kollaterale Kreislauf durch die kleinsten Anastomosen um die Eintrittsstelle des Sehnerven herum nicht ausreicht, wird die Retina sehr rasch ödematös. Ein dauernder Verschluß der Arteria centralis retinae bedeutet also in Wirklichkeit eine Ausschaltung des gesamten retinalen Blutkreislaufs. In einigen Fällen von Embolie trat nur der Verschluß eines Astes der Arterie ein; danach verliert der Kranke das Sehvermögen nur teilweise, soweit eben die Blutversorgung der Retina durch diesen Ast bewerkstelligt wird. Die Fovea centralis empfängt kleinste Ästchen aus den Arteriolae temporales retinae superior und inferior.

In Fällen von Blutung zwischen Chorioidea und Retina muß das Blut aus den Aderhautgefäßen stammen; bei Blutungen in den Glaskörper dagegen, die oft nach Traumen eintreten, kann das Blut entweder aus dem Corpus ciliare oder auch aus den Retinalgefäßen stammen, da sie in den inneren Schichten dieser Haut verlaufen.

Die Nerven des Augapfels. 1. Die aus dem Ganglion lenticulare und dem Nervus nasociliaris stammenden Nervi ciliares durchbohren die weiße Augenhaut dicht am Sehnerven und ziehen zwischen Sklera und Chorioidea nach vorne, diese Teile versorgend. Sie dringen in den Musculus ciliaris ein, bilden an der Peripherie der Iris ein Nervengeflecht, senden von hier aus feinste Fäserchen in die Iris hinein, welche am Rande der Pupille feinste Nervenplexus bilden. Ferner geben sie im vorderen Teile der Sklera Äste zu der Kornea ab. So kommt es, daß der Augapfel durch diese Nerven seine sensiblen Fasern aus dem Nervus nasociliaris vom ersten Trigeminusast, seine motorischen Fasern für die Musculi ciliaris und sphincter iridis vom Nervus oculomotorius und zahlreiche sympathische Fasern erhält, unter denen sich solche für den Musculus dilatator iridis finden.

2. Die Konjunktiva wird von vier Nerven versorgt: oben von dem Nervus supratrochlearis, medial von dem Nervus infratrochlearis, lateral von dem Nervus lacrimalis (sämtlich Äste des Nervus ophthalmicus

vom ersten Aste des Nervus trigeminus), unten von den Rami palpebrales des Nervus infraorbitalis und dem Ramus zygomaticofacialis des Nervus zygomaticus, Ästen des Nervus infraorbitalis vom Nervus maxillaris aus dem zweiten Ast des Trigeminus. In ihrem Verlaufe nach vorwärts zwischen der Sklera und der Chorioidea werden diese Nerven bei vermehrtem intraokularem Drucke besonders leicht komprimiert, und so gelähmt.

Die sensiblen Nerven des Augapfels selbst stammen einzig und allein aus dem ersten Trigeminusast. Bei entzündlichen Prozessen des Augapfels, wie bei Keratitis oder Iritis, wird neben den Augenschmerzen selbst noch über Schmerzen in anderen Zweigen des ersten Trigeminusastes geklagt. Die Erklärung dieser Tatsache liegt in dem gemeinsamen Ursprung sämtlicher Zweige des ersten Astes aus dem oberen sensiblen Kerne des Trigeminus im Boden des vierten Ventrikels. Nicht nur die mit dem Augapfel in Verbindung stehenden Zellen dieses Kernes sind allein involviert, vielmehr auch die benachbarten Zellen und durch einen psychischen Irrtum wird der Schmerz auch in den übrigen Nervenverzweigungen weitergeleitet. Deshalb findet sich dabei oft ein Schmerz über der Stirngegend im Verlaufe der Nervi supratrochlearis, infraorbitalis und lacrimalis (Zirkumorbitalschmerz) sowie entlang dem Nervus nasociliaris. Ferner kann die Erregung auf den zweiten Trigeminusast übergreifen, so daß über Schmerz in der Temporalgegend, im Oberkiefer und in den Zähnen geklagt wird. Dabei findet sich reichlicher Tränenfluß, da die Tränendrüse ebenfalls vom ersten Trigeminusast versorgt wird. Lichtscheu ist ein gewöhnlicher Befund bei Augenerkrankungen; dieselbe ist bedingt durch einen Spasmus des M. orbicularis, der entweder das Auge geschlossen hält oder beim geringsten Reiz zum Schließen bringt. Obgleich der Musculus orbicularis oculi vom Nervus facialis versorgt wird, kommen seine Fasern nicht aus dem Kerne des siebenten Hirnnerven, sondern aus dem Kerne des dritten, der ganz in der Nähe des oberen sensiblen Kernes des fünften Gehirnnerven liegt und mit ihm durch Reflexbahnen verbunden ist. Lichtscheu findet sich am ausgesprochensten bei oberflächlichen Entzündungen der Kornea und wird durch Anlegung eines Zugmittels in der Schläfengegend oft wesentlich gemildert. Bei Iritis und Glaukom findet sich Hyperästhesie, sowie oberflächlicher Stirn- und Schläfenschmerz (Head). Die Nervenzentren für die Haut dieser Gegend und den Augapfel liegen nahe beieinander, eine Beziehung, welche die Applikation von künstlichen Reizmitteln an den Schläfen bei Augenerkrankungen verständlich macht. Eine Entzündung der Kornea löst keine entfernten Schmerzempfindungen aus (Head). Überanstrengung des Ziliarmuskels bei Refraktionsanomalien des Auges ist eine der häufigsten Ursachen des Stirnkopfschmerzes.

Die nahen Beziehungen des Nervus nasociliaris zu den Organen der Augenhöhle treten im täglichen Leben oft in Erscheinung. Ein Stoß gegen die Nasenspitze oder eine Reizung der Haut an dieser Stelle, wie z. B. beim Ausdrücken eines schmerzhaften Mitessers verursacht profuse Tränensekretion. Schnupftabak verursacht durch die Reizung

der Rami nasales interni des Nervus ophthalmicus beim des Schnupfens
ungewohnten Anfänger ein Wässern des Auges; ferner ist es wohlbekannt,
daß eine ganze Menge anderer Reize der Nase und der vorderen Nasenschleimhaut (wie z. B. scharfe Gerüche u. dgl.) alsbald die Tränensekretion anregen. Der Herpes zoster illustriert oft die erstaunlich enge
Beziehung von Nasennerven zum Auge. Sind bei dieser Erkrankung
nur die Nervi supraorbitalis und supratrochlearis befallen, zeigt das

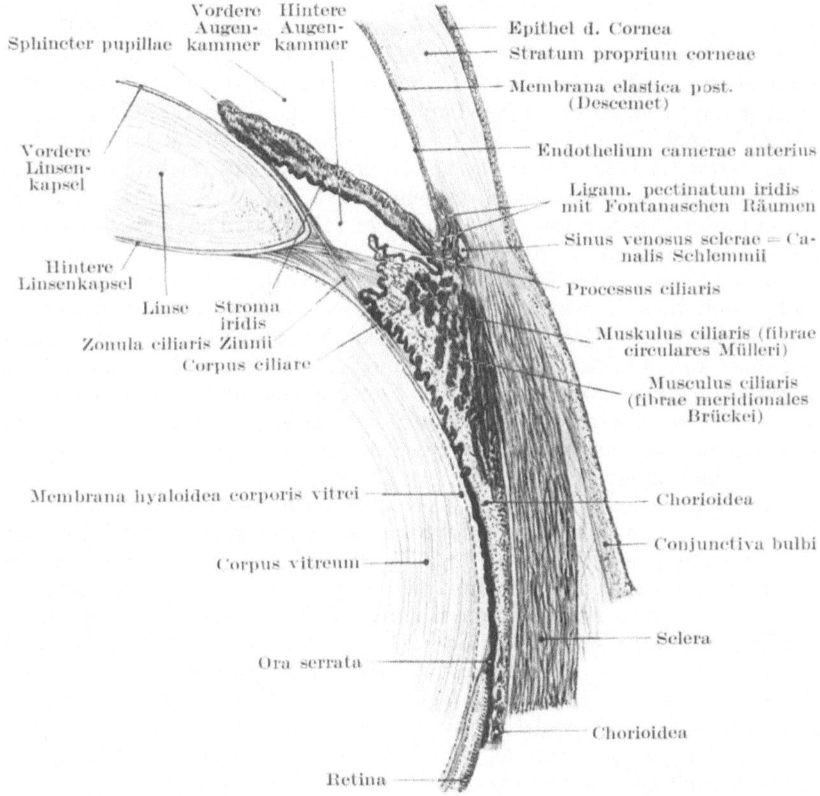

Abb. 22. Querschnitt durch die Gegend des Corpus ciliare. (Nach Merkel.)

Auge für gewöhnlich keine Besonderheiten; wenn dagegen auch der
Nervus nasociliaris ergriffen ist, d. h. wenn der Herpes zoster entlang der
Nase nach unten verläuft, besteht für gewöhnlich eine mehr oder minder
starke Entzündung des Augapfels.

Der gefährliche Bezirk des Auges. Penetrierende Wunden der Kornea
oder der Sklera allein sind im allgemeinen nicht gefährlich; allein sobald
das Corpus ciliare (Abb. 22) und dessen nächste Umgebung verletzt
ist, handelt es sich um schwere und ernste Verletzungen. Entzündungen

des Corpus ciliare sind wegen der wichtigen Gefäße und Nervenanastomosen in dieser Gegend besonders gefährlich. Was die Nerven- und Blutversorgung anlangt, so findet sich im Augapfel keine Stelle, die wichtiger wäre als die eben erwähnte. Eine Entzündung des Ziliarkörpers kann auf mehr oder weniger direktem Wege auf die Kornea, Iris, Chorioidea, Glaskörper und Retina übergreifen. Die nach Verletzung entstehenden, mehr schleichenden, chronischen Entzündungen des Ziliarkörpers, seltener die eitrigen, sind die Ursachen der **sympathischen Ophthalmie.** Bei dieser schrecklichen Erkrankung tritt eine deletäre Entzündung in dem gesunden Auge auf und zwar für gewöhnlich erst 4—8 Wochen nach der Verletzung zur Zeit der noch floriden Iridozyklitis. Wenn wir auch bis heute den Weg der Überwanderung auf das zweite Auge noch nicht genau kennen und über die eigentliche Ursache dieser Erkrankung ebenfalls noch im Ungewissen sind, so kann doch soviel mit Sicherheit gesagt werden: 1. die Erkrankung beginnt in der am reichsten mit Ästen der Ziliarnerven versorgten Gegend, i. e. Corpus ciliare und Iris; 2. die ersten Spuren im gesunden Auge zeigen sich an derselben Stelle wie am erkrankten; 3. die Ursache ist fast stets eine Verwundung, die zu einer schleichenden Entzündung des Uvealtraktus führt; 4. histologisch finden sich bisweilen entzündliche Prozesse in dem Nervus opticus und den Nervi ciliares des verletzten Auges (Nettleship). Jetzt herrscht allgemein die Ansicht, daß das gesunde Auge unmittelbar von dem erkrankten infiziert wird. Der die Nervi optici umgebende Hohlraum geht am Chiasma direkt von einer Hemisphäre auf die andere über und bietet so einer Infektion Gelegenheit, von einem Auge auf das andere überzugreifen.

Die **Linse (Lens crystallina)** (Abb. 22) nimmt während des Lebens an Größe langsam zu. Ihre Länge ist vom Akkommodationszustand des Auges abhängig und schwankt zwischen 3,7 und 4,4 mm. Sie ist in allen ihren Teilen, wie ihre Kapsel, vollkommen durchsichtig und vollständig gefäßlos. Die Linse ist an ihrem Rande durch ein System feiner, durchsichtiger, radiärer Fasern (Fibrae zonulares zonulae ciliaris Zinnii) an dem Corpus ciliare in der Weise aufgehängt, daß ein Teil der Fasern zur Vorderfläche, ein anderer Teil zur Hinterfläche der Linse ziehen und so eine Linsenkapsel bilden. An den Processus ciliaris gehen diese radiären Fasern der Zonula ciliaris in die Membrana hyaloidea, i. e. die durchsichtige Kapsel des Glaskörpers über. Durch teilweise Zerreißung ihres Aufhängeapparates kann die Linse leicht gelockert oder verlagert werden, sei es in die vordere Augenkammer oder für gewöhnlich in den Glaskörper. Vergrößert sich die Linse durch irgendwelche krankhaften Prozesse, dann kann sie durch Druck auf die sie umgebenden Gewebe schweren Schaden stiften. Ihre Kapsel ist ungemein brüchig, dabei aber so elastisch, daß bei Einrissen in dieselbe die Ränder sich nach außen umkrempeln. Bei den bekannten Staroperationen wird dieselbe gespalten und kann bei irgend einem das Auge treffenden Trauma einreißen. „Bei einer Art der Staroperation wird die Linsenkapsel mitentfernt, während der Glaskörper durch die hinter der Linsenkapsel gelegene Membrana hyaloidea in seiner Lage gehalten wird. Ist die

Linsenkapsel verletzt, so daß der Humor vitreus in die Linse eindringen
kann, dann quellen die Linsenfasern auf und trüben sich, wodurch der
traumatische Katarakt entsteht. Bei den verschiedenen Formen des
Stares trübt sich entweder die ganze Linse oder für gewöhnlich nur
Teile derselben. Diese Trübung beginnt oft in dem Kerne der Linse
und bleibt für lange Zeit auf diesen beschränkt; sie kann aber auch von
außen nach innen wandern, wobei sie eine nach der Linsenachse gerichtete streifenförmige Anordnung, entsprechend dem Verlaufe der Linsenfasern, aufweist.

Von der **Netzhaut** (Retina) ist nur soviel zu bemerken, daß sie so
locker mit der Chorioidea zusammenhängt, daß sie durch blutige oder
andere Ergüsse leicht abgelöst wird, ja daß selbst ein Schlag auf den
Augapfel diese Ablösung bewirken kann. Selbst bei fast vollständiger
Ablösung bleibt sie für gewöhnlich an der Ora serrata und an der Scheibe
des Sehnerven befestigt.

Die Länge des Nervus opticus innerhalb der Orbita beträgt 2,8 bis
3,0 cm. Während seines Verlaufes vom Gehirn zur Peripherie erhält
er eine perineurale Hülle von der Pia mater, ferner eine zweite Hülle
von der Arachnoidea, sowie eine dritte von der Dura mater. Diese Hüllen
bleiben getrennt und die so gebildeten zwei Hohlräume können, der
eine vom Subduralraum aus, der andere vom Subarachnoidealraum
aus injiziert werden. Auf diesem Wege können auch Entzündungen
der Hirnhäute leicht entlang den Sehnerven bis zur Papille weiterkriechen, während bei intrakranialen, extraduralen Erkrankungen der
Weg zur Papille entlang dem interstitiellen Bindegewebe der Nerven
führt. Diese Verbindungen machen das häufige Vorkommen einer
Neuritis optica bei intrakranialen Erkrankungen verständlich. Nach
dem Verlassen der Schädelhöhle durch das Foramen opticum, ist der
Nerv in enger Beziehung mit der lateralen Wand der Keilbeinhöhle,
oder, wenn die Höhle sehr klein ist, mit den hinteren Siebbeinzellen.
So kann bei Eiteransammlungen in diesen Höhlen die Entzündung
von hier aus auf den Nervus opticus übergreifen und zu einer Neuritis
optica führen. Die Bezeichnung Neuritis optica besagt, daß die Sehnervenpapille entzündet ist; sind in seltenen Fällen die Veränderungen
auf den hinter dem Augapfel gelegenen Abschnitt des Sehnerven begrenzt,
so spricht man von retrobulbärer Neuritis.

Kammerwasser (Humor aqueus) (Abb. 22) und **Glaskörperflüssigkeit**
(Humor vitreus). Der Humor aqueus findet sich in dem Raume zwischen
der Hinterfläche der Kornea und Vorderfläche der Linse. Die Iris teilt
diesen Raum in zwei ungleiche Hälften, die vordere und hintere Augenkammer (Camera oculi anterior et posterior). Da jedoch die Iris in großer
Ausdehnung mit der Linse in Berührung ist, stellt die hintere Augenkammer einen kleinen winkligen Raum dar, dessen Begrenzung die
Hinterfläche der Iris, die Spitzen der Ziliarfortsätze und die Zonula
ciliaris bilden. Der Tiefendurchmesser der vorderen Augenkammer beträgt 3,6 mm. Das Stratum proprium der Kornea geht in die Sklera
über und teilt sich in Fasern, welche 1. zur Sklera selbst, 2. zum Ziliar-

muskel, 3. zu den Ziliarfortsätzen ziehen. Die Fasern bilden das Ligamentum pectinatum, während die Zwischenräume zwischen denselben als Spatia anguli iridis (Fontana) bekannt sind. Dieselben sind von Kammerwasser erfüllt. Diese Hohlräume kommunizieren ihrerseits mit einem venösen Sinus an der Grenze von weißer Augenhaut und Hornhaut, dem sog. Sinus venosus sclerae (Schlemii). Dieser Kanal steht nun wieder in Verbindung mit den Venen des vorderen Abschnittes der Sklera, der Ziliarfortsätze und der Iris. Das Kammerwasser geht also durch die Fontanaschen Räume in den Schlemmschen Kanal und von hier aus in den venösen Kreislauf. Dadurch wird die erstaunliche resorptive Tätigkeit des Humor aqueus verständlich. Wenn sich daher in der vorderen Augenkammer Eiter bildet (Hypopyon), dann wird er für gewöhnlich leicht resorbiert, ebenso wie auch geringe Blutansammlungen an dieser Stelle rasch zurückgehen, im Gegensatz zu der Schwierigkeit, mit welcher das Blut aus dem Glaskörper verschwindet.

Arthur Thomson hat gezeigt, daß die Innenfläche der Sklera an der Vorderfläche der Linse etwas eingedrückt oder leicht ausgehöhlt ist. Bei der Erweiterung der Pupille hat die zusammengezogene Linse das Bestreben, diese Ausbuchtung auszufüllen, wodurch der Kammerabfluß nach den Fontanaschen Räumen erschwert wird.

Der **Glaskörper** (Corpus vitreum) ist bei Augenerkrankungen wenig mitergriffen. Er kann natürlich durch Übergreifen einer Entzündung aus der Nachbarschaft miterkranken, ferner können Blutungen in demselben auftreten. Fremdkörper können unter Umständen für lange Zeit ohne irgendwelche Symptome im Glaskörper liegen bleiben. Die sog. Mouches volantes (Muscae volitantes), die so oft dem Kurzsichtigen Unannehmlichkeiten bereiten, bestehen aus kleinen, trüben Partikelchen des Glaskörpers und ähneln sehr oft unter dem Mikroskop den in dem Glaskörper enthaltenen faserigen Bildungen.

Die zarte durchscheinende Membran, welche den Glaskörper umgibt, heißt Membrana hyaloidea. Der Glaskörper kann im ganzen leicht von der Retina getrennt werden, mit Ausnahme des hintersten Abschnittes, an der Stelle, gegenüber der Papille, an welcher im fötalen Leben die Arterie für die Linse eintritt und nach vorwärts zieht, um die fötale Membrana pupillaris mit Blut zu versorgen. Dieses Blutgefäß ist ein Ast der Arteria centralis retinae und kann als ein fibröser Strang zeitlebens bestehen bleiben. In einigen seltenen Fällen bleibt die Arterie offen, wodurch es ermöglicht ist, ihre Pulsationen mit dem Augenspiegel zu sehen.

Das **Glaucoma** (= Hartwerden des Auges — glaucos = meerblau und oma = Tumor) ist eine Erkrankung, deren Symptome und Veränderungen alle auf erhöhtem intraokularem Drucke beruhen. Dieser erhöhte Druck ist bedingt durch vermehrte Flüssigkeitsansammlung im Augapfel, dessen Ursache gewisse Veränderungen sind, die den Abfluß des Kammerwassers erschweren oder verhindern, Veränderungen, die beim Glaukom selten fehlen. Unter normalen Verhältnissen besteht eine konstante Strömung des Kammerwassers von der hinteren zur vorderen Augenkammer. Diese Flüssigkeit kommt hauptsächlich aus den Ziliarkörpern und auch in geringem Maße von der Hinterfläche der Iris. Atrophie des die Ziliarkörper überziehenden Epithels soll die Spannung des Augapfels herabsetzen. Von der vorderen Augenkammer kann das Wasser durch die schon erwähnten Fontanaschen Räume des Ligamentum pectinatum in die Venen übergehen. Es ist bemerkenswert, daß in fast jedem einzelnen Falle von Glaukom, diese Spatia anguli iridis (Fontanae) vollständig obliteriert sind. Die Wichtigkeit der peripheren Teile der vorderen Augenkammer für den Abfluß der Flüssigkeit aus dem Auge erhellt aus vielen Umständen. Ist z. B. bei einer Perforation der Kornea dieser Abschnitt durch die Iris verstopft oder durch die aus anderen Gründen luxierte Linse komprimiert, so entsteht eine Drucksteigerung im Auge. Die Heilung oder doch wenigstens Milderung des Glaukoms durch Iridektomie scheint von dem Umstande abzuhängen, daß durch diese Operation in Wirklichkeit diese Verbindungskanäle wieder eröffnet werden, da die Operation nur dann einen Wert hat, wenn die Inzision der Sklera so weit nach hinten reicht, daß sie den Korneoskleralwinkel ganz durchsetzt. Dabei muß die Iris in beträchtlicher Ausdehnung bis zu ihrer Insertion entfernt werden. Die Iridektomie bietet auch dem Humor aqueus eine neue kapillare Oberfläche der Iris, so daß er einen neuen Abflußkanal hat. In der Jugend ist das Ligamentum pectinatum zellreich und weitmaschig; im Alter wird es derb und fibrös. Deshalb findet sich das Glaukom mehr im Alter (T. Henderson).

Die durch das Glaukom hervorgerufenen Symptome lassen sich alle durch den abnormen Druck im Auge erklären. Die Rami ciliares werden gegen die unnachgiebige Sklera gedrückt, verursachen heftigen Schmerz, während ihre gestörte Funktion durch die reaktionslose weite Pupille und die Anästhesie der Kornea bewiesen wird. Die Teile, die wahrscheinlich schon am frühesten unter dem vermehrten Drucke zu leiden haben, sind die Blutgefäße der Retina, und zwar an dem äußersten Rand der Netzhaut, nahe der Ora serrata. Alsdann folgt eine allmähliche Einengung des Gesichtsfeldes, die sich beim Glaukom konstant findet, während der Druck auf den Sehnerven Sehstörungen aller Art bedingt. Die schwächste Stelle der Sklera ist die Lamina cribrosa der Papille. Dieser Teil gibt dem vermehrten Druck am ehesten nach, wodurch die Exkavation des Sehnerven entsteht. Vermehrter Druck in der entgegengesetzten Richtung drückt die Linse nach vorne und verkleinert so die vordere Augenkammer; die allgemeine Störung der Blutzirkulation macht sich außerdem noch durch die stark erweiterten Gefäße auf dem Augapfel bemerkbar.

Anmerkung des Übersetzers: Das Glaukom wird auch grüner Star genannt; die Bezeichnung kommt daher, daß aus der Tiefe der erweiterten Pupille ein graugrüner Reflex herausschimmert, der, obgleich er gar nicht charakteristisch ist, zu dieser Bezeichnung geführt hat. Denn man kann diesen Reflex an den meisten älteren Augen sehen, bei denen man die Pupille erweitert; er rührt hauptsächlich von der

Sklerose der Linse her, wobei in manchen Fällen eine leichte Trübung
des Glaskörpers noch mithilft (Haab).

Die Augenlider (Abb. 23). Die Haut der Augenlider ist sehr dünn und
zart und läßt jeden kleinsten Blutaustritt unter ihr durchschimmern. Ihre
Schlaffheit macht sie außerdem für plastische Operationen besonders
geeignet. Ihr loser Zusammenhang mit der Haut und Muskulatur
der Umgebung macht ihre leichte Verschieblichkeit durch Zug verständlich, so daß Narbenkontraktionen unter dem unteren Augenlid

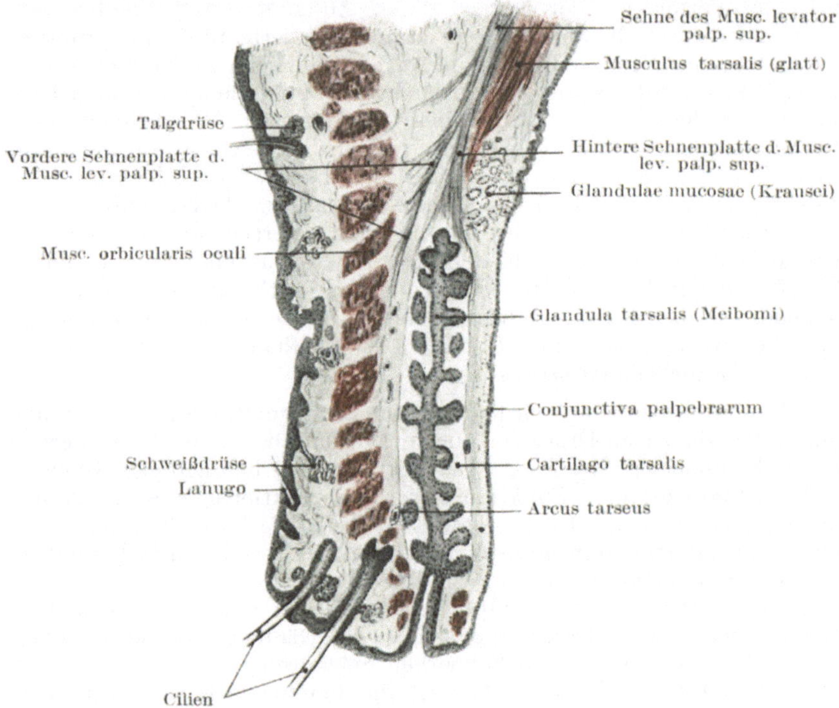

Abb. 23. Querschnitt durch das obere Augenlid. (Nach Sattler.)

dasselbe gerne nach außen umkrempeln und so ein sog. Ektropion bilden.
Die Schrumpfung der Konjunktiva andererseits, wie sie sich nach entzündlichen Prozessen oder Verätzungen ausbildet, verursacht eine Einstülpung der Lider, ein sog. Entropion. Auch besitzen die Augenlider
eine Reihe von Querfurchen; eine derselben am oberen Augenlid, tiefer
und ausgesprochener als die übrigen, teilt das Lid in zwei Teile, einem
unteren Teil, welcher den Augapfel bedeckt, und einem oberen Teil,
der mit den weichen Geweben der Orbita in Verbindung steht. Diese
auch Sulcus orbito palpebralis superior benannte Falte wird bei starker
Abmagerung besonders deutlich. Inzisionen sollten in der Richtung

dieser Falte gemacht werden. Die Augenlider sind reichlich mit Blut versorgt und häufig der Sitz von Xantelasmen, Molluscum contagiosum, Milium, seltener von Fibromen, Epitheliomen, Hauthörnern, Angiomen, Karzinomen, Melanoepitheliomen.

Von außen nach innen unterscheidet man am Augenlid: 1. Haut, 2. subkutanes Bindegewebe, 3. die Pars palpebralis und die Musculi ciliares des Musculus orbicularis oculi, 4. den Lidknorpel oder Tarsus mit seiner Verlängerung nach der Orbita hin, den Musculi tarsales, 5. die im Tarsus liegenden Meibomschen Glandulae tarsales, 6. die Konjunktiva. Im oberen Augenlid zieht der vordere Teil des Musculus levator palpebrae superioris zum Tarsus hin. Das subkutane Bindegewebe ist außerordentlich locker, weshalb die Lider bei Ödem, Entzündungen oder Blutungen stark anschwellen. Deshalb ist es auch nicht ratsam Blutegel an die Augenlider zu setzen, wegen des ausgedehnten „blauen Auges", das sich ausbildet. In diesem Bindegewebe findet sich kein Fett. An den Lidrändern befinden sich die Wimpern (Ciliae) sowie die Ausführungsvorgänge der Glandulae tarsales und Glandulae ciliares (Molli). Die Sekretion dieser Drüsen verhindert ein Verkleben der Augenlider. Wie andere Berührungsstellen von Haut und Schleimhaut, so ist auch der Rand des Augenlides häufig der Sitz von Entzündungen. Da es sich um einen freien Rand handelt, so sind die Arterien Endarterien und eine Stasis leicht zu bewirken. Eine der häufigsten Liderkrankungen ist das Ekzem, sowie das Hordeolum (Gerstenkorn). Kehrt man das Augenlid nach außen um, so kann man die Glandulae tarsales als gelbliche, granulierte Linien erkennen.

Das **Hagelkorn** (Chalazion) ist mit dem Hordeolum verwandt und besteht aus einer Proliferation des Epithels der Meibomschen Drüsen mit Bildung eines Granulationsgewebes, das mitunter reichlich Riesenzellen enthalten kann, ohne daß es mit Tuberkulose irgend etwas zu tun hat. Die Ätiologie ist wahrscheinlich bakterieller Natur (Haab).

Zwei **Arterien** versorgen jedes Augenlid; eine Arteria palp. med. aus der Arteria front. sowie eine Arteria palp. later. aus der Arteria lacrim. **Drei Nerven** innervieren das obere Augenlid, nämlich die Nervi lacrim., supra- und infratrochlearis des Nervus ophthalmicus vom ersten Aste des Trigeminus, **zwei Nerven** das untere Augenlid, die Rami palp. des Nervus infraorbitalis sowie der Ramus zygomaticofrontalis des Nervus zygomaticus. Einige der Lymphbahnen der Augenlider ziehen zu den (3—4) Lymphogl. auricul. ant., weshalb man beim Schanker des Augenlides fast immer eine Drüsenanschwellung vor der Glandula parotis findet.

Die **Augenbindehaut** (Conjunctiva bulbi) ist zart, von geschichtetem Plattenepithel bedeckt und nicht sehr ausgiebig von Blutgefäßen durchzogen. Die Conjunctiva palpebrae dagegen ist dicker, trägt ein geschichtetes Zylinderepithel, das von solitären Lymphfollikeln durchsetzt und sehr blutreich ist. Während die Conjunctiva bulbi dem Auge relativ lose anliegt, ist die Conjunctiva palpebrae fest mit der Unterlage verwachsen. Am Fornix conjunctivae (i. e. die Umschlagstelle der Bindehaut) finden

sich einzelne Papillen. Am Hornhautrande geht das Epithel der Kornea
unmittelbar in das der Konjunktiva über. Die lockere Befestigung
der Conjunctiva bulbi ist bei der Ausführung gewisser Augenoperationen
von großem Nutzen, so z. B. bei der Tealeschen Operation für das
Symblepharon, in welcher eine aus dem oberen Augenabschnitt aus-
geschnittene Konjunktivabrücke nach abwärts über die Kornea gezogen
wird, um eine mit dem unteren Augenlid in Berührung befindliche rauhe
Stelle zu bedecken. Dieses lockere Gewebe begünstigt ferner das Entstehen eines Ödems (Chemosis), das in extremen Fällen so stark werden
kann, daß der Kranke außerstande ist, das Auge zu schließen. Auch
die Blutgefäße haben, da nur leicht unterstützt, die Neigung auch bei
nicht besonders starken Insulten zu bersten. So kann eine subkonjun-
tivale Blutung (Hyphäma) durch heftiges Erbrechen oder durch einen
Keuchhustenanfall entstehen. Ferner findet bei Schädelbasisfrakturen
das Blut seinen Weg unter die Konjunktiva. Ein Hyphäma unterscheidet sich stets von anderen Blutextravasaten durch seine scharlachrote Farbe, weil wegen der Zartheit der Konjunktiva der Sauerstoff
der Luft das Blut erreichen kann und so arteriell erhält. Heftige Entzündungen der Bindehaut können zu ausgedehnter Narbenbildung
führen, wie bei anderen Schleimhäuten auch, so vor allem bei der Urethra.
Das Schrumpfen der Konjunktiva nach destruierenden Prozessen kann
zum Entropium führen. Sind beide Bindehautabschnitte ihres Epithel-
überzugs beraubt und mehr oder minder stark zerstört, so verschmelzen
die rauhen Oberflächen rasch, das Lid ist fest mit dem Augapfel verwachsen, ein Symblepharon ist entstanden. Diese Erkrankung befällt
fast ausnahmslos das untere Augenlid und entsteht für gewöhnlich durch
zufälliges Einbringen von Kalk oder anderen Kaustika zwischen unteres
Augenlid und Augapfel.

In einer sehr verbreiteten Art der Entzündung der Augenbindehaut
finden sich auf der Conjunctiva palpebrae eine Anzahl kleiner Granulationen. Es sind zwar keine echten Granulationen, da keine Ulzeration
der Schleimhaut besteht, vielmehr handelt es sich um kleinste Knötchen
adenoiden Gewebes, erweiterte Schleimfollikel und hypertrophische
Papillen, Strukturen, die alle normalerweise in der Bindehaut enthalten
sind. Der Befund ist unter dem Namen „**Körnerkatarrh**" (Conjunc-
tivitis trachomatosa) bekannt und geht mit der Neubildung von reichlichem Gewebe in den tieferen Abschnitten der Bindehaut einher. Mit
der Zeit entstehen durch Schwund des neugebildeten Gewebes, sowie
der oben erwähnten Granulationen, Narben, welche die Konjunktiva
sehr höckrig erscheinen lassen und oft zu Entropium und Inversion
der Zilien führen. Bei **eitriger Ophthalmie** läuft die Kornea große Gefahr zerstört zu werden, einerseits durch die Thrombose der Blutgefäße,
andererseits durch die Einwirkung des Eiters auf die Hornhaut selbst.

Der **Tränenapparat** (Apparatus lacrimalis) (Abb. 24). Die Tränendrüse
ist von einer eigenen Faszie umhüllt, welche sie von der übrigen Augenhöhle
abtrennt; nach Tillaux kann man dieses kleine Organ entfernen, ohne
die eigentliche Augenhöhle zu eröffnen. Die Drüse kann sich entzünden

und so anschwellen, daß sie den Eindruck eines Tumors macht, welcher den Augapfel nach unten und innen verlagert. Bildet sich ein Abszeß, so bricht er für gewöhnlich durch die Haut des oberen Augenlides durch. Zysten der Tränendrüsen entstehen durch Verschluß und Erweiterung der Ausführungsgänge. Die normale Sekretion der Drüse erhält die der Luft exponierte Oberfläche des Auges feucht, allein die Drüse kann ohne bleibenden störenden Nachteil entfernt werden.

Der **Tränensack** (Saccus lacrimalis) liegt an der nasalen Seite nahe dem inneren Kantus in einer Grube, die von den Ossa lacrimale und maxillare superius gebildet wird. An seiner Außenseite nimmt er die

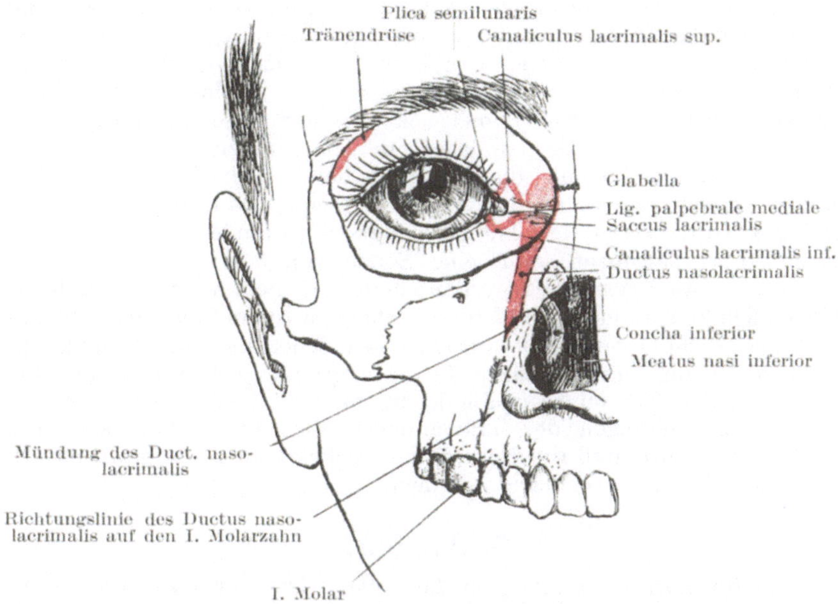

Abb. 24. Topographie des Tränenapparates.

beiden Ductus lacrimales superior und inferior auf. Vor dem Sacke liegt das **Ligamentum palpebrale mediale.** Zieht man beide Augenlider gewaltsam auseinander, dann kann man das Band deutlich fühlen und sehen; dasselbe dient als Anhaltspunkt für den Tränensack. Es kann auch bei fest verschlossenem Auge durchgefühlt werden, da es sich alsdann kontrahiert. Es geht im rechten Winkel etwa in der Höhe der Grenze von oberem und mittlerem Drittel, über den Tränensack hinweg. Stößt man ein Messer unmittelbar unter dem Ligament (der Tendo oculi der Engländer) ein, so eröffnet es die Mitte des Tränensackes; das ist auch die Stelle, an welcher ein Abszeß des Tränensackes durchbricht. **Epiphora** oder Tränenträufeln hat im allgemeinen zwei Ursachen: 1. ein Hindernis in irgend einem Abschnitt des Tränennasenganges von den

Puncta lacrimalia bis zur Mündung des Ganges in der Nase. 2. Jede
andere Ursache, welche die Papille mit dem Punctum lacrimale von
dem Augapfel wegzieht, wie beim Ektropium, bei Schwellung des unteren Augenlides etc. Fazialislähmung bewirkt Tränenträufeln, da
durch die Erschlaffung des Musculus orbicularis das Punctum lacrimale
zu weit vom Augapfel absteht und weil außerdem die Saugwirkung
dieses Muskels beim Blinzeln ausfällt. Die kleinen Tränenkanäle können
ohne große Mühe mit einem passenden Messer gespalten und der Ductus
nasolacrimalis sondiert werden.

Der **Tränennasengang** (Ductus nasolacrimalis) (Abb. 24) ist ca. $1^1/_2$ cm
lang; die eingeführte Sonde muß nach abwärts, etwas nach rück- und auswärts in der Richtung des ersten Molarzahnes geführt werden. Der Gang
durchbohrt die Nasenschleimhaut unterhalb der unteren Nasenmuschel
schlitzförmig in schräger Richtung, so daß sein medialer Teil gleichsam
als Klappe wirkt. Ist diese Klappe zerstört, z. B. durch syphilitische
Prozesse, dann kann der Tränensack von der Nase aus aufgeblasen
werden. Die Weite des knöchernen Tränennasenganges schwankt
zwischen 2,5 und 7,5 mm; die ihn auskleidende dicke Schleimhaut hat
in ihrer Submukosa ein reiches venöses Geflecht, das leicht anschwellen
und das Durchtreten der Tränenflüssigkeit verhindern kann. Unter
normalen Verhältnissen kann eine Sonde von 3,5 mm Durchmesser
durch den Kanal geschoben werden; man darf nicht vergessen, daß für
gewöhnlich kein Lumen des Ganges vorhanden ist und daß die Schleimhaut eine Anzahl querer Falten besitzt, in welchen sich der Sondenknopf
verfangen kann. Entzündliche Prozesse greifen von der Nasenhöhle
aus durch den Tränennasengang leicht auf den Tränensack über.

Da Erkrankungen des Tränensackes oft sehr schmerzhaft sind,
sei daran erinnert, daß die Nerven des Sackes vom Nervus infratrochlearis des Nervus nasociliaris kommen.

5. Das Ohr.

Die **Ohrmuschel** (Pinna oder Aurikula). Die Ohrmuschel kann angeboren fehlen oder durch überzählige Teile ersetzt sein, welche sich teils
an der Wange, teils an den seitlichen Halspartien vorfinden. In letzterem
Falle besteht eine derartige überzählige Ohrmuschel aus einer unregelmäßigen Platte fibrösen Knorpels, der sich am Rande einer der unteren
Kiemenbögen entwickelt hat. Derartige quastenähnliche überzählige
Ohrmuscheln finden sich auf der Wange unmittelbar vor der Ohrmuschel
oder dem Gehörgang und entstehen durch die ungenügende Entwicklung oder die ausbleibende Verschmelzung einer oder mehrerer der
sechs Höckerchen, aus denen die Ohrmuschel selbst entsteht. Auch
kann sich an der Stelle der Ohrmuschel eine angeborene Fistel finden,
die auf mangelhaften Verschluß der ersten Kiemenspalte zurückzuführen
ist. Der Lage dieser Kiemenspalte entspricht beim normalen Ohre
die Tuba auditiva (Eustachii), das Tympanum (Mittelohr), und der
äußere Gehörgang, während die Ohrmuschel selbst sich aus der Haut
am Rande dieser Spalte bildet. Sind diese Fisteln sehr deutlich, so ist

die Ohrmuschel oberhalb oder unterhalb des Gehörganges gespalten. Einige der mehr oberflächlichen und kleinsten Fisteln entstehen nicht durch ungenügenden Verschluß der Kiemenspalte, sondern durch ungenügendes Verschmelzen einiger der Höckerchen, aus denen sich die Aurikula primär entwickelt. Zufälliger Verlust der Ohrmuschel stört für gewöhnlich das Hörvermögen so gut wie gar nicht.

Die die Ohrmuschel überziehende Haut ist dünn und fest mit ihr verwachsen. Das subkutane Bindegewebe ist spärlich vorhanden und enthält nur sehr wenig Fett. Bei oberflächlichen Entzündungen, wie z. B. Erysipel, kann die Ohrmuschel stark anschwellen und durch die Spannung der Gewebe großen Schmerz verursachen. Die Ohrmuschel

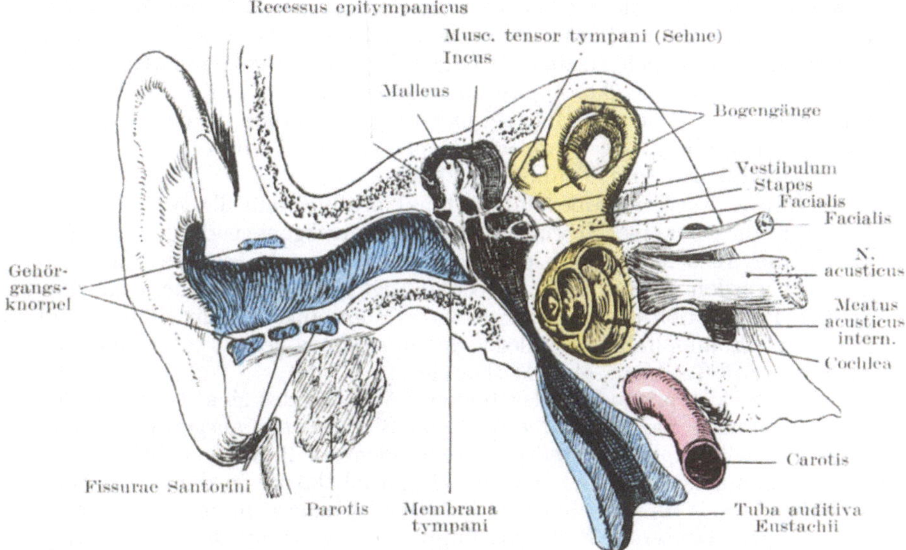

Abb. 25. Schematische Darstellung der 3 Abschnitte des Gehörorganes. (Äußerer Gehörgang blau, Mittelohr schwarz, inneres Ohr gelb.) (Nach Corning.)

sowohl, wie auch der knorplige Teil des äußeren Gehörgangs sind so fest an den Schädel angeheftet, daß der Körper, wenn sein Gewicht nicht zu groß ist, an den Ohren in die Höhe gehoben werden kann.

Der äußere Gehörgang ist etwa 3,5 cm lang. Es ist wichtig, sich daran zu erinnern, daß der Gehörgang nach vorwärts und einwärts verläuft; um das Mittelohr zu erreichen und bloßzulegen, hält sich der Chirurge an die hintere Wand des Ganges. Der äußere Gehörgang, das Promontorium, die Schnecke und der innere Gehörgang liegen ungefähr auf derselben Linie. Der Kanal hat etwa in seiner Mitte eine vertikale Krümmung mit der Konvexität nach oben. Um zum Zwecke des Einführens von Spekulis und anderen Instrumenten die Krümmung des Kanales auszugleichen, muß man die Ohrmuschel nach oben, sowie etwas nach auswärts und rückwärts ziehen. Der knöcherne Teil macht etwas mehr als die Hälfte des Ganges aus und ist enger als der knorplige Teil. Beim einjährigen Kinde besteht nur etwa ein Drittel des Gehörganges aus Knochen, der übrige Teil ist knorplig. Im Alter von 5 bis 6 Jahren ist der knöcherne und knorplige Teil etwa gleich lang (Symington). Der Gang ist beim Kinde relativ ebenso lang wie beim Erwachsenen. Der engste Teil findet sich ungefähr in der Mitte. Die äußere Öffnung ist elliptisch mit dem größten Durchmesser von oben nach unten; deshalb sollten die Spekula nicht rund sondern elliptisch sein. Das innere Ende des Kanals ist dagegen im queren Durchmesser etwas weiter. Da das Trommelfell (Membrana tympani) schräg gestellt ist, ist der Boden des Gehörganges länger als das Dach. In dem knorpligen Abschnitt des Kanals finden sich zahlreiche Haarbalgdrüsen, welche der Sitz sehr kleiner, aber ungemein schmerzhafter Abszesse sein können. Außerdem finden sich an dieser Stelle zahlreiche Talgdrüsen (Glandulae ceruminosae), welche das Ohrenschmalz liefern und das bei besonders reichlicher Ausscheidung (und bei ungenügender Reinhaltung des Gehörgangs) zur Bildung der Ohrenschmalzpfröpfe führt, die oft den Gehörgang verschließen und Taubheit bedingen.

„Häufig werden große Ohrenschmalzpfröpfe vom Träger gar nicht bemerkt, da sie keine Störungen des Hörvermögens bedingen, solange durch die Knochenleitung das Trommelfell noch in Schwingungen versetzt werden kann. Erst mit dem Augenblick, in welchem ein derartiger Pfropf tief in das Innere des Gehörgangs hineinschlüpft und sich dem Trommelfell fest anlegt, dasselbe so an seinen Schwingungen hindert, tritt Taubheit ein (Mülberger).

In dem knorpligen Teil des Bodens (Abb. 25) des Meatus finden sich die sog. Fissurae Santorini. Sie sind von Bindegewebe ausgefüllt und gestatten dem knorpligen Gehörgang eine leichtere Beweglichkeit. Durch diese Fissuren kann ein Abszeß der Ohrspeicheldrüse in den Gehörgang durchbrechen. Im knöchernen Teile des Ganges finden sich weder Haare noch Drüsen. Bei Entzündungen der Haut des Gehörgangs kann sich eine starke schleimigeitrige Sekretion einstellen (Otitis externa). Polypen entstehen an den Weichteilen, Exostosen an den knöchernen Abschnitten des Ganges. Fremdkörper gelangen häufig in den Gehörgang und sind oft schwer zu entfernen. Oft scheint der Chirurge dabei größeren Schaden anzurichten, als der Fremdkörper selbst. Mason beschreibt drei Fälle, in welchen ein Stückchen eines Griffels, ein Kirschkern und ein Stückchen Zedernholz je 40, 60 und 30 Jahre im Gehörgang gelegen hatten.

Das Dach des Gehörgangs steht mit der Schädelhöhle in nahem Zusammenhange, da es nur durch eine Knochenplatte von ihr getrennt ist. So kann ein Abszeß oder eine Knochenerkrankung an dieser Stelle zu einer Meningitis führen. Ein Fall wird berichtet, in welchem das Steckenbleiben einer Bohne im Gehörgang zu einer Meningitis führte. Die vordere Gehörgangswand liegt dem Unterkiefergelenk und einem Teile der Ohrspeicheldrüse an. Dadurch wird es in einer Hinsicht verständlich, daß bei Entzündungen des Gehörgangs die Bewegung

des Unterkiefers als schmerzhaft empfunden wird, dabei darf aber nicht
vergessen werden, daß bei Bewegung des Unterkiefers sich auch der
knorplige Teil des Gehörgangs mitbewegt und daß beide von demselben Nerven (dem Nervus auriculo-temporalis) versorgt werden. Aus
seiner nahen Beziehung zum Processus condyloideus des Unterkiefers
folgt, daß bei einem Fall aufs Kinn, dieser Teil des knöchernen Gehörgangs durch den erwähnten Processus frakturiert werden kann. Tillaux berichtet, daß Abszesse der Ohrspeicheldrüse durch die vordere
Gehörgangswand in den Meatus durchbrechen können. Die hintere
Wand trennt den Gehörgang von den Zellen des Warzenfortsatzes.
Unmittelbar hinter der hinteren Gehörgangswandung findet sich in einer
Entfernung von 1,2—1,5 cm der Sinus transversus. Der Boden des
Gehörgangs ist sehr fest und dick und entspricht der Vagina processus
styloidei und dem Processus styloideus selbst.

Die **Blutversorgung.** Die Ohrmuschel und der äußere Gehörgang
werden von der Arteria auricularis posterior, sowie von der Arteria temporalis superficialis reichlich mit Blut versorgt, während der Gehörgang
außerdem noch von einem Aste der Maxillaris interna gespeist wird.
Trotz dieser reichlichen Blutzufuhr bedingen Frostbeulen häufig Gangrän
der Ohrmuschel, weil alle Blutgefäße oberflächlich verlaufen, die Ohrmuschel häufig der Kälte ausgesetzt ist und der schützenden Umhüllung durch Fett entbehrt. Dieselben Verhältnisse finden sich an der
äußeren Nase. Hämatomata der Ohrmuschel finden sich häufig bei
Boxern, Fußballspielern und Geisteskranken. Sie entstehen durch
Traumen, die Blutansammlung findet sich zwischen Perichondrium und
Knorpel.

Die **Nervenversorgung.** Die Ohrmuschel wird vom Nervus auriculo-
temporalis, Ramus posterior nervi auricularis magni und von kleinen
Okzipitalnerven versorgt. Der Ramus auricularis nervi vagi (Arnold)
sendet nahe am Processus mastoideus einen kleinen Ast an die Hinterfläche der Koncha. Der äußere Gehörgang wird hauptsächlich vom
Auriculotemporalis, daneben aber auch von Arnolds Nerv versorgt,
der zum unteren hinteren Teile des Kanals, nahe an seinem Anfange
einen Ast abgibt. Bei der Nervenversorgung des Ohres spielt der Ramus
auricularis nervi vagi (Arnold) eine nicht zu unterschätzende Rolle.
Wenn nach einem reichlichen Diner die Fingerschalen herumgereicht
werden, so kann man die „Sachverständigen" unter den Gästen beobachten, wie sie mit der nassen Serviette den unteren Teil der Ohrmuschel befeuchten. Das wirkt sehr erfrischend und soll auf einer un-
bewußten Reizung dieses Nerven beruhen, dessen Hauptstamm zum
Magen zieht. Deshalb bezeichnet der Volkswitz diesen Nerv als „Bei-
geordneten" Nerv.

Vom Ohr ausgelöster Husten, Niesen und Gähnen. Nicht selten
besteht bei irgend einer Erkrankung des äußeren Gehörgangs ein quälender, trockener Husten. Bisweilen genügt das einfache Einführen
eines Ohrspekulums, um einen Hustenanfall auszulösen. Es wird ein
Fall berichtet, in welchem ein 18 Monate lang bestehender quälender

Husten mit der Entfernung eines Ohrenschmalzpfropfens sofort aufhörte. In diesen Fällen wird der Reiz zu dem Atem- und Hustenzentrum am Boden des vierten Ventrikels durch Arnolds Nerv fortgeleitet. Gaskell hat gezeigt, daß der Vagus auch disoziierte viszerale Fasern des Trigeminus enthält. Deshalb können die Vaguskerne auch durch Äste des fünften Gehirnnerven, wie z. B. durch den Nervus auriculo-temporalis gereizt werden. Die Verbindung des äußeren Gehörgangsnerven mit den Kernen des Nervus vagus erklärt auch das zuweilen bei Fremdkörpern im Gehörgang beobachtete Niesen und Erbrechen. Diese Nervenverbindung macht auch das wiederholte Gähnen bei Ohrenerkrankungen verständlich. Ein auf den Nervus lingualis oder Nervus alveolaris inferior ausgeübter Reiz kann zu dem Nervus auriculo-temporalis fortgeleitet werden. Daher müssen in Fällen von Ohrenschmerzen die Zunge und die Zähne untersucht werden. Head hat gezeigt, daß bei Erkrankungen des Ohres, der Zunge, des Unterkiefers und der Tonsillen bisweilen entlang und etwas unterhalb des Unterkiefers die Haut besonders schmerzhaft ist.

Es ist ein weitverbreiteter Brauch, bei hartnäckigen Augenerkrankungen Ohrringe zu tragen. Eine anatomische Grundlage für eine derartige Behandlung kann nicht gefunden werden. Die Ohrmuschel wird, wie schon oben erwähnt, neben dem Nervus auriculo-temporalis von dem Ramus posterior nervi auricularis magni, d. h. einem Aste des dritten Zervikalnerven versorgt, während das Auge vom Nervus ophthalmicus des Trigeminus innerviert wird. Der sensible Kern des fünften Gehirnnerven geht nach oben hin unmittelbar in die graue Substanz über, von der die hinteren Wurzeln der Zervikalnerven ihren Ursprung nehmen.

Hilton berichtet einen Fall von unbestimmtem Schmerzgefühl im Ohr, der durch einen vergrößerten Lymphknoten am Nacken bedingt war, welcher auf den Stamm des Nervus auricularis magnus drückte.

Das **Trommelfell** (Membrana tympani). Diese Membran steht in einem Winkel von 45° zur Horizontalen. Bei der Geburt scheint sie fast nahezu horizontal zu liegen. Bei Kretinismus und einigen Formen der Idiotie soll dieselbe in dieser Stellung verharren. Da sich der Gehörgang an seinem inneren Ende nach abwärts neigt, bildet derselbe mit dem unteren Abschnitt des Trommelfells eine Art Sinus, in welchem sich Fremdkörper leicht festsetzen können. Der knöcherne Ring, an welchem das Trommelfell befestigt ist, hat in seinem oberen vorderen Abschnitt eine Lücke, die sog. Incisura tympanica; dieselbe ist von Bindegewebe ausgefüllt, von einer Fortsetzung des Epithels des Gehörgangs überzogen und es kann durch sie Eiter vom Mittelohr in den äußeren Gehörgang gelangen, ohne das Trommelfell zu perforieren. Löst sich das Trommelfell unter dem Einfluß einer heftigen Erschütterung der Luft ab, so geschieht es für gewöhnlich gegenüber dieser Inzisur, da hier seine Befestigung offenbar nicht sehr fest ist. Das Trommelfell ist nur wenig elastisch, wovon man sich bei der Parazentese desselben, bei welcher der Trommelfellschlitz so gut wie gar nicht klafft, überzeugen kann. Deswegen heilen auch derartige, von Chirurgen gesetzte Perforationen so rasch wieder zu. Die Membran kann in einem Anfall von Niesen, Husten, Erbrechen u. dgl. bersten. Dieselbe Verletzung kann durch Boxen aufs Ohr, ja selbst nur durch lautes Schreien ins Ohr entstehen.

Der **Umbo membranae tympani** oder der tiefste Punkt der trichterförmigen Einziehung, findet sich dicht unterhalb der Mitte der Membran und entspricht der Anheftungsstelle des Hammergriffes. Die Spitze des Hammergriffs kann am Lebenden durch das Trommelfell hindurch gesehen werden. Der Hammerkopf steht nirgends mit der Membrana tympani in Verbindung, da er oberhalb derselben in dem Recessus epitympanicus liegt. Der oberhalb des Umbo gelegene Abschnitt des Trommelfells ist ausgiebig von Blutgefäßen und Nerven versorgt; er entspricht dem Hammergriff, der Kette der Gehörknöchelchen und liegt gegenüber dem Promontorium und den beiden Fenstern. Die Chorda tympani zieht an diesem Abschnitt vorbei. Auf der anderen Seite entspricht der unterhalb des Umbo gelegene Trommelfellabschnitt keinem wichtigen Gebilde und enthält weniger Gefäße und Nerven, weshalb die Parazentese des Trommelfells immer in diesem unteren Teile ausgeführt werden muß. Oberhalb des Umbo ausgeführt, trifft das Messer den Amboß (Inkus) und löst ihn aus seinen zarten Bändern aus oder die Chorda tympani wird durchtrennt, wodurch eine paralytische Speichelsekretion hervorgerufen werden würde. Der Hammer und Steigbügel sind zu fest mit ihrer Umgebung in Verbindung, als daß sie leicht abgelöst werden könnten.

Das Trommelfell selbst wird auf seiner medialen Seite von den vier die Paukenhöhle versorgenden Arterien ernährt; dieselben sind: Arteria tympanica anterior aus der Arteria maxill. int., Arteria tympanica post. aus der Arteria stylomastoidea, Arteria tympanica inferior aus der Arteria pharyngea ascendens, Arteria tympanica superior aus der Meningea media; der Nerv des Trommelfells ist der Nervus tympanicus.

Die **Paukenhöhle** (Cavum tympani) (Abb. 26). Ihre Breite von innen nach außen schwankt zwischen 2 und 4 mm. Ihr schmalster Teil liegt zwischen dem Umbo des Trommelfells und dem Promontorium der Paukenhöhle. Eine feine, in das Zentrum des Trommelfells eingestoßene Nadel würde das Promontorium an der inneren Seite der Höhle treffen. Oberhalb des Promontoriums liegt das ovale, unterhalb desselben und etwas hinter ihm das runde Fenster. Entlang dem oberen und hinteren Rande der inneren Fläche der Paukenhöhle verläuft der Canalis facialis. Die Wand dieses Kanals ist so dünn, daß entzündliche Prozesse des Mittelohrs leicht auf den Nervus facialis übergreifen können. Das Dach ist sehr dünn und nur durch wenig Knochen von der Schädelhöhle getrennt. Die zwischen der Squama und der Pars petrosa des Schläfenbeins gelegene Fissura petrosquamosa findet sich an dieser Stelle, deren bindegewebige Überbrückung am kindlichen Schädel, an welchem die Knochen noch getrennt sind, entzündliche Prozesse der Paukenhöhle leicht zu den Meningen überleiten kann. Die Sutura petrosquamosa verengt

sich am Ende des ersten Lebensjahres zur Fissur und beherbergt für gewöhnlich die Vena petrosquamosa, ein Überbleibsel der primitiven Vena
jugularis. Der Boden der Paukenhöhle ist sehr schmal; ihr tiefster
Punkt liegt sowohl unterhalb des Niveau der Membrana tympani, als
auch der Mündung der Tuba auditiva, weshalb sich an dieser Stelle
leicht Eiter ansammeln kann. Er ist außerdem von der hinter ihm
liegenden Vena jugularis interna, sowie von der vor ihm emporziehenden
Arteria carotis interna nur durch eine dünne Knochenplatte getrennt.
Tödliche Verblutung aus letzterem Gefäß bei destruierenden Prozessen
in dieser Gegend ist beobachtet worden. Der obere Abschnitt der Hinterwand enthält den Zugang zum Antrum mastoideum. Das Antrum steht

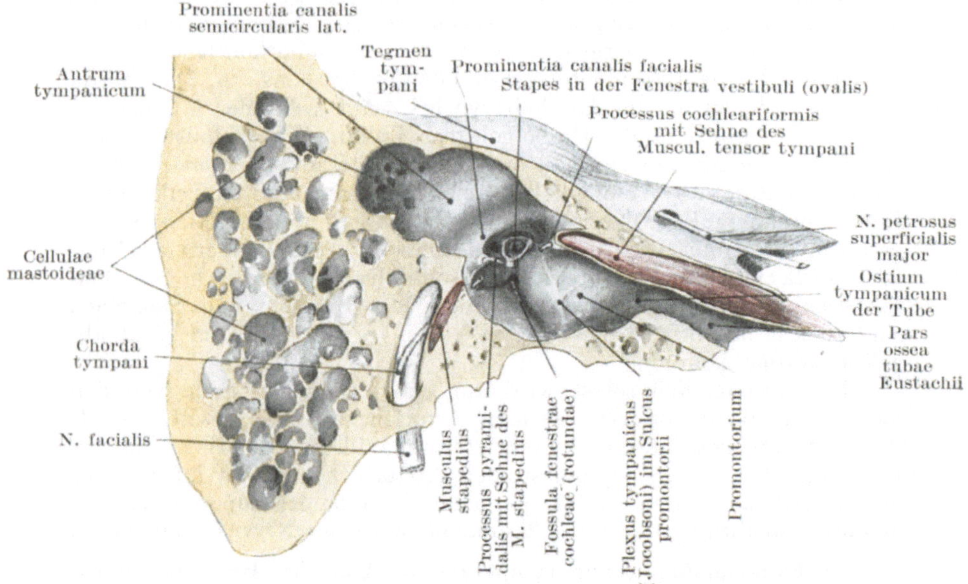

Abb. 26. Mediale Wand der rechten Paukenhöhle. (Nach Corning.)

mit dem Recessus epitympanicus, d. h. demjenigen Teile der Paukenhöhle, der über dem Niveau des Trommelfells liegt, in Verbindung.

Das **Antrum mastoideum** (Abb. 27) liegt oberhalb und hinter dem
äußeren Gehörgang. Eine Erkrankung dieses Raumes und der ihn umgebenden und in ihn einmündenden Cellulae mastoideae, ist eine der ernstesten
Komplikationen einer Mittelohrerkrankung. Der Hohlraum ist groß
genug um eine kleine Bohne zu fassen und findet sich schon bei der Geburt mit dem Cavum tympani zusammen vor. In seiner nächsten Umgebung finden sich wichtige Gebilde. Sein Dach, das Tegmen tympani,
eine nur 2 mm dicke Knochenplatte, trennt ihn von der unteren Schläfen-
wandung. Kleine Venen durchsetzen das Dach, um sich in die Vena
petrosquamosa der schon erwähnten Fissur zu ergießen. Im kindlichen

Schädel ist die Verbindung durch diese noch als Sutur vorhandene Naht
eine noch innigere. An der Innenseite zieht der Nervus facialis nach
abwärts und hinter ihm, also ebenfalls an der Innenseite findet sich
der Canalis semicircularis lateralis. Fazialisparalyse oder Schwindelgefühl kann nach Eröffnung des Antrum auftreten, wenn die innere Wand
desselben verletzt ist. Das Dach und die Hinterwand des Gehörgangs
bezeichnen die Lage des Nervus facialis. Das Antrum ist hinten vom
Sinus transversus und dem Kleinhirn durch eine 3—6 mm dicke Knochenplatte getrennt. Der Gyrus temporalis inferior, der Sinus transversus
und das Kleinhirn sind die gewöhnlichsten Stellen einer Sekundärerkran-
kung im Anschluß an Mittelohrerkrankungen. In der Gipfelbucht der

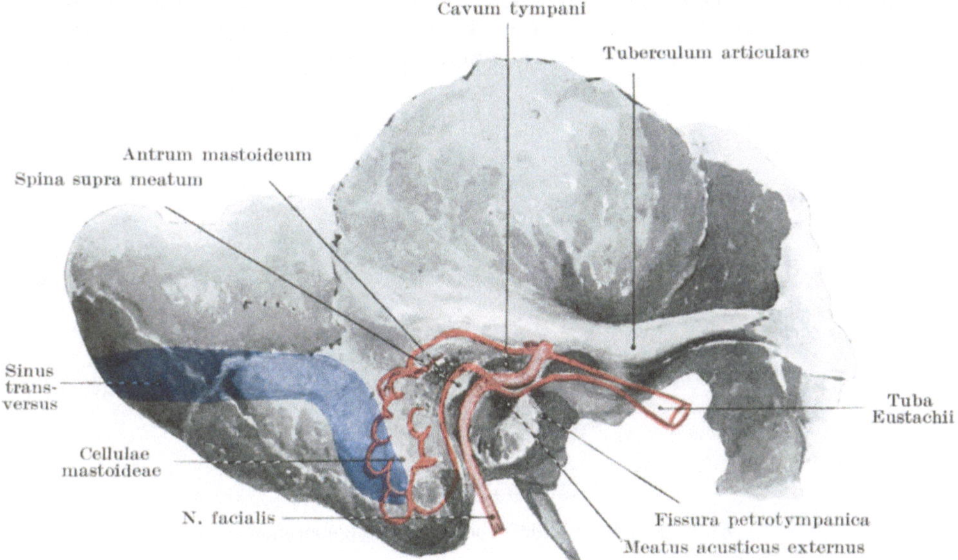

Abb. 27. Projektion des Mittelohres, der Tube und der Cellulae mastoideae.
(Nach Corning.)

Paukenhöhle liegt der Ambos, sowie der Hammer mit ihren Bändern,
Strukturen, die wenn erkrankt, entfernt werden müssen. Bei der Geburt
ist die äußere Wand des Antrum nur etwa 2 mm dick, das Antrum liegt
sehr oberflächlich, der Processus mastoideus kaum angedeutet, so daß
Eiter leicht durchbrechen oder entleert werden kann. Die Sutura
squamoso-mastoidea, welche die Schuppe von den aus gemeinsamer
Anlage hervorgehenden Partes petrosa und mastoidea trennt, schließt
sich im dritten Lebensjahr und verschließt damit einen Weg, auf dem
der Eiter leicht die Oberfläche erreichen könnte. Allmählich nimmt die
äußere Antrumswand an Dicke stetig zu, so daß beim Erwachsenen
das Antrum von 1,2—2,2 cm im Durchschnitt 1,6 cm tief unter der
Knochenoberfläche zu erreichen ist. Ein seichtes Dreieck hinter und

oberhalb des Meatus liegt unmittelbar über dem Antrum und dient
als Anhaltspunkt für seine Lage (Triangulum suprameatale nach Mac
Ewen). Das Antrum kann auch erreicht werden, wenn man der Vereinigung von Hinterwand und Dach des äußeren Gehörgangs folgt.
Der Trepan wird 5 mm hinter dem äußeren Gehörgang in der Höhe seines
oberen Randes angesetzt. Das Dach des Antrums liegt alsdann 5 mm
höher, als das Dach des äußeren Gehörgangs. Hinter dem äußeren
Gehörgang zieht die Arteria auricularis posterior unter der Ohrmuschel
nach oben und liegt bei jeder Operation am Mittelohr im Operationsfeld.

Die **Cellulae mastoideae** entwickeln sich mit der Ausbildung des
Processus mastoideus, der als deutlich erkennbare Knochenbildung
im zweiten Lebensjahre auftritt. Außer dem Antrum tympanicum
finden sich nach Young auch einige kleine Knochenhohlräume in dessen
äußerer Wand. Während der Kindheit zeigt der Warzenfortsatz zwei

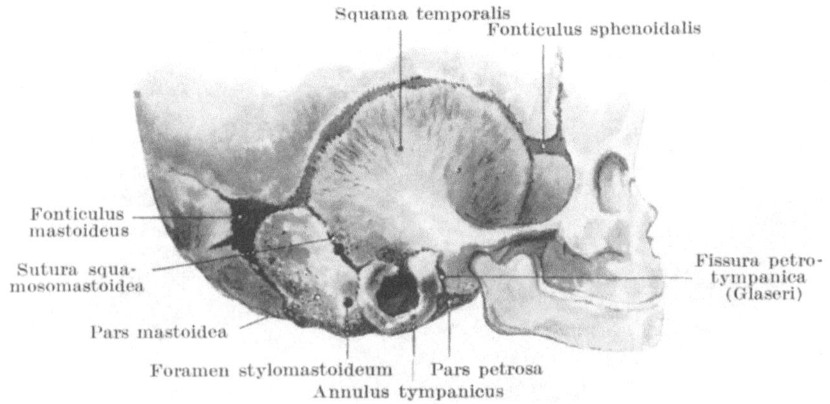

Abb. 28. Das Schläfenbein des Neugeborenen.

Arten des Aufbaus; bei der einen Art ist der Knochen vollständig kom-
pakt, ein Zustand, der sich bei 1°/₀ der Erwachsenen findet; in der
zweiten Art enthält er reichlich Diploë, ein Zustand, der bei 20°/₀ der
Erwachsenen bestehen bleibt (A. Cheatle). Drei verschiedenartige
Strukturverhältnisse finden sich am erwachsenen Processus mastoideus
in ungefähr gleichen Verhältnissen vor: 1. Solche Warzenfortsätze,
welche große untereinander und mit dem Antrum tympanicum kom-
munizierende Hohlräume enthalten; 2. solche, in denen die zentral gelegenen Hohlräume geräumig sind und mit dem Antrum in Verbindung
stehen, während die peripheren Cellulae mastoideae klein und in sich
abgeschlossen sind; 3. solche, in denen alle Hohlräume klein und voneinander getrennt sind. Die Knochenhohlräume umgeben das Antrum
von allen Seiten, können hinten bis zur Sutura occipito-mastoidea,
vorne bis zur Regio suprameatalis, abwärts bis zur Spitze des Warzenfortsatzes reichen. Durch entzündliche Vorgänge kann die Wand dieser

Knochenhohlräume so hart werden, daß sie selbst den Meißel am Vordringen aufhalten kann. Von den mehr oberflächlichen Cellulae ziehen Venen nach dem Periost des Warzenfortsatzes, entlang denen die Entzündung zur Oberfläche gelangen kann und dort Ödem mit Schwellung hinter dem Ohr verursacht.

In Fällen, in welchen die Außenfläche des Warzenfortsatzes spontan perforiert, bildet sich am Schädel eine lufthaltige Hervorwölbung aus, die durch Eintreiben von Luft in das Mittelohr durch die Tuba auditiva sich vergrößern kann. Solche Hervorwölbungen nennt man Pneumatozoelen, deren Ätiologie hinsichtlich der Perforation des Knochens noch dunkel ist. In einigen Fällen schien es sich um eine einfache Knochenatrophie, in anderen dagegen um eine sog. Caries sicca zu handeln.

An der vorderen Wand des Antrum tympanicum liegt das Ostium tympanicum tubae auditivae. Diese „Ohrtrompete" ist $4^1/_2$ cm lang, dient vermittelst ihrer Einmündung in den Nasenrachenraum dazu, die Luft in der Paukenhöhle zu erneuern und das Trommelfell auf beiden Seiten unter atmosphärischem Drucke zu halten. Der Boden der Paukenhöhle liegt unter dem Niveau des Ostium tympanicum. Die Verlaufsrichtung der Tuba auditiva liegt fast genau in der Mitte zwischen der transversalen und sagittalen Achse der Schädelbasis. Am Erwachsenen neigt sie sich in einem Winkel von etwa 40⁰ mit der Horizontalen nach abwärts. Am kindlichen Schädel beträgt der Winkel nur 10⁰ (Symington). Am Erwachsenen besteht die Ohrtrompete zu $^3/_4$ aus Knorpel und $^1/_4$ aus Knochen (Symington). An der Außenseite der Tube liegt der Musculus tensor veli palatini, der dritte Ast des Nervus trigeminus, sowie die Arteria meningea media. An der Innenseite findet sich das retropharyngeale Bindegewebe und dahinter die Arteria carotis interna. Das Ostium pharyngeum tubae auditivae ist für gewöhnlich geschlossen. Während des Schluckaktes dagegen wird es durch den Musculus tensor veli palatini für einige Augenblicke geöffnet. Verschließt man Mund und Nase und bläht die Wangen auf, so entsteht in den Ohren ein leichtes Druckgefühl, gleichzeitig wird das Hören erschwert. Diese Veränderung entsteht dadurch, daß die durch das Mittelohr gepreßte Luft das Trommelfell nach auswärts vorwölbt. Diese Methode, das Mittelohr aufzublasen ist unter dem Namen des „**Valsalvaschen Versuches**" bekannt. Bei der **Politzerschen Methode** Luft durch die Tuba auditiva zu treiben, hält der Kranke den Mund geschlossen, während durch ein Nasenloch ein geeigneter Katheter derart eingeführt wird, daß seine Spitze auf das Ostium pharyngeum tubae auditivae zu liegen kommt; alsdann werden beide Nasenlöcher fest verschlossen. Während nun der Kranke einen Schluck Wasser trinkt, d. h. dadurch den Nasenvom Rachenraum durch das Gaumensegel abschließt, wird aus einem Gummiball etwas Luft in den Katheter gepreßt, die keinen anderen Ausweg hat als die Ohrtrompete. Der Chirurge achtet dabei auf das eigentümliche Geräusch, das im Ohre des Patienten während des Eindringens der Luft in die Tube entsteht, indem er sein eigenes Ohr mit dem des Kranken durch einen Gummischlauch verbindet. Dauernder Verschluß der Ohrtrompete führt zur Taubheit; deshalb kann sehr wohl eine starke

Schwellung der Schleimhaut der Tube, wie sie sich an Schleimhautentzündungen des Pharynx anschließt, starke Herabsetzung des Hörvermögens bedingen. In der durch Vergrößerung der Gaumen- und Rachenmandeln bedingten Schwellung der Nasenschleimhaut, greift diese Schwellung auf die Ohrtrompete über, ferner ist bei vielen Gewächsen des Nasopharynx (Polypen u. dgl.) die Tubenmündung mechanisch verschlossen. Die nahe Beziehung des Ostium pharyngeum zu dem hinteren Nasenraum macht es auch verständlich, daß, wie beobachtet, eine Warzenfortsatzeiterung sich an eine, wegen Nasenblutens ausgeführte Tamponade der Nasenlöcher anschließen kann. Infektionserreger können von den Wimperhaaren der Tubenschleimhaut zum Mittelohr transportiert werden; Bond hat gezeigt, daß in den Nasopharynx gebrachte Indigopartikelchen in dem aus dem äußeren Gehörgang abfließenden Sekrete sich vorfanden.

Das obere Ende des Ostium pharyngeum liegt $1^1/_4$ cm unterhalb der Pars basilaris ossis occipitalis, $1^1/_4$ cm vor der hinteren Rachenwand, $1^1/_4$ cm hinter dem hinteren Ende der Concha inferior und $1^1/_4$ cm oberhalb des weichen Gaumens (Tillaux). Im Fötus findet sich die Öffnung unterhalb des harten Gaumens, bei der Geburt in gleicher Höhe mit demselben. Die Öffnung ist dreieckig, die Öffnungsmuskeln sind die Musculi tensor veli palatini, levator veli palatini und salpingopharyngeus.

Unmittelbar hinter dem durch das Ostium pharyngeum bedingten Vorsprung der Tuba auditiva findet sich in der Pharynxwand eine Vertiefung, der Recessus pharyngeus. Derselbe kann für die Tubenmündung gehalten werden und die Spitze des Katheters kann sich leicht in ihm verfangen. In Fällen von stark vergrößerter Rachentonsille kann dieser Rezessus besonders tief sein und gewissermaßen ein Divertikel bilden. Um den Katheter richtig einzuführen, muß derselbe mit seiner Konkavität nach abwärts am Boden der Nasenhöhle eingeführt werden, bis seine Spitze über den hinteren Rand des harten Gaumens in den Pharynx gleitet; dann wird derselbe etwas zurückgezogen, bis die Spitze am Rande des harten Gaumens wieder nach oben zu gleiten anfängt; dann wird dieselbe $2^1/_2$ cm vorgeschoben und zugleich um 45^0 nach auswärts gedreht, wobei sie dann auf das Orificium pharyngeum tubae auditivae zu liegen kommt.

Die **Blutversorgung.** Das Cavum tympani wird von folgenden Arterien versorgt: Arteria tympanica inferior aus der Arteria pharyngea ascendens, Arteria tympanica superior aus der Arteria meningea media, Ramus carotico-tympanicus aus der Arteria carotis interna, Arteria tympanica posterior aus der Arteria auricularis posterior, Arteria tympanica anterior aus der Arteria maxillaris interna. Die Tatsache, daß einige der Venae tympanicae in den Sinus transversus und Sinus petrosus superior übergehen, erklärt das häufige Vorkommen einer Thrombose dieser Blutleiter bei entzündlichen Mittelohrerkrankungen. Eine kleine, das Dach des Mittelohrs kreuzende Vena petro-squamosa erhält Äste aus dem Antrum und dem Recessus epitympanicus, steht hinten mit dem Sinus transversus sowie vorne mit den Venae meningeales in Verbindung (Cheatle).

Die **Lymphbahnen** des Mittelohrs gehen zwei Wege. Die Mehrzahl zieht entlang der Ohrtrompete zu den retropharyngealen Lymphknoten. Der Rest geht zu den Lymphoglandulae auriculares posteriores, die über dem Warzenfortsatz liegen, wobei die Gefäße unter der Gehörgangsauskleidung und durch andere Abflußkanäle dahinziehen, welche die Venen auf ihrem Wege durch die Öffnungen begleiten, die außen am Warzenfortsatz zu erkennen sind.

Die **Chorda tympani** (Paukensaite) (Abb. 26) wird wegen ihrer exponierten Lage im Cavum tympani bei Mittelohreiterungen leicht beschädigt und es ist gezeigt worden, daß bei Erkrankungen dieses Nerven eine Störung in der Geschmacksempfindung auftritt, was leicht verständlich ist, wenn man bedenkt, daß einzelne Geschmacksfasern die Zunge auf diesem Wege erreichen.

Das **knöcherne Labyrinth** entsteht unabhängig von den andern knöchernen Abschnitten des Ohres. Teile desselben können sich in großen Stücken nekrotisch abstoßen. In einem von Barr beschriebenen Falle wurde das ganze knöcherne Labyrinth (Cochlea, Vestibulum und Canales semicirculares) als ein nekrotisches Knochenstück aus dem Gehörgang entfernt. Eine Mittelohreiterung kann auf das innere Ohr übergreifen, und zwar entweder durch die Fenestra ovalis, in welcher die Platte des Steigbügels befestigt ist oder durch die Fenestra rotunda, die durch eine Membran verschlossen ist. Vom inneren Ohr aus kann die eitrige Entzündung entlang dem Nervus auditorius nach innen fortkriechen und so die weiten subarachnoidealen Hohlräume an der Schädelbasis erreichen. Ferner kann eine Mittelohrerkrankung zu einer Fistelbildung im äußeren Bogengang Veranlassung geben. In solchen Fällen entsteht bei Bewegungen des Kopfes ein Nystagmus, da Reflexbewegungen des Auges durch Reize beeinflußt werden, welche in den Maculae der Bogengänge entstehen (Sydney Scott).

6. Die Nase und ihre Höhlen.
Die Nase.

Die **Haut** über der Nasenwurzel und dem größten Teile des Nasenrückens ist dünn und locker. Über den Nasenflügeln dagegen ist sie dick, sehr fest mit der Unterlage verwachsen und reichlich von Talg und Schweißdrüsen durchsetzt. Eine Entzündung der Haut über den knorpeligen Abschnitten der Nase ist in der Regel sehr schmerzhaft und mit starker Rötung verbunden. Der Schmerz hängt von der Dichtigkeit des Gewebes ab, das nur unter starkem Druck auf die Nerven anschwellen kann, während die Rötung durch die ausgiebige Blutversorgung dieser Gegend bewirkt wird; da die Nasenränder freie Ränder sind, so sind die Blutgefäße Endarterien, wodurch eine Blutstauung begünstigt wird.

Die große Anzahl von Talgdrüsen an den unteren Nasenpartien ·sind der Lieblingssitz der Akne. An dieser Stelle findet sich die als Akne hypertrophica bezeichnete Erkrankung der Talgdrüsen, welche zum

Rhinophyma oder zur Pfundnase führt. Außerdem ist die Nase häufig von Lupus befallen, der Lupus erythematosus entwickelt sich hauptsächlich auf dem Nasenrücken, auch das Ulcus rodens entwickelt sich gern an dieser Stelle, vor allem in der Falte zwischen Nasenflügel und Wange. Wegen der reichlichen Blutversorgung eignet sich die Nase vorzüglich für plastische Operationen. Wunden derselben heilen gut und selbst ausgedehnte Inzisionen, wie z. B. in der Furche zwischen Nase und Wange zwecks Entfernung des Oberkiefers hinterlassen nur eine sehr geringe Entstellung. In einer ganzen Anzahl berichteter Fälle sind vollständig abgetrennte Teile der Nase, wenn sogleich wieder angeheftet, gut angeheilt.

Die Haut über der Nasenwurzel, den Nasenflügeln und an den Nasenlöchern werden vom Ramus nasalis externus nervi ethmoidalis anterioris des ersten Trigeminusastes versorgt, während die seitlichen Nasenabschnitte vom Nervus infraorbitalis des zweiten Trigeminusastes innerviert werden. Bei Neuralgie des zweiten Astes sind diese Hautpartien sehr schmerzhaft. Die Tatsache, daß der Ramus nasalis externus zum ersten Trigeminusast gehört, somit nahe Beziehung zum Auge besitzt, macht es verständlich, daß bei schmerzhaften Erkrankungen in der Gegend der Nasenlöcher oder wenn man z. B. die Nasenlöcher kneift, Tränensekretion auftritt.

Der **knorplige Teil** der Nase wird häufig von Lupus, Syphilis und anderen destruierenden Erkrankungen zerstört. Die so zugrunde gegangenen Teile werden durch die verschiedenen Methoden der Rhinoplastik ersetzt. Man muß stets die Grenze des knorpligen Nasengerüstes im Auge behalten und bei der Einführung eines Spekulums nicht über dieselbe hinausgehen. Bei Individuen mit ererbter Syphilis ist der Nasenrücken oft vollständig eingesunken. Diese Einsenkung ist nicht durch Zugrundegehen etwaiger knöcherner oder knorpeliger Teile, sondern vielmehr durch ungenügende Entwicklung der Teile wegen schlechter örtlicher Ernährung verursacht, die ihrerseits durch einen heftigen chronischen Katarrh der Nasenschleimhaut bedingt ist. Deshalb findet sich diese Deformation nur bei Individuen, welche in der Jugend an einer spezifischen Koryza gelitten haben.

Die **knöcherne Nase** wird oft durch direkte Gewalteinwirkung gebrochen. Die Bruchstelle findet sich für gewöhnlich im unteren Drittel des knöchernen Nasengerüstes, wo dasselbe am dünnsten und am wenigsten gestützt ist, am seltensten dagegen im oberen Drittel, in welchem die Knochen dick und fest aneinander liegend, einen beträchtlichen Kraftaufwand erfordern, ehe es zu einer Fraktur kommt. Da die Nasenknochen nirgends mit Muskeln in Verbindung stehen, so ist die Richtung der Gewalteinwirkung allein für die Verlagerung der Knochenfragmente verantwortlich zu machen. Ein Zusammenheilen der Knochen nach einer derartigen Fraktur geschieht rascher als an irgend einem anderen Knochen des Körpers. In einem von Hamilton beschriebenen Falle waren die Knochenfragmente schon am siebenten Tage fest vereinigt. Ist die Nasenschleimhaut mit verletzt, dann entsteht bei diesen Brüchen ein Emphysem des Unterhautzellgewebes, das beim Schneuzen der Nase stark zunimmt. Die Luft kommt in solchen Fällen natürlich aus der Nasenhöhle. Bei Nasenbrüchen im oberen Drittel kann die Lamina cribrosa ossis ethmoidalis mitfrakturieren, während diese Komplikation bei Brüchen im unteren Drittel sehr fraglich ist. Die Nasenwurzel ist der Lieblingssitz für Meningozelen und Enzephalozelen, wobei die Vorwölbung sich in der zwischen den Stirn- und den Nasenbeinen gelegenen Naht findet. Derartige Hervorwölbungen in dieser Gegend sind oft von nur sehr dünner, blutgefäßreicher Haut überzogen und irrtümlicherweise schon für Nävusgeschwülste gehalten worden.

Die Nasenhöhle. Die Nasenlöcher haben etwa die Form des Herzens einer Spielkarte, dessen Gesamtdurchmesser in der vertikalen Richtung ungefähr 3,25 cm, in der transversalen Richtung an ihrer weitesten Stelle ca. 3 cm beträgt. Die Ebene der Nasenflügel liegt etwas tiefer als der Boden der Nasenlöcher. Um deshalb die Nasenhöhle untersuchen zu können, muß der Kopf nach rückwärts geneigt und die Nase etwas aufwärts gezogen werden. Die Nasenlöcher können durch einen in sie eingeführten Finger sehr gut untersucht werden und ihre Öffnungen sind auf beiden Seiten des Septums so weit, daß der Finger tief genug eingeführt werden kann, um einen zweiten, durch die Choane vom Mund aus eingeführten Finger zu berühren. Ein gangbarer Weg, um weiche Nasenpolypen beim Erwachsenen zu entfernen, ist der, daß man sie mit den so eingeführten Fingern von der Unterlage abquetscht. Die Operation ist etwas roh. Bei dem vorsichtigen Einführen des Fingers in ein Nasenloch, kann man oft das Ende der unteren Muschel fühlen. Die Nasenlöcher und der vordere Teil der Nasenhöhle kann durch die Rougesche Operation sehr gut untersucht werden. Bei dieser Operation wird die Oberlippe nach außen umgeschlagen, die Weichteile zwischen Oberlippe und Oberkiefer durch eine quere Inzision durchtrennt und der Hautlappen nach oben präpariert, bis die Nasenhöhlen genügend eröffnet sind.

Die Choanae. Führt man einen kleinen Spiegel, wie solche in ähnlicher Form bei der Laryngoskopie benützt werden, vorsichtig durch den Mund hinter den weichen Gaumen und beleuchtet ihn vom Munde aus, so kann man unter günstigen Verhältnissen folgende Teile erkennen: Die Choanae, das Septum nasi und die Chonchae mediales, einen Teil der Chonchae superiores und inferiores sowie einen Teil des Meatus nasi inferior. Der mittlere Nasengang ist gut sichtbar, ferner auch das Orificium pharyngeum der Ohrtrompete und die Schleimhaut im oberen Abschnitte des Pharynx.

Diese Untersuchungsmethode, die sog. Rhinoscopia posterior, ist sehr schwierig auszuführen. Alle diese eben erwähnten Teile können auch mit dem durch den Mund eingeführten Finger betastet werden. Die Choanen müssen oft bei sehr heftigem Nasenbluten tamponiert werden; um deshalb einen entsprechend großen Gazetampon zurecht zu schneiden, muß man die Maaße der Öffnung im Gedächtnis haben. Jede der beiden Choanen hat eine regelmäßige Form und mißt ca. $1^1/_4$ cm im transversalen und 3 cm im vertikalen Durchmesser am erwachsenen, gut entwickelten Schädel.

Was die Nasenhöhlen im allgemeinen anlangt, muß man sich stets daran erinnern, daß der Boden nahe der Mittellinie breiter ist, als an den Enden, daß der vertikale Durchmesser größer ist als der transversale, und zwar ebenfalls am größten in der Mitte der Höhlen. Führt man daher eine Zange in die Nase ein, so kann man sie in vertikaler Stellung am weitesten öffnen. Die Breite der Höhlen nimmt von oben nach unten etwas zu; während die obere Muschel nur etwa 2 mm vom Septum nasi entfernt ist, beträgt die Entfernung der unteren Muschel 4—5 mm. Oberhalb der mittleren Muschel ist die Nasenhöhle so eng, daß diese Muschel, wenigstens im chirurgischen Sinne, das Dach der Nasenhöhle bildet.

Die Form und die Außenmaaße der **kindlichen Nasenhöhle** erfordern eine besondere Besprechung. Beim Erwachsenen ist der untere Nasengang weit und dient als hauptsächlichster Weg für die Atmung; beim Kinde dagegen ist der Meatus nasi inferior relativ sehr eng, während die Luft bei der Atmung hauptsächlich durch den mittleren Nasengang zieht (Lack). Die Nasenhöhlen nehmen vom 6.—18. Lebensjahr an Größe rasch zu; während dieser Zeit findet der Zahnwechsel statt, der notwendigerweise ein Größerwerden des Gaumens und des Nasenbodens bedingt; gleichzeitig wird die Nase durch die Entwicklung der Oberkieferhöhle länger, wobei der Oberkieferanteil der Nasenhöhle erheblich größer wird als die Regio olfactoria. Das Wachstum der Nasenhöhlen und des Gesichtes kann durch jedwede Behinderung der freien Nasenatmung aufgehalten oder gestört werden; die hauptsächlichste Ursache der Verstopfung der Nasenhöhlen sind adenoide Wucherungen im Nasopharynx (Abb. 43).

Bei genauer Betrachtung der Beziehungen der Nasenhöhlen zu ihrer Umgebung wird es verständlich, daß eine Entzündung ihrer Schleimhautauskleidung (Koryza) durch die Choanen auf den Pharynx, sowie durch die Ohrtrompete zum Mittelohr sich ausdehnen kann, ferner durch den Tränennasengang auf den Tränensack und die Augenbindehaut übergreifen kann, wie sie auch in die Sinus frontalis und maxillaris (Abb. 29) eindringen und Veranlassung zu Schmerzen im Kopf und in den Wangen geben kann. Diese Verhältnisse werden oft bei einem heftigen Schnupfen beobachtet. Wegen der nahen Beziehung der Nasenhöhlen zur Schädelhöhle entsteht bisweilen im Anschluß an einen eitrigen Prozeß der Nase eine Meningitis. Fremdkörper aller Art finden sich in der Nase und können dort jahrelang liegen bleiben. So berichtet Tillaux, daß er bei einer 64jährigen Frau einen Kirschkern aus der Nase entfernte, der 20 Jahre dort gelegen hatte.

Bei der Durchspülung der Nase mittelst der „Nasendouche" wird die Irrigatorspitze in ein Nasenloch eingeführt, der Mund geöffnet, worauf die Flüssigkeit über den weichen Gaumen hinweg aus dem anderen Nasenloch abfließt. Die zweite Nasenhöhle wird also von hinten nach vorne durchgespült. Die Flüssigkeit nimmt den eben beschriebenen Lauf, weil bei geöffnetem Munde unwillkürlich durch ihn geatmet wird, dadurch wird der weiche Gaumen nach oben gezogen und die Nase vom Pharynx abgeschlossen.

Das **Dach** jeder der beiden Nasenhöhlen ist außerordentlich schmal (3 mm); es wird hauptsächlich von der Lamina cribrosa des Siebbeins gebildet. Wegen der außerordentlichen Enge des Daches ist es sicher stark übertrieben zu behaupten, ein so großes Instrument wie die Polypenzange könne das Nasendach durchbohren. Allerdings kann die Schädelhöhle vom Nasendach aus eröffnet werden, sei es durch das Einführen von Fremdkörpern in selbstmörderischer Absicht oder durch Eindringen derselben bei einem Unglücksfall. Die an eine Naseneiterung sich anschließende Gehirnhautentzündung entsteht durch die Lamina cribrosa hindurch. Durch die Hüllen, welche die Nerven und Blutgefäße umgeben,

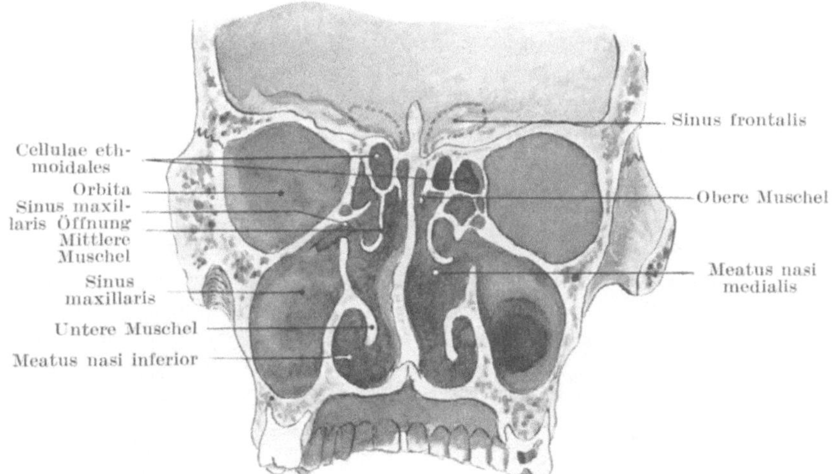

Abb. 29. Frontalschnitt durch die Nasenhöhle und akzessorischen Sinus.

steht das Lymphgefäßsystem der Nase mit dem der Meningen in Verbindung, so daß durch diese Kanäle entzündliche Vorgänge in der Nase auf die Meningen fortgeleitet werden können. Brüche der Nase sind oft mit einem reichlichen Abfluß von Zerebrospinalflüssigkeit aus der Nase vergesellschaftet. Eine Meningocele kann sich durch das Dach der Nase vorwölben. In einem von Lichtenberg beschriebenen Falle hing ein Tumor durch eine angeborene Gaumenspalte in den Mund hinein. Er wurde für einen Polypen gehalten und deshalb abgebunden; der Tod erfolgte durch intrakraniale Eiterung.

Die **Nasenscheidewand** (Septum nasi) (Abb. 29) ist beim Erwachsenen selten ganz senkrecht; sie weicht für gewöhnlich etwas nach links ab. Am kindlichen Schädel ist sie bis zum siebenten Lebensjahr jedoch gerade. Beim Erwachsenen findet sich in 76 % der untersuchten Fälle eine seitliche

Abweichung. Sie kann die Folge eines Traumas sein. Es ist darauf
aufmerksam gemacht worden, daß eine Deviation des Septums das
Singen störe. Die Nase selbst ist ebenfalls selten ganz gerade; franzö-
sische Autoren schreiben diese Stellung der Nase einem schiefen Septum
zu, das seinerseits wieder dadurch entstanden sein soll, daß sich die Menschen gewöhnlich die Nase immer mit derselben Hand schneuzen.
Steht das Septum sehr schräge, so kann es ein Nasenloch mehr oder
minder vollständig verschließen und solange das andere Nasenloch

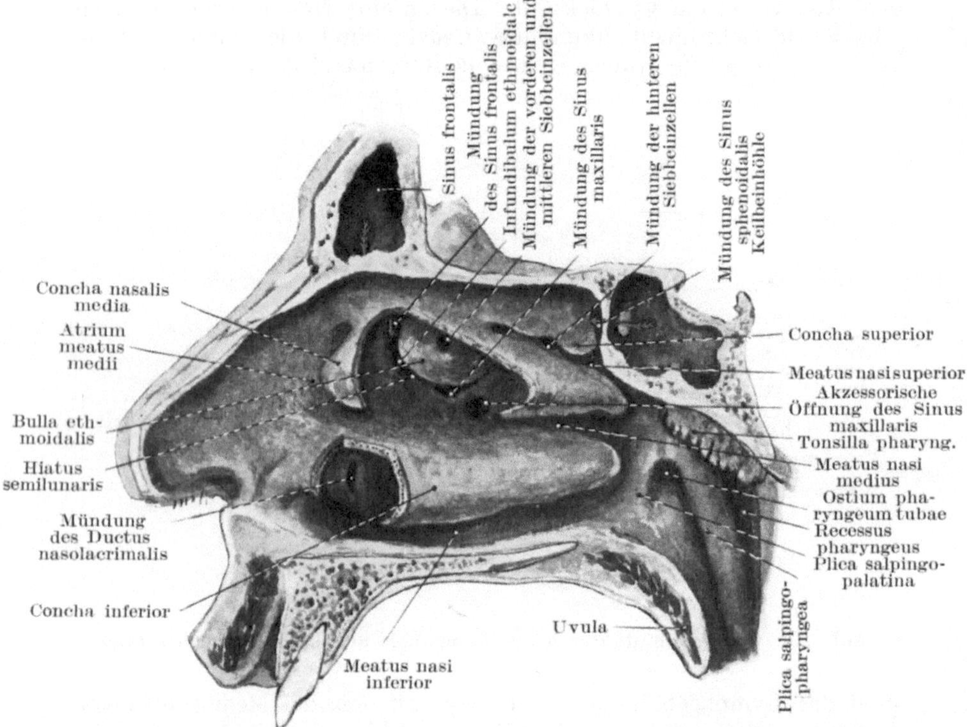

Abb. 30. Laterale Wand der Nasenhöhle mit partieller Abtragung der mittleren
und unteren Nasenmuschel. (Mod. nach Spalteholz.)

nicht untersucht ist, für einen vom Septum ausgehenden Tumor gehalten
werden, der in die Nasenhöhle hineinwächst. Die platte Nase bei er-
worbener Syphilis ist für gewöhnlich durch die Zerstörung des Septums
und einer mehr oder minder ausgedehnten Erkrankung der benachbarten
Knochen bedingt.

Die laterale Wand der Nasenhöhle. Die untere Muschel kann das
Einführen des Tubenkatheters vereiteln, wenn das Instrument zu stark
gekrümmt ist. Das vordere Ende des Knochens liegt ca. 2 cm hinter

den Nasenlöchern. Die Apertura ductus naso-lacrimalis liegt $2^1/_2$ cm hinter den Nasenlöchern und 2 cm über dem Nasenboden. Die Öffnung ist für gewöhnlich schlitzförmig und eng. Der Tränennasenkanal durchbohrt die Nasenschleimhaut in derselben Art und Weise, wie der Harnleiter die Harnblase. Die Höhe des unteren Nasengangs beträgt ungefähr 2 cm, der obere Nasengang ist ein sehr kurzer und enger Spalt, in dessen oberen vorderen Teil die Siebbeinzellen einmünden. Der mittlere Nasengang verbreitert sich nach vorne hin zum sog. Atrium meatus medii; achtet man beim Einführen irgend eines Instrumentes in die Nase nicht darauf, dessen Spitze dicht am Boden der Nasenhöhle entlang zu führen, so ist es viel leichter in den mittleren Nasengang zu gelangen als in den unteren. An der Wand des mittleren Nasengangs zieht von oben nach unten und hinten der tiefe Hiatus semilunaris; in ihm liegt die Apertura sinus frontalis, das Infundibulum ethmoidale, sowie nahe dem hinteren Ende die Aperturae sinus maxillaris (d. h. die der Stirnhöhle, den vorderen Siebbeinzellen und der Oberkieferhöhle entsprechenden Ausführungsgänge). Die rundliche Öffnung der Stirnhöhle liegt für gewöhnlich am vorderen Ende dieses Hiatus, allein nicht so selten in einer Nische über und vor ihm. Die vorderen Siebbeinzellen, gewöhnlich zwei an der Zahl, können in den Hiatus, in das Infundibulum oder direkt in den vorderen Abschnitt des mittleren Nasengangs ausmünden. Die Mündung des Sinus maxillaris kann auch statt in dem hinteren Teile des Hiatus unterhalb desselben liegen. Die obere Begrenzung des Hiatus ist die Bulla ethmoidalis; sein unterer vorstehender Rand wird vom Processus uncinatus ossis ethmoidalis gebildet. Die mittleren Siebbeinzellen münden oberhalb des Hiatus in die Bulla aus. Der Hiatus semilunaris der Nasenhöhle liegt in derselben Höhe wie das Ligamentum palpebrale mediale am inneren Augenwinkel. Das vordere Ende der mittleren Muschel kann von den Nasenlöchern aus deutlich gesehen werden, wenn man das Naseninnere durch reflektorisches Licht erhellt.

Die Breite des **Nasenbodens** ist ca. $1^1/_4$ cm oder etwas mehr. Sein weicher Überzug erleichtert das Einführen von Instrumenten in hohem Maaße. Er neigt sich langsam von vorne nach hinten; im vorderen Teile findet sich über dem Canalis incisivus eine Schleimhautausstülpung. Dieser Canalis incisivus, der Rest des Ductus incisivus ist die letzte Spur einer großen Vereinigung, die ehemals zwischen der Nasen- und Mundhöhle bestand.

Die **Nasenhöhlenschleimhaut** besteht in der Regio respiratoria aus geschichtetem Flimmerepithel, während in der Regio olfactoria (das obere Drittel der Schleimhaut) ein eigentümliches dickes, mehrschichtiges Zylinderepithel vorhanden ist, wogegen die Regio vestibularis von äußerer Haut überzogen ist. Die Schleimhaut ist über den Muscheln und den unteren zwei Dritteln des Septums sehr dick und blutreich, während sie am Nasenboden und zwischen den Muscheln viel dünner ist. Die Schleimhaut der Nebenhöhlen dagegen ist auffallend dünn und blaß. In derselben finden sich besonders an den unteren und hinteren Abschnitten der lateralen Wand zahlreiche gemischte Drüsen,

welche stark hypertrophieren und zu einer so reichlichen wässerigen
Sekretion der Schleimhaut Veranlassung geben können, daß dieselbe
bei chronischer Koryza im Anschluß an ein Trauma schon für ent-
weichende Zerebrospinalflüssigkeit gehalten wurde. Außerdem findet
sich in der Schleimhaut reichlich lymphoides Gewebe, in welchem sich die
so häufige skrofulöse Erkrankung dieser Teile zuerst manifestiert. Über
dem unteren Rande und dem hinteren Teile der unteren Muschel kann
die normale Schleimhaut so dick und locker sein, daß sie eine Art Kissen
bildet, das bisweilen auch „Corpus turbinatum" genannt wird. Diese
Veränderung wird hauptsächlich durch ein reiches submuköses Venen-
geflecht hervorgerufen, dessen einzelne Blutgefäße größtenteils von
vorne nach hinten verlaufen. Wenn strotzend mit Blut erfüllt, kann
der Zwischenraum zwischen Knochen und Septum vollständig von der
Schleimhaut ausgefüllt sein, die bei chronischer Entzündung über der
unteren Muschel ein polypöses Aussehen annehmen kann.

Polypen finden sich in der Nase sehr häufig. Dieselben sind in zwei
Arten vertreten, einmal als Schleimpolypen, die für gewöhnlich von
der Schleimhaut unter oder oberhalb der mittleren Muschel ihren Ursprung nehmen, sowie zweitens als fibröse oder unter Umständen sarko-
matöse Polypen, die vom Periost des Nasendachs oder von der Außenfläche der Schädelbasis entspringen. Die letzteren greifen nach allen
Seiten hin um sich, sie treiben die Nasenbrücke auseinander, verschließen
den Tränennasenkanal und bewirken so Tränenträufeln, drücken den harten
Gaumen nach abwärts und dringen in die Mundhöhle vor, erfüllen
den Sinus maxillaris und dehnen die Wange aus, wachsen nach abwärts
in den Pharynx, indem sie das Gaumensegel nach vorwärts drängen,
ja sie können sogar durch die mediale Wand der Orbita vordringen.
Solche Geschwülste können freigelegt und entfernt werden, indem man
den Oberkiefer medial und aus der Umgebung lostrennt, ihn nach vorwärts umschlägt, die laterale Wand der Nasenhöhle wegnimmt und
nach Entfernung des Tumors den Oberkiefer wieder in seine normale
Lage zurückbringt (F. S. Eve).

Die **Blutversorgung** der Nasenhöhle ist eine ausgiebige und wird
von den Arteriae maxillaris interna, ophthalmica und facialis besorgt.
Hinsichtlich der Venen sei bemerkt, daß die Venae ethmoidales, die
von der Nase kommen, in die Vena ophthalmica münden, während am
kindlichen Schädel eine konstante Verbindung zwischen Nasenvenen
und Sinus sagittalis superior durch das Foramen caecum besteht. Diese
Verbindung kann auch beim Erwachsenen offen bleiben. Die eben
erwähnten Venenanastomosen erklären ebenfalls zum Teil wenigstens
das Auftreten intrakranieller Komplikationen bei entzündlichen Prozessen der Nasenhöhlen. **Nasenbluten oder Epistaxis** ist ein sehr gewöhnliches und oft ein sehr ernstes Ereignis. Seine Häufigkeit ist in
hohem Grade durch den Blutgefäßreichtum der lockeren Schleimhaut
sowie den Umstand bedingt, daß die namentlich über der unteren Muschel
verlaufenden Venen ausgedehnte Geflechte bilden und so eine Art kaver-
nösen Gewebes darstellen. Das Nasenbluten wird daher häufig durch

Störung der venösen Blutzirkulation wie z. B. in Fällen von Tumoren des Halses, die auf die großen Venen drücken, ferner durch Keuchhustenanfälle u. dgl. verursacht. Die wohltätige Wirkung, welche durch das Erheben der Arme beim Nasenbluten entsteht, ist wahrscheinlich durch die so bewirkte starke Ausdehnung des Brustkorbs und die dadurch bedingte Aspirationswirkung auf die Venen am Halse veranlaßt. Das Nasenbluten kann außerordentlich reichlich und langwierig sein. So berichtet Spencer Watson, daß in einem Falle das Nasenbluten ohne erkennbare Ursache sich über 20 Monate erstreckte. Martineau erwähnt einen Fall, in welchem innerhalb 60 Stunden 12 Pfd. Blut verloren gingen, während Fränkel in einem Falle den gesamten Blutverlust auf 75 Pfd. angibt. In verschiedenen Fällen endete die Blutung letal. Die Quelle der Blutung wird häufig nicht leicht gefunden, selbst nicht bei der Obduktion. In einer Reihe von Fällen findet sich der Sitz der Blutung $1^1/_4$ cm oberhalb und hinter der Spina nasalis anterior des Oberkiefers am Septum.

Die **Nerven** der Nasenhöhle sind Äste vom Nervus olfactorius, sowie vom ersten und zweiten Ast des Trigeminus. Die Tränensekretion, welche durch Einführen irgendwelcher reizender Stoffe in die vorderen Abschnitte der Nasenhöhle ausgelöst wird, erklärt sich daraus, daß dieser Abschnitt der Nase in ausgiebiger Weise vom Nervus naso-ciliaris versorgt wird, der bekanntlich ein Ast des Nervus ophthalmicus ist. Als ein Beispiel von umgekehrter Leitung im Nerven dient die Tatsache, daß beim Hineinsehen in die grelle Sonne ein Niesanfall ausgelöst werden kann. Störungen in den Zentren des Nervus vagus, wie z. B. Husten oder bronchiales Asthma, können von Erkrankungen der Nase aus entstehen. Die Nervi olfactorii liegen im oberen Drittel der Höhlen, weshalb man unwillkürlich, um gut riechen zu können, die Luft tief einzieht und die Nasenlöcher erweitert. Die Unfähigkeit bei der Fazialisparalyse die Nasenlöcher zu erweitern, muß zum Teil für den in solchen Fällen manchmal vorhandenen Verlust der Geruchsempfindungen verantwortlich gemacht werden. Althaus behauptet, daß der Verlust der Geruchsempfindungen (Anosmia) in Fällen von Kopfverletzungen durch das Zerreißen der Nerven bei ihrem Durchtritt durch die Lamina cribrosa des Siebbeins bedingt sei. Die Riechstreifen (Tracti olfactorii) kreuzen die Kanten der kleinen Keilbeinflügel und können beim Sturze auf die Stirne verletzt werden. Das Olfaktoriuszentrum liegt im Gyrus hippocampi an der Unterfläche des Gehirns.

Die meisten **Lymphbahnen** der Nasenhöhlen gehen zu den retropharyngealen Lymphknoten, die zwischen hinterer Pharynxwand und dem Musculus longus capitis liegen. Daher können, wie Fränkel gezeigt hat, Retropharyngealabszesse sich an Erkrankungen der Nase anschließen. Andere Lymphbahnen ziehen zu den Glandulae submaxillares, parotideae und zu den oberen tiefen Halslymphknoten, weshalb eine Anschwellung dieser Lymphknoten bei Erkrankungen der Nase, vor allem bei skrofulösen Individuen ein ungemein häufiger Befund ist. Außerdem ziehen noch Lymphgefäße von der Nase aus durch die Lamina cribrosa zu den Meningen.

Die **Nebenhöhlen der Nase.** In den letzten Jahrzehnten ist die genaue Kenntnis der Anatomie und Lage der Nebenhöhlen für den Chirurgen von größter Bedeutung geworden. Mehr als 15% aller daraufhin in der Prosektur des London-Hospital untersuchten Leichen, wiesen Erkrankungen einer oder mehrerer dieser Höhlen auf; St. Claire Thomson schätzt auf Grund deutscher Statistiken, daß in 30% aller Leichen die Siebbeinzellen erkrankt seien. Die Kapazität aller Nebenhöhlen zusammen übersteigt die der Nasenhöhlen um mehr als das Doppelte (Braune).

Die **Stirnhöhle (Sinus frontalis)** (Abb. 30 u. 31) ist hinsichtlich ihrer Größe und Form ungeheuer verschieden. Große Stirnhöhlen bedingen nicht notwendig große Tubera frontalia und hervorstehende Arcus superciliares

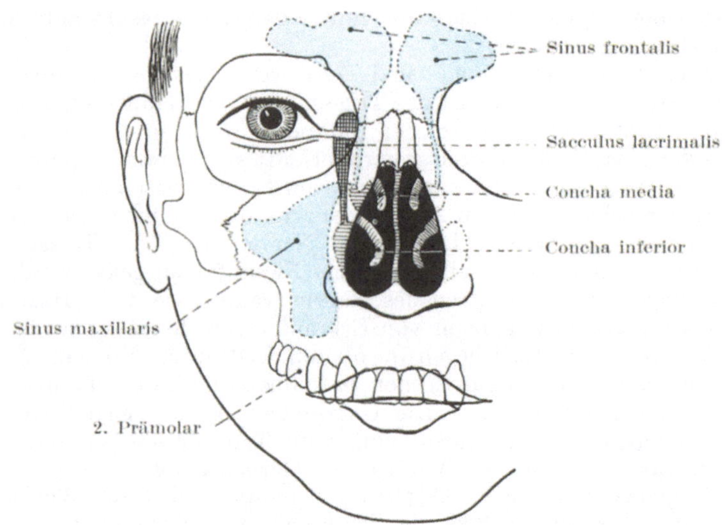

Abb. 31. Projektion des Sinus maxillaris und frontalis.

am Stirnbein. Ein Sinus kann sich auf Kosten des anderen vergrößern, wobei das Septum verlagert wird. Beim männlichen Geschlecht sind sie größer als beim weiblichen; in 9% der Individuen sind sie einseitig, in 7% fehlen sie ganz (Logan Turner). Es ist klar, daß eine Depressionsfraktur über einer Stirnhöhle bestehen kann, ohne daß die Schädelhöhle eröffnet ist. In solchen Fällen kann der eingedickte Sinusinhalt irrtümlicherweise für vorquellende Gehirnmassen gehalten werden. Da die Sinus mit der Nase kommunizieren, kann nach einem Bruche der Sinuswand ausgedehntes Hautemphysem entstehen. Insekten sind in diese Höhlen geraten. „Tausendfüßler werden nicht selten in dem Sinus gefunden, wo sie jahrelang am Leben bleiben können, da die Sekretionsflüssigkeit der Höhle ihnen genügend Nahrung liefert" (Fränkel). Auch

Käferlarven und Fliegenmaden, die in der Nase ausgeschlüpft waren, haben ihren Weg in die Stirnhöhlen gefunden.

In der ersten Kindheit fehlen die Stirnhöhlen, etwa im sechsten Lebensjahr entwickeln sich dieselben allmählich; ihre volle Größe erreichen sie etwa im 25. Lebensjahr. Durch die Aperturae sinuum frontalium stehen sie mit den Nasenhöhlen in Verbindung. Ihr Sekret kann dem Hiatus semilunaris entlang zum Sinus maxillaris gelangen, so daß in Fällen von chronischer Stirnhöhleneiterung die Oberkieferhöhle zu einer Art von Eitersammelbecken wird. Die Apertur ist häufig stark gewunden und selbst nach teilweiser Entfernung des vorderen Teils der mittleren Muschel ist es nicht leicht, einen Katheter in die Höhle einzuführen. Deshalb wird der Sinus frontalis bei Verlegung seines Ausgangs über der Glabella oder am oberen inneren Winkel der Orbita trepaniert (Tilley) und die Sonde von hier aus nach abwärts und etwas nach rückwärts geführt, um die Höhle nach der Nase durch zu drainieren.

Die vorderen Siebbeinzellen münden für gewöhnlich in das Infundibulum aus und sind deshalb bei irgendwelchen Affektionen der Stirnhöhlen in der Regel miterkrankt. Die Vena diploica frontalis, welche sich am inneren Augenhöhlenrande mit der Vena frontalis vereinigt, erhält Blut aus der Stirnhöhle. Bei Empyem der Stirnhöhle kann die eitrige Entzündung auf dem Wege der Diploëvenen sich rasch ausbreiten und zu schwerer eitriger Osteitis und Meningitis führen.

Die **Keilbeinhöhlen** (Sinus sphenoidales) (Abb. 30) münden am Nasendach hinter dem oberen Nasengange aus; sie entwickeln sich gleichzeitig mit den Stirnhöhlen. Sie liegen in der Tiefe und sind, wenn erkrankt, chirurgisch schwer zugänglich. Bei Nasenerkrankungen sind sie häufig miterkrankt. Ihre verhältnismäßig dünne Vorderwand liegt 7—8 cm hinter dem Naseneingang. Tilley empfiehlt als Anhaltspunkt für die Eröffnung dieser Höhlen die Mitte des unteren Randes der mittleren Muschel. Das Septum nasi dient insofern auch als guter Führer, indem der Vomer an der vorderen Seite des Sinus inseriert. Eine vom Nasenboden aus in gerader Linie nach dieser Stelle eingeführte Sonde wird, wenn sie 7—8 cm vorgedrungen ist, die Mündung der Höhlen erreichen.

In innigem Zusammenhang mit der dünnen lateralen Wand dieser Sinus finden sich eine Reihe ungemein wichtiger Strukturen. Außer dem Sinus cavernosus und der Arteria carotis interna verläuft der Nervus opticus und der zweite Ast des Trigeminus dicht an den Höhlen vorbei, so daß sie bei Erkrankung der Sinus in Mitleidenschaft gezogen werden können. Am Dache liegt die Hypophyse; Tumoren derselben können in den Sinus durchbrechen. Die Sinusvenen gehen zu den Venae ethmoidales. Die Sinuswände sind dünn und leicht zu durchbohren, wie der folgende, im London-Hospital beobachtete Fall beweist. Ein Mann, der ein Wirtshaus verließ, fiel nach vorne auf seinen Schirm, dessen Spitze etwas über dem Kuspiszahn in die Weichteile des Gesichtes eindrang. Er kam zu Fuß ins Krankenhaus und starb nach drei Tagen. Bei der Obduktion wurde die Zwinge seines Schirmes in der Brücke gefunden und war durch die Sinus maxillaris und sphenoidalis dorthin gelangt.

Die **Oberkieferhöhle** (Sinus maxillaris Highmori) ist schon bei der Geburt vorhanden, erreicht aber ihre größte Ausdehnung erst im späteren Alter. Die Wände der Kieferhöhle sind am kindlichen Schädel dicker als am erwachsenen. Die verschiedenartigsten Tumoren entwickeln sich in dieser Höhle und treiben ihre Wände nach den verschiedensten Seiten auseinander. So kann eine Geschwulst die dünne mediale Wand durchbrechen und in die Nase gelangen, sie kann das Dach der Höhle nach aufwärts vor sich her treiben und in die Augenhöhle perforieren, durch den Boden der Höhle kann sie den Mund erreichen und durch die dünne Vorderwand unter die Wange gelangen. Der dickste Abschnitt der Wandung findet sich in der Gegend des Jochbeins; diese Stelle gibt auch nicht nach. Nur selten greift eine Geschwulst nach rückwärts weiter um sich, obgleich sie manchmal bis zu den Fossae infratemporalis und pterygoidea vordringen kann. Da der Nervus infraorbitalis am Dache der Höhle entlang zieht, da ferner auch die Nerven für die Zähne des Oberkiefers mit den Wänden in Verbindung stehen, so können diese Gebilde von Geschwülsten der Höhle komprimiert werden, sowie Gesichtsneuralgien und Zahnschmerzen verursachen.

Um die Kieferhöhle zu eröffnen wählt man gewöhnlich den zweiten Prämolarzahn, da hier der Knochen dünn und leicht erreichbar ist. Unter günstigen Umständen genügt es vollkommen, einen der Molarzähne auszuziehen, da deren Wurzeln oft bis in die Höhle hineinragen. Der für gewöhnlich gewählte Zahn ist der erste oder dritte Molarzahn. Nicht selten kommuniziert die Oberkieferhöhle in ihrem vorderen oberen Teile mit der Stirnhöhle der entsprechenden Seite. Die Kieferhöhlen reichen bis unter das Niveau des Gaumens und können deshalb durch eine Öffnung oberhalb desselben nicht genügend drainiert werden.

Die Aperturae sinus maxillaris liegen in gleicher Höhe mit dem Dache desselben; findet sich daher in einer dieser Höhlen Eiter, so fließt er am besten ab, wenn der Kopf so zur Seite geneigt wird, daß die erkrankte Höhle nach oben zu liegen kommt; die Sinus sphenoidales entleeren sich am besten durch Vorwärtsbeugen des Kopfes, während zwecks Entleerung des Sinus frontalis der Kopf nach rückwärts geneigt werden muß. Die Oberkieferhöhle ist schmal, wenn der untere Nasengang weit und die Fossa canina am Gesichtsschädel stark ausgebildet ist. Die Lymphbahnen der Höhlen ziehen zu den retropharyngealen Lymphknoten. Bei einem Fall aufs Gesicht kann ein Oberkieferzahn in die Höhle getrieben werden. In einem von Walton beschriebenen Falle lag ein oberer Schneidezahn $3^1/_2$ Jahre nach dem Unfall, bei welchem er in den Sinus maxillaris geriet, noch an Ort und Stelle.

7. Das Gesicht.

Die Teile des Gesichts, soweit sie nicht schon in den vorhergehenden Kapiteln behandelt wurden, sollen unter folgenden Unterabteilungen besprochen werden: 1. Das Gesicht im allgemeinen, 2. die Gegend der Ohrspeicheldrüse, 3. der Ober- und Unterkiefer und die mit ihnen in Verbindung stehenden Teile.

a) Das Gesicht im allgemeinen.

Die **Haut** des Gesichts ist dünn und zart, sowie mehr oder weniger fest mit dem ebenfalls zarten Unterhautzellgewebe verwachsen. Da sie große Mengen Talg- und Schweißdrüsen enthält, ist das Gesicht der Lieblingssitz der Akne, die ja eine Talgdrüsenerkrankung ist. Wegen der Zartheit der Haut und dem Fehlen derber Faszien bersten Abszesse des Gesichts in der Regel bald und erreichen selten eine größere Ausdehnung.

Das **Unterhautzellgewebe** ist weitmaschig und bietet sich in ihm ausbreitenden Entzündungen keinerlei Widerstand, so daß bei gewissen entzündlichen Affektionen die Wangen und übrigen Teile des Gesichts hochgradig anschwellen können. Bei allgemeiner Wassersucht wird das Gesicht bald ödematös und zwar beginnt das Ödem in der Regel in dem weitmaschigen Gewebe des unteren Augenlids. Die Haut über dem Kinn ist eigentümlich fest mit der Unterlage verwachsen, erinnert überhaupt in vieler Hinsicht an die Kopfschwarte. Wenn solche Hautabschnitte des Gesichts, welche vorstehende Knochen überziehen, wie z. B. das Jochbein, das Kinn oder der obere Augenhöhlenrand, von einer stumpfen Gewalt getroffen oder durch einen Fall verletzt werden, so sieht die so entstandene Wunde oft wie eine glatte Schnittwunde aus, geradeso wie am Skalp. Die Verschieblichkeit der Gesichtshaut ist für plastische Operationen aller Art von großem Vorteil, wie auch ihre reiche Blutversorgung im allgemeinen ein rasches und gutes Anheilen bewirkt. Obgleich sich im Unterhautzellgewebe reichlich Fett vorfindet, sind doch Fettgeschwülste in dieser Gegend auffallend selten. Sie scheinen in der Tat diese Gegend überhaupt zu meiden. So beschreibt M. Denay einen Fall, in welchem bei einem Manne nicht weniger als 215 Fettgeschwülste über den ganzen Körper zerstreut sich vorfanden, ohne daß auch nur eine einzige derartige Geschwulst sich im Gesicht entwickelt hätte. Dagegen finden sich im Gesicht besonders gerne gewisse Geschwüre, vor allem Lupus, Ulcus rodens, sowie auch die Pustula maligna (Milzbrand).

Die Blutversorgung. Die Gesichtshaut ist, wie schon erwähnt, in allen ihren Teilen besonders reichlich von Blutgefäßen durchzogen. Die kleineren Gefäße der Haut finden sich bei Trinkern und Leuten, die viel der Kälte ausgesetzt sind, oft dauernd gestaut und erweitert. Ferner sind Nävi und verschiedene Formen sog. erektiler Tumoren im Gesicht häufig. Wunden des Gesichts, welche frisch gesetzt heftig bluten, heilen mit seltener Sicherheit und Sorgfalt. Deshalb sollten bei allen Gesichtswunden möglichst bald nach der Verletzung die Wundränder sorgfältig vereinigt werden. Ausgedehnte Hautlappen, die bei Rißwunden sich bilden, bleiben oft in gleicher Weise wie derartige Lappen der Kopfschwarte am Leben.

Die Pulsationen der Arteria maxillaris externa können am besten am unteren Rande des Unterkiefers an der Stelle, an welcher dieselbe dicht am vorderen Rande des Musculus masseter den Knochen kreuzt, gefühlt werden. Hier wird sie nur von Haut und Platysma bedeckt,

kann deswegen bequem komprimiert oder unterbunden werden. Die
Anastomosen am Gesichte sind bei dieser Arterie so ausgedehnte, daß
nach der Durchschneidung des Gefäßes beide Stümpfe in der Regel
unterbunden werden müssen. Die Vena facialis anterior (s. auch Abb. 6)
liegt nur am unteren Rande des Unterkiefers der Arteria maxillaris
externa dicht an, im Gesicht selbst besteht zwischen ihnen ein beträchtlicher Zwischenraum. Die Vene ist nicht so schlaff wandig, wie die meisten
oberflächlichen Venen, nach einer Durchtrennung bleibt das Lumen offen,

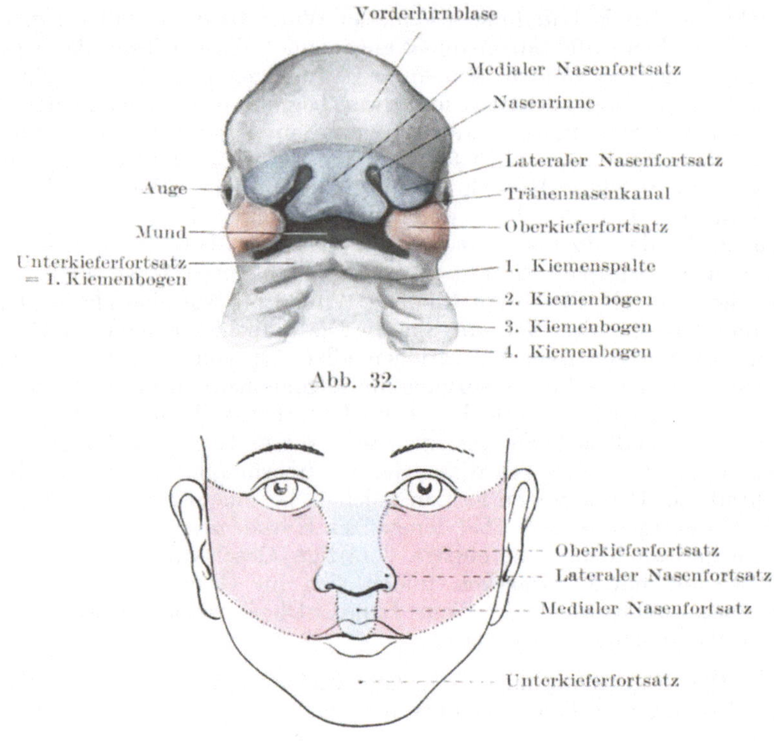

Abb. 32.

Abb. 33.
Die Entwicklung des Gesichtes.

sie besitzt keine Klappen und kommuniziert an einem Ende indirekt
mit dem Sinus cavernosus, während sie am anderen Ende in die Vena
jugularis interna einmündet. Diese Vene steht außerdem noch mit den
intrakranialen Venen auf einem anderen Wege in Verbindung, nämlich:
in die Vena facialis anterior mündet aus dem Plexus venosus pterygoideus
die Vena anastomotica facialis ein; dieser Plexus seinerseits kommuniziert mit dem Sinus cavernosus mittelst einiger kleiner Venen, die durch
die Foramina ovale und lacerum gehen. Diese Verhältnisse der Vena
facialis machen die Mortalität bei gewissen entzündlichen Prozessen

im Gesichte verständlich. So führt nicht selten ein Karbunkel des Gesichts durch Thrombose der Gehirnsinus zum Tode, wie auch jede andere diffuse und in die Tiefe sich ausbreitende Entzündung des Gesichts auf die gleiche Weise letal enden kann. Das ungewöhnliche Offenbleiben der Vena facialis befördert also die Resorption septischer und toxischer Stoffe wie auch ihre direkte Verbindung mit der großen Drosselblutader am Halse die plötzliche Todesfälle an Thrombose erklärt, die bei Kindern nach der zu therapeutischen Zwecken vorgenommenen Injektion irgendwelcher Flüssigkeiten in Gesichtsnävij beobachtet wurden.

Ein kurzes Eingehen auf die Entwicklung des Gesichts (Abb. 32) hilft zum Verständnis des Verlaufs des Nervus trigeminus sowie des Vorkommens gewisser Anormalitäten. Das Gesicht entwickelt sich aus fünf Vorsprüngen, einem medialen (dem fronto-nasalen) und je zwei seitlichen, dem maxillaren und mandibularen. Der Processus fronto-nasalis bildet den mittleren Teil der Oberlippe und der Nase (Abb. 33). Bleibt er in der Entwicklung stehen, dann bildet sich ein Zyklops aus. Dieser Fortsatz entspringt aus der Frontalgegend und führt den Nervus naso-ciliaris des ersten Trigeminusastes mit sich. Der zweite Trigeminusast ist der Nerv für den Processus maxillaris, während der dritte Ast zu dem Processus mandibularis gehört.

Die Nervenversorgung (Abb. 34). Der sensible Nerv für das Gesicht ist der Nervus trigeminus, der motorische der Nervus facialis. Wegen der außerordentlichen großen Zahl der Nervenfasern im Gesicht und der Größe des sensiblen Kerns des Nervus trigeminus ist es verständlich, daß starke, auf das Gesicht ausgeübte Reize ausgedehnte Nervenstörungen bedingen können. Johnson beschreibt einen Fall, in welchem ein in eine Wangennarbe eingebettetes Quarzstückchen neben einer Fazialisneuralgie und Paralyse Trismus und epileptische Anfälle verursacht hatte. Die Lage der Incisura supraorbitalis, der Foramina infraorbitale und mentale sowie die Austrittstellen der entsprechenden Nerven werden folgendermaßen bestimmt: die Incisura supraorbitalis findet sich an der Grenze von innerem und mittlerem Drittel des oberen Orbitalrandes. Eine von diesem Punkte gerade nach abwärts gezogene Linie, die den Zwischenraum zwischen den beiden Prämolaren trifft, kreuzt die Foramina infraorbitale und mentale. Das erste liegt etwa 8 mm unterhalb des unteren Orbitalrandes. Das Foramen mentale liegt beim Erwachsenen in der Mitte zwischen der Basis mandibulae und dem Limbus alveolaris partis alveolaris, ca. 8 mm tiefer als die Umschlagstelle der Lippenschleimhaut und des Zahnfleisches. Zur Pubertätszeit liegt das Foramen näher an der Basis mandibulae, im Alter dicht unter dem Limbus alveolaris. Der **Nervus infraorbitalis** wird bei Neuralgien unter Umständen an seiner Austrittsstelle durchtrennt, wobei man entweder durch eine Inzision der Haut oder durch Abheben der Wange vom Munde aus an ihn herankommt. In anderen Fällen legt man den Boden der Augenhöhle frei, eröffnet den Canalis infraorbitalis, dessen vordere Hälfte ein knöchernes Dach besitzt und kann so große Stücke des Nerven re-

sezieren. Das **Ganglion sphenopalatinum** (Meckeli) kann bei Neuralgien
des zweiten Trigeminusastes entfernt werden. Ein dreieckiger Hautlappen
der Wange wird nach oben geschlagen und das Foramen infraorbitale
freigelegt. Alsdann wird die vordere Wand des Sinus maxillaris entfernt und der Oberkiefer vom Boden der Fossa infraorbitalis losgetrennt,
so daß der im Kanal verlaufende Nerv vollständig frei liegt. Derselbe
wird nach rückwärts bis zur Hinterwand des Sinus maxillaris verfolgt
und diese Wand ebenfalls trepaniert. Nach Eröffnung dieser Wand
liegt die Fossa spheno-maxillaris bloß und in ihr das Ganglion spheno-
palatinum. Hinter dem Ganglion liegt das Foramen rotundum. Die
Arteria infraorbitalis begleitet den Nerv und wird zusammen mit ihren
vorderen zu den Schneide- und Eckzähnen ziehenden Ästen bei dieser

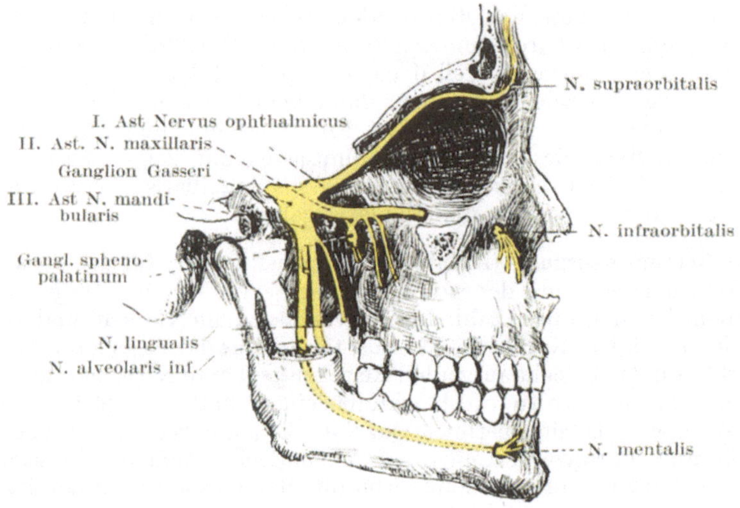

Abb. 34.   Verlauf der 3 Äste des Trigeminus.

Operation gewöhnlich durchtrennt. Die Vena infraorbitalis mündet
in den Plexus pterygoideus. Das Ganglion selbst ist ein dreieckiger
Körper von etwa 5 mm Durchmesser, von rötlicher Farbe, an seiner
Außenseite etwas konvex; dasselbe ist von den Endästen der Arteria
maxillaris interna umgeben.

Derartige ebenerwähnte Operationen dienen dazu, sich die topographische Anatomie dieser Gegend wieder ins Gedächtnis zu rufen,
wenngleich diese Eingriffe zum Teil wenigstens durch die einfachen
subkutanen Injektionen ersetzt worden sind. In einen Nervenstamm
injizierter absoluter Alkohol bewirkt auf sechs Monate und darüber
hinaus eine Anästhesie in dem von ihm versorgten Bezirk. Die erfolg-
reiche Ausführung einer derartigen Injektion erfordert aber eine außerordentlich genaue Kenntnis der Lage und des Verlaufs der Nerven
sowie ihrer Beziehungen zur Umgebung. Ein Punkt am oberen Rande

des Jochbogens, 6 mm hinter dem Processus fronto-sphenoidalis, liegt direkt über dem oberen Teil der Fissura orbitalis inferior, welche den zweiten Trigeminusast mit dem Ganglion spheno-palatinum in der Tiefe enthält. Um den Nerv zu treffen, muß die Nadel 3,7 cm tief eingestochen werden. Ein leichterer und sicherer Weg geht entlang dem Boden der Orbita. Die Nadel wird in der Mitte des unteren Augenhöhlenrandes eingestochen und parallel zur Sagittalebene des Kopfs nach rückwärts geführt. Die Nadel dringt hierbei in die Fissura orbitalis inferior ein und wird erst durch das Keilbein am oder in der Nähe des Foramen rotundum aufgehalten. Bei richtigem Hin- und Herbewegen der Nadel kann man fühlen, wenn sie in das Foramen rotundum eindringt. Die Entfernung dieses Foramens vom Rande der Augenhöhle beträgt 4,3 cm. Der Nerv kann auch erreicht werden, wenn man die Nadel unterhalb des Jochbogens einsticht und nach aufwärts und einwärts vorschiebt, dabei besteht allerdings die große Gefahr den Sehnerven zu verletzen, wenn man mit der Nadel zu weit nach innen kommt.

Der **Nervus alveolaris inferior** (Abb. 34) kann durch eine Inzision der Wangenschleimhaut freigelegt und durchtrennt werden, ebenso kann derselbe hierbei gedehnt und seine peripheren Abschnitte reseziert werden. Sein Stamm kann erreicht und teilweise reseziert werden, wenn man das Corpus mandibulae trepaniert. Diese Operation schädigt jedoch den Unterkieferknochen so sehr, daß sie nicht empfohlen werden kann. Außerdem wird auch die Arteria alveolaris inferior dabei leicht verletzt.

Vor seinem Eintritt in das Foramen mandibulare, d. h. die an der Innenfläche des Unterkiefers gelegene Öffnung des Canalis mandibulae, dessen äußere Öffnung das Foramen mentale ist, kann der Nerv in folgender Weise freigelegt werden: der Mund wird weit geöffnet und vom letzten oberen Molarzahn unmittelbar an der Innenseite des vorderen Randes des Processus coronoides mandibulae, welcher ganz deutlich durchzufühlen ist, eine Inzision zum letzten unteren Molarzahn gemacht. Der Schnitt durchtrennt die Schleimhaut und die Weichteile bis auf die Sehne des Musculus temporalis. Der in die Wunde eingeführte Finger dringt zwischen dem Ramus mandibulae und dem Musculus pterygoideus internus vor, bis er den Knochenpunkt fühlt, welcher der Stelle des Foramen mandibulare entspricht. Der Nerv wird auf ein Häkchen genommen, gut isoliert und durchtrennt.

Der Nervus buccinatorius versorgt die Haut und die Schleimhaut der Wange. Er zieht an der Außenfläche des Musculus buccinatorius nach vorne.

Der Stamm des dritten Trigeminusastes verläßt die mittlere Schädelgrube durch das Foramen ovale, dessen Lage dem unteren Rande des Jochbogens unmittelbar vor der Fossa mandibularis entspricht. Um diesen Nervenstamm zu injizieren wird die Nadel an dieser Stelle eingestoßen und nach einwärts gegen die Unterfläche des Keilbeins vorgeschoben, bis sie 3,7 cm tief eingedrungen ist. Reizsymptome in der Bahn des Nerven zeigen dem Operateur an, ob er den Nerven erreicht hat. Die Nadel muß nicht nur nach einwärts, sondern auch etwas nach vorwärts geführt werden, da sie sonst von der Lamina lateralis processus pterygoidei aufgehalten wird; am hinteren Rande dieser Platte liegt das ovale Loch.

Wird ein **sensibler Nerv durchtrennt** (Abb. 35), so entspricht der Ausbreitungsbezirk der Anästhesie nicht der anatomischen Ausbreitung des Nerven. Wenn also z. B. der Nervus ophthalmicus durchschnitten ist, so wird nur ein schmaler Hautstreifen an der Stirne empfindungslos, wogegen man aus der anatomischen Ausbreitung des Nerven schließen würde, daß die Haut der Stirne und der vorderen Hälfte der Kopfschwarte in die Anästhesie mit einbezogen sei. Ist der zweite Ast durchtrennt, so ist der anästhetische Bezirk auf einen kleinen Raum zwischen Orbita und Mund beschränkt; bei einer Durchtrennung des dritten Astes findet

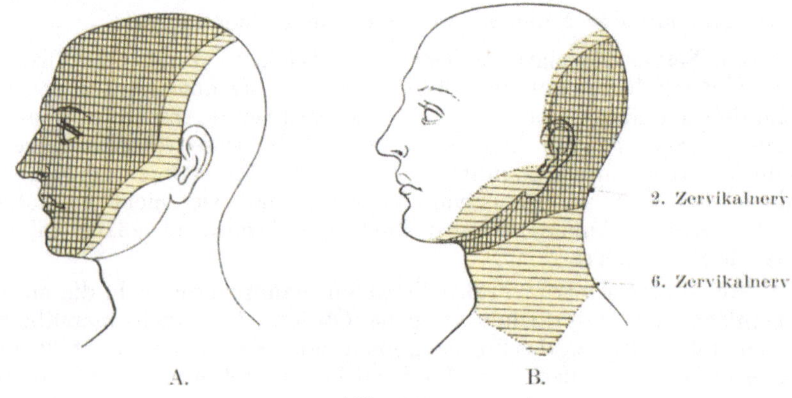

Abb. 35.

Ausbreitung des Sensibilitätsverlustes nach Exstirpation des Ganglion Gasseri (A). Kreuzgestrichelte Zone: hier besteht Verlust der protopathischen Sensibilität. Einfach quer gestrichelte Zone: epikritischer Sensibilitätsverlust.

Ausbreitung des Sensibilitätsverlustes nach Durchschneidung des 2. Zervikalnerv (B). Kreuzgestrichelt: protopathischer Verlust. Einfach quer: epikritischer Verlust der Sensibilität.

sich nur ein schmaler Hautstreifen vor dem Ohre nach abwärts dem Unterkiefer entlang gefühllos (Head).

Die Erklärung, welche Head dafür gibt, daß bei der Durchtrennung eines sensiblen Nerven so schwankende Resultate erzielt werden, lautet: Ein Nerv enthält drei verschiedene Arten sensibler Fasern, 1. solche, welche **die Empfindung in die Tiefe** leiten, d. h. zu den Muskeln, Bändern, Knochen und Gelenken gehen und mit der Tätigkeit ausgestattet sind, Druck und Schmerz zu empfinden (Tiefensensibilität); 2. Fasern, welche die Haut für Schmerz und Temperatur empfindlich machen, wenn dieselben über 40° oder unter 22° betragen (protopathische Sensibilität); 3. Fasern, die es der Haut ermöglichen, leichte Berührungen (wie z. B.

durch Watte) und feinere Temperaturunterschiede zu fühlen (epikritische Sensibilität). In der Mehrzahl der Fälle liegt die Sache so: Ist ein Nerv durchtrennt, so entspricht der Verlust der „epikritischen Sensibilität" der anatomischen Ausbreitung des Nerven. Wird das Ganglion semilunare (Gasseri) entfernt, so entspricht der Verlust der epikritischen Sensibilität dem anatomischen Ausbreitungsbezirk des Nerven, der Verlust an „protopathischer Sensibilität" ist dagegen kleiner als die anatomische Verteilung des Nerven (Abb. 35 A). Es ist klar, daß protopathische Fasern vom zweiten Zervikalnerven den Hautbezirk innervieren, der von epikritischen Fasern des fünften Gehirnnerven versorgt wird. In der unteren Gesichtshälfte greifen die Sensibilitätsbezirke nicht ineinander über; im Nervus mentalis sind die epikritischen und

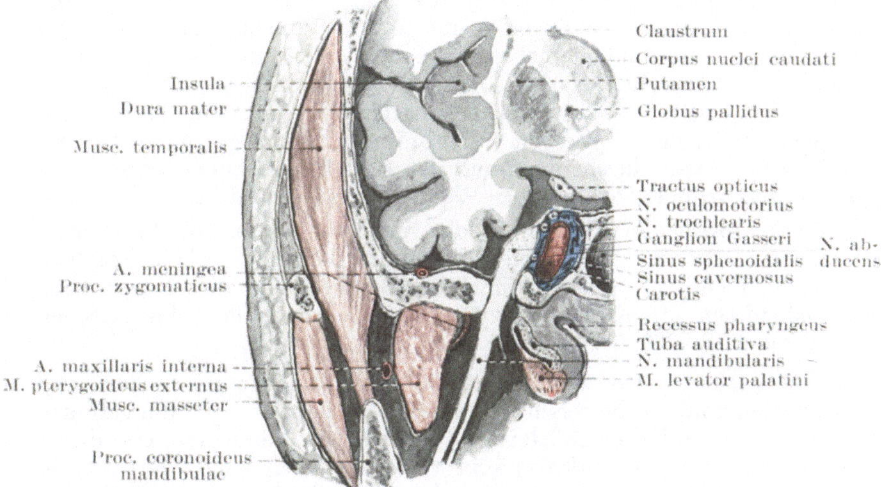

Abb. 36. Frontalschnitt durch das Ganglion Gasseri und Foramen ovale.

protopathischen Fasern gleichmäßig in der Haut verteilt. Deshalb hängen die Resultate nach Durchschneidung eines sensiblen Nerven von der Natur seiner einzelnen sensiblen Fasern und von der Ausdehnung ihrer Verbreitung in der Haut ab.

Die Entfernung des Ganglion semilunare Gasseri (Abb. 36). In Fällen unerträglicher Neuralgien, die jeder Behandlung trotzen, hat Rose die Entfernung des Ganglion semilunare vorgeschlagen. Es ist das sensible Ganglion des Nervus trigeminus und entspricht dem Ganglion in der hinteren Wurzel eines Rückenmarksnerven. Die Nervenfasern des Trigeminus degenerieren notwendigerweise, wenn das Ganglion entfernt ist. Die für gewöhnlich ausgeführte Operation ist die sog. temporale Methode nach Krause, welche in folgender Weise ausgeführt wird: Unmittelbar über dem Jochbeine wird nach der Methode von Wagner ein omegaförmiger Weichteilknochenlappen gebildet, dessen untere Basis ca. 4 cm, dessen Höhe 6 cm und dessen größte oben gelegene Breite 5,5 cm beträgt. Nachdem der Schädel in der ganzen Schnittlinie durchtrennt ist, wird die Dura- von der Knocheninnenfläche abgelöst und der Weichteilknochenlappen vorsichtig nach unten umgebrochen, ohne dabei die Dura zu zerreißen. Hierauf wird an der Bruchlinie der Schädelkapsel ein etwa 1 cm hoher Knochenstreifen abgetragen, so daß die unten stehen gebliebene und den Einblick hindernde Knochenleiste bis unmittelbar zur Schädelbasis, d. h. bis zur Crista infratemporalis fortgenommen wird.

Alsdann wird in der so freigelegten mittleren Schädelgrube an der Schädelbasis die Dura stumpf abgelöst. Eine ev. vorhandene Knochenverdickung (Eminentia capitata) wird, wenn sie den Einblick in die Tiefe stört, mit dem Meißel flach abgeschlagen und alsdann vorsichtig bis zum Foramen spinosum vorgedrungen. Nach Unterbindung des Stammes der Arteria meningea media kommt zunächst der dritte Ast und medianwärts und etwas nach vorne der zweite Ast des Nervus trigeminus zu Gesicht. Nach Isolierung der Nervenäste und des Ganglions wird letzteres nahe an seiner Verbindung mit dem Trigeminusstamme gefaßt, der zweite Ast am Foramen rotundum, der dritte Ast am Foramen ovale durchtrennt und das Ganglion mit dem Trigeminusstamm (motorische und sensible Wurzel) herausbefördert.

Die motorische Wurzel kann nicht verschont werden; die Störungen, welche sich aus der halbseitigen Lähmung der Kaumuskeln ergeben, sind jedoch gering. (Die ausführliche Beschreibung dieser Operation ist nachzulesen in: Krause-Heymanns Lehrbuch der chirurgischen Operationen. S. 230 ff.)

Das Jochbein. (Os zygomaticum). Der Knochen ist so hart und seine Verbindung mit dem Schädel so fest, daß heftige gegen ihn geführte Schläge eine Gehirnerschütterung verursachen können. Da dieser Knochen zwischen verhältnismäßig zarte Knochen eingelagert ist, so bricht er allein so gut wie nie. Ja er kann gewaltsam in den Oberkieferknochen eingetrieben werden und ihn ausgiebig zerstören, ohne dabei selbst irgendwie beschädigt zu werden. Eine Fraktur des Jochbeins kann, genau so wie eine Schädelbasisfraktur, zu der Entstehung einer Blutung in der Augenhöhle Veranlassung geben.

b) Die Ohrspeicheldrüsengegend (Regio parotidea) (Abb. 37).

Der größere Teil der **Ohrspeicheldrüse** (Glandula parotis) liegt hinter dem Ramus mandibulae in der Fossa retromandibularis in eine allseitig begrenzte Bucht eingeschlossen. Dieselbe wird durch Extension des Kopfes, sowie durch Protrusion des Unterkiefers vergrößert. Beim Vorschieben des Kinns beträgt die Vergrößerung in der Richtung von vorne nach hinten ungefähr 1 cm, durch Beugen des Kopfes verkleinert sich der Durchmesser. Wird der Mund weit geöffnet, dann verengert sich diese Grube in ihrem unteren Abschnitte, während sie durch das Vorwärtsgleiten des Processus condyloideus mandibulae in ihrem oberen

Abschnitte sich erweitert. Diese Tatsache muß man sich bei Operationen und Untersuchungen dieser Gegend vor Augen halten. Bei Entzündungen der Ohrspeicheldrüse verursachen demnach alle die Bewegungen, welche die Fossa retromandibularis verkleinern, Schmerz in dem Organ.

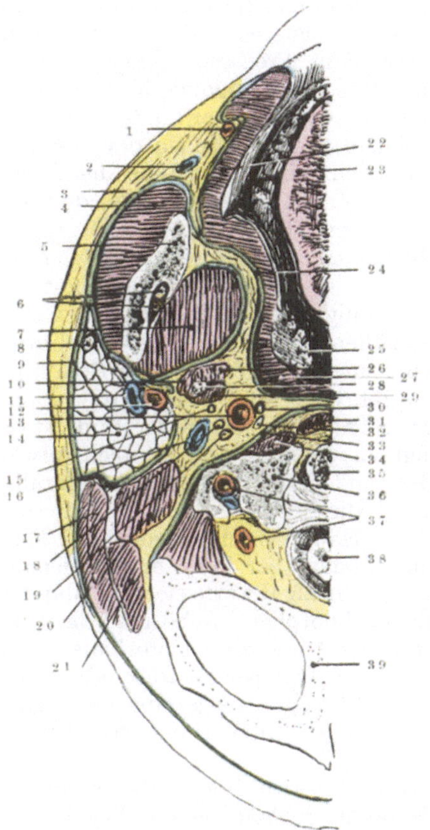

Abb. 37. Horizontalschnitt durch eine Seite des Gesichtes im Niveau der Unterkieferzähne. (Nach Corning.)

1. Art. maxill. externa. 2. V. facialis anterior. 3. Fascia masseterica. 4. M. masseter. 5. Ramus ascendens mandibulae. 6. N. u. Art. alveolaris. inf. 7. M. pterygoideus internus. 8. N. facialis. 9. Fascia parotidea. 10. M. stylohyoideus. 11. V. facialis posterior. 12. Carotis externa. 13. Carotis interna. 14. Parotis. 15. N. glossopharyngeus. 16. V. jugularis int. 17. M. sternocleidomastoideus. 18. N. accessorius. 19. N. vagus. 20. M. biventer. 21. M. splenius capitis. 22. M. buccinatorius. 23. Zunge. 24. Fascia pharyngea. 25. Tonsilla palatina. 26. M. styloglossus. 27. M. constrictor pharyngis. 28. Proc. styloideus. 29. M. stylopharyngeus. 30. N. hypoglossus. 31. M. longus capitis. 32. Ganglion cervicale sup. trunc. sympath. 33. Fascia praevertebralis. 34. M. rect. capitis anterior. 35. Atlaskörper. 36. Massa lateralis atlantis. 37. Art. vertebralis. 38. Medulla spinalis. 39. Os occipitis.

Der schräge Verlauf des Unterkieferastes in der Kindheit und in hohem Alter bringt es mit sich, daß der untere Abschnitt dieser Grube im ersten Falle relativ, im zweiten dagegen absolut weiter ist als beim Erwachsenen.

Die Drüse ist von einer **Faszie** umgeben; das oberflächliche Faszienblatt ist sehr fest, hängt hinten mit der fibrösen Hülle des Musculus sternocleidomastoideus und vorne mit der des Musculus masseter zusammen (Fascia parotideo-masseterica). Oben ist das vordere Blatt am Jochbogen befestigt, während es unten mit dem tiefen Blatte der Faszie sich vereinigt. Das tiefe Blatt ist dünn und am Processus styloideus ossis temporalis befestigt, es bildet das Ligamentum stylo-mandibulare und steht mit dem Processus pterygoideus ossis sphenoidalis und den Scheiden der Musculi pterygoidei in Zusammenhang. Die Drüse ist daher in einen eigenen oben offenen, unten aber vollständig geschlossenen Fasziensack eingebettet. Zwischen der vorderen Kante des Processus styloideus und dem hinteren Rande des Musculus pterygoideus internus findet sich in der Faszie ein Schlitz, durch welchen die Fossa retromandibularis mit dem Bindegewebe des Pharynx in Zusammenhang steht. Es ist allbekannt, daß bei retropharyngealen Abszessen sehr häufig eine Schwellung der Ohrspeicheldrüse besteht und nicht selten wird der Eiter, oder wenigstens ein Teil desselben in der Parotisgegend entleert. In diesen Fällen kriecht der Eiter wohl durch diesen Faszienschlitz vom Pharynx zur Parotis. Aus der Struktur der Fascia parotideo-masseterica ergibt sich, daß dem Durchbruch eines Parotisabszesses durch die Haut nach außen großer Widerstand entgegengesetzt wird. Deshalb dringt ein solcher Abszeß oft nach aufwärts in der Richtung des geringsten Widerstandes zu den Fossae temporalis oder zygomatica, wenn er auch natürlich durch seine eigene Schwere in seinem Vordringen etwas gehemmt wird. Häufig bricht er nach der Mundhöhle oder nach dem Rachen hin durch oder aber kann er die tiefste Stelle der Faszie perforieren und am Halse nach abwärts ziehen. Man darf nicht vergessen, daß die Drüse dicht am knorpligen Gehörgang liegt und in nächster Beziehung zum Unterkieferast und zum Unterkiefergelenk steht. Deshalb ereignet es sich auch, daß Ohrspeicheldrüsenabszesse unter Umständen in den Gehörgang durchbrechen sowie eine Periostitis der umliegenden Knochen oder eine eitrige Entzündung des Unterkiefergelenks verursachen.

In einzelnen, von Virchow beschriebenen Fällen schien der Eiter den Ästen des Trigeminus entlang seinen Weg in die Schädelhöhle gefunden zu haben, da sich in der Umgebung des Ganglion semilunare Eiter vorfand. Die Nervi auricularis magnus und auriculo-temporalis sind die sensiblen Nerven der Drüse, welche zusammen mit der Unnachgiebigkeit der Faszie zur Genüge den heftigen Schmerz erklären, der bei akuten Entzündungen und rasch wachsenden Tumoren der Drüse sich findet. Der Schmerz wird sehr häufig genau in den Verlauf des Nervus auriculo-temporalis verlegt. So hatte ich einen Kranken mit einem Parotistumor in Behandlung, der über Schmerzen in Teilen der Ohrmuschel, der Schläfe, im Inneren des Gehörgangs, im Unterkiefergelenk sowie an einer Stelle klagte, welche dem Eintritt des zum Gehörgang ziehenden Astes des Nerven entsprach, d. h. also im Verbreitungsgebiet des Nervus auriculo-temporalis.

Die wichtigsten Gebilde in der Drüse selbst sind die Arteriae carotis

externa mit ihren beiden Ästen, der Arteria temporalis superficialis und
der Arteria auricularis posterior, sowie der Nervus facialis. Die **Arteria
carotis externa** zieht hinter dem Ramus mandibulae nach oben bis zur
Grenze des unteren und mittleren Drittels dessen hinteren Randes. Alsdann tritt sie in die Ohrspeicheldrüse ein, verläuft etwas nach rückwärts
und auswärts, wird oberflächlicher und teilt sich in der Höhe des Processus condyloideus mandibulae in ihre beiden Endäste. Die Arterie
tritt also nicht am unteren Rande der Drüse in dieselbe ein und steht
auch nicht in tatsächlichem Zusammenhang mit den untersten Teilen
der Fossa retromandibularis, läuft aber auch nicht parallel mit dem Ramus
mandibulae, sondern durchzieht die Drüse in schräger Richtung.

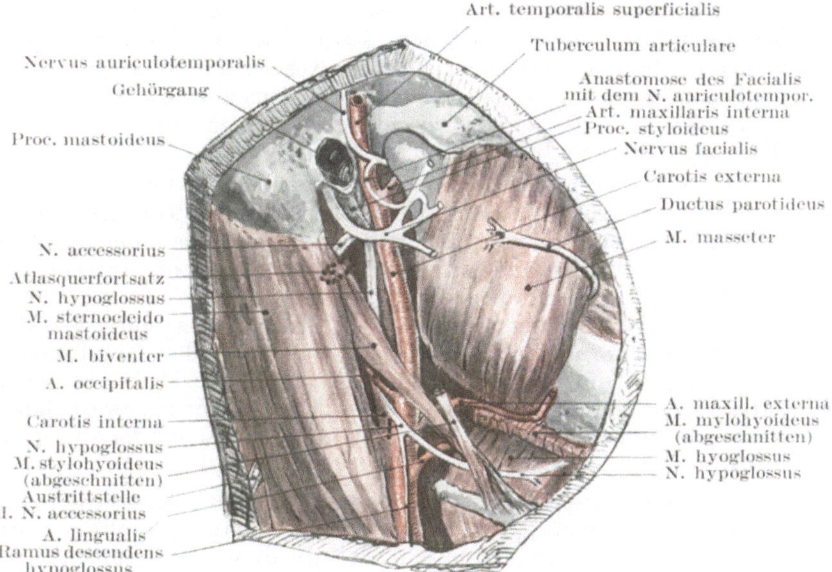

Abb. 38. Topographie von Facialis, Accessorius, Hypoglossus und Ductus parotideus, Glandula submaxillaris entfernt.

Bei seinem Austritt aus der Schädelbasis durch das Foramen stylo-
mastoideum (äußere Ausmündung des Canalis facialis) liegt der **Nervus facialis**(Abb. 37 u. 38) an der Mitte des vorderen Randes des Processus mastoideus 2,5 cm in der Tiefe; eine von diesem Punkte zum hinteren Rand des
Ramus mandibulae in horizontaler Richtung gezogene Linie bezeichnet
den Verlauf des Hauptstamms. Innerhalb der Drüse teilt sich der Nerv
in seine Äste (Rami buccales, zygomatici, temporales) und liegt über
der Arteria carotis interna sowie der Vena facialis posterior. Beim
„Tic convulsif" kann man den Nerv dicht am Foramen stylo-mastoideum
dehnen, um so die Muskelzuckungen zu beseitigen. Er wird am besten
an einer Stelle bloßgelegt, welche 0,6 cm vor dem Mittelpunkte des vor-

deren Rands des Processus mastoideus liegt; dort verläuft der Nerv oberhalb des hinteren Bauches des Musculus digastricus, der als Anhaltspunkt für den in der Tiefe der Wunde liegenden Nerv dient.

Eine Durchtrennung des Nervus facialis bewirkt eine Lähmung des M. buccinator und aller „mimischen Muskeln", während der Mund nach der gesunden Seite abweicht und das Auge offen bleibt. Um die Beweglichkeit der Gesichtsmuskeln bei Fazialisparalyse wieder herzustellen, kann man den Nervus facialis mit dem Stamme eines benachbarten Nerven vernähen, so z. B. mit den Nervi accessorius oder hypoglossus. In ersterem Falle treten bei Kontraktion der Musculi trapezius und sterno-cleido-mastoideus die mimischen Gesichtsmuskeln in Aktion, im anderen Falle bei Bewegungen der Zunge. Im Verlaufe einer gewissen Zeit lernt der Kranke diese ungeschickt kombinierten Bewegungen einzeln auszuführen. Kurz nach dem Austritt aus dem Foramen stylomastoideum gibt der Nervus facialis den Nervus auricularis posterior zu den Muskeln des Ohres, den Ramus digastricus zum hinteren Bauch des gleichnamigen Muskels, sowie einen Ast zum Musculus stylohyoideus ab.

Aus der so außerordentlich komplizierten Beziehung der Ohrspeicheldrüse zu anderen wichtigen Strukturen folgt, daß eine Totalentfernung der Drüse als eine chirurgische Operation anatomisch eine Unmöglichkeit ist. Um einen Parotisabszeß zu spalten, macht man die Inzision gewöhnlich über dem Kieferwinkel und stößt von hier aus, nach dem Vorschlag von Hilton eine Sonde in die Drüsensubstanz ein. Von der Arteria carotis interna, der Vena jugularis interna, den Nervi vagus, glossopharyngeus und hypoglossus ist die Ohrspeicheldrüse an ihrer Hinterfläche nur durch ein dünnes Faszienblatt getrennt. Es ist daher bei Stichverletzungen in dieser Gegend bisweilen zuerst schwer zu sagen, ob die Arteria carotis externa oder interna verletzt ist.

Tumoren der Ohrspeicheldrüse enthalten sehr häufig Knorpelgewebe. Außerdem ist allbekannt, daß sich an einen Mumps (Parotitis acuta epidemica) gerne eine Orchitis anschließt. In diesem Zusammenhange sei erwähnt, daß der Hoden einer der wenigen Körperteile ist (das Skelett natürlich ausgenommen), in welchem sich bei Neubildungen häufig Knorpelsubstanz findet. Paget hat darauf hingewiesen, daß nach Erkrankungen und Traumen des Abdomens und Beckens merkwürdig häufig Entzündungen der Ohrspeicheldrüse auftreten; auch im Anschluß an spezifische Fieber, so hauptsächlich nach Typhus abdominalis, entstehen derartige Parotitiden. Die anatomische oder physiologische Grundlage dieses Zusammentreffens konnte noch nicht geklärt werden. Zahlreiche Lymphknoten liegen oberhalb der Drüse und in ihrer Substanz selbst. Sie empfangen die Lymphe aus der Stirn- und Scheitelbeingegend der Kopfschwarte, aus der Augenhöhle, dem hinteren Abschnitt der Nasenhöhle, dem Oberkiefer und den hinteren oberen Teilen des Rachens. Wenn vergrößert, können diese Lymphknoten mit einem Parotistumor verwechselt werden.

Der **Ohrspeicheldrüsengang** (Ductus parotideus Stenoni) (Abb. 38) ist ungefähr 2,6 cm lang, sein Durchmesser beträgt etwa 2 mm, derselbe ist an der Ausmündung im Vestibulum oris am engsten. Am vorderen Rande des Kaumuskels biegt der Gang plötzlich nach einwärts um und durchbohrt den Musculus buccinator. Die Knickung geschieht so plötzlich, daß der bukkale Abschnitt des Ganges nahezu rechtwinklig zum Masseterabschnitt verläuft. Führt man daher vom Vestibulum oris aus eine Sonde in den Gang ein, so muß man sich diese Knickung vergegenwärtigen. Der Gang mündet in eine Papille in der Höhe des zweiten oberen Molarzahns aus. Der Verlauf des Ganges über dem Musculus masseter fällt mit einer Linie zusammen, die man vom unteren Rande der Ohrmuschel zu einem Punkte zieht, welcher in der Mitte zwischen dem Nasenflügel und dem Rande des oberen Lippenrotes liegt. Er verläuft etwa fingerbreit unterhalb des Jochbogens unter der Arteria transversa faciei und über dem Infraorbitalaste des Nervus facialis. Der Gang kann subkutan zerreißen und zum Austritt von Speichel Veranlassung geben. Wunden des Ganges führen gerne zu Speichelfisteln. Liegt die Fistel im bukkalen Abschnitte des Ganges, so kann sie dadurch geheilt werden, daß man den Gang proximal von der Fistel vom Munde aus spaltet. Fisteln des Masseterabschnitts sind dagegen sehr schwer zu heilen. Wenigstens eine Hälfte des bukkalen Abschnitts des Ganges ist in die Substanz des Musculus buccinator eingebettet. Eine Speichelfistel über dem Musculus masseter kann von der Speicheldrüse selbst ausgehen oder aber von einer sehr häufig am Ductus parotideus sich findenden Parotis accessoria. Entzündliche Prozesse können vom Munde aus durch den Gang zur Ohrspeicheldrüse gelangen.

c) Der Ober- und Unterkiefer und die mit ihnen in Verbindung stehenden Teile.

Der Oberkiefer (Maxilla). Dieser Knochen ist wegen seiner hohlen Form zu Frakturen besonders geneigt; sein großer Gefäßreichtum bringt es mit sich, daß auch ausgedehnte Verletzungen mit großen Substanzverlusten oft erstaunlich rasch ausheilen. Seine ausgehöhlte Form, sowie die Höhlen, an deren Bildung er beteiligt ist, ermöglichen es selbst großen Fremdkörpern, in den tieferen Schichten des Gesichts zurückgehalten zu werden. Der Knochen kann durch ausgedehnte Nekrose zerstört werden, so vor allem durch die sog. Phosphornekrose, welche sich bei Leuten findet, die beim Arbeiten in Zündholzfabriken Phosphordämpfen ausgesetzt sind. In einem Falle von Oberkiefernekrose nach Masern beschränkte sich die Nekrose auf den Zwischenkiefer.

Das Periost des Oberkiefers ermangelt, wie das Perikranium, der Fähigkeit neue Knochen zu bilden. In gewöhnlichen Fällen von Oberkiefernekrose entsteht demnach keine Knochenneubildung, vielmehr bleibt der Defekt bestehen. Am Unterkiefer dagegen wird vom Periost überreichlich neuer Knochen gebildet und große Defekte werden dadurch vollständig gedeckt; nur wird im Laufe der Jahre dieser neugebildete Knochen in ausgedehntem Maße wieder resorbiert.

Die Resektion des Oberkiefers. Je nachdem es sich darum handelt, den Oberkiefer wegen eines malignen Tumors oder aus weniger schwerwiegenden Gründen zu entfernen, sind die Eingriffe ganz verschieden. Während es z. B. bei der Phosphornekrose nach dem Vorgange von Kocher unter Umständen möglich ist, den Oberkiefer ohne äußeren Hautschnitt subperiostal vollständig zu entfernen, sind die Methoden bei malignen Tumoren ungleich viel eingreifender. Eine derselben ist folgende: „Mediane Inzision, welche parallel mit dem unteren Augenlid beginnt und nach abwärts an der Seite der Nase um die Nasenflügel herum durch die Mitte der Oberlippe geführt wird. Die dabei zu durchtrennenden knöchernen Verbindungen sind folgende: 1. die Verbindung mit dem Jochbein an der Außenseite der Orbita (Processus zygomaticus), 2. die Verbindung des Processus frontalis mit dem Stirn-, Nasen- und Tränenbein, 3. die Verbindung des Planum orbitale mit dem Keil- und Gaumenbein (dieses Planum orbitale wird meistens zurückgelassen oder nahe am Orbitalrande durchtrennt), 4. die Verbindung mit dem gegenüberliegenden Oberkiefer und dem Gaumen am Dache der Mundhöhle und 5. die Verbindung mit dem Gaumenbein hinten und mit den zu den Processus pterygoidei ziehenden fibrösen Strängen. Die vier ersten Verbindungen werden mit Hammer und Meißel durchtrennt, die letzte Verbindung durch einfaches Ausdrehen des Knochens gelöst.

Die dabei zu durchtrennenden Weichteile lassen sich am besten unter drei Gruppen vereinigen, nämlich 1. diejenigen Teile, welche bei der ersten Inzision durchtrennt werden, 2. diejenigen, welche beim Umschlagen des Hautlappens und 3. diejenigen, welche bei der Lostrennung des Knochens durchschnitten werden müssen.

ad 1. Die Teile sind folgende: Haut, oberflächliche Faszie, Musculus orbicularis oculi, Äste des Nervus infraorbitalis und der Arteria infraorbitalis, soweit sie zum Musculus orbicularis oculi ziehen, Arteria und Vena angularis, Musculus quadratus labii superioris, die Verbindung der Nasenknorpel mit den Nasenknochen, der Musculus orbicularis oris, Arteria und Vena labialis superior und die Schleimhaut der Oberlippe.

ad 2. Beim Zurückklappen des Hautlappens werden alle eben genannten Muskeln zusammen mit dem „Tendo oculi" abgetrennt, wenn der Processus frontalis ganz entfernt wird, ferner der Musculus buccinator, einige Fasern des Musculus masseter und am Planum orbitale der Musculus obliquus inferior. Der Nervus infraorbitalis mit der Arterie werden an der Stelle durchtrennt, an welcher sie ihr Foramen verlassen. In dem Hautlappen selbst findet sich der Stamm der Arteria und Vena facialis, die Arteria transversa faciei und der Gesichtsteil des Nervus facialis.

ad 3. Bei der Durchtrennung des Processus frontalis wird der Tränensack und der Nervus infratrochlearis beschädigt und der Ductus naso-lacrimalis und Äste des Nervus nasociliaris durchtrennt. Bei der Durchmeißlung der unteren knöchernen Brücke werden die Bedeckungen des harten Gaumens sowie die Anheftungsstellen des weichen Gaumens am Gaumenbein durchtrennt, es sei denn, daß die Wegnahme dieses Knochenvorsprungs vermieden werden kann. „Jeglicher Versuch die Weichteilbedeckungen des harten Gaumens abzupräparieren und zu erhalten, ist nutzlos" (Heath). Hinten muß der Stamm des Nervus infraorbitalis nochmals durchtrennt werden (dieses Mal vor dem Ganglion Meckeli) zusammen mit der Arteria infraorbitalis, einigen Zweigen der Arteria spheno-palatina und der hinteren Zahnarterien. Die in der Tiefe liegende Vena facialis aus dem Plexus pterygoideus wird ebenfalls meistens durchtrennt und schließlich nahe am Gaumen der Nervus palatinus anterior und die Arteria palatina maior durchschnitten. Man sieht, daß bei der Operation keine größere Arterie durchtrennt wird. Die untere Muschel wird natürlich mit dem Oberkiefer zusammen entfernt.

Der Unterkiefer (Mandibula). Dieser Knochen ist in hohem Grade durch seine Hufeisenform, die ihm in gewissem Sinne die Eigenschaften eines Bogens verleiht, durch seine Festigkeit, große Beweglichkeit und pufferähnliche Beschaffenheit seines Gelenkknorpels vor Frakturen geschützt. Ein Bruch des Knochens entsteht für gewöhnlich durch direkte Gewalteinwirkung an der Stelle des einwirkenden Traumas. Wegen ihrer beträchtlichen Dicke bricht die Verwachsungsstelle beider Unterkieferhälften selten. Der Unterkieferast (Ramus mandibulae) ist durch die von beiden Seiten ihn umhüllenden Muskelschichten geschützt, der Krähenschnabelfortsatz (Processus coronoideus) ist Verletzungen noch weniger ausgesetzt, da er in beträchtlicher Tiefe liegt und außerdem noch vom Jochbogen bedeckt ist. Der schwächste Teil des Knochens befindet sich vorne, wo durch das Foramen mentale und durch die große Alveole für den Eckzahn seine Dicke stark vermindert ist. Deshalb findet sich an dieser Stelle relativ am häufigsten eine Fraktur. Der Knochen kann aber auch nahe oder selbst in der Mittellinie durch indirekte Gewalteinwirkung brechen, wie z. B. durch einen Schlag, der das Bestreben hat beide Unterkieferäste einander zu nähern. So entstehen bisweilen durch einen Schlag auf die Massetergegend Frakturen nahe der Mittellinie. Der Grad der Knochenverschiebung bei Frakturen der Mandibel ist außerordentlich verschieden und hängt sehr von der Natur und der Richtung der Gewalteinwirkung ab. Im allgemeinen kann man sagen, daß bei Brüchen des Unterkieferkörpers (Corpus mandibulae) das vordere Fragment durch die Depressores mandibulae (Musculi digastricus, mylohyoideus, geniohyoideus, genioglossus, hyoglossus) nach abwärts und rückwärts verlagert wird, während das hintere Fragment durch die Levatores mandibulae (Musculi masseter, pterygoideus internus und temporalis) nach oben gezogen wird. Man muß sich daran erinnern, daß der Musculus mylohyoideus an beiden Bruchstücken befestigt ist und so den Grad der Dislokation mildert. Brüche des Unterkieferastes sind selten mit einer großen Dislokation der Bruchenden verbunden, da beide Fragmente in nahezu gleicher Weise durch Muskeln in ihrer Lage gehalten werden.

Bei Frakturen des Corpus mandibulae bleibt häufig der Nervus alveolaris inferior wunderbarerweise unverletzt, eine Tatsache, die dadurch erklärt wird, daß die Knochenfragmente gewöhnlich nicht genügend disloziert sind, um den Nerv zu zerreißen. Wochen nach dem Unfall kann der Nerv durch den sich entwickelnden Kallus so komprimiert werden, daß nachträglich noch seine Funktion aufgehoben wird.

Einer oder beide Gelenkfortsätze (Processus condyloideus) werden häufig bei einem Fall oder einem Schlage auf das Kinn abgesprengt. Da das Zahnfleisch fest mit dem Knochen verwachsen ist, so folgt daraus, daß es bei Brüchen des Unterkieferkörpers gewöhnlich zerreißt, weshalb die weitaus größte Mehrzahl dieser Frakturen unter die komplizierten Brüche zu rechnen sind.

Das **Kiefergelenk** (Articulatio mandibularis) ist von einer Kapsel eingeschlossen, deren Dicke in den verschiedenen Teilen sehr schwankt. Weitaus die dickste Stelle der Kapsel findet sich außen als sog. Ligamentum temporo-mandibulare. Dann folgt die Innenseite der Kapsel, während der vordere und hintere Abschnitt dünn, der vordere sogar sehr dünn ist. Vereitert daher dieses Gelenk, so wird der Eiter am allerwenigsten seinen Ausweg an der Außenseite des Gelenks finden, sondern vielmehr vorne, obgleich hier die Insertion des Musculus pterygoideus externus einen gewissen Widerstand bietet. Unmittelbar hinter dem Processus condyloideus liegt der knöcherne Gehörgang und etwas mehr nach innen das Mittelohr. Bei heftigen Schlägen auf den Körper des Unterkiefers können diese Gebilde beschädigt werden und es ist interessant festzustellen, daß das stärkste Ligament des Gelenks (Ligamentum temporomandibulare) nach abwärts und rückwärts verläuft und so jeder Bewegung des Gelenkfortsatzes in der Richtung des dünnen Knochens, der den Gehörgang und das Mittelohr begrenzt, alsbald kräftigen Widerstand leistet. Wäre dieses Ligament nicht vorhanden, so wäre ein Schlag auf das Kinn ein viel ernsterer Unfall, als er in Wirklichkeit ist.

Die Bewegungen dieses Gelenks sind eigentümlich. Beim Öffnen des Mundes kann man beobachten, daß der Processus condyloideus auf dem Tuberculum articulare nach vorwärts und abwärts sich bewegt, während der Kieferwinkel (Angulus mandibulae) nach rückwärts und aufwärts geht. Die Bewegungsachse liegt auf der Verbindungslinie beider Foramina mandibularia, woraus man ersieht, daß die Nervi alveolares inferiores an der Stelle der geringsten Bewegung in den Unterkiefer eintreten. Die Musculi pterygoidei externi sind die hauptsächlichsten Öffner des Mundes, da sie den Gelenkfortsatz auf das Tuberculum articulare hinaufziehen; gleichzeitig wird das Kinn durch die Musculi mylohyoidei und digastrici nach abwärts gezogen.

Verrenkungen des Unterkiefers. Dieses Gelenk gestattet fast nur eine Luxation, nämlich die nach vorne. Sie kann einseitig oder doppelseitig sein, die letztere ist die häufigere. Eine Luxation kann nur bei weit geöffnetem Munde entstehen; sie ist in der Tat fast stets durch eine krampfartige Muskelkontraktion bei geöffnetem Munde möglich, wenn sie auch in einzelnen Fällen durch indirekte Gewalteinwirkung zustande kommen kann, wie bei einem nach abwärts gerichteten Schlage auf die vorderen Zähne bei weit geöffnetem Munde. Bei Gähnen, heftigem Erbrechen u. dgl. ist sie nicht selten. Unter Umständen entsteht sie, während der Zahnarzt einen Abdruck der Zähne nimmt. Hamilton erwähnt eine doppelseitige Luxation bei einer Frau, die sich die Verrenkung während einer „Gardinenpredigt" zuzog. Wird der Mund weit geöffnet, so gleiten die Processus condyloidei zusammen mit dem Disci articulares nach vorne. Die Gelenkscheibe reicht bis zum vorderen Rande des Tuberculum articulare, welches ebenfalls mit Knorpel überzogen ist, um sich dem Diskus anzupassen. Der Gelenkfortsatz selbst reicht nicht so weit nach vorne bis zur Höhe des Tuberculum articulare. Alle Teile der Kapsel mit Ausnahme des vorderen Abschnitts werden dabei angespannt; der Processus coronoideus ist stark nach abwärts gedrückt. Kontrahiert sich nun der Musculus pterygoideus externus (der hauptsächlich für die Luxation verantwortlich gemacht werden muß), dann gleitet der Processus condyloideus leicht über das Tuberculum articulare hinweg nach vorne in die Fossa infratemporalis, wobei der Discus articularis zurückbleibt. Sobald der Gelenkfortsatz nun diese neue Lage angenommen hat, wird er sogleich durch die Musculi temporalis, pterygoideus internus und masseter nach oben gezogen und mehr oder weniger fest fixiert. Ein Präparat im Musée Dupuytren zeigt, daß die Fixation des luxierten Unterkiefers bisweilen auch dadurch bedingt sein kann, daß sich die Spitze des Krähenschnabelfortsatzes am Jochbein festhackt.

Die Luxationen nach hinten sind außerordentlich selten; der Processus condyloideus gelangt über das Tuberculum tympanicum nach hinten in die Fossa tympanico-stylo-mastoidea und steht dort unterhalb des äußeren Gehörgangs vor dem Processus mastoideus. Der Mund ist bei dieser Verrenkung im Gegensatz zu der vorhergehenden Luxation fest geschlossen, die Zahnreihe des Unterkiefers steht aber hinter der des Oberkiefers zurück (Helfferich).

Unter einer Subluxation des Unterkiefers versteht man eine leichte und ganz unvollständige Verrenkung, die man nicht selten bei zarten Frauen findet. Sie entsteht durch eine Verlagerung des Discus articularis und kann geheilt werden, indem man das Gelenk eröffnet, den Knorpel bloßlegt und durch Nähte an der Kapsel befestigt (Annandale).

Resektion des Unterkiefers. Beträchtliche Stücke des Unterkiefers können vom Munde aus ohne äußere Verletzung entfernt werden. Um die ganze eine Hälfte des Unterkiefers zu entfernen, wird in der Mittellinie die Unterlippe bis zum Kinn durchtrennt und der Schnitt am unteren Rande der Mandibel sowie am hinteren Rande des Ramus entlang bis nahe an das Ohrläppchen geführt. Die dabei zu durchtrennenden Weichteile zerfallen in drei Gruppen: 1. solche, die bei der ersten Inzision in Betracht kommen, 2. die bei dem Freipräparieren der Außenseite des Unterkiefers angetroffen werden, 3. solche, die bei dem Freipräparieren der Hinterfläche des Unterkiefers im Operationsfeld liegen.

ad 1. a) Bei der vorderen vertikalen Inzision kommen in Betracht: Haut, Unterhautzellgewebe, Musculus orbicularis oris, Arteria labialis inferior, sowie Äste der Arteria mentalis, Musculus mentalis, Arteria und Nervus mentalis, einige Äste der Vena jugularis anterior. b) Beim Horizontalschnitt am Unterkiefer entlang: Haut, Unterhautzellgewebe,

Platysma, Äste des Nervus cutaneus colli, Äste aus dem Plexus parotideus des Nervus facialis (Rami buccalis, marginalis und colli), Arteria maxillaris externa und Vena facialis anterior am Rande des Musculus masseter. c) Die hintere vertikale Inzision geht nicht bis auf den Knochen und legt nur die Oberfläche der Ohrspeicheldrüse und einen Teil des hinteren Masseterrandes bloß.

ad 2. Bei Freilegen der Vorderfläche des Unterkiefers werden folgende Teile zurückpräpariert: Musculus mentalis, quadratus labii inferior, triangularis, buccinator, masseter (auf ihm ein Teil der Glandula parotis, Arteria transversa faciei und die sie begleitende Vene, Nervus facialis, Ductus parotideus), Arteria und Vena masseterica, Nervus massetericus, Musculus temporalis.

ad 3. Beim Bloßlegen der Hinterfläche des Unterkiefers müssen folgende Teile zurückpräpariert werden: Musculi digastricus, geniohyoideus, genioglossus, hyoglossus, mylohyoideus, einige Fasern des Musculus constrictor pharyngis superior, Musculus pterygoideus internus, Arteria und Nervus alveolaris inferior, Arteria mylohyoidea aus der Arteria alveolaris inferior mit dem Nervus mylohyoideus aus dem Nervus alveolaris inferior und den begleitenden Venen, die Ligamenta sphenomandibulare und stylomandibulare (zwei sehr schmale und mehr faszienartige Bänder, welche mit dem Unterkiefergelenk selbst nichts zu tun haben), der Rest der Insertion des Musculus temporalis, Schleimhaut.

Teile, welche Gefahr laufen, bei der Operation beschädigt zu werden. Wird der hintere vertikale Schnitt zu weit nach oben geführt, dann kann der Stamm des Nervus facialis verletzt werden. In nächster Nachbarschaft des Processus condyloideus liegen die Arteria maxillaris interna, Vena facialis posterior, Nervus auriculotemporalis; diese Strukturen sowie die Arteria carotis externa, der Nervus lingualis, die Glandula parotis, maxillaris und sublingualis können unter Umständen ebenfalls verletzt werden. Nach subperiostaler Resektion des ganzen Knochens kann sich derselbe wieder bilden.

Mißbildungen. Der Unterkiefer kann vollständig fehlen, außerordentlich klein oder unvollständig entwickelt sein. Diese Verhältnisse sind angeboren und beruhen auf einer mangelhaften Entwicklung des ersten Kiemenbogens, aus welchem der Unterkiefer sich bildet. Sie sind oft mit Kiemengangsfisteln, überzähligen Ohren, Makrostoma und ähnlichen Mißbildungen vereinigt.

Nerven. Hinsichtlich der die Kiefer versorgenden Nerven braucht nur wenig gesagt zu werden. Die Zähne des Oberkiefers werden vom zweiten, die des Unterkiefers vom dritten Aste des Nervus trigeminus versorgt. Einige bemerkenswerte reflektorische Nervenstörungen können durch Reizung der Zahnnerven entstehen. So werden Fälle beschrieben, in welchen bei Zahnkaries Strabismus, zeitweilige Erblindung und Schiefhals auftraten. Hilton erwähnt einen Fall eines Mannes, der schwer unter einem kariösen Zahn im Unterkiefer litt; derselbe bekam über dem vom Nervus auriculo-temporalis versorgten Bezirke der Kopfschwarte graues Haar. Der Nervus auriculo-temporalis sowohl wie die Rami dentales inferiores sind aber Zweige des dritten Trigeminusastes. Die Wurzeln des dritten unteren Molarzahns liegen in nächster Nachbarschaft des Canalis mandibularis, so daß der Nerv bei der Extraktion dieses Zahns abgerissen werden kann; die Zahnwurzeln können den Nerv vollständig umgeben.

Zahnkaries ist häufig mit hyperästhetischen Hautbezirken am Gesicht und Hals verbunden, ein Befund, der durch die Tatsache verständlich wird, daß die zentralen Kerne für die Zähne sowohl wie für die entsprechenden Hautnerven nahe beieinander liegen. Erkrankungen des Periodontiums verursachen keine „Schmerzirradiation".

Die **Kaumuskeln** sind oft von Krampfzuständen befallen. Handelt es sich um einen klonischen Spasmus, dann entsteht Zähneklappern. Ist der Spasmus tonisch, dann ist der Mund fest verschlossen und ein Zustand vorhanden, den man als Trismus oder Mundsperre bezeichnet. Trismus ist eines der ersten Zeichen von Tetanus. Auch entsteht diese Kiefersperre gerne durch Reizung beliebiger sensibler Fasern des dritten Trigeminusastes, da die motorischen Nerven für die Kaumuskeln in dem Stamme des dritten Astes verlaufen. So findet sich nicht selten bei Karies der Zähne des Unterkiefers und während des „Durchbruches" des unteren Weisheitszahns eine Kiefersperre. Seltener findet sie sich bei Erkrankungen der Zähne des Oberkiefers, da diese von einem entfernter gelegenen Aste des fünften Gehirnnerven versorgt werden. Wird die motorische Wurzel des dritten Trigeminusastes bei der Entfernung des Ganglion semilunare Gasseri mit durchschnitten, so entsteht eine Lähmung und allmähliche Atrophie der Kaumuskeln auf der entsprechenden Seite. Die Muskeln der gesunden Seite sind aber in der Lage, die beim Kauen und Sprechen notwendigen Kieferbewegungen in genügender Weise auszuführen.

Die Zähne (Dentes). Als Anhaltspunkte für das Alter eines Individuums werden von Tomes folgende Daten der Zahndurchbrüche gegeben:

Milchgebiß (Dentes decidui).

Untere mediale Schneidezähne . . . . 6./9. Monat
Obere Schneidezähne. . . . . 10. Monat
Untere seitliche Schneidezähne . . . . 12./14. Monat
und vier erste Molaren

dann nach weiteren 4—5 Monaten die Eckzähne und zuletzt die zweiten Molaren. Alle Zähne sind am Ende des zweiten Jahres an Ort und Stelle.

Dauergebiß (Dentes permanentes). Die ersten Molaren erscheinen im 6./7. Lebensjahr, dann folgen die unteren medialen Schneidezähne, hierauf die oberen und etwas später, im 8. Lebensjahr, die seitlichen Schneidezähne. Die ersten Prämolaren treten im 9./10. Lebensjahre auf, die zweiten Prämolaren und Eckzähne im 11., unten etwas früher als oben; die zweiten Molaren im 12./13., die Weisheitszähne (Dentes serotini) im 18./35. Lebensjahr.

Ein Alveolarabszeß entsteht um eine Zahnwurzel herum. Bei einwurzligen Zähnen kann der Eiter der Alveole entlang nach oben abfließen. Bei den anderen Zähnen dagegen hat er das Bestreben die Alveole zu durchbrechen. Liegt die Spitze einer Zahnwurzel innerhalb der Umschlagstelle der Lippenschleimhaut und des Zahnfleisches, dann bricht der Abszeß in den Mund durch, liegt dagegen die Wurzel unterhalb dieser Umschlagstelle oder kann sich der Eiter unter diese Linie senken, dann kann er die Wange durchbrechen. Alveolarabszesse der oberen Schneide- und Eckzähne brechen niemals durch die Wange durch, solche der oberen Molaren bisweilen. Am Unterkiefer kann jedoch an jedem Zahne der Eiter seinen Weg durch die Wange hindurch nehmen.

Der obere Weisheitszahn entwickelt sich unterhalb des Tuber maxillare, der untere an der Innenfläche des Ramus mandibulae. Sie können im Knochen begraben bleiben oder ihren richtigen Platz nicht erreichen. Um sie herum können sich tiefliegende Abszesse entwickeln, die häufig am Halse in einiger Entfernung von ihrer Ursprungsstelle durchbrechen.

8. Mund, Zunge und Schlund.

a) Der Mund.

Die Lippen. Die hauptsächlichsten Gewebsschichten der Lippe sind von außen nach innen: 1. Haut, 2. oberflächliche Faszie, 3. Musculus orbicularis oris, 4. Arteria und Vena labialis, 5. Schleimdrüsen, 6. Schleimhaut. Der freie Rand der Lippen ist außerordentlich empfindlich, da viele der Nerven Endkolben besitzen, die den Vaterschen Tastkörperchen ähnlich sind. Der sensible Nerv der Oberlippe ist der zweite Ast, der der Unterlippe der dritte Ast des Nervus trigeminus. Über diesen Nervenästen entsteht oft der Herpes labialis. Der freie Rand der Unterlippe ist viel häufiger der Sitz eines destruierenden Epitheliomes als irgend eine andere Stelle des Körpers; die Lymphbahnen ziehen zu den submentalen und submaxillaren Lymphknoten. Die Lippen enthalten reichlich Bindegewebe, schwellen bei Ödem oder Entzündungen hochgradig an, sind außerordentlich beweglich und auf eine große Strecke hin vollständig frei von jedem Zusammenhang mit einem Knochen. Daraus folgt, daß destruierende Entzündungen der Lippen sowie Substanzverluste wie z. B. nach Verbrennungen, starke Schrumpfung und Entstellung des Mundes bedingen. Narben in der Nachbarschaft des Mundes verziehen ebenfalls die Lippen oder krempeln sie sogar um. Glücklicherweise begünstigt die Schlaffheit der den Mund umgebenden Gewebe und der allgemeine Blutreichtum dieser Teile in hohem Maße den Erfolg plastischer Operationen, um diese Entstellungen zu beseitigen.

Die Lippen enthalten zahlreiche Gefäße und sind häufig der Sitz von Angiomen und anderen blutgefäßreichen Tumoren. Die Arteriae labiales sind relativ kräftige Gefäße, deren Pulsationen in der Regel gefühlt werden können, wenn man die Lippen zwischen zwei Fingern komprimiert. Diese Gefäße verlaufen unter dem Musculus orbicularis oris und liegen deshalb der Schleimhaut näher als der Haut. Ist die Innenfläche der Lippe infolge eines Schlages gegen die Zähne verletzt, so können diese Gefäße sehr leicht zerreißen. Da diese Wunden unter Umständen nicht entdeckt werden, hat eine solche Blutung schon zu falschen Diagnosen Veranlassung gegeben. So erwähnt Erichsen einen Fall, in welchem ein betrunkener Mann mit einer derartigen Verletzung das aus der Arteria labialis stammende Blut verschluckt und alsdann erbrochen hatte, so daß eine Zeitlang an eine innere Blutung gedacht wurde. Da die Arterien der Lippe ein reiches Anastomosennetz bilden, so muß man in der Regel bei einer Durchtrennung des Gefäßes beide Enden unterbinden.

Die Schleimdrüsen des submukösen Gewebes sind groß und zahlreich. Durch den Verschluß der Ausführungsgänge dieser Drüsen und

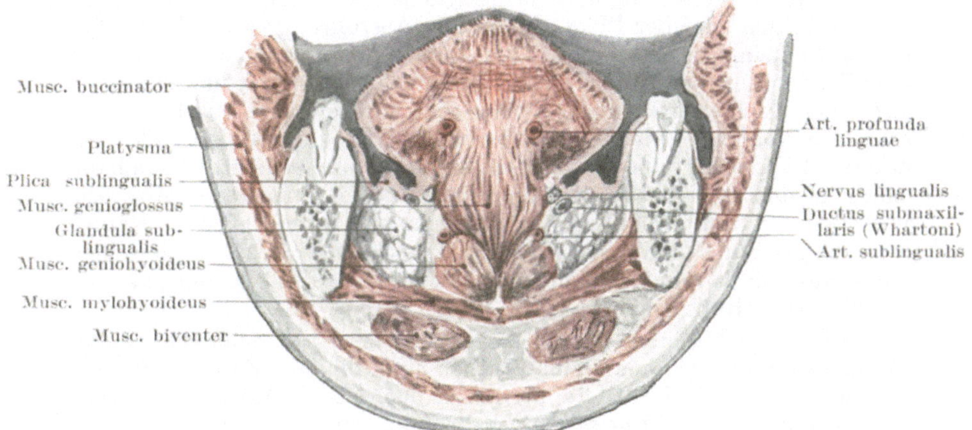

Abb. 39. Querschnitt durch Zunge und Mundboden. (Nach W. Braune.)

ihre konsekutive Ausdehnung entstehen die an den Lippen so häufig gefundenen Schleimzysten. Die Hasenscharte soll weiter unten im Zusammenhang mit der Gaumenspalte besprochen werden.

Die Mundhöhle (Cavum oris) (Abb. 39). Die folgenden Punkte müssen bei der Untersuchung der Mundhöhle beachtet werden. Am Mundboden finden sich zu beiden Seiten des Zungenbändchens (Frenulum linguae) die Carunculae sublinguales mit den Öffnungen des Ductus submaxillaris (Whartoni) und des Ductus sublingualis maior (Bartholini), die entweder zusammen oder dicht nebeneinander ausmünden. Der Ductus submaxillaris dehnt sich merkwürdigerweise nur sehr schwer aus, was zum Teil die heftigen Schmerzen verständlich macht, welche beim Verschluß des Ganges durch einen Speichelstein entstehen. In einzelnen Fällen kann jedoch auch die Nähe des Nervus lingualis für den Schmerz verantwortlich gemacht werden. Die Unterkieferspeicheldrüse kann vom

Munde aus durch die Schleimhaut hindurch etwas vor dem Kieferwinkel gefühlt werden, vor allem wenn man von außen her die Drüse in die Höhe schiebt. Im Boden der Mundhöhle findet sich ferner am Rande der Zunge eine deutliche Schleimhautfalte schräg nach vorwärts und medianwärts ziehend und bis zur Caruncula sublingualis reichend, die sog. Plica sublingualis. Sie bezeichnet die Lage der Unterzungenspeicheldrüse (Glandula sublingualis) und den Verlauf des Ganges der Glandula submaxillaris, soweit derselbe nach vorne zieht. Diese Gebilde liegen zusammen mit der Arteria sublingualis unter der Schleimhaut zwischen der Drüse und dem seitlichen Zungenrande. Die kleinen Ausführungsgänge der Unterzungenspeicheldrüse (Ductus sublinguales minores) münden entlang dieser Plica sublingualis aus.

Eine Fröschleingeschwulst (Ranula), d. h. ein mit Schleim erfüllter zystischer Tumor, findet sich oft an der Stelle einer Glandula sublingualis und ist durch Verschluß und nachträgliche Erweiterung eines der an der Karunkula oder der Plika mündenden Ausführungsgänge der beiden großen Schleimdrüsen bedingt. Die Mundbodenschleimhaut ist an der Zahnfleischgrenze nahe am oberen Rande des Unterkiefers befestigt. Hier finden sich ebenfalls noch einige Schleimdrüsen, welche sich zystisch erweitern können. Die Musculi genio- und hyoglossus sind nahe am unteren Rande des Unterkiefers befestigt. Zwischen der Schleimhaut einerseits und den Muskeln andererseits findet sich nach den Angaben von Tillaux ein schmaler mit Plattenepithel ausgekleideter Raum, der auch als Bursa sublingualis mucosa bezeichnet wird. Er ist in seiner Mitte durch das Frenulum linguae eingeschnürt und soll bei der „akuten Ranula" eine Rolle spielen.

Bei weit geöffnetem Munde kann man unter der Schleimhaut das Ligamentum pterygo-mandibulare sehen und fühlen. Es erscheint als eine hervorstehende Hautfalte, die hinter dem letzten Molarzahn schräg nach abwärts zieht. Etwas unterhalb und vor der Anheftungsstelle dieses Ligaments am Unterkiefer kann man den Nervus glosso-pharyngeus an der Stelle, an welcher er unmittelbar unterhalb des letzten Molarzahns dem Knochen dicht anliegt, durchtrennen oder mit der Nadel der Injektionsspritze erreichen. Bei ungeschickt ausgeführter Extraktion der unteren Molarzähne kann der Nerv an der Berührungsstelle mit dem Knochen gequetscht werden.

Der Processus coronoideus mandibulae kann leicht vom Munde aus abgetastet werden, vor allem wenn der Unterkiefer disloziert ist. Man beachte, daß zwischen dem letzten Molarzahn und dem aufsteigenden Aste des Unterkiefers ein genügend breiter Raum besteht, durch welchen ein Kranker bei Trismus oder Ankylose des Kiefergelenks mittelst der Schlundsonde gefüttert werden kann.

Angeborene Dermoid- und Kropfzysten finden sich bisweilen am Munde zwischen Zunge und Unterkiefer. Derartige Zysten sollen durch unvollständigen Verschluß der ersten viszeralen oder postmandibularen Kiemenspalte oder durch die Abschnürung des medianen Diverticulum thyreoideum entstehen.

Das **Zahnfleisch** (Gingiva) ist sehr fest und blutreich. Bei der Extraktion der Zähne kommt das Blut aus demselben. Auch bei Quecksilbervergiftung und vor allem beim Skorbut erkrankt es häufig. Bei chronischer Bleivergiftung erscheint oft eine blaue Linie am Saume des Zahnfleisches; es handelt sich hierbei um die Ablagerung von Schwefelblei in der Schleimhaut. Dieses Schwefelblei entsteht auf folgende Weise: Die zwischen den Zähnen haften bleibenden Speisereste bilden bei ihrer Zersetzung Schwefelwasserstoff, der seinerseits bei seiner Einwirkung auf das im Blute zirkulierende Blei diesen Niederschlag bildet. Diese blaue Linie findet sich also bei sorgfältiger Zahnpflege bei Bleivergiftung nicht.

b) Die Zunge (Lingua) (Abb. 39).

An der Zungenunterfläche kann man ca. 1 cm vom Frenulum entfernt unter der Schleimhaut den Anfang der Vena ranina sehen. Zwei erhabene und mit lappigen Rändern versehene Schleimhautfalten finden sich an der Zungenunterfläche konvergierend nach der Zungenspitze verlaufend (Plicae fimbriatae). Sie bezeichnen den Verlauf der Arteriae raninae, welche tiefer als die Venen liegen, wenn auch dicht neben ihnen. Die Zunge ist außerordentlich selten der Sitz angeborener Defekte. Die Zungenspitze ist bisweilen unregelmäßig gespalten oder auch der Sitz von glandulären Polypen, die wahrscheinlich von den unter der Zungenspitze normalerweise liegenden Drüsen abstammen. Fournier erwähnt einen Fall, in welchem die Zunge so lang war, daß der Träger mit der Zungenspitze seine Brust berühren konnte, ohne dabei den Kopf zu beugen.

In seltenen Fällen kann das **Zungenbändchen** abnorm kurz sein. Der Hauptmuskel der Zunge, der Musculus genioglossus sowie der Musculus geniohyoideus entspringen an den Spinae mentales mandibulae. Wegen dieser Verbindung mit dem Unterkiefer kann die Zunge nicht nach rückwärts sinken; werden diese Verbindungen durchschnitten, so schlägt sich die Zunge nach rückwärts um und wird unter Umständen verschluckt. Bei vollständiger Bewußtlosigkeit, wie sie z. B. durch Chloroform erreicht wird, kann das Organ wegen der Erschlaffung aller Muskelansätze zurücksinken, die Epiglottis nach abwärts drücken und so Erstickungsgefahr bedingen.

Die Zunge ist hart und fest, enthält aber trotzdem eine genügende Menge Bindegewebe, so daß sie bei Entzündungen beträchtlich anschwellen kann. Das Epithel der Zunge ist dick und wird bei chronischen oberflächlichen Entzündungen oft in borkenartigen dicken Lagen aufgehäuft, wie z. B. bei der Ichthyosis linguae, der Leukoplakie, den Plaques des fumeurs usw. Aus den hauptsächlich unter der Schleimhaut des Zungengrundes sitzenden Schleimdrüsen entwickeln sich ebenfalls manchmal Schleimzysten.

Die Zunge ist sehr gefäßreich und deshalb häufig der Sitz von Angiomen. Ihre Hauptarterie ist die Arteria lingualis; dieses Blutgefäß tritt von unten her in die Zunge ein. Da das Karzinom für gewöhnlich die Tendenz zeigt, entlang der reichlichsten Blutzufuhr sich auszubreiten, so kann man feststellen, daß der Zungenkrebs fast stets die Neigung hat, auf die in der Tiefe gelegene Anheftungsstelle der Zunge überzugreifen. Gleichzeitig ist zu bemerken, daß die hauptsächlichsten Lymphgefäße denselben Weg nehmen wie die großen Blutgefäße. Der große Blutreichtum der Zunge ist das Haupthindernis sie leicht zu entfernen, Blutungen bei solchen Operationen die am meisten gefürchtete Komplikation.

Die Zunge ist reichlich mit Nerven versorgt, und zwar nicht nur mit solchen, die den Geschmack vermitteln, sondern auch mit gewöhn-

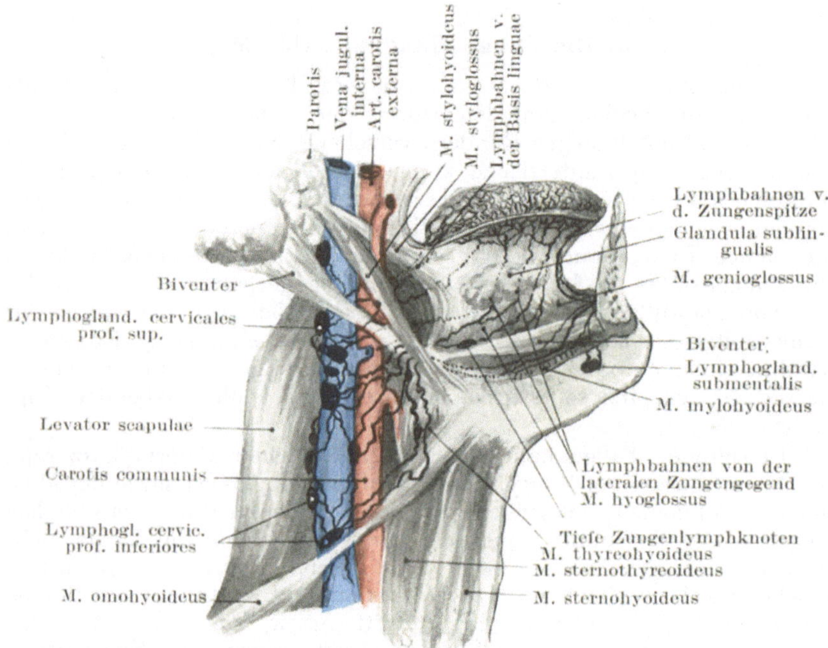

Abb. 40. Lymphbahnen der Zunge. (Nach Poirier.)

lichen sensiblen Fasern. Nach den Untersuchungen Webers ist die Tastempfindung an der Zungenspitze am ausgesprochensten. Man erinnere sich, daß der Nervus lingualis den vorderen und die seitlichen Abschnitte der Zunge zu zwei Drittel der Oberfläche versorgt, während der Nervus glossopharyngeus die Schleimhaut am Zungengrunde und vor allem die Papillae vallatae innerviert. Bei schmerzhaften Affektionen im Bereiche des Nervus lingualis klagt der Kranke oft über Schmerzen tief in der Gegend des Gehörgangs, wie auch ein Hautbezirk vom Ohre dem unteren Rande des Unterkiefers entlang hyperästhetisch sein kann (Head). Die vorderen zwei Drittel der Zunge entwickeln sich ebenso wie die vordere Gehörgangswand aus dem Arcus mandibularis. Daher die

Nervenversorgung des vorderen Zungenabschnitts vom dritten Aste des Nervus trigeminus und die „Schmerzverlegung" in seine Hautendigungen. Das hintere Ende der Zunge entsteht aus dem zweiten und dritten viszeralen Bogen; bei Erkrankungen dieses Abschnitts finden sich unter Umständen hyperästhetische Hautbezirke über dem Larynx (Head). Bei schmerzhaften Zungengeschwüren finden sich manchmal spasmodische Kontrakturen der Kaumuskeln. Obgleich zwischen einem Abszeß in der Regio occipitalis und halbseitiger Zungenatrophie zunächst kein Zusammenhang zu bestehen scheint, so sei doch der von Paget beschriebene Fall hier erwähnt: „Ein Mann zog sich eine offenbar leichte Verletzung im Nacken zu. Allmählich atrophierte die eine Zungenhälfte bis sie kaum noch halb so groß war wie die gesunde Hälfte. Am Okziput hatte sich unterdessen ein Abszeß gebildet, aus welchem Knochenstückchen des Os occipitale entfernt wurden. Nach der Ausstoßung der erkrankten Teile des Knochens erholte sich die Zunge wieder und erlangte innerhalb eines Monats ihre alte Größe und Form." In diesem Falle war die Zungenatrophie zweifellos infolge des Drucks auf den Nervus hypoglossus entstanden, welcher den Schädel durch den Canalis hypoglossi des Hinterhauptbeins verläßt. Der Fall beweist, wie wichtig es ist, selbst kleine Foramina und die Gebilde, welche sie durchziehen, genau zu kennen.

Die Zunge enthält reichlich lymphoides Gewebe, das zu einem beträchtlichen Teile als Tonsilla lingualis unter der Schleimhaut des hinteren Zungenabschnitts eingebettet liegt. Hypertrophie dieses Gewebes kann zu unangenehmen Erscheinungen Anlaß geben, welche die richtige Funktion der Epiglottis stören. Das adenoide Gewebe der Zunge und des Pharynx bildet zusammen mit den eigentlichen Tonsillen einen geschlossenen Ring um den Isthmus faucium herum.

Die **Lymphgefäße der Zunge** (Abb. 40 u. 51) sind groß, zahlreich und bilden freie Kanäle für die Dissemination von krebsigen Emboli. Sie sind in zwei Systemen angeordnet: 1. oberflächlich, wobei sie in dem submukösen Gewebe am Rücken und den Seiten der Zunge außerordentlich reiche Plexus bilden; 2. tiefe, als Netzwerk in der Zunge ausgebreitet. Beide Systeme stehen miteinander in ausgedehnter Kommunikation; Cheatle fand, daß bei Zungenkrebs sekundäre Deposita sehr häufig in den Musculi genioglossi anzutreffen sind. Die Lymphe beider Systeme wird durch folgende Bahnen fortgeschafft: 1. durch die marginalen oder lateralen Lymphbahnen, welche den submukösen Plexus an der Seite der Zunge verlassen und teils zu den submaxillaren, teils zu den oberen tiefen Halslymphknoten ziehen; 2. die zentralen Lymphgefäße, welche sich zwischen den beiden Musculi genioglossi bilden und in die tiefen oberen Halslymphknoten einmünden; 3. die apikalen Lymphgefäße, die in die submentalen und die oberen tiefen Halslymphknoten sich ergießen; 4. die basalen Gefäße des hinteren Drittels der Zunge, die ebenfalls in den oberen tiefen Halslymphknoten enden. Die Zunge ist einer der häufigsten Sitze des Krebses, wobei für gewöhnlich die vorderen zwei Drittel, die aus dem Arcus mandibularis sich entwickeln, befallen sind.

Aus letzterem entwickelt sich auch die Unterlippe, ebenfalls ein sehr häufiger Sitz des Karzinoms. Es breitet sich auf dem Wege der Lymphgefäße aus, die zum größten Teile die Arteria und Vena lingualis begleiten. Die Lymphbahnen enden in den oberen tiefen Halslymphknoten, hinter und unter dem Kieferwinkel. Die Hauptlymphbahnen werden sehr bald durch die einwandernden Krebszellen verschlossen, so daß die Lymphe sich Neben- und Umwege suchen muß, die mit der Zeit ebenfalls verstopft werden. So kann dann der Krebs nach allen Richtungen hin auf große Entfernungen vordringen. Die Lymphknoten über der Glandula submaxillaris, das lymphoide Gewebe in dieser Drüse selbst, sowie in der Glandula sublingualis werden von sekundären Depositis befallen, ebenso die Glandula submentalis.

Bei der als **Makroglossie** bekannten angeborenen Affektion ist die Zunge stark hypertrophisch und kann unter Umständen erstaunliche Größe annehmen. Die Vergrößerung ist primär durch die stark erweiterten Lymphgefäße und Spalten bedingt (daher der von Virchow vorgeschlagene Name Lymphangioma cavernosum), dazu gesellt sich dann ein vermehrtes Wachstum des lymphoiden Gewebes überhaupt. Der am stärksten befallene Abschnitt ist die Zungenbasis, wo auch die Lymphgefäße sich am reichlichsten vorfinden.

Akzessorische Drüsen in der Nähe der Zunge. Streckeisen berichtet, daß häufig in der Nachbarschaft des Zungenbeins Nebenschilddrüsen zu finden sind. Dieselben können auch in der Zungenbasis nahe dem Foramen caecum liegen (Makins). Mitunter liegen sie oberhalb des Musculus mylohyoideus, andere oberhalb des Zungenbeins und wieder andere in der Ausbuchtung dieses Knochens. An denselben Stellen finden sich auch bisweilen mit Flimmerepithel ausgekleidete Zysten. Alle diese Gebilde sind Überbleibsel des Halses des zentralen Divertikels, welches beim Embryo von der ventralen Pharynxwand ausgestülpt wird und aus welchem der Isthmus und die angrenzenden Teile der Schilddrüse gebildet werden. Das Foramen caecum an der Zungenbasis bezeichnet die Stelle, an welcher diese Ausstülpung aus dem Pharynx entstanden ist. Mit Epithel ausgekleidete Gänge ziehen bisweilen von dem Foramen caecum zu solchen akzessorischen Drüsen in der Umgebung des Zungenbeins. Sehr wahrscheinlich entwickeln sich aus diesen drüsigen und epithelialen Gebilden um das Zungenbein herum gewisse tiefsitzende Formen von Karzinomen des Halses. Einige dieser Tumoren sind die von Treves als „maligne Zysten" beschriebenen Karzinome (Transactions of the Pathological Society 1886).

Resektion der Zunge. Zahlreiche Methoden sind angegeben worden, um die ganze Zunge zu entfernen. Man kann sie vom Munde aus mit oder ohne vorhergehende Unterbindung beider Arteriae linguales am Halse entfernen. Es ist jedoch schwer auf diese Weise die tieferen Anheftestellen derselben genügend freizulegen. Um mehr Platz zu gewinnen, kann man die Wange spalten oder die Unterlippe und den Unterkiefer in der Mitte durchtrennen.

In einer anderen Reihe von Operationsmethoden erreicht und legt man die Zunge in ihrer ganzen Ausdehnung durch eine Inzision bloß, welche zwischen Zungenbein und Unterkiefer angelegt wird. In neuerer Zeit hat Kocher die Zunge vom Halse aus durch einen Schnitt freigelegt, welcher nahe am Ohr beginnt und am vorderen Rande des Musculus sterno-cleido-mastoideus entlang bis zum Zungenbein reicht, von wo aus derselbe nach oben dem vorderen Bauche des Musculus digastricus entlang geführt wird. Diese Methode gestattet das bequeme Entfernen der oberen tiefen Halslymphknoten sowie des in den Glandulae submaxillares und sublinguales liegenden lymphoiden Gewebes, in welchem sich gerne sekundäre Krebsnester finden; außerdem kann man von diesem Schnitte aus durch eine vorausgeschickte Unterbindung der Arteria lingualis jede Blutung bequem beherrschen.

Bei der Entfernung des ganzen Organs werden die folgenden Gewebsschichten durchtrennt: Das Frenulum linguae, die Mundschleimhaut an den Seiten der Zunge, die Plicae glossoepiglotticae, die Musculi genioglossus, hyoglossus, styloglossus, palatoglossus, einige Fasern der Musculi longitudinales superior und inferior, die zum Zungenbein verlaufen, die Endäste der Nervi glossopharyngeus und hypoglossus, die Zungengefäße und an den Seiten der Zunge nahe der Basis einige Äste der Arteria pharyngea ascendens und der zur Tonsille ziehende Ast der Arteria facialis.

Unterbindet man vor der Resektion der Zunge beide Arteriae linguales am Halse durch den Musculus hyoglossus hindurch, so blutet es dennoch bei der Operation aus dem Ramus dorsalis linguae und einigen Ästchen der Arteria pharyngea ascendens und facialis.

c) Der Gaumen.

Der harte Gaumen (Palatum durum) ist bei den einzelnen Individuen, was Form und Höhe anlangt, sehr verschieden und es wurde behauptet, daß er bei angeborener Idiotie besonders hoch und schmal sei. Die Kontur dieses Bogens ist bei Gaumenoperationen von gewisser Bedeutung.

Gaumenspalten. Um die verschiedenen Formen der Lippen-, Kiefer- und Gaumenspalten einigermaßen zu verstehen, ist es notwendig, kurz auf die Entwicklung dieser Teile einzugehen, denn alle diese Mißbildungen sind durch ungenügende Verschmelzung embryonaler Anlagen bedingt. Der knöcherne Gaumen (Abb. 41 A) besteht bei der Geburt aus drei Teilen: 1. dem Os praemaxillare mit den vier Schneidezähnen, 2. dem rechten und 3. dem linken Oberkiefer mit den rechten und linken Eck- und Milchmolarzähnen. Diese drei Teile haben verschiedenen Ursprung (s. Abb. 32): Der Zwischenkiefer entsteht aus dem medialen Nasenfortsatz, die beiden Oberkieferhälften aus dem rechten und linken Oberkieferfortsatz. Durch die Verschmelzung der einzelnen Teile, welche vorne beginnt und nach hinten weiter geht, entsteht der harte Gaumen. In den hinteren zwei Dritteln des Gaumens verschmelzen die beiden Oberkieferfortsätze miteinander in der Medianlinie, während sie sich im vorderen Drittel mit dem Zwischenkiefer vereinigen. Daher hat die Verschmelzungslinie die Form eines Y, wobei der Zwischenkiefer die Gabel des Y bildet. In der Mehrzahl der Fälle liegt die Spalte in dem Stamme des Y oder selbst nur im weichen Gaumen; sie kann aber auch nach vorne bis zum Alveolarrande reichen, sei es auf einer oder auf beiden Seiten (siehe Abb. 41 B u. C). Der laterale Schneidezahn entwickelt sich in der Grube zwischen dem Prämaxillare und dem Oberkiefer; bildet sich eine Gaumenspalte aus, so weichen die Knochenvorsprünge mit zunehmendem Wachstum weiter auseinander; die Anlage des lateralen Inzisivus kann mit jeder der beiden Seiten der Spalte in Verbindung treten, woraus folgt, daß dieser Schneidezahn in einzelnen Fällen am prämaxillaren Fortsatz sich findet, während er in anderen Fällen am Oberkieferfortsatz sich entwickelt. Die beiden Zwischenkieferhälften haben jede ihren eigenen Knochenkern; allein die Gaumenspalte ist nicht, wie so oft behauptet wird, die Folge mangelhafter Vereinigung dieser beiden Knochenzentren, sondern das Resultat der Nichtverschmelzung embryonaler Anlagen. Mit zunehmendem Wachstum vergrößert sich auch die Spalte.

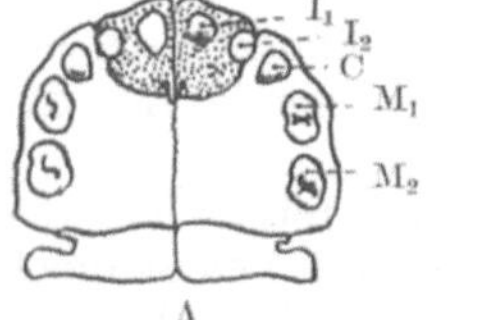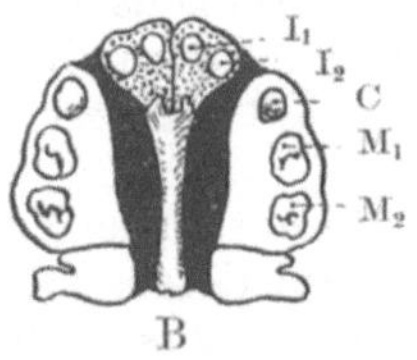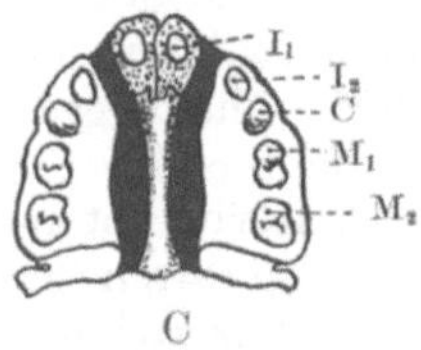

Abb. 41. Die Beziehungen des lateralen Schneidezahnes zur Gaumenspalte. A Normaler harter Gaumen. Zwischenkiefer punktiert. Dens incisivus 2 sitzt auf der Grenze von Os praemaxillare und maxillare. B Doppelte Gaumenspalte. Incisivus 2 sitzt im Os praemaxillare medial von der Spalte; Septum nasale in der Mitte. C Doppelte Gaumenspalte. Incisivus 2 sitzt im Os maxillare lateral von der Spalte.

Die Oberlippe entwickelt sich aus denselben drei Anlagen, wie der Gaumen; reicht die Gaumenspalte bis zur Pars alveolaris, dann ist die Lippe auch gespalten (Cheilo-Gnatho-Palatoschisis), allein eine einseitige oder doppelseitige Lippenspalte oder Hasenscharte (Cheiloschisis) kann auch ohne Gaumenspalte vorhanden sein. Der Zwischenkiefer ist ebenfalls bilateral, es ist jedoch sehr selten eine noch vorhandene Trennung in seine beiden Hälften zu finden. In Fällen von doppelter Hasenscharte sieht man gelgentlich an der Unterlippe zwei bei geschlossenem Munde genau in die Spalte der Oberlippe passende papillenartige Hervorwölbungen.

Man unterscheidet also:

Lippenspalte oder Hasenscharte (Cheiloschisis).

Kieferspalte (Gnathoschisis).

Wolfsrachen (Cheilo-Gnatho-Palatoschisis); seltenere Mißbildungen sind: Schräge Gesichtsspalte (Meloschisis).

Totale Gesichtsspalte (Prosoposchisis), d. i. beiderseitige Gesichtsspalte mit Wolfsrachen.

Hierher gehören noch die sog. Aprosopie, Mikrostomie und Makrostomie (transversale Gesichtsspalte).

Die Schleimhaut des **harten Gaumens** zeigt insofern eine Besonderheit, als sie in Wirklichkeit mit dem die Knochen überziehenden Periost eins ist; deshalb kann auch beim Lospräparieren des Periosts die Schleimhaut nicht von ihm getrennt werden. Die Haut ist in der Mittellinie dünn, an den Seiten nahe den Alveolen dicker; die Dickenzunahme rührt hauptsächlich von den unter der Oberfläche reichlich vorhandenen Schleimdrüsen her, welche in der Mitte des Gaumens nur spärlich angetroffen werden. Die Dehnbarkeit der den harten Gaumen überziehenden Schleimhaut ist bei der Operation der Gaumenspalte von großem Nutzen.

Godlee hat eine Anzahl Fälle beschrieben, in welchen sich an dem hinteren Abschnitte der Gaumenoberfläche eine knöcherne Erhabenheit — der Torus palatinus — vorfand. Diese Erhabenheit ist bei niederen Menschenrassen häufiger als bei Europäern, entsteht erst beim Erwachsenen, und zwar durch Proliferation des Knochens zu beiden Seiten der Sutura palatina, erreicht jedoch nie eine nennenswerte Größe.

Die Hauptblutzufuhr zu den Knochen und der Schleimhaut des harten Gaumens kommt aus der Arteria palatina descendens der Arteria maxillaris interna. Dieses überhaupt einzige Blutgefäß des harten Gaumens zieht durch das Foramen palatinum maius nahe an der Grenze von hartem und weichem Gaumen, dicht an der Innenseite des letzten Molarzahnes. Das Gefäß läuft nach vorwärts und einwärts, um am Foramen incisivum zu endigen. Seine Pulsationen können am Gaumen oft deutlich gefühlt werden. Bei der Bildung der Schleimhautperiostlappen am harten Gaumen ist es sehr wichtig, die Schnitte dicht an und parallel mit den Alveolarfortsätzen zu machen, so daß die Arterien in den Hautlappen verlaufen und deren Lebensfähigkeit garantieren. Durch diese Schnittführung wird auch jede unnötige Blutung vermieden. Beim Lospräparieren der Lappen muß man sich dessen erinnern, daß die Arterien viel näher am Knochen als an der Schleimhaut verlaufen.

Der **weiche Gaumen** (Palatum molle) (Abb. 42) ist überall ungefähr 0,6 cm dick. Ist derselbe gespalten, so nähern sich während des Schluckakts die Ränder einander durch Vermittlung der obersten Fasern des Musculus constrictor pharyngis superior. Durch dieses Zusammenrücken der Ränder kann die Spalte bis auf ein Drittel, ja sogar bis auf die Hälfte sich verkleinern. Die Muskeln, welche das Bestreben haben, die Spalte zu verbreitern, sind hauptsächlich die Musculi levator und tensor veli palatini. Man muß deshalb diese Muskeln durchtrennen, ehe man den Versuch macht, die Spalte durch eine plastische Operation zu schließen. Der Musculus levator veli palatini kreuzt auf seinem Wege zur Mittellinie den Gaumen in schräger Richtung von oben nach abwärts und einwärts und liegt der Hinterfläche des Gaumensegels näher an als der Vorderfläche. Der Musculus tensor veli palatini zieht um den Hamulus pterygoideus herum und geht in annähernd horizontaler Richtung zur Mittellinie. Der Hamulus pterygoideus kann unmittelbar hinter und an der Innenseite des letzteren oberen Molarzahns durch den weichen Gaumen hindurch betastet werden. Es gibt drei Hauptmethoden diese Muskeln zu durchtrennen: 1. ein schmales Messer, dessen Griff rechtwinklig zum Blatt eingesetzt ist, wird durch die Gaumenspalte nach hinten geführt und von hinten her der Musculus levator veli palatini quer zu seinem Verlaufe durchtrennt; dabei bleibt der Musculus tensor veli palatini unversehrt (Fergusson). Ein schmales dünnes Messer wird mit aufwärts gerichteter Schneide etwas vor und medial vom Hamulus pterygoideus in den weichen Gaumen eingestoßen. Die Sehne des Musculus tensor veli palatini liegt oberhalb des Messers und wird beim weiteren Vorschieben des Instrumentes nach oben und einwärts durchschnitten. Das Messer wird so weit eingestoßen, bis die Messerspitze an der hinteren Fläche des weichen Gaumens erscheint. Beim Zurückziehen durchschneidet es die Hinterfläche des Gaumensegels zu einer genügenden Tiefe, um den Musculus levator veli palatini zu durchtrennen (Pollock). 3. Nach

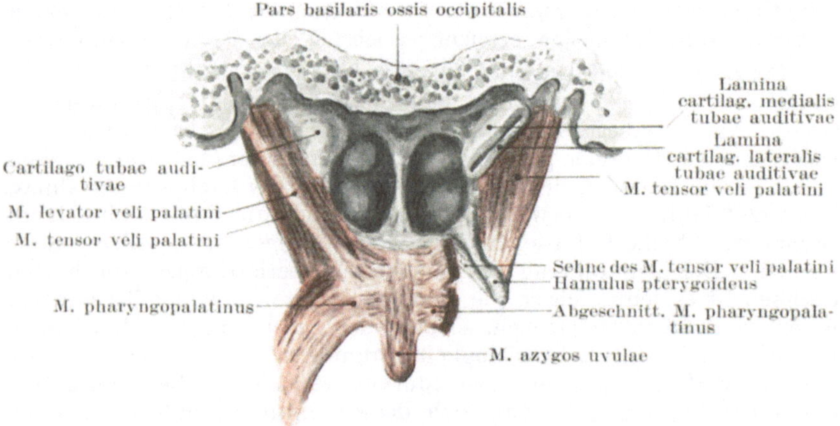

Abb. 42. Muskeln des weichen Gaumens von hinten (nach Spalteholz).

Bryants Vorschlag werden die Gaumenmuskeln mit einem Scherenschlag, der die ganze Dicke des Segels durchsetzt, durchtrennt, wobei der Schnitt an der Seite des Segels und fast parallel zur Spalte angelegt wird.

Das Blut für den weichen Gaumen wird von der Arteria palatina descendens aus der Arteria maxillaris interna, der Arteria pharyngea ascendens und der Arteria palatina ascendens aus der Arteria facialis geliefert. Das letztgenannte Blutgefäß erreicht das Gaumensegel zugleich mit dem Musculus levator veli palatini und wird bei der Durchtrennung dieses Muskels mit durchschnitten.

Die Gaumenmuskeln werden von verschiedenen Nerven versorgt. Die Musculi levator veli palatini, uvulae und pharyngopalatinus werden zugleich mit den Pharynxmuskeln vom Nervus accessorius versorgt; der Musculus glossopalatinus mit den Zungenmuskeln vom Nervus hypoglossus, der Musculus tensor veli palatini mit dem Musculus tensor tympani vom dritten Aste des Nervus trigeminus durch das Ganglion oticum hindurch.

d) Der Rachen (Pharynx).

Der Rachen ist ca. $12^1/_2$ cm lang und von Seite zu Seite viel weiter als von vorne nach hinten. Die weiteste Stelle findet sich in der Höhe der Spitze der großen Hörner des Zungenbeins, wo sie ca. 5 cm beträgt. Die engste Stelle findet sich am Übergang in die Speiseröhre gegenüber dem Ringknorpel; der Durchmesser beträgt hier knapp 2 cm. Der Rachen ist bei weitem kein so großer Hohlraum, wie allgemein angenommen wird, denn man muß bedenken, daß derselbe am Lebenden in Schrägansicht betrachtet wird, wodurch ein irrtümliches Bild seiner Ausmaße, namentlich von vorne nach hinten entsteht. Die Entfernung von der Zahnreihe bis zum Anfange der Speiseröhre beträgt 15/18 cm, ein Maß, dessen man sich bei der Entfernung von Fremdkörpern erinnern muß. Letztere bleiben für gewöhnlich in der Höhe des Ringknorpels stecken, d. h. an einer Stelle, die beim Erwachsenen nicht mehr mit dem Finger erreicht werden kann. Die Geschichte der **Fremdkörper im Rachen** zeigt, daß der Hohlraum sehr dehnungsfähig ist und eine Zeitlang auch große Körper beherbergen kann. So wurde bei einem 60jährigen Manne, dessen Krankengeschichte von Geoghegan veröffentlicht wurde, an Karzinom gedacht, da er seit Monaten über Schluckbeschwerden klagte, für welche er keine Erklärung wußte. Bei der Untersuchung fand sich jedoch im Rachen eine Zahnplatte mit fünf künstlichen Zähnen und fünf Lücken für die noch stehen gebliebenen natürlichen Zähne; sie hatte fünf Monate dort gelegen und war während des Schlafes verschluckt worden. Im Lancet vom Jahre 1868 findet sich eine Notiz über ein Hammelkotelett, welches einem Vielesser in der Kehle stecken blieb. Es bestand aus einem Wirbelkörper, einem 4 cm langen Rippenstück und reichlicher Menge Fleisch daran. Es gelang nicht dasselbe zu entfernen, vielmehr wurde es schließlich erbrochen. Hicks beschreibt im Lancet von 1884 einen Fall, in welchem sich eine Frau in selbstmörderischer Absicht $^1/_2$ qm rauhen Leinenstoffes in Rachen und Mund stopfte.

Die Wandungen des Pharynx stehen mit der Schädelbasis und den sechs oberen Halswirbeln in Verbindung. Der Bogen des Atlas liegt ungefähr in gleicher Höhe mit dem harten Gaumen. Der Epistropheus (Axis der Engländer) liegt auf einer Höhe mit dem freien Rande der oberen Zahnreihe. Das Ende des Rachens entspringt dem sechsten Halswirbel. Die oberen Halswirbel können wenigstens an ihrer Vorderfläche vom Munde aus untersucht werden. Sind die Knochen um den Pharynx herum erkrankt, so können die nekrotischen Teile durch den Rachen ausgestoßen werden. So wurden schon Teile des Atlas und Epistropheus durch den Mund ausgehustet.

Die Rachenschleimhaut ist sehr blutreich und leicht zu Entzündungen geneigt; derartige Entzündungen sind besonders gefährlich, da sie gerne auf die Kehlkopfschleimhaut übergreifen. Das Unterhautzellgewebe der

ary-epiglottischen Falten und der benachbarten Rachenabschnitte ist
besonders locker, so daß bei ödematöser Schwellung die obere Larynxapertur so gut wie ganz verlegt werden kann.

In der Schleimhaut findet sich reichlich **lymphoides Gewebe,** welches
bei der skrofulösen Pharyngitis zuerst erkrankt. Eine besondere Ansammlung von lymphoidem Gewebe liegt in Gestalt der **Rachenmandel**
(Abb. 30 u. 43) am Dache des Nasopharynx. Diese Tonsilla pharyngea
ist zwischen den beiden Tubenmündungen in die dicke Schleimhaut eingebettet; ihre Mitte ist durch eine Einbuchtung gekennzeichnet, die zu
beiden Seiten von zwei oder drei lymphoides Gewebe enthaltenden
Schleimhautfalten begrenzt ist. Ungefähr im 10. Lebensjahre ist diese
Mandel am größten. Sie kann seitlich bis zum Ostium pharyngeum
tubae auditivae reichen und die Öffnung verlegen. Diese Ablagerungen
lymphoiden Gewebes können stark hypertrophieren und so zu den
adenoiden Vegetationen Veranlassung geben. Durch die schon erwähnte

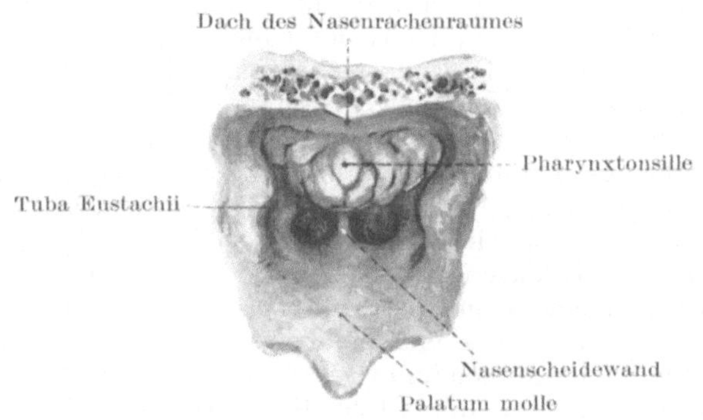

Abb. 43. Rachentonsille eines 2jährigen Knaben.

Verlegung der Tubenmündung verursachen diese Wucherungen Taubheit und können die hinteren Nasenhöhlenabschnitte vollständig ausfüllen. Sie müssen operativ entfernt werden.

Das Gewebe unmittelbar außerhalb der Pharynxwand ist sehr locker
und begünstigt die Ausbreitung irgendwelcher Ergüsse. So kann bei
akuten Entzündungen des Pharynx das Exsudat dem Ösophagus entlang
ins hintere Mediastinum und von da zum Zwerchfell gelangen. In dem
lockeren Bindegewebe zwischen Pharynxhinterwand und Wirbelsäule
findet sich nicht selten der sog. Retropharyngealabszeß, in der Regel
auf dem Boden einer Wirbelkaries entstanden. In diesem Bindegewebe
gerade gegenüber dem Epistropheus findet sich auch ein Lymphknoten,
der die Lymphe aus dem Nasenrachenraume und der Nase aufnimmt.
Dieser Lymphknoten kann vereitern und der dadurch entstehende Retropharyngealabszeß namentlich bei Kindern so groß werden, daß er die
hintere Pharynxwand weit nach vorne wölbt, den weichen Gaumen nach
abwärts drückt und durch Verschluß des Larynx heftige Dyspnoë bewirkt. Der Eiter kann nach dem Munde durchbrechen oder hinter den

großen Gefäßen und der Ohrspeicheldrüse den Hals erreichen und sich schließlich unter oder an einem Rande des Kopfnickermuskels vorwölben.

Zahlreiche wichtige Gebilde stehen mit der seitlichen Pharynxwand in Verbindung, so vor allem die Arteria carotis interna, die Nervi vagus, glossopharyngeus und hypoglossus. Die Arteria carotis interna liegt der Pharynxwand so nahe, daß der vom Munde aus in den Rachen eingeführte Finger ihre Pulsationen fühlen kann. Diese und noch andere in der Tiefe gelegene Gebilde können durch in den Mund eingedrungene Fremdkörper durch die Pharynxwand hindurch verletzt werden. Die Vena jugularis interna verläuft namentlich in ihren oberen Abschnitten in einer gewissen Entfernung vom Rachen. Der Processus styloideus, wenn derselbe sehr groß ist, sowie das (häufig) verknöcherte Ligamentum stylohyoideum können ebenfalls hinter der Tonsille an der seitlichen Pharynxwand vom Munde aus abgetastet werden. In mehr als einem Falle wurde ein verknöchertes Ligamentum stylo-hyoideum für einen Fremdkörper gehalten und der Versuch gemacht es zu exzidieren.

Die **Gaumenmandel** (Tonsilla palatina) (Abb. 44) liegt zwischen dem Arcus glossopalatinus und pharyngopalatinus, grenzt lateral an den Musculus constrictor pharyngis superior und entspricht nach außen projiziert dem Unterkieferwinkel. Bei ihrer Hypertrophie und Hyperplasie hat die Mandel das Bestreben nach der Mittellinie hin zu wachsen, wo sie keinen Widerstand findet und ihre Beziehungen zur Umgebung sich nicht ändern. Die am Halse oft für hyperplastische Tonsillen gehaltenen Tumoren sind vergrößerte Lymphknoten, welche nahe der Spitze des großen Zungenbeinhorns liegen und die Vena jugularis interna bedecken. Diese Lymphknoten nehmen die Lymphe aus den Tonsillen auf und sind bei allen Erkrankungen der Tonsillen ausnahmslos vergrößert. Die Tatsache, daß diese Lymphknoten bei der Tuberkulose der Halslymphknoten so häufig zuerst erkranken, spricht dafür, daß die Gaumentonsillen als die Eingangspforte der ersten Infektion zu betrachten sind. Die Mandel ist fest genug mit der Rachenwand verwachsen, so daß sie bei den Kontraktionen der Pharynxmuskeln mitbewegt wird. Deshalb wird sie während des Schluckakts durch den Musculus constrictor pharyngis superior nach einwärts bewegt und kann andererseits durch den Musculus stylopharyngeus nach auswärts gezogen werden. Die Leichtigkeit, mit welcher eine Tonsille erreicht werden kann, hängt ceteris paribus davon ab, bis zu welchem Grade sie durch den Musculus stylopharyngeus nach außen gezogen werden kann, sowie von dem Umstande, wie deutlich der Arcus glosso-palatinus, der die Mandel zum Teile verdeckt, entwickelt ist. Ein Kind mit einem stark vorspringenden vorderen Gaumenbogen, einem gut entwickelten Musculus glossopalatinus und einem kräftigen Musculus stylopharyngeus kann für lange Zeit dem Tonsillotom entrinnen.

Die Gaumenmandel ist sehr verschieden gestaltet und häufig in drei Unterabteilungen geteilt; abgesehen von den zahlreichen Krypten findet sich über ihr eine tiefe Bucht, die Fossa supratonsillaris. Diese

Bucht ist ein Überbleibsel der ersten Kiemenspalte, in welcher sich die Tonsille entwickelt (Hett) (Abb. 52). Der vordere Gaumenbogen endet an der Schleimhaut des Seitenrands der Zunge als Plica triangularis. Die Mandel ist von der oberen Schlundmuskulatur durch eine zarte bindegewebige Kapsel getrennt, ihre Lymphgefäße durchbohren die Muskulatur. Man kann zwei Arten von Gaumenmandeln unterscheiden: 1. die „eingebettete, bei der das lymphoide Gewebe unter dem Niveau der Gaumenbögen wächst, und 2. die „vorspringende", bei welcher die freie Oberfläche sich hauptsächlich vergrößert (Hett).

Bei der Hyperplasie der Gaumenmandel wird ebenfalls sehr häufig über Taubheit geklagt. Diese ist natürlich nicht durch Verschluß der Tuba auditiva bedingt, da ein derartiger Verschluß anatomisch unmöglich ist. Trotzdem kann aber die vergrößerte Gaumenmandel insoferne

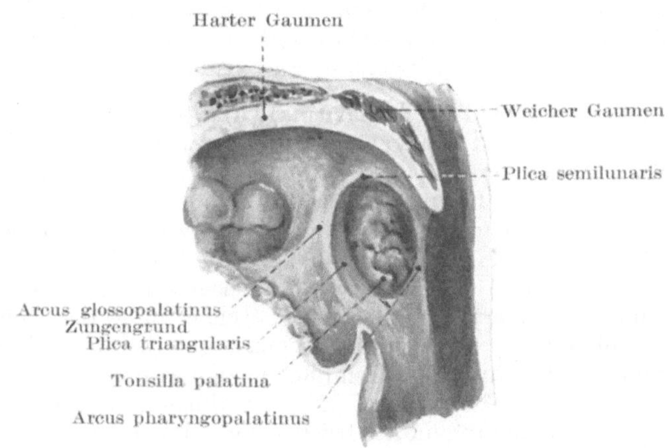

Abb. 44. Die Gaumenmandel. (Nach Spalteholz.)

einen Einfluß auf die Tube haben, als sie den weichen Gaumen nach oben drückt und durch ihn den Musculus tensor veli palatini, der beim Offenhalten der Ohrtrompete stark beteiligt ist, in seiner Funktion stört. Die Taubheit ist wahrscheinlich eher durch eine „hyperplastische" Schwellung der Tubenschleimhaut, als durch einen Druck auf dieselbe zu erklären, da für gewöhnlich eine Besserung des Gehörvermögens erst eintritt, nachdem die Gaumenmandel schon eine Zeitlang entfernt ist. Das lymphoide Gewebe der Tonsillen ist um eine Anzahl von Krypten herum angeordnet. Die Zersetzung der in diesen Nischen zurückgehaltenen Detritusmassen verursacht den bei vergrößerten Tonsillen häufig zu beobachtenden Foetor ex ore und ist vielleicht für die häufigen Entzündungen verantwortlich zu machen, die gerade solche Mandeln befallen. In diesen Krypten können sich Steine bilden, welche eine Art von Krampfhusten auszulösen imstande sind. In diesen Fällen leitet der Nervus glosso-pharyngeus den Reiz zum Atmungszentrum über.

Die Gaumenmandel ist sehr gefäßreich, da sie ihr Blut aus einer Anzahl von Gefäßen erhält, nämlich: aus kleinen Ästen der Arteria maxillaris externa, dem Ramus tonsillaris der Arteria palatina ascendens, ferner aus den Arteriae palatinae minores der Arteria palatina descendens aus der Arteria maxillaris externa, aus dem Ramus dorsalis linguae der Arteria lingualis und der Arteria pharyngea ascendens. Deshalb blutet es auch bei der Abtragung der Mandeln oft erheblich. Die Arteria carotis interna liegt der Rachenwand dicht an, jedoch gut 2 cm hinter der Mandel und läuft deshalb kaum Gefahr, bei der Entfernung der Tonsille verletzt zu werden. Die Vena jugularis interna liegt in beträchtlicher Entfernung von derselben. Die Arteria maxillaris externa liegt in ihrem Halsteile dicht an der Tonsille. Von wichtigen Gebilden am Halse liegt der Nervus glossopharyngeus der Mandel am nächsten; auch die Arteria pharyngea ascendens verläuft nahe der Tonsille. Obgleich sie nur ein kleines Blutgefäß ist, war sie doch in einem von Baker beschriebenen Falle die Ursache einer tödlichen Verblutung. Ein junger Mann war in der Trunkenheit mit einer Pfeife im Munde gestürzt, das Mundstück derselben war in eine Mandel eingedrungen und dort abgebrochen, wobei ein $2^1/_2$ cm langes Stück der Mundspitze in der Drüsensubstanz zurückblieb und wiederholte starke Blutverluste verursachte. Trotz Unterbindung der Arteria carotis communis starb der Kranke. Bei der Obduktion fand sich die Arteria pharyngea ascendens durchtrennt.

Die Gaumenmandel ist nicht selten der Sitz maligner Geschwülste. Solche Tumoren können vom Munde aus entfernt werden, bequemer kommt man aber von einer Inzision am Halse aus entlang dem vorderen Rande des Kopfnickers an sie heran (Cheevers Operation).

9. Der Hals.

Oberflächenanatomie; Knochenpunkte. Das Zungenbein liegt in der Höhe des vierten Halswirbels, während der Ringknorpel sich gegenüber dem sechsten befindet. Der obere Rand des Sternums liegt in einer Höhe mit der Zwischenwirbelscheibe zwischen dem zweiten und dritten Brustwirbel. Am Nacken findet sich in der Mittellinie eine leichte von der Protuberantia occipitalis externa nach abwärts ziehende Vertiefung, die zwischen den zu beiden Seiten etwas sich vorwölbenden Musculi trapezius und semispinalis capitis liegt. Im oberen Teile dieser Vertiefung kann man bei starkem Drucke den Dornfortsatz des Epistropheus durchfühlen. Unterhalb desselben fühlt man die von den Dornfortsätzen des dritten bis sechsten Halswirbels gebildete Knochenbrücke, ohne daß man für gewöhnlich die einzelnen Dornfortsätze unterscheiden kann. An der Basis des Nackens ist der Processus spinosus des siebten Halswirbels (Vertebra prominens) in der Regel sehr deutlich zu erkennen. Die Querfortsätze des Atlas können unmittelbar unter und vor der Spitze des Warzenfortsatzes palpiert werden. Bei starkem Drucke läßt sich im oberen Teile der Fossa supraclavicularis der Querfortsatz des siebten Halswirbels erkennen. Drückt man in der Höhe des Ringknorpels auf die Arteria carotis, so kann man das etwas vorstehende Tuberculum anterius des Querfortsatzes des sechsten Halswirbels fühlen. Dasselbe ist unter dem Namen „Tuberculum caroticum“ bekannt. Die Arteria carotis communis liegt unmittelbar auf ihm und bei der Unterbindung derselben benützen viele Chirurgen diesen Knochenvorsprung als wichtigen Orientierungspunkt. Legt man an einer Leiche mit gut entwickelter Muskulatur in der Höhe des sechsten Halswirbels einen wagrechten Schnitt durch den Hals, so zeigt sich, daß der ganze Wirbelkörper in der vorderen Hälfte des Schnittes liegt.

Mittellinie. In dem zurückweichenden Winkel unter dem Kinn kann das Zungenbein mit seinem Körper und seinen großen Hörnern gut palpiert werden. Ungefähr fingerbreit unter ihm liegt der Schildknorpel. Die Einzelheiten des letzteren können deutlich erkannt werden, wie auch unter ihm der Ringknorpel mit der Incisura thyreoidea inferior, sowie die Trachea. Die einzelnen Trachealringe können nicht unterschieden werden. Nach abwärts zu wird es immer schwerer die Trachea zu palpieren, da sie immer mehr in die Tiefe zieht und am oberen Rande des Sternums ca. $3^{1}/_{2}$ cm unter der Oberfläche liegt. Die Stimmritze (Rima glottidis) entspricht der Mitte der Vorderfläche des Schildknorpels. Wenn nicht vergrößert, kann die Schilddrüse nicht mit Sicherheit palpiert werden. Nach den Angaben von Holden kann die Pulsation der Arteria thyreoidea inferior an dem oberen vorderen Teile der Drüse gefühlt werden.

Die Vena jugularis anterior zieht zu beiden Seiten der Mittellinie auf dem Musculus sternohyoideus nach abwärts. Sie beginnt in der Regio submaxillaris aus dem Zusammenfluß von kleinen Venen der Unterlippe und der Unterkinngegend, durchbohrt die Faszie dicht oberhalb des sternalen Endes des Schlüsselbeins und mündet unter der Ansatzstelle des Kopfnickers hindurchziehend in die Vena jugularis externa. Die Vena thyreoidea inferior liegt vor der Trachea unter dem Isthmus.

Die seitlichen Halsabschnitte. Die Muskeln. Der Musculus sternocleidomastoideus ist, vor allem bei mageren Individuen und wenn er sich kontrahiert, eine markante Erscheinung am Halse. Der vordere Rand des Muskels ist sehr deutlich, der hintere dagegen namentlich in seinen oberen Teilen undeutlicher. Eine Anastomose zwischen der Vena facialis anterior und der Vena jugularis anterior verläuft für gewöhnlich am vorderen Muskelrande entlang nach abwärts. Der Raum zwischen dem sternalen und klavikularen Kopfe des Muskels (Fossa supraclavicularis minor) ist in der Regel deutlich zu erkennen. Würde man in dieser Lücke eine Nadel dicht an dem Schlüsselbein einstoßen, so würde sie auf der rechten Seite die Teilungsstelle der Arteria anonyma treffen, auf der linken Seite dagegen die Arteria carotis communis durchstoßen. Der hintere Bauch des Musculus digastricus entspricht einer Linie, die man sich vom Warzenfortsatz zum Körper des Zungenbeins gezogen denkt. Der obere Bauch des Musculus omo-hyoideus deckt sich mit einer schräg nach abwärts gezogenen Linie, die am unteren Rande des seitlichen Abschnittes des Zungenbeinkörpers beginnt und die Arteria carotis communis gegenüber dem Ringknorpel kreuzt. Der untere Bauch dieses Muskels kann, namentlich wenn er kontrahiert ist, bei mageren Individuen unmittelbar oberhalb der Klavikel und fast parallel mit ihr verlaufend durch die Haut hindurch erkannt werden. Obgleich nicht in derselben Richtung verlaufend, so entsprechen doch die hinteren Ränder der Musculi sterno-cleido-mastoidei und scalenus anterior einander so ziemlich.

Blutgefäße. Der Verlauf der Arteria carotis communis wird durch eine Linie gekennzeichnet, welche vom Sternoklavikulargelenk zu einem Punkte in der Mitte zwischen Unterkieferwinkel und Warzenfortsatz gezogen wird. Das Gefäß teilt sich am oberen Rande des Schildknorpels oder nicht selten ca. $1^1/_4$ cm oberhalb dieser Stelle. Der Musculus omo-

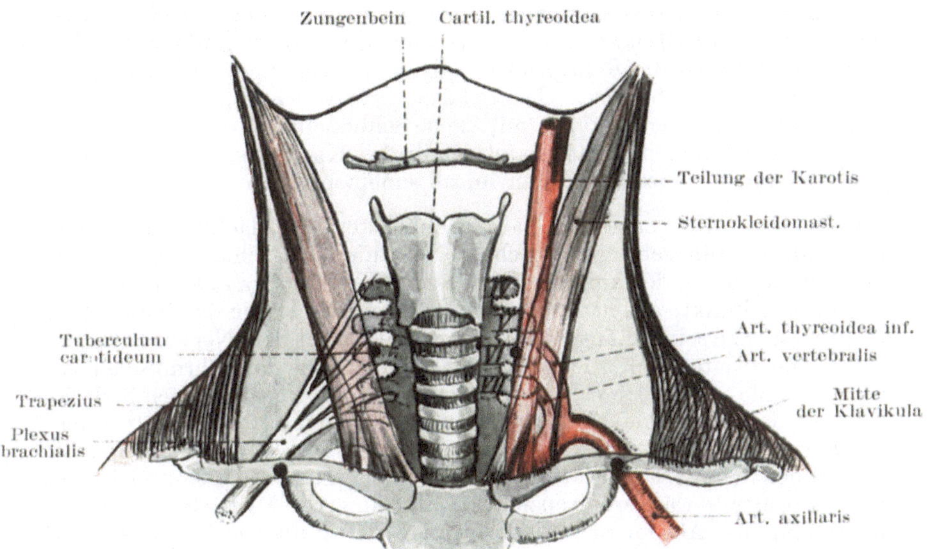

Abb. 45. Orientierungspunkte für Art. carotis und Plexus brachialis.

hyoideus kreuzt das Gefäß gegenüber dem Ringknorpel und in derselben Höhe verlaufen über die Arterie hinweg die Venae thyreoideae inferiores. Die Vena jugularis interna verläuft dicht an der Außenseite der Arteria carotis communis. Sowohl die Arterie wie auch die Vene liegen unter dem vorderen Rande des Kopfnickers. Die Arteria thyreoidea superior aus der Arteria carotis externa zweigt unterhalb des großen Zungenbeinhorns ab und wendet sich nach vor- und abwärts zum oberen Rande der Schilddrüse. Das große Horn des Zungenbeins dient als ein vorzüglicher Anhaltspunkt für den Verlauf der Arteria lingualis, die fast stets über dem hinteren Ende dieses Horns eine Schleife bildet, ehe sie nach vorwärts unter den Musculus hyoglossus zieht. Die Arteria maxillaris externa ist stark geschlängelt; ihr ungefährer Verlauf wird am Halse durch eine Linie gekennzeichnet, die am Unterkieferrande

vom vorderen Masseterrande zur Spitze des großen Zungenbeinhorns
zieht, während die Arteria occipitalis von letzterem Punkte aus nach
rückwärts um die Basis des Warzenfortsatzes herum verläuft.

Die Vena jugularis externa verläuft vom Unterkieferwinkel zur
Mitte des Schlüsselbeins.

Die Arteria subclavia beschreibt am Halse einen Bogen (Abb. 45).
Ein Ende des Bogens entspricht dem Sternoklavikulargelenk, das andere
Ende dem Mittelpunkte der Klavikel, der höchste Punkt des Bogens liegt
$1^1/_4$ cm über dem Schlüsselbein. In dem Winkel zwischen hinterem Kopfnickerrande und Schlüsselbein (Trigonum omoclaviculare) kann die Pulsation der Arterie gefühlt werden. Unmittelbar oberhalb des Schlüsselbeins kann die Arterie gegen die erste Rippe gepreßt werden. Die
Kompression wird am besten ausgeführt, wenn der Arm gut nach abwärts
gezogen und der Druck nach einwärts und abwärts ausgeübt wird. Die
Vena subclavia (Abb. 58) liegt unterhalb der Arterie und wird vollständig
vom Schlüsselbein bedeckt. Die Arteriae transversa scapulae und transversa colli verlaufen parallel mit dem Schlüsselbein, die erstere ganz
hinter, die letztere unmittelbar oberhalb des Knochens. Die Pulsation
des letzteren Gefäßes kann man im allgemeinen fühlen.

Nerven. Die Lage der hauptsächlichsten oberflächlichen Nerven
des Halses kann sehr gut durch sechs Linien bezeichnet werden, die
alle von der Mitte des hinteren Randes des Kopfnickers ausgehen. Eine
von diesem Punkte aus nach vorwärts gezogene Linie, die den Kopfnicker
rechtwinklig zu seiner Längsachse kreuzt, entspricht dem Nervus cutaneus
colli; eine zweite nach rückwärts zur Hinterfläche der Ohrmuschel gezogene Linie, parallel mit der Vena jugularis externa verlaufend, deckt
sich mit dem Nervus auricularis magnus (Abb. 5 u. 7); eine dritte Linie,
die am hinteren Kopfnickerrande nach oben zur Kopfschwarte zieht,
bezeichnet den Verlauf des Nervus occipitalis minor. Diese drei Linien
nach abwärts verlängert kreuzen das Sternum, die Mitte des Schlüsselbeins und das Akromion und bezeichnen der Reihe nach den Verlauf
der Rami suprasternales, supraclavicularis und supraacromialis. Der
Nervus accessorius erreicht den vorderen Rand des Kopfnickers 2,5 cm
unterhalb der Spitze des Warzenfortsatzes. Er verläßt den Muskel
ungefähr in der Mitte seines hinteren Randes, durchzieht die Regio colli
lateralis und verläuft unterhalb des Musculus trapezius zwischen dem
mittleren und unteren Drittel dieses Muskels.

Der Nervus phrenicus beginnt tief an der Seite des Halses ungefähr
in der Höhe der Mitte des Schildknorpels und verläuft hinter dem Sternalende der Klavikel nach abwärts. Ungefähr in der Höhe des Ringknorpels
liegt er unter dem Kopfnicker (der ihn am Halse vollständig bedeckt)
in der Mitte zwischen vorderem und hinterem Muskelrande. Der Plexus
brachialis kann palpiert und an sehr mageren Individuen sogar gesehen
werden. Der Stamm des Plexus entspricht dem äußeren Rande des
Musculus scalenus anticus, der Plexus selbst unmittelbar oberhalb und
hinter dem Abschnitte der Arteria subclavia, welcher in die Arteria axillaris übergeht.

Die **Haut** der Unterkiefergegend ist dünn, beweglich und für die Bildung von Hautlappen bei plastischen Operationen um den Mund herum oft von großem Werte. Das Platysma myoides ist fest mit der Haut verwachsen und seine Kontraktionen bedingen das Einwärtskrempeln der Wundränder, welche quer zur Längsrichtung des Muskels verlaufen. Die Menge des subkutanen Fettgewebes schwankt in den einzelnen Abschnitten des Halses beträchtlich. In dem oberen Teile der Regio colli anterior kann sich dasselbe in der Form des sog. Doppelkinns in großartigster Weise entwickeln.

Die Haut des Nackens ist sehr derb und der Unterlage fest anliegend, zwei Umstände, die zusammen mit der ausgiebigen Nervenversorgung dieser Teile den heftigen Schmerz erklären, der Entzündungen an dieser Stelle begleitet. Furunkel und Karbunkel sind hier besonders häufig.

Ist der Musculus sternocleidomastoideus fest zusammengezogen, sei es durch eigene spasmodische Kontraktion oder durch Lähmung seines Partners auf der anderen Seite, oder auch durch angeborene Störungen, so entsteht der sog. Schiefhals (Caput obstipum). Die Stellung des Kopfes beim Schiefhals zeigt genauestens die Wirkung des gut funktionierenden Kopfnickermuskels. Der Kopf ist etwas nach vorwärts gebeugt, das Kinn nach der gesunden Seite gedreht, während das Ohr der erkrankten Seite gegen das Sternoklavikulargelenk neigt. In zahlreichen Fällen sind auch die Musculi trapezius und splenius capitis mitergriffen. Spasmodische Kontraktionen dieser Muskeln können durch Nervenreize ausgelöst werden. So kann eine Entzündung der im hinteren Halsdreieck gelegenen Lymphknoten dazu führen. Derartige Entzündungen reizen einige Äste des Plexus cervicalis und durch einen zum Kopfnicker führenden Nerven dieses Plexus resp. vom zweiten Zervikalnerven den Muskel selbst, obgleich er hauptsächlich vom Nervus accessorius innerviert wird. Der Verlauf der Reflexstörungen in diesen Fällen ist daher leicht zu erklären. Außerdem muß man sich daran erinnern, daß der Nervus accessorius zwischen den oberen zwei oder drei tiefgelegenen Halslymphknoten hindurchzieht, die ihn natürlich komprimieren können. Eine gleiche Muskelkontraktion kann durch direkte Reizung des zweiten Zervikalnerven bei Erkrankungen der ersten beiden Halswirbel entstehen. Um die muskulären Formen des Schiefhalses zu beseitigen, kann man den Kopfnicker subkutan, wie bei einer gewöhnlichen Tenotomie durchschneiden und zwar $1^1/_4$ cm oberhalb seiner Ursprungsstelle am Brust- und Schlüsselbein. Zwei Gebilde laufen dabei große Gefahr verletzt zu werden, nämlich die Vena jugularis externa am hinteren Rande des Muskels und die Vena jugularis anterior, die am vorderen Rande des Muskels nach abwärts ziehend dicht oberhalb des Schlüsselbeins unter dem Muskel nach hinten geht, um in die erstgenannte Vene einzumünden. Ja selbst die Vena jugularis interna ist nicht ganz außer Gefahr verletzt zu werden, obgleich bei der nötigen Sorgfalt die großen Gefäße an der Basis des Halses nicht verletzt werden sollten.

Das Normalverfahren in der heutigen aseptischen Zeit ist jedoch die offene Tenotomie nach Volkmann.

Bei der spastischen Form des Schiefhalses gibt die operative Durchtrennung des Nervus accessorius und der mit ihm sich vereinigenden Äste der zweiten und dritten Zervikalnerven oft gute Resultate. Ersterer wird am vorderen Rande des Kopfnickers 2,5 cm unterhalb des Processus mastoideus bloßgelegt.

Bei Neugeborenen finden sich bisweilen in diesem Muskel eigentümliche Verhärtungen, welche, wahrscheinlich durch eine auf dem Boden einer Verletzung während der Geburt entstandenen Myositis beruhen, jedenfalls nichts mit Lues zu tun haben.

Die Faszien des Halses (Abb. 46). Das Bindegewebe, welches die Muskeln, Gefäße, Nerven, Drüsen und Lymphknoten am Halse umgibt,

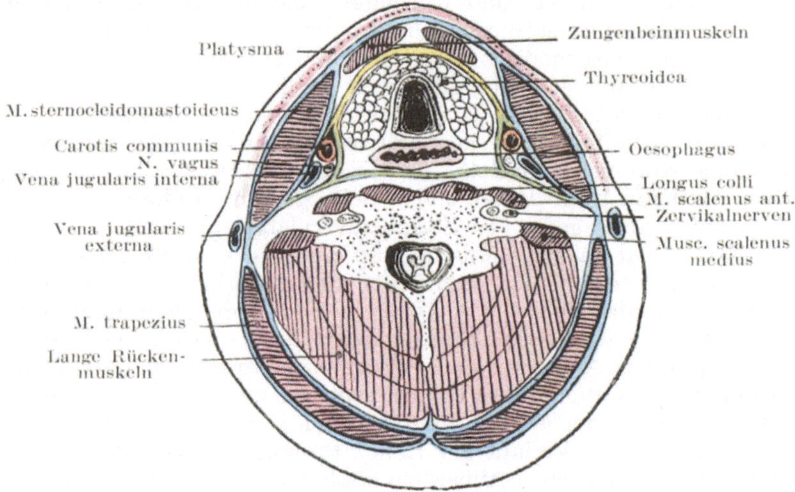

Abb. 46. Schema der Halsfaszien.
Oberflächliche Halsfaszie blau = Fascia colli superfic. Mittlere Halsfaszie gelb = Fascia colli media. Tiefe Halsfaszie grün = Fascia colli profunda od. Fascia praevertebr. (Nach Corning.)

wird als Halsfaszie bezeichnet. Es besteht aus Hüllen und Scheiden für die Muskeln, Gefäße und Nerven. Diese Hüllen sind derart angeordnet, daß sie der Speiseröhre, Trachea und dem Larynx Bewegungsfreiheit genug gewähren und doch auf der anderen Seite eine Festigkeit des Halses bedingen, daß er als Ganzes bewegt werden kann. Außer dem Umstande, daß die Halsfaszie in ihren einzelnen Abschnitten als ein Bindeglied der einzelnen Strukturen des Halses dient, ist sie auch dasjenige Stützgewebe, in welchem das ausgedehnte Lymphgefäßsystem des Halses eingebettet ist und nach abwärts geleitet wird.

Die tiefe Halsfaszie kann zweckmäßigerweise in ein oberflächliches Blatt und in Zipfel eingeteilt werden, welche in die Tiefe gehen.

a) Das **oberflächliche Blatt der tiefen Halsfaszie** bildet eine vollständige Schutzhülle für den Hals, die mit Ausnahme des Platysma und einiger oberflächlicher Venen und Nerven alle Gebilde des Halses in Form einer tadellos passenden Halsbinde umschließt. Sie beginnt am Rücken an den Dornfortsätzen der Wirbelkörper als eine dünne Schicht, umhüllt den Musculus trapezius und zieht am vorderen Rande des Muskels als ein einschichtiges Blatt über das hintere Halsdreieck weg. Am hinteren Rande des Kopfnickers angelangt, teilt sie sich wieder in zwei Blätter, um diesen Muskel einzuhüllen, wird am vorderen Rande des Muskels wieder einblättrig und zieht zur Mittellinie der vorderen Halsseite, um mit der Faszie der anderen Seite zu verschmelzen, wobei sie auf ihrem Wege das ganze vordere Halsdreieck überzieht. Der Faszienabschnitt, welcher die Regio colli lateralis bedeckt, ist locker und weitmaschig und geht in das Bindegewebe dieses Dreiecks über. Am vorderen Halsdreieck ist die Faszie oben am Rande des Unterkiefers befestigt, zieht hinter diesem Knochen über die Ohrspeicheldrüse zum Jochbogen, wobei sie die Fascia parotideomasseterica bildet, während das tiefe Blatt der Faszie unter der Drüse und zwischen ihr und der Glandula submaxillaris hinzieht, um sich an der Außenseite der Schädelbasis anzuheften. Aus einem Abschnitt dieses tiefen Blatts entwickelt sich das Ligamentum stylomandibulare. Vorne ist die Faszie am Zungenbeine befestigt, unterhalb der Schilddrüse teilt sie sich wieder in zwei Blätter, von denen das eine zum Sternum, das andere nach hinten zieht. Beide Blätter liegen vor den das Zungenbein und den Kehlkopf nach abwärts ziehenden Musculi sternohyoideus, sternothyreoideus, thyreohyoideus und omohyoideus, bilden zwischen diesen Muskeln einen schmalen Raum (der so weit nach den Seiten sich ausbreitet, um auch den sternalen Kopf des Musculus sternocleidomastoideus zu umschließen), dessen weitester Abschnitt unten liegt und der hier in seiner Weite der Dicke des Brustbeins entspricht. Es ist klar, daß bei der Durchtrennung des sternalen Teils des Kopfnickers dieser kleine, von den zwei Faszienblättern gebildete Raum eröffnet wird und daß die Vena jugularis anterior auf ihrem Wege zu der Vena jugularis externa durch diesen Raum zieht.

b) **Die in die Tiefe gehenden Faszienzipfel.** 1. Von dem oberflächlichen Faszienblatt geht nahe dem vorderen Rande des Kopfnickers ein Zipfel unter den Depressoren des Zungenbeins zur Schilddrüse und der Vorderfläche der Trachea, zieht vor der Luftröhre und den großen Halsgefäßen nach abwärts, um in den fibrösen Herzbeutel überzugehen. 2. Die prävertebrale Faszie zieht hinter dem Rachen und der Speiseröhre auf den prävertebralen Muskeln nach abwärts, ist aber an der Schädelbasis befestigt und tritt unten hinter dem Ösophagus in den Thorax ein. Seitlich geht sie in die Hüllen für die Karotiden über und verlängert sich nach unten und außen über die Skalenimuskeln, den Plexus brachialis und die Vasa subclavia. Diesen ebengenannten Muskeln entlang zieht die Faszie unter das Schlüsselbein, bildet dort die Fascia axillaris und vereinigt sich mit der Unterfläche der Fascia coracoclavicularis. 3. Die Scheide für die Arteria carotis und die sie begleitenden Venen und Nerven steht mit der prävertebralen, prätrachealen sowie der Faszie des Kopfnickers in Verbindung. Die Karotishüllen ziehen mit der prätrachealen Faszie nach abwärts und gehen in die fibrösen Hüllen der Aorta und des Perikards über. Daher sind in einem gewissen Sinne Herz und Herzbeutel am Halse aufgehängt; beugt man den Kopf nach rückwärts, dann werden die Karotidenhüllen straff gespannt und die Thoraxeingeweide in die Höhe gezogen.

Nicht selten sind **Halsabszesse** in die Speiseröhre, Luftröhre oder gar in die Pleura durchgebrochen. Ja selbst die großen Halsgefäße wurden schon arrodiert. In einem von Savory beschriebenen Falle war nicht nur ein beträchtlicher Teil der Arteria carotis communis durch einen Abszeß zerstört, sondern auch ein großer Abschnitt der Vena jugularis interna und des Nervus vagus. Diese und ähnliche Beispiele der destruierenden Wirkung der Halsabszesse sind zweifellos durch die Unnachgiebigkeit der Halsfaszie bedingt, die den Eiter von allen Seiten her einschließt und ihn zwingt, zu verzweifelten Maßnahmen zu greifen, um einen Ausweg zu finden. Es ist bemerkenswert, sagt M. Jakobson, daß sich Kommunikationen von Abszessen und tief gelegenen Blutgefäßen gewöhnlich unter zweien der stärksten Faszien des Körpers, nämlich unter der tiefen Halsfaszie und unter der Fascia lata des Oberschenkels ausbilden.

Die **Lungenspitze** reicht oberhalb der medialen Hälfte des Schlüsselbeins 2,5/5,0 cm am Halse herauf. Ein Punkt zwischen dem sternalen und klavikularen Ansatze des Kopfnickers 4 cm oberhalb des Schlüsselbeins, bezeichnet für gewöhnlich beim Erwachsenen die höchste Stelle der Lungenspitze und zugleich die Lage des Halses der ersten Rippe. Sie liegt hinter dem Schlüsselbeine, dem vorderen Skalenusmuskel und den Vasa subclavia. Die rechte Lunge reicht für gewöhnlich höher hinauf als die linke.

Bei ungeschickten Eingriffen an der Arteria subclavia oder beim Versuche tiefsitzende Tumoren am Halse auszuschälen, kann die Pleura eröffnet werden. Bei Stichverletzungen des Halses und ausgedehnten Brüchen des Schlüsselbeins kann die Pleura und Lunge verletzt werden. Halsabszesse können in die Pleurahöhle durchbrechen, wie auch Zellgewebsentzündungen am Halse zur Entstehung einer Pleuritis Anlaß geben können.

Halsrippen (Abb. 47). Diese Gebilde haben schon zu vielen diagnostischen Irrtümern Veranlassung gegeben, indem sie für Exostosen und wenn die Arteria subclavia, wie es in der Regel der Fall ist, über sie hinwegzieht, selbst für Aneurysmen gehalten worden sind. Man findet sie in allen Lebensaltern bei beiden Geschlechtern, sie entsprechen den Halsrippen niederer Wirbeltiere. In den meisten Fällen findet sich je eine solche Rippe zu beiden Seiten des Halses in der Höhe des siebenten Halswirbels. Bisweilen sind sie beweglich, manchmal auch mit dem Wirbelkörper und einem Querfortsatze ankylotisch verwachsen. Eine Anlage hierzu findet sich stets im fetalen Leben. Eine derartige Rippe kann sehr kurz sein und nur aus Kopf, Hals und Höcker bestehen. Solche Formen vor allem können für Exostosen gehalten werden. Sehr lange Halsrippen können frei enden oder auch mit der ersten Rippe sowie deren

Knorpel durch ein Band oder durch Knorpelgewebe in Verbindung stehen. In solchen Fällen zieht die Arteria subclavia über sie hinweg, so daß ihre Pulsationen sehr deutlich gesehen und gefühlt werden können. An die längeren Halsrippen können sich die Musculi scaleni anticus und medius ansetzen. Gelegentlich klagen die Träger derartiger Halsrippen über Empfindungslosigkeit an der ulnaren Seite des Armes und der Hand oder auch findet sich eine Lähmung einzelner Handmuskeln. Diese Befunde erklären sich durch eine Dehnung des ersten Dorsalnerven, an der Stelle, an welcher er über die Halsrippe hinwegzieht (Thorburn). Halsrippen mit den sie begleitenden Druckerscheinungen können durch mehrere Generationen ein und derselben Familie hindurch beobachtet

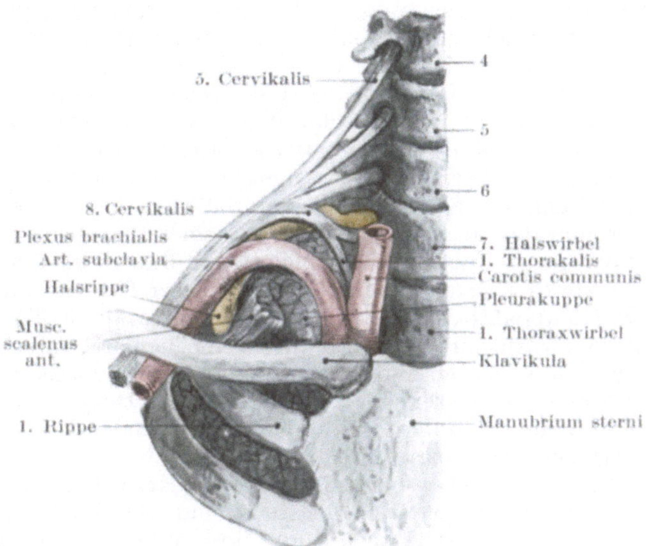

Abb. 47. Die Beziehungen des Plexus brachialis und Art. subclavia zu der 7. Halsrippe.

werden (Theodore Thompson). An mageren Individuen kann man eine solche Rippe als deutlichen Vorsprung erkennen. Wood-Jones hat darauf aufmerksam gemacht, daß die Vertiefung oberhalb der ersten Rippe nicht von der Arteria subclavia ausgefüllt ist, sondern vielmehr von dem untersten Aste des Plexus brachialis, der vom achten Hals- und ersten Brustnerven gebildet wird. Ferner hat er gezeigt, daß diese Grube am tiefsten und der Druck zwischen dem Nervenstamm und der ersten Rippe am größten ist, wenn in solchen Fällen ein beträchtlicher Teil des zweiten Brustnerven mit zur Bildung des untersten Astes des Plexus brachialis beiträgt.

Halswunden und Kehlkopfverletzungen. Die Haut am Halse ist so beweglich, daß sie sich sehr leicht in Falten legt, wenn ein Messer, vor allem wenn es stumpf ist, quer über den Hals geführt wird. So kann man bei Kehlkopfverletzungen eine Anzahl getrennter Hautschnitte vorfinden, die alle durch eine einzige Messerführung entstanden sind. Solche Verletzungen, seien sie in selbstmörderischer Absicht oder bei einem Mordversuche entstanden, liegen meistens in der Höhe der Membrana hyo-thyreoidea, dann folgt der Häufigkeit nach die Trachea und zuletzt der Schildknorpel. 1. Findet sich eine Verletzung **oberhalb des Zungenbeins,** so können die folgenden Teile durchtrennt sein: Vena jugularis anterior, vorderer Bauch des Musculus digastricus, die Musculi mylohyoideus, genioglossus, hyoglossus, die Arteria lingualis und Äste der Arteria maxillaris externa, die Glandula submaxillaris, Nervus hypoglossus, Nervus glossopharyngeus, das Fleisch der Zunge kann durchtrennt und der Mundboden weit eröffnet sein. Sind die Anheftungsstellen der Zunge durchtrennt, so fällt das Organ leicht auf den Kehlkopf zurück und führt zur Erstickung. 2. Liegt der Schnitt **zwischen Zungenbein und Schildknorpel,** dann sind folgende Teile in Gefahr verletzt zu sein: Vena jugularis anterior, Musculi sternohyoideus, thyreohyoideus, omohyoideus (oberer Bauch), Membrana hyothyreoidea, Musculus constrictor pharyngis inferior, Nervus laryngeus superior, Arteria thyreoidea superior und wenn der Schnitt dicht unterhalb des Zungenbeins liegt, auch der Stamm der Arteria lingualis. Bei einer tiefgehenden Wunde kann der Pharynx eröffnet und die Epiglottis an ihrer Basis durchtrennt werden. Letzteres Ereignis ist bei Wunden dieser Gegend immer eine sehr ernste Komplikation. 3. Bei einem Schnitte **durch die Trachea** werden folgende Strukturen durchtrennt: Vena jugularis anterior, Musculi sternohyoideus, sternothyreoideus, omohyoideus (vorderer Bauch), Teile des Musculus sternocleidomastoideus, Glandula thyreoidea, Arteriae thyreoideae superior und inferior mit den entsprechenden Venen, Nervus recurrens laryngis und Speiseröhre.

Bei Wunden des Halses bleiben die großen Halsgefäße oft in einer wunderbaren Weise verschont. Einesteils sind sie durch die Tiefe, in der sie liegen, andererseits auch durch ihre große Beweglichkeit, die in dem lockeren Bindegewebe ein Ausweichen der Gefäße gestattet, geschützt. Dieffenbach erwähnt einen Fall, in welchem bei einer Schnittverletzung des Halses Trachea und Ösophagus durchtrennt waren, ohne irgendwelche Verletzung der großen Gefäße. Dazu kommt als weiterer Schutz der Gefäße der vorspringende Schildknorpel oberhalb und der durchtrennte Kopfnicker unterhalb der Stelle der Verletzung. Tiefe Hiebwunden durch den Raum zwischen Schild- und Ringknorpel oder durch den oberen Teil der Luftröhre treffen die großen Gefäße leichter als alle anderen mit gleicher Kraft durch die übrigen Abschnitte des Halses geführten Hiebe.

In einigen Fällen von Schußverletzungen des Halses schienen die Gefäße tatsächlich zur Seite geschoben und waren so durch ihre Beweglichkeit einer Verletzung entgangen. So berichtet Longmore über einen Fall, in welchem ein Geschoß den Hals von einer Seite zur anderen vollständig durchdrang; dabei nahm es seinen Weg durch die Speiseröhre, zerstörte die Hinterwand des Larynx, ließ aber die Gefäße unversehrt. In einem anderen Falle fiel ein Knabe auf die Spitze seines Spazierstocks. Das Ende des Stocks drang ihm auf einer Halsseite vor dem Kopfnicker ein und durch die Substanz des anderen Kopfnickers wieder aus. Wahrscheinlich drang er zwischen Pharynx und Wirbelsäule durch den Hals. Der Knabe verließ nach 18 Tagen geheilt das Krankenhaus und verdankte offenbar seine Rettung der Schlaffheit des Bindegewebs am Halse sowie der Beweglichkeit seiner hauptsächlichsten Gebilde in der Tiefe. Der relativ lockere Zusammenhang der Halsorgane gestattet auch dem Kehlkopf und der Zunge eine größere Bewegungsfreiheit.

Im Zusammenhang mit den Halsverletzungen muß man sich daran erinnern, daß der wichtigste Abschnitt des Rückenmarks von hinten her durch den Raum zwischen Atlas und Epistropheus erreicht werden kann. An dieser Stelle kann das Rückenmark durch einen Messerstich durchtrennt werden. Langier beschreibt einige raffinierte Fälle von Kindsmord, in welchen die tödliche Waffe weiter nichts als eine lange Nadel war, welche zwischen Atlas und Epistropheus in den Wirbelkanal eingestoßen worden war und das Rückenmark vollständig durchtrennt hatte.

Das **Zungenbein** (Os hyoideum) kann durch direkte Gewalt (Schlag, Erdroßlungsversuch) gebrochen werden. Bisweilen bricht es auch beim Erhängtwerden. Gewöhnlich brechen die Hörner, doch kann auch der Körper desselben frakturieren. In dem New York Medical Record von 1882 findet sich ein Fall veröffentlicht, in welchem ein Mann beim Gähnen etwas unter dem Kinne schnappen fühlte; bei der Untersuchung wurde ein Bruch des Zungenbeins festgestellt. Bei einer Frau, die um nicht zu fallen, den Kopf heftig nach rückwärts warf, konnte Hamilton ebenfalls einen Bruch des Zungenbeins feststellen. Ein solcher Bruch ist mit Schmerzen und einer großen Erschwerung des Sprechens und Schluckens verbunden, alles Erscheinungen, die leicht verständlich sind. Zwischen der Membrana hyo-thyreoidea und der Hinterfläche des Zungenbeins liegt ein Schleimbeutel, der, wenn erweitert, eine Art von zystischem Tumor am Halse bilden kann.

Kehlkopf und Luftröhre (Abb. 48). Die Lage des Larynx hängt vom Alter des Individuums ab. Beim Erwachsenen reicht der Ringknorpel bis zum unteren Rande des sechsten Halswirbels, bei einem dreimonatlichen Kinde bis zum unteren Rande des vierten, und bei einem Kinde von sechs Jahren bis zum unteren Rande des fünften. In der Pubertät erreicht er die Lage wie beim Erwachsenen. Das obere Ende der Epiglottis liegt beim Erwachsenen gegenüber dem unteren Rande des dritten Halswirbels. Vermittelst des Laryngoskops kann man folgende Teile erkennen: Den Zungengrund und die Plicae epiglotticae laterales, die obere Larynxapertur mit der Epiglottis vorne, die Plicae ary-epiglotticae zu beiden Seiten (in ihnen finden sich zwei rundliche Schleimhauterhabenheiten, die Tubercula cuneiforme und corniculatum, welche den Santorinschen und Wrisbergschen Knorpeln entsprechen) und die Incisura interarythaenoidea hinten. In der Tiefe erblickt man die wahren und falschen Stimmbänder (Plicae vocales und ventriculares), die Vorderfläche des Kehlkopfes, einen Teil des Ringknorpels und etwas von der Vorderfläche der Trachea. Ist die Stimmritze weit offen, so kann man ganz in der Tiefe die Öffnungen der beiden Bronchi erkennen.

Der Schild- und Ringknorpel sowie der größere Teil der Gießbeckenknorpel sind hyalin wie die Rippenknorpel und neigen wie die letzteren im Alter zur Verknöcherung. Die Verknöcherung beginnt im Ring- und Schildknorpel etwa im 20. Lebensjahr und in jedem dieser Knochen in der Nachbarschaft der Articulatio crico-thyreoidea; der Arytaenoidknorpel verknöchert erst später. Die Verknöcherung ist bei Männern ausgesprochener als bei Frauen. Die größeren Knorpel können leicht durch Gewalteinwirkung, wie Schläge, Erdroßlungsversuche etc. gebrochen werden. Der Schildknorpel frakturiert am häufigsten und zwar für gewöhnlich in der Mittellinie. Der hintere obere Winkel des Schildknorpels bezeichnet die Lage des Sinus piriformis, einer weiten Bucht oberhalb und an der Außenseite der ary-epiglottischen Falten. Fremdkörper können sich in diesem Hohlraume verfangen.

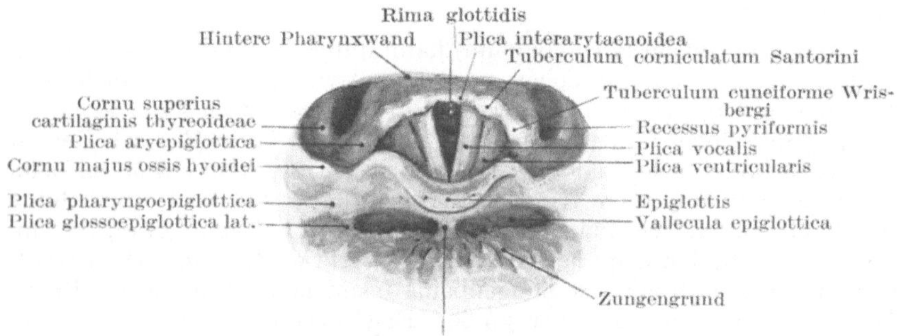

Abb. 48. Kehlkopfspiegelbild. (Nach Merkel.)

Die **Stimmritze** (Rima glottidis) ist die Öffnung zwischen den wahren Stimmbändern und den Processus vocales der Aryknorpel, an welcher die Stimmbänder hinten befestigt sind. Die Stimmbänder sind doppelt so lang wie diese Processus und von grauweißer Farbe (wegen des elastischen Gewebes, aus dem sie hauptsächlich bestehen und das durch das Epithel hindurchschimmert). Die Rima ist der engste Teil des Larynxinnern, dessen Ausmaße man genau kennen muß, einmal hinsichtlich des Einführens von Instrumenten, andererseits auch wegen des Eindringens eventueller Fremdkörper. Beim Erwachsenen männlichen Geschlechts mißt die Stimmritze von vorn nach hinten 23 mm, von Seite zu Seite an der Stelle der größten Entfernung ein Drittel der Länge; dieser Durchmesser kann bei maximaler Erweiterung zur Hälfte der Länge anwachsen. Beim weiblichen Geschlechte, sowie beim männlichen vor der Pubertät beträgt der antero-posteriore Durchmesser 17 mm. Während der Inspiration wird die Stimmritze durch die Tätigkeit des Musculus crico-arytaenoideus posterior weit geöffnet, während die Stimmbänder unter dem Einflusse des Musculus cricoarytaenoideus lateralis sich einander nähern.

Die **Schleimhaut** des Larynx schwankt in ihrer Dicke wie auch hinsichtlich der Menge des submukösen Gewebes an den verschiedenen Stellen sehr. Sie ist am dicksten und ihr submuköses Gewebe am reichlichsten in folgenden Abschnitten: Aryepiglottischen Falten, Schleimhaut der Ventrikel, falsche Stimmbänder und an der dem Larynx zugekehrten Fläche der Epiglottis. Diese Teile schwellen bei einer akuten

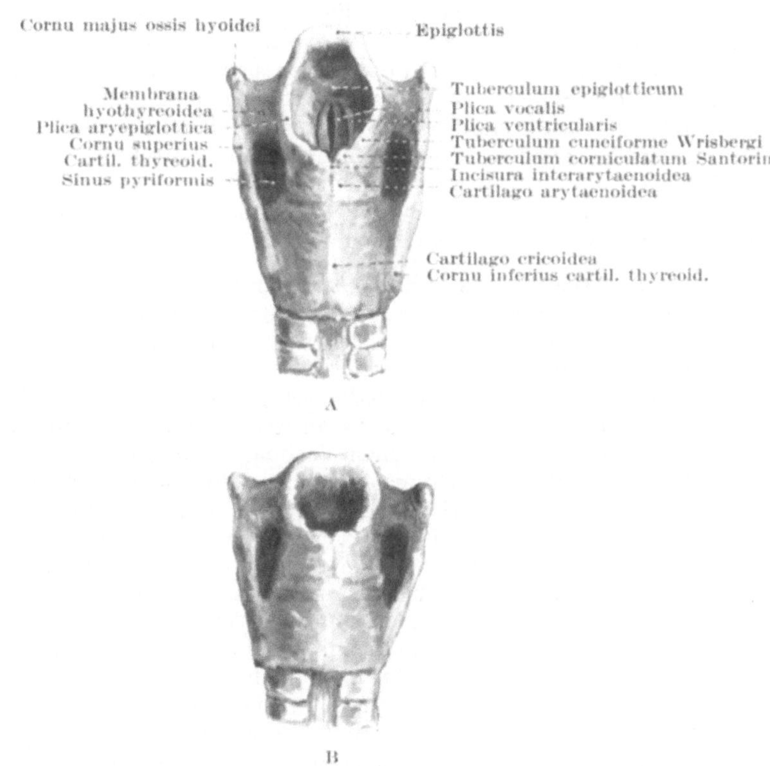

Abb. 49. Oberer Kehlkopfeingang von hinten gesehen. A im offenen Zustand, B im geschlossenen Zustand.

Laryngitis besonders stark an, wie ja auch das bedrohliche Glottisödem hauptsächlich durch einen serösen Erguß in das lockere submuköse Gewebe der ary-epiglottischen Falten bedingt ist. Diese lockere Schleimhaut der Falten gestattet auch eine ausgiebige Bewegung der Aryknorpel und einen vollständigen Verschluß der oberen Larynxapertur (s. Abb. 49 B). Die Schleimhaut der wahren Stimmbänder ist fest mit der Unterlage verwachsen und mit Plattenepithel überzogen, während die übrige Larynxschleimhaut wie die Trachea von Flimmerepithel ausgekleidet ist. Auf

Grund der Beschaffenheit des Epithels sowie ihrer exponierten Lage
sind die Stimmbänder häufig der Sitz nicht destruierender und auch
destruierender Epitheliome. Die chronische sekundäre Laryngitis, wie
sie unter anderem als die „Heiserkeit des Predigers" bekannt ist, hat eine
interessante anatomische Grundlage. Die Larynxschleimhaut ist reichlich mit Schleimdrüsen versehen, die den Zweck haben, die beim Sprechakt beteiligten Abschnitte feucht zu erhalten. Bei langem und lautem
Sprechen trocknet die Schleimhaut allmählich aus und zwar vor allem
wegen der reichlichen Menge kalter Luft, welche unmittelbar durch
den Mund eingesogen wird. Um diese Teile feucht zu erhalten, müssen
diese Schleimdrüsen erheblich mehr leisten, sie überarbeiten sich gewissermaßen mit der Zeit und entzünden sich, wodurch diese Heiserkeit
entsteht. Die Schleimdrüsen sind nicht gleichmäßig über alle Larynx-
abschnitte verteilt, sind jedoch in der Schleimhaut der Aryknorpel
sehr zahlreich, ebenso in deren nächster Nachbarschaft, der Basis der
Epiglottis und dem Inneren der Ventrikel. In diesen Teilen finden sich
also bei der chronischen Laryngitis glandularis oder „Dysphonia cleri-
corum" die ausgesprochensten Veränderungen.

Die Exstirpation des Kehlkopfs. Der ganze Kehlkopf wird unter
Umständen bei Karzinom oder Sarkom entfernt; wenn auch diese Operation als solche kein lebensgefährlicher Eingriff mehr ist, so sind doch
die Dauerresultate noch nicht sehr befriedigend. Die Entfernung des
Larynx geschieht von einem Medianschnitt aus, wobei das Platysma,
die Faszie und die Vena jugularis anterior durchtrennt werden. Der
Kehlkopf wird alsdann aus seinen Verbindungen gelöst und zwar sind
dieselben: Musculi sternothyreoideus, thyreohyoideus, stylopharyngeus,
palatopharyngeus, constrictor pharyngis superior, Äste der Arteriae
thyreoidea superior und inferior, Nervi laryngeus superior und inferior,
Ligamenta hyoepiglotticum und glossoepiglotticum. Alsdann wird der
Kehlkopf von der Trachea abgetrennt und von unten nach oben von der
Unterlage lospräpariert. Bei der Trennung von der Speiseröhre und dem
Pharynx besteht die Gefahr, in die erstere ein „Knopfloch" zu schneiden.
Sonstige Geschwülste des Larynx wie auch Fremdkörper können durch
die sog. Thyreotomie entfernt werden: Die beiden Hälften des Schild-
knorpels (Laminae cartilagines thyreoideae) werden in der Mittellinie
durchtrennt und auseinander gezogen, wodurch das Innere des Kehlkopfs freigelegt wird. Bei Individuen, welche über 45 Jahre alt sind,
ist der Knorpel in der Mittellinie verknöchert und muß mit einer feinen
Säge durchtrennt werden. Man muß sich daran erinnern, daß die wahren
Stimmbänder zu beiden Seiten der Mittellinie an der Innenfläche des
Schildknorpels vorne angeheftet sind, während die falschen Stimmbänder
und der Stiel der Epiglottis (Petiolus epiglottidis) unmittelbar über denselben liegen.

Die Lymphgefäße der oberen Larynxhälfte verlaufen mit den oberen
Larynxgefäßen und ziehen zu den tiefliegenden oberen Halslymphknoten.
Ein kleiner Lymphknoten, der bei Larynxkarzinom die ersten Meta-
stasen enthält, liegt unter dem Zungenbeinhorn auf der Membrana hyo-

thyreoidea. Die Lymphgefäße der unteren Larynxhälfte begleiten die Vasa thyreoidea inferiora und ziehen zu den an der Seite der Luftröhre gelegenen Lymphknoten.

Tracheotomie und Laryngotomie. Die Luftröhre ist etwa 12 cm lang und an der weitesten Stelle 1,8 cm breit. Sie ist von lockerem Bindegewebe umgeben, welches dem Rohre einen hohen Grad von Beweglichkeit verleiht. Die Beweglichkeit der Trachea ist bei Kindern größer als bei Erwachsenen und trägt erheblich zu der Schwierigkeit des Luftröhrenschnitts an Kindern bei. Bei dieser Operation wird die Trachea in der Mittellinie eröffnet, indem man die zwei oder drei obersten Trachealringe oberhalb, unterhalb oder durch den Isthmus glandulae thyreoideae hindurch spaltet. Da die Luftröhre auf ihrem Wege nach abwärts immer weiter von der Oberfläche abliegt und mit immer wichtigeren Gebilden in Beziehung tritt, ist es verständlich, daß die Operation ceteris paribus um so leichter und einfacher ist, je höher oben sie ausgeführt wird. Die Länge der Luftröhre am Hals ist nicht so groß als es gewöhnlich den Anschein hat, da nach Holden nicht mehr als 7—8 von den 16—20 Trachealringen oberhalb des Sternums liegen. Die Entfernung des Ringknorpels von der Fossa jugularis ist sehr verschieden und hängt von der Länge des Halses, dem Alter des Individuums sowie der Haltung des Kopfes ab. Hat man bei gewöhnlicher aufrechter Kopfhaltung 5 cm der Trachea oberhalb des Sternums bloßgelegt, so kann man bei starkem Rückwärtsbeugen des Kopfes noch 2 cm mehr zu Gesicht bekommen. Nach Tillaux beträgt die durchschnittliche Entfernung von Ringknorpel und Brustbein beim Erwachsenen 7 cm, bei einem Kinde zwischen 3 und 5 Jahren 4 cm, bei einem solchen von 6—7 Jahren 5 cm und bei Kindern zwischen 8 und 10 Jahren 6 cm. Es ist klar, daß die Ausmaße der Trachea auf dem Querschnitt in den verschiedenen Lebensaltern nicht nur, sondern auch bei den einzelnen Individuen desselben Alters sehr verschieden sind. Dies führt zur Frage, wie groß der Durchmesser der Trachealkanülen sein soll. Guersant, der besonders sich mit der Frage beschäftigt hat, sagt, daß der Durchmesser zwischen 6 und 15 mm betragen soll. Die Kanülen mit einem Durchmesser von 12 bis 15 mm sind für Erwachsene, für Kinder unter 18 Monaten sollte der Kanülendurchmesser etwa 4 mm betragen.

Bei der **Tracheotomie** ist es unerläßlich, den Kopf soweit als möglich nach hinten überzubeugen und das Kinn genau in einer Linie mit der Fossa jugularis zu halten, so daß die Mittellinie des Halses genau innegehalten werden kann. Maximale Rückwärtsbeugung gibt nicht nur dem Operateur ein größeres Operationsfeld, sondern bringt auch die Luftröhre näher an die Oberfläche und macht sie durch das Strecken des Halses weniger beweglich.

Schneidet man in der Mittellinie des Halses vom unteren Rande des Ringknorpels bis zum oberen Brustbeinrande ein, so kommen folgende Teile unter das Messer: Unter der Haut liegen die Venae jugulares anteriores; für gewöhnlich verlaufen die Venen zu beiden Seiten in einer gewissen Entfernung von der Mittellinie und kommunizieren miteinander

nur durch den starken Arcus venosus juguli am oberen Rande des Sternums, in dem Spatium suprasternale der Fascia colli. Bisweilen finden
sich jedoch zahlreiche kommunizierenden Äste unmittelbar in dem Operationsfeld oder bilden die Venen gewissermaßen einen Plexus vor der
Luftröhre oder aber findet sich nur eine Vena mediana colli, die alsdann
in der Mittellinie verläuft. Dann folgt die Fascia colli, welche die Musculi sternohyoideus und sternothyreoideus einhüllt. Der Schlitz zwischen
den sich gegenüberliegenden Muskeln ist derart, daß die Trachea bloßgelegt werden kann, ohne Muskelfasern zu durchtrennen. Der Isthmus
glandulae thyreoideae kreuzt für gewöhnlich den zweiten, dritten und
vierten Trachealring. Oberhalb desselben findet sich manchmal eine
Anastomose der beiden oberen Schilddrüsenvenen (Vena communicans
superior). Auf dem Isthmus liegt ein Venenplexus, aus welchem die Venae
thyreoideae inferiores entspringen, während unter dem Isthmus diese
Venen vor der Trachea verlaufen, zusammen mit der (übrigens inkonstanten) Arteria thyreoidea ima aus der Arteria anonyma. Die Venae
thyreoideae inferiores können auch als einzelnes Gefäß vorhanden sein
und liegen dann als solches in der Mittellinie. Bei Kindern bis zum zweiten
Lebensalter erstreckt sich der Thymus vor der Trachea verschieden weit
nach oben. Ganz unten am Halse wird die Luftröhre von den Arteriae
anonyma und carotis communis sinistra, sowie von der Vena anonyma
sinistra gekreuzt und schließlich können auch inkonstante Äste der
Arteria thyreoidea superior über die oberen Trachealringe hinweg ziehen.

Die Gefahr der Verwundung des Isthmus der Schilddrüse ist stark
übertrieben worden. Ich habe dieses Gebilde bei der Tracheotomie
häufig ohne irgendwelchen Nachteil durchtrennt. Wie andere mediane
Raphes ist die Mitte des Schilddrüsenisthmus relativ gefäßarm und
es ist nicht möglich, eine Schilddrüsenhälfte von der gegenüberliegenden
Seite aus durch den Isthmus hindurch zu injizieren. Die Schwierigkeit der Tracheotomie bei Kindern ist bedingt durch die Kürze des
Halses, die Menge des subkutanen Fettes, die Tiefe, in welcher die Luftröhre liegt, ihre Kleinheit, ihre große Beweglichkeit sowie die Leichtigkeit, mit der sie auf Druck zusammenfällt. Dem in roher Weise eingeführten Finger bietet die Trachea nur geringen Widerstand. Ihre Beweglichkeit ist so groß, daß sie vom Assistenten mit dem Wundhaken
beiseite gezogen werden kann, während der Operateur den Ösophagus
eröffnet (Durham). Außerdem kreuzen beim Kinde die großen Gefäße
die Luftröhre höher oben als beim Erwachsenen, wie auch ein zu großer
Thymus bei der Operation hinderlich werden kann. In einem Falle
drückte bei einem tracheotomierten Kinde das Ende der Kanüle vorne
auf die Trachea, es entstand ein Dekubitalgeschwür, in welches die Arteria
anonyma durchbrach (British Medical Journal 1885). Verfehlt man beim
Einlegen der Kanüle die Öffnung in der Trachea, so kann die Kanüle
leicht in das lockere Bindegewebe unter der Fascia colli geraten, ohne
daß es bemerkt wird.

Bei der **Laryngotomie** werden die Luftwege zwischen unteren Schildknorpel- und oberem Ringknorpelrande durch einen Querschnitt eröffnet.
Die Entfernung beider Knorpel voneinander beträgt bei großen männ

lichen Individuen nur $1^1/_4$ cm, während sie bei Kindern viel zu klein ist, um eine Kanüle einführen zu können. Die Arteria cricothyreoidea durchzieht diesen Raum und wird bei der Operation fast stets durchtrennt. Beide Arterien sind in der Regel sehr klein und stören weiter nicht. Gelegentlich jedoch sind sie ziemlich groß und es sind Fälle berichtet, in welchen ernste und selbst tödliche Blutungen aus diesem Gefäße erfolgt sind (Durham). Beim Versuche die Kanüle einzuführen, kann sie leicht zwischen das Ligamentum cricothyreoideum und die Larynxschleimhaut eindringen, ohne das Lumen der Trachea zu erreichen.

Fremdkörper finden häufig ihren Weg in die Luftwege; dieselben bestehen aus Speiseteilchen, Zähnen, Pillen, Knöpfen, kleinen Steinchen u. dgl. Sie werden in der Regel während des Atmens aspiriert und können in der oberen Larynxapertur, in der Stimmritze, in einem Ventrikel, in der Trachea oder in einem Bronchus stecken bleiben. Gelangt ein Fremdkörper in einen Bronchus, so ist es meistens der rechte, da dessen Öffnung der Mitte der Trachea näher liegt als die des linken. Einmal fand ich bei einer Obduktion zwei kleine Geldstückchen im rechten Bronchus nebeneinander liegend vor, die den ganzen Bronchus vollständig verschlossen hatten. Die Gefahr der Aspiration von Fremdkörpern ist nicht so sehr der mechanische Verschluß, den sie verursachen, als vielmehr der Stimmritzenkrampf, den sie durch reflektorischen Reiz bewirken. Trotzdem kann z. B. ein Fremdkörper eine Zeitlang ungestört in einem Kehlkopfventrikel liegen bleiben, wie z. B. in dem von Desault beschriebenen Falle, in welchem ein Kirschkern zwei Jahre an dieser Stelle lag, ohne seinem Träger große Unannehmlichkeiten zu bereiten. In einem Falle brach ein bronchialer Lymphknoten in die Trachea durch, ein Teil desselben wurde durch einen Hustenstoß in die Stimmritze geschleudert und blieb dort stecken. Nur eine schleunigst ausgeführte Tracheotomie rettete den Patienten.

Die Schilddrüse (Glandula thyreoidea). Jeder der beiden Drüsenlappen mißt der Länge nach 5, der Breite nach 3 und an der dicksten Stelle 2 cm. Werden diese Maße nach allen Seiten hin überschritten, dann ist die Schilddrüse vergrößert. Ihr Durchschnittsgewicht beträgt 30—60 g. Die Vorderfläche ist von den als Musculi infrahyoidei zusammenzufassenden Musculi omohyoideus, sternohyoideus, sternothyreoideus und thyreohyoideus bedeckt, die Innenfläche liegt dem Larynx und der Trachea an, während ihre Außen- oder Hinterfläche auf der Gefäßscheide der Karotis liegt. Ihr vorspringender hinterer Rand steht in seinen untersten Teilen mit dem Nervus recurrens laryngis und dem Ösophagus in Berührung. Jede Drüsenhälfte reicht von etwa der Mitte des Schildknorpel zum sechsten Trachealring. Die Drüse ist beim Weibe größer als beim Manne, der rechte Lappen für gewöhnlich größer als der linke. Damit im Zusammenhange sei erwähnt, daß die Vergrößerung der Schilddrüse (Kropf, Struma) bei Frauen häufiger ist als bei Männern und daß die Vergrößerung in der Regel zuerst auf der rechten Seite bemerkt wird. Da der Drüsenkörper fest mit dem Kehlkopf und der Luftröhre verwachsen ist, so bewegt er sich beim Schluckakte

auf- und abwärts, ein Umstand, der bei der Differentialdiagnose zwischen
Kropf und anderen Tumoren am Halse von der größten Bedeutung ist.
Ein starker Strang der Fascia colli heftet die Drüse zu beiden Seiten
an den Ringknorpel und muß durchtrennt werden, ehe die Drüse vollständig entfernt werden kann (Ligamentum suspensorium-Berry). Die
vergrößerte Schilddrüse kann die Luftröhre verkrümmen und verengen
und dies um so mehr, je rascher sie sich vergrößert, da dieselbe durch
die Musculi sternohyoidei, sternothyreoidei und omohyoidei gegen die
Unterlage angepreßt wird. Da die Hinter- und Außenseite, wie schon
erwähnt, zum Teil auf der Gefäßscheide der Karotis ruht, so können einer
vergrößerten Drüse leicht die Pulsationen dieses Gefäßes mitgeteilt
werden. Für gewöhnlich reicht sie auch bis zum untersten Larynx-
abschnitt hinauf und hinten bis zum Anfange der Speiseröhre, so daß
eine Vergrößerung nach diesen Richtungen hin im Zusammenhang mit

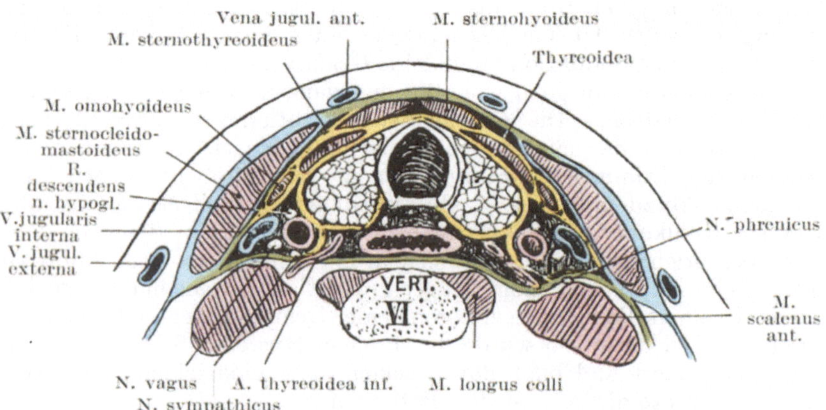

Abb. 50. Schematischer Querschnitt durch den VI. Halswirbel zur Darstellung
der Thyreoidea und deren Beziehungen. (Mod. nach Braune.)
Oberflächliches Blatt der tiefen Halsfaszie blau. Mittlere Halsfaszie gelb.
Tiefe Halsfaszie grün.

den Bewegungsstörungen des Larynx beim Schluckakte, die bei Kropf
oft zu beobachtenden Schlingbeschwerden verständlich macht.

Der Isthmus glandulae thyreoideae entwickelt sich aus dem Tuberculum impar, welches aus der ventralen Pharynxwand des Embryo
zwischen den Anlagen der Vorder- und Hinterzunge sich ausstülpt. Das
Foramen caecum der Zunge bezeichnet die Stelle, an welcher dieses
Tuberkulum sich ausstülpte. Von diesem Foramen aus kann der ur-
sprüngliche Ausführungsgang (Ductus thyreoglossus) noch bisweilen
offen bleiben und zu akzessorischen Drüsenmassen führen, welche am
Zungenbein liegen. In der Nachbarschaft dieses Knochens finden sich
nicht selten akzessorische Drüsen und kleine mit Epithel ausgekleidete
Zystchen. Diese Drüsen sowohl wie der häufig vom Isthmus ausgehende
Lobus pyramidalis entwickeln sich aus dem Tuberculum impar. Unterhalb des Zungenbeins teilt sich die mittlere Anlage; der Lobus pyrami-

dalis stellt demzufolge den Stiel der rechten oder linken Hälfte dar und liegt niemals in der Mittellinie (s. Abb. 52). Derselbe findet sich in 79% aller daraufhin untersuchter Individuen (Streckeisen) und ist fast stets durch einige als Musculus levator glandulae thyreoideae bezeichnete Muskelfasern mit dem Zungenbeine in Verbindung. Die seitlichen Schilddrüsenlappen entwickeln sich hauptsächlich aus der vierten Schlundtasche. Gelegentlich verschmilzt die unpaare mittlere Anlage nur mit einer der seitlichen; dann fehlt auf der anderen Seite der Isthmus teilweise. Kleine Glandulae thyreoideae accessoriae finden sich häufig.

Die **Epithelkörperchen** (Glandulae parathyreoideae) scheinen bei der Tätigkeit der Schilddrüse eine wichtige Rolle zu spielen. Sie haben die Größe von kleinen Erbsen und eine ähnliche Struktur wie das Mark der Nebenniere. Auf jeder Seite finden sich gewöhnlich zwei; eine hinter dem unteren Pole des seitlichen Schilddrüsenlappens und eine zweite hinter demselben zwischen den Endästchen der Arteria thyreoidea superior. Mit zunehmendem Alter werden sie kleiner und verschwinden im hohen Alter oft ganz (Forsyth).

Atrophie der Schilddrüse oder deren Funktionsausfall durch irgendwelche Erkrankung führt zum **Myxödem.** Dasselbe erinnert sehr an Kretinismus, namentlich wenn die Individuen die Träger von Kröpfen sind. Es entsteht ferner durch operative Entfernung der ganzen Schilddrüse und ist beim Affen experimentell in dieser Weise erzeugt worden. Ein ausgesprochenes Charakteristikum des Myxödems ist eine eigentümliche Schwellung des subkutanen Bindegewebes infolge der Aufspeicherung einer schleimähnlichen Substanz.

Vasomotorische Nervenfasern gehen durch den unteren Halssympathikus zur Schilddrüse und auf demselben Wege nach aufwärts zum Auge. Diese Nerven scheinen wahrscheinlich in der Medulla oblongata ein gemeinsames Zentrum zu besitzen, da unter Umständen die Vergrößerung der Schilddrüse mit einer Protrusion der Augäpfel verbunden ist. Die Lymphgefäße der Schilddrüse sind zahlreich und ziehen zu den tiefen Hals- und oberen mediastinalen Lymphknoten. Asher und Flack haben gezeigt, daß die innere Sekretion der Schilddrüse durch Reizung der Nervi laryngei gesteigert werden kann.

Die Arteria thyreoidea superior tritt an der Spitze des Seitenlappens an die Drüse heran, die Arteria thyreoidea inferior an der Hinterfläche des Seitenlappens in seinen untersten Abschnitten in sie ein. Bei der Freilegung dieses Gefäßes und der Ausschälung des untersten Drüsenabschnitts ist der Nervus laryngeus inferior sive recurrens in großer Gefahr verletzt zu werden. Die Arteria thyreoidea ima, eine inkonstante Schilddrüsenarterie, kommt für gewöhnlich aus der Arteria anonyma und findet sich bei jedem 10. Individuum.

Die **Speiseröhre** (Ösophagus) beginnt gegenüber dem sechsten Halswirbel und durchbohrt das Zwerchfell gegenüber dem 10. Brustwirbel. Am Rücken ist die Stelle durch den überhängenden Dornfortsatz des neunten Brustwirbels gekennzeichnet. Setzt man etwas links von diesem

Dornfortsatz das Stethoskop an, so kann man beim Trinken die Flüssigkeit in den Magen fließen hören. Die Speiseröhre hat drei Biegungen: eine geht von vorne nach hinten und entspricht der Wirbelsäulenkrümmung, die beiden anderen gehen von Seite zu Seite. In der Mittellinie beginnend biegt dieselbe an der unteren Halsgrenze etwas nach links aus; von hier zum fünften Brustwirbel kehrt sie allmählich zur Mittellinie zurück und wendet sich schließlich noch einmal nach links und gleichzeitig etwas nach vorwärts, um das Zwerchfell zu durchbohren. Ihre Länge beträgt 22/25 cm. Ferner finden sich an der Speiseröhre drei Verengerungen: Eine an ihrem Anfang (Ringknorpelenge), eine zweite 7 cm unterhalb dieser Stelle (Kreuzung mit dem linken Bronchus), eine dritte an der Durchtrittsstelle durch das Zwerchfell. Die Verengerungen am Anfange und am Ende des Schlauches erklären sich aus der zirkulären sphinkterähnlichen Anordnung der Muskulatur an diesen Stellen, welche außer beim Durchtritt von Speise geschlossen sind. Der Durchmesser an diesen beiden Stellen beträgt 14 mm, an den übrigen Stellen dagegen 17/21 mm. Bei forcierter Dehnung beträgt der Durchmesser der beiden oberen Engen 18/19 mm, der der unteren Enge 25 mm, der der übrigen Abschnitte der Speiseröhre ca. 35 mm. Daraus folgt, daß verschluckte Fremdkörper mit Vorliebe am Anfang oder am Ende des Rohrs stecken bleiben. An diesen Stellen finden sich auch beim Verschlucken korrodierender Substanzen die stärksten Ätzwirkungen.

Unter den Beziehungen der Speiseröhre zu Nachbarorganen sind folgende in chirurgischer Beziehung wichtig: In fast seinem ganzen Verlaufe liegt der Ösophagus der Wirbelsäule eng an; am Halse liegt die Trachea unmittelbar vor ihm. In der Brusthöhle liegt der linke Hauptbronchus, die linken bronchialen Lymphknoten, das Perikardium und das linke Herzohr vor ihm, während beide Nervi vagi auf ihm ein Geflecht bilden. Sind die linken bronchialen Lymphknoten vergrößert, so können sie die Speiseröhre komprimieren, mit ihrer Wand verwachsen oder selbst umschriebene Ulzerationen und Divertikel bilden. Der Ductus thoracicus verläuft hinter ihm und im oberen Teile des Brustkorbs links von ihm, während in der unteren Thoraxhälfte die Aorta zuerst links von ihm und allmählich hinter ihm zu liegen kommt. Außerdem steht er mit beiden Pleurae in Verbindung, mehr allerdings mit dem Pleuraüberzuge der rechten Seite und schließlich verläuft zwischen ihm und der Trachea der Nervus laryngeus inferior (recurrens) nach oben.

In der Speiseröhre festsitzende **Fremdkörper** führen leicht zu Ulzerationen, die in die Nachbarschaft durchbrechen können. So findet sich im Musée Dupuytren ein Präparat, an welchem in der Speiseröhre durch ein Fünffrankstück eine Ulzeration entstanden war, welche die Aorta eröffnet hatte. In einem anderen Falle hatte ein Falschmünzer ein gefälschtes Zweimarkstück verschluckt. 18 Monate nachher starb er an einer inneren Verblutung. Die Münze hatte ihren Weg ebenfalls durch die Wand der Speiseröhre in die Aorta gefunden. In einem weiteren Falle hatte eine in der Höhe des vierten Brustwirbels steckengebliebene Fischgräte zwei zum Schlusse perforierende Geschwüre verursacht; das eine an der rechten Seite führte zu einer Thrombose der Vena azygos, während das zweite an der linken Seite in die Aorta durchgebrochen war. Nicht so häufig brechen derart festsitzende Fremdkörper in die Trachea oder in das hintere Mediastinum durch. Ogle beschreibt einen Fall, in welchem ein in der Speiseröhre steckengebliebenes Knochenstückchen eine Ulzeration in einer Zwischenwirbelscheibe und daran anschließend eine Erkrankung des Rückenmarks verursacht hatte. Karzinom der Speiseröhre greift gerne auf die Nachbarschaft über und bricht vor allem nach der Trachea oder nach den Bronchien durch. Greift es auf die Pleura über, dann ist es in der Regel die rechte, da sie ihm näher liegt. Ja es kann die Schilddrüse, das Perikard und die Lungen befallen und hat schon die erste Interkostalarterie sowie die rechte Arteria subclavia angefressen.

Die sensiblen Nerven der Speiseröhre kommen aus dem fünften Dorsalsegmente des Rückenmarks (Head). In Fällen von Krebs oder Verätzungen der Speiseröhre findet sich der zu diesem Rückenmarkssegment gehörige Hautbezirk hyperästhetisch.

Mißbildungen der Speiseröhre. Beim Neugeborenen kann der obere Teil der Speiseröhre blind endigen, während der untere Teil durch eine Öffnung in oder nahe der Bifurkation der Trachea beginnt, so daß die eingeführte Milch den Magen nur auf dem Umwege über Larynx und Trachea erreichen kann. Der Tod erfolgt natürlich bald durch Erstickung oder Schluckpneumonie. Diese Verhältnisse entstehen durch die mangelhafte Entwicklung des zwischen Luft- und Speiseröhre liegenden Septums. Bisweilen finden sich an dem Speiseröhreneingang hernienartige Ausstülpungen der Schleimhaut; man nennt sie auch „Pharynxtaschen‘‘, die sich zwischen dem Musculus constrictor pharyngis inferior und dem Anfangsteile der Ösophagusmuskulatur gegenüber dem Ringknorpel vorwölben. Da ein solcher Sack gegen die Wirbelsäule gerichtet ist, so verengt er, wenn mit Nahrung erfüllt, den Speiseröhreneingang.

Die Eröffnung der Speiseröhre (Ösophagotomie) wird gemacht, um eingekeilte Fremdkörper zu entfernen. Für gewöhnlich wird der Schnitt an der linken Halsseite angelegt, da die Speiseröhre an dieser Seite der Oberfläche näher liegt. Der Schnitt verläuft zwischen Trachea und Kopfnicker in derselben Richtung wie zur Unterbindung der Arteria carotis communis; er reicht von der Höhe des oberen Schildknorpelrandes bis zum Klavikulargelenk. Der Musculus omo-hyoideus wird entweder nach außen gezogen oder durchtrennt. Die großen Halsgefäße, der Larynx und die Schilddrüse werden ebenfalls zur Seite geschoben, wobei einer Verletzung derselben oder der Schilddrüsengefäße sorgfältig vermieden werden muß, wie auch der Nervus recurrens laryngis sowie der Ductus thoracicus geschont werden müssen. Der so freigelegte Ösophagus wird durch einen Längsschnitt eröffnet.

Die großen Gefäße. Der Verlauf, die Beziehungen zur Umgebung, sowie die Anormalitäten der großen Halsgefäße mitsamt den zu ihrer Unterbindung angegebenen Methoden werden nicht nur in den chirurgischen Operationslehren, sondern auch in den Lehrbüchern der topographischen Anatomie so ausführlich beschrieben, daß auf diese verwiesen werden muß. Bei der Brasdorschen Operation eines Aneurysmas wird das Gefäß distal von dem Aneurysma unterbunden, wobei zwischen dem Aneurysmasacke und der Ligatur keine Äste bestehen bleiben dürfen. Die Heilung bei einem derartigen Eingriffe wird dadurch erzielt, daß der Blutstrom alsdann nicht mehr zu einem bestimmten Gewebsabschnitte geht, wenn der Blutbedarf sehr gering wird oder gleich Null ist. So sehen wir z. B., daß nach einer hohen Oberschenkelamputation die Arteria femoralis, da sie jetzt nicht mehr nötig hat, dem Stumpfe soviel Blut zuführen, wie früher, so sehr zusammenschrumpft, daß sie nicht dicker wie die Arteria radialis ist. Wenn z. B. ein Aneurysma der Arteria carotis communis nahe an deren Einmündung in die Arteria anonyma dadurch behandelt wird, daß dieses Gefäß oben an seiner Teilung in die beiden Karotiden nach der Brasdorschen Methode unterbunden wird, so wird das Blut, da es nun zwecklos ist, den Karotisstamm auszufüllen, sehr bald aufhören in das Gefäß zu fließen und die Folge davon wird sein, daß die Arterie und in erfolgreichen Fällen auch das Aneurysma mit ihr schrumpfen wird. Die rechte Arteria carotis sowie die Arteria subclavia sind mit teilweisem Erfolge beim Aortenaneurysma unterbunden worden, wenn auch in einem solchen Falle der Grund eines befriedigenden Resultats nicht recht einzusehen ist. Es wurde darauf aufmerksam gemacht, daß die Arteria anonyma mehr oder weniger in der Verlängerung der Aorta ascendens liegt, während die linke Arteria carotis sowie beide Arteriae subclaviae in einem Winkel zur Achse der Aorta abgehen, und dieser Umstand ist es gewesen, der den Gedanken nahe legte, die Gefäße der rechten Seite zu wählen (Barwell). Die Sache wird aber dadurch noch verwickelter, daß z. B. von den Aortenklappen abgerissene endokarditische Effloreszenzen ungleich häufiger in die linke Arteria carotis verschleppt werden, als in die rechte. Die ganzen Verhältnisse bedürfen einer gründlichen Prüfung.

Da das Bindegewebe am Halse sehr locker ist, so können Aneurysmen in dieser Gegend sehr rasch wachsen, sehr groß werden und sehr bald zu Druckerscheinungen Anlaß geben. Als Beispiele derartiger „Druckerscheinungen" seien erwähnt: Ödem und Zyanose des Gesichts und der oberen Extremitäten, entstanden durch Druck auf die großen Venen, Kehlkopfmuskellähmungen wegen des Drucks auf den Nervus recurrens laryngis, Zwerchfellkrämpfe wegen der Kompression des Nervus phrenicus, Schädigungen des Nervus sympathicus, Schwindelgefühl und Sehstörungen wegen der Gehirnanämie.

Die Arteria vertebralis ist bei Epilepsie mit zweifelhaftem Erfolg unterbunden worden. Sie ist von vasomotorischen Nervenfasern des unteren Halsganglion versorgt, die dabei ebenfalls durchtrennt werden. Die Arterie erreicht man durch einen Schnitt, der am hinteren Rande des Kopfnickers unmittelbar oberhalb des Schlüsselbeins angelegt wird. Man sucht alsdann das „Tuberculum caroticum" auf, senkrecht unter welchem in dem Spalt zwischen Musculus scalenus anticus und Musculus longus colli das Gefäß liegt. Die Operation ist mit beträchtlichen Schwierigkeiten verknüpft.

Luftembolie. Die Venen des Halses stehen unter dem Einflusse der Respirationsmuskeln. Sie kollabieren nicht, da sie an den sie umgebenden Faszien befestigt sind. Während der Inspiration entleeren sich diese Gefäße mehr oder weniger, bei der Exspiration füllen sie sich wieder und schwellen an. Bei stark behinderter Atmung können sie erstaunliche Dicke erreichen. Da der Äther fast stets die Atmung etwas erschwert, ist er bei Operationen am Halse nicht angezeigt. Die einzigen übrigen Venen, welche auch noch unter der Aspirationskraft des Thorax stehen, sind die Venae axillares mit ihren großen Ästen. Wird eine dieser Venen angeschnitten und ist die so entstandene Wunde auch nur für einen Augenblick unbedeckt, so wird während der Inspiration sofort Luft in das Gefäß angesaugt, genau so wie die Luft in die Trachea eingesogen wird. Durch das rechte Herz wird die Luft in die Lunge getrieben und bewirkt dort mehr oder weniger ausgedehnte Luftembolien. Bei der Beckenhochlagerung zwecks operativer Eingriffe bei der Entbindung, aber auch unter Umständen bei unkomplizierten Entbindungen kann in seltenen Fällen durch die Venae uterinae eine Luftembolie eintreten; noch seltener ferner bei der Eröffnung der venösen Sinusse der Dura mater. Tritt Luft oder ein anderes Gas in die Lungenvenen ein, so gelangt dasselbe in den großen Kreislauf und kann leicht eine tödliche Embolie der Gehirnarterien bedingen. Deshalb muß bei der Erzeugung eines künstlichen Pneumothorax mittelst Stickstoffeinblasung in den Pleuraraum nach Murphy, wie sie zur Heilung der Lungentuberkulose angewandt wird, größte Vorsicht walten.

Die Venenklappen am Halse. Die Venae subclaviae mit ihren Ästen enthalten reichlich Klappen, während die Vena jugularis nur ein paar Klappen aufweist, die an ihrer Einmündung in die Vena anonyma liegen. Die Venae anonymae selbst sowie die Vena cava superior enthalten keine Klappen. Ist der venöse Druck innerhalb des Brustkorbs sehr hoch, wie z. B. beim Heben schwerer Gewichte, so verhindern nur die Klappen der Venae jugulares communes die Fortleitung des Drucks bis zum Gehirn. Bei Unglücksfällen, die eine plötzliche Kompression des Thorax bedingen, kann Kopf und Hals noch tagelang nach dem Unfall hochgradig zyanotisch sein. Diese blaue Verfärbung entsteht wahrscheinlich dadurch, daß diese eben erwähnten Venenklappen nachgeben ev. bersten und so die Kapillaren des Kopfes und Halses unter einem viel größeren Druck setzen, als sie auszuhalten imstande sind.

Die Lymphknoten des Halses (Abb. 51). Sie sind sehr zahlreich und in folgenden Gruppen angeordnet: 1. Lymphoglandulae submaxillares 10—15 an der Zahl, am unteren Rande des Unterkiefers unter der Fascia colli gelegen; 2. Lymphoglandulae suprahyoideae, welche in der Regel zu zweien zwischen Kinn und Zungenbein nahe der Mittellinie liegen; 3. Lymphoglandulae parotideae, in der Ohrspeicheldrüse gelegen; 4. Lymphoglandulae auriculares anteriores, vor dem Ohre auf der Ohrspeicheldrüse liegend; 5. Lymphoglandulae auriculares posteriores hinter dem Ohre auf der Ansatzstelle des Kopfnickers liegend; 6. Lymphoglandulae occipitales, auf der Ansatzstelle des Musculus trapezius gelegen; 7. Lympho-

glandulae cervicales superiores, an der lateralen Fläche und dem hinteren
Rande des Kopfnickers unter dem Platysma gelegen; 8. Lymphoglandulae laryngeales, 1—3 an der Zahl, unterhalb des großen Zungenbeinhorns; 9. Lymphoglandulae cervicales profundae superiores, 10—20 an
der Zahl, über dem oberen Teile der Vena jugularis interna und der Bifurkation der Arteria carotis communis gelegen; 10. Lymphoglandulae

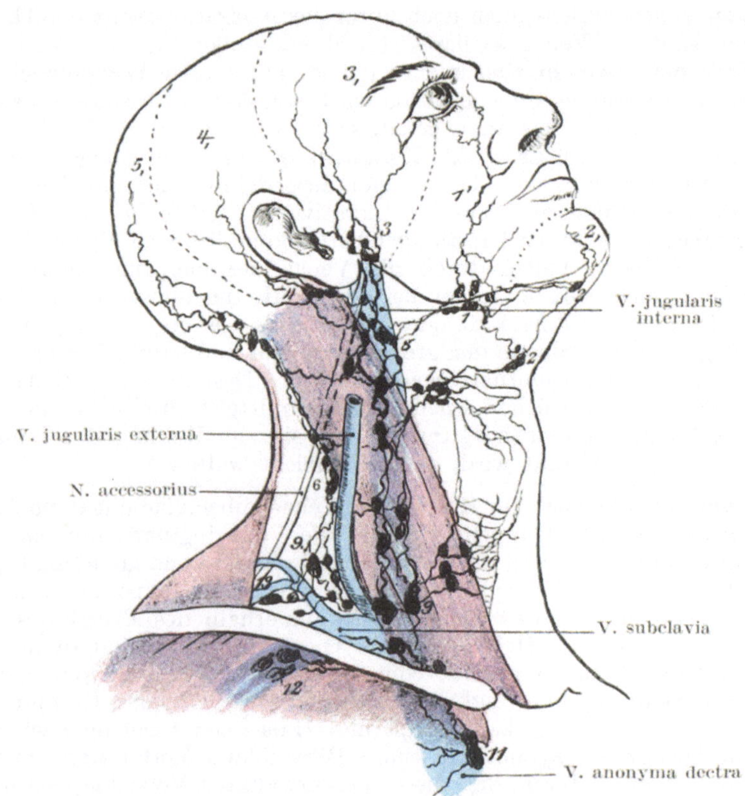

Abb. 51.   Lymphsystem am Kopf und Hals.

1 = Submaxillarlymphknoten.   2 = Submental- und Suprahyoidlymphknoten.
3 = Parotislymphknoten.   4 = Postaurikuläre Lymphknoten.   5 = Okzipitallymphknoten.   6 = Oberfl. Zervikallymphknoten.   7 = Laryngeallymphknoten.
8 = Obere tiefe Zervikallymphknoten.   9 = Untere tiefe Zervikallymphknoten.
10 = Thyreoidealymphknoten.   11 = Obere Mediastinallymphknoten.   12 =
Axillarlymphknoten.   13 = Supraklavikularlymphknoten.

cervicales profundae inferiores, in der Fossa supraclavicularis und längs
des unteren Abschnitts der Vena jugularis interna gelegen; letztere
gehen in die axillaren und mediastinalen Lymphknoten über.

Diese Lymphknoten sind sehr häufig vergrößert und entzündet,
wie auch dieser Teil des Lymphgefäßsystems bei den mit der Skrofulose

einhergehenden Veränderungen der Lymphknoten vornehmlich befallen ist. Die entzündlichen Vorgänge in den Lymphknoten scheinen so gut wie immer in diesen Fällen sekundärer Natur und durch krankhafte Störungen solcher Teile der Peripherie bedingt zu sein, aus denen sie ihre Lymphe erhalten. Deshalb ist es von Vorteil, die Beziehungen der einzelnen Lymphknotengruppen zu den mit ihnen durch Lymphbahnen zusammenhängende Bezirke zu kennen.

Kopfschwarte — Hinterer Teil — Lymphoglandulae occipitales et auriculares posteriores. Stirne und seitliche Teile — Lymphoglandulae parotideae. Die Lymphgefäße der Kopfschwarte gehen ferner noch zu den Lymphoglandulae cervicales superiores.

Die Haut des Gesichtes und Halses — Lymphoglandulae submaxillares, parotideae et cervicales superiores.

Äußeres Ohr — Lymphoglandulae cervicales superiores.

Unterlippe — Lymphoglandulae submaxillares et suprahyoideae.

Mundhöhle — Lymphoglandulae submaxillares et cervicales profundae superiores.

Zahnfleisch des Unterkiefers — Lymphoglandulae submaxillares.

Zunge — Vorderer Abschnitt — Lymphoglandulae submaxillares et suprahyoideae. Hinterer Abschnitt — Lymphoglandulae cervicales superiores profundae.

Mandeln und Gaumen — Lymphoglandulae cervicales superiores profundae.

Rachen — Oberer Abschnitt — Lymphoglandulae parotideae et retropharyngeales. Unterer Abschnitt — Lymphoglandulae cervicales superiores profundae.

Kehlkopf, Augenhöhle und Munddach — Lymphoglandulae cervicales superiores profundae.

Nasenhöhle — Lymphoglandulae retropharyngeales et cervicales superiores profundae. Einige Lymphgefäße der hinteren Nasenabschnitte gehen zu den Lymphoglandulae parotideae.

Bei der Exstirpation der tiefliegenden Halslymphknoten können eine Anzahl wichtiger Gebilde verletzt werden. Die Lymphknoten sind häufig fest mit der Vena jugularis communis verwachsen; die obersten derselben umgeben den Nervus accessorius; die oberflächlichen Nerven des Plexus cervicalis, i. e. Nervi occipitalis minor, auricularis magnus, cutaneus colli, supraclaviculares liegen zwischen den Lymphoglandulae cervicales inferiores profundae; der Ductus thoracicus ist schon bei der Exstirpation der Lymphknoten in der linken Fossa supraclavicularis verletzt worden.

Der Brustmilchgang (Ductus thoracicus) **am Halse.** 2,5 cm lateral vom linken sternalen Ende des Schlüsselbeins findet sich am oberen Ende des Knochens die Stelle, an welcher in der Tiefe die Vena jugularis communis sinistra und die Vena subclavia sinistra bei ihrer Einmündung in die Vena anonyma sinistra einen spitzen Winkel bilden. In diesem Winkel oder doch sehr nahe an ihm mündet der Ductus thoracicus

ein. Bei 40 daraufhin von Parsons und Sargent untersuchten Leichen
endete der Gang 35 mal am Ende der Vena jugularis communis, in ungefähr der Hälfte der Fälle teilt sich der Gang vor der Einmündung, sei
es in zwei oder drei, ja selbst vier kleine Gänge. Kurz vor seiner Einmündung in die Vena jugularis communis zieht der Gang nach auswärts
über dem Musculus scalenus anticus und den Nervus phrenicus und enthält in der Regel eine Klappe. Eine Unterbindung des Gangs schadet
für gewöhnlich nichts, da zwischen ihm und den Lymphbahnen der
rechten Seite sowie mit den Venae azygos und hemiazygos ausgedehnte

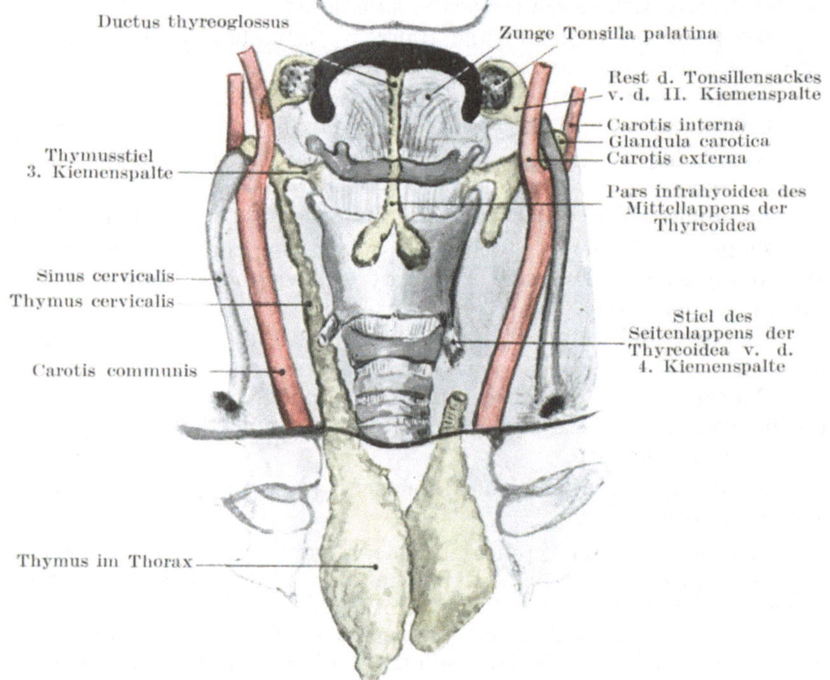

Abb. 52. Entwicklung von Thymus, Thyreoidea und Sinus cervicalis.

Anastomosen bestehen. Auf seinem Wege nach aufwärts zum Halse
liegt der Gang hinter der linken Arteria carotis communis und Arteria
subclavia der Pleura und Lunge dicht an. Auf der rechten Seite findet
sich an Stelle des Milchbrustgangs der Truncus lymphaticus dexter,
der die Lymphe aus der rechten oberen Körperhälfte aufnimmt und
entweder in den Angulus venosus dexter oder die Vena anonyma dextra
einmündet. Im Brustkorbe stehen die Wurzeln dieser beiden Hauptlymphgefäße des Körpers miteinander in ausgedehnter Kommunikation.

Hals- oder Kiemenfisteln. Am Halse finden sich bisweilen Fisteln,
die, wenn seitlich gelegen, als Reste von Kiemenspalten anzusehen sind.

Diese Spalten liegen beim Foetus zwischen den Kiemenbögen, die gewöhnlich in einer Anzahl von fünf vorhanden sind. Der erste Kiemenbogen ist der Grundstock für den Unterkiefer und den Hammer. Aus dem zweiten Bogen entwickelt sich der Processus styloideus, das Ligamentum stylohyoideum und das kleine Horn des Zungenbeins. Aus dem dritten bilden sich der Körper und das große Horn des Zungenbeins, während der vierte und fünfte Bogen bei der Bildung der Weichteile des Halses unter dem Zungenbein in Betracht kommen. Die erste Kiementasche findet sich zwischen erstem und zweitem Kiemenbogen. „Die Hals- oder Kiemenfisteln erscheinen als sehr enge Kanäle mit allerfeinsten Öffnungen an einer oder beiden Halsseiten, führen nach rückwärts und einwärts oder aufwärts gegen den Pharynx oder den Ösophagus zu" (Paget). Ihre Länge schwankt zwischen 4 und 6 cm, ihr Durchmesser von der Dicke einer Borste bis zu der einer dünnen Sonde. Die Mündung einer Halsfistel liegt für gewöhnlich gerade oberhalb des Sternoklavikulargelenks und bezeichnet die Mündung des Sinus cervicalis, einer Einstülpung oder Tasche, welche sich während der Entwicklung des Halses des Fötus bildet und die gemeinsame Ausmündung der viszeralen Spalte darstellt, in welcher sich die Mandel, der Thymus und die seitlichen Schilddrüsenlappen entwickeln. Die Fistel verläuft in der Richtung auf die Bifurkation der Karotis zu und kann dort entweder mit der „Glandula carotica" aus der dritten Kiementasche oder mit dem Recessus tonsillaris aus der zweiten Kiementasche in Verbindung stehen. Selten sind die Halsfisteln durchgehend, da gewöhnlich die nur äußere Öffnung erhalten ist, seltener öffnen sie sich in den Pharynx, Larynx oder die Trachea. Es ist leicht verständlich, daß sich aus solchen Gängen und Ausbuchtungen leicht sog. Halszysten bilden können. Gewisse Dermoidzysten des Halses, wie auch die als „Hygroma colli congenitum" bezeichneten vielkammerigen Zysten des Halses entstehen aus Resten dieser Kiementaschen. An der Ausmündung derartiger Fisteln oder an der für sie charakteristischen Stelle können sich kleine knorpelhaltige Hautläppchen finden. Man nennt sie überzählige Ohrmuscheln, da sie zu den Fisteln in derselben Beziehung stehen, wie das äußere Ohr zur ersten Kiemenspalte. Der Ventriculus laryngis kann sich, wie normaliter bei vielen Affen, in einen Sack fortsetzen, der durch die Membrana hyothyreoidea in die Weichteile hinein sich erstreckt und einen sog. „Kehlsack", die Laryngocele ventricularis Virchow, bildet.

II. Teil.

Der Brustkorb (Thorax).

10. Die Brust und ihr Inhalt.

Die Brustwand. Die zwei Brustseiten sind selten symmetrisch, da die Zirkumferenz der rechten Seite für gewöhnlich größer ist, eine Tatsache, die durch den ungleichen Gebrauch der oberen Extremitäten bedingt sein soll. Beim „Malum Potti" wird der Thorax durch die Vorwärtsbiegung der Wirbelsäule hochgradig deformiert. Der Tiefendurchmesser von vorne nach nach hinten ist größer, das Brustbein wölbt sich vor und kann ebenso wie die Wirbelsäule gekrümmt sein, die Rippen sind zusammengepreßt und der Körper kann so verkürzt sein, daß die unteren Rippen über die Cristae iliacae herabreichen.

Bei der „**Vogelbrust**" ist das Brustbein mit den an ihm ansetzenden Rippenknorpeln nach vorwärts ausgebogen, der Tiefendurchmesser des Brustkastens von vorne nach hinten vergrößert, während zu beiden Seiten der Mittellinie vorne eine tiefe Furche vorhanden ist, da die Rippen an ihrer Knochenknorpelgrenze stark eingesunken sind. Durch dieses Einsinken der Rippen entsteht erst die Vorwölbung des Brustbeins. Bei Kindern, vor allem wenn sie noch außerdem an Rachitis leiden, ist der Thorax sehr biegsam und elastisch; findet sich nun ein länger anhaltendes Inspirationshindernis, wie z. B. vergrößerte Mandeln u. dgl., so geben mit der Zeit die Brustwände dieser bei jeder Inspiration auf sie ausgeübten Saugwirkung nach. Die schwächste Stelle der Brustwand findet sich an der Knochenknorpelgrenze; hier gibt die Wand daher am meisten nach und dadurch entsteht mit der Zeit diese Deformität.

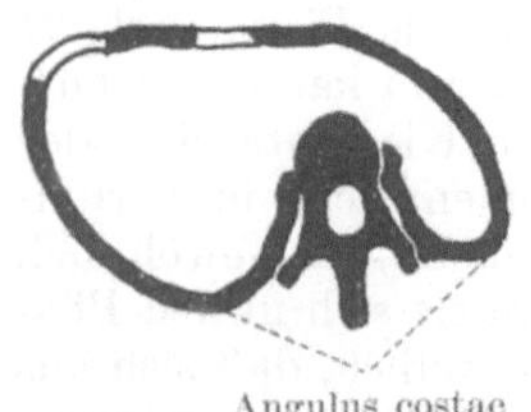

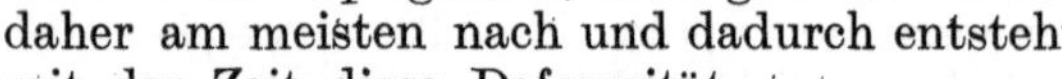

Abb. 53. Thoraxveränderung bei Skoliose.

Verkrümmungen der Brust sind die Folge von Verbiegungen des dorsalen Teils der Wirbelsäule. Die Rippen sind mittelst der Ligamenta costotransversaria anterius und posterius, tuberculorum costarum, sowie capitulorum costae radiat. fest mit der Wirbelsäule verbunden, so daß Veränderungen der Lagebeziehungen der einzelnen Wirbeln untereinander ebensolche Veränderungen der Rippen mit sich bringen. Findet sich daher eine **Kyphose** der Brustwirbelsäule, dann ist der obere Teil derselben nach vorne und abwärts umgebogen und verbiegt das Sternum und die oberen Rippen mit. Der sagittale Durchmesser ist hierbei vergrößert, der frontale verkleinert. Besteht eine seitliche Verkrümmung der Brustwirbelsäule, dann stehen die Rippen derjenigen Seite, nach welcher die Ausbuchtung liegt, eng aneinander, auf der entgegengesetzten Seite dagegen liegen sie weiter auseinander. Bei der Skoliosis der Wirbelsäule besteht neben der seitlichen Krümmung auch noch eine Drehung der einzelnen Wirbelkörper. Sie drehen sich der Konvexität der Krümmung zu, ihre Dornfortsätze gehen nach der Konkavität zu. Die Rippen der konkaven Seite sind auf den Processus transversi nach vorwärts geschoben und ihre Winkel weiter, während die hintere Brustwand dieser Seite sich abflacht. Auf der anderen konvexen Seite stehen die Anguli costarum ungebührlich weit vor, da die Rippen an ihrem Halsteile nach rückwärts gezogen und vorne nach einwärts gebogen sind. Der Querdurchmesser der Brust wird dadurch schräge. An der konkaven Seite sind die Zwischenrippenräume verengt, die Rippen können sich sogar berühren, während die Interkostalräume der konvexen Seite verbreitert sind. Die Brusteingeweide werden dabei natürlich ebenfalls in ihrer Lage und Form verändert.

Das Brustbein (Sternum). Der obere Brustbeinrand entspricht der Bandscheibe zwischen zweitem und dritten Brustwirbel, die Grenze zwischen Corpus sterni und Processus xiphoideus der Mitte des 10. Brustwirbelkörpers. Beim ausgetragenen Neugeborenen liegt die Incisura jugularis sterni gegenüber der Mitte des ersten Brustwirbels (Symington). Auf der Vorderfläche des Sternums kann man bisweilen die „Synchondrosis sternalis" in der Höhe des zweiten Rippenknorpels durchfühlen. Die Haut über dem Sternum ist ein häufiger Sitz von „Keloiden". Der Knochen bricht nicht leicht, da er weich und porös ist und von den elastischen Rippen mit ihren Knorpeln wie von einer Anzahl Federn gestützt wird. Im Alter dagegen, wenn die Knorpel verknöchert sind und der Thorax starr geworden ist, bricht das Brustbein leichter. Sehr häufig findet sich ein Bruch des Sternums in Verbindung mit einer Verletzung der Wirbelsäule, wenn es natürlich auch allein durch direkte Gewalt frakturieren kann. Bei gewaltsamem Rückwärtsbeugen, sowie bei plötzlichem Vorwärtsbeugen der Wirbelsäule kann es zu einem Bruche des Sternums kommen. Im ersteren Falle entsteht der Bruch wahrscheinlich durch Muskelzug, da die Bauchmuskeln und der Kopfnicker in entgegengesetzter Richtung ziehen; im letzteren Falle entsteht der Bruch durch das Aufstoßen des Kinns auf den Knochen. Eine Luxation kann in der Synchondrosis sternalis, d. h. also an der Grenze zwischen Manubrium und Corpus sterni, eintreten. Dabei bleibt der Griff des Brustbeins gewöhnlich an normaler Stelle, während der Körper mit den Rippen nach vorwärts disloziert wird. Eine beträchtliche Beweglichkeit dieses Gelenks findet sich, da es nur im hohen Alter verknöchert, bei den Atembewegungen. Es besitzt eine deutliche mit Synovia ausgekleidete Gelenkhöhle, die von starken fibrösen und fibrös-knorpligen Bändern umgeben ist. Malgaine erwähnt den Fall eines jungen Mannes, der sich durch das immerwährende Vorwärtsbeugen während seiner Arbeit als Uhrmacher eine Luxation des Corpus sterni nach hinten unter das Manubrium zuzog.

Wegen seiner exponierten Lage und seiner wabigen Struktur ist das Brustbein für eine Anzahl von Erkrankungen disponiert, unter anderem für Tuberkulose und Lues. Außerdem ist der Knochen so weich daß er schon bei Mordversuchen mit dem Messer durchstoßen wurde. Die Form und Lage des Knochens kann durch lang anhaltenden Druck stark verändert werden; derartige Veränderungen kann man bisweilen bei Variétékünstlern sehen, die bei ihrer Arbeit mit irgendwelchen Apparaten oder Instrumenten diese gegen ihre Brust anzustemmen gewohnt sind. Nicht selten finden sich in der Mitte des Sternums Löcher, durch welche mediastinale Abszesse nach außen durchbrechen können, wie auch andererseits Abszesse der Oberfläche durch sie in den Thorax eindringen können. Diese Löcher und Spalten entstehen durch unvollständiges Verschmelzen der beiden getrennt angelegten Brustbeinhälften. In dem von E. Groux publizierten Falle war das Sternum in zwei Hälften geteilt. Der Spalt konnte durch Muskelaktion erweitert und so das Herz, nur von Weichteilen bedeckt, bloßgelegt werden. Bei einem mediastinalen Abszesse kann man, ebenso wie zur Parazentese eines Herzbeutelergusses, das Brustbein trepanieren. Auch wurde vorgeschlagen, die Arteria anonyma durch eine Trepanationsöffnung im oberen Teile des Knochens zu unterbinden.

Die **Rippen** (Costae) verlaufen so schräg, daß das vordere Ende einer Rippe auf gleicher Höhe mit dem hinteren Rande einer anderen Rippe liegt, die der Zahl nach eine gute Strecke unterhalb der ersteren liegt. So entspricht die zweite Rippe vorne der fünften Rippe hinten, die siebente vorne der zehnten hinten usw. Zieht man bei dem Thorax anliegenden Armen in der Höhe des Angulus scapulae inferior eine horizontale Linie um den Körper, so schneidet diese Linie das Sternum in der Linea mediana anterior an der Insertion des letzten Rippenknorpels, die fünfte Rippe in der Linea mamillaris, die neunte Rippe an der Wirbelsäule. Die zweite Rippe erkennt man an der schon erwähnten Synchondrosis sternalis. Der untere Rand des Musculus pectoralis maior zieht zur fünften Rippe, während die erste sichtbare Zacke des Musculus serratus anterior der sechsten Rippe entspricht. Die siebente Rippe ist die längste, die erste die kürzeste. Die am schrägsten gestellte Rippe ist die neunte.

Die Rippen sind elastisch, stark gekrümmt und leisten wegen der zahlreichen Ligamente, mittelst derer sie hinten an der Wirbelsäule und vorne an den nachgiebigen Knorpeln befestigt sind, auf sie einwirkenden Gewalten ähnlich einer Spange erheblichen Widerstand. Eine Rippe kann durch eine indirekte Gewalt brechen, wie z. B. durch Überfahrenwerden bei Rückenlage. In einem solchen Falle hat die einwirkende Kraft das Bestreben, die beiden Rippenenden einander zu nähern, d. h. die Krümmung zu verstärken. Bricht eine so belastete Rippe, so geschieht das auf der Höhe der Krümmung, i. e. etwa in der Mitte des Knochens. Die Knochenfragmente stehen nach auswärts; die Pleura ist nicht in Gefahr verletzt zu werden. Anders bei Brüchen, die durch direkte Gewalteinwirkung entstehen. Die Rippe bricht an der Stelle der einwirkenden Gewalt, die Krümmung der Rippe wird eher vermindert, als vermehrt, die Bruchenden können leicht die Pleura verletzen.

Die sechste, siebente und achte Rippe werden wegen ihrer exponierten Lage am häufigsten gebrochen, die erste Rippe am seltensten, da sie durch das Schlüsselbein geschützt ist. Bei älteren an Tuberkulose verstorbenen Individuen findet sich der erste Rippenknorpel häufig verkalkt und gelegentlich auch gebrochen. Rippenbrüche sind bei älteren Leuten wegen der verknöcherten Knorpel häufiger als bei Kindern. Bricht eine Rippe, so entsteht in der Regel keine Verkürzung, da der Knochen außen und innen fixiert ist, während eine senkrechte Verschiebung durch die Ansätze der Interkostalmuskeln vereitelt wird. Daher entstehen keine größeren, äußerlich zu erkennenden Veränderungen der Kontur der Rippen, es sei denn, daß gleich eine ganze Reihe von

Rippen brechen. Solche gleichzeitige Brüche mehrerer Rippen sind schon durch heftige Muskelkontraktionen, wie z. B. während des Hustens oder durch die heftige Anstrengung während der Austreibungsperiode unter der Niederkunft entstanden. In solchen Fällen scheinen aber die Rippen durch Atrophie oder eine Erkrankung geschwächt zu sein.

Bei der **Rachitis** finden sich an der Knochenknorpelgrenze der Rippen Veränderungen in Gestalt von rundlichen Erhabenheiten, welche bei doppelseitiger Affektion zu der Bezeichnung „rachitischer Rosenkranz" geführt haben.

Die **Zwischenrippenräume** (Spatia intercostalia) sind vorne weiter als hinten, oben weiter als unten. Der weiteste ist der dritte, dann folgt der zweite und erste. Die siebenten bis zehnten Interkostalräume sind vor den Rippenwinkeln sehr eng. Die ersten fünf Zwischenrippenräume sind weit genug, um die ganze Dicke des Zeigefingers aufnehmen zu können. Bei der Inspiration werden die Räume weiter, bei der Exspiration enger; sie können noch vergrößert werden, indem man den Körper nach der entgegengesetzten Seite hinüberbeugt.

Die Punktion der Pleurahöhle wird gewöhnlich im sechsten oder siebenten Interkostalraum in der Mitte zwischen Sternum und Wirbelsäule oder in der Mitte zwischen vorderer und hinterer Axillarlinie ausgeführt. Der siebente Interkostalraum kann leicht an dem Angulus scapulae inferior erkannt werden, da dieser bei herabhängenden Armen diesen Interkostalraum noch etwas bedeckt. Wählt man einen tieferen Zwischenrippenraum, so besteht, namentlich auf der rechten Seite, die Gefahr, das Zwerchfell zu verletzen. Will man im achten oder neunten Interkostalraum eingehen, so wählt man eine Stelle etwas lateral von der Linea scapularis. Man führt den Troakar während der Inspiration ein, wobei der Raum bekanntlich weiter wird und zwar möglichst am oberen Rande der nächst unteren Rippe, um die Interkostalgefäße nicht zu verletzen. Hinter der Linea scapularis die Brusthöhle an irgend einer Stelle zu punktieren, ist nicht ratsam, da einmal die hinteren Thoraxabschnitte von dicken Muskellagen bedeckt sind und ferner die Interkostalgefäße hier einen mehr horizontalen Verlauf nehmen, deshalb von den Rippen etwas entfernt liegen und den Interkostalraum quer durchziehen. Vor der Linea scapularis verlaufen die Interkostalgefäße in einer Furche am unteren Rande der Rippe (Sulcus costae), welche die obere Begrenzung des betreffenden Interkostalraums bildet. Die Vena intercostalis liegt dicht oberhalb, der Nervus intercostalis dicht unterhalb der Arterie. In den oberen vier oder fünf Interkostalräumen liegt der Nerv allerdings zuerst höher als die Arterie. Die Punktion der Pleurahöhle führt gelegentlich zur Synkope oder selbst zum Tode. Es ist sehr schwer, einen solchen Ausgang zu erklären; es kann sich um einen reflektorischen Herzstillstand handeln, der während der Durchstechung der Pleura parietalis entsteht, da sie in ausgiebiger Weise von Ästen der Interkostalnerven versorgt wird, vielleicht auch um Verletzungen der Lunge, die vom Nervus vagus innerviert wird.

Eiter kann leicht in dem lockeren Gewebe zwischen den beiden Schichten der Interkostalmuskeln weiterkriechen. So kann bei Erkrankungen der Wirbelkörper oder der hinteren Rippenabschnitte der sich ansammelnde Eiter in den Interkostalräumen bis zum Sternum gelangen und so weit weg von dem tatsächlichen Sitze der Erkrankung zum Vorschein kommen.

Rippenresektion. Um einen genügend breiten Zugang zur Pleurahöhle zu erhalten, wird ein Stück einer oder mehrerer Rippen entfernt.

In Fällen von lange bestehendem Empyem, dessen Höhle sich nach der Rippenresektion nicht schließen will, kann man alle die Teile des knöchernen Thorax entfernen, welche der äußeren Grenze der Knochenhöhle entsprechen, um dadurch einen Kollaps der Höhle und ihr allmähliches Schließen zu bewirken. Diese letztere Maßnahme ist unter dem Namen der Estländerschen Operation oder Thorakoplastik bekannt. So muß man unter Umständen bis zu neun Rippen entfernen und die ganze Länge der so entfernten Knochen kann 120—150 cm betragen.

Um ein Stück einer Rippe zu resezieren, wird das Periost rings um den Knochen mittelst des Raspatoriums losgelöst und der Knochen extraperiostal durchtrennt. Auf diese Weise bleiben die Interkostalgefäße unverletzt und können, wenn nachträglich doch durchtrennt, bequem gefaßt und unterbunden werden, da die Rippe nicht mehr im Wege steht.

Die **Arteria mammaria interna** verläuft parallel mit und etwa $1^{1}/_{4}$ cm vom Brustbeinrande entfernt. Eine Verletzung derselben kann zu einer rasch tödlich verlaufenden Blutung Anlaß geben. Sie kann in den ersten drei Interkostalräumen gut, im vierten oder fünften schwerer unterbunden werden; am leichtesten erreicht man sie im zweiten Interkostalraume, unterhalb des fünften kann sie überhaupt nicht mehr zugänglich gemacht werden.

Die **weibliche Brust** (Mamma) reicht von der zweiten bis zur sechsten Rippe und vom Rande des Sternums zur Linea axillaris media (Stiles). In Fällen von Milchstauung kann man die 12—15 einzelnen unregelmäßigen Lappen (Lobi), welche den Drüsenkörper bilden, von der Brustwarze aus (Papilla) strahlenförmig nach außen ziehend durch die Haut hindurchfühlen. Die Ausführungsgänge (Ductus lactiferi), welche der Zahl der Drüsenlappen entsprechen, münden an der Spitze der Warze und haben kurz vor der Ausmündung eine ampullenartige Erweiterung, Sinus lactiferus genannt. Fortsätze der einzelnen Lappen vereinigen sich mit den angrenzenden Lappen und umschließen so innerhalb des Drüsenkörpers mit Bindegewebe und reichlich Fett ausgefüllte Räume. Nach der Menopause wird der größte Teil der Drüsensubstanz, ebenso wie bei der Untätigkeit der Drüse durch Fett ersetzt. Neben dem eigentlichen Drüsenkörper finden sich in der Peripherie zahlreiche in das umliegende Bindegewebe sich erstreckende Drüsenfortsätze.

Wenngleich der größte Teil der Brustdrüse auf dem Musculus pectoralis maior liegt, so reicht doch fast ein Drittel derselben über den lateralen Rand des Muskels hinaus und liegt auf dem Musculus serratus anterior in der Achselhöhle. Auch bedeckt die Drüse die Ursprünge der Musculi obliquus abdominis externus und rectus abdominis. Bei

Entzündungen der Brust ist es wichtig, durch Festbinden des betreffenden Armes an die Seite den großen Brustmuskel ruhig zu stellen. Einzelne der peripheren Drüsenfortsätze und zahlreiche tiefe Lymphgefäße durchdringen die Fascia pectoralis, daher muß dieselbe mit einem Teile oder auch dem ganzen Pektoralmuskel entfernt werden, will man bei Brustkrebs eine radikale Operation ausführen.

In dem weitmaschigen retromammären Gewebe, welches die Brustdrüse nur locker mit der Pektoralfaszie verbindet, findet sich bisweilen eine zystisch erweiterte Bursa, ferner entwickeln sich in demselben nicht selten Abszesse.

Die Brustwarze liegt beim Manne und bei jugendlichen weiblichen Individuen im vierten Interkostalraum, ungefähr 2 cm von der Knorpelknochengrenze der vierten und fünften Rippe entfernt; nach der Laktation sowie bei reicher Fettentwicklung entsteht die Hängebrust, wonach die Brustwarze keinen Anhaltspunkt für die Interkostalräume mehr bildet. Die Brustwarze enthält eine reichliche Menge von glatten Muskelfasern und ist in ausgiebiger Weise von Hautästen der dritten und vierten Spinalnerven versorgt. Der Warzenhof (Areola mammae) ist pigmentiert, seine Haut dünn und sehr empfindlich sowie häufig der Sitz von schmerzhaften Fissuren und Exkoriationen. Bei schmerzhaften Erkrankungen der Brust finden sich hyperästhetische Hautbezirke über dem vierten und fünften Spinalsegment (Head).

Die Milchdrüse entwickelt sich an der schon im zweiten Foetalmonat angelegten sog. Milchleiste aus einer linsenförmigen Verdickung derselben, der sog. Epithelknospe. Dieselbe wächst im sechsten Foetalmonat in die Tiefe und treibt innerhalb des Unterhautzellgewebes nach allen Seiten hin Sprossen. Die fibröse Kapsel der Mamma bildet die oberflächliche Hautfaszie.

Das Karzinom breitet sich in seinen Anfangsstadien wenigstens im allgemeinen auf dem Lymphwege aus und gerade die so überaus häufigen Brustkrebse setzen zwecks radikaler Entfernung des erkrankten Gewebes eine genaue Kenntnis der **Lymphbahnen** voraus.

Das Lymphgefäßsystem ist in folgenden Zügen angeordnet:
1. Perilobulär, d. h. um die Lobi und Lobuli der Mamma herum;
2. periduktal, d. h. um die Ductus lactiferi herum;
3. interlobulär, d. h. in den interlobulären Bindegewebssepten verlaufend und
4. mit den retromammären einerseits und
5. mit den oberflächlichen in der Kapsel verlaufenden Lymphbahnen andererseits sich vereinigend.

Dringt das Karzinom in die interlobulären Septen ein, so schrumpfen diese und ziehen durch ihre Verbindung mit der Haut diese in die Tiefe; werden die periduktalen Lymphbahnen befallen, dann wird die Warze eingezogen. Das Lymphgefäßsystem der Mamma steht mit dem Lymphgefäßsystem der darüberliegenden Haut in ausgedehntester Kommunikation. Dringt das Karzinom in das letztgenannte Lymphgefäßsystem ein, so entsteht das Bild des **Cancer en cuirasse.** Durch die Anastomosen

mit den Lymphbahnen der Faszie und des Musculus pectoralis maior
greift der Krebs auf diese Strukturen über; dadurch verwächst die Brustdrüse fest mit ihrer Unterlage. Die Mehrzahl der Lymphgefäße zieht
zu den Lymphoglandulae pectorales, die in einer Anzahl von sechs bis
acht am vorderen Rande der Axilla liegen, ferner zu den Lymphoglandulae axillares, welche in einer Anzahl von 12 bis 15 unter den Haaren
der Achselhöhle (Hirci) sowie an der Innenseite der Vena axillaris sich
vorfinden. Aus diesen beiden Gruppen ziehen die Lymphgefäße zu
den tiefen Achselhöhlenlymphknoten, die vor und an der Innenseite
der Achselhöhlengefäße liegen. Die tiefen axillaren Lymphknoten stehen
mit den unteren tiefliegenden Halslymphknoten in Verbindung. Wenn
auch dies der häufigste Weg ist, auf welchem sich der Krebs ausbreitet,
so ziehen doch auch Lymphgefäße des medialen Brustdrüsenabschnitts
zu den Lymphoglandulae intercostales der vier oberen Interkostalräume
und zu den Lymphoglandulae sternales längs der Vasa mammaria interna, während außerdem gelegentlich einige Lymphbahnen in einen
in der Spalte zwischen dem Musculus pectoralis maior und deltoideus
gelegenen Lymphknoten einmünden. Handley fand eine ausgesprochene
Neigung des Brustkrebses auf dem Lymphwege abwärts in die Regio
epigastrica fortzukriechen. Hier durchbohren die Lymphgefäße die
Bauchwand um in die ober- und unterhalb des Zwerchfells gelegenen
Lymphgefäße einzumünden; wahrscheinlich ist das der Weg, auf welchem
die bei Mammakarzinom so häufigen Lebermetastasen entstehen. Werden
die zunächst gelegenen Lymphbahnen durch Karzinommassen verstopft
und undurchgängig, dann sucht sich die Lymphe andere Wege. So
können alsdann die Lymphoglandulae subscapulares am hinteren Rande
der Achselhöhle befallen werden, durch die Lymphgefäße des Arms,
die in den tiefen axillaren Lymphknoten enden, können die um die Schultern herum gelegenen Gebilde erkranken, während durch die Verbindung
des Lymphgefäßsystems der einen Brust mit dem der anderen über
das Sternum hinüber in der zweiten Brust und in den zu ihr gehörigen
Lymphknoten Karzinommetastasen sich entwickeln können. Die Nervi
intercostobrachiales (Anastomosen zwischen dem Nervus cutaneus brachii
medialis und den zweiten und dritten Interkostalnerven) durchziehen
die tiefen Achselhöhlenlymphknoten. Sie werden bei karzinomatöser
Infiltration dieser Lymphknoten komprimiert und man findet in solchen
Fällen oberhalb des Ellbogens an der lateralen Seite des Oberarms
eine hyperästhetische Hautzone. Teile des Plexus brachialis können
befallen sowie die Vena axillaris verlegt werden, so daß der Arm ödematös wird und stark anschwillt.

Die folgenden Arterien versorgen die Brustdrüse und müssen bei
der Amputatio mammae durchtrennt und unterbunden werden: 1. Rami
mammarii externi aus der Arteria thoracalis lateralis, 2. Rami mammarii
laterales und mediales aus den Arteriae intercostales, 3. Rami mammarii der Arteria mammaria interna.

Überzählige Brustwarzen und Brustdrüsen sind nicht so selten.
Sie finden sich gewöhnlich auf einer Linie, die man sich von der Achselhöhle zur Leistenbeuge gezogen denkt (Milchleiste). Für das bisweilen

zu beobachtende Vorkommen von überzähligen Brüsten am Gesäß oder
am Rücken kann uns die Embryologie keine Erklärung geben.

Der Inhalt des Brustraumes.

Die Lungen (Pulmones). Die Lungenspitze (Apex pulmonis) reicht
am Halse 2,5/4,0 cm über die innere Hälfte des Schlüsselbeins hinauf.
Ihr höchster Punkt liegt bei der Mehrzahl der Erwachsenen 4 cm oberhalb des sternalen Endes der Klavikula in dem Zwischenraume zwischen
dem sternalen und klavikularen Ursprung des Kopfnickers. Die vorderen
Ränder beider Lungen ziehen unter den Sternoklavikulargelenken nach

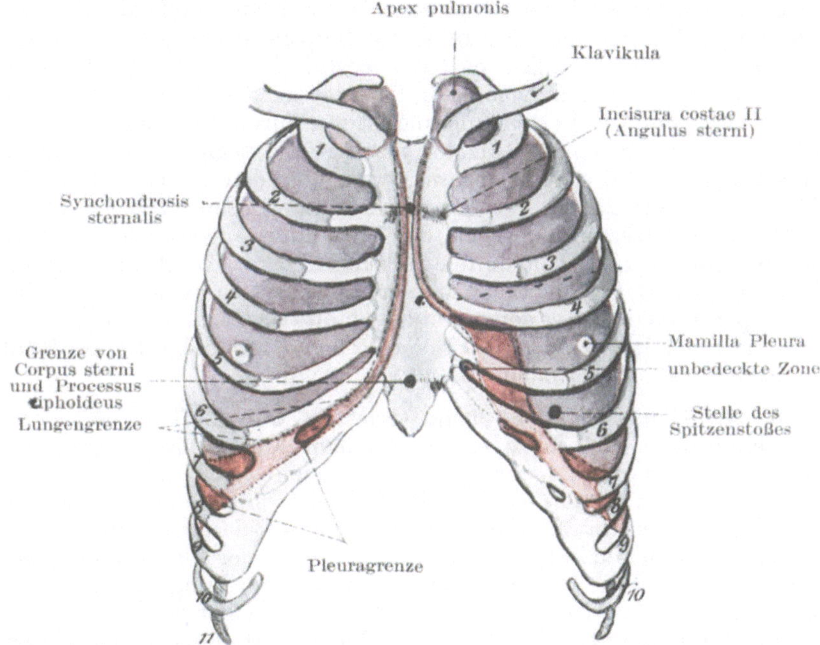

Abb. 54. Oberflächenorientierungspunkte für Lunge und Pleura. (Nach Corning.)

abwärts und berühren sich an der Synchondrosis sternalis. Der vordere
Rand der rechten Lunge verläuft alsdann hinter der Mitte des Sternums
senkrecht nach abwärts bis zum sechsten Rippenknorpelbrustbeingelenk
(Incisura costalis 6) und biegt dem sechsten Rippenknorpel entlang
nach außen ab. Der vordere Rand der linken Lunge liegt dem rechten
bis zur Incisura costalis 4 dicht an, wendet sich dann nach links einer
Linie entlang, die man sich vom vierten Rippenknorpel zur Herzspitze gezogen denkt. Gelegentlich biegt er jedoch nicht nach links aus, sondern
bedeckt den Herzbeutel bis zum Sternalrande. Am kindlichen Thorax
sind beide Lungen durch den Thymus mehr getrennt. Die rechte Lunge

reicht bis zur Mittellinie, die linke nur bis zum linken Sternalrande (Symington). Die leichteste und dabei auch die genaueste Methode den unteren Lungenrand zu bestimmen, ist folgende: Man zieht dem sechsten Rippenknorpel entlang eine Linie von der Incisura sternalis bis zur Knorpelknochengrenze; von diesem letzteren „Fußpunkte" der Linie aus zieht man eine zweite Linie horizontal um den Leib; diese Linie kreuzt die Linea mediana posterior (am Rücken) am oder in unmittelbarer Nähe des elften Dornfortsatzes (Spina anticlinalis der Engländer). Der entsprechende Rand der Pleura verläuft nicht parallel zum unteren Lungenrande. Die untere Pleuragrenze wird durch eine Linie bezeichnet, die entlang der siebenten Rippe von deren sternalem Ende zur Knochenknorpelgrenze gezogen und von hier aus zu einem Punkte verlängert wird, der 5 cm oberhalb der tiefsten Stelle des Rippenbogens liegt und von diesem Punkte aus horizontal um den Leib gelegt wird; sie kreuzt die Linea mediana posterior am 12. Dornfortsatz. Zwischen den unteren Lungen- und Pleuragrenzen steht das Zwerchfell mit der Brustwand in Verbindung und ist nur durch den Sinus phrenicocostalis von ihr getrennt. An der linken Seite beginnen diese Linien etwas weiter vom Sternum entfernt, wobei für den Sinus costomediastinalis der Pleura 2,5 cm, für den vorderen Lungenrand dagegen 6,5 cm als Durchschnittsentfernung von der Mittellinie angenommen werden müssen. Die Pleura reicht hinten bis zur 12. Rippe herab, ja gelegentlich sogar noch $1/1^1/_2$ cm tiefer als der Hals der Rippe, so daß sie bei Nierenoperationen ev. verletzt werden kann. Am kindlichen Thorax reicht sie tiefer herab als beim Erwachsenen. Die linke Lunge dehnt sich nach unten etwas mehr aus als die rechte.

Bei Wunden, welche die Pleura verletzen, kann Luft in die Pleurahöhle eindringen und so zu einem Pneumothorax führen; diese Luft kann dann wieder durch die Atembewegungen durch die Wunde der parietalen Pleura in das Unterhautzellgewebe eingepreßt werden und so ein chirurgisches Hautemphysem verursachen. Bei Lungenverletzungen ohne äußere Wunden, wie z. B. bei Verletzungen der Pleura pulmonalis durch eine gebrochene Rippe, dringt die Luft aus der Lunge in die Pleurahöhle ein und kann von hier aus durch den bei einer solchen Fraktur notwendig mitentstandenen Riß in der Pleura parietalis in das Unterhautzellgewebe getrieben werden; es entsteht also durch eine derartige Verletzung beider Pleurablätter zuerst ein Pneumothorax und daran anschließend ein Hautemphysem.

Man darf aber nicht vergessen, daß auch **ohne penetrierende Wunden der Thoraxwand** unter Umständen ein Emphysem entstehen kann, wenn es sich nämlich um ventilartig angelegte Verletzungen handelt. In solchen Fällen wird die Luft während eines Atemzugs in das Unterhautzellgewebe eingesogen und bei dem nächstfolgenden Atemzuge weiter in dasselbe hineingepreßt, da der ventilartige Verschluß der Hautwunde ein Entweichen der Luft nach außen verhindert. Wird die Pleurahöhle eröffnet, so kollabieren die Lungen wegen des in ihnen enthaltenen elastischen Gewebes bis zu einem gewissen Grade, allein dieser Kollaps ist bei weitem nicht so groß, als allgemein angenommen wird. Die Hälfte der in der Lunge enthaltenen Luft, unter Umständen sogar drei Viertel derselben, ist Residualluft und kann durch das passive Zusammensinken der Lungen nicht ausgetrieben werden; ist das Zwerchfell stark in die Höhe gedrängt und sind die Rippen durch die Respirationsanstrengungen der Bauchmuskeln nach abwärts gezogen, dann kann der Pleuraraum so sehr verkleinert sein, daß ihn die Lunge noch reichlich ausfüllt. Ist die Stimmritze geschlossen, so kann durch die Wunde in der Thoraxwand eine Lungenhernie heraustreten. Findet sich dagegen eine ventilartige Wunde in der Thoraxwand, so kann die Luft zwar eingesogen werden, aber nicht mehr austreten, jeder Atemzug vergrößert die Luftmenge in der Pleurahöhle, die Lunge wird ad maximum komprimiert und der Tod an Erstickung ist unvermeidlich. Luft oder eine in die gesunde Pleurahöhle eingeführte Flüssigkeit wird rasch resorbiert. Macewen ist der Meinung, daß der Lungenkollaps durch „Kapillaratraktion" der beiden Pleurablätter verhindert wird.

Bei Lungenverletzungen kann sich das Blut nach drei Seiten hin ergießen: In das Lungengewebe selbst (Apoplexia pulmonum), in die Bronchien (Hämoptoë) und in die Pleura (Hämothorax). In einigen Fällen wurde ohne Wunden oder Rippenfrakturen eine Ruptur der Lunge beobachtet. Diese Fälle sind sehr schwer zu erklären; die beste Erklärung ist wohl die von M. Gosselin. Dieser Chirurg ist der Ansicht, daß zur Zeit des Unfalls die Lunge durch eine tiefe Inspiration plötzlich stark mit Luft erfüllt und ausgedehnt wird und daß die Luft, welche durch den Verschluß des Kehlkopfs nicht entweichen kann, im Lungengewebe aufgespeichert einen so starken Druck auf das Organ ausübt, daß das Gewebe nachgibt.

Wegen der Zartheit des Lungengewebes und des Umstands, daß alles venöse Blut, das ins Herz zurückströmt, in die Lungen weitergeleitet wird, ehe es wieder zu anderen Körperteilen gelangt, ist es leicht verständlich, daß pyämische und andere sekundäre Ablagerungen hier häufiger gefunden werden, als in irgend einem anderen Organe des Körpers.

Höhlenbildungen in der Lunge, seien ihre Ursachen Tuberkulose, Gangrän, Bronchiektasen od. dgl. können mit Erfolg inzidiert und drainiert werden, wie auch Echinokokkuszysten auf diese Weise geheilt werden können. Tiefe Inzisionen der Lunge bluten nicht so stark, als man wegen des Blutreichtums des Organs anzunehmen geneigt ist.

Die Nervenversorgung der Pleurahöhle. Bei der akuten Pleuritis kann der Schmerz außerordentlich heftig und die Atembewegungen auf der erkrankten Seite stark herabgesetzt sein. Findet sich der Schmerz in den unteren Thoraxabschnitten, so kann er in den Leib verlegt werden. Die Erklärung dieser Tatsache folgt aus der Nervenversorgung der Pleura. Die Pleura costalis wird von den ihr anliegenden Nervi intercostales versorgt, die auch die betreffenden Interkostalmuskeln innervieren. Die Muskeln werden in ihren Bewegungen gehindert, wenn die darunter liegende Pleura entzündet ist. Die unteren sechs Nervi thoracales versorgen auch die Bauchwand, daher kann ein in der Pleura costalis ausgelöster Schmerz vom Kranken in den Bauch verlegt werden und so den Verdacht einer Erkrankung der Bauchhöhle nahelegen. Die Pleura diaphragmatica und mediastinalis wird vom Nervus phrenicus versorgt, weshalb Schmerzen, die an dieser Stelle entstehen, in den Hals oder in die Schulter verlegt werden können. Auch die Pleura cervicalis wird vom Nervus phrenicus versorgt (H. M. Johnston).

Die **Luftröhre** (Trachea) teilt sich gegenüber der Verbindung des Schwertfortsatzes mit dem Corpus sterni vorne und dem vierten Brustwirbel hinten.

Gewisse Fremdkörper, welche in die Luftwege geraten waren, gelangen mitunter erstaunlich leicht durch die Brustwand nach außen. So beschreibt Godlee den Fall eines Kindes, an dessen Rücken sich ein Abszeß entwickelte, in welchem die Spitze einer Roggenähre lag, die 43 Tage vorher in die Luftwege geraten war.

Fremdkörper in der Trachea und in den Bronchien können jetzt mit Hilfe des Bronchoskops lokalisiert und extrahiert werden. Die Schleimhaut an der Bifurkation der Trachea ist außerordentlich empfindlich; die Öffnungen der Bronchi zweiter Ordnung können im Bronchoskop beobachtet werden, wie sie sich vermittelst der in ihrer Wandung verlaufenden Ringmuskulatur erweitern und verengern. Die Lungenwurzel und die großen Bronchi können von hinten her bloßgelegt werden, indem man hinter dem Margo vertebralis scapulae die Thoraxwand eröffnet. Russel und Fox beschrieben den Fall eines Knabens, der eine 7,5 cm lange Nadel mit dem Kopfe voran verschluckt hatte; dieselbe wurde im unteren Abschnitte des linken Hauptbronchus entdeckt. Die beiden Chirurgen resezierten am Rücken ein Stück der achten Rippe, zogen die Lunge in die Wunde vor, um den Bronchus an seiner Wurzel bloßzulegen und entfernten die Nadel. Der Knabe verließ am 12. Tage nach der Operation geheilt das Krankenhaus. Die Lungenwurzel muß bei einer derartigen Operation fixiert werden; durch das Perikard ist sie fest mit dem Zwerchfell in Verbindung und folgt den Bewegungen dieses Muskels.

Das Herz und der Herzbeutel (Cor et Pericardium) (Abb. 55). Die Lage und Ausdehnung des Herzbeutels kann an der Brustwand durch folgende drei Punkte bestimmt werden: 1. die Stelle des Spitzenstoßes im linken fünften Interkostalraume 9 cm vom Brustbein entfernt; 2. die Mitte der Synchondrosis sternalis in der Höhe der Incisura costalis 2; 3. ein Punkt 2,5 cm rechts von der Mitte des Sternums in der Höhe der Incisura costalis 7, i. e. Grenze von Corpus sterni und Processus xiphoideus; hier liegt die Einmündung der Vena cava inferior in das rechte Herz direkt in der Tiefe. Verbindet man diese drei Punkte miteinander durch leicht nach außen gekrümmte Linien, so erhält man die Grenzen des Herzbeutels. Die untere Linie kreuzt den Processus xiphoideus ca. $1^1/_4$ cm unterhalb des unteren Randes des Corpus sterni; stößt man in dem Winkel zwischen Schwertfortsatz und linkem siebenten Rippenknorpel einen Troakar ein, so gerät derselbe dicht oberhalb des Zwerch-

fells in den Herzbeutel; durch diesen Winkel kann man den Herzbeutel
drainieren. Entfernt man Teile des linken fünften und sechsten Rippenknorpels, so kann man den Herzbeutel bloßlegen. Die rechte Herzbeutel-
grenze liegt von der rechten Lunge bedeckt in der Tiefe; normalerweise
sollte dieselbe den rechten Sternalrand nicht mehr als 2,5 cm überragen.

Außer den Herzkammern und Vorhöfen enthält der Herzbeutel
noch folgende Gebilde: Die Einmündungsstellen der Venae cavae
superior und inferior, die Aorta ascendens, sowie die Arteria pulmonalis. Der Stamm der Arteria pulmonalis liegt vor und rechts von

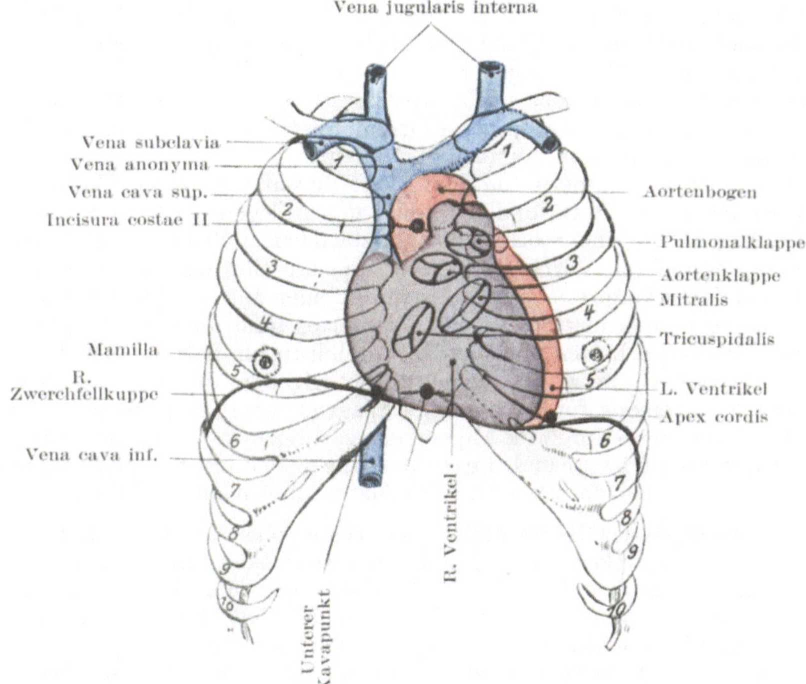

Abb. 55. Beziehungen des Perikards und Herzens zum Sternum und zu den Rippen.
(Nach Corning.)

der Aorta, links von letzterer die Vena cava superior. Mehr als zwei
Drittel der Vorderfläche des Herzens wird vom rechten Vorhof und Ventrikel gebildet; demzufolge wird bei Stichverletzungen des Herzens
auch dieser Abschnitt gewöhnlich getroffen.

Zwecks operativer Eingriffe kann das Herz freigelegt werden,
indem man die Enden der vierten und fünften Rippenknorpel entfernt;
das so exponierte Herz kann man getrost hin- und herbewegen und nähen;
letzteres wird natürlich durch die lebhafte Herztätigkeit und die Atem-
mitbewegungen des Herzbeutels und des Zwerchfells erschwert. Ist
das Herz verletzt, so ergießt sich das Blut in den Herzbeutel, komprimiert

die Herzhöhlen und schließt erneute Blutzufuhr ab. Ein Erguß im Herzbeutel kann auf ähnliche Weise den Tod herbeiführen. Unter sonst gleichen Umständen wird eine Wunde eines Ventrikels weniger rasch tödlich verlaufen als eine solche eines Vorhofs, da die Wand der Herzkammer dicker ist und durch ihre Kontraktion die Perforationsöffnung mehr oder weniger verschließt. Bei einer großen Anzahl von Herzverletzungen scheint der Tod vielmehr durch eine Lähmung der nervösen Herzzentren, als durch den Grad der Blutung bedingt zu sein. Zahlreiche Beobachtungen beweisen, daß das Herz Fremdkörpern gegenüber, die in seiner Wand steckenbleiben, außerordentlich tolerant ist. Ein Mann, dem eine Spicknadel das Herz von Seite zu Seite durchdrang, lebte noch 20 Tage (Ferrus). In einem anderen Falle stieß sich ein Irrsinniger einen 20 cm langen Eisenstab in seine Brust, so daß er ganz verschwand, wenn er auch noch unter der Haut gefühlt werden konnte, wie er die Pulsationen des Herzens fortleitete. Er starb ein Jahr nachher und bei der Obduktion zeigte sich, daß nicht nur die Lunge sondern auch beide Herzkammern von dem Stabe durchbohrt waren (Tillaux). Bei der Naht von Herzwunden bedingt das Anlegen der Nähte nur für einen Augenblick eine Störung der Herztätigkeit. Travers nähte eine Wunde des rechten Vorhofs, in die er, um die Blutung zu stillen, drei Finger einlegen konnte. Velpeau erwähnt einen Mann, in dessen Thorax sich ein abgebrochenes Stück eines Schwertes fand, das den Brustkorb von vorne nach hinten vollständig durchdrungen hatte. Der Unfall ereignete sich 15 Jahre vor seinem Tode. In dem Museum des Royal College of Surgeons findet sich eine Wagendeichsel, die einem Manne an der linken Seite durch die Rippen eingedrungen war, die ganze Brustwand durchsetzt hatte und durch die Rippen der rechten Seite wieder zum Vorschein gekommen war. Der Mann lebte noch 10 Jahre.

Parazentese des Herzbeutels. Wie schon oben erwähnt, kann der Herzbeutel am linken Sternalrande punktiert oder drainiert werden. Die Ausdehnung, in welcher er von der linken Pleura und Lunge bedeckt ist, schwankt sehr, allein in der Mehrzahl der Fälle kann der Einstich im vierten oder fünften linken Interkostalraum, 2,5 cm vom Sternalrande entfernt gemacht werden, ohne die Pleura zu verletzen. Die Arteria mammaria interna zieht durch diese Interkostalräume $1^1/_4$ cm vom Sternalrande entfernt nach abwärts und teilt sich hinter dem siebenten Rippenknorpel in ihre beiden Endäste, nämlich die Arteriae musculophrenica und epigastrica superior.

Der Mittelfellraum (Mediastinum). Ein Abszeß des vorderen Abschnitts des Mittelfellraums kann sich in situ entwickeln oder vom Halse aus sich nach abwärts senken. In gleicher Weise können sich Abszesse im hinteren Abschnitt an Erkrankungen der Wirbelsäule oder der Lymphknoten anschließen oder durch Senkung retropharyngealer und retroösophagealer Eiteransammlungen entstehen.

Die Anwendung der Röntgenstrahlen bei der Diagnose intrathorakaler Erkrankungen hat unsere Kenntnisse der Atembewegungen und der Beziehung der einzelnen Thoraxorgane zueinander in hohem Maße erweitert. Bei einer Durchleuchtung des lebenden Körpers von der rechten Brustwarze zum linken Schulterblatt kann man die wichtigsten Organe der Brusthöhle deutlich erkennen (Abb. 56). Das Herz und die Leber erscheinen als charakteristische Schatten, die bei der Inspiration sich nach abwärts und vorwärts, bei der Exspiration nach aufwärts und rückwärts bewegen. Während das Zwerchfell sich nach unten bewegt, und das Herz sich von der Wirbelsäule entfernt, erscheint der hintere Abschnitt des Mediastinums, der die Aorta und den Ösophagus enthält, als ein durchscheinendes Dreieck. Bei der Inspiration hellen sich die Lungen auf, der vordere Abschnitt des Mediastinums ist ebenfalls als heller Raum kenntlich. Im oberen Teile des Mediastinums kann man den Aortenbogen erkennen, wie er hinter dem Manubrium sterni zu dem vierten Brustwirbel zieht.

Die Venae azygos und hemiazygos können in Fällen von Verschluß des Endabschnittes der Vena cava superior durch ihre direkte Kommunikation mit der Vena iliaca communis, Vena renalis und anderen

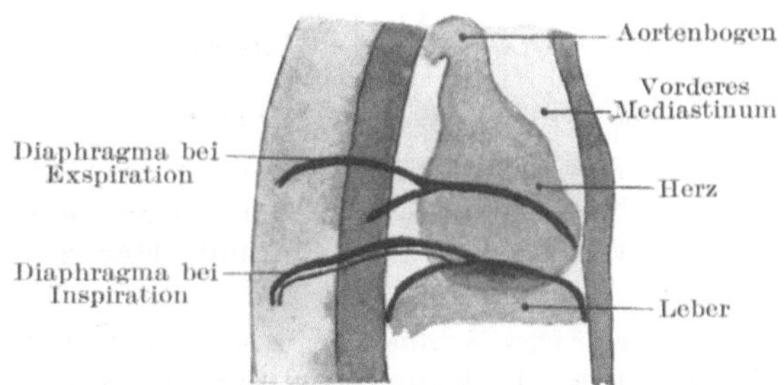

Abb. 56. Orthodiagramm des Thorax. Die Lage der Teile bei extremer In- und Exspiration.

Ästen der Vena cava inferior auf dem Wege über die Venae lumbales den venösen Kreislauf bis zu einem hohen Grade aufrecht erhalten. Dabei kommen ihm die Venae commitantes der Arteria mammaria interna und die Venae epigastricae zu Hilfe; die Venae intervertebrales werden ebenfalls stark erweitert und dienen als anastomotische Kanäle zwischen dem oberen und unteren Hohlvenensystem.

Diese Venen können durch Tumoren, wie sie sich im hinteren Abschnitte des Mediastinums nicht selten entwickeln, komprimiert werden; als Folge davon entwickelt sich am Brustkorb ein Ödem auf Grund der Stauung in solchen Interkostalvenen, in die erstere abfließen. Ferner können derartige Tumoren auf die Luftröhre und Speiseröhre drücken, sowie die Nervi vagus und sympathicus involvieren. Die zahlreichen Lymphknoten in der Nachbarschaft der Luftröhre, der Bronchien und des Ösophagus sind häufig der Sitz der Tuberkulose. Sie können mit diesen Organen verwachsen und in dieselben durchbrechen.

Der Ductus thoracicus (Milchbrustgang). Krabbel beschreibt eine Fraktur des neunten Brustwirbels mit Zerreißung des Ductus thoracicus.

Der Verletzte starb nach einigen Tagen; in seiner rechten Pleurahöhle fanden sich über 5 Liter reiner Chylusflüssigkeit.

Die Körper der oberen Lenden- und unteren Brustwirbel sind häufig tuberkulös erkrankt; ebenso die Lungenspitzen. Wood-Jones hat auf die nahe Beziehung dieser Teile zum Ductus thoracicus aufmerksam gemacht, sowie auf die Tatsache hingewiesen, daß eine primäre Tuberkulose des Verdauungstraktus durch den Ductus thoracicus zu diesen Prädilektionsstellen verschleppt wird. Die Cysterna chyli liegt vor den Körpern des ersten und zweiten Lendenwirbels; von hier aus zieht der Gang vor den unteren Brustwirbeln im hinteren Abschnitte des Mediastinums nach oben. In Fällen von Magenkarzinom können die Halslymphknoten um die Einmündungsstellen des Ganges herum durch die Karzinommetastasen schon sehr früh befallen werden. Die weitere Dissemination geschieht dann durch den Brustmilchgang.

III. Teil.

Die obere Extremität.

11. Die Schultergegend.

Eine Betrachtung der Schultergegend umfaßt das Schlüsselbein, das Schulterblatt, das obere Ende des Oberarmknochens und die diesen Knochen umgebenden Weichteile zusammen mit dem Schultergelenk und der Achselhöhle.

Oberflächenanatomie. Das Schlüsselbein sowie das Akromion und die Spina scapulae liegen sämtlich subkutan und können gut abgetastet werden. Bei aufrechter Körperhaltung liegt das Schlüsselbein bei herabhängenden Armen in der Regel nicht ganz horizontal. An gut entwickelten Individuen liegt die Extremitas acromialis claviculae etwas höher als der übrige Teil des Knochens, bei schwächlichen Frauen und engbrüstigen Männern kann das Schlüsselbein horizontal verlaufen oder sein akriomales Ende kann sogar etwas nach abwärts gerichtet sein.

Am vorderen Rande des akromialen Teils des Knochens findet sich nicht selten an der Ansatzstelle des Musculus deltoideus ein Knochenvorsprung (Tuberculum deltoideum), das wenn sehr groß für eine Exostose gehalten werden kann. Die Articulatio acromioclavicularis (d. h. das Gelenk zwischen der Facies articularis acromialis claviculae und der Facies articularis acromii scapulae) liegt in der Ebene einer vertikalen Linie, die in der Mitte der Vorderseite des Arms nach oben zieht. An diesem Gelenke findet sich bisweilen an Stelle der flachen Kontur, die es sonst darstellt, ein Vorsprung. Hierbei handelt es sich entweder um eine Verbreiterung des akromialen Endes des Schlüsselbeins oder um eine Verdickung des in dem Gelenke bisweilen enthaltenen knorpligen Discus articularis. In zahlreichen Fällen jedoch erschien es mir, als ob der Vorsprung durch eine minimale Luxation des Schlüsselbeins nach oben bedingt sei, die durch eine Dehnung der Bänder entstanden ist. So viel ist sicher, daß der getrocknete Knochen nur ausnahmsweise eine solche Verdickung zeigt, die für diese doch sehr häufige Vorwölbung an diesem Gelenke in Betracht käme. Das sternale Ende des Schlüsselbeins ist bei muskelkräftigen Individuen häufig verbreitert und ungebührlich vorspringend und deshalb hinlänglich verdächtig an eine Verletzung des Knochens oder des Gelenks zu denken, wenn keine solche existiert.

Die Abrundung und Vorwölbung der Schulter ist durch den Musculus deltoideus und die Lage des oberen Humerusendes bedingt. Der Deltamuskel hängt wie ein Vorhang über den Schultergürtel herab und wird durch den darunter liegenden Humerus etwas nach außen vorgewölbt. Ist deshalb der Kopf des Humerus kleiner als der Norm entspricht, wie z. B. bei eingekeilten Frakturen des Collum anatomicum oder hat er seine Gelenkkapsel ganz verlassen, wie bei einer Luxation, so flacht sich dieser Muskel mehr weniger ab und das Akromion springt entsprechend mehr vor. Der Teil des Humerus, den man unter dem Deltamuskel fühlt, ist nicht der Kopf, sondern die beiden Höckerchen, das Tuberculum maius lateral, das Tuberculum minus vorne. Ein beträchtlicher Teil des Humeruskopfes kann von der Achselhöhle aus abgetastet werden, wenn man die untersuchenden Finger hoch genug hinaufschiebt und den Arm kräftig abduziert, da man hierdurch den Kopf mit den unteren Gelenkabschnitten in Berührung bringt. Das Caput humeri zeigt fast nach derselben Richtung wie der Epicondylus medialis humeri am Ellbogengelenk. Da diese Lagebeziehung selbstverständlich immer die gleiche bleibt, so ist sie bei der Untersuchung des Schultergelenks auf Verletzungen, sowie bei dem Einrenken von Luxationen von großem Werte, da der Epicondylus medialis die Lage des oberen Endes des Knochens anzeigt.

An mageren Personen kann man die Umrisse und Ränder des Schulterblatts mehr oder weniger deutlich erkennen, während an fetten und muskulösen Menschen alle Knochenteile mit Ausnahme der Spina und des Akromions bei der gewöhnlichen Haltung des Arms nicht zu erkennen sind. Um den Angulus medialis und den Margo vertebralis des Schulterblatts erkennen zu können, muß die betreffende Hand des zu untersuchenden Kranken soweit als möglich auf die gegenüberliegende Schulter geführt werden. Um den Angulus inferior und Margo axillaris sichtbar zu machen, muß der Vorderarm auf den Rücken gelegt werden. Die Stelle, an welcher die Spina scapulae in das Akromion übergeht, ist der beste Punkt, um die Maße des Arms zu bestimmen, wobei man das Meßband entlang dem Epicondylus lateralis humeri nach abwärts führt. Der Margo superior scapulae liegt auf der zweiten Rippe, der Angulus inferior auf der siebenten.

Hängt der Arm mit nach vorwärts gerichteter Hohlhand an der Seite herab, dann liegen das Akromion, der Epicondylus lateralis sowie der Processus styloideus radii alle in einer Linie. Die Vertiefung zwischen den Musculi pectoralis maior und deltoideus (Sulcus deltoideopectoralis) kann gewöhnlich palpiert werden. In ihr verläuft die Vena cephalica und der große Ramus deltoideus der Arteria thoracoacromialis. Nahe dieser

Vertiefung kann etwas unterhalb des Schlüsselbeins der Processus coracoideus palpiert werden. Dieser Knochenvorsprung liegt nicht unmittelbar in diesem Muskelschlitz, sondern wird von den innersten Fasern
des Deltamuskels bedeckt. Das Ligamentum coracoacromiale kann abgetastet werden; ein durch die Mitte des Bandes gestoßenes Messer trifft
die Sehne des langen Bizepskopfes und eröffnet das Schultergelenk.

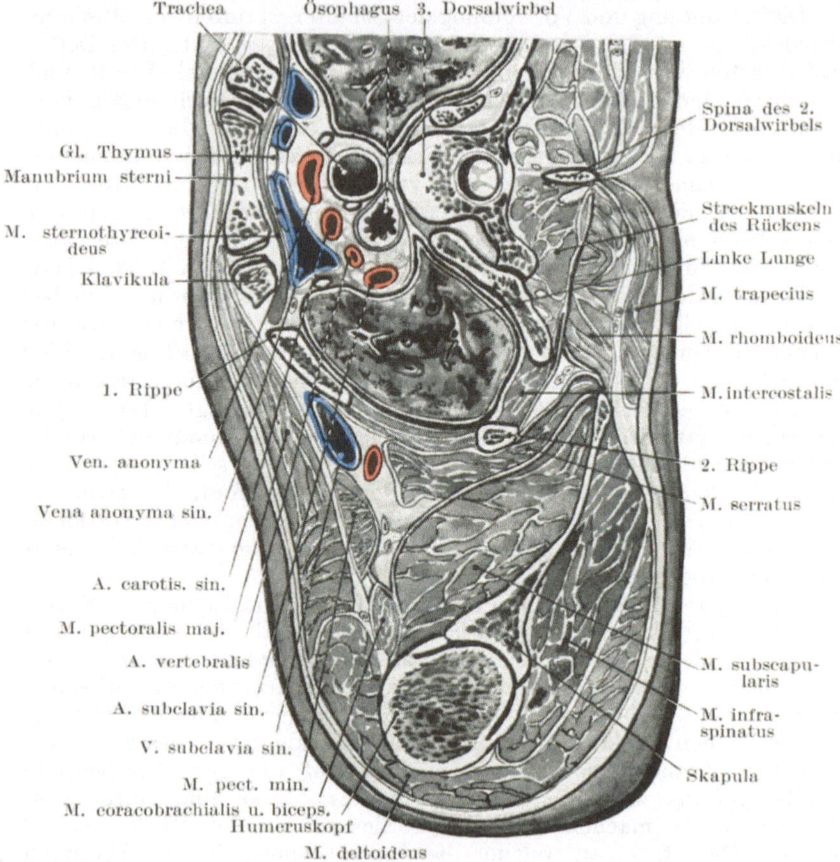

Abb. 57. Querschnitt durch den Körper unmittelbar unterhalb des oberen Randes
des Manubrium sterni.

Hängt der Arm in Pronationsstellung herab, so kann unmittelbar
unterhalb des Akromio-klavikulargelenks der Sulcus bicipitalis medialis
erkannt werden.

Dicht unterhalb des Schlüsselbeins findet sich eine Vertiefung (Fossa
infraclavicularis), welche bei den verschiedenen Individuen sehr verschieden ausgebildet ist. Sie verschwindet bei der Luxation des Humerus
nach vorne, bei Schlüsselbeinfrakturen mit Dislokation der Knochen-

stücke, bei vielen Tumoren der Achselhöhle und bei entzündlichen Prozessen in den oberen seitlichen Thoraxabschnitten. Bei der Luxation des Humerus nach vorne findet sich an Stelle dieser Grube eine Hervorwölbung; auch kann in dieser Gegend an der Innenseite des Rabenschnabelfortsatzes und ungefähr der Mitte des Schlüsselbeins entsprechend die Arteria axillaris palpiert werden, wenn man sie gegen die zweite Rippe andrückt. Unterhalb der Klavikel kann auch oft der Zwischenraum zwischen der sternalen und klavikularen Portion des Musculus pectoralis maior erkannt werden.

Die vorderen und hinteren Achselfalten sind deutlich zu erkennen. Die vordere Falte (Rand des Musculus pectoralis maior) folgt dem Verlaufe der fünften Rippe. Die Tiefe der Achselgrube wechselt ceteris paribus mit der Lage der oberen Extremität; sie ist am tiefsten, wenn man den Arm in einem Winkel von 45° seitlich erhebt und wenn die die Falten bildenden Muskeln (vorne der Musculus pectoralis maior, hinten der Musculus latissimus dorsi) kontrahiert sind. Erhebt man den Arm über die Horizontale, dann flacht sich die Achselgrube wieder ab, da der Humeruskopf in dieselbe vorspringt und sie mehr oder weniger ausfüllt, während die Breite der Grube durch das Zusammenrücken der beiden Achselfalten abnimmt. Wird der Arm rechtwinklig zum Körper erhoben, so bildet der Musculus coracobrachialis an der Außenseite der Achselhöhle einen deutlichen Wulst. Wird der Arm an den Thorax angelegt, so kann die Hand des Chirurgen hoch in die Achselhöhle hinaufgeführt und die Thoraxwand bis zur dritten Rippe hinauf untersucht werden.

Die nicht veränderten Achselhöhlenlymphknoten können nicht palpiert werden. Die zentral gelegene Gruppe liegt unter den Haaren der Achselhöhle.

Wird der Arm seitlich erhoben, so ist der Verlauf der Arteria axillaris durch eine Linie gekennzeichnet, die von der Mitte des Schlüsselbeins an der Innenseite des Musculus coracobrachialis zum Humerus gezogen wird. Eine von der Knorpelknochengrenze der dritten Rippe zu der Spitze des Processus coracoideus gezogene Linie bezeichnet den oberen Rand des Musculus pectoralis minor; der Punkt, an welchem diese letztere Linie von der ersteren gekreuzt wird, bezeichnet die Lage der Arteria thoracoacromialis aus der Arteria axillaris. Eine Verbindungslinie zwischen der Spitze des Processus coracoideus und der Knorpelknochengrenze der fünften Rippe bezeichnet den unteren Rand des Musculus pectoralis minor und den Verlauf der Arteria thoracalis lateralis, welche diesem Rande entlang zieht. Der Verlauf der Arteria subscapularis entspricht dem unteren Rande des Musculus subscapularis, an dem sie hinzieht, allein der Verlauf dieses Randes kann am Lebenden oder an der nicht präparierten Leiche nur annähernd bestimmt werden.

Die Arteria circumflexa humeri posterior mit dem sie begleitenden Nervus axillaris umkreist das Collum chirurgicum humeri in horizontaler Richtung ungefähr querfingerbreit oberhalb der Mitte der Vertikalachse des Musculus deltoideus. Dieser Punkt ist wichtig in Fällen, in welchen der Verdacht auf eine Kontusion dieses Nerven vorliegt.

Die Arteria circumflexa scapulae kreuzt die hintere Achselhöhlenfalte im Mittelpunkte der Vertikalachse des Musculus deltoideus. Diese verschiedenen eben erwähnten Fingerzeige für die Hauptäste der Arteria brachialis beziehen sich auf die Topographie der Achselhöhle bei herabhängenden Armen.

Das Schlüsselbein (Klavikula). Die den Knochen bedeckende Haut ist nur locker mit ihm verwachsen und kann leicht auf ihm verschoben werden. Dieser Umstand macht es verständlich, weshalb bei Kontusionen der Schultergegend die Haut so häufig unverletzt bleibt und Klavikularfrakturen so gut wie nie komplizierte Brüche sind. Die drei Nervi supraclaviculares, welche über das Schlüsselbein wegziehen, stammen aus den dritten und vierten Zervikalnerven und es ist wichtig zu wissen, daß Schmerzen über dem Schlüsselbein manchmal bei Erkrankungen der Halswirbelsäule ein markantes Symptom sind. Diese Schmerzirradiation entsteht durch eine Reizung der Nervenwurzeln an ihrem Austritt aus dem Rückenmarkskanal. Eine Anastomose zwischen den Venae cephalica und jugularis externa zieht bisweilen über die Klavikula hinweg.

Unter dem Schlüsselbein liegen die großen Gefäße und Nerven auf der ersten Rippe. Die Vene liegt zu innerst in dem spitzen Winkel zwischen Schlüsselbein und erster Rippe. Es ist klar, daß Geschwülste des Knochens leicht auf diese wichtigen Gebilde drücken können und daß die Vene sowohl wegen ihrer Lage als auch wegen des geringen Widerstands, den sie zu bieten in der Lage ist, zuerst in Mitleidenschaft gezogen wird. Diese Strukturen können natürlich auch bei Brüchen des Schlüsselbeins verletzt werden. Glücklicherweise ist allerdings zwischen diesen großen Nerven und Gefäßen der Musculus subclavius eingeschaltet; er ist fest mit der Unterfläche des Schlüsselbeins verwachsen, in eine derbe Faszie eingehüllt und bildet bei Frakturen einen der wichtigsten Schutzwälle für die Gefäße. Dieses zwischenliegende Muskelpolster ist auch bei Resektionen der Klavikel von großem Nutzen. Braune stellte fest, daß an der Leiche durch Anpressen des Schlüsselbeins an die erste Rippe in den Ductus thoracicus eingespritzte Flüssigkeit in einzelnen Fällen am Weiterfließen in die großen Venen verhindert werden kann. Hinter dem Schlüsselbein liegen folgende wichtige Gebilde: Venae anonyma, subclavia, jugularis externa, Arteriae subclavia, suprascapularis und mammaria interna, die Äste des Plexus brachialis, die Nervi phrenicus und vagus, der Ductus thoracicus, die Musculi omohyoideus, scalenus, sternohyoideus und sternothyreoideus, sowie die Lungenspitze. Das sternale Ende des Knochens ist nicht weit entfernt von den Arteriae anonyma oder carotis sinistra, den Nervi vagus und recurrens, der Luftröhre und der Speiseröhre.

Diese Lagebeziehungen der Klavikula illustrieren am besten die Gefahren, welche bei der partiellen oder totalen Entfernung des Knochens drohen. Die Schwierigkeiten der Operation nehmen zu, je mehr man vom akromialen Ende her zum sternalen vordringt. Eine Resektion des akromialen Endes des Knochens ist relativ leicht, eine solche des sternalen Endes schwer und gefährlich. Bei der Entfernung der ganzen Klavikel sind die Störungen der Armbewegungen viel geringer, als man a priori erwarten würde.

Das Schlüsselbein ist der einzige direkte Zusammenhang zwischen dem Rumpfe und der oberen Extremität. Bei schweren Unglücksfällen, bei denen diese Verbindung durchbrochen ist, kann die obere Extremität vollständig weggerissen werden. So beschreibt Billroth den Fall eines 14 jährigen Jungen, dessen rechter Arm im Zusammenhang mit der Skapula und Klavikula durch eine Maschinenverletzung vom Rumpfe abgerissen wurde, so daß er nur noch an einer 5 cm breiten Hautbrücke hing. Weitere ähnliche Fälle finden sich in der Literatur.

Schlüsselbeinbrüche. Dieselben sind häufiger als alle anderen Brüche eines einzelnen Knochens. Diese Häufigkeit wird verständlich durch die oberflächliche Lage des Knochens, seinen schlanken Bau, sowie den Umstand, daß ein großer Teil der die obere Extremität treffenden Traumen auf ihn fortgeleitet werden. Die häufigste durch indirekte Gewalt entstehende Fraktur verläuft schräg am äußeren Ende des mittleren Drittels. Das äußere Drittel des Knochens ist durch Bänder so fest mit dem Akromion und dem Processus coracoideus scapulae verbunden, daß es als ein Teil des letzteren Knochens angesehen werden kann. Daher wird der Stoß beim Fall auf die Schulter auf die Grenze des mittleren und äußeren Drittels des Schlüsselbeins übertragen. Der Knochen bricht also an der Stelle, an welcher die Gewalteinwirkung vom Schulterblatt auf das Schlüsselbein übergeleitet wird. Der Verlauf des Ligamentum coracoclaviculare ist zweifellos für die Lokalisation der Fraktur an dieser Stelle von größter Wichtigkeit, da ein Schlüsselbein, das man experimenti causa in der Längsrichtung komprimiert, nicht an dieser Stelle bricht (Bennet).

Die **Verlagerung** der Knochenfragmente ist folgende: Das sternale Bruchstück bleibt entweder in seiner Lage oder wird durch den Kopfnickermuskel ein klein wenig nach oben gezogen. Dabei wird die Muskelwirkung des Kopfnickers vom großen Brustmuskel und dem Ligamentum costoclaviculare gehemmt. Das äußere Bruchstück dagegen wird nach drei Seiten hin verlagert: 1. wird es direkt nach abwärts gezogen, und zwar teils durch das Gewicht des Armes selbst, teils durch die Zugwirkung des Musculus pectoralis minor, der untersten Fasern des Musculus pectoralis maior und des Musculus latissimus dorsi; 2. wird es direkt nach einwärts gezogen also dem Brustkorb genähert und zwar durch die vom Brustkorb zu der Schulter ziehenden Musculi levator scapulae, latissimus dorsi und vor allem durch die Musculi pectorales; 3. das Knochenstück wird derart um seine Längsachse gedreht (rotiert), daß das laterale Ende nach vorwärts, das mediale Ende dagegen nach rückwärts sieht. Diese Drehung wird hauptsächlich von den beiden Brustmuskeln mit Hilfe des Musculus serratus anterior bewirkt. Der letztere Muskel zieht das Schulterblatt nach vorwärts, wobei das Schlüsselbein in der Art eines Bootauslegers die obere Extremität in einem gehörigen Abstand vom Thorax haltend sich ebenfalls nach vorwärts bewegt und das Schulterblatt gerade hält. Bricht dieser Ausleger, dann kann der vordere

Sägemuskel das Schulterblatt nicht länger direkt nach vorne ziehen. Der Knochen nähert sich alsdann dem Thorax, wobei die Schulter sich nach einwärts und vorwärts bewegt. Die Fragmente greifen bei dieser Fraktur notgedrungen übereinander und da die Dislokation sehr schwer auszugleichen ist, so folgt daraus, daß bei keinem anderen Knochen mit Ausnahme des Femur nach einer schräg geheilten Fraktur so regelmäßig eine Verkürzung bestehen bleibt; dieselbe beträgt sehr selten mehr als 2,5 cm. Die durch diese Fraktur entstehende Entstellung wird bei Rückenlage leicht ausgeglichen. In dieser Lage wird, da das Gewicht der oberen Extremität wegfällt, die Verschiebung nach abwärts sofort behoben; dabei wird auch gleichzeitig die Einwärtsverlagerung und die Rotation des äußeren Bruchstücks ein wenig ausgeglichen. Die letzten beiden Lageanomalien werden aber hauptsächlich durch das Schulterblatt beseitigt. In Rückenlage liegt das Schulterblatt dem Thorax fest an und zwar in der Weise, daß dessen äußere Abschnitte mit diesen auch das äußere Bruchstück der Klavikula nach außen und rückwärts gezogen wird. Einzelne Chirurgen, denen diese wichtige Funktion des Schulterblatts bekannt ist, gleichen die Dislokation bei Schlüsselbeinbrüchen in der Weise aus, daß sie das Schulterblatt fest an den Rumpf fixieren und gleichzeitig den Arm elevieren.

Die durch direkte Gewalt entstandenen Brüche sind für gewöhnlich Querbrüche und können sich natürlich an irgend einer beliebigen Stelle des Knochens finden. Verläuft der Bruch im mittleren Drittel, so liegen die Verhältnisse wie bei der eben besprochenen Fraktur. Verläuft die Bruchlinie zwischen der Pars trapezoidea und conoidea ligamenti coracoclavicularis, dann ist eine Dislokation nicht möglich; liegt die Fraktur lateral von diesem Ligament, dann wird das äußere Ende des lateralen Fragments durch die Brust- und den Sägemuskel nach vorwärts gezogen, während das innere Ende durch den Kappenmuskel etwas gehoben wird. Bei dieser Fraktur findet sich im allgemeinen keine Verlagerung des äußeren Bruchstücks nach abwärts, da es nach der Richtung nur bewegt werden kann, wenn das Schulterblatt auch mitgeht, dieses aber bleibt durch das Ligamentum coracoclaviculare am inneren Bruchstück des Schlüsselbeins fixiert.

Das Schlüsselbein kann auch durch Muskelwirkung allein brechen. Polaillon, der die in der Literatur niedergelegten Fälle sorgfältig analysierte, kommt zu dem Schlusse, daß die den Knochen brechenden Muskeln der Deltamuskel und die klavikulare Portion des großen Brustmuskels sind. In keinem einzigen Falle schien der Bruch durch den Kopfnicker bedingt gewesen zu sein. Die gewöhnlichsten Bewegungen, welche zu einer solchen Fraktur Veranlassung geben können, scheinen heftige Bewegungen der oberen Extremität nach vor- und einwärts oder aufwärts zu sein. Die Bruchlinie liegt in der Regel in der Mitte des Knochens und zeigt nur eine Dislokation beider Bruchstücke nach vorwärts, d. h. in der Richtung der Züge der beiden obengenannten Muskeln.

Infraktionen oder **unvollständige Brüche** finden sich am Schlüsselbeine häufiger, als an jedem anderen Knochen des Körpers. Die Hälfte aller Schlüsselbeinbrüche finden sich bei Kindern unter fünf Jahren. Dies erklärt sich aus der Tatsache, daß dieser Knochen schon sehr früh verknöchert und deshalb schon „bruchreif" ist, wenn die meisten anderen langen Röhrenknochen noch reichlich nicht verknöcherten Knorpel enthalten. Außerdem ist die Knochenhaut der Klavikel ungebührlich dick und nur sehr locker mit dem Knochen verwachsen; Umstände, die einen subperiostalen Bruch des Knochens in hohem Maße begünstigen.

Bei schweren Brüchen mit starker Dislokation der Bruchstücke und scharfen Bruchenden können wichtige Gebilde verletzt werden. Eine Anzahl von (in der Regel inkompletten) Lähmungen der oberen Extremität nach Fraktur dieses Knochens sind bekannt. In einzelnen der Fälle war die Lähmung durch beträchtliche Kompression oder Zerreißung einzelner großer Nervenstränge durch die dislozierten Knochenstücke bedingt, in anderen Fällen bestand unabhängig von der Fraktur, wenn auch im Zusammenhang mit ihr entstanden, eine Verletzung des Plexus brachialis. Weiter sind Fälle von Verletzung der Arteria subclavia, der Vena subclavia, der Vena jugularis interna, sowie der Arteria thoracoacromialis vorgekommen. Verschiedene Male fand sich als Nebenverletzung eine Zerreißung der Pleurakuppe und Verletzung der Lunge mit und ohne Brüche der oberen Rippen. Durch das Tragen schwerer Lasten auf der Schulter kann eine Lähmung der Musculi biceps, brachialis und brachioradialis entstehen; die sie versorgenden Nerven sind die Nervi musculocutaneus und radialis aus dem oberen Teile des Plexus brachialis. Das Schlüsselbein verknöchert zuerst von allen Knochen des Körpers. Bei der Geburt ist schon der ganze Schaft knöchern und die beiden Enden knorplig. Zwischen dem 18. und 20. Lebensjahr erscheint am sternalen Ende des Knochens eine Epiphyse und verschmilzt mit dem Schafte im ungefähren Alter von 25 Jahren. Sie stellt nur eine Schale dar und ist von den Bändern des Sternoklavikulargelenks vollständig umgeben, so daß sie durch ein Trauma nur schwer losgetrennt werden kann. Heath beschreibt allerdings im Lancet Nr. 18/1882 einen Fall, der vielleicht einzigartig ist. Er betrifft einen 14jährigen Knaben, der sich beim Kricketspiel die Klavikula von ihrem Epiphysenknorpel am Sternum abriß, wobei letzterer in situ blieb. Der diesen Unfall bewirkende Muskel war offenbar der große Brustmuskel. In Fällen von angeborenem Fehlen des Schlüsselbeins findet sich an Stelle des häutig präformierten Knochens ein bindegewebiger Strang; die knorplig vorgebildeten Epiphysen werden durch Knochenkerne dargestellt. Mangelhafte Verknöcherung der Klavikula ist in der Regel mit einer ungenügenden Verknöcherung der bindegewebig präformierten Schädelknochen vergesellschaftet, eine Erkrankung, die unter dem Namen der Craniocleidodysostosis bekannt ist. D. Fitzwilliams hat 60 Fälle derselben zusammengestellt. Der Schlüsselbeindefekt kann so begrenzt sein, daß er an eine Fraktur erinnert.

Das Brustbein-Schlüsselbeingelenk (Articulatio sternoclavicularis). Wenngleich dieses Gelenk das einzige ist, das die obere Extremität direkt mit dem Rumpfe verbindet, so ist es doch so stark, daß Luxationen in demselben verhältnismäßig selten sind. Der Grad der Beweglichkeit dieses Gelenks beruht in hohem Maße auf dem mangelhaften Anpassungsvermögen der Facies articularis sternalis claviculae und der Incisura clavicularis sterni. Das Mißverhältnis dieser Teile wird durch den Discus articularis hergestellt, der nur die Umrisse der klavikularen Gelenkfläche nachbildet. Die Gelenkhöhle ist V-förmig, da die Klavikula bei herabhängenden Armen das Gelenk nur im untersten Winkel berührt. Bei erhobenen Armen jedoch berühren sich beide Knochen ausgiebiger, so daß die Gelenkhöhle nur einen einfachen Schlitz darstellt. Daher findet man bei Erkrankungen dieses Gelenks, daß von allen Bewegungen im Gelenk diejenigen am konstantesten Schmerzen auslösen, die bei der Erhebung der Arme ausgeführt werden. Die Nerven für dieses Gelenk sind die Nervi supraclaviculares des Plexus cervicalis.

Die in diesem Gelenke auszuführenden Bewegungen sind beschränkt, da das Ligamentum sternoclaviculare sowohl vorne als auch hinten bei allen Stellungen des Schlüsselbeins mäßig fest angespannt ist. Vorwärtsbewegungen des Schlüsselbeins am Sternalende werden durch den hinteren Abschnitt dieses Bandes gehemmt und durch den vorderen aufgehalten; der vordere Abschnitt ist nicht so straff und dick wie der hintere; eine Luxation des Schlüsselbeins nach vorne ist deshalb auch häufiger.

Rückwärtsbewegungen des Schlüsselbeins werden vom vorderen Teile des oben erwähnten Bandes gehemmt, während das Ausweichen der Extremitas sternalis claviculae durch den kräftigen hinteren Teil des Bandes aufgehalten wird. Auch das Ligamentum costoclaviculare hemmt die Bewegungen des Schlüsselbeins. Beim Zustandekommen einer Luxation des Schlüsselbeins nach hinten muß also eine sehr große Kraft einwirken.

Erkrankungen des Sternoklavikulargelenks. Dieses Gelenk wird durch den Discus articularis de facto in zwei Gelenke geteilt, von denen jedes seine eigene Synovialmembran besitzt. Diese beiden Gelenke können natürlich von den gewöhnlichen Gelenkerkrankungen befallen werden, allein es hat den Anschein, daß die Erkrankung zunächst in einem der Gelenke beginnt und eine Zeitlang auf dieses Gelenk beschränkt bleibt. Mit der Zeit allerdings wird dann auch das andere Gelenk befallen, allein selbst in fortgeschrittenen Fällen kann der krankhafte Prozeß auf eine der beiden Gelenkhöhlen beschränkt bleiben. Nach den Angaben einzelner Autoren ist dieses Gelenk bei pyämischen Prozessen viel häufiger befallen als alle anderen Gelenke. Findet sich in diesen Gelenkhöhlen ein Erguß, vor allem wenn derselbe eitrig ist, so entsteht für gewöhnlich vor dem Gelenk eine Schwellung der Haut, da der vordere Teil des Ligamentum sternoclaviculare, wie schon oben erwähnt, am dünnsten und von allen das Gelenk umgebenden Bändern am wenigsten widerstandsfähig ist. Deshalb findet in der Regel auch ein spontaner Eiterdurchbruch nach außen statt.

Luxationen des Sternoklavikulargelenks. Dieselben können nach drei Richtungen hin erfolgen und zwar, der Häufigkeit nach: 1. nach vorwärts, 2. rückwärts, 3. aufwärts. Die relative Häufigkeit dieser Luxationen kann nach dem was über die hemmende Wirkung der Bänder gesagt wurde, leicht verstanden werden. Eine Luxation nach vorne kann nur unter Zerreißung der Kapsel und mehr oder weniger intensiver Verletzung des Ligamentum costoclaviculare zustande kommen. Das sternale Ende des Schlüsselbeins mit dem Kopfnicker liegt vor dem Manubrium sterni (Luxatio praesternalis). Die Luxation nach hinten kann durch direkte oder indirekte Gewalt entstehen und wurde als Spontanluxation beim Malum Pottii beobachtet. Die Kapsel ist hierbei ebenfalls zusammen mit dem Ligamentum costoclaviculare zerrissen (Luxatio retrosternalis). Das sternale Ende des Schlüsselbeins liegt in dem Bindegewebe hinter den Musculi sternohyoideus und sternothyreoideus. Bei dieser Luxatio retrosternalis können durch Druck auf die Luft- und Speiseröhre heftige Atem- und Schluckbeschwerden entstehen. Bei der für gewöhnlich durch indirekte Gewalt entstandenen Luxatio suprasternalis liegt das sternale Schlüsselbeinende auf dem oberen Rande des Brustbeins zwischen den Musculi sternocleidomastoideus und sternohyoideus. Sie bedingt eine mehr oder minder vollständige Zerreißung aller Gelenkbänder, sowie eine gewaltsame Loslösung des Gelenkknorpels.

Das ungenügende Aneinanderliegen der Flächen dieses Gelenks macht es verständlich, daß diese Luxationen zwar leicht behoben werden können, daß aber der Knochen nur schwer in seiner normalen Lage gehalten werden kann.

Das Schulterhöhe-Schlüsselbeingelenk (Articulatio acromioclavicularis). Das Gelenk ist flach, die Umrisse der beiden das Gelenk bildenden Knochen sind derart, daß einer Verschiebung derselben kein wesentliches Hindernis im Wege steht. In der Tat beruht die Stärke des Gelenks einzig und allein auf seinen Bändern. Die Gelenkfläche liegt auf einer Linie, die von oben nach unten und einwärts zwischen beiden Knochen gezogen wird. Diese Neigung der Gelenkflächen erklärt die Tatsache, daß die häufigste Verrenkung dieses Gelenks die Luxatio supraacromialis ist. Die das Gelenk umgebende Kapsel ist locker und schwach; ihre Zartheit bringt es mit sich, daß ein Erguß in diesem Gelenk schon sehr frühzeitig erkennbar ist. Die mächtigen Gelenkbänder sind die Ligamenta trapezoideum vorne und conoideum hinten, die beide unter dem Namen Ligamentum coracoclaviculare zusammengefaßt werden. Die auf das Gelenk einwirkende Gewalt wird durch den (nicht ganz regelmäßig) vorhandenen unvollständigen Discus articularis, der am oberen Abschnitte der Kapsel zwischen den Knochen vorspringt, abgeschwächt.

Da die in diesem Gelenke ausführbaren Bewegungen durch eine Gelenkerkrankung oder eine Verletzung gehemmt sein können, ist es wichtig den Anteil des Gelenks an den Bewegungen der oberen Extremität zu kennen. Das Schulterblatt (und mit ihm selbstverständlich auch der Arm) bewegt sich während seines Hin- und Hergleitens auf dem Brustkorb in einem Kreisbogen, dessen Mittelpunkt das Sternoklavi-

kulargelenk und dessen Radius das Schlüsselbein ist. Beim Vorwärtsgleiten des Knochens ist es nun wichtig, aus Gründen, die gleich besprochen
werden sollen, daß die Cavitas glenoidalis scapulae ebenfalls schräg
nach vorwärts sich einstellt. Diese letztere wünschenswerte Lage wird
durch das Akromioklavikulargelenk hergestellt. Ohne dieses Gelenk
würde das ganze Schulterblatt während seines Vorwärtsgleitens mit
dem äußeren Ende des Schlüsselbeins genau dem oben erwähnten Bogen
eines Kreises folgen und die Gelenkfläche würde demnach sehr stark
nach einwärts sehen. Es ist aber unerläßlich, daß diese Gelenkfläche
möglichst rechtwinklig zur Längsachse des Oberarms steht. Wenn diesen
Verhältnissen Genüge geleistet ist, dann wird der Oberarm hinten von
einer kräftigen Knochenspange gestützt, ein Umstand, den sich z. B.
der Boxer zunutze macht, wenn er, seinen Oberarmknochen vom Schulterblatt gut geschützt, zu einem seitlichen Schlage ausholt. Würde
das Akromioklavikulargelenk fehlen, so würde die Gelenkfläche dem
Oberarm beim Vorwärtsstrecken nur eine ganz geringe Stütze bieten,
so daß ein mit dem Arm ausgeführter Schlag oder Stoß oder ein Fall
auf die Hand unter ähnlichen Verhältnissen den Humerus gegen die
Gelenkkapsel treiben und so zu einer Luxation führen würde. Unter
normalen Verhältnissen wird deshalb beim Vorwärtsbewegen des Schulterblattes und des Armes der Winkel zwischen dem Akromion und den benachbarten Teilen des Schlüsselbeins immer spitzer, so daß die Gelenkfläche in ausreichender Weise nach vorwärts gerichtet wird, um dem
Humerus einen genügenden Stützpunkt zu bieten. Daraus folgt, daß
eine Unbeweglichkeit dieses kleinen Gelenks eine Unzuverlässigkeit des
Schultergelenks sowie eine Schwäche gewisser Bewegungen der oberen
Extremität bedingt. Beim Erheben des Arms gegen den Kopf findet
ebenfalls eine Bewegung in diesem Gelenk statt, wobei der Winkel
zwischen Schlüsselbein und Achselhöhlenwand sich um so mehr zu-
spitzt, je höher die Schulter gehoben wird.

Luxationen im Akromioklavikulargelenk. Das Schlüsselbein kann
nach oben (Luxatio supraacromialis) oder nach unten (Luxatio infra-
acromialis) verlagert sein. Polaillon hat 38 Fälle der ersten und nur
sechs Fälle der letzteren zusammengestellt. Dieses Mißverhältnis wird
in der Hauptsache durch die Richtung verständlich, in welcher die
artikulierenden Gelenkflächen verlaufen. Beide Verrenkungen entstehen
für gewöhnlich durch direkte Gewalt. Die Luxation nach oben ist sehr
häufig keine vollständige und nur mit einer Überdehnung oder kleinen
Bänderzerreißung verbunden. Bei einer kompletten Luxation, bei welcher
das Schlüsselbein vollständig auf dem Akromion liegt, ist nicht nur die
Kapsel, sondern auch das Ligamentum coracoclaviculare zerrissen.
Diese Verrenkungen sind in der Regel ebenfalls leicht einzurichten,
allein wegen der Lage der Gelenkflächen ist es leicht verständlich, daß
es bei der Luxatio supraacromialis sehr schwer ist, das reponierte Schlüsselbein in seiner Lage zu erhalten.

Das Schulterblatt (Scapula). An der Hinterfläche des Knochens
sind die unmittelbar ober- und unterhalb der Schultergräte (Spina

scapulae) gelegenen Muskeln von einer Faszie fest umschlossen. So ist der Musculus supraspinatus in eine Faszie eingehüllt, die rings um den Ursprung des Knochens befestigt einen Hohlraum darstellt, der nur an der Ansatzstelle des Muskels offen ist.

Die Musculi infraspinatus und teres minor sind ebenfalls in eine besondere viel dickere Faszie eingeschlossen, die in einiger Entfernung von den Muskeln am Knochen befestigt, sich vorne mit der Faszie des Deltamuskels vereinigt und so einen zweiten abgeschlossenen Raum bildet. Die Anordnung dieser Faszien macht es verständlich, daß bei Frakturen des Schlüsselbeinkörpers kaum nennenswerte Blutunterlaufungen am Rücken gefunden werden. Der Bluterguß im Bereiche der Bruchstelle wird durch die Faszien in der Tiefe festgehalten und kann daher nicht die Oberfläche erreichen.

Die Bewegungen des Schulterblatts. Bei der seitlichen Erhebung des Arms bis zur Vertikalen über den Kopf macht das Schulterblatt eine drehende Bewegung, indem dessen Margo vertebralis aus einer annähernd vertikalen Richtung in eine annähernd horizontale Lage übergeht. Beim Beginne einer derartigen Bewegung, solange der Arm noch nicht über 35⁰ erhoben ist, bleibt der Skapularwinkel so gut wie unverändert, da das Schulterblatt bis dahin von den Musculi trapezius, rhomboideus maior und minor, serratus anterior in seiner Lage gehalten wird. Ist der Kappenmuskel gelähmt, wie z. B. wegen zufälliger Durchtrennung des Nervus accessorius bei der Entfernung von Lymphknoten am Halse, dann stehen der vertebrale Rand und der Angulus inferior unter dem Gewichte des erhobenen Arms nach außen vor. Wird der Arm über 35⁰ erhoben, dann tritt der vordere Sägemuskel in Tätigkeit, wobei der untere Schulterblattwinkel rasch sich vorwärts bewegt. Ist der diesen Muskel versorgende Nervus thoracalis longus aus dem Plexus brachialis gelähmt, oder dessen Antagonisten, die Musculi rhomboidei, die ebenfalls hierbei tätig sind, funktionsuntüchtig (Nervus dorsalis scapulae des Plexus brachialis), so springt der untere Winkel und der hintere Rand noch mehr vor, es entsteht als Folge der Lähmung dieses Muskels die sog. „Scapula alata". Dieses flügelförmige Abstehen des Schulterblatts beweist also **beim Beginne** des Armhebens eine Trapeziuslähmung, bei **der Fortsetzung** des Armeaufwärtshebens dagegen eine Serratuslähmung.

Brüche des Schulterblatts, hauptsächlich solche des Körpers sind nicht häufig, und zwar einerseits wegen der Beweglichkeit des Knochens, sowie der Dicke der Muskeln, die auch dessen dünne Abschnitte bedecken, außerdem liegt aber der Knochen noch auf einem weichen Muskelpolster und ist zweifellos auch durch die Elastizität der Rippen in einem gewissen Grade geschützt.

Die häufigste Fraktur ist ein Bruch des Akromions; er besteht oft nur aus einer Epiphysentrennung. In der Schulterhöhe finden sich zwei, manchmal auch drei Knochenkerne, die zur Zeit der Pubertät verknöchern; die ganze Epiphyse verschmilzt dann mit dem übrigen Knochen zwischen dem 22. und 25. Lebensjahr. Einzelne Fälle von vermeintlichen Brüchen des Akromions, die mit Interposition von Bindegewebe geheilt zu sein scheinen, sind weiter nichts als unvollständig verschmolzene Epiphysen und haben nichts mit einem Trauma zu tun. Bei 5 von 40 Leichen fand Symington die akromiale Epiphyse mit der Spina scapulae bindegewebig vereinigt, nach den Statistiken anderer Beobachter scheint dies bei 10% aller Erwachsenen der Fall zu sein. Bei Brüchen der Schulterhöhe ist eine nennenswerte Dislokation der Bruchstücke ganz ungewöhnlich, da der Knochen von den ihn bedeckenden zwei Muskeln einen derben bindegewebigen Überzug erhält. Dieses derbe Periost macht es auch verständlich, daß zahlreiche Brüche nur unvollständig sind und daß Krepitationsgeräusche häufig fehlen. Verläuft die Bruchlinie vor dem Klavikulargelenk, dann ist eine Lageveränderung des Arms unmöglich. Geht sie jedoch durch das Gelenk, dann ist eine Verlagerung des Schlüsselbeins das Gewöhnliche. Bei Frakturen hinter dem Gelenke nimmt der Arm, da er seinen Halt am Thorax verloren hat, eine ähnliche Lage ein wie bei der typischen Schlüsselbeinfraktur. Der Rabenschnabelfortsatz kann entweder abgebrochen sein oder es kann nur eine Epiphysentrennung sich finden. Als Epiphyse verschmilzt er mit dem Knochen in ungefährem Alter von 17 Jahren. Die Tuberositas supraglenoidalis, von welcher der lange Bizepskopf seinen Ursprung nimmt, ist ein Teil der Rabenschnabelfortsatzepiphyse. Trotz der mächtigen Muskeln, welche an diesem Fortsatz befestigt sind, ist die Verlagerung für gewöhnlich nur gering, da das Ligamentum coracoclaviculare selten zerreißt. Dieses Band ist, und darauf muß geachtet werden, an der Basis des Fortsatzes befestigt. In einigen wenigen Fällen wurde dieser Fortsatz durch Muskelwirkung abgerissen.

Unter den häufigeren Brüchen des Schulterblattes finden sich die Quer- und Schrägfrakturen unterhalb der Schultergräte. Da der Infraspinatus, Subskapularis und noch andere Muskeln mit beiden Fragmenten in Verbindung stehen, ist nur eine ganz geringe Dislokation die Regel. Eine Fraktur kann sich natürlich auch am Collum chirurgicum finden. Dieser chirurgische Hals besteht aus einer Einschnürung des Knochens jenseits der Ränder der Gelenkpfanne in der Linie der Incisura scapulae. Das kleinere Bruchstück umfaßt daher den Processus coracoideus, das größere das Akromion. Der Grad der Dislokation in diesen Fällen hängt davon ab, ob das Ligamentum coracoclaviculare sowie das Ligamentum acromioclaviculare zerrissen sind oder nicht. Im ersteren Falle ist das kleinere Bruchstück mit dem Arme nach abwärts verlagert und der Unfall erinnert etwas an die Luxatio humeri infraglenoidalis. Von ihr unterscheidet sie sich jedoch durch das Krepitationsgeräusch, durch die Leichtigkeit, mit welcher die Dislokation ausgeglichen wird und dieselbe Leichtigkeit, mit der sie wiederkehrt, durch die Lage des Humeruskopfes in bezug auf die Gelenkpfanne und durch den „verdächtigen“ Befund, daß der Processus coracoideus mit dem Arme nach unten disloziert ist.

Tumoren der Skapula. Tumoren der verschiedensten Art wachsen an der Skapula, vor allem an der Spina, dem Halse und dem unteren Winkel.

Der Knochen kann mit oder ohne gleichzeitige Entfernung der oberen
Extremität exstirpiert werden. Eine „Amputatio interscapulo-
thoracica" wird gewöhnlich bei bösartigen Tumoren ausgeführt, welche
die dem Schulterblatt benachbarten Strukturen befallen haben. Bei
dieser Operation wird die obere Extremität mit dem Schulterblatt und
dem Teile des Schlüsselbeins entfernt, der jenseits des Kopfnickerursprungs
liegt. Vorn und hinten wird die Schulter mittelst Ellipsenschnitts
umschnitten, wobei das obere Ende der Ellipse auf dem Schlüsselbein,
das untere dagegen am unteren Schulterblattwinkel liegt. Die Operation
wird am Schlüsselbeine begonnen, um zuerst die Gefäße der Achselhöhle
zu versorgen. Die Arterie muß vor der Vene unterbunden werden,
damit der Arm noch Zeit hat, sein Blut in den Körperkreislauf abzugeben.
Die hauptsächlichsten Gefäße, welche bei dieser Operation in Betracht
kommen, sind die Arteria transversa scapulae am oberen Rande des
Knochens, der Ramus descendens arteriae transversae colli am medialen
Rande, die Arteria subscapularis am unteren Rande des Musculus subscapularis, die Arteria circumflexa scapulae am lateralen Knochen-
rande, sowie der Ramus acromialis der Arteria thoracoacromialis.

Die Achselhöhle (Axilla). Vom chirurgischen Standpunkte aus
kann die Achselhöhle als eine Brücke zwischen Hals und oberer
Extremität betrachtet werden. Tumoren und Abszesse dieser Gegend
können am Halse hinaufkriechen, wie auch Geschwülste und Eiteransammlungen am Halse auf die Axilla übergreifen können. Das die
Basis der Achselhöhle bildende Hautstück enthält neben den Haaren
(Hirci) zahlreiche Talg- und Schweißdrüsen. Hier finden sich häufig
kleine Hautabszesse, die sich in den Drüsen entwickeln und durch die
Reibung der Haut an den Kleidern entstehen. Da die Haut der Achselhöhle sich leicht rötet und entzündet, so ist sie keine geeignete Stelle
um bei Lues die Quecksilbersalbe einzureiben. Unter der Haut und
der oberflächlichen Faszie liegt die Fascia axillaris und unter ihr die
eigentliche Achselhöhle. Das Bindegewebe, das die Höhle hauptsächlich ausfüllt, ist sehr locker und obgleich die Lockerheit des Gewebes
einerseits die freie Bewegung des Arms sehr begünstigt, fördert sie auf
der anderen Seite die Bildung großer Eiteransammlungen und ungeheurer
Blutextravasate.

Es ist sehr wichtig, die Anordnung der **Faszien** in dieser Gegend
genau zu kennen. Es finden sich in der Hauptsache drei Faszien: 1. Die
tiefe Fascia pectoralis, welche den großen Brustmuskel einhüllt. 2. Die
Fascia coracoclavicularis, die oben am Schlüsselbeine befestigt, den
Raum zwischen ihm und dem Musculus pectoralis minor ausfüllt, dann
sich spaltet, um diesen Muskel einzuhüllen und an der vorderen Achselfalte in die tiefe Pektoralfaszie übergeht, um mit ihr die Fascia axillaris
zu bilden. Der obere Teil dieser Faszie wird auch als Membrana costocoracoidea bezeichnet. Die ganze Membran ist auch unter dem Namen
„Ligamentum suspensorium axillae" bekannt, da es die Fascia axillaris
nach dem Schlüsselbeine emporzieht und vor allem die Höhlung der
Achsel bedingt. 3. Die Fascia axillaris, welche durch das Verschmelzen

der beiden erstgenannten Faszien entsteht und sich an der Basis der
Axilla von der vorderen zur hinteren Achselfalte erstreckt. Sie ist unter
den Achselhöhlenhaaren am dünnsten.

Abszesse der Achselgegend können sich unter dem Musculus pectoralis maior, zwischen beiden Pektoralmuskeln oder unter dem Musculus
pectoralis minor und der Membrana costocoracoidea und deshalb in
der Achselhöhle entwickeln. Das lockere Gewebe dieser Höhle begünstigt,
wie schon oben erwähnt, die Bildung großer Abszesse. Ein derartiger
Abszeß wölbt den großen Brustmuskel nach vorne, flacht die Achselgrube mehr oder weniger vollständig ab, schiebt das Schulterblatt nach
hinten und verbreitert den Winkel zwischen dem Musculus serratus anterior und dem Musculus subscapularis. Abgekapselte Abszesse haben
eine große Neigung sich nach aufwärts zur Halsgegend, als der Stelle
des geringsten Widerstands, auszubreiten. Vom Halse aus kann ein
solcher Abszeß in das Mediastinum durchbrechen. In einem Falle
perforierte ein durch eine Erkrankung des Schultergelenks entstandener
Achselhöhlenabszeß den ersten Interkostalraum und erzeugte eine tödliche
Pleuritis.

Bei der Eröffnung eines Achselhöhlenabszesses, wie überhaupt bei
den meisten Inzisionen in diesem Raume sollte das Messer in der Mitte
der Achselgrube angesetzt werden, d. h. in der Mitte zwischen vorderer
und hinterer Achselfalte und nahe an der thorakalen Seite der Höhle.
Die durch einen ungeschickt geführten Schnitt am ehesten zu verletzenden
Gefäße sind die Arteria subscapularis, die am unteren Rande des Unter-
schulterblattmuskels verläuft, die Arteria thoracalis lateralis, die dem
unteren Rande des kleinen Brustmuskels folgt und die dicht am Humerus
liegenden großen Gefäße. Das an richtiger Stelle angesetzte Messer
sollte in der Mitte zwischen den beiden erstgenannten Gefäßen und weit
weg von den Hauptstämmen in die Tiefe dringen. Bisweilen gibt die
Arteria axillaris als letzten Ast eine Arteria mammaria externa ab,
welche durch die Mitte der Achselhöhle zieht, um sich am Thorax unterhalb der Arteria thoracalis lateralis zu verzweigen. Dieses Gefäß kann
unter Umständen bei der oben angegebenen Inzision verletzt werden.
Die Arterie ist jedoch sehr inkonstant, klein und relativ oberflächlich.
Sie findet sich in der Regel bei weiblichen Individuen.

Die Lymphknoten der Achselhöhle. Dieselben sind zahlreich und
von großer chirurgischer Bedeutung; sie sind in vier Gruppen angeordnet.
1. Die größere Anzahl liegt an der Innenseite der Vena axillaris unter
den Haaren der Achselgrube. Diese zentrale Gruppe empfängt die
Lymphe von der oberen Extremität und der Brust. Schmerzen in der
Achselhöhle beim Panaritium und anderen eitrigen Entzündungen der
Hand und des Arms sind durch eine Entzündung dieser Gruppe von
Lymphknoten bedingt, die von dem Nervus intercostobrachialis durchzogen werden. 2. Die tiefe Gruppe der Lymphknoten liegt entlang den
Axillargefäßen. Sie erhalten ihre Lymphe aus der ersten Gruppe und
stehen in der Fossa infraclavicularis mit den unteren tiefen Halslymph-
knoten in Verbindung. 3. Weitere Lymphknoten liegen auf dem Mus-

culus serratus anterior an der thorakalen Seite der Achselhöhle und unmittelbar hinter dem unteren Rande der Brustmuskeln. In sie münden die Lymphgefäße der Brust und der oberflächlichen Schichten der Bauchwand vom Nabel aufwärts. Ihre Vasa efferentia ziehen größtenteils weiter zu den zentralen Achselhöhlenlymphknoten. Diese Lymphknoten schwellen bei gewissen Erkrankungen der Mamma zuerst an, ferner auch bei Blasenbildung und oberflächlichen Entzündungen etc. der Brust und oberen Bauchhaut. Paulet sah sie bei Phlegmone der Hand geschwollen. Die axillare Ausbuchtung der weiblichen Brust steht mit dieser Lymphknotengruppe in Verbindung. 4. Der Rest der Lymphknoten liegt in den hinteren Abschnitten der Achselhöhle im Verlaufe der subskapularen Gefäße; in sie münden die Lymphgefäße des Rückens.

Im Trigonum deltoideopectorale, d. h. in der Furche zwischen dem Delta- und dem großen Brustmuskel finden sich für gewöhnlich ein oder zwei Lymphknoten. Sie erhalten die Lymphe von der Außenseite des Arms, teilweise auch von der Schulter und der Mamma. Die oberflächlichen Lymphgefäße über dem oberen Teile des Deltamuskels münden in die zervikalen Lymphknoten (Tillaux), die über dem unteren Teile desselben Muskels gehen in die Achselhöhle. Die Lymphbahnen der Fossa supraspinata folgen der Arteria transversa scapulae und münden in die unteren Zervikallymphknoten. Die oberflächlichen Lymphgefäße des Rückens, die nach der Achselhöhle zu verlaufen, kommen vom Halse über den Kappenmuskel und vom Rücken bis herab zur Darmbeinschaufel. Die Entfernung aller Achselhöhlenlymphknoten ist, vor allem beim Brustkrebs, eine häufige Operation. Man erhält freien Zutritt zu ihnen, wenn man die Brustmuskeln nach innen umschlägt. Aus der Lage der Lymphknoten ergibt sich von selbst, daß dieselben, wenn erkrankt, leicht mit den Gefäßen der Achselhöhle und vor allem mit der Vena axillaris verwachsen. Das letztere Gefäß wird bei der Entfernung der vergrößerten Lymphknoten häufig verletzt oder müssen ganze Stücke desselben exzidiert werden, aber auch die Arteria axillaris ist hierbei schon aus Versehen durchtrennt worden.

Die Gefäße der Achselhöhle (Abb. 58). Die Vena axillaris entsteht aus dem Zusammenfluß der Vena basilica mit den beiden Venae brachiales. Diese Vereinigung findet in der Regel am unteren Rande des kleinen Brustmuskels statt, weshalb die Vene kürzer ist als die Arterie. Bisweilen findet der Zusammenschluß der einzelnen Venen erst unter dem Schlüsselbein statt. Solche Verhältnisse erschweren einen Eingriff an der Arterie sehr, da alsdann zahlreiche quere Verbindungsäste der zu beiden Seiten der Arterie gelegenen Venen über sie hinwegziehen. Da die Axillarvene dem Herzen relativ nahe liegt, so wird der Blutstrom in derselben von den Atembewegungen stark beeinflußt. So kommt es, daß bei zahlreichen Verletzungen derselben oder auch ihrer größeren Äste Luft in das Venensystem aspiriert wird und der Tod eintritt. Der Lufteintritt in die Vene wird vielleicht noch durch den Umstand erleichtert, daß das Ligamentum costocoracoideum an diesem Gefäße befestigt ist und es so bei einer eventuellen Verletzung offen hält. Diese Verbindung

mit der Faszie erklärt nach der Ansicht mancher Chirurgen auch teilweise die enorme Blutung, die bei der Durchtrennung dieses Gefäßes
auftritt.

Die Vene wird häufiger verletzt als die Arterie, da sie dicker ist,
oberflächlicher liegt und den Arterienstamm mehr oder weniger bedeckt.
Andererseits wird bei der Verletzung der Gefäße durch Zugwirkung,
wie z. B. beim Einrichten einer Oberarmverrenkung die Arterie häufiger
verletzt. In allen Lagen der oberen Extremität liegt die Arterie am lateralen Bande der Achselhöhle. Die Lage der Vene jedoch zum ersten

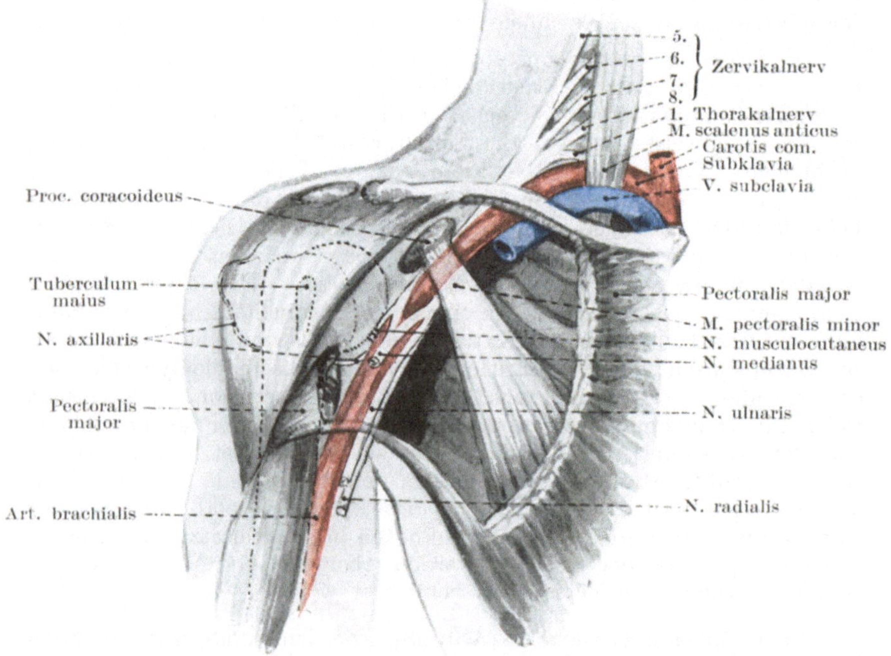

Abb. 58.   Beziehungen der Art. axillaris und des Plexus brachialis zum Schultergelenk und zu der Axilla.

Abschnitt der Arterie, d. h. zu dem Teile oberhalb des Musculus pectoralis
minor, hängt von der Lage des Arms ab. Bei herabhängenden Armen liegt
die Vene medial von der Arterie und etwas vor ihr, bei rechtwinklig
ausgestrecktem Arme rückt die Vene soweit vor die Arterie, daß sie
letztere so gut wie ganz bedeckt.

Aneurysmen der Arteria axillaris sind sehr häufig, eine Tatsache,
die ihre Erklärung in dem Umstande findet, daß das Gefäß dem Herzen
sehr nahe liegt, daß sein Verlauf stark gekrümmt und die Gefäßwand
häufigen und starken Bewegungen ausgesetzt ist, wie es ja auch bei zahlreichen Verletzungen der oberen Extremität gefährdet ist. Bei heftigen

und weitausholenden Bewegungen des Arms kann die Arterie, vor allem wenn eine Wanderkrankung schon besteht, mehr oder weniger weit einreißen.

Bei der Unterbindung der Arterie in ihrem ersten Abschnitt muß man daran denken, daß der große Brustmuskel bisweilen zwischen seinen zwei Muskelschichten einen von Bindegewebe ausgefüllten Raum enthält, den man mit dem unter dem Muskel liegenden Raume verwechseln kann (Heath). Nimmt der kleine Brustmuskel seinen Ursprung von der zweiten Rippe, so kann er die Arterie ganz oder teilweise bedecken und muß durchtrennt werden.

Der der Arterie zunächst liegende Strang des Plexus brachialis kann mit ihr verwechselt oder leicht in eine für das Gefäß bestimmte Ligatur miteingebunden werden. Ein sicherer Führer zu den axillaren Gefäßen bei dieser Operation ist der Verlauf der Vena cephalica. Die Nervi thoracales anteriores erscheinen zwischen der Vene und der Arterie auf ihrem Wege zum kleinen Brustmuskel; auch sie können manchmal als nützliche Anhaltspunkte zum Aufsuchen der Arterie benutzt werden.

Die Arteria axillaris wird für gewöhnlich der Übersicht halber in drei Abschnitte eingeteilt: der erste Abschnitt liegt oberhalb, der zweite hinter, der dritte unterhalb des kleinen Brustmuskels. Bei der Unterbindung der Arterie in ihrem dritten Abschnitt muß man sich daran erinnern, daß bisweilen ein kleines Muskelbündel schräg über die Gefäße hinweg vom Musculus latissimus dorsi zu den Musculi pectoralis maior, coracobrachialis oder biceps zieht. Dieses Muskelbündel kann während der Operation zu Verwirrungen Veranlassung geben und für den Musculus coracobrachialis gehalten werden.

Der Plexus brachialis. Ist die Schulter stark eingesunken, so kann man den oberen und mittleren Strang des Plexus brachialis, die vom fünften bis siebenten Halsnerven gebildet werden, deutlich am Halse fühlen, wie sie am hinteren Rande des Kopfnickers hervorkommen und unmittelbar lateral von der Mitte des Schlüsselbeins in die Achselhöhle eintreten. Der oberste vom fünften und sechsten Halsnerven gebildete Strang ist Traumen am häufigsten ausgesetzt, da er am Halse höher als der mittlere und untere Strang emporreicht; wenn daher der Hals kräftig nach der linken Seite gebeugt wird, wie z. B. beim Tragen einer Last auf der rechten Schulter, wird der obere Strang der rechten Seite stärker gezerrt als der mittlere und untere. In Fällen von Schulterlagen während der Geburt oder wenn der Hals und die Schulter durch einen Unfall auseinandergedrängt werden, kann der obere Strang überdehnt oder selbst zerrissen werden, es entsteht alsdann die sog. Erbsche Plexuslähmung. Man erinnere sich daran, daß aus dem ersten (lateralen) Strang die Nervi suprascapularis, dorsalis scapulae und musculocutaneus, sowie die Nerven für die Musculi rhomboidei und serratus anterior stammen. Eine Zerreißung der Nerven findet in der Regel distal von ihrem Ursprung statt, wodurch die von ihnen versorgten Muskeln unversehrt bleiben. Die bei der Erbschen Plexuslähmung befallenen Muskeln sind die Musculi supraspinatus, infraspinatus, teres minor, deltoideus, coracobrachialis, biceps, brachialis und brachioradialis, gelegentlich auch die Musculi supinator, extensor carpi radialis longus, pronator teres. In solchen Fällen findet sich keine Lähmung sensibler Nerven, sonderbarerweise verursacht eine Durchtrennung des fünften Zervikalnerven eine genau so ausgedehnte Muskellähmung wie eine Durchschneidung des fünften und sechsten Nerven (W. Harris). Bei vollständiger Zerreißung des Plexus brachialis findet sich unterhalb des Ellbogens vollständige Anästhesie, am Oberarm und den Schultern ist aber die Empfindung der tieferen Schichten erhalten (Sherren). Der Arm bleibt bei derartigen Verletzungen intakt, seine Nervenversorgung geschieht durch die Nervi cervicalis descendens und intercostobrachialis.

Die Nerven der Achselhöhle. Jeder einzelne der Nerven kann verletzt werden, am häufigsten der Nervus medianus, am seltensten der Nervus radialis. Die relative Immunität des letzteren erhellt aus seiner tiefen Lage an der Innen- und Hinterseite der Extremität, sowie aus seiner Dicke. Die Nerven zerreißen sehr selten bei einem Zuge am Arm. Wenn gewaltsam gedehnt, reißen sie eher an ihrer Verbindung mit dem Rückenmark ab, denn in der Achselhöhle. So berichtet Flaubert über einen Fall, in welchem bei einem mit roher Gewalt ausgeführten Versuche eine Schulterluxation einzurichten, die vier letzten Zervikalnerven vom Rückenmark abgerissen wurden.

Die Regio deltoidea. Diese Gegend wird allseitig vom Deltamuskel begrenzt, der das obere Humerusende und das Schultergelenk bedeckt. Zwischen dem Gelenk und der Oberfläche findet sich also nur die Haut, die oberflächliche Faszie, der Deltamuskel mit seiner Hülle, sowie eine geringe Menge weitmaschigen Bindegewebes, in welcher sich eine große Bursa subacromialis findet. Dieses unter dem Deltamuskel gelegene Bindegewebe stellt manchmal eine dicke, deutliche faszienartige Membran dar und kann auf die Lokalisation von vom Gelenk kommenden Eiteransammlungen von großer Wichtigkeit sein. Das Fettgewebe über dem Deltamuskel ist ein Lieblingssitz von Lipomen; an dieser Stelle beobachtet man bisweilen das Bestreben dieser Tumoren ihren Platz zu wechseln; so beschreibt Erichsen einen Fall, in welchem die Geschwulst von der Schulter allmählich auf die Brust hinabglitt.

In dem Raume zwischen den beiden Teresmuskeln auftauchend und horizontal um den Humerusschaft in der Höhe des Collum chirurgicum dicht am Knochen sich herumwindend verläuft die Arteria circumflexa humeri posterior mit dem Nervus axillaris. Dieser Nerv dient als Beispiel für ein Verhalten, auf das von Hilton aufmerksam gemacht wurde, nämlich, daß der hauptsächlichste Nerv eines Gelenks nicht nur die Gelenkflächen, sondern auch einzelne der Hauptmuskeln des Gelenks und die Haut über diesem Gelenk versorgt. Der Nervus axillaris innerviert das Schultergelenk, die Musculi deltoideus und teres minor, sowie die Haut über den unteren zwei Dritteln der Schulter und dem oberen Teile des Musculus triceps. Er wird häufig bei Schultertraumen beschädigt und kann durch eine einfache Kontusion der Schulter so sehr in Mitleidenschaft gezogen werden, daß eine Lähmung des Deltamuskels die Folge ist. Im allgemeinen scheint aber doch eine Axillarislähmung nach Schulterkontusion nicht so häufig zu sein, wie namentlich früher angenommen wurde. Außerdem ist es leicht verständlich, daß der Nerv bei Frakturen des Humerus am Collum chirurgicum, bei Luxationen im Schultergelenk (namentlich nach rückwärts) und bei rohen Versuchen eine solche Verrenkung einzurichten, häufig zerrissen wird.

Das Schultergelenk (Articulatio humeri) (Abb. 59). Von einem chirurgischen Standpunkte aus kann man die Gelenke einteilen in 1. solche, deren Stärke hauptsächlich auf Bändern beruht; 2. solche, die rein mechanisch kräftig sind und deren Festigkeit zum größten Teil von der Beschaffenheit der das Gelenk bildenden Knochen abhängt; 3. solche, deren Stärke haupt-

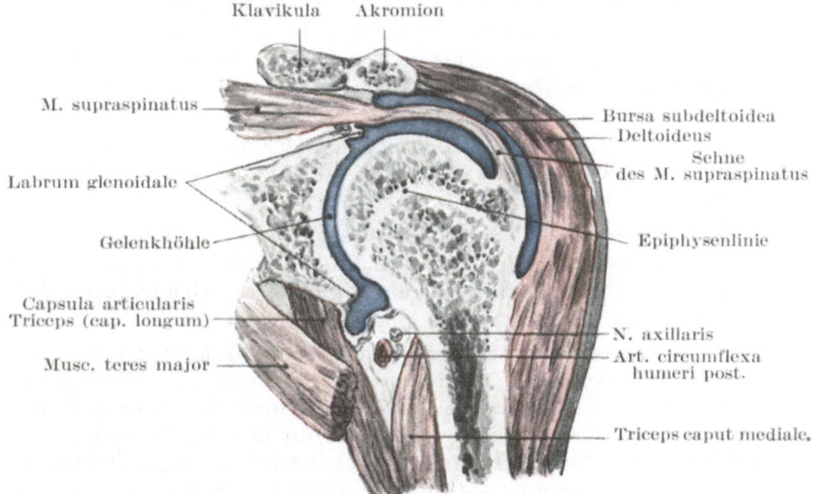

Abb. 59. Schnitt durch das Schultergelenk zur Darstellung von Gelenkkapsel, Epiphysenlinie und Bursa subdeltoidea.

sächlich auf Muskeln beruht. Als ein Beispiel für ein Gelenk der ersten Art sei das Sternoklavikulargelenk erwähnt, als Beispiel der zweiten Art das Ellbogengelenk, als Beispiel der dritten Art das Schultergelenk. Dasjenige Gelenk, welches am wenigsten zu Luxationen neigt, ist ein solches, dessen Stärke in zähen, unnachgiebigen Bändern besteht, während das am häufigsten luxierte Gelenk in die dritte Kategorie gehört, da seine Kraft hauptsächlich auf Muskeln beruht, die überrumpelt werden können und die selbst wegen gestörter Tätigkeit eine Quelle der Schwäche sind. Das sind natürlich nicht die einzigen Gesichtspunkte in der Ätiologie einer Luxation. Sehr viel hängt davon ab, wie ausgiebig die Bewegungen in einem gegebenen Gelenk unter normalen Bedingungen sind, ferner auch wie schwer das Gelenk belastet werden kann. Der von dem Akromion und dem Processus coracoideus mitsamt den Bändern gebildete Bogen gibt einen sehr wichtigen Stützpunkt für den Humeruskopf ab und ist ein sehr wichtiger Bestandteil des Gelenks. Mit diesem Bogen steht der Kopf des Oberarmknochens in unmittelbarer Beziehung, wenn auch nicht in tatsächlicher Berührung. Bei Lähmung des Deltamuskels kann der Humeruskopf eine gewisse Strecke von dem Rabenschnabelfortsatz entfernt werden und Nannoni beschreibt den Fall eines Kindes mit einer alten Deltamuskellähmung, bei der man zwischen Humeruskopf und Akromiondach vier Querfinger einlegen konnte. Es ist wichtig zu bemerken, daß bei herabhängenden Armen wenigstens zwei Drittel des Humeruskopfes mit der Gelenkfläche in Berührung sind und Anger hat darauf aufmerksam gemacht, daß in dieser Lage drei Viertel des Umfangs des Humeruskopfes vor einer Vertikallinie liegen, die durch den vorderen Rand der Schulterhöhe gelegt gedacht wird. Dabei liegt der Humeruskopf ganz an der Außenseite des Processus coracoideus. Der Rand der Gelenkfläche ist an der Innenseite noch vorspringender als an der Außenseite, während er unten am kräftigsten und breitesten ist. Dies ist wichtig, da damit offenbar beabsichtigt ist, diesen Teil des Gelenks, der in praxi der schwächste ist, i. e. den unteren inneren Abschnitt der Gelenkfläche zu kräftigen. Denn hier ist die Stelle, an welcher der Gelenkkopf bei der Schulterluxation das Gelenk verläßt.

Die Kapsel des Schultergelenks ist sehr locker und könnte einen Kopf beherbergen, der noch einmal so groß ist als der Humeruskopf. Nach Henry Morris ist kein einziger Abschnitt der Gelenkkapsel konstant dicker als die übrigen, wie es beim Hüftgelenk der Fall ist.

Von den Schleimbeuteln in der Umgebung des Gelenks ist die Bursa subacromialis am häufigsten erkrankt. Wenn durch eine Flüssigkeitsansammlung ausgedehnt, kann sie irrtümlicherweise für das entzündete Schultergelenk gehalten werden. Versuche an der Leiche zeigen, daß dieser Schleimbeutel bei Verrenkungen des Arms, sei es bei flektiertem oder extendiertem Oberam, tatsächlich zerreißen kann (Nancrede). Ist diese Bursa durch Flüssigkeitsansammlung stark erweitert, so wird der stärkste Schmerz bei der Abduktion des Arms ausgelöst, da unter normalen Verhältnissen die Wand des Schleimbeutels in dieser Stellung sich in Falten legt, um vor dem Tuberculum maius eine Art Kappe zu bilden. Bei älteren, an Rheumatismus leidenden Individuen kommuniziert dieser Schleimbeutel manchmal mit dem Gelenk. Die (sehr dünnwandige) Bursa musculi subscapularis ist weiter nichts als eine Ausstülpung der Synovialschicht zwischen dem Ansatz des Muskels und dem Schulterblatt. Werden bei Bewegungen des Arms im Schultergelenk Schmerzen ausgelöst, so können sie durch eine Erkrankung des Gelenks, der Bursa subacromialis oder subscapularis bedingt sein, denn in allen dreien findet ebenfalls eine Bewegung statt.

Die Sehne des langen Bizepskopfes verstärkt den oberen Teil des Gelenks, hält bei den verschiedenen Stellungen des Oberarms den Humeruskopf gegen die Gelenkfläche angepreßt und verhindert, daß der Kopf unter dem Akromion zu hoch nach oben gezogen wird. Die Sehne

kann natürlich abreißen; in einem solchen Falle ist außer der allgemeinen
Schwäche im Arme und der charakteristischen Vorwölbung des kontrahierten Muskels der Oberarmkopf gewöhnlich nach aufwärts und vorwärts gezogen, bis er von dem coracoakromialen Bogen aufgehalten
wird. So kann eine Art geringer „Pseudoluxation" entstehen. Bei
gewissen heftigen Zerrungen des Oberarms kann die Sehne das sie nieder-
haltende Ligamentum coracohumerale zerreißen, aus ihrer Vertiefung
herausspringen und nach der einen oder anderen Seite, gewöhnlich nach
der medialen Seite verlagert werden. Der durch die Gelenkkapsel verlaufende Teil der Sehne kann in Fällen von chronischer Arthritis defor-
mans durch die Reibung auf der rauhen Fläche des Humeruskopfs
allmählich zerstört werden. In solchen Fällen sucht sie sich eine neue
Anheftungsstelle im Sulcus intertubercularis.

Erkrankungen des Schultergelenks. Alle Arten von Gelenkerkrankungen können sich hier entwickeln. Die Kapsel ist, wie schon erwähnt,
sehr locker, die Gelenkflächen werden hauptsächlich durch den Tonus
der umgebenden Muskeln zusammengehalten; in Narkose können die
Gelenkflächen bequem auseinandergehalten und untersucht werden.
Bei Gelenkerkrankungen kann der vorhandene Erguß die beiden Knochen
weit auseinanderdrängen. Braune bohrte die Gelenkhöhle von der
Fossa supraspinata aus an und injizierte unter starkem Drucke Talg
in das Gelenk. Bei maximaler Ausdehnung der Gelenkkapsel stand
der Humeruskopf mehr als $1^1/_4$ cm von der Skapula entfernt, ein Befund,
der die bei Gelenkerkrankungen mit starkem Erguß an dieser Stelle so
oft zu beobachtende „scheinbare" Verlängerung des Arms erklärlich
macht. War der höchste Grad von Ausdehnung der Kapsel bei diesen
Versuchen erreicht, dann wurde der Oberarm leicht extendiert und nach
einwärts rotiert. Es ist für Schultergelenkerkrankungen charakteristisch, daß der Arm gewöhnlich der Seite dicht anliegt, daß der Ellbogen etwas nach hinten gezogen (Extension) und der Arm etwas
nach einwärts rotiert ist. Diese Haltung der Arme kann auch durch die
Rigidität der das Gelenk umgebenden Muskeln bedingt sein. Besteht
eine derartige Muskelstarrheit, so ist es verständlich, daß der mächtige
breite Rückenmuskel seinen Opponenten gegenüber etwas im Vorteil
ist und dies mag die Einwärtsrotation und leichte Rückwärtslagerung
des Arms erklären. Der innere Teil des Epiphysenknorpels liegt innerhalb der Kapsel; die äußeren, vorderen und hinteren Abschnitte des
Knorpels liegen vollständig subperiostal. Deshalb ereignet es sich,
daß bei purulenter Epiphysenerkrankung der Eiter seinen Weg in das
Gelenk findet.

Es finden sich zwei Ausstülpungen der Synovia; 1. eine, die mit
der Sehne des Bizepsmuskels im Sulcus intertubercularis eine Strecke
weit nach abwärts zieht (Vagina mucosa intertubercularis); 2. eine
Tasche unter dem Musculus subscapularis, die durch die Verbindung
der Gelenkhöhle mit dem unter dem Muskel liegenden Schleimbeutel
gebildet wird. Ist das Gelenk von Flüssigkeit erfüllt, so wird die Kapsel
gleichmäßig ausgedehnt und die Schulter gleichmäßig abgerundet.

Besondere Vorwölbungen finden sich in der Regel an den Stellen der Synoviaausstülpungen. So findet sich oft im Beginne einer Gelenkentzündung in der Vertiefung zwischen den Musculi pectoralis maior und deltoideus (Trigonum deltoideopectorale) eine Schwellung, die mitunter durch die unnachgiebige Bizepssehne in zwei Unterabteilungen geteilt erscheint (Paulet). Die Fluktuation kann am besten gefühlt werden, wenn man den nicht bedeckten Teil der Kapsel in der Achselgrube jenseits des Subskapularmuskels palpiert. Vereitert das Gelenk, dann sucht sich der Eiter gewöhnlich seinen Ausweg durch eine der eben erwähnten Synoviaausstülpungen, gewöhnlich durch die die Bizepssehne umhüllende Vagina intertubercularis. So kann der Eiter im Sulcus intertubercularis eine Strecke weit nach abwärts sich senken. In einem in der Literatur beschriebenen Falle war der Eiter aus dem Schultergelenk nach unten durchgebrochen, entlang dem Nervus radialis nach abwärts geflossen und brach an der Außenseite des Ellbogens durch.

Luxationen. Verrenkungen in diesem Gelenk sind häufiger als in irgend einem anderen Gelenk des Körpers. Dies wird verständlich wegen der Seichtheit der Fossa glenoidalis, der Größe und kugeligen Form des Humeruskopfs, den ausgedehnten Bewegungen des Arms, dem langen Hebelarm, den letzterer darstellt, sowie dem Umstande, daß die Stärke des Gelenks vor allem auf Muskeln beruht. Außerdem ist die Schulter und der Oberarm für Traumen besonders disponiert. Die hauptsächlichsten Arten der Luxationen im Schultergelenk sind folgende: 1. Luxatio humeri praeglenoidalis, subcoracoidea oder subclavicularis-Ausrenkung des Oberarms nach vorwärts und mehr oder weniger abwärts (häufigste Form); 2. Luxatio infraglenoidalis — abwärts und etwas nach vorwärts (selten); 3. Luxatio retroglenoidalis — (infraspinata, subacromialis) (selten).

Bei allen vollständigen Luxationen verläßt der Humeruskopf die Gelenkhöhle durch einen Schlitz in der Kapsel. Bei sog. „falschen Luxationen" ist die Kapsel nicht eingerissen. Wenn man z. B. an der Leiche den Deltamuskel durchtrennt, so kann der Humeruskopf unter den Processus coracoideus verlagert werden, ohne die Kapsel einzureißen; dasselbe kann sich am Lebenden ereignen in Fällen, in denen dieser Muskel seit langer Zeit gelähmt ist.

In allen Fällen von Verrenkungen in diesem Gelenk ist die erste Verlagerung des Humeruskopfes nach abwärts in die Achselhöhle. Es ist allbekannt, daß Schulterluxationen in der Regel dann entstehen, wenn bei abduziertem Arm eine Gewalt auf ihn einwirkt oder wenn eine große Gewalt den Knochen direkt nach abwärts drängt. Ist der Arm abduziert, so springt das Caput humeri unterhalb der Fossa glenoidalis etwas vor, ruht auf dem und drückt zugleich auf den unteren und am wenigsten geschützten Teil der Gelenkkapsel. Da die Kapselfasern an dieser Stelle bei der genannten Lage des Arms stark angespannt werden, so ist keine besonders große Kraft erforderlich, um die Kapsel zu zerreißen und den Knochen in die Achselhöhle zu treiben.

Deshalb findet sich bei Luxationen in diesem Gelenk der Kapselriß an der unteren medialen Seite, wobei der Humeruskopf unter dem Musculus subscapularis liegt, der seinerseits stets gezerrt und manchmal auch eingerissen ist. Der so nach abwärts in die Achselhöhle getriebene Kopf kann nun hier liegen bleiben (Luxatio infraglenoidalis) oder häufiger wird derselbe durch den mächtigen großen Brustmuskel nach einwärts gezogen, wobei nun auch andere Muskeln, die nur weniger Widerstand zu überwinden haben, sowie auch noch das Gewicht des nicht gestützten Arms mithelfen (Luxatio subcoracoidea); und schließlich kann die Gewalteinwirkung hauptsächlich von vorne kommen, wodurch der Humeruskopf nach rückwärts unter das Akromion oder die Spina scapulae getrieben wird (Luxatio retroglenoidalis subacromialis, infraspinata). Die überwältigende Häufigkeit der Luxatio humeri subcoracoidea erklärt sich aus dem Umstande, daß die den Knochen nach vorwärts ziehenden Muskeln viel kräftiger wirken, als diejenigen, welche nach hinten ziehen und daß dem aus der Gelenkkapsel austretenden Kopfe vorne kaum nennenswerte Hindernisse entgegentreten im Vergleiche zu den mächtigen Widerständen, die sein Austreten nach hinten unter die Schultergräte verhindern.

Symptome, welche allen Schultergelenkluxationen gemeinsam sind. Da die Rundung des Deltamuskels zu einem großen Teile auf dem unter ihm liegenden Humeruskopfe beruht und da bei allen diesen Luxationen (die leichteren Formen der Luxatio retroglenoidalis vielleicht ausgenommen) der Kopf de facto den Deltamuskel nicht mehr berührt, so ist dieser Muskel stets mehr oder weniger abgeflacht. Die Abflachung nimmt bei Streckung des Muskels, die stets bis zu einem gewissen Grade vorhanden ist, noch zu. Eine Streckung des Deltamuskels bedingt aber eine Abduktion des Arms, ein Symptom, das so gut wie stets zu finden ist. Da der Bizepsmuskel ebenfalls mehr oder weniger stark kontrahiert ist, ist der Ellbogen gebeugt und der Vorderarm supiniert. Bei jeder Form findet sich eine geringe Zunahme des vertikalen Umfangs der Achselhöhle, da der Kopf nach seinem Verlassen der Gelenkhöhle von einem in diesem Umfang mit inbegriffenen Teile Besitz ergriffen hat. Ferner hat Dugas gezeigt, daß „wenn der Verletzte selbst oder der Arzt die Finger des verletzten Arms bei an den Thorax angelegtem Ellbogen auf die entgegengesetzte Schulter zu legen imstande ist (was normalerweise leicht auszuführen ist) keine Luxation vorhanden sein kann; kann aber diese Bewegung nicht ausgeführt werden, so muß eine Luxation vorhanden sein, da keine andere Verletzung außer gerade einer Verrenkung diese physikalische Unmöglichkeit bedingen kann." Dies beruht auf dem Umstande, daß infolge der Rundung des Thorax es dem Humerus unmöglich gemacht ist, mit seinen beiden Enden den Brustkorb gleichzeitig zu berühren, daß aber bei einer Luxation der Schulter das obere Ende des Knochens in Wirklichkeit den Rumpf berührt. Schließlich kann man aus der Lage der großen Gefäße und Nerven erkennen, daß bei der Luxatio subcoracoidea und infraglenoidalis der Kopf des Knochens auf diese Gebilde drücken kann. So können sich ein Ödem des Arms, heftige Schmerzen oder Muskellähmungen einstellen. Die Arterie wird für gewöhnlich dank ihrer Elastizität nicht

beschädigt; allein Bérard beschreibt einen Fall von Luxation nach
vorne, bei der die Arteria axillaris durch den Humeruskopf so sehr komprimiert wurde, daß sich eine Gangrän des Arms entwickelte. Die
nahe Beziehung des Nervus axillaris zum Humerus gefährdet den Nerv
besonders stark, vor allem bei den infraglenoidalen und retroglenoidalen
Formen der Luxation. Deshalb muß nach jeder Reposition zunächst
der vom Nervus axillaris versorgte Deltamuskel genau auf seine Funk-

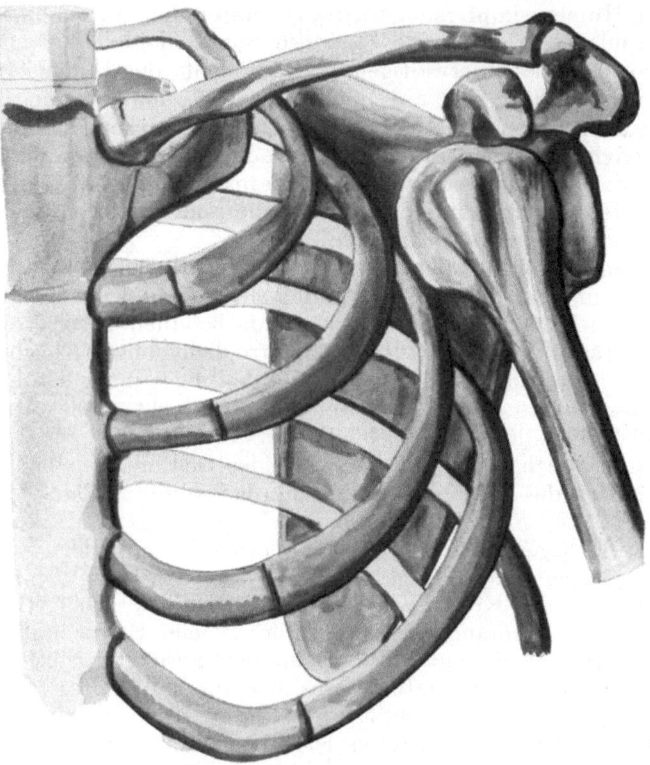

Abb. 60.   Luxatio humeri praeglenoidalis (subcoracoidea).

tion geprüft werden, um eine eventuelle Lähmung dieses Muskels gleich
festzustellen, was hinsichtlich der Prognose doch immerhin sehr wichtig ist.

Spezielle Anatomie der einzelnen Formen der Schultergelenkluxationen.

   a) Luxatio praeglenoidalis (Abb. 60). Der Kopf des Humerus liegt auf
der Vorderfläche des Collum scapulae, der anatomische Hals desselben
ruht auf der vorderen Lippe der Cavitas glenoidalis. Dabei findet sich
der Kopf unmittelbar unterhalb des Processus coracoideus und zwar vor,

medial und etwas unterhalb seiner normalen Stellung. Das Tuberculum maius sieht nach der leeren Gelenkhöhle, der Unterschulterblattmuskel ist über dem Oberarmkopf stark gespannt und gewöhnlich etwas eingerissen. Die Musculi supraspinatus, infraspinatus und teres minor sind ebenfalls stark angespannt oder selbst eingerissen; wie auch unter Umständen das Tuberculum maius abgerissen sein kann. Der Musculus coracobrachialis sowie der kurze Kopf des Bizeps sind ebenfalls gedehnt und verlaufen unmittelbar vor dem Kopfe des Humerus anstatt medial von ihm. Die lange Sehne des Musculus biceps ist nach abwärts und auswärts verlagert, bisweilen, wenn auch selten, von ihrem Ansatzpunkt an der Tuberositas supraglenoidalis abgerissen. Die durch den Humeruskopf bedingte Vorwölbung an der Vorderseite der Achselgrube ist zum Teil von einer gewissen Drehung des Oberarms abhängig. Bei Auswärtsrotation des Knochens ist sie am deutlichsten, bei Einwärtsrotation sinkt der Kopf in die Achselhöhle zurück und liegt dem Schulterblatt näher als der Haut. Da der Kopf des Oberarms stets etwas nach abwärts verlagert ist, so findet sich in allen Fällen eine gewisse tatsächliche Verlängerung; allein bei der gewöhnlichen Art den Oberarm zu messen, kann man an beiden Oberarmen gleiche Maße bekommen, ja an der verletzten Seite kann das Maß sogar kleiner sein, wenn das Caput humeri ein gutes Stück nach vorwärts und einwärts verlagert und der Arm abduziert ist. Hat der Kopf seine Gelenkhöhle verlassen, so wird durch die Abduktion der Epicondylus lateralis dem Akromion etwas genähert und diese beiden Knochenvorsprünge sind die Punkte, zwischen welchen für gewöhnlich der Knochen gemessen wird. Daher hängt die scheinbare Verlängerung des Arms hauptsächlich von dem Grade der Abduktion oder mit anderen Worten von der Krümmung der Knochenlängsachse ab.

b) Luxatio infraglenoidalis. Der Kopf liegt unterhalb, etwas vor und medial von seiner normalen Lage. Er kann wegen der Lage des langen Trizepskopfes sich nicht senkrecht nach abwärts bewegen, sondern gleitet in den Zwischenraum zwischen diesem Muskel und dem Musculus subscapularis. Die Gelenkfläche des Kopfs ruht auf der Vorderfläche der Tuberositas infraglenoidalis, an welcher die Sehne des langen Trizepskopfes ansetzt. Der obere Rand des Tuberculum maius liegt dem unteren Gelenkrand dicht an. Der Musculus subscapularis, welcher den Humeruskopf niederhält, ist stark gespannt oder eingerissen. Die Musculi supraspinatus und infraspinatus sind ebenfalls stark gespannt oder eingerissen, wogegen die beiden Teresmuskeln nicht sehr in Mitleidenschaft gezogen sind, es sei denn, daß eine beträchtliche Abduktion des Arms bestünde. Die Musculi coracobrachialis und biceps sind gestreckt und die Sehne des langen Bizepskopfes verläuft wegen der bestehenden Abduktion fast geradlinig nach abwärts.

c) Luxatio retroglenoidalis (Abb. 61). Der Kopf ruht für gewöhnlich auf der hinteren Fläche des Halses des Schulterblattes, wobei die Einschnürung des anatomischen Halses des Oberarmknochens der hinteren Lippe der Cavitas glenoidalis entspricht. Der Kopf liegt daher unterhalb des

Akromion; allein er kann noch weiter nach hinten verlagert sein und auf der dorsalen Fläche des Schulterblattes unterhalb der Spina scapulae ruhen. Die Sehne des Subscapularmuskels ist quer über die Gelenkhöhle herübergezogen und oft von ihrer Ansatzstelle abgerissen. Der Kopf schiebt den hinteren Abschnitt des Deltamuskels, den Untergräten- und den kleinen Rundmuskel nach rückwärts. Diese letzteren bedecken den Knochen und sind über ihn gespannt. Der große Brustmuskel ist ungebührlich angespannt, wodurch zum Teil die Einwärtsrotation

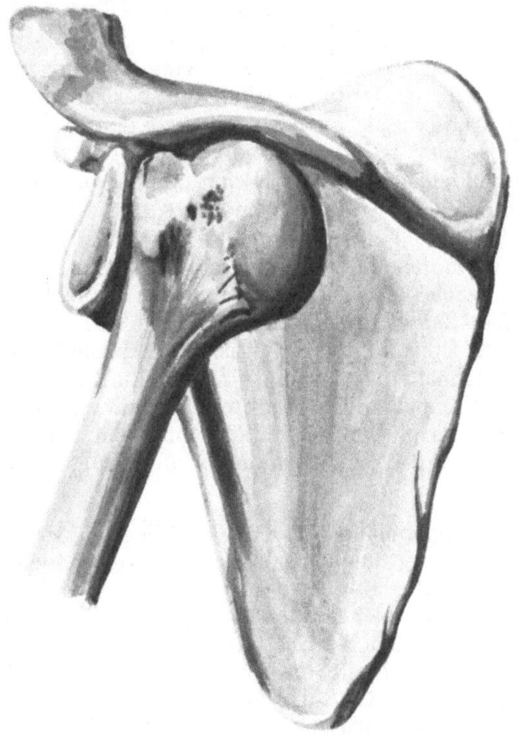

Abb. 61. Luxatio humeri retroglenoidalis (infraspinata).

des Humerus sowie dessen Abduktion nach vorne, die in der Regel beobachtet werden, erklärt werden, da diese Bewegungen mehr oder weniger unopponiert sind. Der Nervus axillaris ist oft durchgerissen.

Bei der Einrichtung von Luxationen, vor allem wenn sie schon längere Zeit bestehen, können die Gebilde der Achselhöhle schwer geschädigt werden. Die ganz lateral liegende Arterie kann mit den den dislozierten Kopf bedeckenden Weichteilen verwachsen und deshalb zerreißen, wenn diese Teile in ihrer Ruhe gestört werden.

Frakturen des oberen Humerusendes.

a) Der anatomische Hals. Der obere Teil der Gelenkkapsel ist genau am anatomischen Halse des Humerus befestigt und an dieser Stelle kann eine Fraktur über den Kapselansatz hinauslaufen und so teilweise extrakapsulär sein. Das untere Ende der Gelenkkapsel dagegen ist etwas unterhalb des anatomischen Halses befestigt und ein Bruch an dieser Stelle muß daher intrakapsulär sein. Von der Ansatzstelle der Gelenkkapsel am Oberarm ziehen bindegewebige Fasern aufwärts zum Rande des Gelenkknorpels des Humeruskopfes. Zerreißen diese Fasern nicht, so können die Knochenfragmente noch miteinander in Verbindung stehen. Es ist für das kleine und relativ feste obere Knochenfragment ein leichtes, in das an der oberen Fläche des unteren Fragments bloßgelegte schwammige Knochengewebe eingetrieben zu werden. Entsteht eine derartige Einkeilung, so kann der Deltamuskel abgeflacht sein, da der Kopf durch die Einkeilung kleiner geworden ist und deshalb den Muskel nicht so sehr vorwölbt. Die Schwierigkeit bei nicht eingekeilten Frakturen Krepitationsgeräusche zu erhalten, wird verständlich, wenn man bedenkt, wie klein und beweglich das obere Fragment ist und wie schwer es ist, dasselbe so zu fixieren, daß man die Bruchflächen aneinander reiben kann. Die Diagnose derartiger „dunkler Fälle" wird jetzt durch die Röntgenstrahlen geklärt.

b) Epiphysentrennung am oberen Ende des Humerus (Abb. 59). Der untere Rand der Epiphyse liegt in einer Ebene, welche zwischen anatomischem und chirurgischem Halse an der Basis des Tuberculum maius durch den Knochen gelegt gedacht wird. Sie würde etwa mit einer am dicksten Teile des Knochens angelegten queren Sägefläche zusammenfallen. Die drei die Epiphyse bildenden Knochenkerne (Kopf, Tuberculum maius und minus) verschmelzen etwa im fünften Lebensjahr und vereinigen sich mit dem Humerusschafte etwas im 20. Lebensjahr. Das obere Fragment kann durch die am Tuberculum maius ansetzenden Muskeln etwas nach auswärts gezogen und gedreht werden, während das untere Fragment durch die im Sulcus intertubercularis angehefteten Muskeln nach einwärts und vorwärts gedreht wird. So bildet für gewöhnlich ein Teil des glatten oberen Endes des unteren Fragments eine deutliche Vorwölbung unterhalb des Rabenschnabelfortsatzes. In solchen Fällen ändert sich die Knochenachse und der Ellbogen wird etwas von der Seite weggezogen. Häufig jedoch besteht die Verschiebung der Fragmente nur von vorne nach hinten, wobei das untere Bruchstück nach vorwärts vorsteht. So breit sind die beiden Knochenflächen an der Stelle der Trennung, daß das eine das andere kaum überragen kann.

c) Der chirurgische Hals. Das Collum chirurgicum liegt zwischen den Basen der beiden Tubercula und der Insertionsstelle der Musculi latissimus dorsi und teres maior. Eine gewöhnliche Verlagerung der Fragmente ist folgende: Das obere Bruchstück wird durch die Ober- und Untergrätenmuskel im Vereine mit dem kleinen Rundmuskel nach außen rotiert und nach außen gezogen. Das obere Ende des unteren Bruchstücks wird vom Deltamuskel, dem zweiköpfigen Armmuskel,

dem Hackenarmmuskel (Musculus coracobrachialis) sowie dem drei-
köpfigen Armmuskel nach oben, von den im Sulcus intertubercularis ansetzenden Muskeln nach einwärts und vom großen Brustmuskel nach vorwärts gezogen. So bildet es in der Achselhöhle eine Vorwölbung und die
Längaschse des Oberarms ist derart verlängert, daß der Ellbogen von der
Seite absteht. Diese Verlagerung ist aber nicht konstant. Péan,
Anger und andere sind der Ansicht, daß die gewöhnliche Verlagerung
in einer Verschiebung des oberen Endes des unteren Fragments nach
vorwärts bestehe und daß diese Lageanomalie durch die Richtung der
einwirkenden Gewalt bedingt sei und nicht auf Muskelzug beruhe. In
einzelnen Fällen findet sich keine Verschiebung der Bruchenden, da
dieselben wahrscheinlich von den Bizepssehnen und dem langen Trizepskopf in situ gehalten werden. In wenigstens einem Falle (Jarjavay)
war das untere Fragment so sehr nach auf- und auswärts gezogen, offenbar durch den Deltamuskel, daß es beinahe die Haut der Schulter durchbohrte. Hamilton kommt zu dem allgemeinen Schluß, daß eine vollständige oder doch wenigstens bemerkbare Dislokation bei dieser Fraktur seltener ist als bei den meisten anderen Frakturen und zahlreiche
Chirurgen stimmen in der Hinsicht mit ihm überein.

Resektion des Schultergelenks. Der Deltamuskel bildet eine geradezu ideale Bedeckung für den Operationsstumpf. Er wird von der Arteria
circumflexa humeri posterior und dem Nervus axillaris versorgt, die
natürlich geschont werden müssen, wenn der Hautmuskellappen von
der Hinterfläche des oberen Endes des Humerus freipräpariert wird,
ehe das Schultergelenk eröffnet wird. Der Rabenschnabelfortsatz liegt
unter dem vorderen Rande des Muskels und unmittelbar lateral vom
Verlaufe der Gefäße der Achselhöhle. Deshalb gestattet die erste Inzision, die unmittelbar am Processus coracoideus beginnt und dem
Arme entlang am vorderen Rande des Deltamuskels geführt wird, Zutritt zu den Gefäßen der Achselhöhle in einer Weise, daß sie unterhalb
des Abgangs der Arteria circumflexa humeri posterior und oberhalb
des Ursprungs der Arteria profunda brachii unterbunden werden können.
Der Schnitt wird hinten bis über die Insertion des Deltamuskels am
Humerus hinaufgeführt. Die Ansatzstelle des großen Brustmuskels wird
in dem Schnitte am vorderen Rande des Deltamuskels durchtrennt,
ebenso wie auch die Insertionen des breiten Rücken- und des großen
Rundmuskels. Die Ansätze der Musculi teres minor, infraspinatus,
supraspinatus und subscapularis sind an der Kapsel befestigt und werden
mit ihr durchtrennt, um den Kopf des Humerus freizulegen. Der untere
Teil der Kapsel und der lange Kopf des Musculus triceps werden erst
durchtrennt, nachdem der Humeruskopf durch die obere Kapselinzision
aus seiner Gelenkpfanne herausgehoben ist.

12. Der Arm.

Der **Oberarm** (Brachium) reicht von der Achselgrube bis zur Ellenbeuge.

Oberflächenanatomie. Bei Frauen und fetten männlichen Individuen sind die Konturen des Arms rund und ziemlich regelmäßig. Weniger

regelmäßig ist seine Form bei muskulösen Personen, bei denen er einen
Zylinder vorstellt, der zu beiden Seiten etwas abgeflacht und vorne
stark vorgewölbt ist (Bicepsmuskel). Die Konturen des Bizepsmuskels,
„der Bizepswulst", sind sehr deutlich und zu beiden Seiten desselben
findet sich eine Vertiefung. Die innere der beiden Vertiefungen (Sulcus
bicipitalis medialis) ist die deutlichere. Sie verläuft von der Ellbeuge
zur Achselgrube und bezeichnet im allgemeinen den Verlauf der Vena
basilica und Arteria brachialis. Die äußere Vertiefung (Sulcus bicipitalis
lateralis) ist seicht und endet oben an der Ansatzstelle des Deltamuskels.
So weit sie geht, bezeichnet sie den Verlauf der Vena cephalica.

Die Insertion des Deltamuskels ist ein wichtiger Anhaltspunkt
und kann leicht erkannt werden. Sie bezeichnet sehr genau die Mitte
des Humerusschafts, liegt in gleicher Höhe mit dem Musculus coracobrachialis und bezeichnet die obere Grenze des Musculus brachialis.
Ferner entspricht sie noch außerdem der Stelle, an welcher die Zylinder-
form des Oberarmknochens in die mehr dreiseitig-prismatische, ab-
geplattete Form übergeht, ferner dem Punkte, an welchem die Arteria
nutricia humeri in den Knochen eintritt, sowie der Höhe, in welcher
der Nervus radialis und die Arteria profunda brachii die Hinterfläche
des Knochens kreuzen.

Ist der Arm ausgestreckt und supiniert, dann entspricht der Verlauf
der Arteria brachialis einer Linie, die am inneren Rande des Bizeps
von der Achselgrube zur Mitte der Ellbeuge gezogen wird. Die Arterie
liegt oberflächlich und kann während ihres ganzen Verlaufs palpiert
werden. In ihren oberen zwei Dritteln liegt sie der Innenfläche des
Muskelschafts an und kann durch Druck in der Richtung nach auswärts
und etwas rückwärts dem Knochen angepreßt werden. In ihrem unteren
Drittel liegt der Humerus hinter ihr und um sie wirksam zu komprimieren, muß man nach rückwärts einen Druck ausüben.

Die Arteria collateralis ulnaris superior wird in ihrem Verlaufe
durch eine Linie gekennzeichnet, die von der Mitte der medialen Humerusfläche zum hinteren Abschnitte des Epicondylus medialis gezogen
wird. Die Arteria nutricia dringt an der Innenfläche des Schafts, gegenüber der Insertion des Deltamuskels in den Knochen ein, während die
Arteria collateralis ulnaris inferior etwa 5 cm oberhalb der Ellenbeuge
von der Arteria brachialis abzweigt.

Der Nervus ulnaris begleitet zuerst die Arteria brachialis und verläuft dann in einer Linie, die von der Innenseite der Arterie in der Höhe
der Insertion des Musculus coracobrachialis zu der Vertiefung zwischen
Olekranon und Epicondylus medialis, d. h. zum Sulcus nervi ulnaris
gezogen wird. Der größte Teil des Nervus cutaneus brachii medialis
liegt in der Tiefe des Sulcus bicipitalis internus, während der Nervus
musculocutaneus in der Ellenbeuge an der Außenseite der Bizepssehne an die Oberfläche kommt.

Die **Haut** des Arms ist dünn und zart, vor allem vorne und an den
Seiten. Sie ist außerdem sehr lose, da sie an die tiefen Teile nur durch
die lockere subkutane Faszie angeheftet ist. Bei zirkulären Amputationen des Arms gestattet dieser lockere Zusammenhang ein genügend

weites Zurückziehen der Haut mit der Hand allein. Aus der die Vorderfläche des Musculus biceps bedeckenden Haut wird bei der Tagliacozzi-
schen Operation zur Bildung einer neuen Nase der Lappen entnommen.
Die Zartheit der Haut an dieser Stelle sowie der Mangel an Haaren
machen sie für eine derartige plastische Operation besonders geeignet.
Die spärlichen Befestigungen der Haut auf der Unterlage bewirken
es, daß sie bei Lappen- und Quetschwunden leicht abgerissen oder
abgestreift wird. Bisweilen werden bei derartigen Verletzungen große
Hautlappen gewaltsam abgetrennt. Die lockere Beschaffenheit des Unter-
hautzellgewebs begünstigt in hohem Maße das Umsichgreifen entzündlicher Prozesse, während dessen verhältnismäßig dünne Lagen Blutergüsse
rasch an der Oberfläche sichtbar werden läßt.

Das Glied ist vollständig von einer tiefen **Fascia brachii** gleichsam
wie von einem Ärmel eingehüllt. An der Seite wird die Faszie durch
in die Tiefe gehende Septa intermuscularia mediale und laterale, die
die beiden Hauptmuskelgruppen des Arms trennen, befestigt. Das
laterale Septum zieht von der Insertion des Deltamuskels zum Epicondylus lateralis, das mediale Septum von der Insertion des Musculus
coracobrachialis zu dem medialen Epikondylus. Durch diese Faszie
und ihre beiden ebenerwähnten Septen wird der Arm in drei Abteilungen
geteilt, die auf Querschnitten deutlich als solche zu erkennen sind.
Sie dienen dazu, entzündliche und blutige Ergüsse zu beschränken.
Die vordere Abteilung hat die weniger festen Begrenzungen, da die
den Bizeps bedeckende Faszie sehr dünn ist. Ergüsse in einer der Abteilungen können jedoch in die zweite übergreifen, indem sie dem Verlaufe derjenigen Gebilde folgen, welche die Scheidewände durchbohrend
in beiden Abteilungen verlaufen. Diese Gebilde sind die Nervi radialis
und ulnaris, Arteria profunda brachii, collateralis ulnaris superior und
inferior. Die hauptsächlichsten Gebilde, welche die Fascia brachii selbst
durchbohren, sind die Vena basilica, etwas unterhalb der Mitte des Arms
sowie der Nervus cutaneus antibrachii medialis etwa in der Mitte des
Arms, der Nervus cutaneus antibrachii lateralis an der Ellenbeuge.
Die zwei erstgenannten liegen im Sulcus bicipitalis medialis, der letztgenannte Nerv im Sulcus bicipitalis lateralis.

Die Arteria brachialis (Abb. 62). Der Verlauf derselben ist eben schon
beschrieben worden. Bei sehr muskulösen Individuen kann die Arterie
in großer Ausdehnung vom Bizepsmuskel bedeckt sein. Eine Kompression der Arterie, es sei denn, daß sie sehr vorsichtig mit den Fingern
ausgeführt wird, kann kaum bewerkstelligt werden, ohne nicht gleichzeitig auch den Nervus medianus zu schädigen. Auch darf nicht vergessen werden, daß der Nervus cutaneus brachii medialis vor dem Gefäß
oder dicht an seiner Innenseite liegt, bis er die Faszie durchbohrt;
daß ferner der Nervus ulnaris an der Innenseite der Arterie verläuft
bis herab zur Insertion des Musculus coracobrachialis und daß hinter
dem Beginn des Gefäßes der Nervus radialis liegt. Die die Arterie begleitenden Venae brachiales liegen zu beiden Seiten derselben und anastomosieren durch zahlreiche quer über die Arterie verlaufenden kleinen

Äste, welche bei Operationen an der Arterie sehr störend sein können. Liegt der Arm bei der Unterbindung der Arterie in ihrem mittleren Drittel irgend einer Unterlage auf, so kann der Trizeps nach oben gedrängt sein und mit dem Bizeps verwechselt werden. Liegt die Inzision für die Arterie zu sehr nach innen, so kann man die Vena basilica verletzen oder den Nervus ulnaris bloßlegen und ihn für den Nervus medianus halten. Tillaux berichtet, daß bei einer Operation eine kräftige Arteria collateralis ulnaris superior für die Arteria brachialis gehalten wurde. Da außerdem der Nervus medianus von der unter ihm liegenden Arterie eine deutliche Pulsation empfängt, so kann es sich ereignen, daß er am Lebenden mit der Hauptarterie selbst verwechselt wird.

Abnorme Teilungen der Arteria brachialis sind so häufig (sie finden sich bei 12—15% aller Arme), daß sie chirurgisch wichtig sind. Nicht selten findet man einen kollateralen Ast aus dem oberen Abschnitte der Arteria brachialis oder dem unteren Abschnitte der Arteria axillaris stammend, der am Arm nach abwärts über den Nervus medianus verläuft, um entweder in die Arteria radialis oder manchmal auch in die Arteria ulnaris einzumünden. Dieses „Vas aberrans" kann die Arteria brachialis ersetzen, in welchem Falle die „vermeintliche" Arteria brachialis nicht unter, sondern über dem Nervus medianus gefunden wird, während die Arteria profunda brachii von dem Überbleibsel der tatsächlichen Arteria brachialis entspringt. Dieses oberflächliche brachiale Gefäß kann unter dem „Processus supracondyloideus humeri" (einem gelegentlich vorhandenen hackenförmigen Knochenvorsprung 5 cm oberhalb der Epikondylen) nach abwärts ziehen. Es liegt zwischen den tiefen Ursprungsfasern des Musculus brachialis.

Der **Nervus radialis** (Abb. 62) wird an der Stelle, an welcher er dem Humerus dicht anliegt und sich in der Höhe der Deltainsertion um ihn herumschlingt, häufig verletzt oder gar zerrissen. So wurde er bei heftigen Kontusionen, durch Stoß, Stichverletzungen, Pferdebissen und sehr häufig bei Frakturen des Humerusschaftes beschädigt; auch kann derselbe zur Zeit des Unfalls unverletzt bleiben und späterhin so sehr in Kallus eingebettet werden, daß noch nachträglich eine Radialislähmung entsteht. In einem von Tillaux veröffentlichten Falle von Radialisspätlähmung nach einer Humerusfraktur war der Nerv von Kallus vollständig eingehüllt; nach Entfernung des überschüssigen neugebildeten Knochens trat vollständige Heilung ein. In verschiedenen Fällen trat die Lähmung dadurch auf, daß im Schlafe bei voller Supination und Abduktion des Arms der Kopf auf dem Arme ruhte. Diese Lähmung soll bei russischen Kutschern, die gewohnt sind mit den um den Oberarm gewundenen Zügeln einzuschlafen, häufig sein. Auch durch schlecht konstruierte Krücken, hauptsächlich solche, die der Hand keinen Stützpunkt bieten, kann die Lähmung bedingt sein. In der Tat ist der Nervus radialis der bei der „Krückenlähmung" am häufigsten befallene Nerv, während der Nervus ulnaris in der Häufigkeit der Lähmung ihm etwas nachsteht.

Frakturen des Oberarmschafts sind meistens durch direkte Gewalt entstanden. Jedoch kann der Knochen auch durch indirekte Gewalteinwirkung gebrochen werden und von allen Knochen soll der Humerus derjenige sein, der am häufigsten durch Muskelaktion bricht. Als Beispiele für letzteren Entstehungsmodus seien erwähnt: das Werfen eines Balls, das Sichanklammern an irgend einen Gegenstand, um einen Fall zu verhüten u. dgl. Liegt die Fraktur oberhalb des Deltamuskelansatzes, so kann das untere Bruchstück durch die Musculi biceps, triceps und deltoideus nach aufwärts und durch den letztgenannten Muskel auch nach auswärts gezogen werden, während das obere Bruchstück durch die im Sulcus intertubercularis ansetzenden Muskeln nach einwärts gezogen wird. Ist die Fraktur unterhalb des Deltamuskelansatzes, so wird das untere Ende des oberen Bruchstücks durch diesen Muskel nach auswärts gezogen, während das untere Fragment durch die Musculi biceps und triceps an der Innenseite des ersten Knochenstücks nach oben gezogen wird. Die Dislokation hängt jedoch in der Regel viel mehr von der Natur und der Richtung der einwirkenden Kraft ab, als von irgend einer Muskeltätigkeit. Die eben geschilderten Verlagerungen können dabei wohl vorhanden sein, allein für gewöhnlich sind sie ganz unabhängig von der Beziehung der Deltamuskelinsertion zum Sitze der Fraktur und können nicht schematisiert werden. Das Gewicht des Arms gestattet selten eine größere Verkürzung als 2 cm.

Am Humerus findet sich die Pseudarthrose nach Frakturen häufiger als an irgend einem anderen Knochen. Dieses Resultat ist vollständig unabhängig von der Lage der Fraktur in bezug auf die Arteria nutricia. Hamiltons Erklärung ist kurz folgende: „Die Fraktur wird in der Regel derart behandelt, daß das Ellbogengelenk gebeugt wird; durch Muskelstarre wird dieses Gelenk sehr rasch steif und bei irgend einer Bewegung, die den Vorderarm am Oberarm extendieren oder flektieren soll, geschieht die Bewegung nicht mehr im Ellbogengelenk, sondern an der Stelle der Fraktur. Wenn daher der Arm in einer Schlinge getragen wird und der Kranke durch Lockern der Schlinge seine Hand nach abwärts sinken läßt, so wird angenommen, daß die hauptsächlichsten Bewegungen an der Bruchlinie zustande kommen." Es gibt natürlich zahlreiche Einwände gegen diese Theorie. Wäre sie richtig, so würde das Bestreben in der Bruchlinie die Bewegungen auszuführen, um so größer sein, je weiter der Bruch vom Ellbogen entfernt ist, allein die Nichtvereinigung der Knochenfragmente ist in der Mitte des Schafts viel häufiger als am oberen Drittel. Wahrscheinlich helfen verschiedene Ursachen zusammen, um diese Pseudarthrosen entstehen zu lassen; solche Ursachen sind das ungenügende Ruhigstellen des oberhalb der Fraktur gelegenen Gelenks sowie die ungleiche Unterstützung, die dem Ellbogen zuteil wird, wobei das Gewicht des Arms und des Verbands das Bestreben hat, das untere Knochenfragment aus der geraden Linie, die es mit dem oberen Fragment bilden sollte, zu verdrängen. Die Hauptursache scheint aber doch die Interposition von Weichteilen zu sein, denn man darf nicht vergessen, daß der Humerusschaft dicht von Muskelzügen umgeben ist, die unmittelbar auf seiner Oberfläche festsitzen. So kann bei einer Schrägfraktur das eine Bruchende in den Musculus brachialis eingetrieben sein, während das andere Ende in die Substanz des Trizepsmuskels hineinragt, wodurch natürlich eine unmittelbare Berührung der Bruchenden verhindert wird.

Amputationen in der Mitte des Oberarms (Abb. 62). Die bei einer zirkulären Amputation durchtrennten Teile sind auf einem Querschnitt des Oberarms am besten zu erkennen. Bei der Methode der Lappenbildung besteht die Gefahr, die Arteria brachialis zu durchtrennen. Die Arterie kann durch den auf die sie umgebenden Muskeln ausgeübten Druck nach vor- oder rückwärts verlagert werden. Ehe die Lappen zugeschnitten werden, kann man die Gefäße am inneren Bizepsrande unterbinden. Im vorderen Lappen liegt der Musculus biceps, der größte Teil

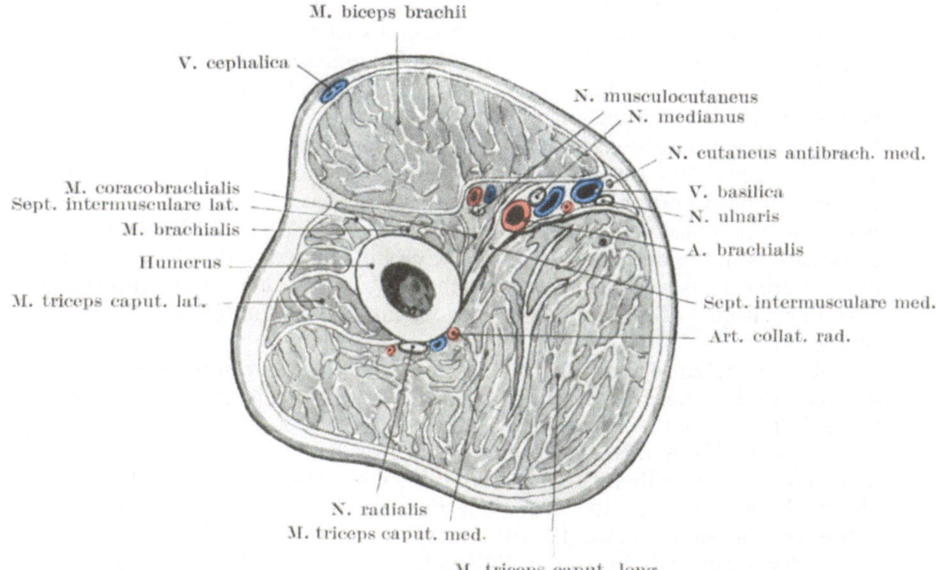

Abb. 62. Querschnitt durch den linken Oberarm in seiner Mitte.

des Musculus brachialis mit dem Nervus musculocutaneus zwischen ihnen und ein kleines Stückchen des Musculus triceps an der Innenseite des Arms. Im hinteren Lappen sind enthalten: der Musculus triceps, ein kleiner Teil der äußeren Schicht des Musculus brachialis, der nicht im vorderen Lappen miteingeschlossen ist, die Arteria profunda brachii und der Nervus radialis.

13. Die Ellbogengegend.

Oberflächenanatomie. An der Vorderfläche des Ellbogens sind drei Muskelwülste zu erkennen. Einer oben und in der Mitte entspricht dem Musculus biceps mit seiner Sehne, die beiden anderen unten und zu beiden Seiten entsprechen außen dem Musculus brachioradialis mit der Exten-

sorengruppe, innen dem Musculus pronator teres mit der Flexorengruppe.
Die Lage dieser Wülste ist derart, daß durch sie zwei Vertiefungen
gebildet werden, je eine an jeder Seite des Bizepsmuskels und seiner
Sehne. Die Gruben divergieren nach oben und gehen in die beiden
Sulci bicipitales über, während sie sich unten über dem vorspringenden
Teile der Bizepssehne vereinigen und so eine V-förmige Vertiefung bilden.
Das klare Hervortreten der Einzelheiten trifft man allerdings nur bei
mageren und muskulösen Individuen. In der medialen Grube liegt der
Nervus medianus sowie die Arteria brachialis mit den sie begleitenden
Venen, während in der Tiefe der äußeren Grube das Ende des Nervus
radialis und der Arteria profunda brachii mit der kleinen Arteria recurrens radialis liegt. Die Bizepssehne und ihr Lacertus fibrosus kann
im allgemeinen deutlich palpiert werden. Ihr äußerer Rand hebt sich
deutlicher ab als der innere, da der Lacertus fibrosus mit ihrem ulnaren
Rande verwachsen ist. Quer über die Vorderseite dieser Gegend zieht
eine Hautfurche, die sog. Ellbogenfurche. Sie stellt keine gerade Linie
dar, sondern ist nach unten hin konvex, verläuft 2 cm oberhalb des Ellbogengelenks und ihre seitlichen Enden entsprechen den Epikondylen
des Humerus. Bei Luxationen des Ellbogens nach rückwärts liegt das
untere Humerusende etwa 2,5 cm unterhalb dieser queren Hautfurche,
wogegen bei einer Humerusfraktur dicht oberhalb der Epikondylen
(Fractura supracondylica) diese Querfurche entweder der Vorwölbung
des unteren Endes des oberen Bruchstücks gegenüber oder unterhalb
desselben liegt. Bei Extension des Arms verschwindet diese Hautfurche.

An der Spitze der V förmigen Vertiefung, etwa an der Stelle, an welcher
die Bizepssehne deutlich fühlbar zu sein aufhört, teilt sich die als einfache Vena mediana antibrachii aufwärts verlaufende Blutader gabel-
förmig in die Vena mediana basilica und in die Vena mediana cephalica
(Abb. 63). An derselben Stelle mündet die Vena mediana profunda in die
oberflächlichen Venen ein. Die Vena mediana basilica kreuzt die Bizepssehne und deren Lacertus fibrosus in schräger Richtung, wobei sie sich
mehr oder weniger dicht an den Sulcus bicipitalis medialis hält und etwas
oberhalb des Epicondylus medialis sich mit der Vena ulnaris posterior
vereinigt, um die eigentliche Vena basilica zu bilden. Die Vena mediana
cephalica verläuft im Sulcus bicipitalis lateralis, vereinigt sich in der
Höhe des Epicondylus lateralis mit der Vena radialis und bildet die
Vena cephalica. Die Arteria brachialis teilt sich 2,5 cm unterhalb der
Mitte der Verbindungslinie der beiden Epikondylen; ihre Teilungsstelle
liegt gegenüber dem Collum radii. „Der Processus coronoideus ulnae
kann undeutlich palpiert werden, wenn man vorne am Gelenk an der
Ulnarseite tief eindrückt (Chiene)." Die Spitzen der beiden Epikondylen können stets palpiert werden. Der Epicondylus medialis springt
deutlicher vor und ist spitzer als der laterale. Die Articulatio humeroradialis verläuft horizontal, die Articulatio humeroulnaris schräg, wobei
die Gelenkflächen nach abwärts und einwärts sich neigen. So kommt es,
daß der Epicondylus lateralis nur 18 mm oberhalb der Gelenklinie,
der Epicondylus medialis dagegen 28 mm darüber steht (Paulet). Die

schräge Stellung des Humeroulnargelenkes bedingt es auch, daß bei der Extension der Vorderarm nicht in einer geraden Linie mit dem Oberarm verläuft, sondern mit ihm einen nach auswärts offenen Winkel bildet. Wenn deshalb von der Hand aus auf die obere Extremität ein Zug ausgeübt werden soll, so geht natürlich ein Teil der Zugkraft notgedrungen verloren, weshalb die Zugwirkung am Ellbogen ansetzen sollte, wie man es gewöhnlich macht, um eine Schulterluxation durch Handgriffe einzurichten. Eine Verbindungslinie durch die beiden Epikondylen steht rechtwinklig auf der Humeruslängsachse, während sie mit der Längsachse des Vorderarms an der Radialseite einen kleinen Winkel bildet. Betrachten wir daher den Oberarm, so liegen die Epikondylen in gleicher Höhe, betrachten wir dagegen den Unterarm, so liegt der mediale Epikondylus höher als der laterale.

Die Gelenklinie des Ellbogens beträgt nur etwa zwei Drittel der Länge der Verbindungslinie der beiden Epikondylen. Die Epikondylenvorsprünge (Abb. 65) bilden einen ausgezeichneten „Point d'appui", i. e. Bewegungszentrum für Zugverbände oberhalb des Ellbogengelenks. An der Hinterfläche des Ellbogens ist das Olekranon stets deutlich zu palpieren; es liegt dem medialen Epikondylus näher als dem lateralen. Bei extremster Extension liegt die Spitze des Olekranon etwas oberhalb der Verbindungslinie der beiden Epikondylen. Steht der Vorderarm rechtwinklig zum Oberarm, dann liegt die Spitze desselben etwas unterhalb dieser Linie und bei extremster Beugung ganz vor dieser Linie. Zwischen dem Olekranon und dem medialen Epikondylus findet sich eine Vertiefung des Knochens, in welcher der Nervus ulnaris und eine Anastomose der Arteria recurrens ulnaris mit der Arteria collateralis ulnaris inferior verläuft.

An der Außenseite des Olekranon findet sich dicht unter dem Epicondylus lateralis ein Grübchen in der Haut, das bei gestrecktem Arme sehr deutlich zu erkennen ist. Diese Vertiefung ist selbst bei fetten Individuen und bei Kindern zu sehen. In ihm kann der Kopf des Radius sowie die Articulatio humeroradialis palpiert und genau untersucht werden, wenn dabei der Vorderarm proniert und supiniert wird. Das Grübchen entspricht der Lücke zwischen dem äußeren Rande des Musculus anconaeus und dem von den Musculi extensor carpi radialis brevis, longus und brachioradialis gebildeten Muskelwulste. Der höchste Punkt des Knochens, der bei Rotationsbewegungen palpiert werden kann, entspricht dem Radius unmittelbar unter der Ellbogengelenkslinie und ist ein sehr nützlicher Wegweiser zu diesem Gelenk. Die obere Grenze des Ellbogengelenks bildet die Verbindungslinie der beiden Epikondylen. Die Tuberositas radii kann unmittelbar unter dem Radiusköpfchen bei extremster Pronation des Vorderarms palpiert werden.

Die **Haut** in der Ellbeuge ist dünn und zart und wird durch eng angezogene Binden und schlecht angelegte Verbände leicht wundgescheuert. Durch die zarte Haut schimmern die darunter liegenden Venen durch, allein die Deutlichkeit dieser Venen hängt hauptsächlich von der Menge des Unterhautzellgewebes ab. Bei sehr fetten Individuen sind sie unter Umständen gar nicht zu sehen und es kann deshalb sehr

schwer, ja unmöglich werden, dieselben zwecks einer Venesektion durch
die üblichen Maßregeln sichtbar zu machen. Tillaux machte darauf
aufmerksam, daß beim Aderlaß an solchen Individuen häufig sich ein
Fettträubchen in die Wunde schiebt und so den Blutaustritt verhindert.

Die Anordnung der **oberflächlichen Venen** (Abb. 63) der Ellenbeuge ist in der Form eines M allbekannt, allein bei weitem nicht die
Regel. Soviel ich sah, findet sich die in den meisten Büchern ab-
gebildete M-Anordnung nur etwa in der Hälfte der Fälle.

Die **Vena mediana** (Abb. 65) teilt sich an der radialen Seite der Bizepssehne in eine Vena mediana cephalica und Vena mediana basilica, die

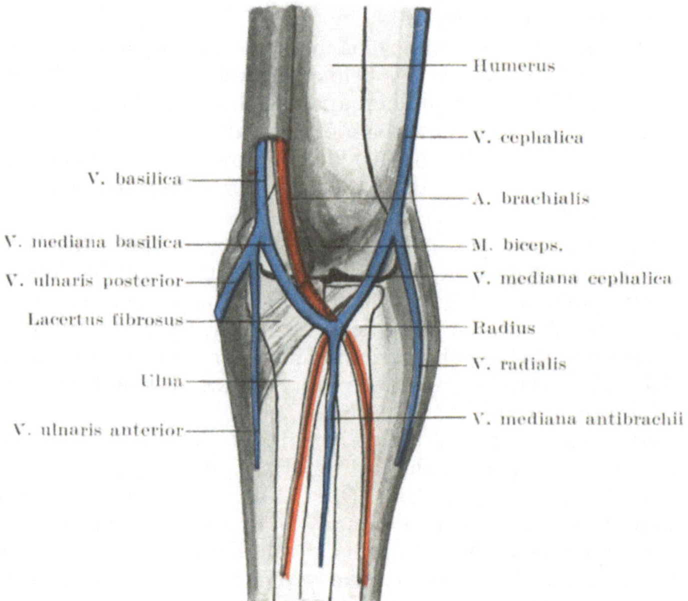

Abb. 63. Die oberflächlichen Venen der Ellenbogengegend.

letztere zieht vor der Sehne des Muskels, der Arteria brachialis, den sie
begleitenden Venen und dem Nervus medianus nach oben. Sie ist von
diesen Gebilden durch den Lacertus fibrosus getrennt. Die Vena mediana
basilica kann quer über die Arteria brachialis hinwegziehen und sie
nur an der Kreuzungsstelle bedecken, oder wenn sie schon weit unten
über sie hinwegzieht, eine Strecke weit parallel mit ihr verlaufen, wenn
auch in verschiedenen Höhen. Hinsichtlich der Dicke der Gefäße ist
die Vena mediana basilica für gewöhnlich die stärkste, ihr folgt die
Vena mediana cephalica, als dritte kommt die Vena mediana cubiti selbst,
während die ulnare und radiale Venen die kleinsten sind. Diese Venen
zeigen zahlreiche Abweichungen vom gewöhnlichen Verlauf, vor allem
wenn die Hauptarterie des Arms ebenfalls einen abnormen Verlauf

hat. Die Abweichungen finden sich häufiger an den Venen der radialen, als an denen der ulnaren Seite der Extremität. So fehlen nicht selten die kleinen radialen und ulnaren Venen ganz oder sind nur sehr mangelhaft entwickelt. Trotz der nahen Beziehung der Vena mediana basilica zur Arteria brachialis wird sie dennoch bei der Venesektion und Transfusion meistens gewählt. Die Gründe dafür sind folgende: Sie ist gewöhnlich die größte und am stärksten vorspringende Vene und liegt der Oberfläche am nächsten; sie ist ferner am wenigsten beweglich und am konstantesten vorhanden. Der Lacertus fibrosus bildet während der Phlebotomie einen vorzüglichen Schutz für die Arteria brachialis. Die Dicke dieses Gebildes ist allerdings verschieden und hängt hauptsächlich von der Stärke des Bizepsmuskels ab. Bei mageren Personen kann der Vena mediana basilica die Pulsation der darunter liegenden Arterie mitgeteilt werden. Die Wandstärke dieser Vene soll unter Umständen der der Vena poplitea gleichkommen. Die Venae radialis, ulnaris und mediana cubiti geben bei der Venesektion selten genug Blut her, da sie unterhalb der Einmündungsstelle der tiefen Vena mediana liegen und deshalb kein Blut aus den tieferen Schichten des Vorderarms erhalten. Die Arteria brachialis ist, was nicht zu verwundern ist, beim Aderlaß schon häufig verletzt worden; zurzeit, als derselbe florierte, waren deshalb auch arteriell-venöse Aneurysmen der Ellenbeuge gar nicht selten. Da außerdem die wichtigsten oberflächlichen Lymphgefäße mit diesen Venen zusammen verlaufen, und da einige derselben bei der Venesektion einer Verletzung kaum entgehen, so folgt, daß eine akute Lymphangitis nach der Operation nichts ungewöhnliches ist, vor allem wenn die Desinfektion des Operationsfeldes und die Sterilisation der Instrumente nicht sorgfältig genug ausgeführt wurden. So erfolgte schon der Tod infolge einer Bakteriämie im Anschluß an eine von einem Bader mittelst eines sog. Schneppers ausgeführte Venesektion (Mülberger).

Der in der Regel vor der Vena mediana basilica verlaufende **Nervus cutaneus antibrachii medialis** kann beim Aderlaß an diesem Gefäß verletzt werden. Nach Tillaux kann die Verletzung dieses Nerven zu einer sehr chronischen und außerordentlich schmerzhaften traumatischen Neuralgie führen. Ein „gebeugter Arm" kann sich nach einem Aderlaß entwickeln; Hilton ist der Ansicht, daß dies oft auf einer Verletzung des Nervus musculocutaneus beruht, vor allem durch das Hineingeraten einzelner Nervenfasern in die nach der Operation entstehende Narbe. Die Hautäste dieses Nerven liegen auf der Vena mediana cephalica. Werden diese peripheren Nervenfasern gereizt, so werden die von demselben Rückenmarkssegment versorgten Musculi biceps und brachialis reflektorisch kontrahiert und der Arm gebeugt. In einem solchen Falle heilte er einen derartigen nach einer Venesektion entstandenen gebeugten Arm dadurch, daß er die alte Narbe ausschnitt, bei deren genauerer histologischen Untersuchung einige Nervenfasern gefunden werden konnten.

Ein **Lymphknoten** findet sich über dem Septum intermusculare mediale des Oberarms unmittelbar oberhalb des Epicondylus medialis.

13*

In ihn münden einige oberflächliche Lymphgefäße von der ulnaren Seite des Vorderarms und zweier oder dreier ulnargelegener Finger ein. Er ist der Lage nach der tiefste der Oberarmlymphknoten. An derselben Stelle findet sich bisweilen an der medialen Humerusfläche eine als Processus supracondyloideus bezeichnete Exostose. Die Arteria brachialis sowie der Nervus medianus können unter oder medial an dieser Exostose vorbeiziehen.

Die **Arteria brachialis** (Abb. 63). Bei starker Beugung des Arms wird die Arterie vor dem Gelenk durch die sie umgebenden Muskelmassen komprimiert, der Radialpuls dadurch sehr verkleinert oder selbst ganz aufgehoben. Das Gefäß kann sich schon im unteren Drittel des Oberarms teilen, wobei dann die Arteria ulnaris über den Lacertus fibrosus hinwegzieht. Aneurysmen in der Ellbeuge sind durch Beugung des Arms behandelt worden, da in dieser Lage der Aneurysmasack mehr oder weniger direkt komprimiert wird. Bei maximaler Streckung des Gelenks wird die Arterie abgeflacht und der Radialpuls kleiner. Bei der mit einer Fraktur des Oberarms einhergehenden Überstreckung kann der Puls am Handgelenk vollständig verschwinden. Durch gewaltsame Streckung eines in Beugestellung versteiften Ellbogengelenks wurde die Arteria brachialis schon zerrissen.

Der **Nervus ulnaris** ist wegen seiner oberflächlichen Lage am Ellbogen Verletzungen im hohen Grade ausgesetzt. Er liegt in dem Sulcus nervi ulnaris humeri und wird von einem fibrösen Gewebsstrang überbrückt, der seine Verlagerung verhindert. Der Nerv kann nach vorn über den Epicondylus medialis hinübergleiten und Quain beschreibt einen Fall, in welchem der Nerv bei jeder Beugung des Ellbogengelenks über den medialen Epikondylus nach vorne glitt. Bei der Bloßlegung des Nerven in dem Sulkus (wegen einer eventuellen Nervendehnung etc.) kann er von einem gelegentlich dort liegenden Muskel, dem Musculus epitrochleoanconaeus, bedeckt gefunden werden.

Das **Ellbogengelenk** (Articulatio cubiti) (Abb. 64). Die Stärke dieses Gelenks beruht nicht so sehr auf seinen Bändern oder Muskeln, als vielmehr auf dem genauen Ineinanderpassen seiner Gelenkflächen. Die Beziehungen zu dem Olekranon und dem Processus coronoideus ulnae sind derartige, daß in gewissen Lagen die Stärke des Gelenks eine ganz beträchtliche ist.

Der Ellbogen, ein reines Scharniergelenk, gestattet nur Beuge- und Streckbewegungen. Diese Bewegungen werden in schräger Richtung ausgeführt, so daß bei der Flexion der Vorderarm nach einwärts sich bewegt, wobei die Hand gegen das mittlere Drittel des Schlüsselbeins geführt wird. Würde das Gelenk nicht schräg stehen, so könnte man die eigene Hand flach auf die Schulter derselben Seite legen, allein diese Bewegung ist erst möglich, nachdem ein Teil des Gelenks reseziert ist, da bei dieser Operation die schräge Lage der Gelenkfläche nicht wiederhergestellt wird. Doch gibt es Menschen, vor allem wenn sie sehr schlank sind, die diese Bewegung ohne weiteres vollständig ausführen können (Mülberger). Bei extremster Streckung ist die Ulna hinsichtlich ihrer seitlichen Flächen fast in einer geraden Linie mit dem Humerus, während bei starker Flexion die Knochen in einem Winkel von 30/40° zueinander stehen.

Schleimbeutel (Abb. 64). Von den um das Gelenk herum gelegenen Schleimbeuteln ist die große subkutane Bursa olecrani sehr häufig vergrößert und entzündet; sie kann bei Entzündungen zu ausgedehnten Störungen im Arme Veranlassung geben Ihre Vergrößerung wird durch

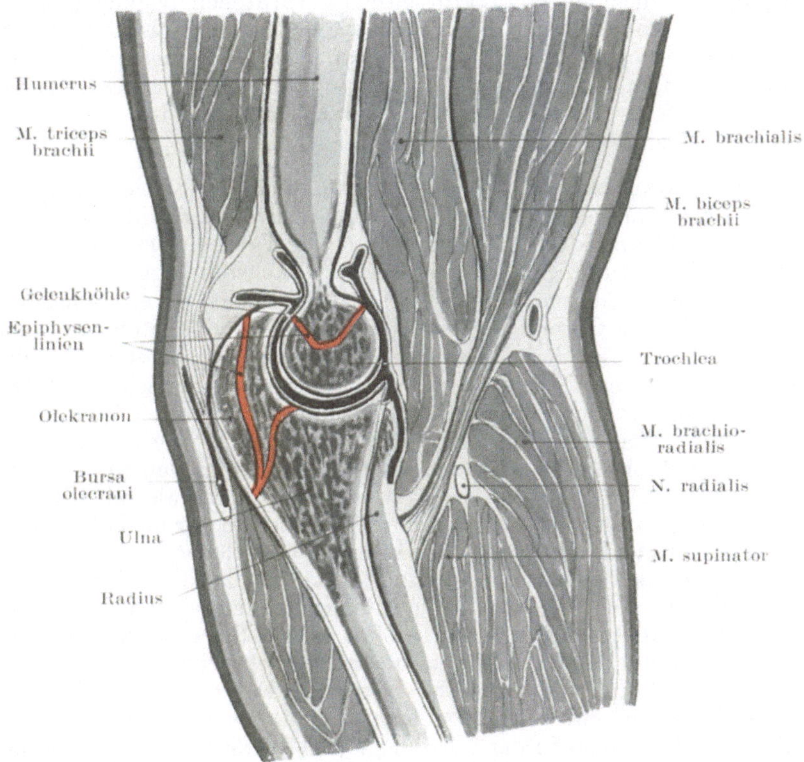

Abb. 64. Ellbogengelenk und Darstellung der Epiphysenlinien. (Nach Braune.)

gewisse Beschäftigungen, welche einen Druck auf den Ellbogen bedingen, begünstigt; so ist das sog. Hygroma olecrani bei Bergleuten häufig. Eine weitere Bursa findet sich unter der Insertion der Bizepssehne am Capitulum radii (Bursa musculi bicipitis); ihre Beziehungen zu den Nerven des Vorderarms sind bemerkenswert. Ein Fall ist z. B. von Agnew beschrieben, in welchem eine chronische Erweiterung dieses Schleimbeutels auf den Nervus medianus und dessen zum Musculus pronator quadratus gehenden Nervus interosseus volaris drückte und Muskelschwäche im Vorderarm bedingte. Ein weiterer kleiner Schleimbeutel findet sich unter oder in der Trizepssehne oberhalb des Olekranon (Bursa musculi tricipis supraanconaea).

Die **Kapsel** des Ellbogengelenks ist namentlich vorne und hinten verhältnismäßig dünn, und vor allem hinten gibt sie dem Drucke von eventuellen Gelenksergüssen leicht nach. Von den **Bändern** ist das Ligamentum collaterale ulnare das kräftigste und breiteste Band. Seine Straffheit, sein weitverzweigtes Ansatzgebiet, sowie der Umstand, daß es nicht nur dazu dient, die Flexion und Extension zu beschränken, sondern auch jeden Versuch den Vorderarm seitlich zu verdrehen, bedingen es, daß gerade dieses Band bei der Zerrung des Gelenks am stärksten in Mitleidenschaft gezogen ist. Da dieses Band an dem medialen Rande des Olekranon in dessen ganzer Länge angeheftet ist, so kann es bei einem Abriß dieses Knochenvorsprungs die Bruchstücke unter Umständen an einem Auseinanderweichen hindern.

Gelenkerkrankungen. Bei einer Erkrankung dieses Gelenkes macht sich der Erguß im Gelenk zuerst durch eine Schwellung an den Rändern des Olekranon bemerkbar. Dies wird durch die Tatsache erklärt, daß die Synovialschleimhaut hier der Oberfläche am nächsten liegt und daß die Kapsel hinten locker und dünn ist (Abb. 64). Bald stellt sich auch eine Schwellung in der Gegend der Articulatio humeroradialis ein und eine Fluktuation an dieser Stelle hilft dazu einen Gelenkerguß von einer einfachen Vergrößerung des unter der Trizepssehne gelegenen Schleimbeutels zu unterscheiden. Eine tiefsitzende Schwellung kann an der Vorderseite des Gelenks unter dem Musculus brachialis bemerkt werden, da auch hier die Kapsel relativ dünn ist, und schließlich auch um den Epicondylus lateralis herum. Die Dicke des Ligamentum collaterale ulnare verhindert eine Ausstülpung der Synovialschleimhaut an der medialen Seite. Vereitert das Gelenk, so erreicht der Eiter die Oberfläche am leichtesten, wenn er zwischen Humerus und Trizepsmuskel nach auf- und rückwärts kriecht, weshalb der Durchbruch sich für gewöhnlich an der einen oder anderen Seite dieses Muskels vorbereitet. Der Eiter kann allerdings auch vorne unter dem Musculus brachialis hervorbrechen und sich nahe der Insertion dieses Muskels entleeren. Der erkrankte Ellbogen hat das Bestreben eine Stellung einzunehmen, die zwischen extremer Flexion und Extension in der Mitte liegt (Semiflexion) und es ist interessant zu beobachten, daß das Gelenk diese Stellung einnimmt, wenn in seine Höhle unter hohem Druck irgend eine Flüssigkeit injiziert wird (Braune). Das Gelenk kann in der Tat bei dieser Semiflexionsstellung die größtmögliche Menge Flüssigkeit fassen. Hinsichtlich der Starrheit der Ellbogenmuskulatur als Folge von reflektorischer Reizung bei Gelenkerkrankungen muß man sich wohl merken, daß alle für das Gelenk in Betracht kommenden Nerven, vor allem die Nervi radialis und musculocutaneus auch Muskeln versorgen, die bei der Bewegung des Gelenks in Tätigkeit sind. Die nahe Beziehung des Nervus ulnaris zum Gelenk macht es verständlich, daß bei Gelenkerkrankungen bisweilen heftige Schmerzen in den von diesem Nerven versorgten Gebieten des Vorderarms und der Hand auftreten können. Die proximale Epiphyse des Radius und der größte Teil der distalen Epiphyse des Humerus liegen innerhalb der Gelenkkapsel (Abb. 65), die verhältnismäßig schmale proximale Epiphyse der Ulna dagegen nur teilweise (Abb. 64).

Luxationen im Ellbogengelenk. Dieselben sind zahlreich und können eingeteilt werden in

1. Luxationen beider Knochen zusammen nach rückwärts, auswärts, einwärts und vorwärts (der Häufigkeit nach aufgezählt);
2. Luxationen des Radius allein nach vorwärts, rückwärts oder auswärts;
3. Luxationen der Ulna allein nach rückwärts.

Es ist zweckmäßig zunächst einige allgemeine anatomische Bemerkungen im Zusammenhang mit den verschiedenen Luxationen vorauszuschicken.

a) Luxationen von vorne nach hinten sind viel häufiger als nach den Seiten, weil die Bewegungen des Gelenks in dieser Richtung stattfinden und die Gelenkfläche des Humerus von vorne nach hinten relativ schmal ist. Ferner findet sich normaliter keine Seitwärtsbewegung des Ellbogens wie auch die Breite des Gelenks von Seite zu Seite beträchtlich ist. Die Kapsel ist vorne und hinten schwach, während die seitlichen Bänder kräftig sind, außerdem erhält das Gelenk an seinen seitlichen Teilen mehr Halt durch Muskeln als vorne oder hinten. Die gegenseitige Unterstützung der Knochen untereinander wird während gewisser Bewegungen in der Richtung von vorne nach hinten geschwächt. So hat bei maximaler Beugung das Olekranon am Humerus nur einen schwachen Halt, während bei der Extension der Halt des Processus coronoideus an diesem Knochen ein noch geringerer ist. In seitlicher Richtung haben die Bewegungen im Gelenk nur einen geringen Einfluß auf die gegenseitige Unterstützung der Knochen.

b) Beide Vorderarmknochen zusammen werden häufiger ausgerenkt, als der Radius oder die Ulna allein. Dies beruht auf der Mächtigkeit der Bänder zwischen Radius und Ulna einerseits und dem Fehlen solcher Verbindungen zwischen dem Humerus und dem Radius andererseits. An der Leiche gelingt es leicht die beiden Vorderarme zu luxieren, allein es ist außerordentlich schwer den Radius von der Ulna zu befreien, ohne die Teile sehr zu zerreißen oder gar zu zerbrechen.

c) Die häufigste Luxation der beiden Vorderarmknochen zusammen ist die nach rückwärts, die seltenste die nach vorwärts. Im ersteren Falle wird die Bewegung durch den kleinen Processus coronoideus, im zweiten Falle durch das breite und gekrümmte Olekranon gehemmt. Aus denselben Gründen ist eine Luxation nach auswärts häufiger als nach vorwärts, da die Gelenkfläche des Humerus auf der medialen Seite nach ein- und abwärts sich neigt und so in diesem Teile einen größeren Widerstand bietet.

d) Ist ein einzelner Knochen ausgerenkt, dann ist es in der Regel der Radius. Dies folgt aus dem Fehlen einer verläßlichen Verbindung zwischen ihm und dem Humerus, aus der größeren Disposition des

Knochens, „des Griffs der Hand", für indirekte Gewalteinwirkung, sowie aus seiner größeren Beweglichkeit. Es handelt sich in der Regel um eine Luxation nach vorne, da die Gewalteinwirkungen, welche den Knochen zu luxieren bestrebt sind, ihn meistens auch nach vorwärts ziehen. Paulet behauptet, daß der hintere Teil des Ligamentum annulare widerstandsfähiger sei als dessen vorderer Abschnitt. Die Luxation der Ulna allein geschieht nach rückwärts aus Gründen, die nicht näher dargelegt zu werden brauchen.

Alle diese Luxationen können vollständig oder unvollständig sein. Gewöhnlich sind die Verrenkungen von vorne nach hinten komplette Luxationen, die seitlichen inkomplett.

Eine genaue Beschreibung der zwei einzigen relativ häufig vorkommenden Luxationen des Ellbogengelenks soll nun folgen.

1. Verrenkung beider Knochen nach rückwärts — Luxatio antibrachii posterior. Sie kann sehr leicht durch Überstreckung entstehen. Die in der Fossa olecrani gegen den Humerus angestemmte Spitze des Olekranon wirkt gleichfalls als ein Fulkrum eines ungleicharmigen Hebels mit dem Resultat, daß die Incisura semilunaris von der Trochlea abgedrängt wird. Wird nun der Vorderarm nach hinten und aufwärts zurückgestoßen, dann ist die Luxation fertig. Diese Verhältnisse können durch einen Sturz auf die ausgestreckte Hand beim Laufen gut verständlich gemacht werden. Auch kann die Verletzung durch gewisse heftige Zerrungen des Arms entstehen. Malgaigne gab an, daß die am ehesten zu einer Luxation führende Zerrung eine Einwärtsdrehung des Vorderarms bei halb gebeugtem Ellbogen sei. Auf diese Weise zerreißt das Ligamentum collaterale ulnare, der Processus coronoideus ulnae dreht sich nach ein- und abwärts unter den Humerus und beide Vorderarmknochen luxieren nach hinten. Diese Verletzung ist bei vollständiger Beugung des Ellbogens schwer zu bewerkstelligen. Bei der kompletten Form der Luxation liegt der Processus coronoideus gegenüber der Fossa olecrani. Er kann (wie bisweilen beschrieben) diese Vertiefung kaum ausfüllen, da die Verbindung der Ulna mit dem Radius und das Vorstehen des letzteren Knochens hinter dem Epicondylus lateralis ihn verhindert in die Fossa zu gleiten. Die Kapsel vorne sowie die beiden seitlichen Bänder sind in der Regel mehr oder weniger vollständig zerrissen, während der hintere Teil der Kapsel sowie das Ligamentum annulare unverletzt bleiben. Der Musculus biceps zieht über das untere Humerusende hinweg und ist mäßig fest gespannt; der Musculus brachialis ist stark gespannt und oft eingerissen; der Musculus anconaeus ist ebenfalls straff gespannt; die Nervi medianus und ulnaris können ebenfalls sehr stark gedehnt sein.

2. Verrenkung der Speiche nach vorne — Luxatio radii anterior. Dieselbe entsteht durch direkte Gewalteinwirkung auf den Knochen von hinten her, durch extremste Pronation oder durch Fall auf die extendierte und pronierte Hand. Der vordere Teil der Kapsel, das Ligamentum collaterale radiale sowie das Ligamentum annulare sind zerrissen. Hamilton gibt zwar an, daß „bisweilen nur das seitliche Band und die Kapsel allein eingerissen seien, daß dagegen das Ligamentum annulare so sehr gedehnt sei, daß das Radiusköpfchen aus ihm herausschlüpfen könne". Der Musculus biceps ist schlaff, die Pronatoren angespannt, der Vorderarm entweder proniert oder in einer mittleren Stellung zwischen Pronation und Supination. Ein gewisser Grad von Dehnung des Musculus supinator kann unter Umständen den Grad der Pronation mildern. Eine Schwierigkeit bei der Reposition bildet häufig das Ligamentum annulare, das sich zwischen Radiusköpfchen und Capitulum humeri einklemmt.

Zerrungen des Ellbogens. J. Hutchinson hat gezeigt, daß bei Kindern unter fünf Jahren ein forcierter Zug an dem supinierten Vorderarm den Radius veranlassen kann, nach abwärts zu gleiten, weg vom Ligamentum annulare, welches seinerseits nach aufwärts verlagert ist. In solchen Fällen wirkt der Zug, ehe die Muskeln des Ellbogens Zeit gehabt haben, sich reflektorisch zu kontrahieren, so daß, wenn das Kind an der Hand in die Höhe gehoben wird, sein ganzes Körpergewicht von den Bändern des Ellbogens getragen werden muß, anstatt von den Muskeln. Die einzigen Bänder, die einer solchen Dislokation Widerstand entgegensetzen, sind: 1. Die Chorda obliqua (zieht vom Processus coronoideus ulnae zum unteren Rande der Tuberositas radii); 2. die untersten Fasern des Ligamentum annulare, die den Kopf des Radius umfassen. Beugung des Gelenks in pronierter Stellung des Vorderarms bringt das Band in seine normale Stellung. Es ist klar, daß diese Verlagerung das anatomische Substrat der bei kleinen Kindern so häufigen Zerrung des Ellbogengelenks ist und für gewöhnlich durch heftigen Zug an der Hand entsteht.

Brüche des unteren Humerusendes (Abb. 65). Dieselben sind:

1. Bruch dicht oberhalb der Epikondylen — Fractura supracondylica;
2. T-Bruch — Fractura condylointercondylica;
3. Absprengung des Condylus internus humeri — innerer Schrägbruch;
4. äußerer Schrägbruch — Fractura condyli externi;
5. Bruch des Epicondylus medialis;
6. traumatische Epiphysentrennung am unteren Humerusende.

Alle diese Brüche sind bei jugendlichen Individuen häufiger als bei Erwachsenen.

1. Die **Fractura supracondylica** verläuft für gewöhnlich etwas oberhalb der Fossa olecrani, wo sich der Humerusschaft zu verbreitern beginnt. In der Regel quer von Seite zu Seite und schräg von hinten nach vorwärts und abwärts verlaufend, entsteht sie meistens durch einen Schlag auf die äußersten Ellbogenabschnitte. Dabei wird wahrscheinlich die Spitze des Olekranon scharf gegen die Knochen getrieben, wirkt dort wie ein Keil und hat bei der Entstehung des Bruchs einen wichtigen Anteil. Das untere Bruchende wird zusammen mit den Vorderarmknochen vom Musculus triceps nach rückwärts, sowie von ihm und den

Musculi biceps und brachialis nach aufwärts gezogen (Extensionsfraktur nach Kocher). Der Nervus medianus und vor allem der Nervus ulnaris können dabei schwer geschädigt werden.

2. Die **Fractura condylointercondylica** in der Form eines T ist nur eine Varietät der eben beschriebenen Verletzung. Zu der Querfraktur oberhalb der Epikondylen kommt noch eine Längsfraktur, die zwischen ihnen nach abwärts zum Gelenk verläuft. Das untere Bruchstück ist somit in zwei Teile geteilt. Die Verlagerung ist die gleiche. Der Bruch entsteht für gewöhnlich durch einen Fall auf den gebeugten Ellbogen und hier wirkt die Olekranonspitze wahrscheinlich ebenfalls als Keil, der die Querfraktur bedingt, während der entlang der Mitte der Incisura semilunaris ulnae vorspringende Knochenkamm als ein zweiter Keil wirkt, welcher die vertikale Fraktur in das Gelenk hinein verursacht.

3., 4. und 5. Für chirurgische Zwecke ist es wichtig, die Bezeichnung „Kondylus" (die bekanntlich in der anatomischen Nomenklatur nicht existiert) auf solche Teile des Humerusendes zu beschränken, welche intrakapsulär liegen und die Bezeichnung „Epikondylus" auf solche Teile der unteren Knochenvorsprünge, die extrakapsulär sind (Abb. 65).

Bei dem sog. **inneren Schrägbruch** (Fractura condyli interni) beginnt die Bruchlinie im allgemeinen 1,25 cm oberhalb der Spitze des Epicondylus medialis (also außerhalb des Gelenks), verläuft schräg nach auswärts durch die Fossa olecrani und die Fossa coronoidea und erreicht das Gelenk in der Mitte der Trochlea (Hamilton). Das Bruchstück ist oft etwas nach aufwärts, rückwärts und einwärts verlagert, wobei die Ulna mit ihm geht.

Beim **äußeren Schrägbruch** (Fractura condyli externi) beginnt die Bruchlinie ebenfalls oberhalb des Epikondylus und außerhalb des Gelenks, verläuft nach abwärts und gelangt in der Regel zwischen der Trochlea und dem Capitulum humeri in das Gelenk. Die Verlagerung des Bruchstücks ist kaum nennenswert und inkonstant.

Wegen seiner Kleinheit ist ein Abriß des **Epicondylus lateralis** sehr selten, seine Diagnose leicht.

Brüche des **Epicondylus medialis** sind dagegen sehr häufig; das Gelenk bleibt dabei unversehrt. Dieser Epikondylus ist als gesonderte Epiphyse angelegt, verschmilzt mit dem Knochen im ungefähren Alter von 18 Jahren und kann deshalb vor dieser Zeit durch direkte Gewalt oder Muskelwirkung abgerissen werden. Da er von derben Fasern einer Aponeurose bedeckt ist, findet sich in der Regel keine nennenswerte Verlagerung desselben. Ist eine solche doch vorhanden, so entsteht sie in der Richtung der Flexorengruppe, die an der Spitze dieses Knochenvorsprungs entspringt. In solchen Fällen ist der hinter ihm liegende Nervus ulnaris häufig beschädigt.

6. Die **untere Epiphyse** (Abb. 65). In dem knorpligen unteren Humerusende treten vier Knochenkerne auf, je einer für das Kapitulum, die Trochlea, sowie für die beiden Epikondylen. Die drei erstgenannten Zentren verschmelzen und bilden die eigentliche Epiphyse, während das für den

Epicondylus medialis getrennt bleibt (Abb. 65). Die Epiphysenlinie ist
daher unregelmäßig in ihrer Form und besteht aus zwei Teilen; sie verläuft teils innerhalb, teils außerhalb der Kapsel (Abb. 65). Ihr Verlauf
kann ungefähr durch eine Linie bezeichnet werden, welche vom oberen
Rande des lateralen zum unteren Rande des medialen Epikondylus verläuft. Die untere Epiphyse verwächst mit dem Humerusschaft im Alter
von 17 Jahren. Daher hängt nach dem 17. Lebensjahr das Wachstum
dieses Knochens von der Tätigkeit der oberen Epiphyse ab, die sich
erst im 20. Lebensjahr mit dem Humerus vereinigt. Eine Resektion
des Ellbogengelenks nach dem 17. Lebensjahr wird demnach keine
Wachstumsstörung der oberen Extremität zur Folge haben, selbst
wenn die Epiphysenlinie von der Säge überschritten wurde. Jedoch
sind verschiedene Fälle berichtet, in welchen nach Verletzungen der
unteren Epiphyse vor dem 17. und der oberen vor dem 20. Lebensjahr

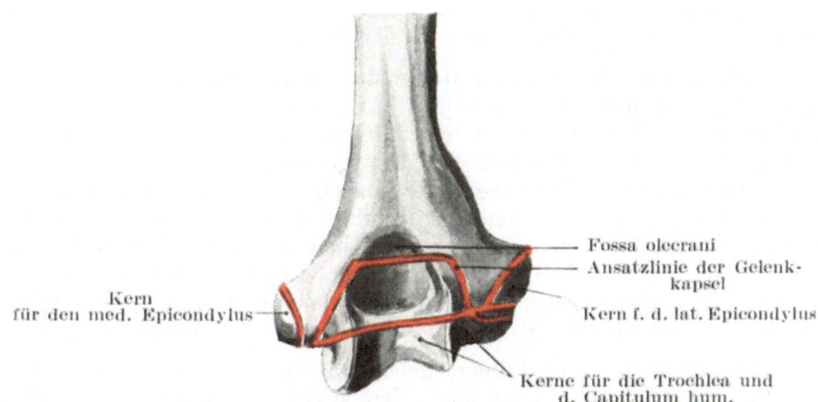

Abb. 65. Rechter Humerus von hinten mit Darstellung des Gelenkkapselansatzes
und den Epiphysenkernen.

ausgesprochene Wachstumshemmung eintrat. Da der größte Teil der
Epiphysenlinie innerhalb der Kapsel verläuft, so ist es verständlich,
warum außer einer kleinen Verschiebung nach hinten keine weitere
Dislokation der abgetrennten Epiphyse sich vorfindet.

Brüche des Olekranon entstehen im allgemeinen durch direkte Gewalteinwirkung, wenn auch in einzelnen Fällen große indirekte Gewalten,
die auf das untere Humerusende oder das obere Ulnaende einwirkten,
die Schuld an einer solchen Verletzung tragen. Fälle von durch Muskelwirkung allein entstandener Brüche sind nur wenige berichtet und diese
sind zweifelhaft. Die Bruchlinie verläuft am häufigsten quer durch die
Mitte, wo dasselbe am schmalsten ist. Der Grad der durch den Trizepsmuskel bedingten Diastase ist sehr verschieden und hängt von dem
Umstande ab, inwieweit das dicke Periost um das Olekranon herum
sowie die an ihm angehefteten Bänder zerrissen sind. Das Olekranon

entwickelt sich hauptsächlich aus dem Schafte der Elle (Abb. 64); an seiner Spitze findet sich aber doch eine schuppenförmige Epiphyse, welche mit dem übrigen Teile derselben im 17. Lebensjahr verschmilzt. Gelegentlich findet sich noch ein zweites epiphysäres Zentrum, aus dem das obere Drittel des Olekranon sich bildet. Bei jungen Individuen kann die schuppenförmige Epiphyse durch Gewalteinwirkung abgesprengt oder das knorplige Olekranon vom Reste des Knochens abgerissen werden (Abb. 64). Die gewöhnliche Olekranonfraktur beim Erwachsenen verläuft nicht in der Epiphysenlinie.

Ein Bruch des **Processus coronoideus ulnae** ist ein außerordentlich seltener Befund, bisweilen mit einer gleichzeitigen Luxation der Ulna nach hinten entstehend. Es ist unverständlich, wie der Knochenvorsprung durch die Kontraktion des Musculus brachialis abgerissen werden kann, wie einige behaupten, da der Muskel an der Tuberositas ulnae und gar nicht an dem Processus coronoideus ansetzt (Abb. 64). Auch kann er nicht als Epiphyse abgetrennt werden, wie andere behaupten, da an dieser Stelle keine Epiphyse sich findet.

Frakturen des Kopfes oder Halses der Speiche sind selten und finden sich für gewöhnlich zusammen mit Luxationen oder anderen schweren Verletzungen. Der Kopf ist gewöhnlich gespalten oder zersplittert und die Verletzung nur durch eine Röntgenaufnahme sicher und genau zu diagnostizieren. Die obere Radiusepiphyse liegt ganz innerhalb der Begrenzung des Ligamentum annulare und kann kaum als solche abgetrennt werden. Sie besteht eigentlich nur aus einer knorpligen Scheibe, die im 17. Lebensjahre mit dem Schaft verwächst. Ist der Knochen am Halse gebrochen, so wird das obere Ende des unteren Bruchstücks durch den Musculus biceps stark nach vorne gezogen.

Eine **Resektion des Ellbogengelenks** kann in verschiedener Weise ausgeführt werden. Bei allen Methoden ist der Nervus ulnaris in Gefahr verletzt zu werden; ebenso macht eine Ausschälung des vorstehenden Condylus internus einige Schwierigkeiten. Wird das Messer dicht am Knochen gehalten, so kann kein irgendwie größeres Blutgefäß durchtrennt werden. Die bei der Operation hauptsächlich in Betracht kommenden Muskeln sind die Musculi triceps, anconaeus, supinator und brachialis. Es ist sehr wichtig, daß das Periost über dem Olekranon sowie die radiale seitliche Ausbreitung der Trizepssehne an der tiefen Faszie des Vorderarms erhalten sind, so daß dieser Muskel immer noch als Streckmuskel wirken kann. Es ist niemals notwendig, den Ansatz des Musculus brachialis zu durchtrennen, noch weniger den des Musculus biceps, wenn auch einzelne Fasern des erstgenannten Muskels bei der Ausschälung der Ulnavorderfläche durchtrennt werden müssen. Bei der subperiostalen Ellbeugegelenkresektion wird das Periost allenthalben sorgfältig losgeschält und erhalten. Dadurch behält der Musculus triceps seinen Halt an der Ulna und die Wiederherstellung des Gelenks ist eine vollständigere. Die Gelenkfunktionen können nach einer Resektion wieder sehr gut hergestellt werden, besonders nach der subperiostalen Methode; allein nach keiner Methode werden die anatomischen

Einzelheiten des Gelenkes neu gebildet. So wird in einem erfolgreichen Falle das neue Gelenk eine „bimalleolare" Form annehmen und wird mehr dem Sprunggelenk als dem Ellbogengelenk gleichen. Der Humerus wächst zu beiden Seiten an der Stelle der ehemaligen Kondylen in zwei Malleolen aus und in deren Aushöhlung wird der Radius und die Ulna aufgenommen. Zwischen Humerus und Ulna bilden sich neue Ligamente, ebenso entwickelt sich um den Radius herum ein neues Ligamentum annulare.

Die **Lage der Hauptnerven am Ellbogen** (Abb. 63). Der Nervus radialis liegt vor dem Epicondylus lateralis unter dem Musculus brachioradialis, wo er sich in den schwächeren sensiblen Ramus superficialis und den stärkeren motorischen Ramus profundus teilt. Der Nervus medianus liegt an der Innenseite der Arteria brachialis; der Nervus ulnaris im Sulcus ulnaris hinter dem Epicondylus medialis.

14. Der Unterarm (Antibrachium).

Oberflächenanatomie. In seiner oberen Hälfte und besonders in seinem oberen Drittel ist der Unterarm von vorne nach hinten schmäler als von Seite zu Seite. Ein Horizontalschnitt in dieser Gegend ergibt eine annähernd ovale Schnittfläche, die gleichzeitig vorne abgeflacht und hinten vorgewölbt ist. Dieser Umriß ist an muskulösen Personen am deutlichsten und hängt hauptsächlich von der Entwicklung der seitlichen Muskelmasse ab, die von den Epikondylen nach abwärts zieht. Bei mageren Individuen ist der Unterarm selbst in seinen obersten Abschnitten eher rund als oval, ebenso wie bei Frauen und Kindern, da die seitlichen Muskelmassen relativ schwach entwickelt sind und sich an der Vorder- und Rückfläche des Arms unter der Haut reichlich Fett findet. Die Hinterfläche zeigt bei sehr muskulösen Personen an der Radialseite einen Wulst, der vom Musculus brachioradialis und den beiden radialen Extensoren, welche von der Mitte dieser Seite in ihre Sehnen übergehen, herrührt. Am unteren Drittel dieser Seite findet sich eine geringe Erhabenheit, die schräg nach abwärts, vorwärts und auswärts gerichtet ist und durch die Extensoren für den Daumen gebildet wird. In der Mitte der Dorsalfläche findet sich ebenfalls ein Wulst, der vom Epicondylus lateralis nach abwärts zieht und hauptsächlich vom Musculus extensor communis gebildet wird. Medial von diesem Wulst ist eine Vertiefung, die bei muskelkräftigen Individuen sehr deutlich ist und dem hinteren Rande der Ulna entspricht. Die Ulna liegt während ihres ganzen Verlaufs dicht unter der Haut und ist leicht zu untersuchen. Die obere Hälfte des Radius ist zu tief, um genau palpiert werden zu können, nur seine untere Hälfte liegt ebenfalls dicht unter der Haut. Der Verlauf der Arteria radialis wird durch eine Linie gekennzeichnet, welche man sich in der Ellbeuge vom lateralen Bizepsrand aus zum Processus styloideus radii gezogen denkt. Den Puls fühlt man zwischen diesem ebengenannten Processus und der Sehne des Musculus flexor carpi radialis, wo die Arterie dem unteren Ende des Radius aufliegt. Das mittlere und untere Drittel der Arteria ulnaris liegt in einer Linie, die man sich von dem Epicondylus medialis zu der radialen Seite des Os pisiforme gezogen denkt. Das obere Drittel des Gefäßes entspricht in seinem Verlaufe einer Linie, die von der Mitte der Ellbeuge nach abwärts gezogen wird, um die erste Linie am inneren Rande des Vorderarms an der Grenze von oberem und mittlerem Drittel zu schneiden. Eine solche Linie ist leicht gekrümmt mit der Konkavität nach außen. Die Sehnen etc., die am unteren Ende des Unterarms erkannt werden können, sollen beim Handgelenk besprochen werden.

Blutgefäße. Es ist erwähnenswert, daß im Bereiche des größten Teils des Vorderarms die Anastomosen zwischen den Arteriae radialis und ulnaris sehr ausgedehnte sind. Diese Tatsache wird deutlich durch einen Fall illustriert, den ich im Londonhospital behandelte. Ein Matrose hatte sich an seinem linken Vorderarm mit einem scharfen Messer drei tiefe quer über die Beugeseite verlaufende Wunden beigebracht, in einer jeweiligen Entfernung von etwa 4 cm. In jeder dieser Wunden war die Arteria radialis durchschnitten, zeigte also sechs Schnittflächen. Man könnte nun denken, es würde genügen, das proximale und distale Ende der Arterie zu unterbinden und die beiden isolierten Arterienstücke, jedes etwa 4 cm lang in Ruhe zu lassen. Ich unterband jedoch fünf von den sechs durchtrennten Enden, ließ das untere Ende des oberen isolierten Stücks der Arterie offen und beobachtete, was nun geschah. Im Verlauf des Tags, als der Mann sich allmählich von dem großen Blutverluste, den er sich durch die Verletzung zuzog, etwas erholt hatte, trat aus dem nicht unterbundenen Ende der Arterie eine erneute heftige Blutung auf, so daß auch das letzte Ende unterbunden werden mußte.

An der Streckseite des Vorderarms besteht ein auffallender Mangel an großen Gefäßen und Nerven (Abb. 66) und es ist bezeichnend, daß gerade diese Seite des Gliedes Verletzungen am meisten ausgesetzt ist. Denn eine Handbreite unterhalb des Olekranon fehlen oberflächliche Venen so gut wie ganz.

Der **Nervus medianus** liegt zwischen den beiden Köpfen des Musculus pronator teres und kann unter Umständen durch eine ausgiebige Kontraktion dieses Muskels komprimiert werden. Am Handgelenk liegt er zwischen den Sehnen der Musculi flexor carpi radialis und flexor digitorum sublimis, unter der Sehne des Musculus palmaris longus, die ein guter Anhaltspunkt für die Lage des Nerven ist.

Die **Knochen des Vorderarms.** Querschnitte durch das Glied in den verschiedenen Höhen zeigen, daß Radius und Ulna in allen Teilen der Streckseite näher liegen als der Beugeseite (Abb. 66 u. 67). Diese Beziehung wird um so deutlicher, je höher oben der Querschnitt liegt. Die beiden Knochen liegen am unteren Ende des mittleren Drittels am weitesten nach der Mitte zu, am oberen Ende des Unterarms liegen die Muskeln hauptsächlich an der Beugeseite und zu beiden Seiten, je weiter die Querschnitte am Arme nach unten liegen, desto spärlicher sind die Knochen an den Seiten bedeckt und desto gleichmäßiger sind die Weichteile auf Beuge- und Streckseite verteilt. Es ist ferner beachtenswert, daß, wo ein Knochen dick ist, ist der andere dünn, wie

nahe am Ellbogen und dem Handgelenk; in der Mitte des Vorderarms
sind dagegen beide Knochen etwa gleich stark. Die oberflächliche Lage
beider Knochen, vor allem der Ulna, an der Streckseite des Gliedes gestattet von hier aus eine genaue Untersuchung, wie auch von der Streckseite aus Resektionen und andere Operationen an den Knochen bequem
ausgeführt werden können. Außerdem ist es leicht verständlich, daß bei
komplizierten Frakturen, die bei Verletzungen der Weichteile durch
die Knochenfragmente entstehen, die Wunden für gewöhnlich auf der
Streckseite sich finden.

Die wichtige Bewegung der **Pronation** und **Supination** findet zwischen
diesen beiden Knochen um eine Achse statt, die einer Linie entspricht,
welche man sich durch das Radiusköpfchen über das untere Ende der

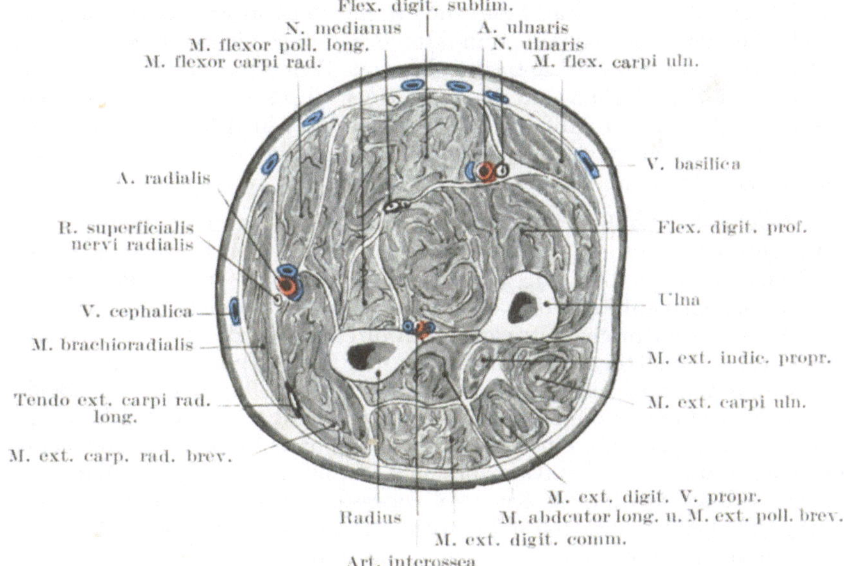

Abb. 66.   Querschnitt durch die Mitte des linken Unterarmes.

Ulna hinweg zum Metakarpalknochen des Ringfingers gezogen denkt.
Bei extremster Pronation kreuzt der Radius die Ulna in schräger Richtung; an der Kreuzung berühren sich die beiden Knochen annähernd,
die unteren Fasern der Membrana interossea sind straff gespannt.
„Der hauptsächlichste Faktor, die Supination aufzuhalten, liegt nicht
in den Bändern, sondern in dem innigen Zusammenhang des hinteren
Rands der Incisura ulnaris radii (am unteren Radiusende) mit der Sehne
des Musculus extensor carpi ulnaris, wo er in der Vertiefung zwischen
dem Processus styloideus und dem Capitulum ulnae liegt (H. Morris)".
Von den beiden Bewegungen ist die Supination die kräftigere. Dies
zeigt sich nach verschiedenen Seiten hin. Bei der Benutzung eines
Schraubenziehers oder eines Nagelbohrers wird die Pronation und Supina-

tion in hohem Maße verwertet, allein die Hauptkraft wird bei der Supination angewandt. Es ist bezeichnend, daß das Schraubengewinde eines Korkziehers derart gedreht ist, daß derselbe durch Supinationsbewegungen eingetrieben wird und nicht durch Pronationsbewegungen.

Die einzige Lage, in welcher beide Knochen einander parallel sind, ist die Mitte zwischen Pro- und Supination. Nur bei dieser Stellung ist die Membrana interossea durchwegs flach ausgebreitet. Daher wählt man auch diese Lage um die meisten Frakturen des Vorderarms auszugleichen. Der Raum zwischen beiden Knochen ist eine unregelmäßige Ellipse, die unten etwas breiter als oben ist. Bei extremster Pronation ist der Raum am schmalsten, bei voller Supination am weitesten, in der Mittellage fast ebenso weit wie bei der Supination.

Die Chorda obliqua (vom Processus coronoideus ulnae zum unteren Rande der Tuberositas radii ziehend) leistet denjenigen Kräften Widerstand, die den Radius von dem Humerus wegzuziehen bestrebt sind und wirkt genau wie ein Ligament, das vom Humerus zum Radius zieht, während die Membrana interossea mittelst ihrer schräg verlaufenden Fasern die Ulna veranlaßt, die auf den Radius einwirkende Kraft mitzutragen, wenn er nach oben gedrückt wird, wie z. B. beim Stützen auf die Hohlhand u. dgl.

Brüche des Vorderarms. Beide Knochen sind viel häufiger gleichzeitig gebrochen als ein Knochen allein. Bricht der Radius allein, so geschieht es gewöhnlich durch indirekte Gewalt, da er so gut wie alle Erschütterungen auffängt, die von der Hand auf den Vorderarm übergehen. Die Ulna dagegen bricht häufiger durch direkte Gewalt, da sie oberflächlicher und exponierter liegt. Erhebt man z. B. den Arm, um einen gegen den Kopf geführten Schlag zu parieren, so liegt die Ulna zu oberst. Beide Knochen zusammen können durch direkte oder indirekte Gewalt brechen. Malgaigne beschreibt einen Fall, in welchem bei einem Manne beide Knochen durch Muskelaktion brachen, während er Erde schaufelte. In diesem Falle wurden die Knochen wahrscheinlich zwischen den beiden entgegenwirkenden Kräften gebrochen, nämlich zwischen dem Musculus biceps und Musculus brachialis oben und dem Gewichte der mit Erde beladenen Schaufel in der Hand unten. Findet sich ein **Schrägbruch** beider Knochen, so kann durch die gemeinsame Aktion der Flexoren und Extensoren eine Verkürzung des Vorderarms eintreten. Die Verschiebung der Bruchstücke ist sehr wechselnd und beruht mehr auf der Richtung der einwirkenden Kraft als auf Muskelzug. So sagt Hamilton: „Ich sah eine geringe Deviation der Bruchenden nach fast allen Richtungen." Verzögert sich die knöcherne Vereinigung so findet sich die mangelhafte Knochenneubildung in der Regel am Radius, da er der beweglichere der beiden Knochen ist.

Ist der **Radius allein** gebrochen 1. zwischen den Insertionen des Musculus biceps und des Musculus pronator teres, so wird das obere Fragment durch den Bizeps gebeugt und durch ihn im Vereine mit dem Musculus supinator vollständig supiniert. Das untere Ende wird durch die beiden Pronatoren proniert und gleichzeitig der Ulna genähert. Würde eine solche Fraktur in der „Mittellage" behandelt werden, so würden folgende Nachteile daraus entstehen: Das obere Bruchstück ist durch die an ihm ansetzenden Muskeln vollständig supiniert; das untere Fragment liegt in der mittleren Stellung im Verband. Dadurch ist die Achse des Vorderarms nicht eine einheitliche gerade Linie, die Wirkung der Musculi biceps und supinator als Supinatoren geht vollständig verloren. Der so behandelte Kranke wird einen großen Ausfall in der Supinationsbewegung des Vorderarms erleiden; um dieses schlechte Resultat zu vermeiden, muß das Glied in voller Supination gelagert werden, so daß die beiden Bruchstücke in der normalen Längsachse verwachsen, wobei das obere Fragment durch die betreffenden Muskeln, das untere durch den Verband supiniert wird. 2. Liegt die Bruchstelle zwischen dem Musculus pronator teres oben und dem Musculus pronator quadratus unten, so kann das obere Bruchstück durch den Bizeps und Musculus pronator teres etwas nach vorwärts und durch letzteren Muskel gegen die Ulna hin verlagert sein. Das untere Bruchstück wird durch den Musculus pronator quadratus zur Ulna hingezogen, während dessen oberes Ende noch mehr gegen diesen Knochen gerichtet ist und zwar durch die Tätigkeit des am Processus styloideus radii ansetzenden Musculus brachio-radialis.

Ist die **Ulna allein** gebrochen, sagen wir einmal in ihrer Mitte, so wird das obere Fragment durch den Musculus brachialis etwas nach vorne gezogen, während das untere Fragment durch den Musculus pronator quadratus nach dem Radius hin verlagert wird.

Allein in allen diesen Fällen ist der Grad der Verlagerung durch die Richtung der einwirkenden Kraft in demselben Maße wie durch die Kontraktion der Muskeln bedingt. Stehen die Fragmente nach dem Bruche eines oder beider Knochen nach einwärts gegen die Membrana interossea gerichtet, so wird bisweilen der Versuch gemacht, die Bruchenden durch entsprechende Verbände auseinander zu drängen und in richtiger Lage zu erhalten. Werden diese Verbände jedoch so fest angelegt, daß sie die Bruchstücke auch tatsächlich auseinanderhalten, so müssen sie die eine oder andere der Arterien oder gar beide komprimieren, wodurch eine schwere nie wieder gut zu machende Störung auftritt, die darin besteht, daß die Muskeln von ihrer Blutversorgung abgeschnitten und dadurch gelähmt werden und sich in der Folge kontrahieren.

Diese sog. ischämische Lähmung beruht auf einer Nekrose der Muskelfasern mit scholligem Zerfall, die späterhin sich entwickelnde Kontraktur auf einer hochgradigen interstitiellen Entzündung mit Schwielenbildung.

Der Umstand, daß die größte Masse des venösen Blutes des Vorderarms durch oberflächliche Venen zum Herzen zurückgeführt wird, macht das rasche Entstehen eines starken Ödems verständlich, wenn die Brüche mittelst zu eng anliegender Binden oder Schienen behandelt werden. Da auch die Arterien leicht Gefahr laufen komprimiert zu werden, so findet sich eine Gangrän des Arms als Folge unsachgemäßer Behandlung viel häufiger als bei Frakturen an irgend einer anderen Stelle des Körpers.

Amputationen des Vorderarms (Abb. 66 u. 67). Bei den Amputationen
des Vorderarms verdienen in den muskulösen Abschnitten die Lappen-
schnitte den Vorzug vor den Zirkel- oder Schrägschnitten, da die Ablösung
des Hautfaszienlappens mittelst der ersteren Schnittführung erleichtert
wird. Bei einer Amputation in der Mitte des Unterarms würden von
außen nach innen der Reihe nach folgende Gebilde durchtrennt werden:
1. **Im volaren Lappen** — Haut, oberflächliche Faszie, Unterhautzellgewebe, Musculus palmaris longus in der Mitte, unter ihm der Musculus
flexor digitorum sublimis, radial von ihm der Musculus flexor carpi
radialis, auf der ulnaren Seite der Musculus flexor carpi ulnaris (oberflächliche Schicht); dem Radius anliegend der Musculus flexor pollicis
longus, der Ulna aufliegend der Musculus flexor digitorum profundus
(tiefe Schicht); zwischen oberflächlicher und tiefer Schicht liegt auf

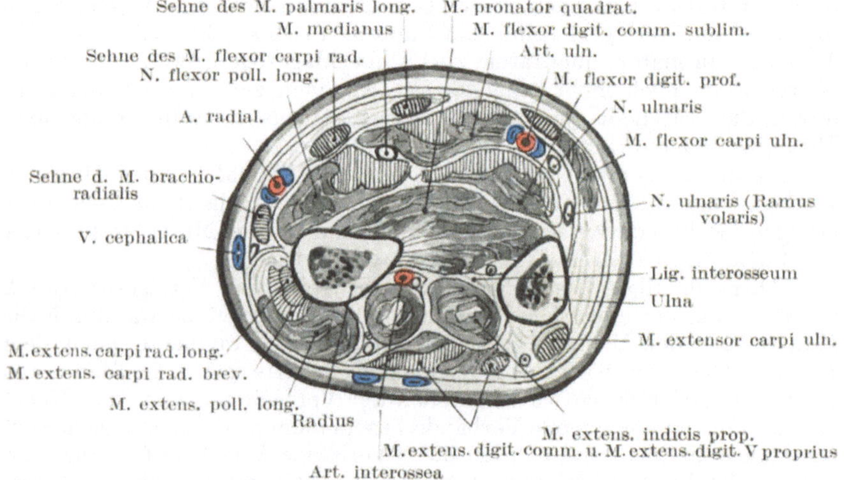

Abb. 67. Querschnitt durch den linken Unterarm oberhalb des Handgelenks.

der Radialseite der Nervus medianus, auf der Ulnarseite der Nervus
ulnaris mit der Arteria ulnaris und den sie begleitenden Venen. Die Arteria radialis mit dem Ramus superficialis nervi radialis liegt unter
der Vena cephalica, die Arteria interossea volaris mit ihren Venen und
dem Nervus interosseus volaris liegt auf der volaren Fläche der
Membrana interossea. Lateral vom Radiusschaft finden sich die
Musculi extensor carpi longus und brevis. Die oberflächliche Muskelgruppe des hinteren Lappens besteht aus den Musculi extensor digitorum communis und extensor carpi ulnaris, die tiefe Schicht aus den
Musculi abductor pollicis longus und extensor pollicis brevis auf der
radialen Seite und den Musculi extensor pollicis longus und extensor
indicis proprius auf der ulnaren Seite. Auf der dorsalen Seite der Membrana interossea liegt die Arteria interossea dorsalis mit den sie begleitenden Venen und dem Nervus interosseus dorsalis.

15. Das Handgelenk und die Hand.

Oberflächenanatomie. Die folgenden Strukturen können am Handgelenk erkannt werden: An der Radialseite beginnend kann das untere Ende des Radius mit seinem Processus styloideus palpiert werden. Der Knochen liegt hier vorne und hinten dicht unter der Haut. Der Griffelfortsatz liegt etwas mehr nach vorne als sein Partner an der Ulna und reicht auch am Vorderarm $1^1/_4$ cm weiter herab. Die dorsale Fläche des Radius wird am Handgelenk von den Sehnen der Musculi abductor pollicis longus und extensor pollicis brevis überkreuzt. Sie sind bei Abduktion des Daumens sehr deutlich zu fühlen, wie auch ihr spaltartiger Zwischenraum palpiert werden kann. Ungefähr in der Mitte der Volarfläche des Handgelenks liegt die Sehne des Musculus palmaris longus, die für gewöhnlich am deutlichsten von allen Sehnen an dieser Stelle hervorspringt. Sie fehlt jedoch in gut $10^0/_0$ aller daraufhin untersuchten Handgelenke. Sie springt am stärksten vor, wenn das Handgelenk etwas gebeugt, die Finger gestreckt und der Daumen- und Kleinfingerballen einander möglichst genähert werden. Etwas radialwärts von ihr ist die breitere, aber nicht so sehr vorspringende Sehne des Musculus flexor carpi radialis. In der schmalen Vertiefung zwischen diesen beiden Sehnen verläuft der Nervus medianus und auf der radialen Seite des Musculus flexor carpi radialis verläuft die Arteria radialis. Bisweilen zweigt der Ramus volaris superficialis der Arteria radialis höher oben ab und ist kräftiger als normal. Er verläuft alsdann an der Seite der Arteria radialis an der Volarfläche des Handgelenks, verstärkt das Volumen des Pulses und legt den Grund zum sog. „Pulsus duplex".

Die begleitenden Venen umgeben die Arterie und können, wenn stark erweitert, die Art des Pulses verändern (Hill). An der Ulnarseite des Handgelenkes findet sich die Sehne des Musculus flexor carpi ulnaris auf ihrem Wege zum Erbsenbein. Sie tritt am deutlichsten zutage, wenn das Handgelenk etwas gebeugt und der kleine Finger stark in die Hohlhand eingeschlagen wird. In der Vertiefung zwischen ihr und dem Musculus palmaris longus findet sich die Sehne des Musculus flexor digitorum sublimis und unmittelbar an der Radialseite des Musculus flexor carpi ulnaris kann die Pulsation der Arteria ulnaris gefühlt werden. Unter der dünnen Haut der Volarfläche des Handgelenks kann ein Teil des Venenplexus erkannt werden, der in die Vena ulnaris anterior einmündet. Der Nervus ulnaris liegt an der Radialseite des Os pisiforme.

Auf der Dorsalseite des Handgelenks können von innen nach außen die folgenden Sehnen deutlich erkannt werden (Abb. 69): der Musculus extensor pollicis longus, extensor digitorum communis, extensor carpi ulnaris. Die am deutlichsten vorspringende Sehne ist die des Musculus extensor pollicis longus. Sie hebt sich besonders schön ab, wenn der Daumen kräftig abduziert und extendiert wird (s. Abb. 69). Die Sehne führt zu einem kleinen aber sehr deutlichen Knochenvorsprung am Radius, welcher den äußeren Rand der Knochenfurche bildet, die diese Sehne aufnimmt. An der Stelle, an welcher diese Sehne die

Dorsalfläche des Radius erreicht, verläuft sie auf dessen Mitte und bezeichnet ungefähr den Raum zwischen dem Os naviculare und dem Os lunatum. Das untere Ende der Ulna ist sehr deutlich. Bei supinierter Hand liegt der Processus styloideus ulnae an der inneren und hinteren Fläche des Handgelenks ulnarwärts vom Musculus extensor carpi ulnaris. Bei Pronationsstellung der Hand ist der Griffelfortsatz der Elle nicht so deutlich, während das Capitulum ulnae an der Dorsalfläche des Handgelenks stark vorspringt und zwischen den Sehnen der Musculi extensor carpi ulnaris und extensor digiti quinti proprius liegt.

Das eigentliche Handgelenk. Die Spitze des Griffelfortsatzes der Elle entspricht der Linie des Handgelenks und ein unterhalb dieses Fortsatzes eingeführtes Messer würde das proximale Handgelenk (Articulatio radiocarpea) eröffnen. Ein in horizontaler Richtung dicht unterhalb der Spitze des Griffelfortsatzes der Speiche eingestoßenes Messer trifft auf das Os naviculare. Eine Verbindungslinie der beiden Processus styloidei (radii und ulnae) würde etwas nach abwärts und auswärts verlaufen, ihre beiden äußersten Enden würden die Grenzen des Radiokarpalgelenkes darstellen und ungefähr der Sehne eines Bogens entsprechen, der von der Gelenklinie gebildet wird. Die Verbindungslinie der beiden Griffelfortsätze liegt fast $1^1/_4$ cm unterhalb des höchsten Punktes des Bogens des Radiokarpalgelenkes.

An der Volarseite des Handgelenkes finden sich verschiedene Hautfurchen, von denen die unterste die deutlichste ist (Abb. 68). Sie ist nach abwärts etwas ausgebuchtet, kreuzt genau den Hals des Os capitatum in der Verlängerung des Os metacarpale 3 (Tillaux) und liegt nicht ganz 2 cm unter dem Bogen des Radiokarpalgelenkes. Sie liegt etwa $1^1/_4$ cm oberhalb der Articulatio carpometacarpea und bezeichnet ziemlich genau den oberen Rand des Ligamentum carpi transversum.

Die Hohlhand (Palma oder Vola manus) (Abb. 68). Die Hohlhand ist in ihrer Mitte, wo die Haut fest mit der Aponeurosis palmaris verwachsen ist, konkav. Diese „Höhlung der Hand" ist ungefähr dreieckig, mit der Spitze nach aufwärts gerichtet. Zu beiden Seiten finden sich die Wülste des Thenar und Hypothenar. Am oberen Ende des Daumenballens fühlt man einen Knochenvorsprung, unmittelbar unterhalb und ulnar von dem Processus styloideus radii; derselbe wird von den Tubercula des Os naviculare und multangulum maius gebildet (Abb. 72). Der Raum zwischen diesen beiden Höckerchen kann nicht immer palpiert werden. An dem oberen Ende des Kleinfingerballens findet sich die Vorwölbung des Felsenbeins und unmittelbar unter ihm kann der Haken des Os hamatum erkannt werden. Unterhalb der Hohlhand gegenüber den Interdigitalfurchen erkennt man vor allem bei starker Streckung der ersten und Beugung der zweiten und dritten Phalangen der vier Finger drei kleine Vorwölbungen. Diese entsprechen den zwischen die Flexorensehnen und die längsgerichteten Faserzüge der Palmaraponeurose eingelagerten Depots von Fettgewebe. Die Vertiefungen, welche diese Vorwölbungen voneinander trennen, entsprechen diesen eben erwähnten Ausstrahlungen der Aponeurose.

Von den **Hautfurchen** (Abb. 68) der Hohlhand verdienen drei besondere
Erwähnung. Die erste beginnt am Handgelenk zwischen dem Thenar
und Hypothenar und endet, indem sie den Daumenballen von der Hohlhand abgrenzt, am radialen Rande der Hand an der Wurzel des Zeigefingers. Die zweite Furche ist nur undeutlich angedeutet. Sie beginnt
an der Radialseite der Hand an der Stelle, an welcher die erste Falte
endet. Sie verläuft schräg nach einwärts über die Hohlhand mit einer
deutlichen Neigung nach dem Handgelenk und endet an der äußeren

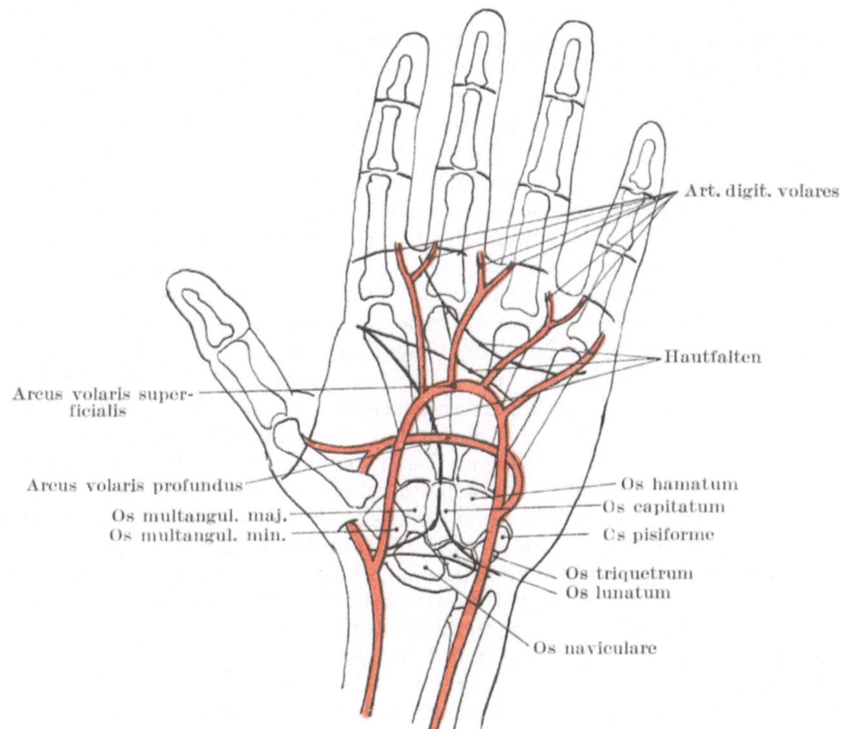

Abb. 68. Schematische Darstellung des linken Vola manus mit den Hautfalten
und ihrer Beziehung zum Arcus volaris superficialis und profundus.

Grenze des Hypothenar. Die dritte und unterste dabei bestausgebil-
detste Falte beginnt an der kleinen Vorwölbung gegenüber der Inter-
digitalfalte zwischen Zeige- und Mittelfinger und zieht in annähernd
querer Richtung zur ulnaren Seite der Hand, indem sie den Kleinfingerballen am oberen Ende seines untersten Viertels kreuzt. Eine unwichtige
vierte Hautfalte, die schräg von der dritten zur zweiten Furche verläuft, verleiht diesen Furchen die Form eines M. Die erste Falte
entsteht durch die Opposition des Daumens, die zweite in der
Hauptsache durch das gleichzeitige Beugen der Metacarpophalangeal-

gelenke des vierten und fünften Fingers und die dritte durch Beugung
der drei inneren Finger. Die zweite Falte entspricht an der Stelle,
an welcher sie den dritten Metakarpalknochen schneidet, annähernd
dem tiefsten Punkte des Arcus volaris superficialis. Die dritte Falte
zieht über die Höhe der Metakarpalknochen hinweg und bezeichnet
annähernd die oberste Grenzen der Sehnenscheiden für die Flexoren
der drei äußersten Finger. Etwas unterhalb dieser Falte teilt sich die
Aponeurosis palmaris in ihre vier Zipfel und in der Mitte zwischen dieser
letzten Falte und den Interdigitalfurchen liegen die Metacarpophalangeal-
gelenke. Von den Querfurchen der Fingerglieder, die den Metakarpo-
phalangeal- und Interphalangealgelenken entsprechen, ist die proximalste
für den Zeige- und Kleinfinger einfach, für Ring- und Mittelfinger doppelt. Sie liegen fast 2 cm unterhalb der entsprechenden Metakarpo-
phalangealgelenke. Die mittleren Furchen sind an allen vier Fingern
doppelt und liegen den proximalen Interphalangealgelenken gegenüber.
Die distalen Furchen sind wieder einfach und liegen 1—2 mm (Paulet)
oberhalb der entsprechenden Gelenke. Am Daumen finden sich zwei
einzelne Furchen für die entsprechenden Gelenke, von denen das proximale
das Metakarpophalangealgelenk schräg kreuzt. Die Interdigitalfurchen
sind in der Hohlhand ca. $1^{1}/_{4}$ cm von den Metakarpophalangealgelenken
entfernt. Der Arcus volaris superficialis kann in der Hohlhand durch
eine gekrümmte Linie bezeichnet werden, die am Erbsenbein beginnt
und am palmaren Rande des Daumens entlang zieht, wenn letzterer
rechtwinklig zum Zeigefinger ausgestreckt wird. Der Arcus volaris
profundus verläuft $^{3}/_{4}$—$1^{1}/_{4}$ cm näher dem Handgelenk; seine Lage
kann ziemlich genau durch eine Linie bezeichnet werden, welche von
der Basis des fünften Metakarpalknochens zu der Basis des zweiten
gezogen wird, zwei leicht aufzufindende Stellen. Die Digitalarterien
teilen sich etwa $1^{1}/_{4}$ cm proximal von den Interdigitalfurchen.

Der Handrücken (Dorsum manus) (Abb. 69). An der Radialseite des
Handgelenks findet sich bei gestrecktem Daumen zwischen den drei
Sehnen der Musculi extensores pollicis longus und brevis mit dem Musculus
abductor pollicis longus eine deutliche Grube, welche von französischen
Autoren als „Tabatière Anatomique" bezeichnet wurde. Quer über
diese „Schnupftabaksdose" verläuft unter den eben genannten Sehnen
die Arteria radialis. Durch die Haut dieser Grube schimmert gewöhnlich eine relativ große Vene durch, die Vena cephalica digiti 5; mit ihr
verläuft der sensible Ramus superficialis nervi radialis, um die radiale
Seite der Haut des Handrückens zu versorgen. Am Boden der Tabatière liegen das Os naviculare und das Os multangulum maius. Die Sehne
des Musculus extensor pollicis longus läuft schräg über das proximale
Ende des Musculus interosseus dorsalis 1 hinweg. Die Sesambeine des
Daumens sowie das Gelenk zwischen Os multangulum maius und erstem
Metakarpalknochen können deutlich palpiert werden. Das letzte Gelenk
liegt am Boden der Tabatière. Außerdem können die übrigen Sehnen
sowie die oberflächlichen Venen deutlich unterschieden werden. Zwischen
erstem und zweitem Metakarpalknochen liegt der schon erwähnte Musculus interosseus dorsalis 1, welcher einen deutlichen Wulst bildet,

wenn der Daumen an den Zeigefinger angepreßt wird. Die drei Reihen der Fingerknöchel sind die Trochleae der proximalen Knochen der betreffenden Gelenke.

Die **Haut** der Hohlhand und der volaren Seite der Finger ist dick und straff, während sie am Handrücken viel dünner ist. An der Hohlhand, den Seiten und der Volarfläche der Finger sowie an der Dorsalfläche der Endphalangen fehlen Haare und Talgdrüsen vollständig. Am Handrücken dagegen sowie an den ersten und zweiten Phalangen der Finger finden sich zahlreiche Talgdrüsen und Haare. Schweißdrüsen dagegen sind in der Hohlhand zahlreicher vorhanden, als an irgend einer anderen Körperstelle. Nach Sappey sollen sie hier viermal reichlicher vorhanden sein als irgend wo anders. Krause gibt an, daß schät-

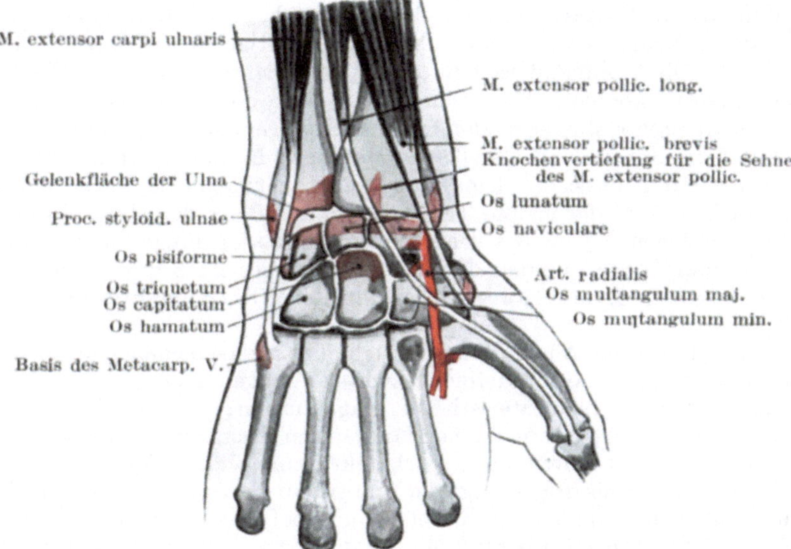

Abb. 69. Die Hauptmerkpunkte der dorsalen Handgelenksgegend.

zungsweise auf einem Quadratzentimeter Haut der Hohlhand annähernd 1120 Schweißdrüsen ausmünden. Etwa halb soviel Schweißdrüsen finden sich auf dem Handrücken. Es ist bekannt, und unter gewissen Bedingungen charakteristisch, in welch hohem Maße die Hand die Fähigkeit hat, Schweiß abzusondern. Die Nervenversorgung der Haut ist sehr ausgiebig, die Nerven enden in Vaterschen Körperchen, welche hier viel häufiger gefunden werden, als sonst. Der empfindlichste Hautbezirk ist die Palmarfläche der dritten Phalanx des Zeigefingers, während der Handrücken für taktile Reize am empfindungslosesten ist. Die Fingerspitzen sind für Berührungen etwa 30mal empfindlicher als die Haut der Mitte des Vorderarms, die hinsichtlich taktiler Reize die empfindungsloseste Stelle der äußeren Bedeckung darstellt.

Das **Unterhautzellgewebe** der Hohlhand ist spärlich und derb, und erinnert insoferne etwas an das Unterhautzellgewebe der Kopfschwarte, als die Haut fest mit ihm verwachsen und das in ihr liegende Fettgewebe ebenfalls in kleinen Träubchen angeordnet ist, welche in den Maschen des Bindegewebs liegen. Kleinste Bänder halten die Haut in den Furchen der Hohlhand und Finger nieder. Das Unterhautzellgewebe am Handrücken dagegen ist sehr locker und nur leicht mit der Haut verwachsen, daher finden sich subkutane Blutaustritte in der Hohlhand und den volaren Fingerflächen so gut wie nie, während sie am Handrücken große Ausdehnung gewinnen können. In gleicher Weise findet sich oft hochgradiges Ödem des Handrückens, während die Hohlhand auch in schweren Fällen frei bleibt. Die Straffheit der Haut der Hohlhand macht Entzündungen derselben infolge der durch die Entzündung entstehenden Spannung ungemein schmerzhaft, während entzündliche Prozesse in dem losen Gewebe des Handrückens hohe Grade erreichen können, ohne besonders heftige Schmerzen zu verursachen. Die Hohlhand ist gut darauf eingerichtet Druck und Reibung aushalten zu können. Die Epidermis ist dick, die Haut fest mit der unmittelbar unter ihr liegenden Aponeurose verwachsen. Diese Faszie schützt die Nerven und Gefäße der Hohlhand in hohem Grade, während dieselbe nur äußerst spärliche und kleine oberflächliche Venen enthält. In der Tat wird der größte Teil des venösen Bluts der Hand durch die oberflächlichen Venen des Handrückens und der Finger fortgeschafft. In gleicher Weise münden die als engmaschiges Netz in der Hohlhand ausgebreiteten Lymphbahnen in die großen Vasa efferentia des Handrückens.

Die Form der **Nägel** ist individuell etwas verschieden und nach der Ansicht mancher Autoren finden sich bei einigen Konstitutionserkrankungen gewisse charakteristische Nagelformen. Unter der „Manus hippocratica" versteht man eine Hand, deren Fingerspitzen keulenförmig aufgetrieben und deren Nägel stark gekrümmt sind. Diese Verhältnisse scheinen auf venöser Stauung und Mangel an Sauerstoffgehalt des Bluts zu beruhen und finden sich hauptsächlich bei angeborenen Herzfehlern, chronischer Lungentuberkulose, Emphysem, sonstigen chronischen Lungenaffektionen und bei gewissen Aneurysmen des Brustraums (Trommelschlegelfinger). Ferner finden sich am Nagelbett und in den dasselbe umgebenden Weichteilen nicht selten entzündliche Prozesse (Onychia, Paronychia). Solche Entzündungen können zu starken Umbildungen der Nägel Veranlassung geben. Stößt sich ein Nagel durch Eiterung ab oder wird mit Gewalt ausgerissen, so wächst ein neuer Nagel, wenn einige der in der Tiefe gelegenen epithelialen Zellen zurückgeblieben sind. Während der Rekonvaleszenz von gewissen Erkrankungen, wie z. B. Scharlach, kann auf den Nägeln eine quere Furche sich ausbilden. Diese Furche bezeichnet den Teil des Nagels, der während der Krankheit entstanden ist und indem man dessen Vorwärtswandern beobachtet, kann man die Geschwindigkeit messen, mit welcher der Nagel wächst. Dieselbe beträgt 0,75 mm pro Woche; wird die Hand durch Verbände ruhig gestellt, so wird die Wachstumsgeschwindigkeit verzögert (Head).

Es sei bemerkt, daß jeder Fingernerv einen relativ großen Ast zum Nagelbett abgibt, wodurch der heftige Schmerz verständlich ist, wenn ein
Fremdkörper unter den Nagel eindringt.

Die Faszien (Abb. 70). Unter der Haut der Hohlhand liegt die Aponeurosis palmaris. Diese Faszie verleiht der Hand genau so viel Kraft, wie dieselbe Menge Knochen tun würde, während ihre Unnachgiebigkeit, ihr
verhältnismäßiger Mangel an Nerven und Blutgefäßen sie besonders
gut in die Lage versetzen, die Wirkungen eines auf sie ausgeübten Druckes
auszuhalten. Sie gibt zu jedem Finger einen Zipfel ab, die ihrerseits
sich durch Fasern mit den Sehnenscheiden der Finger, der Haut, sowie

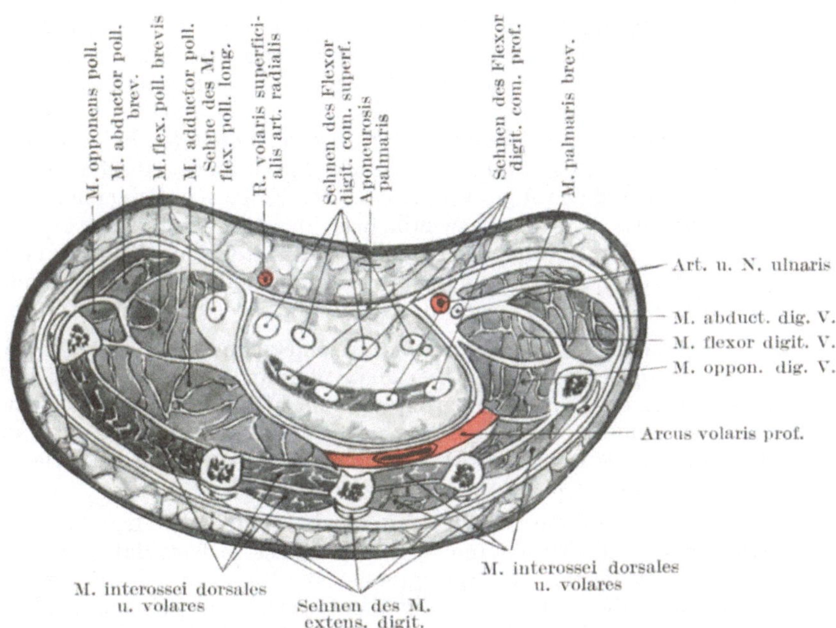

Abb. 70. Querschnitt durch die Mittelhand in Höhe des Daumen- und
Kleinfingerballens.

proximalwärts mit dem Ligamentum carpi transversum vereinigen.
Bei der sog. Dupuytrenschen Kontraktur zieht sich die Palmaraponeurose vor allem an ihren Zipfeln zusammen. Einer oder mehrere,
ja selbst alle Finger können in die Kontraktion mit einbegriffen sein.
Die proximale Phalanx wird gegen die Hohlhand gezogen oder gebeugt;
später wird die zweite Phalanx ebenfalls flektiert. Die Haut wird nach
der Aponeurose zu eingezogen, da beide Gebilde normaliter enge miteinander zusammenhängen. Wie das Experiment zeigt, kann man durch
Zug an der Aponeurose die proximale Phalanx der Finger leicht, die
mittlere Phalanx etwas schwerer beugen. Der mittlere Teil der Aponeurose ist die Sehne des Musculus palmaris longus.

Die Gebilde der Hohlhand werden durch die Aponeurose in drei getrennte Räume abgeteilt (Abb. 70). So ist der Daumenballen sowohl wie auch der Kleinfingerballen jeder für sich in eine dünne Faszie eingehüllt. Diese beiden, von dieser Faszie umgebenen Räume sind nach allen Richtungen hin abgeschlossen und, wenn auch in geringem Grade imstande, in ihnen sich entwickelnde Eiterungen auf ihren Entstehungsherd zu beschränken. Zwischen diesen beiden Abteilungen findet sich eine dritte, deren Dach die Palmaraponeurose bildet. Dieser Raum ist zwar zu beiden Seiten abgeschlossen, jedoch oben und unten offen. Proximal findet sich unterhalb des Ligamentum carpi transversum eine freie Öffnung, während distal sich die sieben Wege finden, die durch die Teilung der Palmaraponeurose angelegt sind. Von diesen sieben Wegen dienen vier, die an den Wurzeln der betreffenden Finger liegen, dazu, die Sehnen der Beugemuskeln zu den Fingern treten zu lassen, während die übrigen drei den Interdigitalfurchen entsprechen und die Lumbrikalmuskeln sowie die Gefäße und Nerven zu den Fingern hindurchtreten lassen. Bildet sich daher in der Hohlhand unter der Palmaraponeurose Eiter, so kann er nicht durch diese dicke Faszie an die Oberfläche kommen, sondern sucht einen Ausweg entweder den Fingern entlang oder am Unterarm aufwärts. So unüberwindlich ist der Widerstand der Aponeurose, daß der in der Hohlhand eingeschlossene Eiter eher die Zwischenräume zwischen den Metakarpalknochen durchbricht und am Handrücken erscheint, als daß er durch die Hohlhandbedeckung durchtreten kann.

Bei der Eröffnung einer **Hohlhandphlegmone,** wenn dieselbe proximal vom Handgelenk an die Oberfläche kommt, muß die Inzision in der Längsachse des Unterarms proximal vom Ligamentum carpi transversum und etwas ulnar von der Sehne des Musculus palmaris longus angelegt werden, um sowohl die Arteria ulnaris als auch die Arteria radialis und den Nervus medianus zu schonen.

Die **Sehnen am Handgelenk** werden durch das Ligamentum carpi transversum niedergehalten; dieses Band ist so fest, daß dasselbe selbst bei hochgradigster Handphlegmone, die bis zum Vorderarm heraufreicht und die unter dem Ligament gelegenen Sehnenscheiden stark ausdehnt, nicht nachgibt und straff gespannt bleibt. Der distale Rand des Ligamentum carpi dorsale entspricht dem proximalen Rande des Ligamentum carpi transversum (volare) und diese beiden Gebilde leisten zum Teil dieselben Dienste wie das Lederarmband, das der Arbeiter bisweilen an seinem Handgelenk trägt, welches in der Tat eine Art von Hilfsband für das Handgelenk vorstellt.

Die **Sehnenscheiden** (Abb. 72) für die Sehnen der Beugemuskeln reichen von den Metakarpophalangealgelenken bis zu den proximalen Enden der distalen Phalangen.

Die Fingerbeere liegt somit dem Periost direkt auf. Gegenüber den Fingergelenken sind die Scheiden locker und dünn und zwischen den auseinanderweichenden Fasern kann die die Scheide innen auskleidende Synovialmembran sich nach außen vorwölben. Ich glaube, daß eine Eiterung außerhalb der Sehnenscheide häufig durch diese schlecht geschützten Stellen der Scheiden in dieselben durchbricht. Im übrigen sind die Vaginae tendinum fest und derb und klaffen weit, wenn sie quer durchschnitten werden (Abb. 71). Deshalb bleibt nach der Durchtrennung der Sehnenscheiden, wie z. B. bei einer Amputation, ein offener Kanal bestehen, der zur Hohlhand führt und das Eindringen von Eiter in die Hohlhand natürlich ungemein erleichtert. Diese weitklaffenden Sehnenscheiden erklären am besten die Häufigkeit von Hohlhandeiterungen nach Fingeramputationen und ich bin entschieden der Ansicht, daß in jedem Falle von zufälliger oder absichtlicher Eröffnung der (nicht infizierten) Sehnenscheiden Maßregeln ergriffen werden sollten, um diesen Kanal zu schützen und von der Außenwelt abzuschließen.

Die Sehnen füllen ihre Scheiden vollständig aus. Eine ganglienartige Anschwellung der Sehnen an ihrem Eintritt in ihre Scheide oder eine Einschnürung der Scheide an der Stelle der Verdickung der Sehne, ist die Veranlassung für die Entstehung des sog. „schnellenden Fingers". Ein solcher Finger kann nicht willkürlich gestreckt werden, sondern springt, wenn man ihn etwas in die Höhe schiebt, mit einem schnappenden Geräusch wieder zurück wie ein Messer in seine Klinge (Abbé). In den meisten Fällen handelt es sich histologisch beim schnappenden Finger um eine mit Verdickung der Sehne einhergehende chronische umschriebene Entzündung häufig traumatischen Ursprungs (Tendinitis chronica hyperplastica nodosa).

Angeborene Kontraktionen des kleinen Fingers, namentlich solche leichten Grades finden sich sehr häufig. In ausgesprochenen Fällen ist die proximale Phalange hyperextendiert, die mittlere flektiert. Lockwood fand in einem solchen Falle eine Kontraktion der Sehnenscheide vor dem Gelenk. Fingerkontraktionen nach Panaritien entstehen durch Verwachsung der Sehnen mit ihren Scheiden. Eine paralytische Kontraktion der Beugemuskeln hat ebenfalls dauernde Kontraktionsstellung der Finger zur Folge.

Die **Schleimscheiden** (Vaginae mucosae) (Abb. 72). Unter dem Ligamentum carpi transversum finden sich zwei Schleimscheiden für die Sehnen der Beugemuskeln, eine für den Musculus flexor pollicis longus und eine zweite für die beiden Musculi flexor digitorum sublimis und profundus. Die erstere reicht am Unterarm bis etwa 3 cm proximal vom Ligamentum carpi transversum und begleitet die Sehne bis zu deren Insertion an der Endphalanx des Daumens. Die letztere Scheide beginnt etwa 4 cm proximal vom Ligamentum carpi tranversum und endet in Ausstülpungen für die vier Finger, von denen die für den kleinen Finger bestimmte Ausstülpung für gewöhnlich bis zur Insertion der tiefen Beugesehne an der Endphalanx reicht. Die drei übrigen Divertikel enden etwa in der Mitte des entsprechenden Metakarpalknochens. Die Sehnenscheiden für den Zeige-, Mittel- und Ringfinger beginnen, wie schon oben erwähnt, etwa am Halse der Metakarpalknochen und sind etwa 0,75 bis 1,25 cm von der gemeinsamen Sehnenscheide in der Hohlhand entfernt. Daher findet sich ein offener Kanal von der Spitze des Daumens und des Kleinfingers bis zu einer Stelle, die etwa 4 cm proximal vom

Ligamentum carpi transversum liegt. Diese Verhältnisse erklären die allbekannte chirurgische Tatsache, daß Phlegmonen des Daumens und des kleinen Fingers leicht auf die Hohlhand übergreifen können, während eine solche Komplikation bei Phlegmonen der übrigen Finger ungewöhnlich ist. Die gemeinsame Sehnenscheide der Beugemuskeln ist an der Stelle, an welcher sie unter dem Ligamentum carpi transversum hindurchzieht schmal, und so kann sie, wenn reichlich Eiter oder seröse Flüssigkeit in ihr vorhanden ist, die Form einer Sanduhr annehmen, deren Enge dem Ligament entspricht. Beide Sehnenscheiden kommunizieren nicht selten unter dem Ligament. Eine dritte unter dem Ligamentum carpi transversum liegende Schleimscheide, die Vagina musculi flexoris carpi radialis, reicht nicht bis in die Hohlhand hinein.

Bei einer Art von **Panaritium,** bei welcher der Eiter in den Schleimscheiden sich entwickelt, kann man oft erkennen, wie die Eiterung plötzlich mit dem Ende der Schleimscheide aufhört, wenn nämlich der Zeige-,

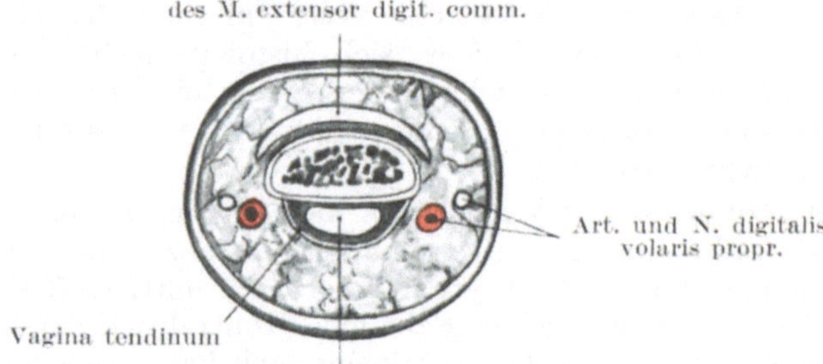

Abb. 71. Querschnitt durch die Mitte einer zweiten Phalange.

Mittel- oder Ringfinger befallen ist, also gegenüber dem Hals des entsprechenden Metakarpalknochens. Bei einer zweiten Art des Panaritiums, bei welcher die Fingerbeere befallen ist, wird das Periost der Endphalanx leicht in die Entzündung miteinbegriffen, da sich über diesem Knochen keine zwischengelegene Sehnenscheide findet. Dabei tritt häufig eine Nekrose des Knochens ein, der sich alsdann abstößt, allein es ist wichtig zu bemerken, daß sehr selten die ganze Phalanx dabei zugrunde geht. Die **Basis phalangis** bleibt in der Regel erhalten, da sie wahrscheinlich durch die Insertion der Sehne des tiefen Beugers geschützt wird. Sie entspricht einer Epiphyse, die erst im 18. bis 20. Lebensjahr mit dem Corpus phalangis verschmilzt.

Die Sehnen liegen nicht frei in ihren Sehnenscheiden, sind vielmehr durch Schleimhautfalten an sie befestigt, ähnlich wie der Darm an seinem Mesenterium aufgehängt ist. Bei starken Zerrungen, bei denen die die Sehnen ernährenden Gefäße, welche in den Schleimhautfalten verlaufen, zerreißen, können auch diese Schleimhautfalten mitzerrissen, wonach ein Erguß in der Sehnenscheide auftritt. Diese Schleimhautfalten fehlen

allerdings in den Sehnenscheiden der Finger so gut wie ganz. Nur die
(kurzen und langen) Vincula tendinea nahe den Insertionsstellen der
Sehnen, entsprechen ihnen. Die Auskleidung der Scheiden besteht aus
einem die Schleimhaut überziehenden Plattenepithel, dessen Lymphgefäße in ausgedehntem Maße mit den Lymphgefäßen der Umgebung
kommunizieren. Daher auch die rasche Absorption infektiösen Materials
aus einer derartigen Höhle.

Unter dem Ligamentum carpi dorsale finden sich entsprechend den
sechs von dem Bande gebildeten Kanälen auch sechs Schleimscheiden.

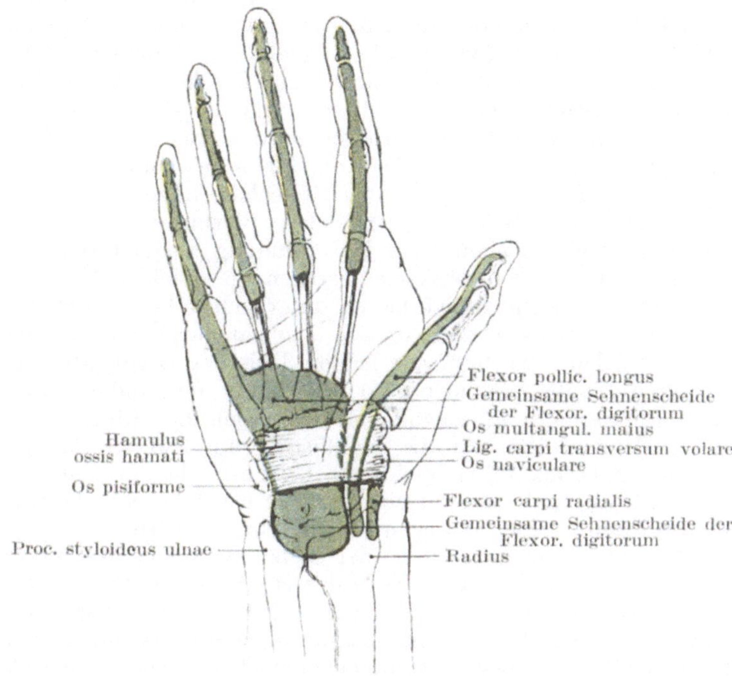

Abb. 72. Darstellung der Schleimscheiden in der Hohlhand.

Die am häufigsten entzündete Scheide ist die für die Sehnen der Musculi
extensor carpi radialis longus und pollicis brevis. Sie verläuft von einer
Stelle 2 cm oberhalb des Processus styloideus radii zu dem ersten Karpometakarpalgelenk. Die anderen Schleimscheiden reichen proximal
etwas über den Rand des Ligamentum carpi dorsale nach oben, diejenige für die beiden radialen Extensoren etwa $1^1/_4$ cm. Die Schleimscheiden für die Musculi extensor digitorum communis und extensor
digitorum 5 proprius reichen distal bis zur Mitte des Metakarpus; die
für den Musculus extensor indicis reicht kaum so weit. Die anderen
Scheiden begleiten die Sehnen bis zu ihren Insertionen. Die Synovial-
auskleidung und Falten dieser Scheiden werden bei der typischen Radius-

fraktur am unteren Ende der Speiche verletzt. Die Sehnen verwachsen dabei mit ihren Scheiden, wenn dem nicht durch häufige passive Bewegungen vorgebeugt wird.

Blut- und Lymphgefäße. Die Hand ist reichlich mit Blut versorgt und die Fingerbeere ist in der Tat einer der gefäßreichsten Teile des Körpers. Es sind Fälle bekannt, in denen eine durch einen Unfall vollständig abgetrennte Fingerspitze bei sofortigem Anlegen wieder anheilte. Die Lage des arteriellen Hohlhandbogens ist schon erwähnt worden. Es ist allbekannt, daß eine Blutung aus einem der beiden Bögen nicht dadurch gestillt werden kann, daß man die Arteria radialis oder Arteria ulnaris allein unterbindet, da beide Arkus von beiden Gefäßen zusammen gebildet werden; außerdem ist aber ebenfalls bekannt, daß auch die Unterbindung beider Arterien nicht zum Ziele führt, da die Anastomosen mit den Arteriae interosseae sehr ausgedehnte sind. Die Anastomosen zwischen den beiden Hohlhandbögen werden teils von den Hauptarterien selbst gebildet, zum anderen Teile entstehen sie aber aus dem Zusammenfluß der Digitalarterien des oberflächlichen Bogens mit den Arteriae metacarpeae des tiefen Bogens. Bei Blutungen aus der Hohlhand kann ferner eine gleichzeitige Unterbindung der Arteriae radialis und ulnaris in den Fällen gänzlich versagen, in welchen die beiden Bögen besonders zahlreiche Anastomosen unter sich selbst aufweisen oder aber durch starke Arteriae metacarpeae oder gar durch eine Arteria mediana ersetzt werden. Ist einer der beiden Teile der Bögen (der radiale oder der ulnare) außer Funktion, so übernimmt der andere Abschnitt die ganze Blutversorgung; gewöhnlich findet sich die Störung im oberflächlichen Bogen. Ein auf die Hohlhand zum Zwecke der Blutstillung ausgeübter Druck führt leicht zur Gangrän, da die Teile einmal sehr derb und fest sind, andererseits ein sehr beträchtlicher Druck ausgeübt werden kann, ehe er unangenehm empfunden wird.

Die Arteria radialis ist an der Stelle, an welcher sie um den Handrücken biegt, um die tiefen Teile der Hohlhand zu erreichen, in inniger Berührung mit dem Karpometakarpalgelenk des Daumens (Abb. 69). Daran muß man bei der Amputation des ganzen Daumens wie auch bei der Resektion des ersten Metakarpalknochens denken. Ist der Ramus superficialis der Arteria radialis stark, so kann eine sehr ernste Blutung aus ihm erfolgen. Da er außerdem mit der Oberfläche des Ligamentum carpi transversum verwachsen ist, so ist es schwer ihn bei Verwundungen in Klammern zu fassen und zu unterbinden.

Knochen und Gelenke. Die distale Articulatio radioulnaris wird von dem mächtigen Discus articularis, der die stärkste und wichtigste Verbindung aller ligamentösen Stränge zwischen den beiden Knochen ist, getragen. Die Schleimscheide des Musculus extensor digitorum 5 proprius kommuniziert bisweilen mit diesem Gelenk und kann deshalb bei Gelenkerkrankungen mitbefallen sein.

Die Stärke des Handgelenks hängt nicht so sehr von seinem mechanischen Aufbau oder von seinen Bändern, als vielmehr von den zahlreichen kräftigen Sehnen ab, die es umgeben und die um das Gelenk herum den Knochen besonders dicht aufliegen. Außerdem findet sich beim Handgelenk der lange Hebelarm nicht an der distalen Seite des Gelenks. Das Ligamentum carpi transversum ist das stärkste Band des Gelenks, das Ligamentum carpi dorsale das schwächste. Das erste Gebilde beschränkt die Extension, das letztere die Flexion; im Zusammenhang mit dieser Anordnung ist es interessant zu bemerken, daß eine Verletzung durch forcierte Extension häufiger entsteht, als durch forcierte Flexion. Wenn daher eine Person auf die Hand fällt, so fällt sie für gewöhnlich auf die Hohlhand (forcierte Extension), seltener auf den Handrücken (forcierte Flexion). Wegen der Zartheit des Ligamentum carpi dorsale und der oberflächlichen Lage der dorsalen Gelenkabschnitte macht sich ein Erguß bei Handgelenkserkrankungen zuerst am Handrücken bemerkbar.

Bewegungen im Handgelenk können in der Articulatio intercarpea (zwischen der ersteren und zweiten Handwurzelknochenreihe) gerade so ausgiebig ausgeführt werden, wie in der Articulatio radiocarpea (Abb. 69). Die Achse des proximalen Handgelenks verläuft so, daß bei der Flexion die Hohlhand nach der Ulnarseite des Vorderarms sich dreht, während bei der Flexion des distalen Handgelenks die Hohlhand sich nach der radialen Seite bewegt. Finden in beiden Gelenken gleichzeitig Bewegungen statt, so werden die sich widersprechenden Bewegungsrichtungen ausgeglichen, wodurch eine reine Flexion entsteht. Die Sehne des Musculus extensor carpi ulnaris liegt vor der Achse der Articulatio intercarpea, aber hinter der des Radiokarpalgelenks und bewirkt deshalb in dem einen Gelenk eine Flexion, in dem anderen eine Extension (Ashdowne). Die am Handgelenk ansetzenden Muskeln zeigen am besten die verschiedenen Aufgaben, welche die Muskeln zu vollführen haben, um eine gewollte Bewegung zu erzeugen. Ein Muskel kann tätig sein 1. als primärer Beweger, 2. als Antagonist, 3. als Synergist, 4. als ruhigstellender Muskel. Als Beispiel soll die Beugung der Finger dienen: Die oberflächlichen und tiefen Beuger sind die primären Beweger; die in Tätigkeit versetzten Antagonisten sind die Extensoren; die Fingerbeuger würden aber auch das Handgelenk beugen, würden nicht die Extensoren des Handgelenks als Synergisten in Aktion treten; sind die Fingerextensoren in Tätigkeit, dann kontrahieren sich die Fingerbeuger; bei Flexions- und Extensionsbewegungen der Finger kann das Handgelenk durch die Beuger und Strecker der Karpalknochen ruhig gestellt werden, diese Muskeln arbeiten alsdann als Ruhigsteller. So setzt sich eine scheinbar einfache Bewegung aus der Tätigkeit ganzer Muskelgruppen zusammen und diese Kompliziertheit ist es, welche die Diagnose von Nervenläsionen so schwer macht, wenn sie aus der Tätigkeit von Muskeln erkannt werden sollen. Was von den Muskeln der Hand gilt, gilt natürlich in gleicher Weise von allen übrigen Muskeln des Körpers.

In den Karpometakarpalgelenken der drei mittleren Finger sind nur geringe Bewegungen möglich, in den betreffenden Gelenken des Daumens und Kleinfingers dagegen sind ausgiebige Bewegungen möglich, deren Erhaltung für die Gebrauchsfähigkeit der Hand von der größten Bedeutung ist. Die Ligamenta accessoria volaria der drei mitt-

leren Finger sind sehr innig mit den distalen und nur locker mit den
proximalen Knochen verbunden. Daher ereignet es sich, daß bei einer
Luxation der distalen Knochen nach rückwärts dieses Band mitgeht
und ein großes Hindernis für die Reposition bildet. Beugt man die
mittlere und Endphalanx eines Fingers allein, so kann man erkennen,
wie die proximale Phalanx als vorausgehende Maßregel durch die Sehnen
ihrer Extensoren in situ gehalten wird; bei einer Lähmung der Extensoren können diese beiden Gelenke allein nicht gebeugt werden.

Nur sehr wenige Menschen besitzen die Fähigkeit das Endglied
eines Fingers zu beugen, ohne gleichzeitig das proximal von ihr gelegene
Gelenk ebenfalls zu flektieren; allein bei gewissen entzündlichen Af-

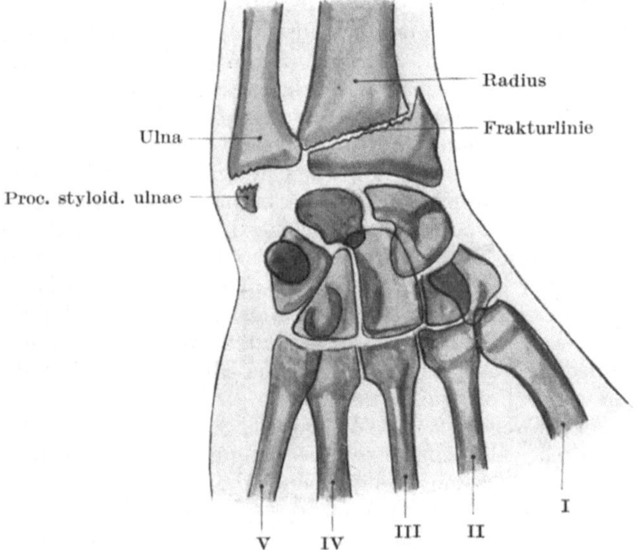

Abb. 73. Typische Radiusfraktur (Radiogramm).

fektionen an den Endphalangen ist das terminale Gelenk bisweilen in
Flexionsstellung fixiert, während die übrigen Fingerglieder gestreckt
sind. Bei dem sog. „Hammerfinger“ ist die distale Phalanx in Flexionsstellung fixiert. Dieser Befund entsteht durch eine partielle oder totale
Ruptur der Sehne des betreffenden Extensors und entsteht in der Regel
durch einen Schlag auf das terminale Fingerknöchelchen.

Die Fraktur der unteren Radiusepiphyse (Colles Fraktur) (Abb. 73). Es
handelt sich gewöhnlich um einen Querbruch durch das untere Radiusende $1^1/_4$—$2^1/_2$ cm oberhalb des Handgelenkes. Der Bruch ist mit einer
charakteristischen Deformität vergesellschaftet und stets durch indirekte
Gewalt, durch Fall auf die ausgestreckte Hand entstanden. Es gibt
eine Reihe von Gründen warum gerade der Knochen an dieser Stelle

bricht. Das untere Radiusende enthält viel Spongiosa, während der Schaft aus reichlicher Kompakta aufgebaut ist. In einer ungefähren Entfernung von 2 cm von der Gelenkfläche stoßen diese beiden Knochengewebe aneinander, deren sehr ungleiche Dichtigkeit für eine Fraktur an dieser Stelle sehr ins Gewicht fällt. Was den Mechanismus dieser Verletzung anlangt, so bestehen auch jetzt noch zahlreiche, zum Teil weit auseinander gehende Ansichten, wie auch eine reichliche Literatur über diesen Gegenstand sich im Laufe der Zeit angesammelt hat. Ich folge der Chieneschen Beschreibung dieser Verletzung, da sie mit bewundernswerter Klarheit die zurzeit am meisten geltenden Ansichten über die Natur dieser Verletzung wiedergibt. Die Veränderungen sind einzig und allein durch die Verlagerung des unteren Fragments bedingt.

„Die Verlagerung ist eine dreifache: a) nach rückwärts in bezug auf den antero-posterioren Durchmesser des Arms, b) eine Rotation der karpalen Gelenkfläche um den Querdurchmesser des Vorderarms nach rückwärts, c) eine Drehung durch den Bogen eines Kreises, dessen Zentrum an der ulnaren Befestigungsstelle des Discus articularis liegt und dessen Radius eine Linie darstellt, die von diesem Zentrum zum Processus styloideus radii gezogen wird.

ad a) Streckt man, um sich bei einem Sturze zu schützen, die Hand aus, so wird die Schwere des fallenden Körpers in dem Augenblick, in welchem die Hand den Boden berührt, hauptsächlich vom Daumenballen aufgefangen, von hier auf den Carpus und weiterhin auf das untere Radiusende fortgeleitet. Ist im Augenblicke der Berührung des Bodens der Winkel zwischen der Längsachse des Vorderarms und dem Boden kleiner als 60°, so verläuft die Linie, welche die Richtung der einwirkenden Gewalt darstellt, am Vorderarm vor dessen Achse nach oben; die gesamte Erschütterung wird deshalb vom unteren Radiusende aufgefangen, das dabei abbricht, während das untere Fragment durch die Fortdauer der einwirkenden Gewalt nach rückwärts getrieben wird. Ist dagegen im Momente der Berührung des Bodens der Winkel größer als 60°, so pflanzt sich die Gewalteinwirkung nicht in einer Linie vor der Längsachse des Vorderarms nach oben fort, sondern vielmehr in der Längsachse selbst, wodurch für gewöhnlich entweder eine heftige Zerrung des Handgelenks oder eine Luxation des Vorderarms im Ellbogengelenk nach hinten entsteht.

ad b) Die karpale Gelenkfläche des Radius gleitet nach vorne, weshalb der hintere Rand des Knochens den größten Teil des Shoks auffängt; deshalb rotiert das untere Bruchende um den Querdurchmesser des Vorderarms als Achse nach hinten.

ad c) Außerdem gleitet die Facies articularis carpea radii aber auch radialwärts nach abwärts und auswärts; deshalb erhält die radiale Kante des Radius den größten Teil des vom Daumenballen aufgefangenen Shoks. Die Folge davon ist, daß diese letztgenannte Kante des unteren Bruchstücks höher nach oben verlagert ist als die ulnare Kante, welche fest mit dem Discus articularis in Zusammenhang bleibt."

In mehr als 50% aller Fälle bricht durch die Übertragung der Gewalteinwirkung durch den Discus articularis auf den Processus styloideus ulnae auch dieser Fortsatz mit ab (Morton). Durch diese drehende Verlagerung kommen beide Griffelfortsätze in gleicher Höhe zu liegen, ja der radiale kann sogar noch höher oben liegen als der ulnare. In fast jedem einzelnen Falle findet sich eine wenn auch geringe Einkeilung, da die Kompakta an der Dorsalseite des proximalen Bruchstücks durch die Fortwirkung der den Bruch verursachenden Kraft in die Spongiosa an der Volarseite des distalen Fragments eingetrieben wird. Nur in sehr seltenen Fällen liegen die Bruchenden reitend übereinander. In solchen Fällen sind wahrscheinlich die Verbindungen zwischen Radius und Ulna gerissen und es handelt sich nicht mehr um eine „typische" Radiusfraktur. Bei der Analyse von 170 Röntgenbildern dieser Fraktur fand Morton einen Bruch mit einer gleichzeitigen Luxation dreimal, eine gleichzeitige Lösung der unteren Radiusepiphyse elfmal. Diese Epiphyse wird häufig durch ein Trauma abgetrennt; sie verschmilzt mit dem Schafte im 20. Lebensjahr. Ihre Vereinigungslinie mit dem Schafte stellt eine annähernd horizontale Linie dar, die Incisura ulnaris sowie die Ansatzstelle des Musculus brachioradialis liegt distal von ihr.

Die Röntgenstrahlenuntersuchung hat uns belehrt, daß eine ganze Anzahl von Verletzungen, die früher für Verstauchungen gehalten wurden, in Wirklichkeit Brüche oder Luxationen von Knochen des Karpus oder Brüche des Metakarpus sind.

Ein Bruch des **Os naviculare** kann durch direkte Gewalt oder durch Fall auf die ausgestreckte Hand entstehen. Der Knochen liegt am Boden der „Schnupftabaksdose" und kann dort palpiert werden. Das Os lunatum ist am häufigsten luxiert, während von den Metakarpalknochen am häufigsten der fünfte bricht.

Luxationen. —1. Am Handgelenk. Das Handgelenk ist aus den schon erwähnten Gründen so stark, daß radiokarpale Luxationen sehr selten sind. Aus demselben Grunde sind sie, wenn sie schon einmal auftreten, meistens mit Hautwunden, Abriß von Sehnen oder Brüchen der benachbarten Knochen vergesellschaftet. Die Luxatio radiocarpea kann eine dorsale oder volare sein, die letztere ist besonders selten. Es hat den Anschein, als ob sie beide gleich leicht oder vielmehr gleich schwer durch einen Fall auf den Handrücken oder die Handfläche entstehen könnten. B. Cooper beschreibt den Fall eines Knaben, der auf seine beiden ausgestreckten Hände fiel: beiderseits war das Handgelenk luxiert, das eine dorsalwärts, das andere volarwärts.

Am Karpus finden sich fünf voneinander getrennte Gelenkhöhlen und zwar:

    a) Die Articulatio radiocarpea zwischen dem Radius einerseits und den Ossa naviculare, lunatum und triquetrum andererseits; sie kann mit der Articulatio radio-ulnaris distalis artikulieren.

    b) Die Articulatio carpometacarpea 4 und 5 zwischen Os hamatum einerseits und Metacarpus 4 und 5 andererseits.

    c) Die Articulatio carpometacarpea pollicis zwischen Os multangulum maius und Metacarpus 1.

d) Die Articulationes intercarpeae, carpometacarpeae und inter-
metacarpeae zwischen den proximalen und distalen Karpalknochen sowie letzteren und den Metakarpalknochen 2 und **3**.

e) Die Articulatio ossis pisiformis zwischen Os triquetrum und
Os pisiforme. Hernienartige Vorwölbungen und ganglienähnliche
Geschwülste dieser Synovialmembranen finden sich häufig
am Handwurzelrücken.

2. Luxatio ossis capitati. Bei gewaltsamer Beugung der Hand
gleitet das Kopfbein dorsalwärts und wölbt sich am Handrücken vor.
Bei extremster Beugung der Hand, wie z. B. bei einem Falle auf die
Fingerknöchel und die Dorsalseite der Handwurzel kann dieses Ausweichen des Knochens so stark werden, daß es zu einer partiellen Luxation kommt, wobei natürlich einige der Ligamenta intercarpea und
carpometacarpea einreißen. In einem in der Literatur niedergelegten
Falle war diese Luxation durch Muskelaktion entstanden. „Eine Dame
hielt sich während einer Wehe krampfhaft an dem Rande ihrer Matratze
fest". Plötzlich fühlte sie, wie in ihrer Hand etwas nachgab und bei
der Untersuchung zeigte sich, daß der Kopf des Os capitatum dorsalwärts luxiert war.

3. Luxatio metacarpophalangealis digiti quinti. Bei dieser auch
einfach Luxatio pollicis genannten Verrenkung ist die Phalanx in der
Regel **dorsal** luxiert; diese Verrenkung ist wichtig, wegen der oft großen
Schwierigkeit dieselbe zu reponieren. Zahlreiche anatomische Gründe
sind herangezogen worden, um diese Schwierigkeit der Reposition zu
erklären. Sie sind alle von Hamilton mit folgenden Worten aufgezählt:
„Hey verlegt den Widerstand in die Ligamenta collateralia, zwischen
deren Fasern das Capitulum ossis metacarpi I durchschlüpft und so
gefangen wird. Ballingall, Malgaigne, Erichsen und Vidal sind
der Ansicht, daß der Metakarpus zwischen den beiden Köpfen des Musculus
flexor pollicis brevis sich festklemmt oder vielmehr zwischen den beiden
einander gegenüberliegenden Muskelgruppen (Musculus adductor pollicis und Tendo musculi flexoris longi auf der ulnaren Seite, Musculi
flexor pollicis brevis und abductor pollicis brevis auf der radialen Seite),
welche die dort liegenden Sesambeine in ihre Mitte nehmen, wie ein
Knopf in einem Knopfloch festgehalten wird. Pailloux u. a. geben an,
daß die Ligamenta accessoria volaria am vorderen Kapselabschnitt einreißen, sich gegen die Gelenkfläche umkrempeln und so die Reposition
unmöglich machen. Lisfranc fand bei einer alten Luxation die Sehne
des Musculus flexor pollicis longus so nach einwärts verlagert und hinter
dem Halse des Metakarpus festgehackt, daß die Reposition unmöglich
war. J. Hutchinson hat einige Fälle genauer untersucht und gefunden,
daß die Reposition durch das aus dicken Schichten bindegewebigen
Knorpels bestehende Ligamentum accessorium volare vereitelt wurde.
Dieses Band ist so fest mit der Phalanx verwachsen, daß es mitdisloziert
wird. Durchtrennt man dieses Band von der radialen Daumenseite
aus subkutan, so kann man die Luxation leicht beheben.

15*

Einer oder mehrere Finger können durch große Gewalt **ausgerissen** werden. In solchen Fällen nimmt der ausgerissene Finger einen Teil oder selbst alle seine Sehnen mit. Diese Sehnen werden in Wirklichkeit aus dem Unterarm ausgerissen und können sehr lang sein. Billroth gibt die Abbildung eines derartigen Falls, in welchem der Mittelfinger ausgerissen war, an dem die Sehnen der beiden Beuge- und Streckmuskeln in ihrer ganzen Länge hingen. Wird eine Sehne allein zusammen mit dem Finger ausgerissen, so ist es meistens die Sehne des Musculus flexor profundus.

Amputation im Handgelenk mittelst Zirkulärschnitts (s. Manual of Operative Surgery by Sir Frederik Treves, Bart, G. C. V. O. and Jonathan Hutchinson F. R. C. S. 1910). In der dorsalen Inzision werden durchschnitten: Die Sehnen der Musculi extensor pollicis longus, extensor digitorum communis, extensor indicis proprius, extensor digitorum 5 proprius, extensor carpi ulnaris, Ramus superficialis nervi radialis, Ramus dorsalis nervi ulnaris. Im radialen Wundwinkel werden durchtrennt: Die Sehnen der Musculi extensor pollicis brevis, abductor pollicis longus, extensor carpi radialis longus und brevis. Die Arteria radialis wird dicht am Knochen durchtrennt. In der volaren Inzision liegt die Arteria ulnaris mit dem Ramus volaris nervi ulnaris, der Nervus medianus, der Ramus superficialis volaris arteriae radialis, die Musculi abductor, flexor brevis und opponens digitorum 5 (der größte Teil des Musculus opponens bleibt an der Hand) sowie die Sehnen der Musculi flexor digitorum sublimis und flexor carpi radialis; die Sehne des Musculus flexor digitorum profundus sowie der Musculus flexor pollicis longus werden dicht an dem Knochen durchtrennt.

Die Exartikulation des Daumens im Karpometakarpalgelenk mittelst Lappenschnitts. Im Hohlhandlappen findet sich der Musculus abductor, der kurze und lange Beuger, die Musculi opponens und adductor. Im hinteren Winkel des Lappens werden die beiden Extensoren des Karpus durchtrennt. Der lange Daumenstrecker und ein beträchtliches Stück des Musculus extensor indicis proprius finden sich im dorsalen Lappen. Die zu unterbindenden Arterien sind die beiden Arteriae digitales dorsales pollicis sowie die Arteria princeps pollicis. Bei dieser Operation besteht die große Gefahr, die Arteria volaris indicis radialis, deren Verhalten sehr wechselnd ist, sowie die Arteria radialis selbst an der Stelle des Dorsums zu verletzen, an welcher sie in die Hohlhand hinabsteigt.

Die Nervenversorgung der oberen Extremität (Abb. 74 u. 75). Die Symptome, welche als Folge einer Verletzung der Nerven der oberen Extremität auftreten, sind von der Stelle der Verletzung abhängig. Wird der fünfte Zervikalnerv zwischen seinem Ursprung im Rückenmark und seinem Austritt aus seinem Foramen intervertebrale, sei es durch eine Fraktur oder durch eine Karies der Wirbelkörper zerquetscht, so entwickelt sich eine partielle oder komplette Lähmung der Musculi rhomboidei, supra- und infraspinatus, deltoideus, biceps, brachialis und brachioradialis, aber merkwürdigerweise ohne irgendwelche Sensibilitätsstörung. Viel-

leicht wird diese Tatsache dadurch erklärt, daß die hintere (sensible)
Wurzel des fünften Zervikalnerven sehr klein ist (Harris). Eine Verletzung des Rückenmarks unmittelbar oberhalb des Ursprungs des achten
Zervikalnerven bewirkt eine Anästhesie der ulnaren Hälfte des Arms,
während die Muskeln der Finger, der Hand, des Handgelenks sowie
einige des Ellbogens und der Schulter gelähmt werden. Die Nervenfasern
für die Innervation der verschiedenen Gruppen der Armmuskeln verlassen die entsprechenden Segmente des Rückenmarks in ganz geord-
neter Weise durch den fünften Zervikal- bis zum ersten Dorsalnerven.

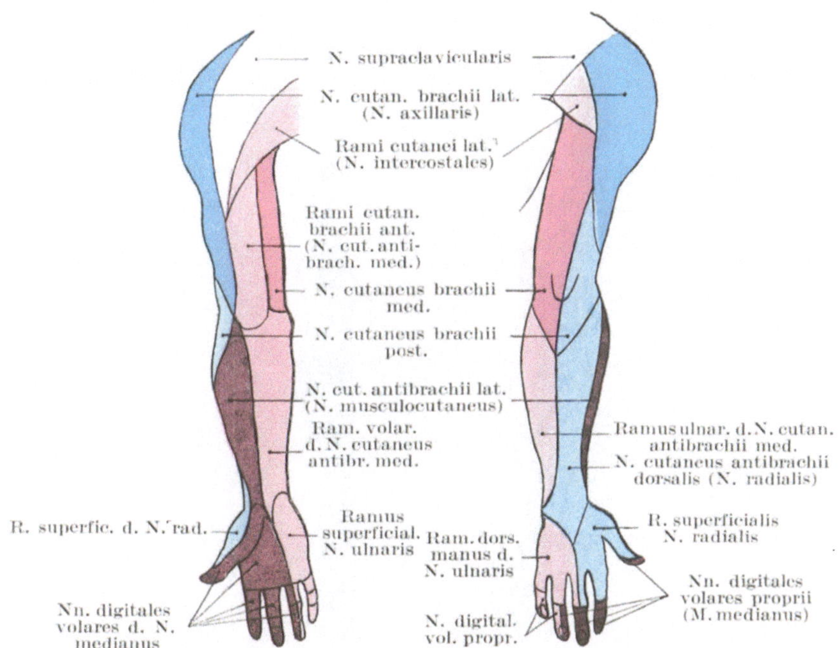

Abb. 74. Hautnervenausbreitung am Arm.

Die zu den Abduktoren der Schulter gehenden Nerven gehen durch den
fünften, zu den Flexoren der Ellbogen durch den fünften und sechsten,
zu den Extensoren durch den siebenten und achten, zu den Extensoren
des Handgelenks und den Fingern durch den sechsten und siebenten, zu
den Flexoren durch den achten Zervikal- und ersten Dorsalnerven. Es
ist wichtig, sich daran zu erinnern, daß ein Zervikalnerv stets in der
Höhe des Ursprungs des nächstfolgenden den Wirbelkanal verläßt;
außerdem, daß der zu jedem Muskel gehörige Nerv aus Fasern besteht,
die von zwei oder mehr Spinalnerven kommen.

Im folgenden gebe ich das Schema des Ursprungs der Spinalnerven
wieder, wie es von Herringham für die obere Extremität angegeben

wurde. Die Zahlen bezeichnen den fünften bis achten Zervikal- sowie den ersten Dorsalnerven.

Nerven. Nervus thoracicus longus 5, 6, 7; Nervus suprascapularis 5 oder 5 und 6; Nervus cutaneus brachii lateralis 5, 6, 7; Nervus cutaneus brachii medialis 1 oder 8 und 1; Nervus medianus 6, 7, 8, 1; Nervus ulnaris 8, 1; Nervus radialis 6, 7, 8 oder 5, 6, 7, 8.

Muskeln. 3, 4, 5 Musculus levator scapulae, 5 Musculi rhomboidei, 5 oder 5, 6 Musculi biceps, brachialis, supra- und infraspinatus, teres minor, 5, 6 Musculi deltoideus, subscapularis, 6 Musculi teres maior, pronator teres, flexor carpi radialis, brachialis, supinator, die oberfläch-

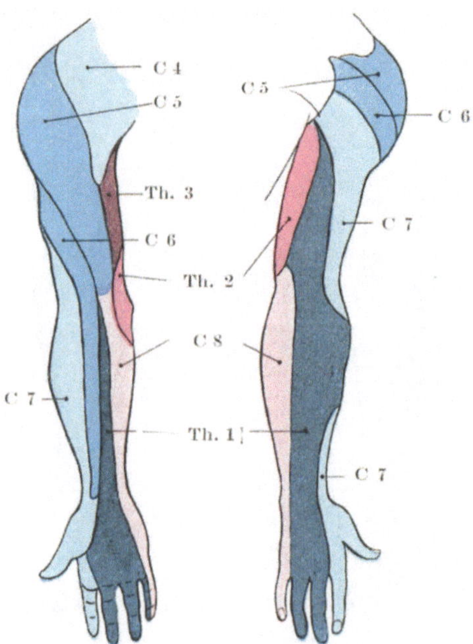

Abb. 75. Hautnerven des Armes mit Bezeichnung ihres spinalen Ursprunges.

lichen Muskeln des Daumenballens, 5, 6, 7 Musculus serratus anterior, 6 oder 7 Musculus extensor carpi radialis, 7 Musculi coracobrachialis, latissimus dorsi, Extensoren am Vorderarm, lateraler Kopf des Musculus triceps, 7, 8 medialer Trizepskopf, 7, 8, 1 Musculi flexor digitorum sublimis und profundus, carpi ulnaris, flexor pollicis longus, pronator quadratus, 8 langer Trizepskopf, Muskeln des Kleinfingerballens, Interossei, die tiefen Muskeln des Daumenballens.

Hinsichtlich der Hautversorgung der Finger muß man sich dessen erinnern, daß auf der Volarseite der Daumen-, Zeige- und Mittelfinger sowie die radiale Seite des Ringfingers vom Nervus medianus, die übrigbleibenden $1^1/_2$ Finger vom Nervus ulnaris versorgt werden (Abb. 74). Auf dem Handrücken dagegen wird der Daumen vom Nervus radialis versorgt, ebenso wie der Zeige- und Mittelfinger bis zur Basis der zweiten Phalange. während deren zweite und dritte Phalange vom Nervus medianus versorgt werden; der kleine Finger und die Ulnarseite des Ringfingers werden vom Nervus ulnaris innerviert. Die radiale Seite des Ringfingers wird bis herauf zur Basis der zweiten Phalange vom Nervus radialis, der Rest vom Nervus medianus versorgt. Die Interdigitalfurche zwischen Mittel- und Ringfinger wird gelegentlich vom Nervus ulnaris oder teils vom Nervus ulnaris und Nervus radialis versorgt. Die Wurzeln sind hinsichtlich ihres Ursprungs der Reihe nach angeordnet, wobei der fünfte Zervikalnerv an der Außenseite der Schulter beginnt und der zweite, bisweilen auch der dritte Dorsalnerv an der Ulnarseite des Oberarms endet. Die Hand wird hauptsächlich vom siebenten Zervikalnerven versorgt. Die benachbarten Spinalnerven wie auch die peripheren End-ausbreitungen, greifen in ausgedehntem Maße in ihre gegenseitigen Versorgungsbezirke über. Der anästhetische Bezirk eines (sensiblen) Nerven ist viel geringer als seine anatomische Ausbreitung. Die an der Ulnar-seite des Arms verlaufenden Nerven entspringen aus Rückenmarks-segmenten, welche auch (sensible) sympathische Fasern zum Herzen schicken; bei der Angina pectoris ist in Wirklichkeit das Herz der Sitz der Schmerzen, allein der Kranke fühlt und verlegt sie in die Ulnarseite des Armes.

Die Lähmung des untersten Stammes des Plexus brachialis. Seine teilweise Lähmung bei Gegenwart einer Halsrippe wurde schon erwähnt. Die Lähmung, welche für gewöhnlich bald nach der Pubertät auftritt und sich häufiger bei Frauen als bei Männern findet, wird durch Druck auf den Fasciculus medialis durch die unter ihm liegende erste Rippe verursacht, deshalb ist der Versorgungsbezirk des Nervus ulnaris haupt-sächlich befallen. Wood-Jones hat gezeigt, daß der Sulcus subclaviae der ersten Rippe durch den untersten Abschnitt des Plexus brachialis gebildet wird und daß lang anhaltender Druck auf diesen Nerven in ge-wissen Fällen eine Biegung der Rippe bedingt. Deshalb kann es nicht überraschen, daß Fälle von Nervenstörungen in der Ausbreitung des untersten Abschnitts des Plexus brachialis bekannt sind bei Individuen, die keine Halsrippen besitzen. Diese untersten Plexusabschnitte ent-halten offenbar auch die hauptsächlichsten vasomotorischen Nerven für die obere Extremität, da bei den eben erwähnten Fällen die Haut häufig infolge einer Vasomotorenlähmung rot und geschwollen ist.

Radialislähmung. Ist dieselbe vollständig, so ist die Hand gebeugt und hängt schlaff herab und weder das Handgelenk noch auch die Finger können extendiert werden. Die letzteren sind ebenfalls gebeugt und bedecken den Daumen, der flektiert und adduziert ist. Beim Versuche die Finger zu strecken, wirken die Musculi interossei und lumbricales allein, indem sie die beiden distalen Phalangen extendieren, während die pro-ximale Phalange gebeugt bleibt. Die Supination ist unmöglich, vor allem wenn der Ellbogen gestreckt ist, um die Wirkung des Musculus biceps auszuschließen. Die aktive Extension des Ellbogengelenks ist

ebenfalls nicht möglich, allein eine sensible Lähmung findet sich so
gut wie nie, es sei denn, daß der Nerv proximal von seinen Haupt-
zweigen durchtrennt ist. Eine Durchtrennung des Nervus radialis
im oberen Teile des Vorderarms erzeugt keine Anästhesie (Head
und Sherren).

Medianuslähmung. Die Flexion der mittleren Phalanx sämtlicher
Finger sowie der distalen Gelenke des Zeige- und Mittelfingers ist unmöglich. Geringe Beugung der distalen Phalangen des Mittel- und
Ringfingers ist möglich, da der ulnare Teil des Musculus flexor digitorum
profundus vom Nervus ulnaris versorgt wird. Durch die vom Ramus
volaris profundus und ulnaris versorgten Musculi interossei kann eine
Beugung der proximalen Phalangen mit Streckung der mittleren und
distalen Phalangen noch ausgeführt werden. Der Daumen ist extendiert,

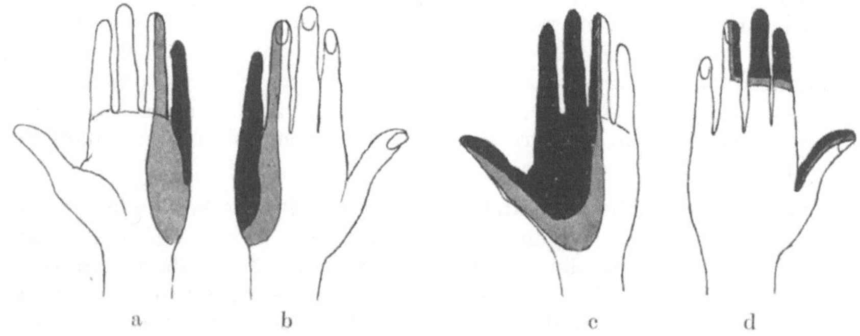

Abb. 76. Störungen der Sensibilität nach Durchschneidung des N. ulnaris (a b)
und des N. medianus (c d) (Head und Sherren).

Schwarz ist die Zone dargestellt in der die epicritische und protopathische Sensibilität erloschen ist. Grau ist die Zone dargestellt in der die epicritische Sensibilität
erloschen ist.

adduziert und kann weder flectiert noch opponiert werden. Das Beugen
des Handgelenks ist nur möglich, wenn die Hand selbst durch den nicht
gelähmten Musculus flexor carpi radialis kräftig adduziert ist. Die
Pronation ist unmöglich.

Eine **Durchtrennung des Nervus medianus oder ulnaris am Handgelenk** hat nicht die Folgen, welche man durch ihre anatomische Verteilung erwarten würde. Derartige Verletzungen sind von Head und
Sherren genauer untersucht worden. Nach Durchtrennung des Nervus
ulnaris am Vorderarm, um ihn für die Beobachtungen welche beide Autoren an Nerven im allgemeinen gemacht haben, als Beispiel zu nehmen,
fanden sie, daß eine gewisse Art der Sensibilität, welche sie als epikritisch
bezeichneten, über dem Bezirk der anatomischen Verbreitung verloren
gegangen ist (Abb. 76). In diesem Hautbezirk kann der Patient leichten

Druck (durch Auflegen von Watte) sowie Temperaturschwankungen zwischen 22 und 40° Celsius nicht erkennen. In einem kleinen Bezirk des Kleinfingers werden weder Nadelstiche noch große Kälte oder starke Hitze empfunden; in diesem Bezirk ist also neben der epikritischen eine zweite Form der Sensibilität verloren gegangen, welche sie als protopathische Sensibilität bezeichnen. Dagegen wird überall im Verbreitungsgebiet des Nervus ulnaris kräftiger Druck empfunden; die Tiefensensibilität ist natürlich ebenfalls intakt, da die hierfür in Betracht kommenden Nerven am Vorderarm entspringen und auf dem Wege durch die Sehnen zu den Fingern gelangen. Sind die Sehnen durchtrennt, dann fehlt auch die Tiefensensibilität. Die Folge einer Nerventrennung hängt von der Art der in ihm verlaufenden Fasern ab; ein Nerv kann epikritische Fasern für einen kleinen Bezirk und protopathische Fasern für einen viel größeren Bezirk enthalten und umgekehrt.

Ulnarislähmung. Ulnarflexion und Abduktion der Hand sind beschränkt. Vollständige Beugung des Mittel- und Ringfingers ist unmöglich, der kleine Finger kann überhaupt kaum bewegt werden. Die Interossei und die beiden ulnaren Lumbricales sind gelähmt. Der Kranke kann den Daumen nicht adduzieren.

Bei der Prüfung der Hand auf Muskellähmungen ist es außerordentlich wichtig, genau die Muskeln zu beobachten, welche den Daumen beugen, strecken, ab- und adduzieren. Der untere Rand des Metacarpus pollicis kann der radialen Seite des entsprechenden Knochens des Zeigefingers nur durch zwei Muskeln genähert werden, durch den Musculus adductor pollicis und den Interosseus dorsalis 1. Diese beiden sind gelähmt, wenn der Nervus ulnaris durchtrennt ist. Ihre Tätigkeit kann von den Musculi flexor pollicis longus und brevis oder dem Musculus opponens pollicis vorgetäuscht werden, aber man kann in solchen Fällen beobachten, daß nicht die ulnare Seite sondern die Beugeseite des Daumens dem Metakarpalknochen des Zeigefingers genähert wird.

Die Epiphysen der oberen Extremität. Die Epiphysen um das Ellbogengelenk herum verschmelzen mit ihren entsprechenden Knochen im 17. Lebensjahre, mit Ausnahme des Epicondylus medialis, der erst im 18. Lebensjahr verschmilzt. Die proximale Humerus- und distalen Radius- und Ulnaepiphysen verknöchern im 20. Lebensjahr. Die Canales nutricii dieser drei Knochen ziehen nach dem Ellbogen hin. Die Arteria nutricia humeri kommt aus der Arteria brachialis oder aus der Arteria collateralis ulnaris superior, die für den Radius und die Ulna aus der Arteria interossea volaris.

Der den Humerus versorgende Nerv ist der Nervus musculocutaneus. Der Radius und die Ulna werden vom Nervus interosseus volaris des Nervus medianus versorgt. Es kann als allgemeines Gesetz gelten, daß die Nervenversorgung eines Knochens die gleiche ist, wie die der an ihm ansetzenden Muskeln.

IV. Teil.

Der Bauch und das Becken.

16. Der Bauch.

Die Bauchwand.

Oberflächenanatomie. Der Grad der Wölbung des Bauches ist außerordentlich verschieden. Die Vorwölbung desselben bei kleinen Kindern ist hauptsächlich durch die unverhältnismäßig große Leber bedingt, welche in früher Jugend einen beträchtlichen Teil der Bauchhöhle für sich in Anspruch nimmt; ferner auch noch durch die relative Kleinheit des Beckens, das nicht nur keines der Bauchorgane im engeren Sinne aufnehmen kann, da es kaum imstande ist die eigentlichen Beckenorgane zu beherbergen. Daher sind in früher Jugend die Harnblase und ein großer Teil des Rektums in Wirklichkeit Bauch- und nicht Beckenorgane. Nach lange bestehender Ausdehnung, wie z. B. bei Schwangerschaft, Aszites etc. bleibt der Bauch gewöhnlich stark vorspringend und hängend.

In Fällen von starker Abmagerung sinkt er stark ein, die vordere Bauchwand scheint gleichsam zu kollabieren. Diese Veränderung ist vor allem in den oberen Abschnitten der Bauchwand sehr auffallend. Hier liegt dicht unterhalb des Rippenbogens die Bauchwand nicht in derselben Ebene wie die vordere Brustwand, sondern kann so sehr eingesunken sein, daß sie mit dieser Wand oben sowie den Bauchabschnitten unten fast in einem rechten Winkel steht. In solchen Fällen liegt die Bauchwand unmittelbar am Rippenbogen bei Rückenlage des Kranken fast vertikal. Diese Veränderung der Bauchwand ist bei der Gastrostomie von Wichtigkeit, da die für diese Operation in Betracht kommenden Kranken meistens stark abgemagert sind und die Inzision dicht am Rippenbogen angelegt werden muß.

Der Verlauf der Linea alba oberhalb des Nabels ist durch eine seichte mediane Furche angezeigt, die unterhalb des Nabels nicht existiert. Die Linea semilunaris kann unter Umständen als eine leicht gebogene Linie erkannt werden, welche von der Spitze des neunten Rippenknorpels zum Tuberculum pubicum zieht. Beim Erwachsenen verläuft sie ca. 7,5 cm seitlich vom Nabel und stellt die Ansatzsehne des Musculus transversus abdominis dar. Oberhalb des Nabels findet sich an der Stelle der Linie eine seichte Einziehung der Bauchhaut. Die Konturen des Musculus rectus abdominis können bei der Kontraktion desselben deutlich erkannt werden. Er enthält drei sehnige Unterbrechungen, die sog. Inscriptiones tendineae, die oberste gewöhnlich gegenüber dem Processus xyphoideus sterni, die unterste in Nabelhöhe und die dritte zwischen diesen beiden. Die beiden oberen Inskriptionen sind bei gut entwickelten Individuen deutlich zu erkennen.

Die Lage des Nabels wechselt mit der Fettleibigkeit der Person und der Schlaffheit der Bauchdecken. Er liegt stets unterhalb der Mitte zwischen Schwertfortsatz und Symphyse. Beim Erwachsenen liegt er etwas oberhalb der Körpermitte (vom Scheitel zur Sohle gemessen), während er beim Neugeborenen unterhalb der Körpermitte liegt. Er entspricht vorne der Zwischenwirbelscheibe zwischen drittem und viertem Lendenwirbel, hinten der Spitze des Dornfortsatzes des dritten Lendenwirbels; er liegt ungefähr 2 cm oberhalb der Verbindungslinie der höchsten Punkte der beiden Cristae iliacae.

Die Spina anterior superior ossis ilium, das Tuberculum pubicum sowie das Ligamentum inguinale sind alle sehr deutlich zu erkennen und wichtige Anhaltspunkte. Das Tuberculum pubicum liegt annähernd in derselben horizontalen Ebene wie der obere Rand des Trochanter maior femoris und ist bei mageren Individuen sehr deutlich zu erkennen. Bei fetten Personen ist es ganz von Fettgewebe bedeckt, kann aber bei männlichen Individuen entdeckt werden, wenn man durch Invagination des Skrotums den Finger unter das subkutane Fettgewebe vorschiebt. Beim Weibe kann man die Lage des Höckerchens bestimmen, indem man den Oberschenkel adduzieren läßt, wodurch die Ursprungsstelle der Sehne des Musculus adductor longus vorspringt. Dieser Muskel entspringt sehnig vom Ramus superior ossis pubis unmittelbar unterhalb des Tuberkulums und indem man den Finger dem Muskel entlang führt, gelangt man zu dem Knochenvorsprung. Legt man den Finger auf das Tuberculum pubicum, so nennt man einen Bruch, der medial vom Finger sich vorwölbt, eine Inguinalhernie, während ein solcher, der lateral vom Finger zum Vorschein kommt, eine Femoralhernie darstellt. Bei der aufrechten Körperhaltung liegt die Spina anterior superior etwas unter dem Niveau des Promontorium ossis sacri, während die Verbindung vom Manubrium sterni und Processus xiphoideus dem oberen Teil des 10. Brustwirbels gegenüber liegt. Dieser Punkt kann selbst an fetten Individuen an der Vertiefung unter dem Sternalansatz des siebenten Rippenknorpelpaares erkannt werden und ist, wie wir gleich sehen werden, ein außerordentlich wichtiger Anhaltspunkt. Ein Punkt in der Mitte zwischen Schwertfortsatz und Nabel liegt gegenüber der Zwischenwirbelscheibe zwischen erstem und zweitem Lendenwirbel und ist für klinische Zwecke ein sehr nützlicher Anhaltspunkt (Addison).

An dem Teile des Rückens, der dem Bauche entspricht, ist der Musculus sacrospinalis deutlich zu erkennen und nur an ganz fetten Individuen kann dessen lateraler Rand nicht festgestellt werden. Zwischen den beiden Musculi sacrospinales liegt der Sulcus medianus posterior, der nach unten in eine spitzwinklige Fläche ausmündet, die durch die beiden Glutäalwülste gebildet wird. Unmittelbar hinter der Mitte der Darmbeinschaufel findet sich die Fossula lumbalis inferior, in deren Tiefe das Trigonum lumbale (Petiti) liegt, welches die Lücke darstellt, die medial vom lateralen Rande des Musculus latissimus dorsi, lateral vom hinteren Rande des Musculus obliquus abdominis externus und unten von der Darmbeinschaufel gebildet wird. Der Dornfortsatz des vierten Lendenwirbels liegt ungefähr in gleicher Höhe mit dem höchsten Punkte der Darmbeinschaufel. Bei der Zählung der Rippen ist es besser von oben nach unten zu zählen, da die letzte Rippe oft nicht über den lateralen

Rand des Musculus sacrospinalis heraussieht und so leicht übersehen werden kann.

Die Aorta teilt sich gegenüber der Mitte des vierten Lendenwirbelkörpers etwas links von der Mittellinie etwa 2 cm unterhalb und etwas links vom Nabel. Eine Linie, die man von der Bifurkationsstelle zur Mitte des Ligamentum inguinale zieht, entspricht dem Verlauf der Arteria iliaca communis und externa. Die ersten 5 cm würden der Arteria iliaca communis, der Rest der Arteria iliaca externa entsprechen. Die Arteria coeliaca entspringt als kurzes dickes Rohr gegenüber dem unteren Teile des 12. Brustwirbelkörpers, an einer Stelle, die ca. 4 cm oberhalb der Mitte zwischen Nabel und Schwertfortsatz liegt und hinten dem Dornfortsatze des 12. Brustwirbels entspricht. Die Arteria mesenterica superior sowie die beiden Arteriae suprarenales mediae entspringen unmittelbar unter ihr. Die Arteriae renales gehen genau in der Mitte zwischen Schwertfortsatz und Nabel 0,75 cm unterhalb der Arteria mesenterica superior aus der Aorta ab, die Arteria mesenterica inferior dagegen 2,5 cm oberhalb des Nabels. Die Arteria epigastrica inferior verläuft in einer Linie, die man sich von der Mitte des Ligamentum inguinale zum Nabel gezogen denkt. Entlang derselben Linie erkennt man bisweilen die Vena epigastrica superficialis.

Die vordere Bauchwand.

Die **Haut** am Bauch ist an der Leistenbeuge nur locker mit der Unterlage verwachsen. In dem Sulcus medianus anterior (d. h. also vorne in der Mittellinie) ist sie am festesten mit der Unterlage im Zusammenhang, jedoch nicht so fest, daß nicht eine Entzündung der Bauchdecke von einer Seite auf die andere übergehen könnte. Bei hochgradiger Fettsucht entstehen auf dem Bauche zwei Querfurchen, eine in Nabelhöhe, die andere dicht oberhalb des Schambeins. In der ersten Furche wird gewöhnlich der Nabel vollständig verdeckt. Bei Kranken mit versteiften Hüftgelenken findet man oft Querfalten am Bauche. Sie werden durch die ausgedehnten Bewegungen der Wirbelsäule gebildet, die bei Hüftgelenksankylosen dadurch entstehen, daß einige der einfachen Bewegungen des Hüftgelenks in Fällen von Versteifungen auf die Wirbelsäule übertragen werden.

Wird die Haut durch irgendwelche starke Ausdehnung des Leibes überdehnt, so erscheinen gewisse weißglänzende Streifen (Striae atrophicae) in den untersten Abschnitten der Bauchhaut. Sie entstehen durch Zerreißung des kutanen Gewebes, hauptsächlich deren elastischer Elemente und anschließender Atrophie der Epidermis; ihre Lagen geben die Stellen an, an welchen die stärkste Dehnung durch in der Bauchhöhle liegende Faktoren stattgefunden hat. Sie sind bei Schwangerschaft, Aszites, Ovarialtumoren etc. stark entwickelt.

Unter der Haut liegt die **Fascia superficialis,** welche in der Unterbauchgegend leicht in zwei Blätter geteilt werden kann. Die größte Masse des subkutanen Fettgewebes dieser Gegend liegt über dem oberflächlichen Faszienblatt. In Fällen von hochgradiger Fettsucht ist die

Fettansammlung unter der Bauchhaut vielleicht ausgesprochener als irgendwo anders. Eine bis zu 15 cm dicke Fettschicht kann bei sehr korpulenten Individuen hier gefunden werden. Die oberflächlichen Gefäße und Nerven liegen größtenteils zwischen den beiden Faszienblättern, so daß bei fetten Individuen bis zu 2 cm tiefe Inzisionen am Bauch gemacht werden können, ohne daß irgendwie größere Blutgefäße angetroffen werden.

Das tiefe Blatt der oberflächlichen Faszie enthält elastische Fasern und entspricht der Tunica abdominalis der Tiere. Es ist entlang der Mittellinie bis zur Symphyse mit den darunter liegenden Gewebsschichten und über das Ligamentum inguinale hinaus mit der Fascia lata femoris verwachsen. In dem Raume zwischen Symphyse und Tuberculum pubicum ist es nicht befestigt, zieht aber ins Skrotum hinab und bildet dort die Tunica dartos. Der unter besonderen Umständen bis zum Skrotum sich ergießende Urin (Urininfiltration) kann diesen Weg in der Bauchwand emporsteigen und wird dort von dem tiefen Blatt der Faszie aufgehalten. Er kann aber nicht am Oberschenkel entlang nach abwärts sich ergießen wegen der festen Anheftung der Faszie, noch kann er aus den gleichen Gründen die Mittellinie überschreiten. Auf dieselbe Art und Weise wird ein durch eine Brustverletzung entstandenes Hautemphysem, wenn es sich unterhalb des tiefen Faszienblatts ausbreitet, in der Leistenbeuge aufgehalten wie auch Lipome, die unter diesem Blatte wachsen, durch die Linea alba und das Ligamentum inguinale in ihrer Ausdehnung beschränkt werden.

Die vordere Bauchwand ist bei den einzelnen Individuen von sehr schwankender Dicke. Bei hochgradiger Abmagerung können die Grenzen einzelner Organe der Bauchhöhle deutlich palpiert oder selbst durch die dünnen Bauchdecken hindurch gesehen werden. In gewissen Fällen von chronischem Darmverschluß wird die Grenze des geblähten Darmabschnitts deutlich sichtbar und seine peristaltischen Bewegungen können beobachtet werden; in Fällen von Pylorusverschluß können oft die Bewegungen des geblähten und hypertrophischen Magens erkannt werden. Die relative Dicke der Bauchdecken bei den einzelnen Individuen hängt mehr von der Menge des subkutanen Fetts ab, als von der Dicke der Muskeln. Diese Muskelbedeckung bildet für die Organe der Bauchhöhle einen erstaunlich großen Schutz. Durch Kontraktion dieser Muskeln können die Bauchdecken bretthart werden und bei akuter Peritonitis kann diese Muskelkontraktion bisweilen einen erstaunlichen Grad von Starre erreichen.

Ein Schlag auf den Bauch bei kontrahierten Muskeln wird aller Wahrscheinlichkeit den Eingeweiden keinen Schaden zufügen, es sei denn, daß die Kraft desselben eine zu große ist. Die starre Bauchwand leistet dieselben Dienste wie eine feste Gummiplatte. Sie kann zerreißen oder gequetscht werden, fängt aber stets den Hauptshock einer Kontusion auf.

Die wahrscheinliche Wirkung eines Schlags auf den Leib in bezug auf die Bauchorgane hängt von einer Anzahl von Faktoren ab; allein soweit die Bauchdecken selbst in Betracht kommen, hängt die Wirkung vor allem davon ab, ob das Trauma erwartet wurde oder nicht, ferner auch von der Menge des Unterhautzellgewebes. Wird nämlich ein Schlag auf den Bauch erwartet, so kontrahieren sich die Muskeln instinktiv und die Eingeweide sind sofort durch einen festen, wenn auch elastischen Schild geschützt. So können die Bauchmuskeln gequetscht und zerrissen gefunden werden, während die Organe der Bauchhöhle unversehrt bleiben, wogegen auf der anderen Seite in Fällen, bei welchen die Muskeln träge reagieren oder der Schlag unerwartet kommt, ein Organ der Bauchhöhle verletzt sein kann, ohne daß an den Bauchdecken selbst irgend eine sichtbare Verletzung sich findet. Wird der Schlag erwartet, so wird der Körper auch meistens rasch nach vorwärts gebeugt und die Eingeweide in Sicherheit gebracht.

Im Verlaufe der **Linea alba** ist die Bauchwand dünn, fest und frei von sichtbaren Gefäßen. Deshalb wird bei sehr vielen Operationen in der Bauchhöhle die Inzision in der Mittellinie gemacht. Am Außenrande des Musculus rectus abdominis (i. e. im ungefähren Verlaufe der Linea semilunaris) ist die Bauchwand ebenfalls dünn und gefäßarm, weshalb auch diese Stelle für Inzisionen sehr geeignet ist. Mit Ausnahme einiger Operationen an den Nieren, dem Magen oder der Gallenblase, wird die Bauchwunde selten an dieser Stelle angelegt. In den meisten Fällen handelt es sich darum, die Bauchhöhle entweder in der Mittellinie oder in einer der seitlichen Unterbauchgegenden zu eröffnen. Etwa 2,5 cm unterhalb des Nabels berühren sich die beiden geraden Bauchmuskeln, so daß hier in Wirklichkeit eigentlich keine Linea alba existiert, während oberhalb des Nabels die Muskeln getrennt verlaufen, so daß die Linea alba an dieser Stelle nahezu 2 cm breit ist. Während der Schwangerschaft, bei Fettsucht, Aszites etc. kann der über dem Nabel gelegene Teil der Linea alba 5 cm und noch breiter werden, ohne daß der schmale unter dem Nabel gelegene Teil hierbei verändert wird; verbreitert sich dieser Teil der weißen Linie, so spricht man von einer **Diastase der Musculi recti.** Dabei wölben sich die Organe der Bauchhöhle zwischen den Muskeln vor, sobald die letzteren sich kontrahieren, wenn z. B. der Kranke ohne Hilfe seiner Arme aus der Rückenlage die sitzende Stellung einzunehmen bestrebt ist. Properitoneale Fettklumpen können durch Spalten der Linea alba herauswachsen und zu den sog. „Netzhernien" Veranlassung geben.

Der fibröse Ring des **Nabels** entsteht aus der Linea alba. Die benachbarte Haut, Faszie und Peritoneum sind sämtlich fest mit ihm verwachsen. Die Verwachsungen sind derartig feste und das Gewebe zwischen Haut und Peritoneum so spärlich, daß es bei der Operation einer Nabelhernie kaum möglich ist die Eröffnung des Bruchsacks zu vermeiden.

Der Nabel bezeichnet die Stelle, an welcher sich die seitlichen Bauchwandungen zuletzt schließen. In der sechsten Woche des Fötallebens ist die Öffnung rund und enthält den Dottersack und eine Schlinge des Darms, an welcher ersterer befestigt ist. Diese Verhältnisse können bestehen bleiben und die Ursache für eine angeborene Nabelhernie abgeben. Beim Fötus treten drei Gefäße am Nabel ein und teilen sich sofort, nachdem sie die Bauchhöhle erreicht haben und zwar zieht die Vene direkt nach oben und die beiden Arterien schräg nach unten. Vom Nabel nach abwärts finden sich in der Mittellinie die Überreste des Urachus. Beim Embryo ist die Stelle, an welcher die drei Gefäße auseinandergehen, ungefähr in der Mitte des Nabels, deshalb trennt bei der angeborenen Nabelhernie die durch den Nabelring austretende Darmschlinge diese drei Gefäße, die sich gleichsam über ihr ausbreiten. In der Tat sucht die angeborene Nabelhernie ihren Weg zwischen den die Nabelschnur zusammensetzenden Gebilden und enthält ihre hauptsächlichsten Überzüge von ihr. Diese Formen sind glücklicherweise selten, allein unter Umständen reichen sie eine Strecke weit in die Nabelschnur herauf und wenigstens in zwei bekannten Fällen durchschnitt der Geburtshelfer bei der Durchtrennung der Nabelschnur nach der Geburt den Darm.

Die angeborenen Hernien dürfen nicht mit den Nabelhernien verwechselt werden, welche so häufig bei kleinen Kindern nach Durchtrennung der Nabelschnur entstehen.

Mit zunehmendem Wachstum des Bauchs ziehen die mittlerweilen obliterierten beiden Arteriae umbilicales sowie der ebenfalls obliterierte Urachus als Ligamenta umbilicalia lateralia und medium an der Nabelnarbe und stülpen sie allmählich nach einwärts und abwärts um. Daher sieht man bei der Betrachtung der Bauchwand von innen her am Nabelring des Erwachsenen die Stränge, welche die obliterierten Arterien sowie den obliterierten Urachus und die obliterierte Vena umbilicalis (Ligamentum teres hepatis) darstellen, vom unteren Rande des Nabelrings abgehen. Bei der Nabelhernie des Erwachsenen tritt der Darm oberhalb der obliterierten Arterie und Vene heraus. Der obere Teil des Nabels ist im Vergleich zum unteren dünn und wird durch weniger feste Adhäsionen gestützt.

Unter gewissen Umständen findet sich am Nabel eine Fistel, welche (durch den offen gebliebenen Urachus) Urin entleert. Die Harnblase bildet sich aus einer Erweiterung der Allantois; der Teil unterhalb der Erweiterung wird zur Urethra, derjenige oberhalb derselben zum Urachus. In einem Falle von offen gebliebenem Urachus betrug der Durchmesser des Gangs 2,5 cm. Der Patient, ein Mann von 40 Jahren, hatte einen Blasenstein, der mittelst des durch den Urachus in die Blase eingeführten Fingers entfernt wurde. Bisweilen findet sich ferner am Nabel eine andere Art von Fistel, aus welcher sich Kot entleert. Dieser Zustand entsteht durch Offenbleiben des Ductus omphaloentericus, eines Gangs, der in früher Entwicklung den Darm des jungen Fötus mit dem Dottersack verbindet und der für gewöhnlich verschwindet, ohne eine Spur zu hinterlassen. Bleibt der Gang bestehen, so ist er unter dem Namen des Diverticulum Meckeli bekannt und findet sich etwa 1 m proximal von der Ileocökalklappe. Die Kotfistel am Nabel stellt die schwersten Fälle dieser Mißbildung dar, da hier der ganze Dottergang erhalten ist und das Ileum am Nabel ausmündet. Der Rest des Ductus omphaloentericus kann von diesem Divertikel als fibröser Strang zum Nabel ziehen und zu einer Darmverschlingung Veranlassung geben (Abb. 85).

Die Lage der Inscriptiones tendineae der Musculi recti abdominis muß man stets im Auge behalten; sie sind wohl mit der vorderen Rektusscheide verwachsen, aber nicht mit der hinteren. Bis zu einem gewissen Grade können sie deshalb Eiteransammlungen und Blutungen unter der vorderen Scheide begrenzen. Diese Muskeln sind oft der Sitz sog. „Phantomtumoren", welche man am häufigsten bei hysterischen und hypochondrischen Personen findet; sie können, wenn sie mit unbestimmten Symptomen von seiten der Bauchhöhle vergesellschaftet sind, leicht zu Irrtümern Anlaß geben. Sie entstehen durch partielle Muskelkontraktion und zwar für gewöhnlich eines zwischen zwei Inskriptionen gelegenen Muskelabschnitts und sollen in den oberen Abschnitten des Muskels häufiger vorkommen als in den unteren. Sind die Muskelfasern kontrahiert, dann ist der Tumor sehr deutlich, erschlaffen sie, dann verschwindet er. Derartige Phantomtumoren sind aber nicht immer belanglos. Sie können mit schweren abdominellen Erkrankungen vergesellschaftet sein und entstehen durch reflektorische Muskelkontraktion, deren Ursache die erkrankten Bauchorgane sind. Diese lokalisierten Muskelkontraktionen können den Schlüssel zum Auffinden des Sitzes der Erkrankung bilden. Der Magen z. B. erhält seine sensiblen Fasern hauptsächlich aus dem achten Dorsalsegmente des Rückenmarks; der Abschnitt des geraden Bauchmuskels zwischen oberster und mittlerer Inskription wird ebenfalls von diesem Segment versorgt und zwar auf dem Wege durch den achten Dorsalnerven; daher kann eine Kontraktion dieses Muskelabschnitts mit einer Erkrankung des Magens zusammenhängen. Der Rektusmuskel erhält Nervenfasern aus den sechs unteren Dorsalnerven; der Rektusabschnitt am Nabel wird vom zehnten Dorsalnerven versorgt.

Ich habe z. B. sehr deutliche derartige Phantomtumoren im oberen Abschnitt des rechten Rektusmuskels bei Magenkarzinom, Duodenalulkus sowie Bauchfellkarzinose gesehen.

Andere vergängliche Tumoren entstehen durch Ausdehnung der Därme durch Kot oder Gase. Bei großer Ausdehnung des Leibes werden die Fasern der geraden Bauchmuskeln stark gezerrt, da sie die Hauptkraft der ausdehnenden Gewalt zu tragen haben. Der Verlauf der Fasern bewirkt auch ihr Zerreißen beim Opistotonus infolge von Tetanus. Auch durch Muskelkraft, wie z. B. beim Voltigieren kann der Muskel einreißen.

Die seitlichen Bauchmuskeln sind durch lockeres Bindegewebe von einander getrennt. In der Gewebsschicht zwischen Musculus obliquus internus und transversus finden sich die hauptsächlichsten Gefäße und Nerven.

Allenthalben ist das Peritoneum durch **properitoneales Bindegewebe** an der Bauchwand befestigt. Im Becken ist dieses Gewebe sehr locker, so daß sich die Beckenorgane — Harnblase, Rektum und Uterus — ausdehnen können, ferner auch in den Fossae iliacae und an der vorderen Bauchwand bis zu einer Höhe von 5 cm vom Ligamentum inguinale und der Symphyse nach oben; oberhalb dieser Höhe und an der Zwerchfellunterfläche dagegen ist das Peritoneum straff gespannt. Die teilweise lockere Anheftung des Bauchfells begünstigt das Umsichgreifen von Abszessen in hohem Maße, da es einem Fortschreiten derselben so gut wie keinen Widerstand entgegensetzt. Ein derartiger Abszeß kann sich von den Eingeweiden aus, vor allem von solchen, die nur einen unvollkommenen Peritonealüberzug besitzen, wie die Nieren, das Colon ascendens, weiterverbreiten. Die lockere Anheftung des Bauchfells macht sich auch der Chirurge verschiedentlich zunutze. So kann die Arteria iliaca communis und externa durch eine Inzision erreicht werden, welche ein gutes Stück lateral von dem Gefäß liegt, ohne das Peritoneum dabei zu eröffnen. Hat man das Bauchfell an der lateral angelegten Inzision bloßgelegt, so geht man mit dem Finger in das properitoneale Bindegewebe ein und bahnt sich so seinen Weg zur Arterie, indem man das Peritoneum einfach von seiner Unterlage ablöst. Allerdings werden heutzutage diese schon genannten Gefäße transperitoneal unterbunden; in vorantiseptischen Zeiten dagegen wurde die erste Methode viel geübt. Das lockere properitoneale Bindegewebe gestattet auch dem Bauchfell (z. B. bei der Schwangerschaft) eine starke Dehnung.

Wunden der Bauchwand können unter Umständen der Behandlung große Schwierigkeiten bieten, da sie, wenn weit genug in die Tiefe reichend, verschiedene Faszien verletzen und so dem Umsichgreifen einer an die Verletzung sich eventuell anschließenden Eiterung kein Hindernis in den Weg legen. Die konstanten Atembewegungen der Bauchwand sind natürlich ebenfalls nicht dazu angetan den Wunden die zur Heilung so notwendige Ruhigstellung zu gewähren. Bei penetrierenden Wunden kann die Kontraktion der Muskeln den Prolaps von Eingeweiden begünstigen, vor allem wenn die Muskeln quer zu ihrem Faserverlauf durchtrennt sind. Beim Zurückbringen kleiner Abschnitte vorgefallenen Darms ist es sehr leicht möglich, diesen in einen der bindegewebigen Räume oder in die properitoneale Gewebsschicht anstatt in die Bauchhöhle zurückzuschieben. Bei der Naht penetrierender Bauchwunden muß das Peritoneum ebenfalls vernäht werden, damit dasselbe möglichst schnell verheilt. Ohne diese Sicherheitsmaßregel kann an dem Peritoneum ein Schlitz bestehen bleiben, der an der Stelle der alten Wunde die Entstehung einer Hernie begünstigt.

Blutgefäße. Die einzigen **Arterien** von einigermaßen großem Kaliber in der Bauchwand sind die Arteriae epigastricae inferiores, einige Äste der Arteria circumflexa ilium profunda, die letzten beiden Interkostalarterien, die Arteria epigastrica superior aus der Arteria mammaria interna und die Lumbalarterien. Die oberflächlichen Arterien sind sehr klein, trotzdem berichtet Verneuil eine tödliche Verblutung aus der Arteria epigastrica superficialis, eines Astes der Arteria femoralis.

Die oberflächlichen **Venen** der vorderen Bauchwand sind zahlreich und sehr deutlich zu erkennen, wenn sie varikös sind. Eine von der Achselhöhle zur Leiste ziehende laterale Vene, welche die Venae axillares mit den Venae femorales verbindet, ist oft sehr deutlich ausgebildet. Bei Verschluß der Vena cava inferior brauchen die oberflächlichen

Venen am Bauche nicht als Abflußkanäle des venösen Bluts zu dienen, wie auch klinische Erfahrungen zeigen, daß diese Venen hochgradig varikös sein können, während die Vena cava inferior vollständig durch-

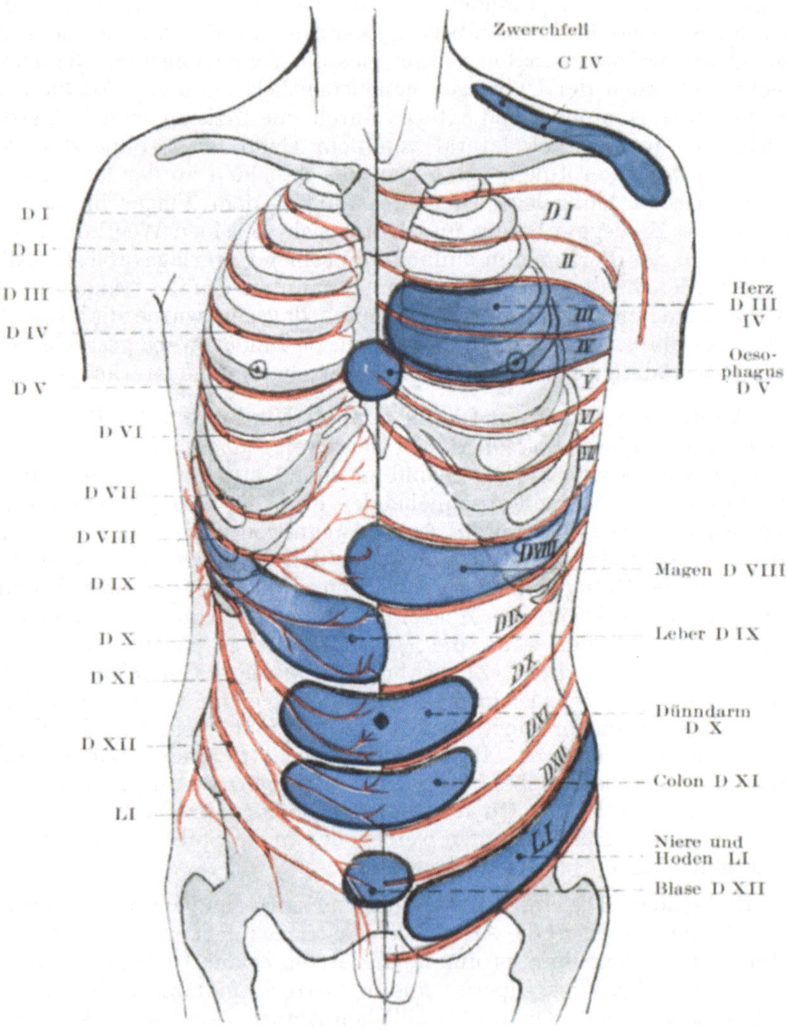

Abb. 77. Ausbreitung der Interkostalnerven und Beziehungen derselben zu inneren Organen.

gängig ist. In einem von mir beobachteten Falle bestanden außerordentlich stark erweiterte oberflächliche Venen von der Brust bis zur Leiste und zwar nur auf die eine Körperhälfte beschränkt. Außerdem ist

gezeigt worden, daß die Klappen dieser Venen so angeordnet sind, daß
das Blut in den oberflächlichen Venen oberhalb des Nabels zur Achselhöhle, unterhalb des Nabels dagegen zur Schenkelbeuge geht. Die
Venen in der Umgebung des Nabels stehen durch Anastomosen, welche
in dem Ligamentum falciforme hepatis verlaufen (Sappey), mit der
Vena portarum in Verbindung.

Was die oberflächlichen Lymphgefäße der vorderen Bauchwand anlangt, so kann man im allgemeinen sagen, daß diejenigen oberhalb des
Nabels zu den axillaren, die unterhalb desselben zu den inguinalen
Lymphknoten ziehen.

Nerven (Abb. 77). Die Bauchwand wird von den untersten sechs Interkostal- und dem ersten Lumbalnerven versorgt. Diese Nerven verlaufen
schräg zur Längsachse des Bauchs nach abwärts und einwärts von der
Flanke zur Mittellinie und werden deshalb bei vertikalen Inzisionen mehr
geschädigt als bei schrägen. Ihr Verlauf ist durch eine Verlängerung
der knöchernen Rippen gekennzeichnet: sie sind parallel zueinander
und in etwa gleichen Abständen angeordnet. Es ist wichtig sich dessen
zu erinnern, daß die Nerven nicht nur die Bauchhaut, sondern auch
die Bauchmuskeln, so die Musculi recti, obliqui und transversi versorgen. Die Rückenmarkssegmente, welche die Haut versorgen, innervieren auch die darunter liegenden Muskeln, eine Verbindung von großer
Wichtigkeit (Abb. 77). Wird eine kalte Hand plötzlich auf den Leib
gelegt, so kontrahieren sich die Muskeln sofort und der Leib wird straff
gespannt. Die Sicherheit der Baucheingeweide, insoferne der Schutz gegen
Kontusionen in Betracht kommt, hängt hauptsächlich von der prompten
Reaktion der Muskeln ab, die sich beim ersten Zeichen einer Gefahr
zusammenziehen. Wie schon oben erwähnt wurde, sind die Baucheingeweide gegenüber der Wirkung von Schlägen etc. sehr gut geschützt,
wenn die Bauchmuskeln fest kontrahiert sind. Die empfindliche Haut
ist die Schildwache und der innige Zusammenhang der Hautnerven
mit denen der Muskel bewirkt, daß die Warnungsrufe der Schildwache
sogleich weitergegeben werden und danach gehandelt wird. Die Muskelstarre bei gewissen schmerzhaften Hautaffektionen am Bauche ist oft
außerordentlich auffallend. Es sei mir gestattet als Beispiel eine Brandwunde am Bauch anzuführen. Während die Brandwunde durch einen
Verband geschützt ist, sind die Bauchmuskeln erschlafft und die Bauchwand bewegt sich bei der Atmung auf und ab. In dem Augenblick,
in welchem der Verband entfernt wird, schmerzt die Oberfläche, ihre
Spinalzentren werden gereizt, die Muskeln kontrahieren sich sofort und
der Leib wird straff gespannt.

Sechs der zur Bauchwand ziehenden Nerven versorgen ebenfalls
Interkostalmuskeln und sind so enge mit den Atembewegungen verknüpft, daß die Bauchmuskeln ebenfalls bei der Atmung mit in Betracht kommen. Diese Verbindung wird deutlich bewiesen, wenn man
einem Menschen plötzlich kaltes Wasser auf den Bauch schüttet. Das
„Versuchsobjekt" holt alsogleich unwillkürlich tief Atem. Sind die
Bauchmuskeln straff gespannt, so sind die unteren Rippen ebenfalls

unbeweglich, wodurch die Atembewegungen auf die oberen Rippen und den eigentlichen Thorax beschränkt sind.

Außerdem ergeben sich noch andere praktische Gesichtspunkte hinsichtlich dieser Nerven. Bei Wirbelkaries und gewissen Verletzungen der Wirbelsäule können die Spinalnerven bei ihrem Austritt aus den Intervertebrallöchern geschädigt werden. Diese Schädigung kann sich in einer veränderten Sensibilität des vom Nerven versorgten Hautbezirkes äußern. So klagen die Kranken mit „Malum Potii" häufig über ein Gefühl von Beengung um den Leib herum — es ist ihnen wie wenn ein Gürtel fest um den Leib gelegt würde. Dieses „Gürtelgefühl" ist von einer gestörten Sensibilität in den von den betreffenden Nerven versorgten Bezirken abhängig. In anderen Fällen findet sich an Stelle des Gürtelgefühls wirkliches Schmerzgefühl. Man sollte es kaum glauben, daß Spinalerkrankungen mit „Leibschmerzen" verwechselt werden können. Allein zahlreiche derartige Fälle sind bekannt. Ein Kind klagt über Schmerzen in der Magengrube oder um den Nabel herum und dieses Symptom kann eine ganze Weile die Aufmerksamkeit des Chirurgen in Anspruch nehmen. Der Leib wird sorgfältig in warme Tücher eingeschlagen, während der wirkliche Sitz der Erkrankung die Wirbelsäule ist. Mit der Zeit treten andere Symptome auf und allmählich wird es klar, daß die Ursache des Schmerzes ein Druck auf die Nerven ist, welche die Haut über dem Scrobiculus cordis oder dem Nabel innervieren und daß dieser Druck im Verlauf einer Erkrankung der Wirbelsäule so gut wie unvermeidlich ist. Ein Fall ist mir bekannt, in welchem ein Mann über anhaltenden fast unerträglichen Magenschmerz klagte. Der Schmerz steigerte sich bei der Nahrungsaufnahme und alle interne Behandlung war vergebens, so daß eine Probelaparotomie gemacht wurde, bei der nichts Abnormes gefunden wurde. Etwas später kam man dahinter, daß in den Körpern der Brustwirbel ein bösartiger Tumor saß, der offenbar diese Schmerzen verursacht hatte. Vor der Operation bestand auch nicht der leiseste Verdacht einer Spinalerkrankung. Die Lage des „peripheren Empfindungsbezirks" hängt natürlich vom Sitze der spinalen Erkrankung ab und so kann man unter Umständen eine Wirbelkaries aus dem Hautsymptom lokalisieren. So wird die Haut in der Magengrube von dem sechsten und siebenten Zervikalnerven, der Nabel vom 10. Interkostalnerven versorgt. Eine Spinalwurzel kann durchtrennt werden, ohne daß eine nennenswerte periphere Anästhesie auftritt, da die Nervenverzweigungen in ausgedehntem Maße ineinander übergreifen.

Nicht nur eine Läsion eines Spinalnerven an seinem Ursprung kann Schmerzen auslösen, die der Kranke in die Seite verlegt, sondern, wie leicht durch die Tatsache, daß die Bauchwandnerven auch die untere Thoraxhälfte innervieren, verständlich ist, können auch Erkrankungen des Brustraums Symptome auslösen, die in die Seite verlegt werden. Schmerzen oder wenigstens empfindliche Hautbezirke in der Oberbauchgegend können sehr wohl durch eine Pleuritis in den unteren Thoraxabschnitten ausgelöst werden.

Wenngleich die Spinalnerven wie die Rippen in schräger Richtung die Bauchwand von hinten oben nach vorne unten durchsetzen, so versorgen doch ihre Endausbreitungen Hautbezirke, die annähernd in horizontaler Richtung um den Leib verlaufen. Dies ist dadurch bedingt, daß der Ramus posterior, sowie dessen Ramus cutaneus lateralis eines jeden Brustnerven, ehe sie ihre Hautausbreitung erreichen, zur selben Höhe herabsteigen, in der die Endausbreitungen der vorderen Äste (Rami cutanei anteriores) liegen. In der Tat reichen die Rami cutanei laterales der unteren Segmente, je weiter man nach unten geht, weiter nach abwärts als die Rami cutanei anteriores. Die horizontale Anordnung der Hautbezirke wird am besten durch die Verteilung der Hauteruptionen illustriert beim **Herpes zoster,** eine Erkrankung, deren primärer Sitz jetzt in die Spinalganglien der hinteren Wurzeln verlegt wird.

Die Nerven der Bauchwand haben aber noch weitere wichtige Verbindungen. Die Rückenmarksabschnitte, mit denen sie in Verbindung stehen, sind ihrerseits wieder mit den Organen der Brust- und Bauchhöhle durch den Grenzstrang des Nervus sympathicus in Kontakt. Daher verursachen Erkrankungen der Baucheingeweide Störungen in den betreffenden Rückenmarkssegmenten und das Gehirn, das die Gewohnheit hat, Schmerzen nur im Verlauf der Spinalnerven zu lokalisieren, irrt sich, indem es den Schmerz in den Spinalnerven verlegt, dessen Rückenmarkssegment in Unordnung geraten ist. Nicht nur der Schmerz wird so in andere Teile verlegt, sondern auch der von dem betreffenden Rückenmarkssegment innervierte Hautbezirk wird hyperästhetisch und durch ein genaues Studium dieser hyperästhetischen Hautbezirke gelang es Head, die viszeralen Zentren in dem Rückenmark zu lokalisieren und es so dem Chirurgen zu ermöglichen genauere topographische Diagnosen zu stellen. Die Organe der Bauchhöhle werden von dem sechsten Dorsal- bis zum ersten Lumbalsegment innerviert, indem die Nerven durch die Rami communicantes (aus den benachbarten Ganglia nervi sympathici) durch die Nervi splanchnici und das sympathische Nervengeflecht der Bauchhöhle zu ihrem Bestimmungsort hinziehen. Kein viszeraler Nerv verläuft in der zweiten bis vierten Lumbalwurzel, weshalb diese Nerven niemals in Betracht kommen, wenn ein Schmerzgefühl irrtümlicherweise in ein Bauchorgan verlegt wird.

Die Beckenorgane werden vom fünften Lumbal- bis zum dritten oder manchmal auch vierten Sakralnerven versorgt.

Es ist wichtig sich daran zu erinnern, daß in der Bauchwand sich drei getrennte Nervensysteme finden: 1. die Hautnerven, 2. die Nerven für die Muskeln (motorische und sensible), 3. die Nerven für das Peritoneum parietale. Eines dieser Systeme oder alle drei können der Sitz einer subjektiven Sensibilitätsstörung sein, am meisten allerdings die zu den Muskeln ziehenden Nerven. Der durch Druck auf die oder bei Bewegungen der Muskeln ausgelöste Schmerz wird gewöhnlich irrtümlicherweise in das erkrankte Organ verlegt. Der Tonus und die sonstigen Verhältnisse in den Bauchwandmuskeln werden von der Beschaffenheit der Baucheingeweide durch die Verbindung ihrer Nervensysteme im Rückenmark beeinflußt.

Im folgenden seien die Segmente aufgezählt, welche nach Head mit den Bauchorganen in Verbindung stehen: Magen 6, 7, 8, 9 D; Dünn- und Dickdarm 9, 10, 11, 12 D; Mastdarm 2, 3, 4 S; Leber und Gallenblase 7, 8, 9, 11 D; Nieren und Ureter 10, 11, 12 D, 1 L; Prostata 10, 11 D, 5 L, 1, 2, 3 S; Epididymis 11, 12 D, 1 L; Testis und Ovarium 10 D; Tuben 11, 12 D, 1 L; Uterus 10, 11, 12 D, 1 L, 3, 4 S.

Diese Wechselbeziehung der Nerven wird bei Erkrankungen in vieler Hinsicht offenkundig. So kontrahieren sich z. B. bei akuter Peritonitis und bei der Zerreißung gewisser Baucheingeweide die Bauchmuskeln in hohem Grade, um die versetzten Teile möglichst ruhig zu stellen. Bei der akuten Peritonitis ist ferner der Leib bretthart und die Atmung rein thorakal; in so hohem Maße treten die Hautäste dieser Nerven auf den Plan, daß der Kranke häufig außerstande ist, selbst den leichtesten Druck auf seinem Leib zu ertragen.

Angeborene Mißbildungen der Bauchwand (Abb. 108). Am Ende des zweiten Fötalmonats liegt ein Teil der Eingeweide in dem weit offenen Nabel innerhalb der Nabelschnur, nur bedeckt von dem durchscheinenden Überzug derselben. Im dritten Monat ziehen sich die Eingeweide in die Bauchhöhle zurück, der Hohlraum innerhalb der Nabelschnur obliteriert und der Nabel schließt sich. Dieses Zurückweichen der Baucheingeweide kann ausbleiben, ja das Gegenteil kann stattfinden, indem zu den „unter normalen Verhältnissen" in der Nabelschnur liegenden Organen noch andere hinzutreten. So entstehen die verschiedensten Formen der angeborenen Nabelschnurbrüche, die in ihrer Größe zwischen einer kleinen Hernie und einem Vorfall sämtlicher mehr beweglicher Eingeweide schwanken. Eine der bemerkenswertesten Mißbildungen ist die **Ectopia vesicae** (Abb. 108). Hier fehlt offenbar nicht nur ein Teil der Bauchwand, sondern auch ein Teil des Harn- und Geschlechtsapparats. Bei voll ausgebildeten Fällen besteht ein Bauchwanddefekt vom Nabel bis zur Urethra. Die Symphyse ist weit offen oder fehlt ganz, ebenso wie der größte Teil des Penis und das ganze Dach der Urethra nicht vorhanden sind. Das Innere der Harnblase und der Urethra liegt frei zutage und bildet einen Teil der vorderen Bauchwand. Der unbedeckte „vesikale" Bezirk leistet der Senkung der Baucheingeweide nur geringen Widerstand und wölbt sich stark vor, wenn der Patient sich aufrichtet. Auch das Skrotum ist gespalten, wie es nach der Art der Entwicklung desselben auch ganz verständlich ist.

Brüche (Herniae).

1. Hernia inguinalis — Leistenbruch (Abb. 78 u. 79). Bei dieser Art von Bruch füllt das ausgestülpte Bauchorgan den Inguinalkanal in seiner ganzen Länge oder nur zum Teile aus. Dieser Kanal verläuft schräg vom inneren zum äußeren Leistenring und ist etwa 4 cm lang. Er stellt den Weg dar, den der Hoden bei seinem Deszensus ins Skrotum nimmt und ist in gewissem Sinne ein Gang gerade durch die Bauchwand hindurch, der vom Samenstrang eingenommen ist. Es ist jedoch kein offener Kanal in dem Sinne, als man von einem offenen Rohre spricht, sondern

vielmehr ein Gewebszug, der so angeordnet ist, daß ein Körper durch
ihn hindurchgepreßt werden kann. Er stellt eine Brücke der Bauchwand dar, keinen Torweg; eine Bresche, welche bei den erworbenen
Hernien gewaltsam eröffnet und ausgeweitet wird. Liegt eine Hernie
im Leistenkanal, so ist sie außen von der Haut, der Aponeurose des
Musculus obliquus externus, sowie den untersten Fasern der Musculi
obliquus internus und transversus abdominis bedeckt. Hinten liegt
sie auf der Fascia transversalis, über ihr wölben sich die Musculi abdo-

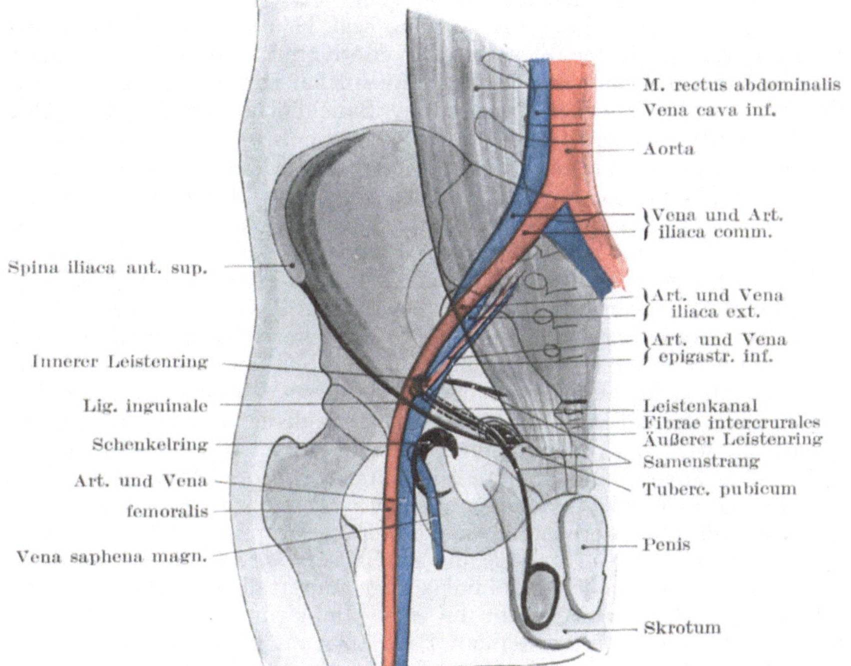

Abb. 78. Schematische Darstellung der Oberflächenprojektion der Leisten- und
Schenkelkanalverhältnisse.

minis transversus und obliquus internus, während sich unten das Ligamentum inguinale in einem Winkel mit der Fascia transversalis vereinigt. Die vorgewölbten Baucheingeweide liegen in einem „Bruchsack", der stets vom Peritoneum gebildet wird. Bei angeborenen Hernien
ist der Sack als abnorm weiter „Processus vaginalis peritonei" schon
vorgebildet. Bei den erworbenen Hernien besteht der Sack aus demjenigen Teil des Peritoneums, den der Darm bei seinem Austritt aus
dem Bauche vor sich herschiebt.

Der äußere Leistenring, $1^{1}/_{4}$ cm lateral und oberhalb des Tuberculum pubicum, kann leicht gefühlt werden, wenn man mit der Finger-

spitze das Skrotum einstülpt und den Finger vor dem Samenstrang nach oben führt. Drückt man den Nagel gegen den Samenstrang an, so kann die Fingerbeere bequem die dreieckige schlitzartige Öffnung abtasten. Unter normalen Verhältnissen hat beim Erwachsenen im äußeren Leistenring die Fingerspitze Platz.

In Fällen von angeborenem oder erworbenem Fehlen des Samenstrangs kann der äußere Leistenring so gut wie ganz obliteriert sein. Paulet zitiert einen Fall Malgaignes, in welchem bei einem alten Manne, dessen einer Hoden in der Kindheit entfernt worden war, der entsprechende äußere Leistenring so klein war, daß er kaum erkannt werden konnte. Der innere Leistenring liegt $1^1/_4$ cm oberhalb des Ligamentum inguinale in der Mitte zwischen der Symphyse und der Spina iliaca anterior superior genau an der Stelle, an welcher in der Tiefe die Arteria femoralis unter dem Leistenband die Bauchhöhle verläßt (Abb. 78).

Man unterscheidet zwei Hauptformen von Inguinalhernien, die am besten verstanden werden, wenn man die vordere Bauchwand von innen betrachtet (Abb. 79). Hierbei bemerkt man vom Peritoneum bedeckt drei schmale Falten, welche im großen ganzen vom Nabel zum Rande des Beckens verlaufen. Eine dieser Falten verläuft in der Mittellinie vom Nabel zur Symphyse und stellt den obliterierten Urachus dar; eine zweite Falte verläuft etwa in einer Linie, die vom Nabel zur Mitte des Ligamentum inguinale zieht und der Arteria epigastrica inferior entspricht, während zwischen diesen beiden Falten eine dritte Falte nach abwärts zieht, welche der einen obliterierten Nabelarterie entspricht. Durch diese drei Plicae vesi coumbilicales medialis und lateralis sowie epigastrica wird das Peritoneum gleichsam veranlaßt drei Gruben zu bilden, eine Fovea inguinalis lateralis, lateral von der Plica epigastrica, eine Fovea inguinalis medialis zwischen Plica epigastrica und Plica vesico umbilicalis lateralis, sowie eine Fovea supravesicalis zwischen den Plicae umbilicales lateralis und medialis. Der sog. innere Leistenring (Annulus inguinalis abdominis) liegt unmittelbar lateral von der Arteria epigastrica zusammen mit der Umbiegungsstelle des Ductus deferens, der hier den Leistenkanal verläßt, um hinter der Harnblase in das kleine Becken zu gelangen. Dieser innere Leistenring stellt eine seichte Vertiefung des Peritoneums dar und ist die innere Öffnung des Leistenkanals. Folgt eine Hernie dem ganzen Verlauf des Leistenkanals, so nennt man sie einen schrägen, indirekten oder äußeren Leistenbruch, schräg oder indirekt, weil er der schrägen Richtung des Leistenkanals folgt, äußerer, weil der „Bruchsackhals" lateral von den Vasa epigastrica liegt. Die Hüllen eines solchen Bruchs sind dieselben wie die des Samenstrangs, i. e. Haut, Fascia superficialis, Fibrae intercrurales, Fascia cremasterica, Fascia transversalis, das properitoneale lockere Bindegewebe und das Peritoneum. Tritt eine Hernie medial von der Plica epigastrica zutage, so spricht man von einem direkten oder inneren Leistenbruch aus Gründen, die ohne weiteres aus dem Gesagten klar sein dürften. Nun gibt es aber zwei Arten von direkten Leistenbrüchen. Bei der einen Art tritt der Bruch durch die Fovea inguinalis medialis heraus, im zweiten Falle durch die Fovea supravesi-

calis. Die Fovea inguinalis medialis liegt der Spitze des äußeren Leisten-
rings ungefähr gegenüber. Ein auf diesem Weg austretender Bruch
gelangt etwas unterhalb der Stelle des Leistenkanals, an welcher ein
lateraler (indirekter) Bruch eintreten würde, in ihn und würde von denselben Hüllen bedeckt sein mit Ausnahme der Fascia transversalis.
Die erste Hülle, die er von den Strukturen des Leistenkanals erhalten
würde, ist die Fascia cremasterica. Die Fovea supravesicalis entspricht

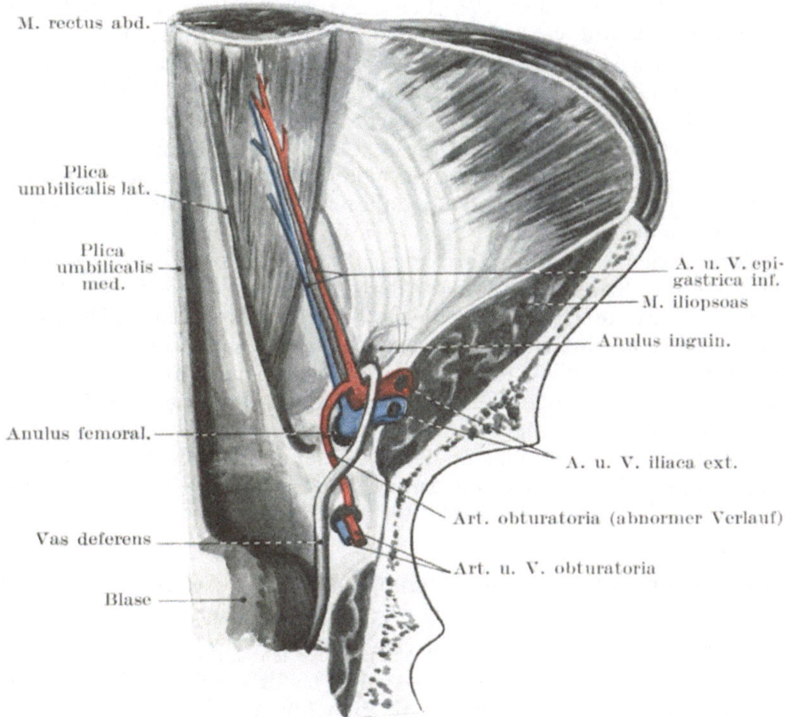

Abb. 79. Vordere Bauchwand von hinten. Das Peritoneum ist durchsichtig
gedacht.

hinsichtlich des Verlaufs des Leistenkanals dem Annulus inguinalis
externus. Eine Hernie, welche sich in diese Grube vorwölbt, wird von
der gemeinsamen Sehne der Musculi obliquus internus und transversus
abdominis sowie dem Ligamentum inguinale reflexum aufgehalten. Diese
Gebilde sind entweder über der Hernie ausgebreitet und bilden so eine
Art Hülle derselben oder aber wird die als Fascia transversalis bezeichnete
gemeinsame Sehne der ebengenannten Muskeln von dem Bruche durchbohrt oder aber weicht der Darm etwas lateral aus, um die Faszie zu
vermeiden und an ihrer Außenseite zum Vorschein zu kommen (Vel-

peau). In jedem Falle wird die Hernie fast in gerader Richtung in den äußeren Leistenring gedrängt. Die Hüllen einer derartigen Hernie sind: die äußere Haut mit der oberflächlichen Faszie, die Fibrae curales, das Ligamentum inguinale reflexum, die gemeinsame Sehne der erwähnten Muskeln (mit der obenangegebenen Ausnahme), die Fascia transversalis, das properitoneale Bindegewebe und das Peritoneum.

Direkte gegen indirekte Leistenhernie. Die indirekte Hernie kann angeboren sein, die direkte ist es niemals. Bei der angeborenen lateralen Hernie sind die Konturen des Leistenkanals und seine Beziehungen zur Umgebung kaum verändert und der Unterschied zwischen ihr und dem direkten Leistenbruch liegt klar zutage. Die erworbene laterale Hernie dagegen zeigt im Vergleich mit der medialen Hernie keine so großen Unterschiede als man vielleicht erwarten würde. Beim erstgenannten Bruche nähert sich wegen des fortgesetzten Zuges, der auf die Teile ausgeübt wird, der innere Leistenring mehr oder weniger dem äußeren, so daß die Länge des Kanals und daher auch der schräge Verlauf der Hernie beträchtlich verkürzt ist. Deshalb bieten die Längsachsen der beiden Brüche keine so großen Unterschiede, daß ihre Art sofort erkannt werden kann. Reponiert man allerdings eine Leistenhernie, so wird eine direkte Hernie gerade nach rückwärts in den Leib zurückweichen, während eine indirekte Hernie auch in sehr alten Fällen eine leichte aber sehr deutlich erkennbare Richtung nach auswärts nimmt. Nach der Reposition einer direkten Hernie kann der Rand des Musculus rectus abdominis an der medialen Seite des Leistenkanals gefühlt werden, da die Vorwölbung des Bruchs an der Linea semilunaris liegt. Die direkte Hernie ist in der Regel klein und rundlich, während die indirekte Hernie sehr groß werden kann und mehr die Form einer Birne annimmt.

Formen von indirekter Hernienbildung, die durch kongenitale Defekte in dem Processus vaginalis entstehen.

Der Descensus testiculi (Abb. 80). Es ist allbekannt, daß beim Fötus der Hoden von der Nierengegend bis ins Skrotum hinabsteigt und zwar auf einem Wege durch die Bauchwand, der nachher als Inguinalkanal bezeichnet wird.

Der Descensus testiculi wird durch eine Ausstülpung des Peritoneums ins Skrotum hinein, den sog. Processus vaginalis peritonei, vorbereitet. Der Hoden tritt in der Regel im siebenten Fötalmonat in den inneren Leistenring ein und findet sich im achten Fötalmonat im Skrotum. Der Vorgang dieses Descensus testiculi, welcher schon vor 150 Jahren von John Hunter genauer untersucht und geklärt wurde, wird oft falsch verstanden. Das Gubernaculum testis (sive ovarii) (Abb. 80), i. e. des zuerst an der Urniere befestigten, später aber vom unteren Ende der Keimdrüse in die Gegend des späteren Leistenkanals ziehende Leistenband, ist ein solider geschoßähnlicher Strang wachsenden Bindegewebes, der bei seinem zunehmenden Wachstum sich seinen Weg durch die Bauchwand in das Skrotum bohrt, indem er eine sich ihm entgegenwölbende Ein-

stülpung des Bauchfells, den Conus inguinalis mit sich ins Skrotum
zieht und ihn dadurch zum Processus vaginalis peritonei ausbildet,
der seinerseits den Hoden und Nebenhoden enthält. Das untere oder
wachsende Ende des Gubernakulums besteht aus rasch sich vermehrenden
Zellen; der obere Teil dagegen, welcher an dem Mesorchium testis befestigt ist, besteht aus glatten Muskelfasern. Es ist verständlich, daß
das wachsende Ende des Gubernakulums von seiner normalen Verlaufsrichtung abgelenkt werden kann und so den Hoden zur Peniswurzel,
nach außen in die Inguinalgegend oder nach rückwärts in das Perineum
ziehen kann. Es war Hunters Ansicht und unsere heutigen Kenntnisse

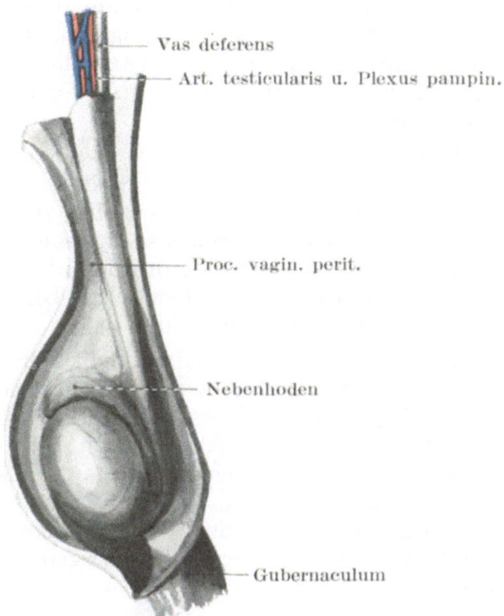

Abb. 80.   Hoden eines Fötus.

geben ihm in der Hinsicht Recht, daß der Descensus testiculi von der
vollen Entwicklung des Hodens geregelt wird — vielleicht durch eine
innere Sekretion desselben. Bleibt der Hoden daher unentwickelt, so
sistiert der Descensus, wodurch der Hoden entweder in der Bauchhöhle
zurückbleibt oder im Inguinalkanal sich festsetzt.

Der Processus vaginalis findet sich bei der Geburt häufig offen;
man kann aus den Beobachtungen von Zuckerkandl und Sachs
erkennen, daß selbst bei drei und vier Monate alten Kindern in 30—40%
der Fälle der Processus vaginalis offen ist. Der den Hoden umgebende
Teil des Processus wird zur Tunica vaginalis propria, während der in
die Länge gezogene tubulöse Teil desselben zwischen Hoden und innerem
Leistenring als Processus funicularis bezeichnet wird. Die Art und

Weise, in welcher der Processus vaginalis von der Bauchhöhle abgetrennt wird, ist folgender: Er obliteriert an zwei Stellen, am inneren Leistenring und dicht oberhalb des Nebenhodens, wobei die Verschmelzung für gewöhnlich zuerst am oberen Punkte beginnt. Angenommen an diesen beiden Punkten sei der Processus vaginalis nun vollständig geschlossen; er stellt alsdann ein nach allen Seiten hin geschlossenes Rohr dar, das bald zu einem kaum noch zu erkennenden bindegewebigen Strang zusammenschrumpft, welches als Rudimentum processus vaginalis bezeichnet wird. Das Rohr kann aber auch als solches bestehen bleiben, ferner kann sich Flüssigkeit in demselben ansammeln, wodurch eine sog. Hydrocoele funiculi spermatici entsteht. Was den Verschluß des Processus vaginalis anlangt, so können sich dreierlei Zufälligkeiten ereignen, von denen jede zur Bildung einer besonderen Form von Hernien führen kann: 1. der Processus vaginalis schließt sich überhaupt nicht; 2. er schließt sich nur oben am inneren Leistenring; 3. er schließt sich nur an seinem unteren Ende.

ad 1. Bleibt der Processus vaginalis vollständig offen, so kann sogleich eine Darmschlinge ohne weiteres in das Skrotum hinabgleiten. Es entsteht mit anderen Worten eine angeborene Hernie. Der Darm liegt in einem großen Peritonealsack, dessen Öffnung am inneren Leistenring liegt. Der Ausdruck „angeboren" ist insoferne irreführend, als ein derartiger Bruch sehr selten schon bei der Geburt besteht, wenn er auch in frühester Jugend häufig ist.

ad 2. Ist der Processus vaginalis nur am inneren Leistenring verschlossen, so erstreckt sich eine ungebührlich große Tunica vaginalis propria bis hinauf zu diesem Ring. Entsteht nun eine Hernie, so kann sie den Processus vaginalis einstülpen, wodurch eine sog. Hernia infantilis sich ausbildet. In einem solchen Falle liegt die Tunica vaginalis vor dem Bruchsack, so daß drei Lagen des Peritoneums durchtrennt werden müssen, ehe man den Darm erreicht. Man bezeichnet die Hernie als „infantil", weil die ersten derartigen Fälle an Kindern beobachtet wurden.

ad 3. Der Processus funicularis kann vom inneren Leistenring bis zum oberen Ende des Hodens offen bleiben und hier enden, wobei die normale Tunica vaginalis alsdann noch weiter unten liegt. Eine solche Hernie wird als Hernia processus funicularis bezeichnet.

Eine weitere angeborene Mißbildung, die zu einem Bruche disponieren kann, ist ein abnorm langes Mesenterium. Eröffnet man an der Leiche den Inguinalkanal und macht den Versuch eine Darmschlinge aus dem Bauche in das Skrotum herabzuziehen, so geht das nicht, weil das Mesenterium zu kurz ist. In jedem Falle von Skrotalhernie muß deshalb das Mesenterium stark in die Länge gezogen sein und es ist eine Frage, ob es ein abnorm langes Mesenterium als angeborene Mißbildung gibt, die den Träger für einen Bruch prädisponiert. Die Frage sollte noch genau geprüft werden.

Ein weiterer Faktor für die Entstehung eines Bruchs ist der intraabdominelle Druck. Hebt ein Arbeiter ein schweres Gewicht vom Boden, so kontrahiert sich die Bauchmuskulatur besonders kräftig, drückt auf die Baucheingeweide und steigert den Druck in der Bauchhöhle auf 100 mm Quecksilber und mehr. Die komprimierten Bauchorgane suchen nach den schwächsten Punkten der Bauchwand, die von dem inneren Leistenring und den übrigen derartigen Ringen gebildet werden. Dem Austreten der Baucheingeweide wird durch die gemeinsame Sehne der Musculi obliquus abdominis internus und transversus Widerstand geleistet. Chiene machte die Beobachtung, daß ein Patient, der aufgefordert wird seine Bauchpresse zu benutzen, diese Muskeln kräftig kontrahiert, so daß ein in den Inguinalkanal eingestülpter Finger zwischen der gemeinsamen Faszie der beiden Muskeln und dem Ligamentum inguinale festgeklemmt wird. Hernien sind bekanntlich bei Männern, die schwere Lasten zu heben und zu tragen haben, besonders häufig.

Der Inguinalkanal beim Weibe ist viel schmäler und enger, wenn auch eine Kleinigkeit länger als beim Manne. Er enthält das Ligamentum rotundum und bietet so wenig Vorbedingungen für das Entstehen eines Bruchs, daß erworbene Leistenhernien bei Frauen ebenso selten, wie bei Männern häufig sind. Beim weiblichen Fötus bildet sich entlang den runden Mutterbändern eine kleine Ausstülpung des Peritoneums, die dem Processus vaginalis entspricht und Canalis Nuckii heißt. Bleibt diese Bauchfellausstülpung offen, was nicht selten der Fall ist, so kann ein Bruch entstehen, welcher den angeborenen Hernien bei männlichen Individuen entspricht. In der Tat ist in früher Jugend die Inguinalhernie fast die einzige Bruchform bei Kindern weiblichen Geschlechts, die Nabelhernie natürlich ausgenommen. Nicht selten findet sich als Bruchsackinhalt ein Ovarium, denn beim neugeborenen Kinde weiblichen Geschlechts liegt das Ovarium oberhalb des Beckenrands und dem inneren Leistenringe relativ nahe. In allen diesen Fällen von früher Inguinalhernie ist der Darm dem offenen Ductus Nuckii entlang nach außen getreten.

Es bleibt nur noch übrig, darauf hinzuweisen, daß bei einem Versuch der **Taxis** der Oberschenkel gebeugt und adduziert werden muß, da nur in dieser Stellung die den Leistenring umgebenden Stellen der Bauchwand erschlafft sind. Diese Stellung des Oberschenkels beeinflußt die Inguinalgegend hauptsächlich durch die Befestigung der Fascia lata am Ligamentum inguinale.

Bei der **Herniotomie** führt man den Schnitt in der Längsachse der Geschwulst über deren Höhe und zwar in der Weise, daß die Mitte der Inzision dem äußeren Leistenring entspricht. Dabei wird in der Regel die Arteria pudenda externa aus der Arteria femoralis durchtrennt. Es ist unmöglich die verschiedenen den Bruch bedeckenden Gewebsschichten zu unterscheiden, da die einzige Schicht, die mit Sicherheit erkannt werden kann, die Kremasterfasern sind. Bei der Durchtrennung des einschnürenden Rings wird gewöhnlich empfohlen, bei allen Formen von Leistenhernien von innen nach außen zu schneiden. Das einzige Gefäß, das dabei beschädigt werden kann, ist die Arteria epigastrica inferior. Bei der (schrägen, lateralen, indirekten) Hernie verschont ein gerade aufwärts geführter Schnitt, um den Einklemmungsring zu spalten, sicher die Arterie; bei einer direkten (medialen) Hernie dagegen, bei welcher sehr wohl das Gefäß in nächster Nachbarschaft des Bruchsackhalses liegen kann, geht man sicherer, wenn der Entspannungsschnitt sowohl aufwärts als auch etwas nach einwärts angelegt wird. Man muß sich daran erinnern, daß der Schnitt, welcher genügt um die Einklemmung zu beheben, wenn richtig angelegt, außerordentlich klein und unbedeutend ist.

2. Schenkelbruch — Hernia femoralis (Abb. 78 u. 79) Bei dieser Bruchart verläßt der Darm die Bauchhöhle durch den Annulus femoralis und zieht im Canalis cruralis dem Oberschenkel entlang nach aufwärts. Unter dem Schenkelkanal versteht man den schmalen Raum zwischen der Vena femoralis und der medialen Wand der gemeinsamen Gefäßscheide. Ähnlich dem Inguinalkanal ist es kein präformierter Hohlraum, sondern entsteht erst, wenn die Gefäßscheide von der Vene abpräpariert oder durch eine herniöse Vorwölbung von ihr getrennt wird. Der Kanal ist zylindrisch, etwa $1^1/_4$ cm lang und endet gegenüber der Einmündung der Vena saphena magna (Abb. 78). Der Schenkelring liegt unmittelbar unter einem Punkte des Ligamentum inguinale, welcher in der Mitte zwischen Tuberculum pubicum und der Stelle liegt, an welcher die Arteria femoralis unter dem Bande wegläuft. Die Mitte der Fossa ovalis liegt ca. 2 cm unterhalb dieses Punktes. Schenkelhernien sind stets erworbene Brüche und haben einen Bruchsack, den sie sich selbst aus dem Peritoneum parietale, den Schichten des Schenkelrings und aus seiner Nachbarschaft bilden. Der Kanal ist beim Weibe weiter als beim Manne, deshalb findet sich auch dieser Bruch bei Frauen viel häufiger als bei Männern. Die Häufigkeit dieser Hernien bei Frauen scheint auch zum Teil durch die schwächende Wirkung der Schwangerschaft auf die Bauchmuskulatur begünstigt zu werden. Bei seinem Austreten schiebt der Bruch eine Peritonealausstülpung als Bruchsack vor sich her zusammen mit dem Septum crurale der Fascia transversalis und tritt in die Gefäßscheide ein. Die Verwachsungen dieser Gefäßscheide halten ein weiteres Abwärtsdringen auf, wenn er etwa $1^1/_4$ cm weit gekommen ist, weshalb er nach vorwärts durch die Fossa ovalis zutage tritt, die Fascia cribrosa vor sich herschiebend. Dann erhält er noch weitere Hüllen von der Fascia superficialis und der Haut. Da die um den Schenkelring gelegenen Strukturen sehr straff sind, so muß der Schenkelhals selbst sehr schmal sein. Aus ähnlichen Gründen muß auch seine Ausdehnung, solange er noch im Schenkelkanal liegt, sehr klein sein, hat er aber einmal die Fossa ovalis erreicht, so bietet das lockere subkutane Gewebe für eine oft beträchtliche Vergrößerung desselben keinerlei Widerstand. Liegt der Bruch außerhalb der Fossa ovalis, so hat er das Bestreben, über das Ligamentum inguinale nach aufwärts sich in der Richtung auf die Spina anterior superior ossis ilium auszudehnen. Selbst wenn er ein beträchtliches Stück über das Leistenband nach oben reicht, kann er doch kaum mit einem Leistenbruch verwechselt werden, da dieser stets lateral vom Tuberculum pubicum gelegen sein muß. Das Bestreben des Schenkelbruchs nach aufwärts zu wandern, ist verschiedentlich

erklärt worden. Man nahm an, daß der Schenkelkanal etwas gekrümmt
sei, wobei seine Konkavität nach vorne läge. Scarpa war der Ansicht,
daß die Biegung durch das häufige Beugen des Oberschenkels entstünde.
Wahrscheinlich ist einer der ausschlaggebenden Faktoren in dieser
Hinsicht die Unnachgiebigkeit des unteren Randes der Fossa ovalis.
Wird eine elastische Kapsel innerhalb des Femoralkanals erweitert, so
biegt sie sich nach aufwärts und einwärts über das Ligamentum inguinale;
die Richtung der Ausdehnung wird durch die eben erwähnten Umstände,
sowie durch die Unnachgiebigkeit der vorderen Wand der Scheide für
die Femoralgefäße bestimmt.

Topographie. Liegt eine Hernie im Schenkelkanal, so wird sie von
der Haut, der oberflächlichen Faszie, der Pars iliaca fasciae latae, der
Fascia cribrosa und der vorderen Wand der Gefäßscheide bedeckt. Hinten
liegt die Hinterwand der Gefäßscheiden, die Pars pubica fasciae latae,
der Musculus pectineus und der Knochen. Die Grenzen des Schenkelrings sind vorne das Ligamentum inguinale und der tiefe Kruralbogen;
hinten der Knochen, überdeckt von der Fascia lata und dem Musculus
pectineus, medial die gemeinsame Sehne der Musculi obliquus abdominis
internus und transversus, das Ligamentum lacunare (Gimbernati),
sowie der innere Abschnitt der auch als tiefer Kruralbogen bezeichneten
Verdickung der Fascia transversalis, lateral die Vena femoralis in ihrer
Scheide (Abb. 78 u. 79). Der Funiculus spermaticus liegt beim Manne unmittelbar oberhalb des vorderen Randes des Schenkelringes, während die
Arteria epigastrica inferior an seinem oberen äußeren Rande verläuft.
Der kleine Ramus pubicus dieser Arterie läuft um den Schenkelring herum,
um sich im Ligamentum lacunare zu verzweigen. In zwei Fällen von
sieben entspringt die Arteria obturatoria nicht aus der Arteria hypogastrica, sondern aus der Arteria epigastrica inferior. In $10\,^0/_0$ der Fälle
verläuft die abnorme Arteria obturatoria an der medialen Seite des
Schenkelrings und ist bei der Operation einer eingeklemmten Hernie
in Gefahr verletzt zu werden; in anderen Fällen verläuft die Arterie
an der lateralen Seite des Rings oder über ihn weg (R. Quain). In
einem Falle, in welchem das Gefäß medial vom Schenkelring verlief,
wurden dessen Pulsationen gefühlt, ehe die Teile durchtrennt wurden.
Außer den schon erwähnten Gefäßen um den Ring herum findet sich
noch eine sog. Vena pubica, die als Anastomose von der Vena obturatoria
im Foramen obturatum zur Vena iliaca externa zieht. Ihre Beziehungen
zum Schenkelring sind ebenso verschiedenartig, wie die der zuletzt
genannten abnormen Arterie.

Die Größe des Schenkelkanals sowie der Grad der Spannung seiner
Öffnung wechseln sehr mit der jeweiligen Lage des Oberschenkels. Wird
der Oberschenkel extendiert, abduziert und nach außen rotiert, so spannen
sich die Teile hochgradig an, während sie am lockersten sind, wenn der
Oberschenkel flektiert, adduziert und einwärts gedreht ist. Demzufolge
sollte ein Taxisversuch nur bei der letztgenannten Stellung des Oberschenkels ausgeführt werden.

Bei der **Herniotomie** wird der Schnitt an der Medialseite des Bruches
angelegt und zwar so, daß seine Mitte dem oberen Teile der Fossa ovalis

entspricht. Die Einschnürung findet sich in der Regel am Bruchsackhals und ist durch das Ligamentum lacunare bedingt. Dieses Band wird durch einen Schnitt durchtrennt, der nach aufwärts und einwärts geführt wird.

3. Hernia obturatoria (Abb. 79). Bei dieser Bruchform wird der Darm unter Vorandrängen des Peritoneums, des properitonealen Fettgewebes und der Beckenfaszie durch den Canalis obturatorius herausgepreßt. Die Richtung dieses Kanals verläuft von hinten nach vorwärts, abwärts und einwärts. Der Leistenkanal ist vom Schenkelkanal durch den medialen Abschnitt des Ligamentum inguinale, der Schenkelkanal von dem Obturatoriuskanal durch den horizontalen Schambeinast getrennt.

Nach dem Verlauf des Kanals kann die Hernie zwischen der Membrana obturatoria (welche das große Foramen obturatorium bis auf den Canalis obturatorius verschließt) und dem Musculus obturator externus sich einen Weg bahnen und dort in der Tiefe liegen bleiben, sie kann auch direkt durch den Muskel hindurchtreten oder oberhalb desselben zum Vorschein kommen, wonach sie von den Musculi pectineus und adductor brevis bedeckt ist. Die Arteria obturatoria verläuft in der Regel am lateralen und hinteren Abschnitt des Bruchsackes, sehr selten vor ihm. Der Nervus obturatorius findet sich für gewöhnlich ebenfalls lateral vom Bruchsacke, selten vor ihm. Die Nachbarschaft des Nerven macht es verständlich, daß er bei dieser Form des Bruches leicht gequetscht werden kann, wie ja auch Schmerzen entlang seinem Verlaufe bei einem solchen Bruche sehr ausgesprochen sind.

Der Bruch kommt unter dem Musculus pectineus zum Vorschein, medial von der Hüftgelenkskapsel, hinter und medial von den Femoralgefäßen, lateral von der Sehne des Musculus abductor longus. Schmerzen bei Bewegungen des Hüftgelenks sind meistens sehr ausgesprochen. Der Musculus obturator externus kann durch Einwärtsdrehen des leicht abduzierten Oberschenkels angespannt werden. Dieser Bruch ist bei Frauen viel häufiger als bei Männern und es ist erwähnenswert, daß der Canalis obturatorius bis zu einem gewissen Grade von der Scheide aus palpiert werden kann. Wood beschreibt einen bemerkenswerten Fall, in welchem eine durch einen Schlitz in der Fascia lata austretende Hernie des Musculus adductor longus für eine Obturatorhernie gehalten wurde.

4. Seltene Formen von Hernien. Bei den perinealen Hernien kommt der Bruchsack, bedeckt von der Fascia rectovesicalis, durch die vorderen Fasern des Musculus levator ani zwischen Prostata und Rektum zum Vorschein. Bei der **Hernia ischiorectalis** findet sich die Vorwölbung im Spatium ischiorectale, d. h. in dem extraviszeralen Teile des Beckenraums, der medial von der Fascia diaphragmatis pelvis inferior, lateral von der Fascia obturatoria und dem unter ihr liegenden Musculus obturator internus und unten von der Haut und dem Unterhautzellgewebe um den Anus herum abgegrenzt wird. Bei der **Hernia pudendalis** liegt der Bruchsack in der hinteren unteren Hälfte der kleinen Schamlippe und tritt zwischen der Vagina und dem aufsteigenden Sitzbeinaste heraus; er kann für eine Zyste der Schamlippe gehalten werden. Bei der **Hernia ischiadica** tritt der Darm durch das Foramen ischiadicum maius vor den Vasa iliaca interna oberhalb oder unterhalb des Musculus pyriformis, also entweder durch das Foramen supra- oder infrapyriforme nach außen und kommt unter dem Musculus glutaeus maximus zum Vorschein. Hinsichtlich der **Nabelhernie** braucht weiter nichts zu dem bereits Gesagten hinzugefügt werden, es sei denn, daß noch zu erwähnen wäre, daß der Bruchsack fast stets Netz, bisweilen auch etwas von der Magenwand enthält. Bei der **Hernia lumbalis** tritt der Darm vor dem Musculus quadratus lumborum heraus und erscheint an der Oberfläche durch das Trigonum lumbale (Petiti), unmittelbar über dem höchsten Punkte der Darmbeinschaufel. Der Bruchsack muß entweder die beiden Blätter der Fascia lumbodorsalis sowie die Aponeurose des Musculus obliquus abdominis internus vor sich herstülpen oder im Falle eines Traumas durch sie hindurchtreten, da diese Gebilde den Boden des Dreiecks abgeben. Die Hernie kann auch durch das Trigonum lumbale superius, d. h. den Spalt nahe der 12. Rippe, wo die Aponeurose des Musculus transversus abdominis nur vom Musculus latissimus dorsi bedeckt ist, heraustreten. Macready (Lancet 1890) hat 25 derartige Fälle zusammengestellt. **Zwerchfellbrüche** sind angeboren oder erworben. Die erstere Art ist die bei weitem häufigste und entsteht durch mangelhafte Entwicklung des Zwerchfells und Offenbleiben der in frühem Fötalleben bestehenden Verbindung zwischen Brust- und Bauchhöhle; die Lage dieser Verbindung ist an dem Arcus lumbocostalis lateralis und medialis (Halleri) erkennbar. Die angeborene Form tritt sehr selten an der rechten Seite auf, da die Entwicklung der Leber einen Verschluß der pleuroperitonealen Öffnung dieser Seite gewährleistet. Bei der erworbenen Form, die meistens durch ein Trauma entsteht, bei welchem der Thorax zusammengedrückt wird, kann das Zwerchfell an irgend einer beliebigen Stelle zerrissen sein, wenn auch in der Mehrzahl der Fälle die Verletzung an der linken Kuppe über dem Magen entsteht. Bei einem von Paterson obduzierten Erwachsenen fanden sich die Organe des linken Hypogastriums in der linken Pleurahöhle; in der linken Kuppe des Zwerchfells war eine große Öffnung; der Befund war während des Lebens nicht erkannt worden und hatte offenbar auch weiter keinerlei Erscheinungen gemacht. Der Häufigkeit nach wird der Magen, dann das Colon transversum, Dünndarm, die Milz, Leber, Pankreas und Nieren in die Brusthöhle verlagert. Der Bruch kann auch durch den Hiatus oesophageus austreten, aber niemals durch das Foramen venae cavae inferioris oder durch den Hiatus aorticus. Eine partielle Ausstülpung des Magens durch den Hiatus oesophageus ist nichts Ungewöhnliches. Waller hat den Fall eines 19 jährigen jungen Mannes beschrieben, welcher unter den unklaren Zeichen einer inneren Obstruktion starb. Es fand sich der Magen im Hiatus oesophageus eingeklemmt, wobei der größere Teil desselben in der linken Pleurahöhle lag. Die von den Zwerchfellbrüchen hauptsächlich bevorzugten Stellen sind die bindegewebigen Spalten zwischen den sternalen und kostalen Zwerchfellansätzen vorne und den kostalen und vertebralen Ansätzen hinten.

Treves-Mülberger, Anatomie.
17

Femorale und inguinale Divertikel. Murray hat auf die Häufigkeit hingewiesen, mit welcher peritoneale Ausstülpungen über den Öffnungen des Inguinal- und Femoralkanals gefunden werden (Abb. 79). Bei 200 Leichen fand er 52 mal femorale und 13 mal inguinale Ausstülpungen ohne Hernien. In einigen Fällen können die inguinalen Divertikel wohl vom Processus vaginalis abstammen, allein alle femoralen Formen, wahrscheinlich auch die Mehrzahl der inguinalen entstehen durch Nachgiebigkeit der Bindegewebsschichten der Bauchwand über dem femoralen und inneren Leistenring. In diesen Gegenden ist das Peritoneum so locker mit der Bauchwand in Verbindung, daß es selbst durch mäßigen intraabdominellen Druck ausgestülpt werden kann.

Die hintere Bauchwand.

Die seitliche und hintere Bauchwand ist an der Innenseite von zwei Faszien bedeckt, der **Fascia transversalis** und **Fascia iliaca.** Die Fascia transversalis überzieht den ganzen Musculus transversus abdominis und ist unten viel stärker als oben. Oben geht sie in die das Zwerchfell überziehende Faszie über, während sie unten an dem Darmbeinkamm und dem ganzen Ligamentum inguinale befestigt ist, mit Ausnahme der Stelle, an welcher sie in den Oberschenkel hinabzieht, um das vordere Blatt der Gefäßscheide zu bilden. Die Fascia iliaca hüllt den Musculus iliopsoas ein, ihr vorderes Blatt ist das dünnere und ist an der Innenseite des Kreuzbeins und dem Ursprunge des Psoas entsprechend, an der Wirbelsäule, am Arcus lumbocostalis medialis und außen an dem vorderen Blatte der Fascia lumbodorsalis entlang dem lateralen Psoasrande befestigt. Unten hüllt die Faszie auch den Musculus iliacus ein und ist an der Crista iliaca, am Beckenrande und am Ligamentum inguinale befestigt mit Ausnahme der Stelle, an welcher die Faszie unter dem Bande nach abwärts zieht, um das hintere Blatt der Scheide der Femoralgefäße zu bilden. Sie folgt dem Musculus iliopsoas bis zu dessen Insertion am Trochanter minor und vereinigt sich zum Schlusse mit der Fascia lata femoris.

Die Anordnung dieser Faszien ist für die Ausbreitung und Richtung von Abszessen von großer Wichtigkeit. So wird ein Abszeß unter der Fascia transversalis entweder dicht oberhalb der Crista iliaca oder dem Ligamentum inguinale an die Oberfläche kommen oder aber dem Samenstrang entlang nach abwärts kriechen und den Inguinalkanal erweitern.

Die Fascia iliaca schließt den Musculus iliopsoas in einen sehr deutlich ausgebildeten knöchern-aponeurotischen Raum ein; zwischen der Faszie und den Muskeln (vor allem dem eigentlichen Musculus iliacus) findet sich reichlich lockeres Bindegewebe, das dem Vorwärtsdringen eines subfaszialen Abszesses jede erdenkliche Erleichterung bietet. Der erwähnte knöchern-aponeurotische Raum ist innerhalb der Bauchhöhle in Wirklichkeit nach allen Seiten hin abgeschlossen und nur unten, wo die Faszie mit dem Muskel zum Oberschenkel zieht, offen. Diese, auch Lacuna musculorum genannte Öffnung liegt an dem tiefsten Punkte des Raums, wodurch es verständlich wird, daß der „Psoas- oder Iliakusabszeß" sehr häufig an der Innenseite des Oberschenkels unmittelbar lateral von den Femoralgefäßen zum Vorschein kommt. **Ein Abszeß in der Fossa iliaca** kann, wenn er auch sich für gewöhnlich nach dem Oberschenkel zu senkt, auch zu den oberen Befestigungen der Faszie emporkriechen und an der Crista iliaca oder der Außenseite des Ligamentum inguinale hervortreten. Auch kann er die innere Ansatzstelle der Faszie durchbrechen und sich der Schwere nach ins Becken senken. Nimmt ein Kranker für lange Zeit die Rückenlage ein, so ist kein Grund vorhanden, warum ein solcher Abszeß nicht auch entlang dem Psoasmuskel nach oben kriechen könnte.

Die Bezeichnung „Iliakusabszeß" wird jedoch häufig für Eiteransammlungen angewandt, die nicht innerhalb des Raums liegen, welcher von der Fascia iliaca gebildet wird, sondern eher in dem properitonealen Bindegewebe entstehen. Dieses Gewebe ist in der Fossa iliaca sehr reichlich und locker angeordnet, um dem Peritoneum genügende Ausdehnung zu gestatten, welche es beim Füllen und Leeren des Cökums, Kolons, der Harnblase, des Uterus und des Rektums nötig hat. Große Eiteransammlungen können in ihm entstehen oder vom Becken aus auf dasselbe übergreifen. In einer gewissen Entfernung oberhalb des Ligamentum inguinale ($^4/_5$ cm) wird das subseröse Gewebe sehr dicht und hält das Peritoneum fest auf der Unterlage fixiert. Daher bleiben solche Abszesse in der Fossa iliaca liegen, wölben die Bauchwand über dem Leistenband vor und liegen in dem Winkel, der durch die Vereinigung der Fascia iliaca mit der Fascia transversalis entsteht; mitunter brechen sie ins Becken durch.

Derartig subserös gelegene Abszesse stehen in engstem Zusammenhang mit gewissen Bauchorganen, vor allem mit dem Cökum und der Flexura sigmoidea und können in diese Teile des Kolons durchbrechen. So habe ich einen Fall eines Iliakusabszesses gesehen, der durch Nekrose der Beckenknochen entstanden war und sowohl in die Flexura sigmoidea durchgebrochen war, als auch einen Teil des Eiters durch Fisteln in der Leistenbeuge entleerte. In diesem Falle floß etwas Eiter durch den Anus ab, wie auch auf der anderen Seite Fäkalmassen durch die Fisteln in der Leistenbeuge austraten. Retroperitoneale Abszesse des Beckens (Cellulitis pelvica) können nach oben in die Fossa iliaca gelangen, Iliakusabszesse vortäuschen und schließlich sich durch eine Anzahl von Öffnungen in den untersten Abschnitten der vorderen Bauchwand entleeren.

Besonders sei noch darauf hingewiesen, daß die Vasa iliaca communia und externa, die Lymphgefäße und die Ureteren außerhalb der Fascia iliaca verlaufen und ihrem abdominalen Blatte aufliegen, während die vorderen Kruralnerven und die Bauchabschnitte der Lumbalnerven innerhalb des osseo-aponeurotischen Raumes verlaufen. So kann demnach ein intrafaszialer Abszeß ohne große Schwierigkeiten entlang den Vasa iliaca durch die Lacuna vasorum den Oberschenkel erreichen, während ein subfaszialer Abszeß dem Nervus femoralis folgend durch die Lacuna musculorum zum Oberschenkel gelangt. Ein „Psoasabszeß" oder eine Eiteransammlung innerhalb der Faszienscheide des Psoasmuskels ist in der Regel die Folge einer Wirbelkaries, kann aber auch unabhängig von dieser Erkrankung entstehen. Ist die Lendenwirbelsäule erkrankt, so kann der Eiter direkt in die Muskelsubstanz durchbrechen, die er alsdann mehr oder weniger vollständig zerstört. Liegt die Erkrankung in der Brustwirbelsäule, dann senkt sich der Eiter der Schwere nach vor der Wirbelsäule zum Zwerchfell, durchbohrt dasselbe infolge einer umschriebenen Entzündung, wodurch er mit dem Ursprung des Psoasmuskels in Berührung kommt. Entlang dem Muskel senkt er sich nach abwärts, bis er zuletzt den Oberschenkel erreicht und gewöhnlich dicht unterhalb des Leistenbands lateral von den Femoralgefäßen an die Oberfläche kommt. Der ganze Psoasmuskel kann in eine Abszeßhöhle umgewandelt sein.

Ein derartiger Abszeß zeigt jedoch zahlreiche Verschiedenheiten. Er kann den Musculus psoas ganz meiden oder, nachdem er in ihn eingebrochen ist, ihn wieder verlassen und sich seinen Weg in die Lumbalgegend bahnen und dort durchbrechen; ferner kann er auf die Fossa iliaca übergreifen und oberhalb des Ligamentum inguinale zum Vorschein kommen, ja selbst über die Crista iliaca nach aufwärts gelangen und in der Gesäßgegend perforieren. Ferner kann er entlang dem Inguinalkanal nach abwärts kriechen und für einen Bruch gehalten werden. Er kann sich nach dem kleinen Becken senken, in die Harnblase durchbrechen, durch das Foramen ischiadicum maius oder durch das Perineum einen Ausweg finden. Einige der letzten Fälle haben hinsichtlich der Diagnose zum Teil große Verwirrung verursacht, da auf den ersten Blick zwischen einer Karies der Wirbelsäule und einem perinealen Abszeß kein Zusammenhang zu bestehen scheint.

Die Lendengegend (Regio lumbalis). Die Muskeln, welche die seitliche und hintere Bauchwand bilden und den Raum zwischen der Crista iliaca und der untersten Rippe ausfüllen, sind die Musculi obliquus externus mit dem latissimus dorsi, obliquus internus, transversus abdominis mit seiner Fascia transversalis, sacrospinalis und quadratus lumborum. Die Entfernung der Crista iliaca bis zur Spitze der nächstgelegenen Rippe (in der Regel die 11. Rippe) schwankt zwischen 3 und 7 cm, die Durchschnittsentfernung ist 4,8 cm.

Die Musculi obliquus abdominis externus und latissimus dorsi sind durch einen schmalen dreieckigen Zwischenraum (das Trigonum Petiti) dicht oberhalb der Crista iliaca voneinander getrennt, während sie im übrigen sich gegenseitig überlagern. Dieses Dreieck ist bei Frauen besonders deutlich und hebt sich an der Haut des Rückens als Fossula lumbalis inferior deutlich ab. Der äußere Rand des Musculus sacrospinalis ist ein wichtiger Anhaltspunkt in der Lumbalgegend. An dem Darmbeinkamm reicht der laterale Rand des Musculus quadratus lumborum noch 2,5 cm über den Musculus sacrospinalis hinaus, während er an der 12. Rippe 2,5 cm hinter dem lateralen Rande des Muskels zurückbleibt (Abb. 96). Das Trigonum Petiti liegt 4—5 cm lateral vom Musculus sacrospinalis oder unmittelbar hinter der Mitte des Darmbeinkamms.

Zwischen der letzten Rippe und der Crista iliaca breitet sich das straffe vordere Blatt der Fascia lumbodorsalis sowie der sehnige Ursprung des Musculus transversus abdominis aus. Nahe der 12. Rippe wird sie von der letzten Interkostalarterie und dem sie begleitenden Nerven durchbohrt, sowie in der Nähe des Darmbeins von dem Nervus iliohypogastricus mit der ihn begleitenden Arterie. Entlang diesen Gebilden kann unter Umständen ein Abszeß seinen Weg durch die Faszie hindurch finden. Die Fascia lumbodorsalis teilt sich in drei Blätter, um einerseits den Musculus quadratus lumborum, andererseits den Musculus sacrospinalis in gesonderte Scheiden einzuhüllen, während das mittlere Blatt zwischen diesen beiden Muskeln zu den Spitzen der Querfortsätze zieht. Innerhalb dieser einzelnen Abteilungen kann eine Eiterung für eine gewisse Zeit begrenzt werden. Ein lumbaler Abszeß, der in der Nachbarschaft, wie z. B. in der Wirbelsäule oder in dem lockeren Gewebe um die Niere herum beginnt, breitet sich in der Regel nach rückwärts aus, indem er die Fascia lumbo-dorsalis oder den Musculus quadratus lumborum durchbricht.

Die Trevessche Operation bei Karies der Lendenwirbelsäule. Die Lendenwirbelkörper und möglicherweise auch der letzte Dorsalwirbelkörper können durch eine Inzision von hinten her angegangen werden. Der Schnitt verläuft in vertikaler Richtung am lateralen Rande des Musculus sacrospinalis; die Fasern dieses Muskels werden zur Seite gezogen, das mittlere Blatt der Fascia lumbodorsalis wird inzidiert und der Musculus quadratus lumborum bloßgelegt. Dieser Muskel wird alsdann quer durchtrennt, worauf man die Vorderseite der Wirbelkörper erreichen kann, wenn man den Finger unter dem Psoasmuskel einführt. Durch diese Inzision habe ich den ganzen Körper des ersten Lendenwirbels, der als Sequester abgestoßen war, entfernt (Med. Chir. Trans. 1884). Die Arteriae lumbales werden vermieden, wenn man sich dicht an die Querfortsätze der Wirbelkörper hält. Durch eine derartige Inzision kann ferner ein Psoasabszeß sehr bequem eröffnet werden.

17. Die Baucheingeweide.

Das Bauchfell (Peritoneum). Einzelne der Baucheingeweide, wie z. B. der Magen, die Milz, der Dünndarm, sind so vollständig von Peritoneum umgeben, daß sie nicht verletzt werden können, ohne das Bauchfell mitzuverletzen. Entzündliche Prozesse derartiger Organe greifen deshalb auch nicht selten auf das Peritoneum über. Andere Organe, wie z. B. die Nieren, das Colon descendens, das Pankreas etc. sind so unvollständig vom Peritoneum überzogen, daß eine Verwundung dieser Organe nicht notwendigerweise die seröse Membran mitbetrifft, oder daß dieselbe bei wenn auch noch so ausgedehnten entzündlichen Prozessen befallen zu sein braucht. Große Abszesse können sich z. B. um die Nieren herum entwickeln und durch die Haut durchbrechen, ohne daß das Peritoneum involviert ist. Spontane Perforationen des Dünndarms führen natürlich zu einer Peritonitis, während andererseits das Duodenum und Colon ascendens perforieren können, ohne daß eine

Peritonitis entsteht, da der Darminhalt in das subseröse Gewebe eindringt. Es ist hinsichtlich einer bakteriellen Infektion erwähnenswert, daß es außerordentlich leicht ist eine Peritonitis zu erzeugen, wenn man von innen her ans Bauchfell herankommt, daß es aber verhältnismäßig schwer ist, wenn man sich demselben von außen her nähert. So kann eine allerkleinste Verletzung des Bauchfells zu einer tödlichen Peritonitis führen, während es auf der anderen Seite in großer Ausdehnung von seiner Unterlage losgelöst werden kann (wie z. B. bei der Unterbindung der Arteria iliaca communis von der Seite aus), ohne daß eine Bauchfellentzündung sich anschließt. Oder, um ein anderes Beispiel anzuführen, kann eine ganz minimale Menge Eiters, der die Innenfläche des Peritoneums erreicht, eine Bauchfellentzündung verursachen, während die Außenseite desselben für eine lange Zeit förmlich in Eiter gebadet sein kann (wie z. B. bei großen perirenalen Abszessen), ohne daß sich eine Entzündung dieser Membran entwickelt. Flüssigkeit wird von der Peritonealhöhle sehr rasch resorbiert; Karminfarbstoffpartikelchen kann man im Ductus thoracicus sieben Minuten nach der Injektion in die Bauchhöhle finden; am raschesten resorbiert der unter dem Zwerchfell gelegene Teil des Peritoneums (Dunbar und Remy). Entzündungen des Bauchfells können die allerverschiedensten Adhäsionen und Strangbildungen im Gefolge haben, zwischen welchen sich Darmschlingen fangen und so abgeschnürt werden können.

Das Peritoneum kann sich sehr beträchtlich dehnen, wenn die Dehnung nur langsam auftritt. Dies sieht man häufig in Fällen von allmählicher Erweiterung des Darms, bei der Bildung eines Bruchsacks, sowie beim Wachstum retroperitonealer Tumoren. Eine plötzliche Dehnung des Peritoneums führt sicher zu dessen Ruptur. Das parietale Peritoneum kann durch Gewalteinwirkung von außen zerreißen, ohne daß dabei irgend ein Organ der Bauchhöhle beschädigt zu sein braucht.

Das große Netz (Omentum maius). Dasselbe ist wegen seiner Lage Verletzungen sehr häufig ausgesetzt. Bei kleinen Verletzungen der vorderen Bauchwand prolabiert es in der Regel und bildet einen ausgezeichneten Verschluß der Wunde, der den Austritt anderer und wichtigerer Gebilde verhindert. Man findet es sehr häufig, beim Nabelbruch in der Regel, in den Bruchsäcken. Seine Grenzen schwanken, seine Längsrichtung verläuft etwas nach links. Dies rührt daher, daß das Netz sich aus dem Mesogastrium entwickelt und erklärt die Tatsache, daß netzenthaltende Hernien viel häufiger auf der linken Seite gefunden werden. Wie die übrigen Abschnitte des Peritoneums, so entzündet sich auch das Netz leicht und verwächst mit der Nachbarschaft. Diese Adhäsionen sind bei der Abgrenzung entzündlicher und blutiger Exsudate oft von dem größten Nutzen, da sie die Darmschlingen verkleben und zwischen ihnen Hohlräume bilden. Bei einer Perforation des Darms aus irgend einem Grunde kann eine über der Perforation günstig gelegene Adhäsion den Austritt von Darminhalt verhüten. Durch adhärentes Netz können ferner ausgedehnte Bezirke ernährt werden. So kann z. B. ein Ovarialtumor, dessen Blutzufuhr durch eine Stieldrehung abgeschnitten ist, durch das Netz weiter ernährt werden, wenn letzteres mit ihm verwachsen ist. R. Morrison schlug vor, eine Stauung im Pfortaderkreislauf dadurch zu beheben, daß man zwischen den Gefäßen des Netzes und dem Körperkreislauf eine Verbindung herstellt. Erzeugt man daher künstlich eine genügend breite Verwachsung des Netzes mit dem Peritoneum parietale, so entwickeln sich relativ große anastomosierende Gefäße, die mit dem Gefäßnetz unter dem Peritoneum parietale kommunizieren und so unter Umständen in Fällen von Pfortaderstauung den Abfluß des Blutes ermöglichen. Bei Fettsucht bildet sich im Netz reichlich Fett. Bei Hernien verwächst das Netz in der Regel mit dem Bruchsack und kann nicht mehr reduziert werden oder bildet es um die Darmschlinge herum einen zweiten sog. Netzsack. Der untere Rand des Omentum kann, wenn er mit entfernten Organen, wie z. B. den Beckenorganen verwächst, sich in einen derben Strang umwandeln, unter welchem der Darm abgeknickt werden kann. In gleicher Weise kann sich der Darm in Spalten und Löchern, welche im Netz in der Regel als Folge entzündlicher Prozesse entstanden sind, fangen und stranguliert werden. Die eigentliche Funktion des großen Netzes ist noch lange nicht definitiv geklärt, wenn auch kein Zweifel besteht, daß es die Resorptionsfläche des Bauchfells vergrößert, wie es auch aktiven Anteil daran nimmt, dem Eindringen von Bakterien in die Bauchhöhle einen Widerstand entgegenzusetzen. So fand Buxton, daß bei Kaninchen sich die Lymphozyten des Netzes rasch mit Typhusbazillen beladen, wenn Kulturen derselben in die Bauchhöhle eingespritzt werden.

Das Gekröse (Mesenterium) (Abb. 81). Der parietale Ansatz des Gekröses, die Radix mesenterii, zeigt verschiedentlich Abweichungen. Die Stelle allerdings, an welcher die Wurzel desselben beginnt, ist relativ konstant. Sie entspricht dem Ende des Duodenums, liegt ungefähr in gleicher Höhe mit dem unteren Rande der Bauchspeicheldrüse und unmittelbar links vom zweiten Lendenwirbel. Von diesem Punkte aus läuft das Mesenterium schräg nach abwärts, wobei es die großen Gefäße kreuzt und rechts in einer etwas undeutlichen Art und Weise in der Fossa iliaca endet. Der parietale Ansatz des Mesenteriums ist etwa 15 cm lang. Die schräge Insertion bringt es mit sich, daß wenn eine Blutung in der Bauchhöhle rechts vom Mesenterium auftritt, das Blut zuerst in die rechte Fossa iliaca gelangt, während es auf der linken Seite seinen Weg ins Becken nimmt. Dies mag die Tatsache erklären, daß Blutansammlungen in der rechten Fossa iliaca häufiger sind als in der linken.

Die Länge des Mesenteriums von der Wirbelsäule zu den Darmschlingen ist in den einzelnen Abschnitten sehr verschieden; im Durchschnitt beträgt sie 20 cm. Der längste Abschnitt ist der, welcher zu den Dünndarmschlingen zieht, die zwischen 180 cm und 330 cm vom Duodenum entfernt liegen (s. Treves, „The Anatomy of the intestinal Canal und Peritoneum in Man". London 1885). Diese Darmschlingen umfassen daher 150 cm Dünndarm und das Mesenterium dieses Dünndarmabschnitts kann 25 cm lang sein. Diese Darmschlingen reichen bis ins kleine Becken hinab und finden sich unter Umständen in einem

Bruchsacke. Überhaupt spielt die Länge des Mesenteriums eine wichtige Rolle bei der Entstehung von Hernien. Wird ein frischer Leichnam eines Erwachsenen geöffnet und zeigt sich, daß die Lage der Darmschlingen sowie des Mesenteriums nichts Abnormes aufweisen, so erkennt man, daß es unmöglich ist eine Dünndarmschlinge, sei es durch den künstlich erweiterten Schenkelkanal zum Oberschenkel, sei es durch den Leistenkanal in das Skrotum hinabzuziehen. In der Tat kann keine Darmschlinge an irgend einer Stelle aus dem Bauche gezogen werden unterhalb einer horizontalen Linie in der Höhe der Tubercula pubica. Daher ist es klar, daß bei Femoral- oder Skrotalbrüchen das Mesenterium sehr lang oder seine Anheftungsstelle weiter unten sein muß.

Das Gekröse ist bei Säuglingen und kleinen Kindern relativ am längsten, so daß bei Individuen, die das Pubertätsalter noch nicht erreicht haben, ein Austritt von Darmschlingen aus der Bauchhöhle leicht eintreten kann. Die Anordnung dieses Organs gestattet auch eine freie Abwärtsbewegung der Darmschlingen auf der rechten Seite, was als Erklärung für das unverhältnismäßig häufige Vorkommen von rechtsseitigen Leistenbrüchen bei Kindern angegeben wurde (Lockwood).

Dieser Autor gibt an, daß es den Eindruck macht, als ob bei einer erworbenen Hernie das Gekröse eher tiefer unten an der Wirbelsäule angeheftet sei, als daß es besonders lang sei.

Bisweilen finden sich im Mesenterium Öffnungen, in welchen Darmschlingen abgeknickt werden können. Einige dieser Löcher, vor allem wenn sie spaltförmig sind, verdanken ihre Entstehung einem Trauma, andere sind angeborene Defekte.

In den letzten Jahren sind Fälle von **unvollständiger Befestigung des Gekröses** häufig beschrieben worden. Die primäre Befestigung liegt am Ursprunge der Arteria mesenterica superior, von welcher während des Fötallebens ein Befestigungsstrang zur rechten Fossa iliaca zieht. Ist dieser Strang nicht entwickelt, so kann sich das ganze Dünndarmgekröse um die Arteria mesenterica superior herumdrehen und so eine Achsendrehung des Darms bewirken oder, wenn der untere Abschnitt des Mesenteriums nicht befestigt ist, so kann die vom unteren Ileum und dem Anfangsteil des Dickdarms gebildete Schlinge eine Drehbewegung ausführen und einen Darmverschluß bewirken.

Die peritonealen Unterabteilungen und Kommunikationen. Durch die Anordnung des Bauchfells ist die Leibeshöhle in eine Anzahl von Unterabteilungen eingeteilt, die untereinander durch bestimmte Kommunikationen und Wege verbunden sind. Darminhalt, Eiter oder Blut, die ihren Weg in die Bauchhöhle finden, haben das Bestreben, sich in bestimmten Abteilungen zu sammeln und auf vorgezeichneten Wegen in die benachbarten Abteilungen überzufließen. Einzelne Autoren erblicken in diesen Verhältnissen des Peritoneums eine Ähnlichkeit mit den Wasserstraßen eines Landes, weshalb diese Abteilungen und Wege oft als „Wasserstraßen des Bauchfells" bezeichnet werden. Die hauptsächlichsten Abteilungen sind: 1. die **Bursa omentalis** (der Netzbeutel); sie kommuniziert durch das Foramen epiploicum (Vinslowi) mit dem

2. subhepatischen Raume, welcher oben von der Leberunterfläche, unten vom Duodenum, der Flexura coli dextra, dem Mesocolon transversum, der rechten Niere und dem Arcus lumbocostalis lateralis dexter begrenzt wird (Abb. 81); 3. der **rechte subphrenische Raum** zwischen Zwerchfell

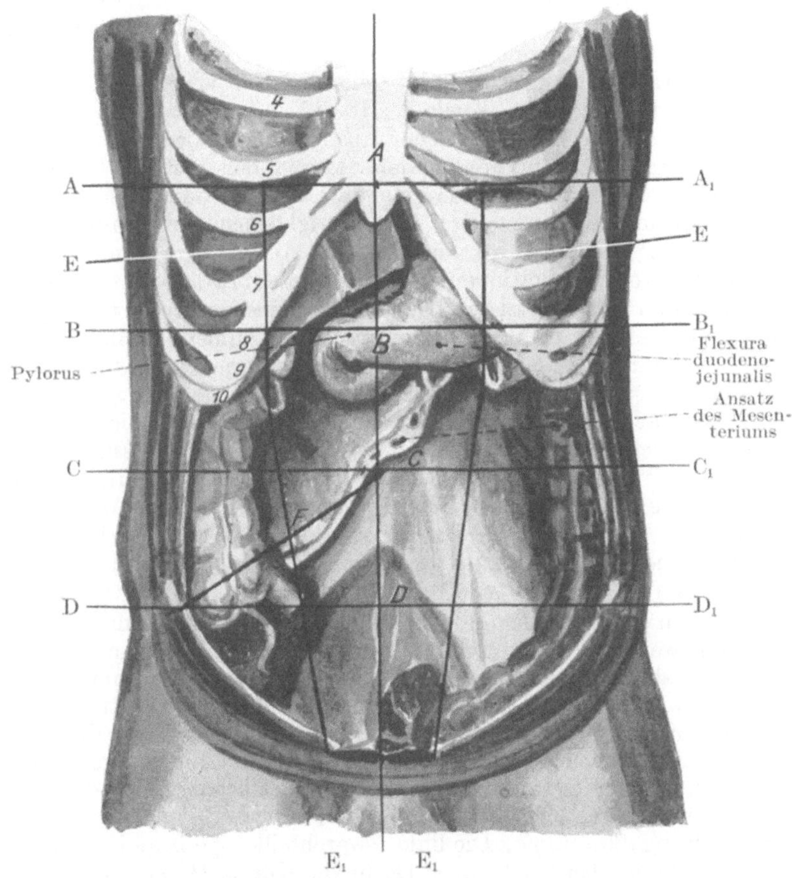

Abb. 81. Topographie der Bauchhöhle. Das Colon transversum und der Dünn-darm mit seinem Mesenterium sind entfernt.

A A₁ Linie durch die Basis des Proc. ensiform. B B₁ Linie zwischen der ersteren und der Nabellinie. C C₁ Nabellinie. D D₁ Linie zwischen der Nabellinie und der Symphysenlinie. E E Äußere Grenzlinien des M. rectus abdom. F Monro-scher Punkt.

und Leber; er wird gegen die Mitte zu durch das Ligamentum coro-narium und falciforme begrenzt; unten geht er in den subhepatischen Raum über; 4. der **linke subphrenische Raum** oben von dem Zwerch-fell, unten vom linken Leberlappen und Magen begrenzt; er wird von dem entsprechenden Raume der rechten Seite durch das Ligamentum falciforme getrennt; unten kommuniziert er mit dem 5. **perisplenitischen Raume,** welcher unten von der Flexura coli sinistra und ihrem Mesocolon, der linken Niere und dem Arcus lumbocostalis lateralis sinister begrenzt wird. Diese fünf Räume liegen in der Regio supra**omentalis abdominis** oberhalb des Mesocolon transversum; unterhalb des Mesocolon transversum finden sich zwei gewöhnlich von Dünndarmschlingen ausgefüllte Räume; sie sind 6. der **rechte infraomentale Raum,** oben vom Mesocolon transversum, unten und links von der Vereinigung des Duodenums mit dem Jejunum, sowie der Radix mesenterii begrenzt; 7. der **linke infraomentale Raum,** welcher oben vom Mesocolon transversum begrenzt wird; vom entsprechenden Raume der rechten Seite ist er durch den Übergang von Duodenum in das Jejunum und das Mesenterium des Dünndarms getrennt. Der **noch übrigbleibende 8. Raum** liegt im Becken, beim Weibe als rektouteriner, beim Manne als rektovesikaler bezeichnet. Kommunikationen zwischen den supra- und infraomentalen Räumen finden sich nur an den beiden Enden des Mesocolon transversum. Flüssigkeit, welche aus den subhepatischen Räumen kommt, hat das Bestreben, lateral vom Colon ascendens (Fossa paracolica externa dextra) nach abwärts sich zu ergießen; über diese Grube gelangt sie zur Fossa iliaca, von hier ins Becken; vom Becken aus kann sie in die linke infraomentale Tasche emporsteigen und von hier aus zur Fossa paracolica externa sinistra gelangen, von wo aus sie den perisplenitischen Raum erreichen kann. Bei dieser Beschreibung bin ich den Arbeiten von Barnard, Wallace Box, Jenkins und Maynard Smith gefolgt.

Oberflächentopographie der Baucheingeweide (Abb. 81). Bei der Untersuchung der Bauchorgane, vor allem auch mit Hilfe der Röntgenstrahlen benötigt man eine genaue und einfache Methode, die normale Lage der Baucheingeweide zu bestimmen. Als obere Grenze der Baucheingeweide wird am besten die Verbindung zwischen Corpus sterni und processus xiphoideus angenommen. Diese Linie ist deutlich an einer Vertiefung unter der Insertion des siebenten Rippenknorpelpaares erkennbar; durch diese Stelle denkt man sich horizontal um den Leib eine Linie gezogen (Abb. 81 Linie AA_1), welche das fünfte Rippenknorpelpaar kreuzt, wenn der Thorax normal gestaltet ist. Die rechte Zwerchfellkuppe erreicht bei aufrechter Körperhaltung diese Linie. Die linke Zwerchfellkuppe liegt $1\frac{1}{4}$ cm unterhalb dieser Linie, bei Rückenlage reicht die Kuppe $1\frac{1}{4}$ cm höher hinauf. Das Centrum tendineum diaphragmatis liegt $1\frac{1}{4}$ cm unterhalb dieser Linie. Bei Visceroptosis (Glénardsche Krankheit) sinken die Zwerchfellkuppeln mit den in ihnen liegenden Organen nach abwärts bis sie 2,5 cm unterhalb ihrer normalen Lage sich finden. Eine zweite Linie denkt man sich in der Mitte zwischen diese ebengenannten und dem Nabel horizontal um den Körper gelegt (Linie BB_1); eine hierdurch gelegte Ebene entspricht der transpylorischen Ebene Addisons; sie bezeichnet die Lage des Pylorus und des Pankreas mit dem Anfang und dem Ende des Duodenums. Bei Viszeroptosis sinken die Organe bis zur Nabellinie (Linie CC_1) herab, die für gewöhnlich den höchsten Punkt der Darmbeinschaufel kreuzt (Abb. 82); das Colon transversum und Duodenum liegen oberhalb, die Bifurkation

der Aorta unterhalb derselben. Bei der Glénardschen Krankheit liegt
das Colon transversum und Duodenum reichlich unterhalb der Nabellinie. Eine dritte Linie wird in der Mitte zwischen Nabel und Symphyse
parallel zu den anderen um den Leib gelegt; sie verläuft 2,5 cm tiefer
als der Lage des Promontoriums entspricht. Die Linie kreuzt die Flexura
sigmoidea und das Cökum rechts. Die dem lateralen Rektusrand ent-

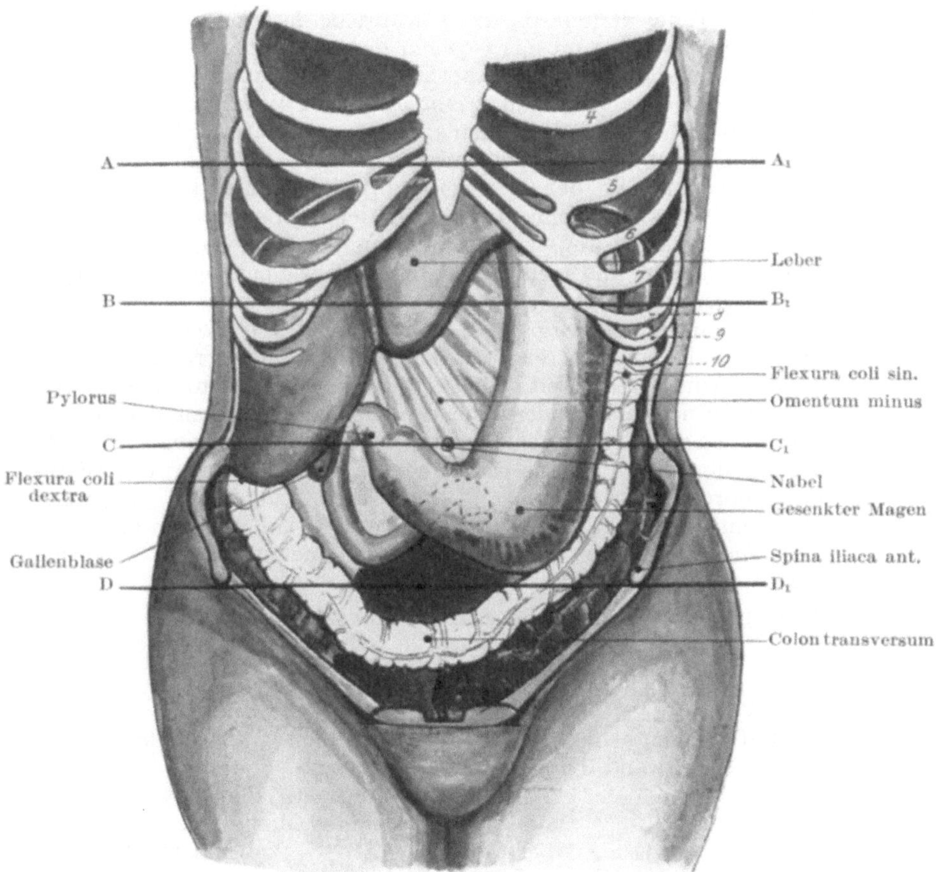

Abb. 82. Lage der Organe bei Splanchnoptose.

sprechende Linea semilunaris ist ebenfalls ein wichtiger Anhaltspunkt
Linie EE₁ Abb. 81); an der Stelle, an welcher sie auf der rechten Seite den
Rippenbogen schneidet, liegt die Gallenblase; an der linken Seite tritt die
große Kurvatur des Magens aus dem Hypogastrium hervor. Eine Linie,
welche vom Nabel zur rechten Spina anterior superior zieht, ist ein vorzüglicher Anhaltspunkt für die Ileocökalgegend. Auf dieser Linie liegt

der Monrosche Punkt am lateralen Rektusrand (Abb. 81 F); die Valvula ileocoecalis liegt rechts von diesem Punkte, unmittelbar unter der eben genannten Linea spinoumbilicalis.

Die Eingeweide werden in ihrer Lage gehalten durch eine Reihe von Gebilden, von denen die hauptsächlichsten die Muskeln der Bauchwand sind, nämlich von den Musculi obliquus abdominis externus und internus, transversus, rectus abdominis, Diaphragma und levator ani. Durch ihren Tonus halten sie die Eingeweide fest zusammengepreßt; bei aufrechter Haltung ruht das Gewicht der oberen Eingeweide auf den unteren. Daß die Muskeln die Hauptfaktoren sind, um die Bauchorgane in ihrer Lage zu erhalten, kann in verschiedener Weise gezeigt werden. Richtet man sich aus der Rückenlage zur aufrechten Körperhaltung auf, so sinken die oberen Baucheingeweide mit dem Zwerchfell am Lebenden, wie man mittelst der Röntgenstrahlen erkennen kann, $1^1/_4$ cm und mehr nach abwärts. Schneidet man an der Leiche die vordere Bauchwand mit den Muskeln weg, und richtet man den Kadaver auf, so sinken alle Eingeweide 5 cm und mehr nach abwärts. Die peritonealen Bänder, Umschlagstellen, die Netze und das Mesenterium tun weiter nichts, als die Bewegungen der Organe in den gehörigen Grenzen halten; die Eingeweide sind insoferne frei beweglich, als sie dem Zwerchfell die ausgedehnteste Atmungstätigkeit gestatten. Außer den peritonealen Stützpunkten der Eingeweide finden sich noch solche von seiten der Gefäße und ihrer bindegewebigen Scheiden, wie z. B. die Befestigung der Leber am Zwerchfell durch die Vena cava inferior, der Nieren und des Dünndarms an der hinteren Bauchwand durch ihre Blutgefäße. Nur wenn die Bauchmuskulatur außer Tätigkeit gesetzt ist, werden die peritonealen und vaskulären Stützpunkte der Bauchorgane in Anspruch genommen.

Der Magen (Ventriculus). Seine Lagebeziehungen sind:

Oben:

Leber, kleines Netz, Zwerchfell

Vorne:		Hinten:
(von links nach rechts)		Mesocolon transversum, Bursa
Zwerchfell, Bauchwand, Leber, **Magen**		omentalis, Pankreas, Crura diaphragmatis, Plexus solaris, große Gefäße, Milz, linke Niere und Nebenniere.

Unten:

Großes Netz, Dünndarm, Colon transversum, Ligamentum gastrolienale.

Die Speiseröhre durchbohrt das Zwerchfell etwas links von der Mittellinie und endet an der Kardia 8—10 cm in der Tiefe der sternalen letzten Paar Zentimeter des siebenten linken Rippenknorpels. Der Pförtner (Pylorus), durch seinen Sphinktermuskel dauernd geschlossen, wenn nicht gerade Mageninhalt ins Duodenum übertritt, liegt in der mittleren epigastrischen Ebene und etwa 2,5 cm rechts von der Linea alba in der Leiche, während er beim Lebenden, namentlich bei aufrechter Körperhaltung, etwas tiefer liegt, nämlich 5 cm oberhalb des Nabels und ganz wenig rechts von der Mittellinie (Abb. 81). Da er außerdem unter dem Lobus quadratus der Leber liegt und durch das Omentum minus an die (quere) Leberpforte fixiert ist, so verursacht eine Vergrößerung oder Verlagerung der Leber auch notwendigerweise eine Verlagerung des Pylorus; in Fällen von Viszeroptosis kann er bis zur Nabellinie herabsinken (Abb. 82). Unter normalen Verhältnissen wird die kleine Kurvatur von der Leber bedeckt, ebenso wie das kleine Netz, ist jedoch der Magen erweitert, verlängert oder hat er sich nach abwärts gesenkt, so liegt die kleine Kurvatur und das kleine Netz frei zutage (Abb. 82). Eine von dem Projektionspunkte der Kardia (am siebenten linken Rippenknorpel 2,5 cm vom Sternum entfernt) nach dem Projektionspunkt des Pylorus (in der Mitte zwischen dem epigastrischen Punkte und dem rechten Rippenrande) gezogene gebogene Linie entspricht der normalen Lage der kleinen Kurvatur. Während diese Kurvatur wegen der Anheftung des Omentum minus verhältnismäßig wenig ihre Lage ändert, ist die große Kurvatur frei beweglich; ihre Lage ändert sich, je nachdem der Magen voll oder leer, kontrahiert oder erschlafft ist. Bei aufrechter Stellung reicht die große Kurvatur bis zum Nabel oder darunter; bei Rückenlage bleibt sie 2,5 cm und mehr oberhalb derselben (Abb. 83). Einfache **Erweiterung des Magens** führt zu einer tieferen Lage der großen Kurvatur, ohne daß die Lage der kleinen Kurvatur sich ändert; bei Ptosis des Magens sinken beide Ränder nach abwärts, allein die große Kurvatur mehr, da eine Ptosis stets auch mit einer wenn auch geringen Erweiterung verbunden ist. Außerdem stellen sich bei der Magensenkung die Ränder mehr vertikal.

Die **Form** des Magens hängt von mannigfaltigen Bedingungen ab: Von dem Zustande seiner physiologischen Tätigkeit, vom Drucke der benachbarten Organe, von der Menge seines Inhalts. Am Lebenden reagieren der Kardia- und der Pylorusabschnitt während der Verdauung ganz verschieden; der kardiale Magenabschnitt aus Fundus und Corpus ventriculi bestehend, welcher vertikal gelegen ist und etwa zwei Drittel des Organs darstellt, ist tonisch kontrahiert und zeigt keine Peristaltik. Die Pars pylorica dagegen liegt horizontal, die Wand ihrer auch als Centrum pylori bezeichneten Höhle ist während der Verdauung dauernd in peristaltischer Tätigkeit. Diese peristaltischen Wellen ziehen der Pars pylorica entlang zum Duodenum. Die Stellen, an welcher sie begonnen haben, ist oft nach dem Tode noch kontrahiert, eine Beobachtung, die zu der Ansicht geführt hat, daß der Kardia- und der Pylorusabschnitt durch einen Sphinktermuskel getrennt seien. Gelangt Nahrung in den Magen, so geht sie sofort in die Pars pylorica über und bei weiterer Nahrungsaufnahme füllt sich natürlich der ganze Magen allmählich an (Hertz und Barclay). Der in der linken Zwerchfellkuppe gelegene Fundus ventriculi enthält bei Ruhe oder Tätigkeit des Magens Luft. Der leere Magen kann entweder erschlafft (Diastole) oder kontrahiert sein (Systole); in kontrahiertem Zustande ist er gewöhnlich vom Colon transversum bedeckt und liegt nicht vor, wenn das Epigastrium eröffnet wird. Die beiden äußersten Magenabschnitte sind die am meisten fixierten Stellen, die Kardia ist durch die Speiseröhre, das lockere peri-

ösophagitische Bindegewebe und die gastrophrenische Umschlagsstelle
des Peritoneums nicht besonders fest mit dem Zwerchfell verwachsen; der
Pylorus seinerseits ist durch das kleine Netz, durch die Arteria hepatica
mit der Arteria coeliaca und durch das sie umgebende Bindegewebe
mit der Leber und der hinteren Bauchwand verwachsen. Die nahe Beziehung des Magens zum Zwerchfell und den Eingeweiden der Brusthöhle erklären zum Teil die Kurzatmigkeit und etwaigen Herzpalpitationen
etc., die durch Erweiterung des Magens auftreten. Die Nähe des Herzens
zum Magen wird durch einen Fall illustriert, in welchem ein $1\frac{1}{4}$ cm langer
Dorn (von Prunus spinosa) verschluckt wurde und alsdann durch das
Zwerchfell und Perikard in die Herzwand und den rechten Ventrikel
gelangt war. Der Magen kann sich hochgradig erweitern, wenn der

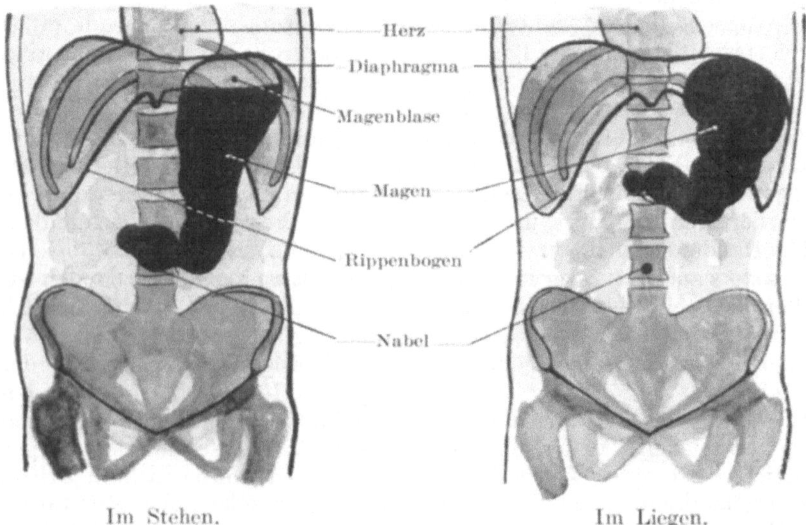

Abb. 83. Darstellung des mit Wismut gefüllten Magens durch das Röntgen-
verfahren.

Pylorus verschlossen ist. Sein unterer Rand kann in extremen Fällen
bis zum Leistenband reichen.

Der Magen grenzt hinten an die Bursa omentalis, in welche Magengeschwüre selten durchbrechen. Tun sie es einmal, so kann der Mageninhalt nur aus dem Foramen epiploicum austreten und kann unter
Umständen nicht entdeckt werden, wenn der Leib eröffnet wird. Will
man die Bursa omentalis eröffnen, so tut man es durch eine Inzision
des großen Netzes von der großen Kurvatur aus.

Seine Verletzungen sind häufig. In den meisten Fällen tritt rasch
der Tod ein, da der Mageninhalt in die freie Bauchhöhle sich entleert
und eine akute Peritonitis verursacht. Die am sichersten und am
raschesten tödlich endenden Verletzungen sind demnach diejenigen, bei

welchen zur Zeit des Unfalls der Magen mit Speise erfüllt war. Der leere Magen liegt in kollabiertem Zustande so tief an der hinteren Bauchwand, daß er Traumen nur in geringem Maße ausgesetzt ist. Eine kleine Stichverletzung des Magens braucht nicht notwendig einen Austritt von Speisebrei im Gefolge haben, da die nur locker angeheftete Schleimhaut aus der Wunde prolabieren und sie verschließen kann. Das zeigte sich in vielen Fällen während des Burenkrieges bei Schußverletzungen des Magens durch Mausergeschosse. Der Magen kann aus einer Bauchwunde vorfallen und wurde schon ohne schlimme Folgen reponiert. In einigen Fällen war die vor dem Magen liegende Bauchwand verletzt, der Magen vorgefallen und ebenfalls an seiner Vorderfläche verletzt, wodurch eine Bauchwandmagenfistel entstand. Das beste Beispiel eines solchen Falls ist der berühmte Alexis St. Martin, das Objekt so vieler physiologischen Versuche. Diesem Manne war die vordere Bauchwand in der Höhe des Magens durch ein Geschoß weggerissen worden, ein Teil der vorderen Magenwand stieß sich nekrotisch ab und eine dauernde Magenfistel bildete sich aus. Murchison beschrieb den Fall einer Frau, bei der durch den konstanten Druck einer auf dem Hypogastrium getragenen Kupfermünze eine Magenfistel entstanden war. Diese Münze wurde von ihr absichtlich an dieser Stelle getragen, um eine Wunde zu erzeugen, deretwegen sie von ihren Freundinnen bemitleidet werden sollte. Der Druck führte zu einer Ulzeration, die schließlich den Magen eröffnete. In vielen Fällen entsteht eine derartige Magenfistel durch ulzeröse Prozesse im Magen selbst, die auf die Bauchwand übergreifen.

Einzelne bemerkenswerte Fälle sind beschrieben worden, in welchen Fremdkörper verschluckt worden und im Magen liegen geblieben waren. Eine Anzahl dieser Fälle illustriert das Fassungsvermögen des Magens vortrefflich und unter ihnen ist der merkwürdigste Fall wohl der, in welchem nach dem Tode im Magen folgende Gegenstände gefunden wurden: 31 ganze Stiele von Eßlöffeln, jeder ca. 12 cm lang, vier halbe solche Stiele, neun große Nägel, die Hälfte eines eisernen Stiefelabsatzes, eine Schraube, ein Knopf und vier kleine Glaskugeln. Das Gesamtgewicht der Gegenstände betrug 1132 g. Das Individuum war geisteskrank.

Die Lymphbahnen des Magens (Abb. 84). Der Magen ist in ausgiebiger Weise von Lymphbahnen durchzogen, die in der Schleimhaut beginnen und in der Submukosa und Muskularis ausgedehnte Geflechte bilden, von welchen die Vasa efferentia zu den Lymphknoten der kleinen und großen Kurvatur ziehen. Auf diesem Wege breitet sich ein primäres Karzinom des Magens aus, weshalb ihre Verbindungen von großem chirurgischen Interesse sind. Die Verteilung der Lymphknoten ist folgende: Die hauptsächlichste Gruppe — die Lymphoglandulae gastricae superiores — liegen in der Nähe der kleinen Kurvatur und des Pylorus im kleinen Netz, dessen beide ohne deutliche Grenzen ineinander übergehende Abschnitte auch als Ligamentum hepatogastricum und Ligamentum hepatoduodenale bezeichnet werden. Die Vasa afferentia ziehen von der Mitte der Vorder- und Hinterfläche des Magens zu diesen Lymph-

knoten, die Vasa efferentia verlaufen entlang der Arteria gastrica sinistra
zu den hinter der Bursa omentalis um die Arteria coeliaca herum gelegenen Lymphoglandulae coeliacae. Die Lymphoglandulae gastricae
inferiores liegen an der großen Kurvatur und hinter dem Pylorus. Ihre
Vasa afferentia kommen aus der unteren Hälfte der Vorder- und Hinterfläche des Magens entlang der Arteria gastroduodenalis, aus dem Pylorus
und dem Duodenum; die Vasa efferentia ziehen mit der Arteria hepatica
ebenfalls zu den Lymphoglandulae coeliacae, einige von ihnen jedoch
zu den Lymphoglandulae mesentericae superiores an der Abgangsstelle

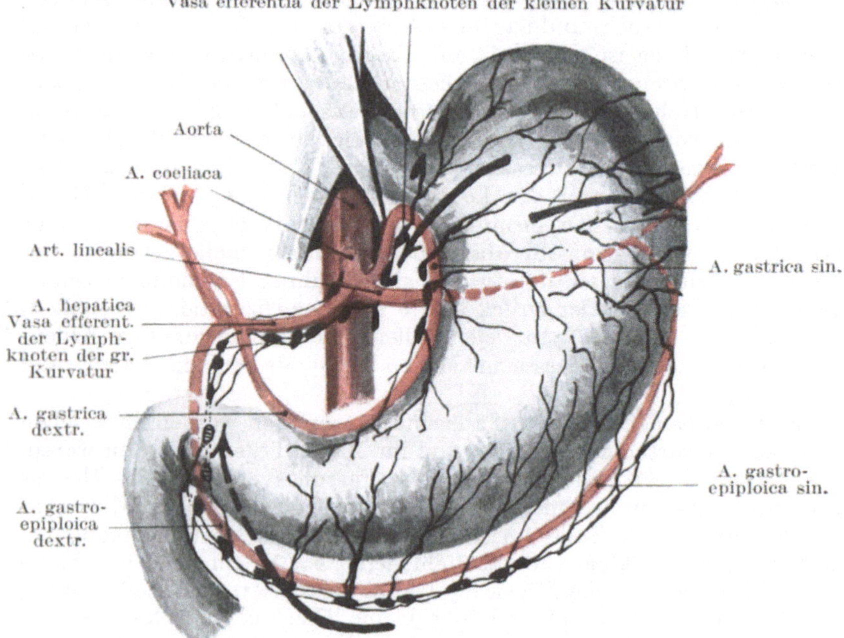

Abb. 84. Lymphbahnen des Magens.

der Arteria mesenterica superior. In die Lymphoglandulae coeliacae
münden auch noch die Vasa efferentia der Lymphoglandulae hepaticae
ein (Jamieson und Dobson).

Gastrotomie und Gastrostomie. Unter Gastrotomie versteht man die
Eröffnung des Magens von der vorderen Bauchwand aus, um Fremdkörper aus demselben zu entfernen, um ihn genau zu untersuchen oder
um einfache oder karzinomatöse Magengeschwüre in Angriff zu nehmen;
unter Gastrostomie versteht man eine Eröffnung des Magens an gleicher
Stelle mit der Absicht, eine Magenfistel anzulegen, durch welche der
Kranke in den Fällen gefüttert wird, in welchen die Speiseröhre durch
krankhafte Prozesse verschlossen ist. Der freiliegende Magenabschnitt,

der bei solchen Operationen zugänglich ist, stellt ein Dreieck dar, welches rechts vom linken Leberrand, links von den Knorpeln der achten und neunten Rippe und unten von einer horizontalen Linie begrenzt wird, die durch die Enden der 10. Rippenknorpel gezogen wird (Abb. 81). Der Schnitt für diese Operation muß in diesem Dreieck angelegt werden und kann entweder parallel und etwa zwei Querfinger breit vom Rippenbogen entfernt oder entlang der linken Linea semilunaris angelegt werden. Bei der ersten Schnittführung werden die drei flachen Bauchmuskeln durchtrennt. Bei der Gastrostomie wird der Magen für gewöhnlich nicht gleich eröffnet, sondern nur an die Bauchwunde angeheftet; danach wird einige Tage gewartet, bis sich genügend Adhäsionen gebildet haben. Nach dieser Zeit wird der Magen geöffnet und zwar braucht die Öffnung nur sehr klein zu sein.

Der **Pylorus** ist für gewöhnlich geschlossen und soll, wenn offen, so weit sein, daß er den vierten Finger fassen kann. Trotz der Enge des Pförtners haben ihn große verschluckte Fremdkörper passiert und sind ohne Störungen durch den Anus abgegangen. Unter diesen Fremdkörpern seien erwähnt: Ein 11 cm langes metallisches Bleistiftetui, 280 g kleine Nägel, von einem Geisteskranken verschluckte Tonscheiben, eine Gabel, ein Hausschlüssel und andere derartige Dinge. Nadeln und ähnliche verschluckte scharfe Gegenstände haben die Magen- oder Darmwand durchbohrt und sind an verschiedenen Stellen des Körpers zum Vorschein gekommen. Bei einem Patienten, welchen ich im London-Hospital behandelte, entfernte ich unter der Haut der Leistenbeuge eine Nadel, welche er einige Monate vorher verschluckt hatte. In einem anderen Falle wurde eine Nadel aus dem Oberschenkel entfernt, welche sechs Monate vorher verschluckt worden war; ähnliche Beobachtungen finden sich nicht selten.

Eine **Hypertrophie** des Musculus sphincter pylori kann zu einem Verschluß des Pförtners führen. Er bildet sich bald nach der Geburt aus und ist wohl durch Störungen in dem Reflexmechanismus des Pylorus zu suchen. Es ist keineswegs leicht, am Sektionstisch zu sagen, ob der Sphinkter hypertrophisch ist oder nicht, da dessen Dicke von der beim Tode bestehenden Kontraktion des Schließmuskels abhängig ist. Bei einem gesunden drei Monate alten Kinde ist die mittlere Ringfaserschicht (d. h. das am Pylorus den Musculus sphincter bildende Stratum circulare) am Pförtner 1—2 mm dick und etwa 2,5 mm lang; übersteigt die Dicke 3 mm, so kann (nach L. Mackey) der Pylorus als hypertrophisch bezeichnet werden. Erschlaffung des Schließmuskels tritt unter normalen Verhältnissen auf, wenn der aus dem Magen ausgetretene Speisebrei im Duodenum neutralisiert ist.

Die **Resektion des Pylorus.** Der Pylorus ist häufig der Sitz eines Karzinoms. Um den Patienten zu heilen, muß daher der ganze Pylorus entfernt und die durchtrennten Enden des Magens und Duodenums wieder durch Nähte vereinigt werden. Die Lage des karzinomatösen Pylorus innerhalb der Bauchhöhle ist sehr verschieden, da derselbe leicht seine Lage verändern kann. Oft sinkt er durch sein eigenes Gewicht bis unter den Nabel herab und verwächst mit den benachbarten Organen. Der erkrankte Pförtner muß ganz isoliert und die Netzansätze am rechten Magenende in ausgiebiger Weise durchtrennt werden. Die dabei so gut wie immer zu durchtrennenden Gefäße sind die Arteria gastrica dextra, gastroepiploica dextra, gastroduodenalis (sämtlich Äste der Arteria hepatica). Die Operation ist nicht sehr erfolgreich. Das Karzinom rezidiviert leicht, meistens finden sich schon bei der Operation erkennbare (und auch nicht erkennbare) Metastasen in den Lymphknoten.

Gastrektomie. Beträchtliche Stücke des Magens können beim Karzinom entfernt werden, ja selbst der ganze Magen (totale Gastrektomie). Die Operation wurde im Jahre 1883 von Cormor zum erstenmal am Menschen mit letalem Ausgang, 1887 von Schlatter mit glücklichem Ausgang gemacht. Schlatters Patient starb 14 Monate nachher an einem Rezidiv, bei der Autopsie zeigte sich, daß es keine totale, sondern eine subtotale Exzision gewesen war. Ricord veröffentlicht einen Fall, in welchem er den ganzen Magen, einen Teil des Duodenums und des Pankreas entfernte. Der Patient war 11 Monate nach der Operation noch am Leben und gesund. Kocher machte die erste Gastrectomia totalis im Jahre 1899. Dabei mußte ein Stück des Colon transversum mitentfernt werden. Bei dieser Operation besteht eine mehr oder minder große Schwierigkeit die Speiseröhre mit dem Dünndarm zu vereinigen. Beide Nervi vagi werden nach ihrem Austritt aus dem Zwerchfell durchtrennt und der Plexus solaris leicht durch Zerren und Drücken beschädigt.

Andere Operationen am Magen. Zahlreiche andere Operationen werden am Magen ausgeführt, die hier noch aufgezählt werden sollen. Eine von den heilsamsten und auch am häufigsten ausgeführte Operation ist die Gastrojejunostomie. Hier wird zwischen Magen und oberem Dünndarm eine neue Öffnung angelegt. Dabei muß das Mesocolon transversum inzidiert werden, um den Dünndarm an der Hinterfläche des Magens befestigen zu können. Die Arteria colica media mit ihren großen Ästen muß dabei natürlich geschont werden. Die Operation wird in Fällen von Pylorusstenose, bei Magenerweiterung ohne wesentliche Stenose, bei Magengeschwüren etc. ausgeführt. Bei der **Pyloroplastik** wird eine nicht bösartige Verengerung des Pylorus durchschnitten und so die Passage wieder frei gemacht. Bei der **Gastroplikation** wird in gewissen Fällen von Magenerweiterung die Magenwand gefaltet und so das Fassungsvermögen des Organs verkleinert.

Dünndarm (Intestinum tenue). Die ungefähre Länge des Dünndarms beim Erwachsenen beträgt im Mittel 6,5 m, die extremen Maße betragen 9,5 und 4,5 m; die Länge ist in hohem Maße von dem Grade der Zusammenziehung der Längsmuskelschicht abhängig. Beim ausgetragenen Neugeborenen ist der Dünndarm ca. 3 m lang. Beim Erwachsenen bezeichnet man die ersten 2,5—3 m als Jejunum, die übrigbleibenden 3,5—4 m als Ileum. Diese Einteilung ist gänzlich willkürlich, da keine Stelle existiert, von der man sagen könnte, hier hört der Leerdarm auf und der Krummdarm beginnt. Liegt der Dünndarm, sei es durch ein Trauma oder während einer Operation vor der Bauchhöhle, so ist es häufig, vor allem wenn eine Baucherkrankung vorliegt, schwer den oberen Dünndarm vom unteren zu unterscheiden. Es sei jedoch bemerkt, daß das Jejunum weiter ist als das Ileum, seine Wandung dicker und blutreicher. Ist der Darm leer und kann man ihn gegen das Licht halten, so kann man die Plicae circulares deutlich erkennen. Diese Schleimhautquerfalten sind im Jejunum groß und deutlich, werden aber im Ileum immer kleiner und spärlicher und fehlen in dem untersten Ileum so gut wie ganz.

Die Dünndarmschlingen haben im Leibe keine bestimmte Lage; beim Fötus und in den ersten Lebensjahren liegt der größte Teil des Dünndarms links von der Mittellinie. Dies hat wohl seinen Grund in der relativen Größe der Leber, zu deren Gewicht der Dünndarm zweifellos eine Art Gegengewicht bildet. In der Mehrzahl der erwachsenen Leichen ist der Dünndarm in einer unregelmäßig gekrümmten Linie von links nach rechts angelegt. Am Duodenum beginnend liegt er zunächst in den benachbarten Teilen des linken Epigastriums und der Nabelgegend, dann folgen die im linken Hypochondrium und der linken Lumbalgegend gelegenen Darmschlingen; gewöhnlich liegen die nun folgenden Schlingen im Becken, erscheinen wieder in der linken Regio iliaca und liegen alsdann der Reihe nach in der Regio hypogastrica, unter dem Nabel, in der rechten Regio lumbalis und der rechten Regio iliaca. Bevor sie die letzterwähnte Stelle erreichen, senken sie sich nochmals gewöhnlich ins Becken hinab.

Hohes Interesse verursachen die **im Becken liegenden** Dünndarmschlingen. Diese Schlingen werden leicht in Fällen von Beckenperitonitis mitbefallen und verwachsen mit den Beckenorganen, wie sie auch weiter den Inhalt einer Hernia obturatoria, ischiadica oder pudendalis bilden können. Im kindlichen Becken findet sich kein Dünndarm. Die Menge der Dünndarmschlingen, welche beim Erwachsenen im Becken gefunden werden, richtet sich hauptsächlich nach dem Grade der Füllung der Blase und des Rektums und nach der Lage der Flexura sigmoidea. Die an dieser Stelle am häufigsten gefundenen Dünndarmschlingen gehören dem Ende des Ileums an, sowie den Teilen des Darms, der, wie schon oben beschrieben, das längste Mesenterium besitzt. Das Ileum findet sich am häufigsten als Inhalt eines Inguinal- oder Femoralbruches, wie es auch gewöhnlich in den Fällen von Darmabknickung durch Adhäsionen, Schlitze im Mesenterium etc. in Betracht kommt.

Von allen Bauchorganen ist der Dünndarm **Verletzungen** am meisten ausgesetzt, gleichzeitig sei jedoch bemerkt, daß er dank seiner Elastizität und der Leichtigkeit, mit welcher seine einzelnen Schlingen übereinander hinweggleiten, und so die Wirkung eines Drucks vereiteln, am meisten geeignet ist, um Traumen sowie Kontusionen u. dgl. zu parieren. Eine sehr kleine Stichwunde des Dünndarms läßt Darminhalt nicht austreten. Die Muskelschichten kontrahieren sich und verschließen das Loch. So kann man bei hochgradiger Darmblähung mit allerfeinsten Troakaren die Darmschlingen an zahlreichen Stellen punktieren, um den Gasen einen Ausweg zu verschaffen, ohne daß ein Schaden dadurch entsteht. Ein Fall von intestinaler Obstruktion wird berichtet, bei welcher der Leib innerhalb 16 Wochen 150 mal punktiert wurde (Boston med. Journ.). Ist die Darmverletzung etwas größer, so wird die locker angeheftete Schleimhaut nach außen gestülpt oder prolabiert vollständig, wodurch das Loch verstopft wird. Groß machte die Beobachtung, daß ein 2,5 cm langer Längsschnitt im Dünndarm allein durch Muskelkontraktion sich sogleich auf 1,75 cm verkleinert, und daß ein Schleimhautprolaps, der noch zu dieser Kontraktion hinzukam, die Wunde vollständig schloß. Selbst eine von einem Mausergeschoß im Darme, z. B. im Jejunum verursachte Wunde, braucht keinen Austritt von Darminhalt im Gefolge zu haben. Ein kontrahiertes leeres Darmstück wird, wenn aufgebläht, fast noch einmal so lang.

Da die Ringmuskulatur kräftiger ist als die Längsmuskulatur, so klafft eine in der Längsrichtung verlaufende Wunde mehr als eine solche in querer Richtung und infolge der kräftigen Muskulatur des Jejunums überhaupt klaffen diese Wunden mehr als die des Ileums. Quergestellte Wunden klaffen am meisten, wenn sie am freien Rande des Dünndarms liegen, da hier die Längsmuskelfaserschicht am dicksten ist.

In einem bemerkenswerten Falle wurde ein Mann in den Unterleib gestochen. Später fand man eine kleine Wunde im Ileum, die durch die Schleimhaut vollständig verschlossen war und um die herum sich etwas fibrinöses Exsudat gebildet hatte. Dem Mann ging es vier Tage lang gut, plötzlich jedoch verschlechterte sich sein Zustand und führte rasch zum Tode. Bei der Autopsie fand sich, daß ein Spulwurm (Ascaris lumbricoides) sich durch die Wunde des Darms gearbeitet hatte, die Verklebungen aufgerissen hatte und in die freie Bauchhöhle gelangt war. Darminhalt trat aus und so war die eigentliche Todesursache in diesem Falle der Spulwurm.

Die Weite irgend eines Dünndarmabschnitts beruht hauptsächlich auf dem Zustand seiner Muskulatur. Wenn leer, kann er sich hochgradig zusammenziehen. Bei Peritonitis und unter gewissen anderen Bedingungen wird die Muskulatur gelähmt und der Darm durch Gase hochgradig gebläht.

Diverticulum Meckeli (Abb 85). 30—120 cm proximal von der Ileocökalklappe findet sich nicht selten ein sog. Meckelsches Divertikel, das den Rest des Ductus omphaloentericus darstellt. Man findet es im Durchschnitt bei 2 % der Leichen. Für gewöhnlich ist es ein kleines Darmrohr von genau derselben Struktur wie der Darm selbst. Die Länge schwankt; bisweilen reicht es jedoch als offener Gang bis zum Nabel (selten), häufiger ist es nur einige Zentimeter lang und endet mit einer konischen oder kugelförmigen Spitze oder zieht sich in einen dünnen Strang aus. Dieses Divertikel kann auf verschiedene Weise zu einer Darmabknickung führen. Bilden sich an seinem Ende Verwachsungen, so kann sich eine Darmschlinge unter der so entstandenen Brücke verschlingen. Das Divertikel selbst kann sich um ein Darmstück herumschlagen und es durch eine Art von Knotenbildung verschließen. Seine etwaigen Adhäsionen können so sehr am Darme ziehen, daß an seiner Einmündung ins

Ileum eine Knickung des Darms entstehen kann. Bisweilen findet es sich als Bruchinhalt in einer lateralen Leistenhernie. Es kann sich in den Darm einstülpen und so zu einer Invagination führen. Das Darmlumen ist nahe oder an dem Divertikel oft stark verengt und an dieser Darmenge kann die Intussuszeption beginnen.

Duodenum und Recessus duodenojejunalis (Abb. 86). Die Pars superior duodeni verläuft nahezu horizontal; sie ist ungefähr 5 cm lang und zieht vom Pylorus in die Tiefe, um sich dem oberen Ende der rechten Niere zu nähern. Die Pars descendens duodeni, etwa 7,5 cm lang, zieht senkrecht vor dem medialen Rande der rechten Niere nach abwärts bis zur Höhe des dritten Lendenwirbels. Die Pars inferior duodeni, welche wieder in eine Pars horizontalis und eine Pars ascendens zerfällt, ist ca. 12,5 cm lang, verläuft vor dem dritten Lendenwirbel von rechts nach links, biegt für eine kurze Strecke nach oben um, so daß sie auf den linken Musculus psoas zu liegen kommt, um links vom zweiten

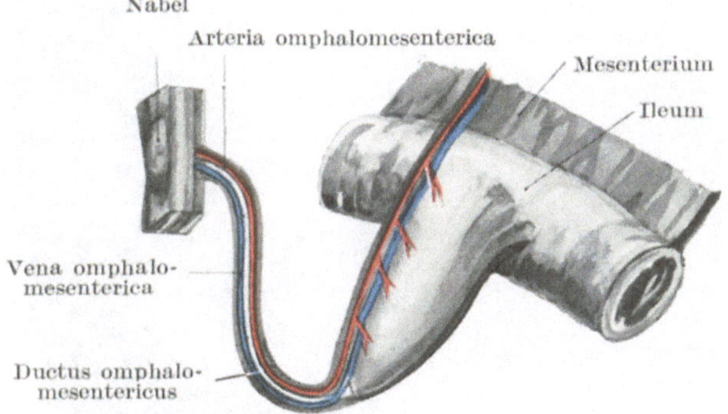

Abb. 85. Meckelsches Divertikel (schematisch).

Lendenwirbel in das Jejunum überzugehen. Die Pars superior ist beweglich und in gleicher Weise wie der Magen allseitig von Peritoneum umgeben. Die Pars descendens dagegen ist nur vorne vom Peritoneum überzogen und auch hier nicht vollständig, da es an der Stelle, wo das Colon transversum quer über das Duodenum verläuft, fehlt. Die Pars inferior ist ebenfalls nur vorne vom Peritoneum begleitet, mit Ausnahme der Stelle, an welcher die Vasa mesenterica superiora vor dem Duodenum liegen. Gewöhnlich findet sich am Ende des dritten Abschnittes eine wahrscheinlich funktionelle Einschnürung. Der Übergang ins Jejunum, die Flexura duodenojejunalis, wird durch ein Band fibromuskulären Gewebs, das vom rechten Crus diaphragmatis und dem Gewebe um die Arteria coeliaca herum auf sie übergeht, fest in situ gehalten. Dieses Band wurde von Treitz als Musculus suspensorius duodeni bezeichnet. Es dient auch dem Mesenterium zur Befestigung. Bei der Viszeroptose werden das Tuber omentale pancreatitis und die Flexura duodenojejunalis am wenigsten verlagert, da sie durch das fibröse Gewebe an

die Arteria coeliaca und um den Ursprung der Arteria mesenterica
superior herum fest an die hintere Bauchwand angeheftet sind. Alle
Teile des Duodenums können durch Gewalteinwirkung bersten. Wegen
der ausgedehnten nicht vom Peritoneum überzogenen Oberfläche kann
das Dodenuum vom Rücken her verletzt werden, ohne daß das Peritoneum verletzt wird.

Brunnersche Drüsen. Sie finden sich im ersten Abschnitt des Duodenums; ihre sekretorische Tätigkeit schützt wahrscheinlich diesen Darm-

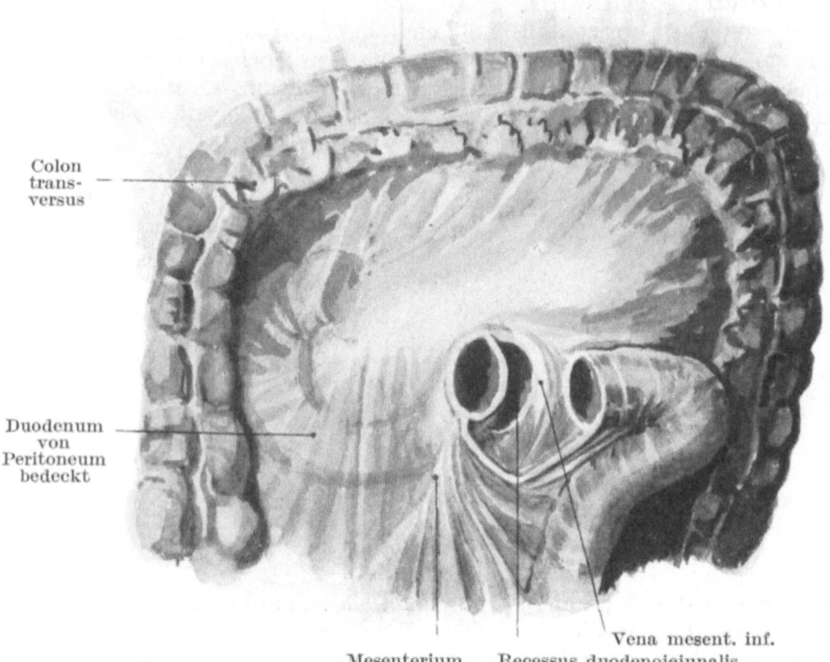

Abb. 86. Das Colon transversum ist nach oben geschlagen. Das Jejunum kurz
nach dem Übergang aus dem Duodenum abgeschnitten, um den Recessus duodenojejunalis sichtbar zu machen (schematisch).

abschnitt vor dem sauren Speisebrei, der erst im zweiten Duodenal-
abschnitt neutralisiert wird. Wahrscheinlich ist die saure Reaktion
des Speisebreis die Ursache, daß gerade das obere Duodenum so häufig
der Sitz von Geschwüren ist; über $90\,^0/_0$ aller Duodenalulzera finden
sich an dieser Stelle (Collin). Ein derartiges Geschwür kann perforieren,
der Darminhalt kann in den subhepatischen Raum austreten oder es
bilden sich in der Nachbarschaft Adhäsionen aus, so z. B. mit der Gallenblase, der Leber, dem Pankreaskopf, der rechten Niere oder der Flexura
coli dextra.

Sehr häufig finden sich kleine Schleimhautdivertikel an der Stelle, an welcher der Ductus choledochus die Muskelschicht des Duodenum durchbohrt. Sie sind oft so groß, daß das Endglied des Zeigefingers darin Platz hat und finden sich vor allem bei der Glénardschen Krankheit. Beim Neugeborenen kann sich unmittelbar oberhalb der Ausmündung des Ductus choledochus ein vollständiger Verschluß des Duodenums finden.

An der Vorderseite der Pars ascendens duodeni findet sich oft eine Peritonealfalte, welche in das parietale Peritoneum links von dem ebenerwähnten Darmabschnitt übergeht. Diese Falte umschließt eine dreieckige Grube, deren Mündung nach oben gerichtet ist. Ich habe diese als **Recessus duodenojejunalis** (Abb. 86) bezeichnete Grube in 50 % aller untersuchter Leichen gefunden. Dieser Rezessus ist gewöhnlich groß genug, um eine Fingerspitze zu beherbergen und seine Öffnung liegt unmittelbar unter der Flexura duodenojejunalis. Außer dieser unteren Peritonealfalte findet sich oft auch eine obere, so daß dieser Rezessus oben und unten von einem sichelförmigen Rande eingeschlossen ist. Unter gewöhnlichen Verhältnissen ist dieser Rezessus vom Endabschnitt des Duodenums angefüllt, so daß er erst deutlich in Erscheinung tritt, wenn das Duodenum künstlich verlagert wird. Die Vena mesenterica inferior steigt nahe an dem linken Rande der Tasche nach oben. Diese Tasche ist die anatomische Ursache einer Hernia mesenterica, mesocolica, mesogastrica oder retroperitonealis. Der Anfang des Jejunums drückt auf diese Tasche, erweitert sie zu einer Höhle und trennt schließlich das Bauchfell von seiner hinteren Befestigung. Mehr und mehr Duodenum dringt in die sich vergrößernde Tasche ein, bis zuletzt, wie in den von Astley Cooper u. a. beschriebenen Fällen fast der ganze Dünndarm in einem enormen retroperitonealen Sacke liegen kann, dessen Öffnung der Recessus duodenojejunalis ist. Das Duodenum tritt in solchen Fällen in den Bruchsack ein, das Ende des Ileums verläßt ihn. Der Bruchsack erstreckt sich in der Regel auf der linken Seite nach abwärts und kann bis zum Promontorium des Kreuzbeins reichen. Diese Hernien schwanken in ihrer Größe, sind aber in der Regel groß. Das Cökum und Colon ascendens liegen an normaler Stelle, das Colon transversum und descendens dagegen sind über dem Bruchsack ausgespannt und durch ihn verlagert. Die Arteria renalis liegt hinter der Hernie, die Arteria mesenterica inferior vor und etwas links von ihr. Ein Ast dieser Arterie, die Arteria colica sinistra, verläuft nahe der Öffnung des Bruchsacks. Zahlreiche Modifikationen der Form und Grenzen dieses Rezessus finden sich, wie sich auch eine solche Hernie nach beliebigen Richtungen hin vergrößern kann, gewöhnlich allerdings nach links, wo sie hinter dem linken Rande der Tasche, welche die Vena mesenterica inferior bedeckt, herabzieht.

Operationen am Dünndarm. Unter **Enterotomie** versteht man die Eröffnung des Dünndarms proximal von einem Verschlusse, der unüberwindlich ist oder tödlich zu sein droht. Eine Darmschlinge wird oberhalb des Hindernisses in die Bauchwunde eingenäht und eröffnet. Auch eröffnet man den Dünndarm, um eingekeilte Fremdkörper und große Gallensteine zu extrahieren. In solchen Fällen wird er unmittelbar wieder vernäht.

Enterektomie. Bei den verschiedensten Erkrankungen werden Dünndarmschlingen mit Erfolg reseziert. In einem Falle wurde wegen multipler Strikturen mehr als 2 m Dünndarm entfernt. Die Kranke, eine junge Frau, genas vollständig. Auch bei Schuß- oder Stichverletzungen und anderen Traumen werden Dünndarmschlingen mit Erfolg reseziert. Auch Dünndarmtumoren werden auf diese Weise entfernt. Gutartige Strikturen kann man durch Inzision und Erweiterung beseitigen.

Der Darm oberhalb eines Verschlusses kann mit einer Schlinge unterhalb desselben durch eine sog. Enteroanastomose vereinigt werden.

Die Erfahrung lehrt, daß wenn nach einer Darmresektion oder Darmnaht der Darm undicht wird, die undichte Stelle sich meistens am Mesenterialansatz findet. Dieser Umstand wird von Anderson in folgender Weise erklärt: Die beiden Mesenterialblätter divergieren, wenn sie an den Darm herantreten und sparen so einen dreieckigen Raum aus, dessen ungefähr 5 mm breite Basis von der nicht peritonisierten Muskelschicht gebildet wird. Das Vorhandensein dieses vom Peritoneum nicht überzogenen Darmabschnitts erschwert die Anheftung der Serosa an der Ansatzstelle des Mesenteriums.

Regio ileocoecalis (Abb. 87 u. 88). Der Blinddarm (Cökum) ist bis zu einem gewissen Grade beim Menschen wie bei den Fleischfressern rudimentär angelegt. Bei Pflanzenfressern ist er sehr groß und scheint als eine Art Reservoir zu dienen, um das Futter zu verdauen und zu resorbieren. Es wurde gesagt, daß das Cökum des Menschen der anatomische Protest gegen den Vegetarismus sei. Der Wurmfortsatz (Processus vermiformis) ist ein Überbleibsel des großen Cökums der niederen Säuger. Beim menschlichen Fötus ist er bisweilen nur das schmale Ende eines geräumigen Blinddarms. Der fötale Typus des Cökums, welcher sehr charakteristisch ist, kann durchs ganze Leben bestehen bleiben. Vom Standpunkte der Entwicklungsgeschichte aus hat es den Anschein, als ob der Processus vermiformis mit der Zeit veröden würde. Wie andere außer Funktion gesetzte Teile, die als entwicklungsgeschichtliche Überbleibsel bestehen, ist der Wurmfortsatz sehr häufig der Sitz von Erkrankungen und es ist nicht überflüssig zu bemerken, daß nach Erkrankung desselben das Lumen nicht selten vollständig obliteriert.

Die Bezeichnung **Cökum** erstreckt sich bekanntlich nur auf den Teil des Kolons, der unter der Einmündung des Ileums liegt. Die ungefähre Weite des erwachsenen Blinddarms beträgt 7,5 cm, seine ungefähre Länge 5,5 cm. Diese Maße beziehen sich auf die Leiche; am Lebenden ändert er gemäß der physiologischen Tätigkeit dauernd seine Form. Unter normalen Verhältnissen enthält der Blinddarm Gas und gibt bei der Perkussion einen hohen tympanitischen Schall; Glénard fand, daß derselbe im Falle einer Senkung der Bauchorgane häufig kontrahiert ist und unter der palpierenden Hand die Konsistenz einer Wurst aufweist.

Für gewöhnlich liegt der Blinddarm in der Fossa iliaca dextra auf der Fascia iliaca und dem Musculus iliacus und zwar so, daß seine Spitze einem Punkte entspricht, der etwas medial von der Mitte des Ligamentum inguinale liegt. Ist er durch Gase erweitert oder von Fäzes erfüllt, so nimmt er die ganze rechte Fossa iliaca ein. Die Valvula **coli** (Bauhini) liegt unmittelbar unterhalb der Linea spinoumbilicalis und lateral von dem Monroschen Punkte.

Ein mäßig ausgedehntes Cökum, das an der eben beschriebenen Stelle liegt, kann durch Beugung des Oberschenkels auf den Leib entleert werden. Dasselbe ist stets vollständig vom Peritoneum umgeben; seine Hinterfläche ist niemals mit dem lockeren Bindegewebe der Fossa iliaca in Verbindung. Die Umschlagstelle des Peritoneums zwischen Colon ascendens und hinterer Bauchwand findet sich unterhalb des Niveaus der Darmbeinschaufel. Ein Coecum mobile kann über den Beckenrand herabhängen, im Becken selbst liegen oder selbst als Inhalt eines linksseitigen Leistenbruches gefunden werden. Nicht selten liegt es in einem rechtsseitigen Inguinal- oder auch Schenkelbruch (Hernia coecalis). Derartige Hernien sind, ganz wenige seltene Fälle ausgenommen, stets von einem vollständigen Peritonealsacke umgeben. Verschluckte Fremdkörper bleiben gerne im Cökum liegen und können an dieser Stelle eine Ulzeration und selbst Perforation des Darms verursachen und so eine Art der Typhlitis bewirken. In Fällen von chronischer Obstipation findet sich sehr häufig die größte Ansammlung von Kot im Blinddarm, wie auch diese Darmstelle bei hochgradiger Darmlähmung die stärkste Dehnung auszuhalten hat. Sterkorale Geschwüre finden sich im Blinddarm viel häufiger als an irgend einer anderen Stelle des Dickdarms; Solitärfollikel liegen in der Blinddarmschleimhaut besonders in der Nähe der Valvula coli dicht gedrängt. Auch Darmsteine sind hier nichts Ungewohntes.

Drei Arten der Bewegung finden im Blinddarm statt, 1. eine Art von Bewegung, wie sie beim Buttern in der Buttermaschine auftritt; dieselbe beginnt etwa eine Stunde nach Nahrungsaufnahme; 2. antiperistaltische Bewegungen, die im Kolon beginnen und im Cökum enden; 3. propulsive Bewegungen, die den Darminhalt weiter befördern. Das Wasser wird im Colon transversum absorbiert, wodurch der Darminhalt konsistenter wird. Die Valvula coli wird außer von der Schleimhaut auch von der Ring- und Längsmuskulatur des Dünndarm gebildet und ist vom Nervus sympathicus innerviert; sie reguliert den Austritt des Chymus aus dem Ileum (Elliot und B. Smith). W. Macewen konnte ihre Tätigkeit an einem Soldaten beobachten, der eine durch ein Geschoß verursachte große Cökalfistel hatte. Derselbe Beobachter sah auch ein Sekret aus der etwa 2,5 cm unter dieser Klappe gelegenen Mündung des Processus vermiformis austreten.

Der **Wurmfortsatz** (Abb. 87 u. 88) (Appendix coeci, Processus vermiformis) schwankt in seiner Länge beträchtlich. Seine Durchschnittslänge beim Erwachsenen beträgt 10 cm, die extremsten Maße sind 2,5 cm und 15 cm. Obgleich auch seine Lage wechselt, so liegt er doch für gewöhnlich

hinter dem Ende des Ileum und dessen Mesenterium mit der Spitze gegen
die Milz zu gerichtet. Häufig liegt er auch hinter dem Cökum; ich sah ihn
mit Bezug auf den Darm so liegen, daß er bei einer rechtsseitigen lumbalen
Kolotomie im Operationsfeld gelegen wäre. In solchen Fällen wird
die Appendix hinter das Cökum geschoben und in den späten Monaten
des fötalen Lebens, wenn das Kolon von der Nachbarschaft der Leber
zur rechten Fossa iliaca wandert, in dessen Mesokolon gefangen. Ferner
kann die Appendix ins kleine Becken herabhängen, sowie durch entzündliche Adhäsionen an das Ovarium oder andere Organe des Beckens,

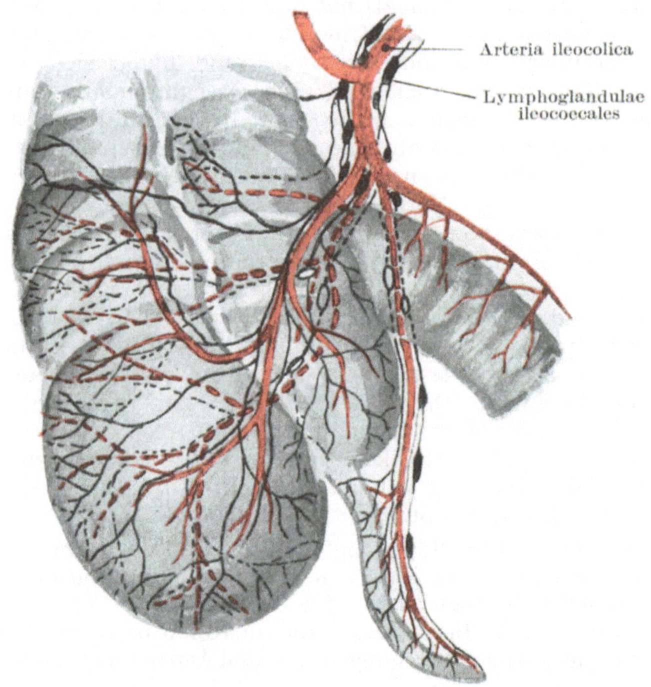

Abb. 87.   Lymphbahnen am Cökum und Appendix. Die Lymphbahnen sind
    schwarz gezeichnet. Die der Rückseite punktiert (schematisch).

an die Leber oder Gallenblase, an die große Kurvatur des Magens (Mülberger), ja selbst in der linken Fossa iliaca fixiert sein, wie sie auch
in rechts- und linksseitigen Inguinalhernien enthalten sein kann.

Die Spitze des Wurmfortsatzes kann an die Bauchwand fixiert
sein und so eine Brücke bilden, unter welcher eine Darmschlinge stranguliert werden kann.

Das Mesenteriolum appendicis (Abb. 88), welches die aus der Arteria
ileocolica stammende Arteria appendicularis enthält, kann so kurz sein,
daß dadurch Abknickungen des Wurmfortsatzes entstehen. Die Schleim-

haut ist derart mit Lymphfollikeln überhäuft, daß sie das Lumen fast gänzlich verschließt. Wie andere lymphoide Gewebe, so beginnen auch diese Follikel mit zunehmendem Alter zu atrophieren.

Die Lymphbahnen des Cökums und der Appendix coeci (Abb. 87). Da bei einer Entzündung des Wurmfortsatzes die Infektion sich hauptsächlich auf dem Lymphweg verbreitet, so ist die Lage dieses Lymphgefäßsystems chirurgisch wichtig. Wie in anderen Teilen des Darmkanals finden sich auch hier drei Lymphgefäßnetze: 1. ein submuköses, das die Lymphe aus der Schleimhaut aufnimmt; 2. ein intramuskuläres und 3. ein subseröses. Alle drei kommunizieren in ausgiebiger Weise miteinander, deshalb kann eine Entzündung der Darmschleimhaut leicht auf die Serosa übergehen und so eine Peritonitis erzeugen. Die Lymphfollikel

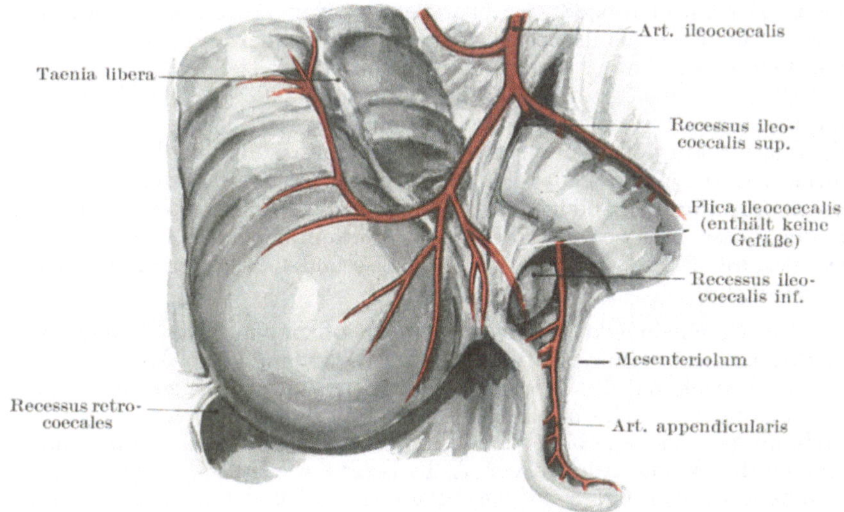

Abb. 88. Arterien der Ileocökalgegend und die verschiedenen Recessus (halb-schematisch).

liegen in der Submukosa; die Vasa efferentia ziehen teilweise zu dem Mesenteriolum, in welchem für gewöhnlich einer oder mehrere Lymphknoten liegen, die meisten derselben gehen jedoch zu den in dem Winkel zwischen Ileum und Cökum gelegenen Lymphoglandulae colicae. Diese Lymphknotengruppe empfängt auch Lymphgefäße vom vorderen Teil des Cökums und der Abgangsstelle der Appendix. Auch die Lymphgefäße der Hinterfläche des Cökums münden in diese Lymphknoten ein. Die Vasa efferentia der genannten Lymphoglandulae colicae gehen zusammen mit denen des Dünndarms und des Colon ascendens nach oben, um in die Lymphknoten einzumünden, welche entlang der Arteria mesenterica superior sich vorfinden. Nach Jamieson und Dobson sollen die Lymphgefäße nicht mit denen der Regio iliaca oder lumbalis kommunizieren.

In der Ileocökalgegend tritt am häufigsten die **Intussuszeption, d. h.**
die Einstülpung eines Darmabschnitts in einen anderen, ein. An dieser
Stelle stülpt sich das enge Ileum und nach ihm das Cökum in das Colon
ascendens ein. Die Valvula coli bildet die höchste Stelle des Intussuszep-
tums und kann bis zum Rektum vordringen, ja selbst aus dem After
prolabieren (bei Kindern häufig). Diese Form der Intussuszeption
heißt Invaginatio ileocoecalis. Bei der Invaginatio ileocolica prolabiert
das Ileum durch die Klappe. Letztere sowohl wie auch das Cökum
bleiben an Ort und Stelle liegen, während die Spitze des ausgestülpten
Darmabschnitts nur durch das Ileum gebildet wird. Bei einer dritten
Art von Invagination, die ebenfalls häufig ist, wird die Spitze des Intus-
suszeptums vom Fundus des invaginierten Cökums gebildet.

In der Ileocökalgegend finden sich drei ziemlich regelmäßig vorkom-
mende Recessus (Abb. 88), die bisweilen der Sitz von Hernien sind. Sie
sind: 1. der Recessus ileocoecalis superior, dicht oberhalb des Übergangs
vom Ileum ins Cökum. Die ihn nach obenhin abgrenzende Peritonealfalte
enthält die kleine Arteria coecalis anterior aus der Arteria ileocolica;
der Rezessus ist nach links offen; 2. der Recessus ileocoecalis inferior,
dicht unterhalb der Einmündung des Ileums ins Cökum; derselbe wird
vorne von der Plica ileocoecalis, hinten von dem Mesenteriolum processus vermiformis gebildet und ist ebenfalls nach links offen; 3 die drei
in der Fossa retrocoecalis inkonstant vorkommenden Recessus retro-
coecales, die nach oben lateral vom Colon ascendens von der Plica coecalis
begrenzt sind.

**Die Geschwindigkeit, mit welcher der Darminhalt den Verdauungs-
traktus passiert.** Das Studium der Fortbewegung einer Wismutmahl-
zeit im Darmkanal des lebenden Menschen modifiziert wesentlich die
Anschauungen, welche man sich von dem Vorgange auf Grund der Befunde an der Leiche gebildet hat. Die folgende Schilderung gibt hauptsächlich die Beobachtungen von A. F. Hertz wieder. Der Mageninhalt
beginnt kurz nach der Nahrungsaufnahme ins Duodenum überzutreten;
innerhalb $4^1/_2$ Stunden tritt der Dünndarminhalt ins Cökum über,
das sich langsam füllt. Nach $6^1/_2$ Stunden findet sich der Darminhalt
an der Flexura coli dextra, nach neun Stunden an der Flexura coli
sinistral. Im Colon ascendens und Anfangsteil des Colon transversum
wird der wässerige Teil des Darminhalts resorbiert, das weitere Abwärtsrücken geht dann langsam. Nach 30 Stunden findet sich die Masse
in der Flexura sigmoidea. Wenn auch die Fäzes gelegentlich im Rektum
aufgestapelt werden, so ist das doch bei den meisten Menschen erst bei
der Defäkation der Fall. Das Kolon ist kein passiver Schlauch, sondern
ein aktives „muskulöses" Hohlorgan, das die Aufgabe hat, einerseits
die noch flüssigen Stoffe zu resorbieren, andererseits die Schlacken weiter-
zubefördern.

Der **Dickdarm** (Intestinum grassum). Vom Cökum bis zur Flexura
sigmoidea ist der ganze Dickdarm mit Ausnahme der in der Tiefe liegenden
Flexura coli dextra und sinistra äußeren Druckeinwirkungen zugänglich. Die Flexura coli dextra liegt unter der Leber, die Flexura coli

sinistra hinter dem Magen; letztere reicht höher hinauf. Der Verlauf des Colon transversum kann deutlich erkannt werden; es verläuft quer über den Leib, wobei sein unterer Rand annähernd in Nabelhöhe liegt. In Fällen von chronischer Obstipation können die Konturen des ganzen Dickdarms, mit Ausnahme der beiden genannten Flexuren deutlich palpiert und erkannt werden. Bei Blähungen des Dünndarms ist der Leib am meisten nach vorne um den und unterhalb des Nabels aufgetrieben. Bei Blähungen des Dickdarms dagegen bleibt die Vorderfläche des Bauchs (wenigstens eine Zeitlang) verhältnismäßig flach, während das Aufgetriebensein in beiden Flanken und oberhalb des Nabels sehr auffallend ist. Tumoren des Querkolons sowie der unteren zwei Drittel des Colon ascendens und descendens können, selbst wenn sie noch relativ klein sind, gut palpiert werden und in Fällen von Invagination kann das weitere Vordringen des eingestülpten Darms dem Kolon entlang oft leicht verfolgt und die Wirkung von Einläufen oder sonstigen Reduktionsmanövern sorgfältig überwacht werden. Der Durchmesser des Dickdarms (das Rektum ausgenommen) vermindert sich allmählich vom Cökum bis zur Flexura sigmoidea und zwar derart, daß der am Blinddarm 6,5 cm betragende Durchmesser an der Flexura sigmoidea auf 4 cm sinkt. Die engste Stelle dieses letzteren Darmabschnittes findet sich an der Grenze zwischen Flexura sigmoidea und Rektum, und es ist bezeichnend, daß gerade an dieser Stelle Strikturen am häufigsten sind.

Die Neigung zur Strikturenbildung wächst vom Cökum zum Anus. Sie sind häufig im Colon descendens, weniger häufig im Colon transversum, während sie im Colon ascendens verhältnismäßig selten sind. An den Flexuren dagegen sind sie nicht selten (s. Treves, Intestinal obstruction. London 1899).

Das **Colon ascendens und descendens** (Abb. 86) verlaufen senkrecht; die durchschnittliche Länge des Colon ascendens beim Erwachsenen (gemessen von der Spitze des Cökums zur Flexura coli dextra) beträgt 20 cm. Die Länge des Colon descendens (von der Flexura coli sinistra zum Beginn der Flexura sigmoidea) ist 22,5 cm. Das absteigende Kolon neigt wenig zu Abweichungen und findet sich stets in einem halbkontrahierten Zustande. Der auf der linken Fossa iliaca gelegene Teil des Colon descendens von der Darmbeinschaufel bis zum linken Musculus psoas wird auch als **Colon iliacum** bezeichnet. In Fällen, in welchen das Cökum während des Fötallebens nicht nach abwärts wandert, kann das Colon ascendens fehlen. Ich habe darauf hingewiesen, daß in $52^0/_0$ der erwachsenen Leichen weder ein Mesocolon ascendens noch descendens vorhanden ist und daß ein linksseitiges Mesokolon in $36^0/_0$ aller Fälle, ein rechtsseitiges in $26^0/_0$ der Fälle erwartet werden kann. Diese Befunde sind wichtig, mit Rücksicht auf die allerdings etwas ungewöhnliche Operation der Lumbalkolotomie. Die Breite des etwa vorhandenen Mesokolons schwankt von 2,5—7,5 cm. Die Anheftungslinie des Mesocolon descendens verläuft in der Regel am lateralen Rande der linken Niere und steht vertikal, die des Colon ascendens steht in der Regel nicht ganz senkrecht, verläuft ebenfalls am lateralen Rande der betreffenden Niere und kreuzt deren unteres Ende schräg von rechts nach links.

Das **Colon transversum** (Abb. 86) ist durchschnittlich 50 cm lang; es verläuft nicht ganz wagrecht, da die Flexura coli sinistra wie schon oben erwähnt, etwas höher liegt als die Flexura coli dextra und auch weiter nach hinten; auch weist es stets einige Knickungen auf, eine gewöhnlich am Anfang und eine zweite am Ende. Fäkalmassen, die sich im Colon transversum angesammelt haben, gaben schon zu zahlreichen falschen Diagnosen Veranlassung. In einzelnen Fällen ist dieser Teil des Kolon nach dem Becken zu verlagert, so daß V- oder Uförmige Abknickungen entstehen. In solchen Fällen kann die Spitze des V oder der Bogen des U die Symphyse erreichen, während die beiden seitlichen Flexuren an ihrer normalen Stelle liegen. Die Senkung und Verlängerung des Colon transversum beweisen einen Verlust an Tonus und Kontraktionsfähigkeit der Muskulatur, vor allem der in Tänien angeordneten Längsmukulatur. Eine entsprechende Erschlaffung der Bauchwandmuskulatur entzieht den Baucheingeweiden alsdann noch ihre normale Stütze. Die peritonealen Aufhängefalten der beiden Flexuren werden gedehnt und verengern oder verschließen das Darmlumen. Die in solchen Fällen vorhandene Obstipation scheint doch nicht durch diese Abschnürungen des Kolon und Verengerung des Lumens bedingt zu sein, sondern durch die primäre Erschlaffung der Darmwandmuskulatur, deren Ursache immer noch unbekannt ist.

Die rechte Hälfte des Colon transversum liegt der Gallenblase dicht an und ist nach dem Tode fast regelmäßig gallig verfärbt. In Fällen von Steinen in der Gallenblase kann die Gallenblasenwand durch ulzeröse Prozesse, die auf das darunterliegende Querkolon übergreifen, mit der Darmwand zusammen zerstört werden, so daß eine Gallenblasen-Dickdarmfistel entsteht, durch welche große Gallensteine per vias naturales abgehen können. Auch Leberabszesse können in das Colon transversum durchbrechen. Das Querkolon liegt häufig in einem Nabelbruch und findet sich in Fällen von Hernien der Bursa omentalis nicht selten in der Tasche.

Die Flexura sigmoidea (Abb. 89). Der als solche bezeichnete Darmabschnitt bildet zusammen mit dem Anfangsteil des Rektums eine einzelne einfache Schlinge, die nicht in Unterabteilungen eingeteilt werden kann. Die Schlinge beginnt am Ende des Colon iliacum und endet am mittleren Abschnitt des Rektums, genau an der Stelle, an welcher das Mesorektum endet, gegenüber dem dritten Kreuzbeinwirbel. Diese Schleife hat. wenn sie nicht weiter geknickt ist, die Form eines Ω. Man kann sie sehr wohl Omegaschleife nennen und die Bezeichnung „Rektum" auf das kurze Darmstück beschränken, welches so gut wie gerade verläuft und gewöhnlich als zweiter und dritter Rektalabschnitt beschrieben wird. Der erste Rektalabschnitt entspricht der Flexura sacralis, der zweite der Flexura perinealis, der dritte der Pars analis. Die Mehrzahl der Anatomen und Chirurgen nennen die Omegaschleife das „Colon pelvicum", wenngleich es bei der Geburt und häufig auch im späteren Alter nicht im Becken liegt. Die durchschnittliche Länge der Schlinge beträgt beim Erwachsenen 44 cm. Die beiden Enden der Schlinge liegen nur 7,5—10 cm auseinander. Werden sie einander noch mehr genähert,

wie z. B. durch peritonitische Adhäsionen an der Wurzel des Mesocolon
sigmoideum, so wird dadurch eine Art von Stiel gebildet, um welchen
sich die Schlinge leicht drehen kann. Solch eine Drehung führt dann
zum Volvulus der Flexur; es sei bei dieser Gelegenheit bemerkt, daß
ein Volvulus an keiner anderen Stelle des Darms häufiger ist als gerade
hier.

Die Befestigungslinie des Mesokolons der Omegaschleife (das Mesocolon sigmoideum) kreuzt den linken Psoasmuskel und die Vasa iliaca
nahe ihrer Teilung, wendet sich dann plötzlich nach abwärts und endet
in annähernd senkrechter Richtung in der Mittellinie.

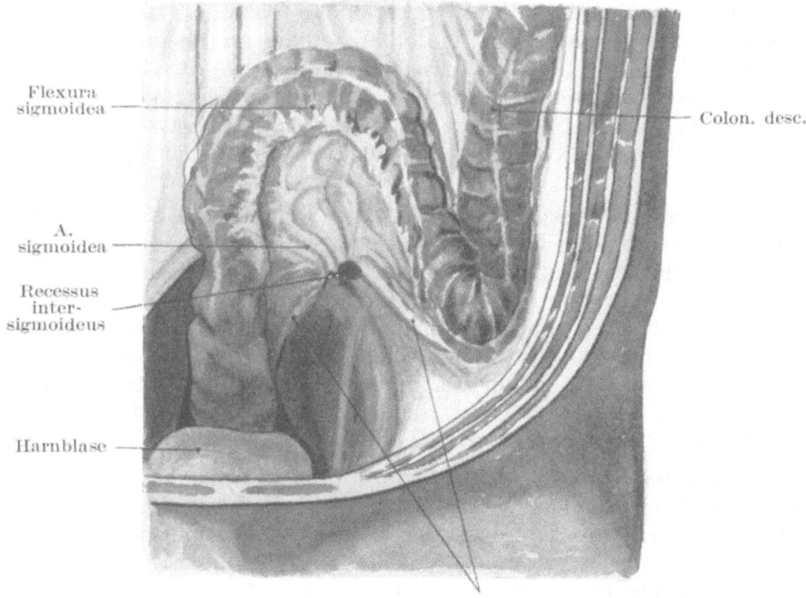

Abb. 89. Colon sigmoideum.

An der Wurzel des Mesocolon sigmoideum findet sich bisweilen
eine von einer die Arteria sigmoidea enthaltenden Peritonealfalte gebildete nach unten und links offene trichterförmige Bucht, die bis zu 4 cm
tief sein kann. Sie wird als Recessus intersigmoideus (Abb. 89) bezeichnet
und ist der Sitz einer sog. Hernia sigmoidea. Fälle von Einklemmungen
einer derartigen Hernie sind verschiedentlich beobachtet worden.

Die Flexura sigmoidea oder Omegaschleife liegt im leeren Zustande
im Becken. Wenn erweitert, kann dieser Darmabschnitt so hochgradig
gebläht sein, daß er die Leber erreicht. Die hauptsächlichsten Beispiele
enormer Erweiterung des Kolons betreffen diese Schlinge. Darminhalt

staut sich in dieser Schlinge häufig, wie auch Darmkonkremente sich hier nicht selten vorfinden.

Ich habe durch den Versuch gezeigt, daß ein langes Darmrohr, durch den Anus eingeführt, bei normaler Lage des Darms und unter normalen sonstigen Verhältnissen nicht über die Flexura sigmoidea hinausgeschoben werden kann.

In Fällen von angeborenem Fehlen oder mangelhafter Entwicklung des Rektums kann man die Flexura sigmoidea in der Leistenbeuge eröffnen und so einen Anus praeter naturam anlegen. Diese sog. Littrésche Operation ist aber, das muß zugegeben werden, nicht sehr erfolgreich. Bei angeborenen Mißbildungen des Rektums soll hinsichtlich der Operation eine Schwierigkeit darin bestehen, daß die Lage der Flexura sigmoidea nicht stets dieselbe sei, daß sie vielmehr bisweilen rechts von der Mittellinie, in anderen Fällen in der Mittellinie im Becken liege. Sie findet sich jedoch selten an diesen Stellen. Bei 100 Leichenuntersuchungen von Neugeborenen fand Curling die Schlinge 85 mal auf der linken Seite. Bei 10 Kindern, die wegen Anus imperforatus operiert wurden, fand sich die Schlinge nur einmal in der linken Seite (Montgomery).

Die untersten Dickdarmabschnitte sind häufig der Sitz **multipler Schleimhautdivertikel.** Diese Ausbuchtungen finden sich an Stellen, an welchen Blutgefäße die Darmwand durchsetzen, die dadurch in der Muskelschicht schwache Stellen erzeugen, durch welche die Schleimhaut in Form von kleinen Hernien und Divertikeln sich vorstülpt. Sie dringen bis in die Appendices epiploicae und in die Ansatzstellen des Mesenteriums hinein. Dieser Darmabschnitt dient als Receptaculum „faecium", ist dauernd tonisch kontrahiert und begünstigt deshalb wahrscheinlich das gerade hier so häufige Entstehen der Divertikel.

Die **Lage des Colon descendens** (Abb. 90 u. 94) in der Lendengegend entspricht einer Linie, die man sich von einem Punkte der Darmbeinschaufel, der 2,5 cm lateral von dem lateralen Rande des Musculus sacrospinalis liegt, senkrecht nach oben gezogen denkt. Parallel zur 12. Rippe macht man eine Inzision quer über die Mitte dieser Linie und zwar legt man den Schnitt so an, daß dessen Mitte auf die Mitte der gedachten Linie zu liegen kommt. Nach Durchtrennung der Haut und des Unterhautzellgewebes müssen der Reihe nach folgende Schichten durchtrennt werden: 1. die Musculi latissimus dorsi und obliquus abdominis externus in etwa gleicher Ausdehnung; 2. der Musculus obliquus internus in ganzer Länge des Schnitts; 3. die Fascia lumbodorsalis mit einigen wenigen der hintersten Fasern des Musculus transversus abdominis; 4. die Fascia transversa. Der Musculus quadratus lumborum liegt im hinteren Wundwinkel vor und braucht für gewöhnlich nicht durchtrennt zu werden. An der Stelle der Operationswunde nimmt das Colon descendens den Winkel zwischen den Musculi psoas und quadratus lumborum ein und die nicht vom Peritoneum überzogene Hinterfläche des Darmabschnittes findet sich genau in diesem Winkel. Wenn daher während der Operation der gekrümmte Finger in diesen Winkel eingeführt und der Patient auf

die linke Seite gelagert wird, so kann der Darmteil, welcher auf den Finger
fällt, nichts anderes sein als das Colon descendens. Die Breite der nicht
vom Peritoneum überzogenen Kolonfläche schwankt im leeren Zustand
des Darms zwischen 2,0 und 2,5 cm und kann bei geblähtem Kolon
bis 5 cm und darüber breit sein (Braune).

Colostomia inguinalis oder iliaca. Bei dieser sehr gewöhnlichen
vorzüglichen und einfachen Operation wird die Flexura sigmoidea in
der linken Seite hervorgeholt und eröffnet. Man zieht vom Nabel eine
Linie zu der Spina iliaca anterior superior; rechtwinklig zu dieser Linie
verläuft alsdann die Inzision in einer Entfernung von 4 cm von dem
Knochenpunkt. Sind die drei Bauchmuskeln und das Peritoneum durchtrennt, dann wird die Darmschlinge vorgeholt, an die Wundränder angenäht und gleich oder später eröffnet. Ein Ast der Arteria circumflexa
ilium profunda, der sog. Ramus ascendens, kreuzt die Inzision. Das
Colon iliacum ist mittelst eines sehr kurzen Mesokolon auf der Fossa

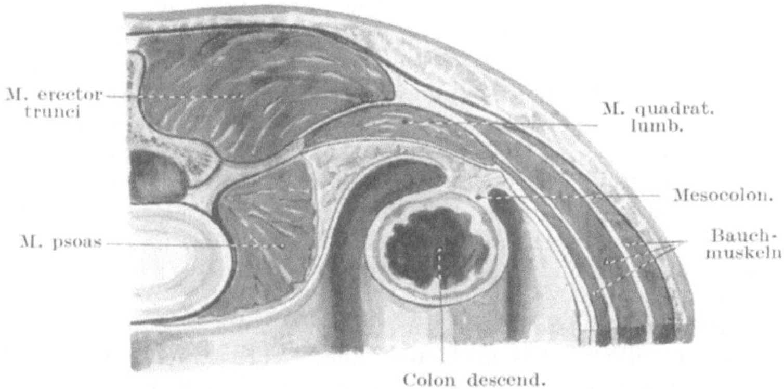

Abb. 90. Peritonealverhältnisse am Colon desc. (Mod. nach Corning.)

iliaca fixiert, allein wegen der Beweglichkeit des Peritoneums an dieser
Stelle ist es ein leichtes die Darmschlinge in die Wunde zu bringen.

Unter **Kolektomie** versteht man die Resektion eines Teils des Kolons.
Man kann den Blinddarm und beträchtliche Abschnitte des übrigen Dickdarms entfernen. Die Behandlung des Dickdarmkrebses durch ausgedehnte Resektion gibt guten Erfolg. Teile des Colon ascendens und
descendens können vom Rücken aus reseziert werden, besser jedoch von
vorne. Ich habe den Fall eines jungen Mädchens beschrieben, bei welchem
ich das ganze Rektum mit dem Anus, die Flexura sigmoidea und das
Colon descendens reseziert habe. Das durchtrennte Ende des Colon
transversum wurde durch den Anus herausgezogen und befestigt. Das
Kind genas vollständig. Das Präparat findet sich im Museum des Royal
College of Surgeons. **Enteroanastomosen** können am Kolon bequem ausgeführt werden. So kann man bei einem nicht zu behebenden Verschluß
des Colon descendens das Colon transversum mit der Flexur vernähen.

In den letzten Jahren hat Lane bei Fällen von chronischer Obstipation, die auf interne Behandlung nicht besser wurden, vor allem bei solchen, in denen das Colon transversum sehr lang und geknickt war, die Resektion des Dickdarms ausgeführt. In Fällen von hartnäckiger Kolitis kann man den Dickdarm „ausruhen lassen", indem man das Ileum mit der Flexura sigmoidea verbindet und so den Weg, den der Darminhalt zurückzulegen hat, abkürzt. Die Resultate derartiger Operationen sind häufig vorzüglich, diese Eingriffe sind zum Teil entstanden, um die Theorie Metschnikoffs zu stützen, der den Dickdarm beim Menschen für ein nutzloses und gefährliches Organ hält. Soweit man sieht, zeigen die Erfolge derartiger Operationen, daß kein Kolon besser ist als ein erkranktes, woraus aber noch nicht folgt, daß kein Kolon auch besser ist als ein gesundes.

Angeborene Mißbildungen des Kolon. Diese sind wichtig mit Rücksicht auf die operativen Maßnahmen. Man kann im allgemeinen sagen, daß zu einer gewissen Zeit des Fötallebens der Dünndarm die rechte Bauchhälfte einnimmt, während der Dickdarm durch ein gerades Rohr dargestellt wird, welches auf der linken Seite senkrecht von der Nabelgegend zum Becken zieht. Das Cökum liegt zuerst innerhalb des Nabels und rückt dann in der Leibeshöhle in das linke Hypochondrium hinauf. Dann geht es quer herüber zum rechten Hypochondrium und steigt dann in die rechte Fossa iliaca herab. An irgend einer Stelle seiner Wanderung kann es dauernd aufgehalten werden. So kann der Blinddarm am Nabel oder in einer angeborenen Nabelhernie liegen, er kann im linken Hypochondrium (wenn das Colon ascendens und transversum fehlt) oder im rechten Hypochondrium gefunden werden, wenn das Colon ascendens nicht entwickelt ist.

Der gesamte Dickdarm hat im frühen Fötalleben ein sehr langes Mesokolon, in seltenen Fällen bleiben diese Verhältnisse durchs Leben bestehen. Dann kann eine Art Volvulus des Dickdarms dadurch entstehen.

18. Die Baucheingeweide. (Schluß.)

Die Leber (Hepar) (s. Abb. 91 u. 95). Die Leber paßt sich dem Zwerchfellbogen an und bedeckt teilweise den Magen. Eigentlich besitzt dieselbe nur zwei Oberflächen — eine viszerale, welche bei der aufrechten Haltung auf dem Magen, Duodenum, kleinem Netz, Tuber omentale pancreatidis, Flexura coli dextra, rechter Niere und Nebenniere ruht, sowie eine parietale, die mit dem Zwerchfell und der vorderen Bauchwand in Berührung ist. Von vorne betrachtet erscheint sie dreiseitig mit der Spitze nahe an der Herzspitze; ihr oberer Rand wird am besten durch eine Linie bezeichnet, welche am Herzspitzenstoß beginnt und quer über die Mittellinie zieht und zwar $1^1/_4$ cm unterhalb der Verbindung zwischen Brustbeinkörper und Schwertfortsatz; in der Höhe der rechten Linea mammillaris steigt diese Linie wieder etwas empor, um in der Ebene der eben erwähnten Verbindung zu liegen. Der untere Leberrand beginnt am Herzspitzenstoß, schneidet die Mittellinie 2,5 cm oberhalb der Mitte

zwischen Nabel und Schwertfortsatz, erreicht den Rippenbogen am äußeren
Rande des Musculus rectus abdominis, wonach der Rest des unteren
Randes dem Rippenbogen bis zur Spitze der 11. Rippe entspricht. Am
unteren Rande dieser Rippe liegt die Leber auf der Niere (Abb. 94). Für
chirurgische Zwecke kann man sich die Leber im rechten Hypochondrium
aus drei Zonen zusammengesetzt denken, eine obere oder pulmonale, eine
mittlere oder pleurale und eine untere oder diaphragmatische (Abb. 95). In

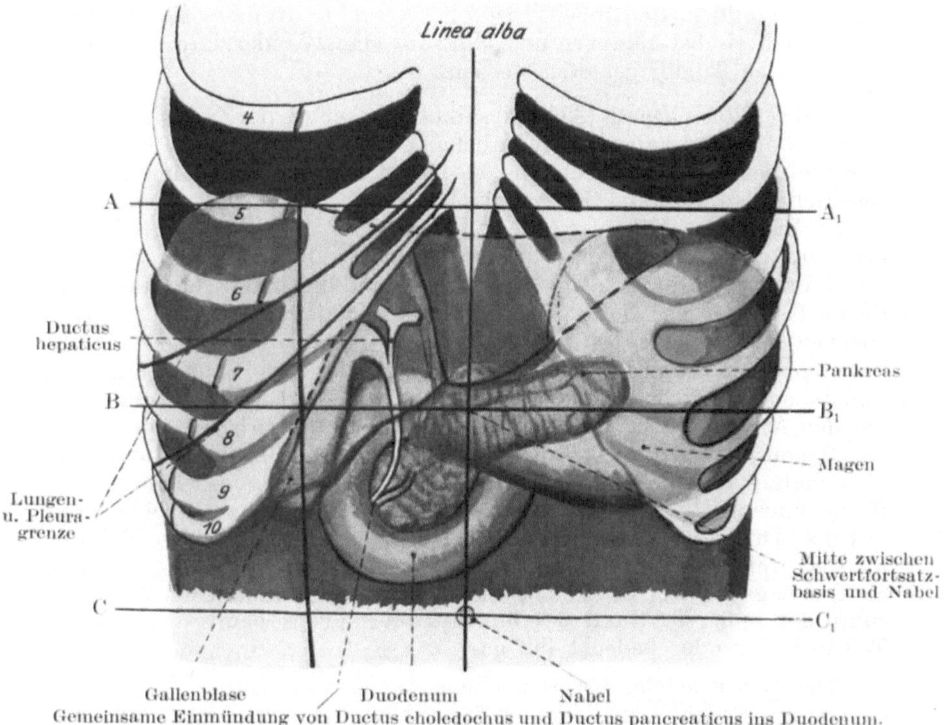

Gemeinsame Einmündung von Ductus choledochus und Ductus pancreaticus ins Duodenum.

Abb. 91.

A A₁ Horizontallinie durch die Basis des Schwertfortsatzes.   B B₁ Horizontallinie
in der Mitte zwischen Schwertfortsatzlinie und Nabellinie.   C C₁ Horizontallinie
durch den Nabel.

der untersten Zone, welche zwischen den beiden Lineae axillares 4—5 cm
breit ist, kann die Leber inzidiert oder punktiert werden; in der mittleren
Zone, die ebenso breit ist, stößt man auf die Umschlagstelle der Pleura.
Bei aufrechter Körperhaltung verläuft der untere Leberrand auf der
rechten Seite ca. $1\frac{1}{4}$—0,75 cm tiefer als der Rippenbogen. In Rückenlage steigt die Leber ungefähr 2,5 cm nach oben und ist vollständig vom
Rippenbogen verdeckt, mit Ausnahme des Winkels zwischen Sternum
und Rippenbogen. Bei der In- und Exspiration hebt und senkt sie sich.

19*

Der Fundus vesicae felleae kommt hinter dem neunten Rippenknorpel dicht am äußeren Rektusrande zum Vorschein (Abb. 85). Seine Lage ist sehr verschieden; häufig liegt er beträchtlich tiefer und mehr lateral als eben beschrieben. Die Leber wird oben durch das Zwerchfell, unten durch die sie berührenden Bauchorgane in ihrer Form bestimmt. Entfernt man sie aus der Leiche, so verliert sie die intra vitam gehabte Form in der Regel, vor allem, wenn das Lebergewebe weich und sehr saftreich ist. Ihre Formen sind sehr verschieden; eine der häufigsten Abweichungen ist der sog. **Riedelsche Lappen,** welcher vom Rande des rechten Leberlappens unter dem 10. Rippenknorpel hervorsteht. Er findet sich häufiger bei Frauen als bei Männern und kann für eine Wanderniere oder einen abdominalen Tumor gehalten werden.

Bei der **Ptosis hepatis** (Abb. 82) sinkt die Leber aus der Zwerchfellkuppe nach abwärts und kann bis zur Nabelhöhe oder selbst bis zur Fossa iliaca herabreichen. Mit der Senkung verbindet sich eine Drehung um die Querachse, so daß die Facies diaphragmatica fast ganz nach vorne sieht. In solchen Fällen müssen die Faktoren, welche die Leber in situ erhalten, genauer betrachtet werden. Sie sind: 1. ihre Befestigung am Zwerchfell durch die Vena cava inferior und das in der Nachbarschaft dieses Gefäßes liegende Bindegewebe der vom Peritoneum nicht überzogenen Hinterfläche des rechten Lappens; 2. eine weitere Zwerchfellbefestigung sind die Ligamenta coronaria und das das Ligamentum teres umhüllende Ligamentum falciforme. Diese Falten sind locker, um der Leber bei der Atmung sowie der Nahrungsaufnahme und Abgabe von seiten des Magens genügend Spielraum zu lassen; 3. die Bauchwandmuskeln; diese halten die übrigen Bauchorgane dauernd gegen die Leberunterfläche angedrückt. Diese Muskeln sind es, welche hauptsächlich die Leber an Ort und Stelle halten. Bei zahlreichen Frauen, die über 40 Jahre alt sind, reicht der rechte Leberlappen gut 5 cm weiter nach abwärts als der Lage der 11. Rippe entspricht, und wie im kindlichen Alter berührt der äußerste Rand des linken Leberlappens häufig den oberen Teil der Milz oder bedeckt ihn gar.

Die Leber **berstet** bei Bauchkontusionen viel häufiger als irgend ein anderes Bauchorgan. Dies erklärt sich einmal durch ihre Größe, ihre verhältnismäßig feste Lage, die große Brüchigkeit ihres Gewebs und die große in ihr aufgestapelte Blutmenge. Eine normale Leber nimmt ebensoviel Blut auf als sie schwer ist, wenn die Venen unter einem dem Herzkammerdruck entsprechenden Drucke injiziert werden (Salaman). Der Tod bei solchen Unfällen erfolgt gewöhnlich durch Verblutung, da die Wandungen der Vena portarum und Venae hepaticae fest mit dem Leberparenchym verwachsen, sich nicht zusammenziehen oder kollabieren können. Die Venae hepaticae münden ferner direkt in die Vena cava inferior und ermöglichen, weil sie klappenlos sind, den Austritt einer gewaltigen Blutmenge, sollte aus irgendwelchen Ursachen eine retrograde Blutstauung in ihnen stattfinden. Die Lebergefäße sind sehr dünnwandig und es ist fast unmöglich, dieselben zu unterbinden, es sei denn durch Umstechung. Die Leber kann rupturieren, ohne daß ihr

Peritonealüberzug einreißt; derartige Verletzungen können in Heilung ausgehen. An der Rückfläche besitzt die Leber einen relativ großen bauchfellfreien Bezirk, an welchem eine Ruptur oder sonstige Verwundung auftreten kann, ohne daß das Blut sich in die Bauchhöhle ergießt. Wegen der nahen Beziehung der Leber zu den unteren Rippen der rechten Seite ist eine Verletzung derselben bei Rippenfrakturen an dieser Stelle leicht möglich; die Bruchenden können durch das Zwerchfell hindurch in die Lebersubstanz eingetrieben werden. **Stichverletzungen** im sechsten oder siebenten rechten Interkostalraum über der Lebergegend verletzen die Lunge, das Zwerchfell und die Leber und eröffnen die Pleura- sowie die Bauchhöhle.

Die nahe Beziehung der Leber zum Colon transversum wird durch einen Fall beleuchtet, in welchem ein 10 cm langer Zahnstocher in der Lebersubstanz gefunden wurde. Er war vom Kolon aus in der Höhle eines sich zwischen dem Querdarm und der Leber bildenden Abszesses in die Leber eingedrungen. Die nahe Beziehung der Leber zum Herzen mag durch folgenden noch bemerkenswerteren Fall erhellen. In diesem Falle befand sich ein 1,75 g schweres Stückchen Lebergewebe in der Pulmonalarterie. Der Verletzte kam zwischen die Puffer zweier Eisenbahnwagen, die Leber barst und das Zwerchfell zerriß. Ein abgerissenes Leberstückchen war der Vena cava entlang in den rechten Vorhof gepreßt worden, gelangte von dort in den rechten Ventrikel und so in die Pulmonalarterie. Das Herz selbst war unverletzt. Teile der Leber können durch Bauchwunden vorfallen und leicht reponiert werden. In einem Falle eines derartigen Prolapses konnte der Chirurge das prolabierte Stück nicht ohne weiteres zurückbringen, legte deshalb eine Ligatur um den prolabierten Teil und schnitt dieses widerspenstige Leberstück ab. Der Patient genas. Beträchtliche Stücke der Leber können mit Erfolg entfernt werden. Es ist erstaunlich, bei wie schweren Leberverletzungen eine Genesung noch möglich ist. So beschreibt Gann (Lancet 1894) einen Fall eines 28jährigen Menschen, dem eine Harpune durch die ganze Dicke des rechten Leberlappens gedrungen war, so daß sie am Rücken heraussah. Die Spitze der Harpune war 17,5 cm lang und hatte zwei Widerhaken. 28 Stunden nach dem Unglücksfall wurde die Harpune entfernt und der Kranke genas vollständig.

Aus der Lage der Leber erhellt ohne weiteres, daß ein Leberabszeß in die Pleura durchbrechen kann; in einigen Fällen wurde der Eiter alsdann durch einen Bronchus entleert; so kann ein Kranker unter Umständen Teile seiner Leber in kleinen Partikelchen aushusten. Leberabszesse können der Häufigkeit nach nach folgenden Richtungen durchbrechen: 1. in die rechte Pleurahöhle und Lunge, 2. in den Darm, 3. in die Bauchwand, 4. selten in den Magen. Die Leber ist häufig der Sitz metastatischer Abszesse bei Pyämie und nach Bryants Statistik finden sich Abszesse in diesem Organe nach Kopftraumen häufiger als nach anderweitigen Verletzungen. Sie sind dagegen selten bei Pyämie, die von den Harnorganen ausgeht und ebenso selten bei Pyämie im Anschluß an Verbrennungen. Tumor- und Abszeßmetastasen finden sich häufig nur rechts oder links von einer Linie, die vom Fundus der Gallenblase

zu der Vena cava inferior gezogen wird. Diese merkwürdige Begrenzung
erklärt sich dadurch, daß die Leber rechts von dieser Linie nur vom rechten
Endast der Vena portarum versorgt wird, während der links von dieser
Linie gelegene Leberabschnitt vom linken Endast versorgt wird (Cantlie).

Die **Gallenblase** (Vesica fellea) (s. Abb. 91) kann ganz fehlen, wie bei
einer Reihe von Tieren oder durch Erkrankung zu einer kleinen Narbe zu-
sammengeschrumpft sein. Sie wird häufig operativ entfernt, ohne daß
dadurch eine Störung in der Leberfunktion auftritt (Moyniham). Ihre
Schleimhaut hat ein eigentümlich wabenartiges Aussehen und ist in der
Regel von Zylinderepithel ausgekleidet, das Schleim absondert und auch
resorptionsfähig ist. Bei Entzündungen liefern die Schleimhautdrüsen

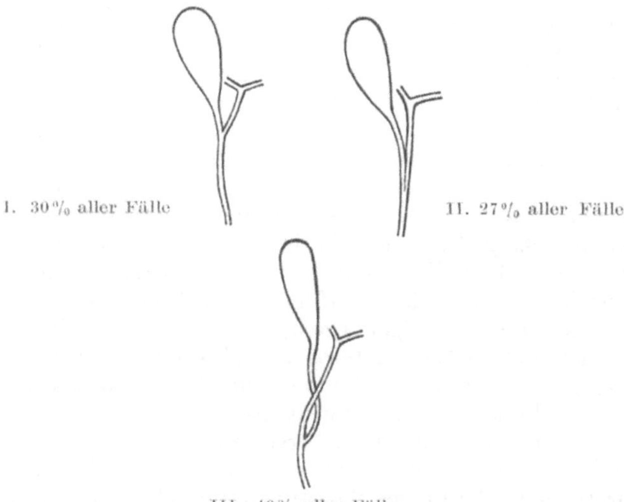

Abb. 92.   Variationen in den Verbindungen des Ductus cysticus mit dem Ductus
choledochus.   (Nach Ruge.)

des Fundus eine überreichliche Menge Sekretes, in welchem bei Gallen-
stauung das Cholesterin ausfällt und den Kern von Gallensteinen bildet.
Diese Steine bestehen größtenteils aus Cholesterin, einem normalen
Bestandteil der Galle und schwanken ihrer Größe nach von einem Hanf-
korn bis zu einem Hühnerei. Das Auswandern der Gallensteine aus
der Gallenblase ist durch eine spiralige Schleimhautfalte im Blasenhals
und dem Ductus cysticus sehr erschwert. Die Gallenblase bildet an
ihrem Halse einen spitzen Winkel mit dem Ductus cysticus, weshalb
diese Schleimhautfalte notwendig ist, um den Gang offen zu halten. Bei
aufrechter Körperhaltung sieht die Längsachse der Gallenblase nach
aufwärts und rückwärts, der Ductus cysticus nach abwärts und vorwärts. Der letztere Gang liegt in dem Ligamentum hepatoduodenale
omenti minoris, wo er in den Ductus hepaticus einmündet, um zusammen

mit ihm den Ductus choledochus zu bilden. Diese Einmündung kann, wie die Abb. 92 zeigt, auf dreierlei Weise sich vollziehen. Einmal trifft der kurze Ductus cysticus den Ductus hepaticus unter einem spitzen Winkel (I) oder aber er läuft noch eine Strecke weit parallel mit ihm, um ganz unmerklich in ihn einzumünden (II), ja er kann sogar bogenförmig unter ihm hinwegziehen und auf der oberen Seite des Ductus hepaticus sich mit letzterem vereinigen (III). Die Arteria cystica begleitet den Ductus cysticus, die Venae cysticae gehen direkt in die Leber und enden in dem portalen Kapillarsystem. In Fällen von

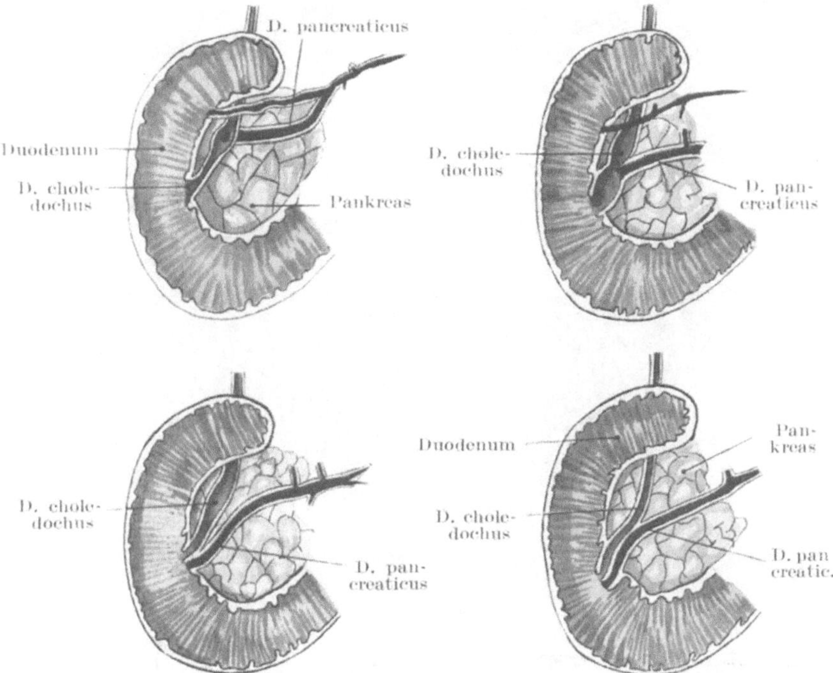

Abb. 93. Darstellung der Einmündungsverhältnisse von Ductus choledochus und pancreaticus.

Cholezystitis ist der Leberabschnitt, der die Venae cysticae empfängt, narbig eingezogen oder atrophiert.

Ein Gallenstein kann an jeder beliebigen Stelle des Ductus cysticus oder choledochus stecken bleiben und entfernt werden müssen (Abb. 93). Der Ductus choledochus ist 7,5 cm lang, sein Lumen 5 mm weit, das aber beim Austritt von Gallensteinen dreimal so weit werden kann. Die obere Hälfte des Ductus choledochus liegt in dem Ligamentum hepatoduodenale vor dem Foramen epiploicum bursae omentalis, die Vena portarum hinter und rechts von ihm. Die Arteria hepatica liegt links und ein Ast von ihr, die Arteria pancreaticoduodenalis superior kreuzt den

gemeinsamen Gallengang an der Stelle, wo er mehr nach der Tiefe zieht.
Ein Stein, der in dem parapankreatischen Teile des Ganges (s. Abb. 93)
steckt, ist schwer erreichbar, der Gang liegt hier zwischen dem hinter ihm
liegenden Pankreaskopf und dem vor und lateral von ihm liegenden Duo-

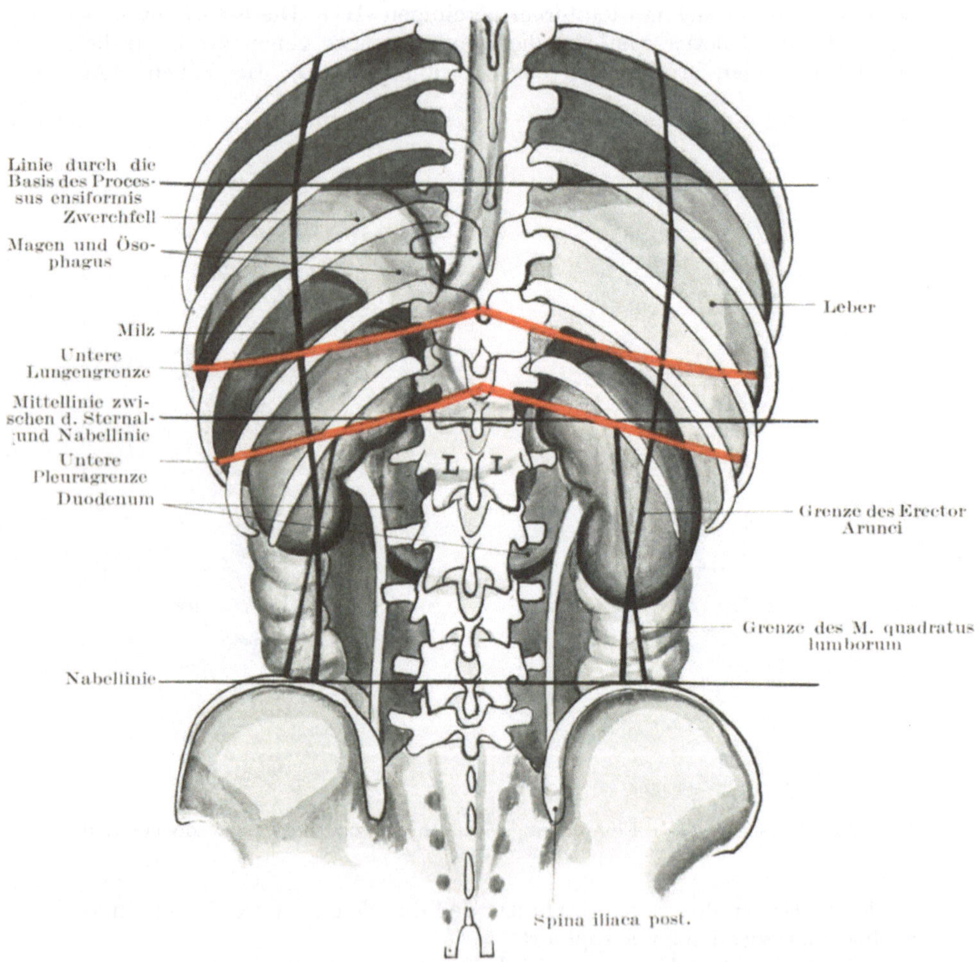

Abb. 94. Topographie der Nieren von hinten.

denum begraben. In solchen Fällen kann man genötigt werden, das Duodenum zu eröffnen und den Stein durch dessen hintere, innere Wand zu
extra hieren oder aber man hebt das Duodenum und den Pankreaskopf
vom medialen Rande der Niere ab nach vorwärts, wodurch man die untere
Hälfte des Ganges in der Vertiefung zwischen Duodenum und Pankreas

freilegen kann. Der letzte Zentimeter ist in die Wand des Duodenums eingebettet und endet in der Papilla duodeni (Santorini). An seiner Einmündungsstelle ins Duodenum ist der Gang am engsten und von einem Schließmuskel umgeben, welcher den Gallenabfluß reguliert. Die Weite der unteren Hälfte des Ganges ist geringer als die der oberen. Im Ligamentum hepato-duodenale liegen einige wenige Lymphknoten dem Ductus choledochus an. Wenn verkalkt, sind sie schon für Gallensteine gehalten worden.

Die Gallenblase erhält ihre Nervenversorgung vom achten und neunten Rückenmarksegment (Head) durch die großen Plexus splanchnicus und coeliacus. Die durch Gallensteine verursachten intensiven kolikartigen Schmerzen sollen durch einen Spasmus der glatten Muskelfaserschicht der Gallengänge bedingt sein; sie werden auf der Bahn des neunten Dorsalnerven in die vordere Bauchwand verlegt. Reizung der sympathischen Nerven löst eine Kontraktion der Muskelschicht des Ductus cysticus aus, während dabei die Gallenblase erschlafft (Elliot). Die Kontraktionen der Muskulatur des Gallengangssystems stehen im zeitlichen Zusammenhang mit den Bewegungen des Magens und treten deshalb bald nach Nahrungsaufnahme ein (L. Thomas).

Die Gallenblase und die Gallengänge können zerreißen, ohne daß hierbei die Leber berstet. Die Verletzung verläuft wegen des Austritts von Galle in die freie Bauchhöhle sehr rasch tödlich. Große Gallensteine können durch Fistelgänge, die sich zwischen Gallenblase und Darm ausgebildet haben, direkt in letzteren übergehen. Ferner können sie durch die Bauchwand durcheitern, auch kann man sie in Abszessen an der rechten Seite des Bauches finden. So beschreibt Burney Yeo einen Fall, in welchem mehr als 100 Gallensteine durch eine spontan entstandene Fistel in der Regio hypogastrica 12,5 cm unterhalb des Nabels entleert wurden. Ist der Ductus choledochus durch Gallensteine oder aus anderen Ursachen verschlossen, so kann die Gallenblase hochgradig ausgedehnt werden und einen Tumor bilden, welcher bis unter den Nabel reichen kann. Der Tumor kann so groß werden, daß er schon für eine Ovarialzyste gehalten wurde. Die Gallenblase hat mit zunehmender Ausdehnung das Bestreben, sich entlang einer Linie zu vergrößern, die von der Spitze der rechten 10. Rippe über die Mittellinie hinweg unter den Nabel zieht. Um diesen Zustand zu beheben, wird die Gallenblase durch die sog. „Cholezystotomie" eröffnet. Für gewöhnlich legt man den Bauchschnitt über der am meisten vorspringenden Stelle des Tumors an. Eingeklemmte Gallenblasensteine können so unter Umständen in toto oder nach vorhergegangener Verkleinerung entfernt werden.

Bei der **Cholezystektomie** wird die ganze Gallenblase entfernt und der Ductus cysticus verschlossen. Die Galle fließt dann aus der Leber direkt in den Darm.

Bei der **Cholezystenterostomie** wird eine Verbindung zwischen der Gallenblase und dem Darm hergestellt. Die Operation wird dann ausgeführt, wenn ein unüberwindlicher Verschluß des Ductus choledochus besteht. Die Gallenblase dient hierbei gleichsam als gemeinsamer Gallengang.

Die **Milz** (Lien) (s. Abb. 95). Sie liegt tief im linken Hypogastrium und kann unter normalen Verhältnissen nicht palpiert werden, da sie vorne von dem Fundusteil des Magens bedeckt ist. In der Nähe der 10. und 11. linken Rippe kommt sie nahe an die Oberfläche, darüber wird sie ganz vom unteren Lungenrande bedeckt. Sie wird allseitig durch das Zwerchfell von der Bauchwand getrennt. Sie liegt sehr schräg im Körper; ihre Längsachse fällt genau mit dem Verlaufe der 10. Rippe zusammen. Ihr höchster Punkt liegt in einer Höhe mit dem neunten Brustwirbeldornfortsatz, ihr tiefster Punkt mit dem Dornfortsatz des ersten Lendenwirbels. Ihr vorderer Rand liegt ca. 4 cm von der Medianebene des

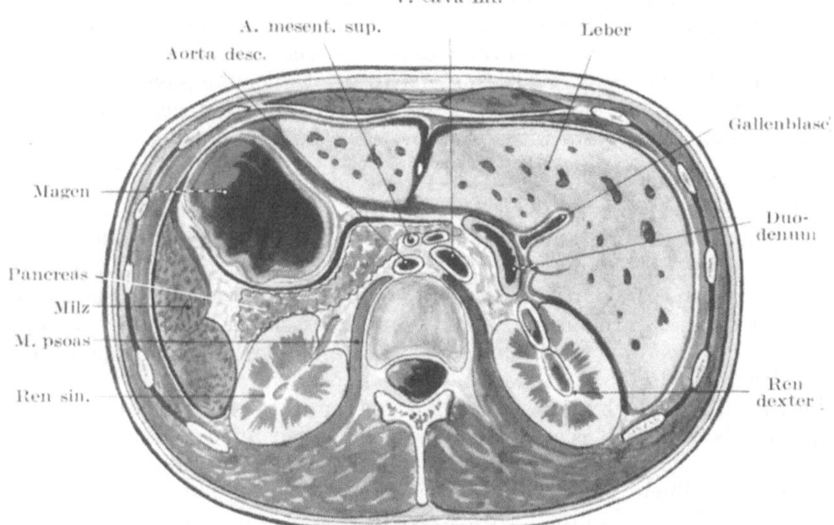

Abb. 95. Schnitt durch den ersten Lendenwirbel (Tow).

Körpers entfernt (Abb. 94), ihr hinterer Rand reicht bis zur Linea axillaris media (Quain). Sie hat drei Oberflächen, eine Facies diaphragmatica, gastrica und renalis (Abb. 95).

Eine Verlagerung der Milz oder eine sog. Wandermilz ist selten. Ihre Facies renalis ist an der linken Niere, ihre Facies gastrica durch das Ligamentum gastroduodenale am Magen fixiert. Ihr oberer Teil ist nahe der Kardia durch eine Peritonealfalte fixiert, während ihr unterer Teil durch das Ligamentum phrenicocolicum gestützt wird; der Schwanz des Pankreas und das Kolon berührt sie. Die Spannung der Bauchwand übt durch die übrigen Bauchorgane allseitig einen Druck auf sie aus. Vergrößert sich die Milz, wie z. B. bei der Malaria, so kann ihr scharfer, mehrfach eingekerbter vorderer Rand unter dem 10. Rippenknorpel palpiert werden. Die Wandermilz findet sich nur bei Erwachsenen. Sie kann so verlagert sein, daß sie auf der Fossa iliaca liegt.

Traumen der Milz. Obgleich von sehr brüchiger Beschaffenheit ist die normale Milz selten der Sitz von Rupturen. Ihre Verbindung mit der Umgebung schwächen Kontusionen und Erschütterungen fast ganz ab. Ist sie dagegen stark vergrößert, so kann sie leicht bersten und zwar oft aus ganz geringfügigen Anlässen. So sind nicht wenige Fälle berichtet, in welchen die Milz durch Muskelaktion rupturierte. So barst z. B. einer Frau die Milz, als sie auf der Straße hinfiel und sich gegen den Sturz wehrte; einer anderen Frau dagegen, als sie auf die Seite sprang, um einem Schlag auszuweichen. Die beiden Kranken waren Inderinnen. Der letztere Fall gab Anlaß zu einer Anklage wegen Gattenmords. Da die Milz außerordentlich blutreich ist, so wird der Tod bei Milzruptur in der Regel ein Verblutungstod sein. Im Zusammenhang damit soll nicht unerwähnt bleiben, daß die Milz zur Zeit der Verdauung das meiste Blut enthält. Dennoch findet sich in der Literatur ein Fall beschrieben, in welchem ein Knabe unmittelbar nach dem Essen einen Unfall erlitt und noch eine Strecke Wegs zurücklegte, obgleich seine Milz, wie später die Autopsie zeigte, in drei Teile zerrissen war. Er lebte noch einige Tage. Bei schweren Brüchen der 9., 10. oder 11. linken Rippe kann die Milz beschädigt oder zerrissen werden. Die Milzkapsel enthält reichlich elastische Fasern, so daß sie sich gut zusammenziehen kann. Diese Tatsache macht Heilungen von Milzwunden verständlich, die durch Schußverletzungen entstanden sind. Bei solchen Verletzungen zieht sich die Kapsel zusammen und verkleinert das durch das Geschoß verursachte Loch beträchtlich, während der Schuß- oder Stichkanal (Messerverletzung) sich mit Kruor erfüllt und so die Blutung zum Stehen bringt.

Bei gewissen Erkrankungen kann sich die Milz enorm vergrößern, so daß sie unter Umständen das ganze Abdomen einnehmen kann. In einem Falle nahm ein von ihr ausgehender zystischer Tumor beide Fossae iliacae so vollständig ein, daß er für einen Ovarialtumor gehalten wurde und als solcher operativ in Angriff genommen worden war.

Die **Exstirpation der Milz** kann wegen Prolapses derselben bei Bauchverletzungen mit Erfolg ausgeführt werden. Auch bei starker Milzschwellung und Wandermilz wird sie mit gutem Erfolge exstirpiert. Kontraindiziert ist jedoch ihre Wegnahme in Fällen von Erkrankungen des lymphatischen Systems mit Ausschwemmung von weißen Blutkörperchen in die Blutbahn (Leukämie), da in solchen Fällen ihre Exstirpation stets letal verlief. Bei Prolapsen der Milz durch Bauchwunden wird das Organ natürlich durch die eventuell vergrößerte Bauchwunde entfernt. Die Arteria lienalis mit der sie begleitenden großen Vene liegen im Ligamentum phrenicolienale dicht am Schwanze des Pankreas.

Die **Bauchspeicheldrüse** (Pankreas) (s. Abb. 91) liegt hinter dem Magen vor dem ersten und zweiten Lendenwirbel; sie kreuzt die Mittellinie in der Mitte zwischen Nabel und Processus xiphoideus. Bei stark abgemagerten

Individuen kann sie bisweilen bei leerem Magen und Kolon bei tiefem Eindrücken der Bauchdecken palpiert werden, vor allem wenn sich dabei noch eine Viszeroptose findet. Eine Magensenkung läßt das Pankreas oberhalb der kleinen Kurvatur zutage treten. Dasselbe steht mit verschiedenen sehr wichtigen Gebilden in Zusammenhang. Es ist so innig mit dem Plexus solaris in Verbindung, daß er bei entzündlichen Vorgängen in der Drüse und bei jeder Operation am Kopf und Körper verletzt wird. Es ist, soviel ich glaube, niemals allein rupturiert und es kann kaum verletzt werden ohne die Verwundung anderer und wichtiger Organe. Es fand sich als Bruchsackinhalt in einigen seltenen Fällen von Zwerchfellhernien (Abb. 93). Der Hauptausführungsgang (Ductus pancreaticus maior) endet in der Regel gemeinsam mit dem Ductus choledochus in der Papilla duodeni der Plica longitudinalis duodeni, so daß ein an dieser Stelle festsitzender Gallenstein beide Ausführungsgänge verschließen oder selbst die Galle in den Ductus pancreaticus überleiten kann. Nicht selten (etwa 30% der Fälle) münden beide Gänge getrennt ins Duodenum ein; in solchen Fällen hat ein Verschluß des Endes des Ductus choledochus keinen Einfluß auf den Ductus pancreaticus. Ein zweiter Ausführungsgang (der Ductus pancreaticus accessorius) findet sich mehr oder minder deutlich entwickelt in 50% aller Individuen (Abb. 93); er kann mit dem Hauptausführungsgang in Verbindung stehen oder nur einen ganz kleinen Gang vorstellen. Dieser akzessorische Gang mündet unabhängig näher am Pylorus in das Duodenum ein, in der Regel 2 cm oberhalb des Hauptausführungsgangs (s. Abb. 93). Entzündliche Prozesse des Duodenums können auf dem Wege der entsprechenden Gänge auf das Pankreas, die Gallenblase oder die größeren Gallengänge über; greifen.

In seinem zweiten Abschnitt liegt der Ductus choledochus zwischen Pankreaskopf und Duodenum. Deshalb kann bei einem Karzinom des Pankreaskopfes der gemeinsame Gallengang vollständig verschlossen werden und zu Gelbsucht Veranlassung geben. Auch kann das Duodenum, ja selbst das Colon transversum durch den Tumor stark verengt oder selbst verschlossen sein oder die benachbarten Gefäße können komprimiert werden. Ein Pyloruskrebs kann per continuitatem auf den Pankreaskopf übergreifen. Die Lymphgefäße beider Teile stehen im engsten Zusammenhang (Abb. 91).

Das Pankreas liegt hinter der Bursa omentalis, seine Vorderfläche ist von der Hinterwand desselben bedeckt; es liegt vor der Aorta in der Gabel zwischen der Arteria coeliaca oben und der Arteria mesenterica superior unten. Die Vena portarum zieht hinter der Drüse nach oben.

Die **Langerhansschen Inseln.** Unter dem Mikroskop kann man in der Bauchspeicheldrüse zahlreiche kleine Zellgruppen erkennen, die zwischen den normalen Drüsenläppchen liegen. Diese sog. Langerhansschen Inseln sollen nach S. Vincent umgewandelte Drüsenläppchen sein, welche die innere Sekretion der Drüse bewerkstelligen. Sie schwanken von 300—400 an Zahl (A. Lane). Der pathologische Beweis ist nun definitiv erbracht, daß ihre Zerstörung zur Ausscheidung von Zucker im Urin führt (Mayo Robson).

Bei einiger Übung gelingt es auch die Langerhansschen Inseln, namentlich im Schwanzteil der Drüse, wo sie am dichtesten stehen, als stecknadelspitzgroße weiße Pünktchen makroskopisch zu erkennen (E. Albrecht).

Die **Nieren** (Renes) (s. Abb. 95, 96, 97). Ihre Lagebeziehungen sind folgende:

Vorne:

Rechts: Links:
Leberunterfläche, Pars descen-   Fundus ventriculi, Colon des-
dens duodeni, Anfang des Co-   cendens, Pankreas, Milz.
lon transversum, Colon ascen-
dens.

Lateral   **Nieren:**   Lateral
Leber.   Milz.

Hinten:
Unterer Teil des Zwerchfellbogens
Musculi quadratus lumborum, psoas, transversus abdominis
12. Rippe und Querfortsätze der zwei ersten Lendenwirbel.

Die Nieren liegen in der Tiefe und können unter normalen Verhältnissen nicht palpiert werden. Einem auf sie ausgeübten Drucke sind sie am ehesten am lateralen Rande des Musculus sacrospinalis, unmittelbar unterhalb der letzten Rippe zugänglich (Abb. 94 u. 96). Die rechte Nierendämpfung geht nach oben hin in die Leberdämpfung über, während es auf der linken Seite unmöglich ist Nieren- und Milzdämpfung voneinander zu unterscheiden. Die rechte Niere liegt normaliter etwas tiefer als die linke (Abb. 96 u. 97); allein selbst der untere Pol der rechten Niere liegt 2,5 cm oberhalb des Kamms der Darmbeinschaufel oder — was für praktische Bedürfnisse derselben Höhe entspricht — oberhalb der Nabellinie (Abb. 94). Die einfachste Art die Lage der Niere zu bezeichnen, ist die den oberen und hinteren Pol zu markieren und zwischen ihnen die bekannte Nierenform einzuzeichnen. Der untere Pol der rechten Niere liegt 1,25 cm lateral von dem vorspringenden lateralen Rande des Musculus sacrospinalis und 2,5 cm oberhalb der Crista iliaca; da die Niere nur ca. 10 cm lang ist und schräg in der Bauchhöhle liegt — ihre Längsachse entspricht bekanntlich dem Verlaufe der 12. Rippe — so ist ihr oberer Pol mit genügender Sicherheit bestimmt, wenn man einen Punkt bezeichnet, der 10 cm nach oben und 4 cm medialwärts vom unteren Pole liegt. Der Dornfortsatz des 11. Brustwirbels, der beim Beugen des Oberkörpers stärker hervorspringt, liegt unmittelbar unterhalb der oberen Polhöhe. Im Durchschnitt liegt die linke Niere 1,25 cm höher als die rechte (Addison). In zahlreichen Fällen reicht beim Weibe der untere Pol der Niere bis zu dem Darmbeinkamm, ja sogar noch tiefer hinab. Derartige Verlagerungen sind beim Manne viel seltener. Der Nierenhilus liegt ca. 5 cm lateral von der Medianebene gegenüber dem Dornfortsatz des ersten Lendenwirbels, für gewöhnlich in dem Spalt zwischen den Querfortsätzen des ersten und zweiten Lendenwirbels (Abb. 96). Auf Radiogrammen injizierter Ureteren bedeckt der Nierenbeckenschatten die eben erwähnten beiden Querfortsätze, sowie den des 12. Brustwirbels.

Die Vorderfläche der Niere ist nur an den Stellen mit dem sie überziehenden Peritoneum in direkter Berührung, die nicht von dem lockeren Gewebe hinter dem Kolon, dem Duodenum oder dem Pankreas bedeckt sind. Der laterale Rand liegt dicht unter dem Peritoneum, die Hinterfläche steht in keinerlei Beziehung zu demselben (Abb. 94 u. 95). Schräg von innen oben nach unten außen verlaufen über die Nierenhinterfläche der letzte

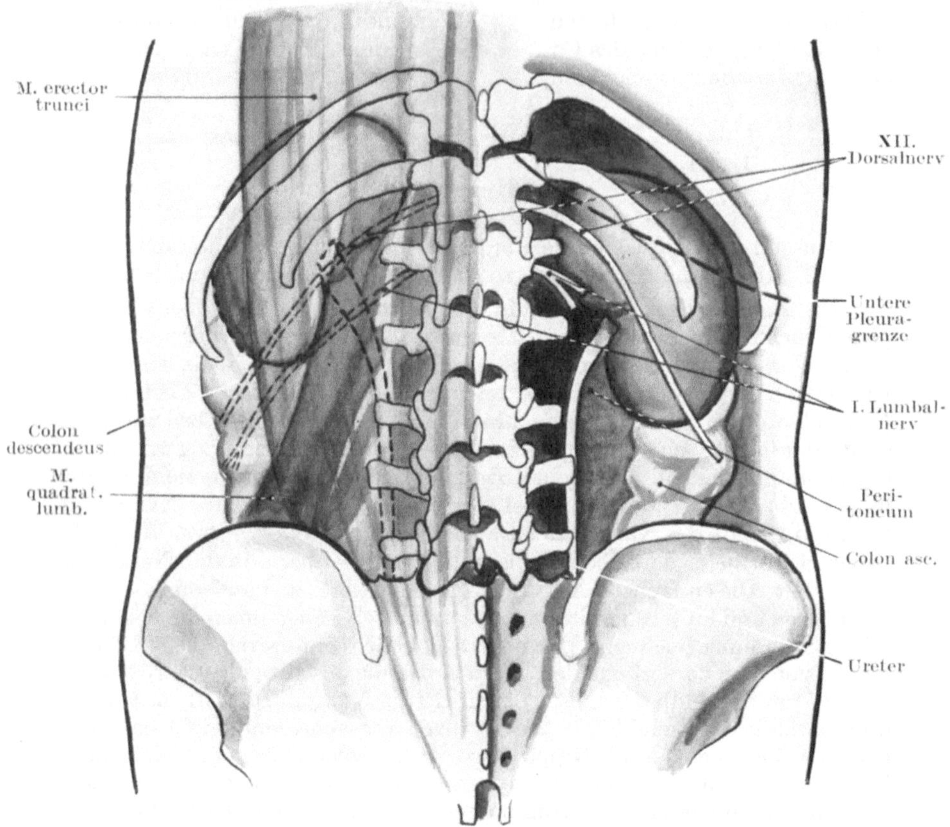

Abb. 96. Nieren- und Darmtopographie von hinten.

Dorsalnerv (Nervus subcostalis) sowie die erste Lumbalarterie zusammen mit dem Nervus ileohypogastricus (Abb. 96).

Eine **Ruptur** der Niere verläuft lange nicht so häufig tödlich wie eine gleiche Verletzung irgend eines anderen häufiger verletzten Bauchorgans. Dies beruht auf ihrer extraperitonealen Lage, wobei der Austritt von Blut und Urin sehr häufig retroperitoneal bleibt. Die Drüse kann von der Seite oder vom Rücken her leicht verletzt werden, ohne das Peritoneum zu eröffnen. Beugt man sich stark nach vorne über,

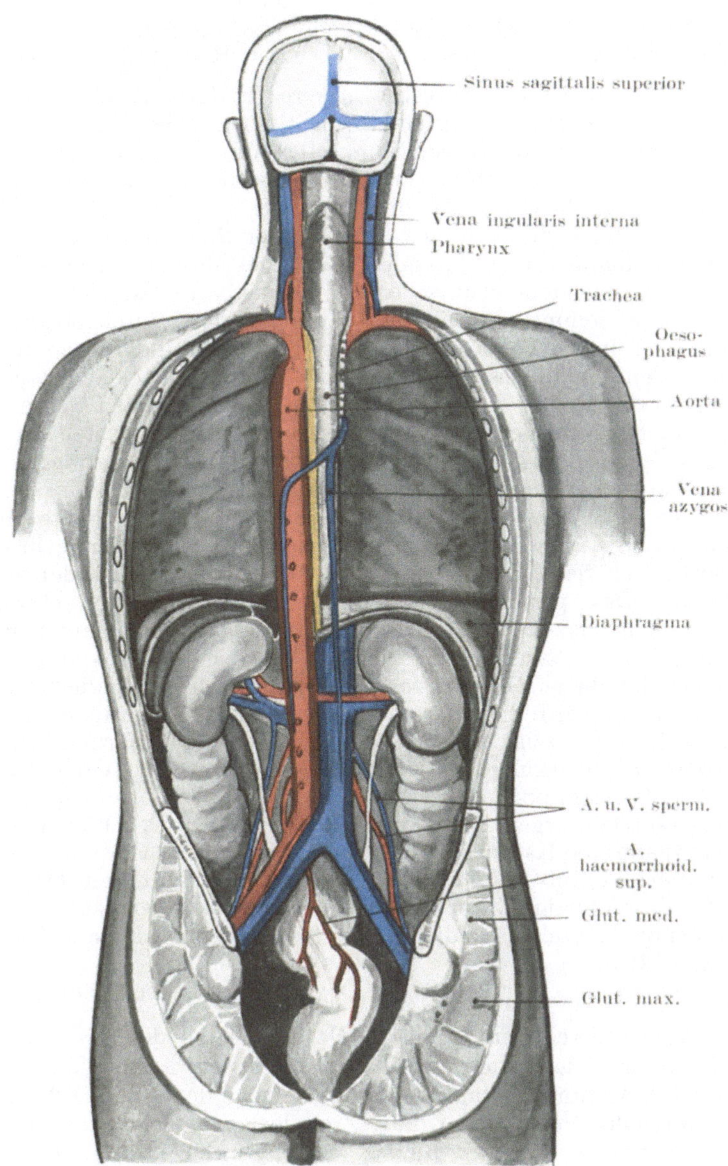

Abb. 97. Topographie der Nieren von hinten.

so liegt die Niere in dem Winkel der Biegung an der Stelle, an welcher
die Wirbelsäule am stärksten gebeugt ist, so daß sie bei extremster
Beugung zwischen dem Darmbein und den unteren Rippen gequetscht

werden kann. So findet sich nicht selten nach Traumen des Rückens, bei denen die Wirbelsäule stark nach vorne gebeugt wurde, wie z. B. wenn eine schwere Last auf den gebeugten Rücken fällt, Blut im Urin.

Die Niere ist in reichliches lockeres Fettgewebe eingehüllt, dessen Vereiterung zu einem sog. perinephritischen Abszeß führt. Ein derartiger Abszeß kann von der Niere selbst ausgehen, durch Traumen oder Erkrankungen der Nachbarschaft (Wirbelsäule; Kolon etc.) bedingt sein. Anfangs liegt der Eiter vor dem Musculus psoas, gewöhnlich dringt er aber allmählich durch diesen Muskel oder die Lumbalfaszie hindurch. Dadurch kommt er am lateralen Rande des Musculus sacrospinalis zum Vorschein, nachdem er zwischen den benachbarten Rändern der Musculi obliquus abdominis externus und latissimus dorsi durchgetreten ist. Er kann auch in die Fossa iliaca oder selbst entlang dem lockeren Gewebe hinter dem Colon descendens und Rektum ins Becken gelangen oder selbst in das Kolon, die Harnblase, ja selbst durch das Zwerchfell in die Pleurahöhle und die Lunge durchbrechen. Am seltensten durchbricht er das Peritoneum. Ein **Nierenabszeß** bricht in der Regel nach der nicht vom Peritoneum überzogenen Hinterfläche durch; auch in das Kolon kann er sich seinen Weg bahnen. In einem Falle gelangte ein durch einen Stein bedingter Nierenabszeß von der rechten Niere in die Pars pylorica ventriculi, so daß diese beiden Organe miteinander kommunizierten. Das perirenale Fettgewebe ist von großer chirurgischer Wichtigkeit, da dessen lockere Beschaffenheit eine Nierenenukleation leicht gestattet. An der Hinterfläche ist es reichlicher als an der Vorderfläche. Ist dieses Gewebe zerstört oder durch entzündliche Vorgänge vernarbt, so wird die Niere fixiert und ihre Entfernung oft äußerst schwierig. Dies zeigt sich z. B. sehr gut bei der Entfernung einer lange erkrankten tuberkulösen Niere. Außer dieser perirenalen Fettkapsel besitzt die Niere noch eine eigene Bindegewebskapsel, welche leicht von dem gesunden Organ abgestreift werden kann. Der Blutdruck in der Niere spannt die Kapsel straff an; bei entzündlichen Prozessen kann diese Spannung so groß werden, daß sie die Zirkulation in dem Organ behindert. Um derartige Zirkulationsstörungen zu beheben, ist vorgeschlagen worden die Kapsel zu inzidieren, ja selbst die Niere ganz aus ihrer Kapsel auszuschälen.

Der Erfolg einer derartigen Operation ist jedoch sehr zweifelhaft.

Wanderniere (Ren mobilis). Da die Nieren dem Zwerchfell dicht anliegen, so folgen sie auch natürlich dessen Atemexkursionen; bei normaler Atmung beträgt die Verschiebung der Niere 1,25 cm. Die **Fascia renalis,** von welcher die Nieren locker umgeben sind, ist nur ein Teil des retroperitonealen Bindegewebes. Zuckerkandl teilt sie künstlich in zwei Blätter, die Fascia prae- und postrenalis. Oben geht die Fascia renalis in das derbe subperitoneale Gewebe am Zwerchfell über, lateral in das ebenso derbe Gewebe über dem Musculus transversus abdominis, medial vereinigt sie sich mit den Gefäßscheiden der Vena cava inferior und der Aorta, während sie nach abwärts als lockeres Gewebe den Ureter umgebend in das entsprechende Gewebe des Beckens übergeht. Deshalb kann sich die Niere nur nach abwärts verschieben. Die Fascia renalis sowie die Nierengefäße, welche die Richtung der Nierenbewegung beschränken und bestimmen, treten nur in Tätigkeit, wenn die normale Exkursionsbreite überschritten wird. Die Kraft, welche die Nieren in ihrer Lage erhält, ist der intraabdominelle Druck, welcher durch die Bauchdeckenmuskulatur ausgeübt wird und die übrigen Bauchorgane gegen die Nieren andrückt. Mit dem zunehmenden Schwunde des Fettes der Nierenkapsel wird diese Faszie gelockert und die Nierenexkursion dadurch frei. Daher findet sich eine Wanderniere häufig bei unterernährten Individuen. Sie ist bei Frauen viel häufiger als bei Männern. Bei ersteren ist auch der Einfluß von wiederholten Schwangerschaften deutlich wahrnehmbar, die wahrscheinlich einerseits durch Zug am Peritoneum dessen Anheftungsflächen lockern und andererseits die Bauchwand erschlaffen. Die rechte Niere ist viel häufiger die wandernde als die linke, da wahrscheinlich auch die Leber einen großen Teil der Schuld an der Verlagerung trägt. Ich selbst habe in Gemeinschaft mit Maclagan drei Fälle beschrieben, in welchen eine Wanderniere den Gallenblasenhals so sehr komprimierte, daß der Gallenabfluß aufhörte. Die Wanderniere kann natürlich nur innerhalb eines Kreisausschnittes verlagert werden, dessen Radius der Länge der Nierengefäße entspricht und doch kann diese Verlagerung eine ganz beträchtliche sein.

Die ziehenden Schmerzen, über die oft bei Wanderniere geklagt wird, sind durch die Zerrung des Plexus renalis bedingt, der mit dem Plexus solaris in Verbindung steht und mit den Arterien in die Nieren eindringt. Die Niere erhält ihre Nerven aus dem 10.—12. Dorsal- und ersten Lumbalsegmente des Rückenmarks durch die Nervi splanchnici maiores und minores (Head). Der Schmerz kann entlang der von diesem Rückenmarkssegmente kommenden Hautnerven in die Bauchwand verlegt werden.

Mißbildungen der Niere. Eine oder selten beide Nieren können an anderer Stelle liegen als normal. Häufiger ist die linke Niere verlagert und kann alsdann über der Articulatio sacro-iliaca oder dem Promontorium in der Fossa iliaca oder selbst im Becken liegen. Die verlagerte Niere ist häufig auch mißgestaltet. Die Organe können ferner eine mehr oder minder deutliche Lappung zeigen, wie sie sich bei der Niere des Neugeborenen findet. Der Ureter kann entweder in seiner oberen oder unteren Hälfte oder in seinem ganzen Verlaufe doppelt angelegt sein, so daß er zwei Ausführungsgänge in die Harnblase besitzt. Überzählige Arterien sind relativ häufig. Es sind Fälle beschrieben, in welchen derartige Blutgefäße, welche zum unteren Pol der Niere zogen, eine Abknickung und einen Verschluß des Ureters verursacht haben, wodurch es zu Hydronephrose kam. In einer Reihe von Hydronephrosefällen fand Fenwick, daß die Abknickung des Ureters in 16% der Fälle durch ein abnormes Blutgefäß bedingt war (Abb. 98).

Die Nieren werden in der Beckengegend angelegt und steigen in den ersten Monaten des Fötallebens nach oben in die Lumbalgegend. Während dieses Emporsteigens bilden sich neue Nierengefäße aus.

Unter der „Sakralniere" versteht man ein Organ, das bei seinem Emporsteigen aufgehalten worden ist und seinen Blutzufluß aus der Arteria
iliaca communis erhält. Ein doppelter Ureter entsteht aus einer Teilung
des primären Nierenkanals (Canalis renalis).

Beide Nieren können zusammengewachsen sein. Den geringsten
Grad der Verwachsung stellt die Hufeisenniere dar; beide Nieren sind
an ihren unteren Teilen durch eine flache, bandartige oder strangförmige
Gewebsbrücke, die vor der Wirbelsäule vorüberzieht, miteinander verbunden. Bei ausgedehnten Verschmelzungen beider Organe gehen die
medialen Abschnitte derselben ineinander über, bis sie unter Umständen
den höchsten Grad der Verschmelzung zeigen, in welchem eine einzige
scheibenförmige Niere in der Medianlinie liegt, die ein einfaches oder
doppeltes Nierenbecken besitzt (Rokitansky). Sind beide Nieren nur
durch eine Bindegewebsbrücke miteinander verwachsen, so kann man sie

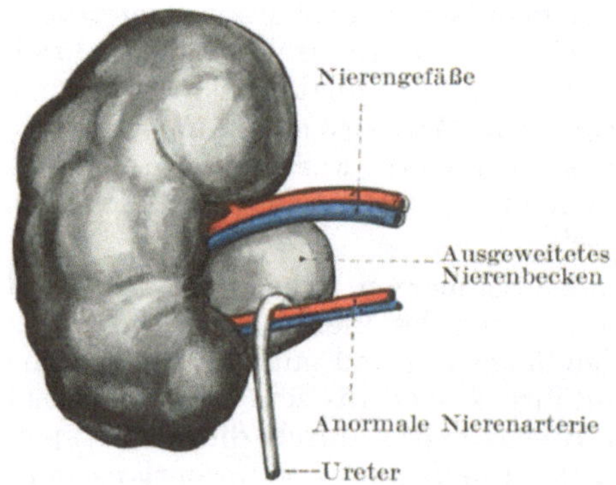

Abb. 98.   Eine aberrierende Nierenarterie als Ursache für Ureterknickung und
Hydronephrose.

operativ trennen. Eine Niere kann vollständig fehlen; die andere Niere
liegt dann entweder auf der Seite oder in der Mitte. H. Morris gibt
folgende Zahlen hinsichtlich der Häufigkeit derartiger abnormer Verhältnisse an: Angeborenes Fehlen oder doch wenigstens hochgradige
Kleinheit einer Niere findet sich einmal unter 4000 Fällen, eine Hufeisenniere einmal unter 1600 Fällen, ein einziges aus der Verschmelzung
zweier Nieren entstandenes Organ einmal unter 8000 Fällen.

Operationen an der Niere. 1. **Nephrotomie,** i. e. Nierenspaltung zum
Zwecke der Exploration oder um Eiter oder Steine zu entleeren; 2. **Nephrektomie,** Entfernung des ganzen Organs; 3. **Nephroraphie,** Nieren-
raffung, d. h. die Befestigung einer Wanderniere an ihre normale Stelle.
Bei der ersten und dritten Operation gelangt man von der Flanke aus
zur Niere. Bei der Nephrektomie führt man den Schnitt nach rückwärts 2,5 cm über den Musculus sacrospinalis und durchtrennt dabei
einen Teil des Musculus quadratus lumborum (Abb. 96). Auch ein Teil
des mittleren Blatts der Fascia lumbodorsalis, welches die 12. Rippe an

die Processus transversi der ersten beiden Lendenwirbel fixiert, liegt in dieser Inzision. Die Fascia renalis wird eröffnet und die Niere aus ihrer Fettkapsel ausgeschält. Unter Umständen muß man die 12. Rippe resezieren, um mehr Platz für die Entfernung des Organs zu haben. Die Pleura reicht bis zum Halse der 12. Rippe, gelegentlich sogar bis zum Querfortsatz des ersten Lendenwirbels (Abb. 96). In einem Falle war die 12. Rippe nur rudimentär entwickelt, in der Meinung die 12. Rippe vor sich zu haben, resezierte der Operateur die 11.; die Pleurahöhle wurde eröffnet und der Tod trat ein.

Hat man die Niere aus ihrer Fettkapsel ausgeschält, dann werden die Gefäße am Nierenhilus durch Ligaturen unterbunden. Die zahlreichen zur Niere ziehenden Nerven werden zweifellos mit den Gefäßen zusammen unterbunden. Letztere dienen als chirurgischer Stiel der Niere. Am Nierenhilus liegt die Vena renalis vorne, die Äste der Nierenarterie um sie herum, der Ureter hinten und unten. Die Arteria renalis entspricht in ihrer Dicke der Arteria brachialis und teilt sich gewöhnlich in vier, fünf, ja selbst sechs Äste, ehe sie in die Niere eintritt. Daran muß man denken, wenn man die Gebilde am Hilus einzeln unterbindet. Ein Drittel dieser Äste treten regelmäßig hinter dem Ureter in den Nierenhilus ein und können bei der exploratorischen Eröffnung des Nierenbeckens verletzt werden. Auch die Vene teilt sich am Hilus in drei oder vier Äste. Eine akzessorische Arteria renalis ist nicht selten. Sie kann am oberen oder unteren Pole oder an der Vorderfläche des Organs einmünden. Bei der Entfernung großer Nierentumoren ist ein Bauchschnitt vorzuziehen, wobei man entweder in der entsprechenden Linea semilunaris in der Höhe des Tumors oder in der Linea alba eingeht; der Bauchschnitt ist das gewöhnliche, man kann so leichter und schneller die Operation ausführen und gleichzeitig beide Nieren nachsehen. Bei chronischer Entzündung der Niere — wie z. B. bei lange bestehender Nierentuberkulose — verwächst die Niere mit der Umgebung und kann auf der rechten Seite an die Vena cava inferior fixiert sein. In solchen Fällen erfordert es die äußerste Sorgfalt, um die Vene aus den Verwachsungen frei zu präparieren. Bei dem Versuch eine festverwachsene Niere zu entfernen, kann das Zwerchfell einreißen.

Die Nebennieren (Glandulae suprarenales). Dieselben liegen an den oberen Polen der Nieren, jedoch fester mit dem Zwerchfell als mit letzteren verwachsen, was daraus zu ersehen ist, daß sie nicht mit den Nieren verlagert werden. Die rechte Nebenniere liegt hinter dem rechten Leberlappen und so dicht an der Vena cava inferior, daß beide durch entzünliche Prozesse miteinander verwachsen können. Die Drüsen erzeugen durch ihre innere Sekretion das Adrenalin, welches den Tonus der glatten Muskulatur reguliert. Wenn direkt in den Körper eingeführt, bewirkt es eine Zusammenziehung der Arterien und eine Verengerung des Darmlumens. Die Nebennierenrinde entwickelt sich aus dem Wolffschen Körper (der Urniere) und beim Descensus dieses Körpers mit den Geschlechtsdrüsen können sich Teile der Nebennierenrinde ablösen, mit den Geschlechtsorganen nach abwärts wandern und zu Tumoren heranwachsen. Teile der Nebenniere können auch in die Niere eingebettet werden und so zu Nebennierengeschwülsten in der Niere führen. Das Nebennierenmark, das im Zusammenhang mit dem Nervus sympathicus entsteht, empfängt zahlreiche Nerven aus dem Plexus solaris. Erkrankungen der Nebennieren bedingen mitunter Bronzefärbung der Haut (Morbus Addison); deshalb nimmt man an, daß sie bei der Bildung eines Körperpigments eine Rolle spielen.

Anmerkung des Übersetzers: Die Entstehung der Nebenniere aus der Urniere ist jedoch keineswegs sicher; das Cölomepithel, ja selbst das Mesenchym werden als Ursprungsstelle derselben angenommen. Am wenigsten verständlich ist die eigentümliche Bronzefärbung der Haut. Bei einer Anzahl Inder, die ich zu sezieren Gelegenheit hatte, fand ich die Nebenniere nicht vergrößert, ebenso nicht bei einem Neger. Bei letzteren sollen sie besonders groß und pigmentreich sein. Die charakteristische Hautverfärbung bei Addisonscher Krankheit darf nicht mit der eigentümlichen Braunfärbung der Haut bei schwerer Hämochromatose verwechselt werden.

Die **Harnleiter** (Ureteren) (Abb. 99) sind kräftige 30—35 cm lange zylinderförmige Röhren mit dicker Muskelwand und liegen vollständig retroperitoneal. Die durchschnittliche Weite entspricht der eines Gänsekiels. Der Ureter liegt von oben nach unten auf folgenden Strukturen: 1. dem Musculus psoas und Nervus genitocruralis; 2. der Arteria iliaca communis auf der linken Seite, der Arteria iliaca externa auf der rechten Seite; 3. begleitet er die Arteria hypogastrica nach abwärts ins kleine Becken, tritt in das sog. falsche Ligamentum vesicae laterale (d. h. in die Umschlagstelle des Peritoneums an der Seitenfläche der Harnblase) ein und gelangt so zur Blase. Beim Weibe verläuft er durch die Basis des Ligamentum latum an der Stelle, an welcher die Arteria uterina 2 cm vom Halse des Uterus über ihm hinweg läuft. Ehe er in die Blase eintritt, liegt er auf dem Dache des Scheidengewölbes und ein Stein, der an dieser Stelle stecken bleibt, kann von der Vagina aus deutlich gefühlt werden. Die engste Stelle des Kanals liegt in der Blasenwand selbst, so daß Steine, die dem Gang entlang nach abwärts getrieben werden, häufig an dieser Stelle stecken bleiben. Außerdem finden sich am Ureter noch zwei enge Stellen, an welchen sich Steine festsetzen können: am Übergang ins Nierenbecken und an der Stelle, an welcher er den Beckenrand überschreitet (Linea terminalis). Man teilt den Ureter auch in zwei Abschnitte ein, eine Pars abdominalis, welche vom Nierenbecken bis zur Linea terminalis des knöchernen Beckens reicht und in eine Pars pelvina, die von der Linea terminalis bis zum Blasenfundus sich erstreckt.

Der Ureter erweitert sich im Nierenhilus zu dem Nierenbecken, das sich seinerseits in die einzelne Nierenkelche (Calyces) teilt. Im Becken und in den Kelchen finden sich häufig Steine. Die Kelche sind zu eng, um einer Fingerspitze Platz zu geben. Der (durchschnittene) Ureter kann mit Erfolg wieder genäht werden. Er wird von Nerven aus dem Plexus renalis und von den Gefäßen aus den renalen, unteren Blasen-

und subperitonealen Gefäßnetzen versorgt. Seine Mißbildungen wurden
schon oben erwähnt. Auf der Suche nach eingeklemmten Steinen
mit Hilfe der Röntgenstrahlen ist die folgende Methode, den Verlauf der
Ureteren zu bezeichnen, sehr nützlich (Abb. 99). Das Nierenbecken liegt
bekanntlich zwischen den Querfortsätzen der beiden ersten Lendenwirbel;
seine Projektion auf die Körperoberfläche liegt unmittelbar medial von
dem der Gallenblase entsprechenden Punkt. Am Beckenrande kreuzt
der Ureter an oder in nächster Nähe der Teilungsstelle der Arteria iliaca
communis eine von der Teilungsstelle der Aorta zur Mitte der Ver-

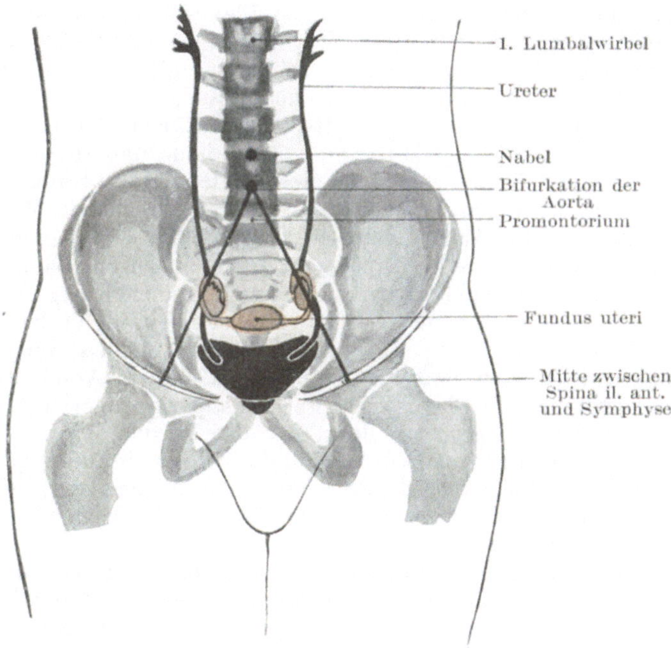

Abb. 99. Radiogramm der mit Wismut gefüllten Blase und Ureteren.

bindungslinie zwischen Symphyse und Spina anterior superior gezogene Linie an der Grenze von deren oberem und mittlerem Drittel. Die
Pars pelvica ureteris ist gekrümmt, die nach auswärts gerichtete Konvexität liegt 1,25 cm vor der Spina ischiadica. Die Blasenmündung
des Ureters findet man auf einem Skiagramm etwas oberhalb und medial
von dem Tuberculum pubicum. Rigby hat gezeigt, daß man den Ureter
auch von hinten her durch das Foramen ischiadicum minus erreichen
und so Steine entfernen kann, wenn eine Operation von vorne wegen
ausgedehnter Verwachsungen nicht möglich ist. Er benutzt die Spina
ischiadica als Führer zum Ureter.

Die Nervenversorgung der Bauchorgane. Kurze Bemerkungen über die Nerven, welche die Bauchorgane versorgen und über die Rückenmarkssegmente, aus welchen sie kommen, finden sich in dem vorhergehenden Kapitel. Die Bauchorgane werden durch eine Reihe von Nervenplexus, hauptsächlich vom Grenzstrang des Nervus sympathicus versorgt. Der wichtigste dieser Plexusse ist das **Sonnengeflecht** (Plexus coeliacus), von welchem mehr oder weniger direkt der Magen, die Leber, Milz, Nieren, Kapsel der Nebennieren, Pankreas und diejenigen Teile des Darms, welche von der Arteria mesenterica superior gespeist werden, mit Nervenfasern versorgt werden. Der Plexus coeliacus mit seinen Anhängen nimmt die Nervi splanchnici und Äste des Nervus vagus auf, während die Nervi phrenici an die Plexus hepaticus und suprarenalis Äste abgeben. Durch diese Nerven werden die Weite der Blutgefäße und die Blutmenge in der Bauchhöhle beeinflußt. Sie enthalten nicht nur sensible Fasern für die Bauchorgane, sondern auch motorische Fasern für fast die gesamte glatte Muskulatur des Körpers, so vor allem auch für den Darm. Es ist gut verständlich, daß eine Reizung solcher ausgebreiteter Netzwerke mit solch ausgedehnten zentralen Verbindungen und solch wichtigen Beziehungen auch entsprechende Wirkungen auslösen muß. Diese Wirkungen sehen wir in dem tiefen Kollaps, Erbrechen und anderen schweren Symptomen, die nach ernsten Bauchverletzungen auftreten, hauptsächlich bei Verletzungen solcher Organe, welche am unmittelbarsten mit diesen großen Plexussen in Verbindung stehen. Das Colon descendens und die Flexura sigmoidea werden von dem Plexus mesentericus inferior innerviert; der obere Abschnitt des Kolon, wenngleich er vom Plexus mesentericus superior innerviert wird, bezieht doch nur seine Nerven aus dem Teile des Plexus, der am weitesten von den großen Zentren entfernt liegt und es ist eine in die Augen springende Tatsache, daß je näher die Verletzung am Magen liegt, desto schwerer sind ceteris paribus die mit dem Trauma in Verbindung stehenden nervösen Erscheinungen.

Bei einzelnen Erkrankungen der Leber und des Magens klagen die Kranken über „Irradiationsschmerzen" zwischen den Schulterblättern oder um die unteren Winkel derselben herum, ja selbst noch tiefer unten (Abb. 77). Die zum Magen ziehenden Nerven kommen hauptsächlich vom siebenten und achten, solche für die Leber vom achten und neunten Spinalsegment. Die Hautbezirke dieser Rückenmarkssegmente werden hyperästhetisch, wenn diese Organe erkranken. Der „Schulterspitzenschmerz", welcher häufig Lebererkrankungen begleitet, liegt in dem vom vierten Zervikalsegment innervierten Hautbezirk, dasselbe Segment, welches sensible Fasern zum Zwerchfell und dem darunter liegenden Bindegewebe durch die Nervi phrenici abgibt. Letztere Nerven verzweigen sich bekanntlich an der Zwerchfellunterfläche.

Zwischen einer Erkrankung der Flexura sigmoidea und Schmerzen im Knie scheint auf den ersten Blick kaum ein Zusammenhang zu bestehen und doch wird bei Karzinom der Flexur und in Fällen, in welchen sie stark gebläht ist, über Schmerzen im Knie geklagt. Der Schmerz wird in der Bahn des Nervus obturatorius, der unter der Flexur liegt und

natürlich leicht von dem erkrankten Darm komprimiert werden kann,
fortgeleitet. Die im Dünndarm entstehenden Schmerzen werden in der
Regel in die Nabelgegend verlegt — den Ausbreitungsbezirk des 10. Dorsalnerven (Abb. 77). Es erscheint merkwürdig, daß derartige Schmerzen
auf einen so kleinen Bezirk beschränkt sein sollen, allein eine vollständige
Erklärung hierfür findet sich in der Tatsache, daß der gesamte Dünndarm aus einem außerordentlich kleinen Teile des embryonalen Verdauungstraktus sich entwickelt. Schmerzen in den Leistenbeugen in
der Bahn des 12. Dorsal- und ersten Lumbalnerven haben verschiedene
Ursachen — Erkrankungen der Niere, des Ureters, Ovariums, der Hoden
Tube, Uterus, Appendix coeci, Hüftgelenk sowie Hernien. Daher ver-
langt ein in dieser Gegend auftretender Schmerz hinsichtlich seiner Entstehung die Berücksichtigung aller dieser Organe.

Die Blutgefäße der Bauchhöhle (Abb. 100). Einige der viszeralen Äste
der Aorta sind sehr groß und bluten bei Verwundungen sehr stark. So sind
z. B. die Arteria coeliaca sowie die Arteria mesenterica superior so dick
wie die Arteria carotis communis; die Arteria splenica, hepatica und
renalis sind so stark wie die Arteria brachialis, während der dickste Abschnitt der Arteria mesenterica inferior der Arteria ulnaris entspricht.
Aneurysmen der Bauchaorta liegen am häufigsten an der Abgangsstelle
der Arteria coeliaca, eine Stelle, an welcher eine Anzahl großer Gefäße
abgehen und wo der Blutstrom infolgedessen eine plötzliche Ablenkung
erfährt. Wenngleich zwei oder an einer Stelle selbst drei anastomosierende
Gefäßbezirke zwischen den Ästen der Arteria mesenterica superior bestehen, ehe sie sich in ihre Endverzweigungen im Darm auflösen, so führt
doch die Embolie eines relativ kleinen Arterienastes zu Darmgangrän
(Lockwood).

Wenn man bedenkt, wie nahe die Lymphoglandulae lumbales
der Vena cava inferior und den Venae iliacae liegen, so versteht man,
daß eine starke Anschwellung dieser Lymphknoten ein Stauungsödem
erzeugen kann. Eine Thrombose der Vena portarum führt zu einer
Gangrän des gesamten Dünndarms. In einem von Barnard veröffentlichten Falle war die Embolie der Vene durch eine Verengung des
Lumens an der Stelle entstanden, an welcher das Gefäß hinter dem
Pankreaskopf nach oben verläuft. Die Vena cava inferior kann mit
Erfolg unterbunden werden; bei dem sich alsdann ausbildenden kollateralen Kreislauf sind es hauptsächlich die Venae azygos, epigastricae
und intervertebrales, welche sich erweitern.

Eine Anzahl kleiner aber außerordentlich wichtiger Anastomosen
finden sich zwischen den viszeralen Ästen der Aorta und einzelnen Gefäßen, die zur Bauchwand ziehen (Abb. 100). Diese Anastomosen liegen
retroperitoneal und betreffen meistens solche Organe, welche eine genügend große, von Peritoneum freie Fläche besitzen. Die viszeralen Äste,
welche in diese Anastomosen einmünden, kommen aus den Arteriae
hepaticae, renales und suprarenales und aus den Arterien, welche die
unteren Abschnitte des Duodenums, das Pankreas, Cökum, Colon ascendens und descendens versorgen. Die parietalen Äste, welche mit diesen

viszeralen Ästen in Verbindung stehen, kommen aus den Arteriae phrenicae, lumbales, ileo-lumbales, untere intercostales, epigastricae und circumflexa ilium. In einem von Chiene ausführlich beschriebenem Falle

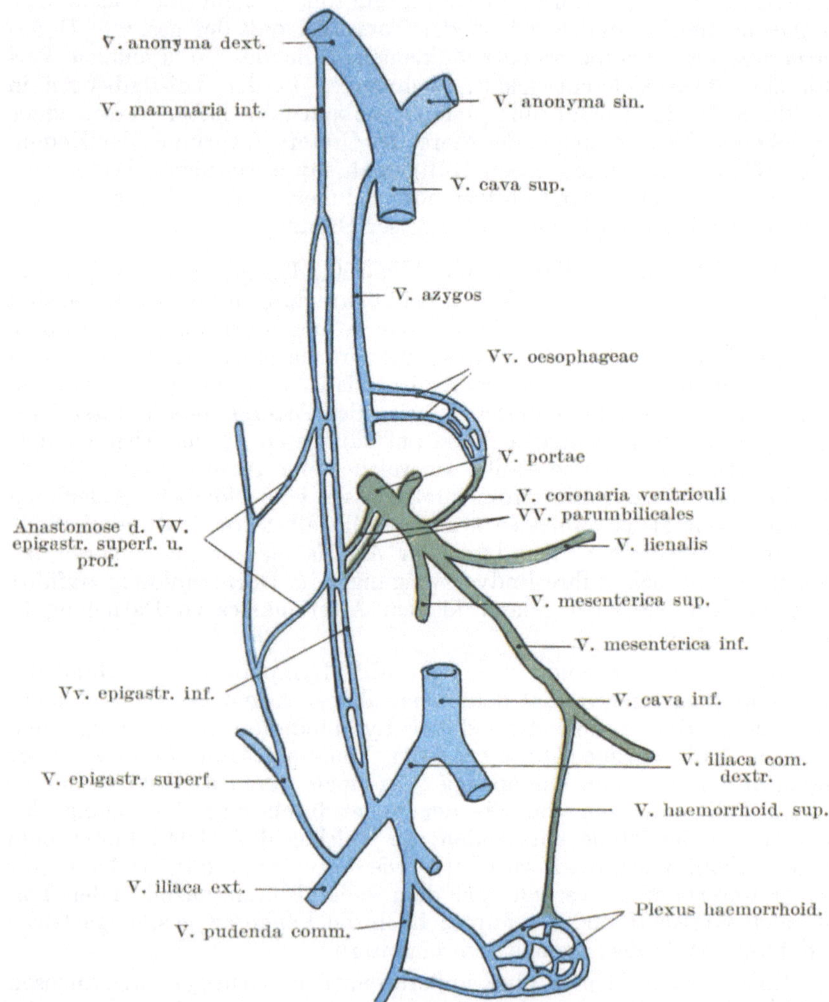

Abb. 100.   Schematische Darstellung der Anastomosen d. V. portae mit anderen
Venengebieten.   (Nach Schultze.)

waren die Arteriae coeliaca und mesentericae durch Emboli verschlossen,
jedoch konnte genügend Blut zu den Ästen dieser Arterien auf dem
Umwege über ihre parietalen Anastomosen gelangen. Wird der Pfortaderkreislauf durch eine Erkrankung der Leber hochgradig gestört,

so kann das Blut der Pfortader an folgenden Stellen in den venösen Körperkreislauf gelangen: 1. Am unteren Teile des Rektums — Anastomosen zwischen Venae haemorrhoidales superiores mit den Venae haemorrhoidales mediae und inferiores; 2. am Ösophagus — Anastomosen zwischen den Venae oesophageae und der Vena coronaria ventriculi (das Blut kann hier auch zur Vena azygos abfließen); 3. im Ligamentum falciforme und teres hepatis — Anastomosen zwischen der Vena portarum und Ästen der Vena epigastrica; 4. im Retroperitonealgewebe der hinteren Bauchwand, wobei die Venae renales, phrenicae, lumbales und intercostales Blut aus den Venae mesentericae, pancreaticae und anderen erhalten. Durch spontan gebildete oder künstlich erzeugte Adhäsionen zwischen dem großen Netze (i. e. dem viszeralen Peritoneum) und dem parietalen Bauchfellüberzug, wie es bei der Talma-Morrisonschen Operation geschieht, können sich neue und große Anastomosen zwischen dem Pfortader- und Körperkreislauf ausbilden. In Fällen von Kommunikation zwischen der Vena iliaca externa und der Vena portarum entsteht die Anastomose gewöhnlich durch die Venae epigastricae profundae, welche sich mit einer offen gebliebenen Vena umbilicalis in der Umgebung des Nabels vereinigen.

Der Brustmilchgang (Ductus thoracicus) (Abb. 97). Derselbe kann bei der Entfernung tuberkulöser Lymphknoten unter dem unteren Teile des linken Musculus sternocleidomastoideus verletzt werden; auch kann er an dieser Stelle, wie an einigen in der Literatur niedergelegten Fällen ersichtlich ist, durch eine Stichverletzung des Halses durchtrennt werden. In jedem Falle fließt reichlich Chylus und Lymphe aus der Wunde ab. Der Gang kann vollständig obliteriert sein, ohne daß während des Lebens irgendwelche Erscheinungen bestanden haben müssen. Er kann absichtlich zum Zwecke der Entfernung von Lymphknoten aus dem Trigonum supraclaviculare minus ohne irgendwelchen Nachteil durchtrennt und unterbunden werden. Leaf hat gezeigt, daß der Brustmilchgang in ausgedehnter Weise mit den Venae azygos im hinteren Abschnitte des Mediastinums und mit den Lymphgefäßen der rechten Thoraxseite und des Halses kommunizieren kann. Er dient häufig als ein Kanal für die Weiterverbreitung maligner Tumoren oder Entzündungen (Tuberkulose), die sich im Bauchraume finden. Eine Vergrößerung der Lymphoglandulae cervicales profundae inferiores können die ersten Symptome eines Magenkrebses sein (W. M. Stevens).

19. Das Becken.

Mechanik des Beckens. Das Becken, welches dazu dient, gewisse Organe zu beherbergen, die Bauchorgane von unten zu stützen, sowie den unteren Extremitäten und zahlreichen Muskeln eine Ansatz- und Ursprungsstelle zu bieten, hat andererseits den Zweck das Körpergewicht sowohl in aufrechter wie in sitzender Stellung zu übertragen. Diese Übertragung wird durch zwei Bögen bewerkstelligt, von denen der eine für die aufrechte Haltung, der andere für die sitzende Stellung in Betracht kommt. Bei der aufrechten Stellung wird der Bogen vom Kreuzbein, den beiden Articulationes sacroiliacae, den Gelenkpfannen und den zwischen den beiden letzten Punkten liegenden Knochenpartien gebildet. Würde man außer diesen Teilen alles übrige vom Becken abtrennen, so würden diese übrigbleibenden Teile doch noch imstande sein, das Gewicht des Körper zu tragen und würden in ihrer einfachen Gestalt den Bogen vorstellen, durch welchen das Gewicht übergeleitet wird. Bei der sitzenden Stellung sind es das Kreuzbein, die Articulationes sacroiliacae, die Tubera ischii und die starken Knochenmassen, die sich zwischen den beiden letztgenannten Knochen vorfinden, welche den Bogen bilden. H. Morris nennt diese beiden Bögen die Arcus femorosacralis und ischiosacralis. Betrachtet man das Hüftbein (Os coxae) unter diesem Gesichtspunkt, so findet man, daß die dicksten und kräftigsten Partien desselben in dieser Linie liegen. Wenn ein Bogen ein beträchtliches Gewicht zu tragen hat, so wird er zu einem Ringe ausgebildet, um einen Gegenbogen zu bilden, oder anders ausgedrückt, die Enden des Bogens werden durch ein Band miteinander verknüpft, um sie an ihrem Ausweichen nach außen zu hindern. Dadurch wird ein Teil des auf ihm ruhenden Gewichts auf die Mitte des Gegenbogens übertragen und im Sinus des Bogens getragen. Der Körper und die horizontalen Schambeinäste bilden die Verbindung oder den Gegenbogen des Arcus femorosacralis, die gemeinsamen Äste der Scham- und Sitz- beine diejenigen des Arcus ischio-sacralis. So sind die Verbindungen beider Bögen vorne an der Symphysis ossium pubis vereinigt, welche wie das Kreuzbein als die höchste Stelle beiden Bögen gemeinsam ist.

Dies macht es verständlich, warum die Symphyse so außerordentlich belastet wird, wenn ein vermehrtes Gewicht, wie z. B. bei der Schwanger- schaft vom Becken getragen werden muß; ferner warum in Fällen von Nachgiebigkeit oder Erkrankung der Symphyse eine solche Machtlosig- keit besteht, die selbst das Stehen und Sitzen unmöglich macht; ferner weshalb der vordere Teil des Beckenringes unter dem Körpergewicht nachgibt und bei Rachitis oder Osteomalazie sich verbiegt. Die rachi- tische Beckenverkrümmung ist sehr verschieden, je nach dem Alter, in welchem die Erkrankung auftritt. Die bisweilen bei sehr jungen Kin- dern zu sehenden Verkrümmungen werden Muskelkontraktionen zu- geschrieben (Musculi iliopsoas, sacrospinalis, glutaeus medius etc.). Beim rachitischen Becken par excellence nähern sich die beiden Gelenk- pfannen einander, der vordere Teil des Beckengürtels gibt nach, so daß die Symphyse nach vorne getrieben und die Beckenhöhle in ihrem Querdurchmesser stark verengt wird. In hochgradigen Fällen kann der vordere Bogen so gut wie vollständig kollabieren, so daß die horizontalen Schambeinäste auf eine kurze Strecke miteinander parallel verlaufen können.

Bei aufrechter Körperhaltung ist die Neigung des Beckens eine derartige, daß die Ebene des Randes des kleinen Beckens mit der Hori- zontalen einen Winkel von 60—65° bildet; die Basis des Kreuzbeins liegt ca. 9,5 cm höher als der obere Rand der Symphyse, während die Spitze des Steißbeins etwas höher liegt als der untere Rand der Schamfuge. Der Mittelpunkt der Schwere des erwachsenen Körpers liegt genau über der Mitte einer Verbindungslinie der beiden Femurköpfe.

Beckenbrüche. Aus dem vorhergehend Gesagten ergibt sich, daß die schwächsten Stellen des Beckens die Symphyse und die Articulationes sacroiliacae sind. Die Knochen dieser Teile sind allerdings durch mächtige und kräftige Bänder so fest vereinigt, daß die Gelenke sehr selten nachgeben, während Brüche der Knochen in der Nachbarschaft der Gelenke häufiger sind. Die häufigste Fraktur des Beckens findet sich in dem schwachen Gegenbogen und verläuft durch die Äste des Scham- und Sitzbeines. Diese Fraktur ist häufig mit Bandzerreißungen um die Articulationes sacroiliacae herum vergesellschaftet und entsteht durch Unfälle der verschiedensten Art. Dieser letztere merkwürdige Umstand wird von Tilleaux folgendermaßen erklärt. Wird das Becken komprimiert a) von vorne nach hinten, so hat der schwache Gegenbogen die Hauptbelastung auszuhalten und bricht durch direkte Gewalteinwirkung. Die immer noch weiter einwirkende Kraft treibt die beiden Darmbeine auseinander und zerreißt so die vorderen Ligamenta sacroiliaca. Wirkt die Kraft b) von der Seite ein, also in der Richtung des Querdurchmessers, dann werden die beiden Gelenkpfannen einander genähert, der Gegenbogen wird stärker gebogen und bricht zuletzt durch indirekte Gewalteinwirkung. Die noch fortwirkende Gewalt treibt die beiden Darmbeine aufeinander, die Articulatio sacroiliaca hat die stärkste Belastung auszuhalten, so daß in diesem Falle die hinteren Ligamenta sacroiliaca nachgeben oder benachbarte Knochenteile abgerissen werden. Bei einem Sturz auf die Füße oder das Gesäß ist es daher verständlich, daß in vielen Fällen der eigentliche Bogen wegen seines kräftigen Baus unversehrt bleibt, während der Gegenbogen bricht. Jeder einzelne Beckenteil mit Einschluß des Kreuzbeins kann durch eine scharf umschriebene direkte Gewalteinwirkung frakturieren. Kleinere oder größere Teile des Darmbeinkamms, die Spinae superiores anteriores und posteriores können abgerissen werden. Der erstgenannte Knochenteil kann als eine Epiphyse abgetrennt werden. Er verknöchert im 24. Lebensjahr. In einem Falle wurde bei einem Wettlauf das Tuberculum pubicum durch den an ihm ansetzenden Musculus rectus abdominis abgerissen. Der Hüftknochen kann an den drei Stellen seiner anatomischen Verschmelzung brechen. Dieses Ereignis kann aber nach dem 17. Lebensjahr nicht mehr eintreten, da zu dieser Zeit der Knorpel in der Regel schon verknöchert ist und die drei einzelnen Knochen vollständig zusammengewachsen sind. Ehe diese Konsolidation eintritt, bahnt sich nicht selten eine Hüftgelenksentzündung ihren Weg durch die Knorpelfuge ins Becken. Die Gelenkpfanne kann brechen und der Femurkopf durch deren dünnste Stelle in das Becken eingetrieben werden. Bei Brüchen des Sitz- und Schambeins kann die Blase durch Knochensplitter verletzt werden. In einem Falle wurde ein so in die Blase eingetriebenes Knochenstückchen der Kern eines Blasensteins. Auch die Vagina und Urethra können durch dislozierte Knochenfragmente verletzt oder ernsthaft komprimiert werden. Bei Frakturen des Kreuzbeins kann das Rektum einreißen, sowie durch das (meistens nach vorwärts) verlagerte untere Bruchstück derart komprimiert werden, daß es fast gänzlich verschlossen ist.

Die Schambeinfuge (Symphysis ossium pubis). Symphysentrennung ohne Knochenbruch kann durch heftige Gewalteinwirkung entstehen. Malgaigne beschreibt drei Fälle, in denen die Trennung der Symphyse durch Muskelaktion allein zustande kam, nämlich bei extremster Kontraktion der Adduktorenmuskeln beider Seiten. Die Sigaulteansche Operation besteht darin, in Fällen von verengtem Becken die Symphyse zu durchtrennen, in der Absicht mehr Platz während der Wehen zu erhalten und so den Kaiserschnitt zu vermeiden. Die Verbindung der beiden Schambeine an dieser Stelle besteht aus einer Lamina fibrocartilaginea (interpubica) sowie einigen Verstärkungsbändern in Gestalt der Ligamenta pubicum superius und arcuatum pubis. Die Schambeinfuge ist 4—5 cm breit und kann subkutan durchtrennt werden, wobei sie reichlich $1^{1}/_{4}$ cm klafft. Es ist jedoch gezeigt worden, daß, um $1^{1}/_{4}$ cm in der Conjugata vera zu gewinnen, die Knochen 5 cm weit auseinander stehen müssen. Eine so ausgedehnte Trennung verletzt aber die vorderen Ligamenta sacroiliaca und schädigt die Befestigungsstellen der Beckenorgane mehr oder weniger schwer.

Die Articulatio sacroiliaca. Sie enthält einen von Synovia ausgekleideten spaltförmigen Hohlraum und ist nur in ganz geringem Maße beweglich. Da dieses Gelenk in der Linie der großen Bögen des Beckens liegt, so folgt daraus, daß bei einer Entzündung desselben heftige Schmerzen entstehen, sowohl bei aufrechter Haltung als auch bei sitzender Stellung. Vereitert das Gelenk, so sucht der Eiter nach vorwärts durchzubrechen, da die Ligamenta sacroiliaca anteriora relativ dünn und schwach sind im Vergleich mit den festen dicken und kräftigen entsprechenden hinteren Bändern. Ist der Eiter bis zur Beckeninnenfläche vorgedrungen, so kann er sich entweder in der Fossa iliaca ansammeln oder die Scheide des Musculus iliopsoas erreichen. Ferner kann derselbe auch dem Plexus lumbosacralis und dem Nervus ischiadicus entlang zum Oberschenkel gelangen und hinter dem Trochanter maior femoris an die Oberfläche kommen, ja er kann entlang den Vasa obturatoria zur medialen Fläche der Membrana obturatoria gelangen und schließlich an der Innenseite des Oberschenkels zum Vorschein kommen. Doch kann der Eiter auch unter Umständen die kräftigen hinteren Bänder durchbrechen und an der dorsalen Seite des Gelenks erscheinen.

Die Nervenversorgung dieses Gelenks ist sehr wichtig. Dieselbe wird von dem Nervus glutaeus superior, dem vierten (Nervus furcalis) und fünften Lumbal- und dem ersten Sakralnerven sowie den Rami posteriores des ersten und zweiten Sakralnerven besorgt (Morris). Der vierte und fünfte Lumbalnerv mit dem Nervus obturatorius ziehen vor dem Gelenk vorbei, erstere stehen in sehr enger Beziehung zum Gelenk. Es ist deshalb verständlich, daß bei einer Erkrankung dieses Gelenks über Schmerzen in der Regio sacralis (obere Sakralnerven) und im Gesäß (Nervus glutaeus) geklagt wird. Häufig werden auch heftige Schmerzen in Hüfte und Kniegelenk, sowie entlang der inneren Seite des Oberschenkels geklagt (Nervus obturatorius). Bei einigen in der Literatur beschriebenen Fällen bestanden intensive Schmerzen an der Hinterfläche des Oberschenkels, sowie in der Wadenmuskulatur mit sehr schmerzhaften fibrillären Zuckungen dieser Teile (vierter, fünfter Lumbalnerv und Verbindung mit dem Nervus ischiadicus). Eine **Luxation** in diesem Gelenk wird durch die doppelkeilförmige Kontur des Knochens sowie durch die besonders kräftigen Bänder vereitelt. Das Kreuzbein steht sehr schräg im Körper, so daß das Körpergewicht dessen Basis in das Becken einzutreiben und seine Spitze nach aufwärts zu drehen bestrebt ist. Die kräftigen Ligamenta sacroiliaca posteriora verhindern die erste Bewegung, die Ligamenta sacrotuberosa die zweite.

Trendelenburgsche Operation. Um bei der Ectopia vesicae die beiden Schambeine und die fehlenden Weichteile zu vereinigen, durchtrennt Trendelenburg die beiden Articulationes sacroiliacae. Die Operation ist auf Kinder beschränkt zwischen dem zweiten und fünften Lebensalter. Die Entfernung zwischen den beiden Spinae iliacae anteriores superiores kann durch diese Operation bei einem $2^1/_2$ jährigen Kinde um 5 cm verkleinert werden.

Tumoren der Regio sacrococcygea. An dieser Stelle finden sich häufig angeborene Geschwülste, die bisweilen ihrer Form nach an „menschliche Schwänze" erinnern; auch eine dritte untere Extremität kann sich an dieser Stelle finden, eine Mißbildung, welche unter dem Namen „Tripodismus" bekannt ist.

Ebenso finden sich häufig die sog. Sakralparasiten, d. h. ausgereifte Teratome an dieser Stelle, ja selbst vollentwickelte lebensfähige Zwillinge können an dieser Stelle miteinander verwachsen sein (Pygopagus). In diesen Steißgeschwülsten finden sich nicht selten Abkömmlinge aller drei Keimblätter, so z. B. Epithelzysten, Haut-, Muskel- und Nervengewebe, Knochen, Knorpel, Schleimhaut etc. Diese geschwulstartigen Fehlbildungen nehmen ihren Ursprung von der Vorderseite des Steißbeins zwischen ihm und dem Rektum. Sie entstehen aus den embryonalen Strukturen, welche als Postanaldarm und Canalis neurentericus bekannt sind.

Die Symphysis sacrococcygea. Das Kreuz-Steißbeingelenk kann luxiert oder erkrankt sein. In jedem Falle bestehen dabei große Schmerzen, da die Ansatzstelle der Musculi glutaeus maximus, coccygeus, levator und sphincter ani häufige Bewegungen desselben verursacht. Bei einer Luxation kann der Knochen die Rektalwand einstülpen und so Beschwerden verursachen. Das Gelenk selbst und die benachbarten Teile können der Sitz so heftiger Neuralgien („Coccygodynia") sein, daß entweder das Steißbein entfernt oder die dasselbe bedeckenden Weichteile ausgiebig durchtrennt werden müssen. Das Gelenk sowie die benachbarten Strukturen werden von folgenden Nerven versorgt: Rami posteriores der zweiten, dritten und vierten Sakralnerven, sowie den vorderen und hinteren Ästen des fünften Sakral- und dem Coccygealnerven. Im Alter verknöchert das Sacrococcygealgelenk.

318   Der Bauch und das Becken.

Beckenboden (Diaphragma pelvis) **und Beckenfaszie.** Der knöcherne
Beckenausgang (Apertura pelvis inferior) wird von hinten nach vorne
von folgenden Strukturen eingenommen: Musculus piriformis, Ligamenta
sacro-tuberosum und sacro-spinosum, Musculi coccygeus, levator ani
und das parietale Blatt der Beckenfaszie, deren Hauptteil die Fascia
diaphragmatis pelvis superior ist. Diese Gebilde machen zusammen
den Beckenboden aus. Die drei letztgenannten Strukturen trennen
die Beckenhöhle vom Damm und bilden eine hängemattenartige Unterlage für die Beckenorgane.

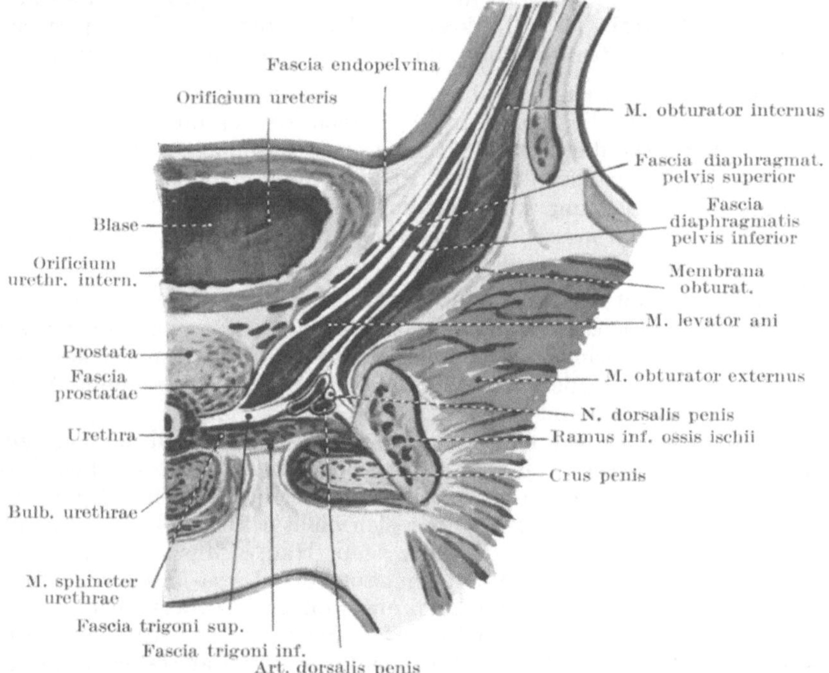

Abb. 101. Darstellung der Beckenfaszien am männlichen Becken.
(Schematisch nach Spalteholz.)

Die Öffnung des Beckenbodens (Abb. 102). Der eigentlich aus zwei
Teilen (Musculi pubococcygeus und iliococcygeus) bestehende Musculus
levator ani der einen Seite wird von seinem Partner der anderen Seite
durch einen schmalen Spalt getrennt, welcher von der Symphyse bis
zum Steißbein reicht. Durch ihn treten der Anus, die Vagina und
die Urethra hindurch. Während der Niederkunft wird diese Stelle
von dem durchtretenden kindlichen vorangehenden Teil hochgradig erweitert, wie sie auch während der Defäkation erschlafft und länger
wird. Ihre Länge beträgt ca. 4,5 cm. Während der Defäkation sind die
Fasern des Musculus levator ani erschlafft, der Analkanal (Pars analis
recti) bewegt sich nach rückwärts und abwärts, so daß die Beckenöffnung

ca. 1¹/₄ cm länger wird (R. H. Paramore). Bei Kontraktion der Dammmuskulatur mit gleichzeitiger Zusammenziehung der Bauchwandmuskeln
verkürzt sich die Öffnung, wodurch der Analkanal gegen die Symphyse
gezogen wird. Außerdem wird die Öffnung zwischen der Pars analis
recti und der urogenitalen Passage vom Damme ausgefüllt. Vorne
wird die Beckenöffnung durch das Ligamentum transversum pelvis
verstärkt; die medialen Fasern des Musculus pubococcygeus liegen in
diesem Ligament.

Die Beckenfaszie (Fascia pelvica) (Abb. 101). Sie ist ein außerordentlich kompliziertes Gebilde, welches aus folgenden einzelnen Strukturen zusammengesetzt ist: 1. Muskelhüllen, 2. den Hüllen gewisser Beckenorgane,
3. Gefäßscheiden, 4. dem Arcus tendineus des Musculus levator ani. Die
Muskelscheiden sind folgende: 1. die Fascia obturatoria, welche die mediale
Fläche des. Musculus obturator internus überzieht und innen am
knöchernen Becken entlang dem Muskelansatz befestigt ist; 2. die den
Musculus piriformis überziehende (dünne) Faszie, in welcher eingebettet
die Vasa hypogastrica und Nervi sacrales verlaufen; 3. die Faszie des
Musculus levator ani, deren der Beckenhöhle anliegendes Blatt als Fascia
diaphragmatis pelvis superior bezeichnet wird, während das perineale
Blatt derselben, welches den Muskel von der Fossa ischiorectalis und dem
in ihr gelegenen Fettgewebe abgrenzt, Fascia diaphragmatis pelvis inferior
heißt; 4. die mit den unter sich eng verbundenen Musculi transversus
perinei profundus und sphincter urethrae membranaceae verwachsenen
Fasciae diaphragmatis urogenitalis superior und inferior, welche mit
den oben genannten Muskeln zusammen das Diaphragma urogenitale
bilden (E. Smith). Die **Hüllen der Beckenorgane** sind: 1. die unter
dem Namen Fascia endopelvina zusammengefaßten dünnen Bindegewebsmembranen, welche die Harnblase mit der Prostata, die Samenblasen,
das untere Rektum, soweit es nicht von Peritoneum bedeckt ist, die
Vagina überziehende Faszie, deren einzelne Abschnitte als Fascia vesicalis, rectovesicalis, prostatae, vaginalis bezeichnet werden. Diese
Fascia endopelvina geht an den Stellen, an welchen Beckeneingeweide,
wie z. B. der Anfangsteil der Harnröhre, die Scheide und der Mastdarm
in die Beckenhöhle treten, in die Fascia diaphragmatis pelvis inferior
über; auch mit den Gefäßscheiden verschmilzt sie. Die **Gefäßscheiden**
sind: 1. Das die viszeralen Äste der Arteria hypogastrica (Arteriae
uterina, vesicales, prostaticae und haemorrhoidales) überziehende Bindegewebe, das auch die im Becken liegenden Nervenplexus enthält (ein
Teil dieses Gewebes wurde von A. M. Paterson als Ligamentum suspensorium der Beckeneingeweide beschrieben); 2. die Scheide für die Vasa
pudenda. Der Arcus tendineus musculi levatoris ani ist ein starker,
weißer Sehnenstreifen, welcher von der Innenfläche des Schambeins
nahe am unteren Rande der Symphyse nach rückwärts zur Spina ischiadica läuft und in die Fascia obturatoria eingewebt ist. Von diesem Sehnenstreifen entspringen zahlreiche Fasern des Musculus levator ani; der
mittlere Teil dieses Sehnenstrangs ist oft nicht mit der Obturatorfaszie
verwachsen, so daß man zwischen dem Arcus tendineus und der Faszie
den Finger nach abwärts führen kann; eine Hernie kann sich an dieser

Stelle ausbilden. Die Muskel- und Gefäßscheiden verschmelzen an ihren
Berührungsstellen miteinander, wodurch das Diaphragma pelvis mit den
Beckenorganen so innig verschmilzt, daß sie ein gemeinsames, allerdings
außerordentlich kompliziertes Gebilde darstellen.

Befestigungen und Bewegungen der Beckenorgane. Die Beckenorgane
können verlagert werden; eine genaue Kenntnis der Art und Weise,
wie sie befestigt sind und in ihrer Lage gehalten werden, ist die einzige
Grundlage einer vernünftigen Behandlung. Die Harnblase, das Rektum
und der Uterus müssen so gelagert sein, daß sie sich füllen und entleeren
können; sie müssen so befestigt sein, daß sie den kräftigen Bewegungen
und Druckwirkungen, denen alle Bauchorgane während des Respira-
tionsakts, sowie bei Muskeltätigkeit unterliegen, erfolgreich widerstehen
können. Um also diesen Organen eine ungehinderte Ausdehnung zu
ermöglichen, ist das Peritoneum parietale nur locker an die Unterlage
angeheftet, während der Bauchfellüberzug der Harnblase, des Uterus
und des Rektums fest mit diesen Organen verwachsen ist. Wenn daher
diese Organe sich ausdehnen, so gestatten die nur locker befestigten
Umschlagstellen des parietalen Peritoneums ein genügendes Emporsteigen derselben aus dem kleinen Becken (Abb. 104). Haben diese Eingeweide ihren Inhalt entleert, so benötigt ihre Muskulatur einen festen
Punkt, von dem aus sie ihre Tätigkeit entfalten kann. Die Muskulatur
der Harnblase ist an der Innenseite des Schambeins und dem Diaphragma
urogenitale durch die Ligamenta puboprostatica (medium und laterale)
und die Kapsel der Vorsteherdrüse befestigt; ferner ist sie durch die
seitlichen Bänder der Harnblase an die vorderen Abschnitte des Arcus
tendineus musculi levatoris ani fixiert (Abb. 102). Die Vagina, welche ebenfalls an dem Arcus tendineus und dem Diaphragma urogenitale befestigt
ist, bildet zugleich eine indirekte Anheftungsstelle des gebärenden Uterus
am Becken. Die Pars analis recti ist am hinteren Teile der Beckenöffnung
befestigt. Die Ampulla recti geht in die Pars analis über; an der Vorderfläche derselben geht ihre Längsmukulatur auf den Damm über. Außerdem geht die Fascia rectalis in die den Musculus levator ani überziehende
Fascia diaphragmatis pelvis superior über, ferner ist sie am Kreuz-
und Steißbein befestigt. Diese viszerale Faszie wie auch die Gefäßscheiden und Aufhängebänder stützen die Beckenorgane folgendermaßen:
Oben sind sie an der seitlichen Beckenwand durch den Arcus tendineus
musculi levatoris ani befestigt (Abb. 101 u. 102), unten gehen sie in die
Faszien der Prostata, Vagina und des Rektums über. Befinden sich die
Beckenorgane in normaler Lage und treten die Musculi levatores ani in
Tätigkeit, so sind diese Bandapparate erschlafft; nur wenn der muskulöse Stützapparat des Diaphragma pelvicum fehlt oder ungenügend ist
und die Beckenorgane dadurch verlagert sind, dann treten diese Bandapparate in Tätigkeit. Bei heftigen Bewegungen der Beckenorgane
könnten deren Nerven und Gefäße gezerrt werden, wären sie nicht von
starken Scheiden umgeben. Die Verhältnisse liegen hier genau wie
beim Schultergelenk: Die Muskeln erhalten die Knochen in ihrer gegenseitigen normalen Lagebeziehung; die Bänder treten nur in Tätigkeit,
wenn die Grenze der Muskeltätigkeit überschritten ist.

Das Beckenbindegewebe. Das lockere subperitoneale Bindegewebe, welches das Bauchfell an die Beckenfaszie fixiert, ist, besonders beim weiblichen Geschlecht, häufig der Sitz entzündlicher Prozesse. Zwischen den Blättern des Ligamentum latum und dem Hals des Uterus, sowie an den Seiten der Vagina ist es besonders reichlich vorhanden und wird als Peri- und Parametrium bezeichnet. Es gestattet der Vagina und dem Uterus ausgiebige Ortsveränderungen. Entzündliche Prozesse und Eiterungen können leicht an der Beckenwand entlang durch dieses subseröse Bindegewebe auf die Fossa iliaca übergreifen. In diesem Bindegewebe verlaufen der Ureter und die Vasa iliaca, umgeben von ihren Scheiden. Außerdem finden sich hier die fibromuskulären Züge, welche die runden Mutterbänder und die Ligamenta uterosacralia darstellen. Diese letztgenannten Bänder umschließen die Excavatio rectouterina (Douglasii) und befestigen den oberen Teil der Vagina an das Kreuzbein. Die Peritonealfalte am Boden der Excavatio rectouterina oder rectovesicalis ist an den Faszien der Prostata und Vagina sowie an dem Damm durch ein bindegewebiges Septum befestigt, welches das Rektum von den vor ihm liegenden Gebilden trennt.

Die Nerven des Beckens siehe nächstes Kapitel.

20. Der Damm.

Der männliche Damm (Abb. 102, 103, 104). Derselbe stellt einen rautenförmigen Raum dar, welcher von der Symphyse, den Ästen der Scham- und Sitzbeine, den Tubera ischiadica, den Ligamenta sacrotuberosa, den Rändern der beiden Musculi glutaei maximi und dem Steißbein gebildet wird. Eine unmittelbar vor den Tubera ischiadica quer über diesen Raum gezogene Linie, die unmittelbar vor dem Anus vorüberzieht, teilt den Damm in zwei Teile. Der vordere Teil stellt annähernd ein gleichseitiges Dreieck dar, dessen Seiten rund 8 cm lang sind. Er heißt auch Trigonum urethrale. Der hintere Teil ist im großen ganzen ebenfalls dreiseitig, enthält das Rektum sowie die Fossa ischiorectalis und wird auch Trigonum anale genannt. Der ganze Raum mißt von Seite zu Seite 8,5 cm, von vorne nach hinten 10 cm, in der Mittellinie gemessen. Der gerade Durchmesser des Beckenausgangs beträgt beim Manne ca. 8 cm; durch die Krümmung des Damms wird dieses Maß am nicht präparierten Kadaver auf 12 cm verlängert. Der Querdurchmesser des männlichen Beckenausgangs beträgt ca. 8,5 cm und entspricht dem oben für den Damm angegebenen Maß.

Das knöcherne Gerüst des Damms kann mehr oder weniger deutlich an allen Stellen palpiert werden, wie auch an mageren Individuen die Ligamenta sacrotuberosa (Abb. 103) unter den großen Gesäßmuskeln erkannt werden können. Der Anus liegt in der Mitte zwischen den beiden Sitzhöckern, seine Mitte ist ca. 4 cm von der Spitze des Steißbeins entfernt. Die „Raphe perinei", eine in der Mitte des Dammes verlaufende Naht läßt sich vom Anus nach vorne bis zum Skrotum und Penis verfolgen. Kein Gefäß kreuzt diese Linie, weshalb man bei Inzisionen des Damms wenn möglich diese Naht wählt. In der Mitte zwischen dem Anus und

der Stelle, an welcher das Skrotum in den Damm übergeht, liegt auf
der Medianlinie das Zentrum des Dammes. Die Musculi sphincter
ani externus und bulbocavernosus stoßen an dieser Stelle zusammen,
die auch dem unteren Rand des Trigonum urethrale entspricht. Der
Bulbus corporis cavernosi urethrae liegt unmittelbar vor ihr, ebenso
die zu ihm verlaufende Arteria bulbi urethrae, deshalb sollte bei der
Lithotomie der Schnitt niemals vor diesem Punkte beginnen.

Der Damm wird von der Beckenhöhle durch den Musculus levator
ani und die mit ihm in Verbindung stehenden Faszienblätter abgegrenzt.
Unter der **Tiefe** des Damms versteht man die Entfernung zwischen
Haut und Beckenboden. Diese Tiefe hängt in hohem Maße von der
Menge des Fettgewebes ab, welches unter der Haut liegt. Sie ist an den
einzelnen Stellen des Damms verschieden und schwankt zwischen 5 und
7,5 cm in den hinteren und seitlichen Anschnitten des Damms und weniger
als 2,5 cm in den vorderen Teilen desselben.

Das **Spatium ischiorectale** (Abb. 102) hat die Gestalt einer Pyra-
mide, deren Spitze am unteren Rande des Musculus levator ani liegt,
während ihre Basis von der Haut gebildet wird, welche zwischen Anus
und den Sitzhöckern liegt. An seiner Spitze ist dieser Raum durch die
Verschmelzung der seine mediale und laterale Wand bildenden Fascia
diaphragmatis pelvis inferior und Fascia obturatoria abgeschlossen. Je
mehr er nach vorne reicht, desto flacher wird er und endet gegenüber
der Basis des Trigonum urogenitale. Seine Maße sind: 5 cm von vorne
nach hinten, weitere 5 cm von Seite zu Seite; seine Tiefe schwankt
zwischen 5 und 7,5 cm. Seine Grenzen sind: An der Außenseite der
Musculus obturator internus mit seiner Fascia obturatoria und der Scheide
der Vasa pudenda interna und des Nervus pudendus internus (Abb. 102);
an der Innenseite der Musculus levator ani mit der ihn außen überziehenden Fascia diaphragmatis pelvis inferior; vorne die Basis des Trigonum urogenitale und der Musculus transversus perinei; hinten der
Musculus glutaeus maximus, das Ligamentum sacrotuberosum und das
Steißbein. Die Vasa und der Nervus pudendus verlaufen ca. 4 cm
oberhalb des unteren Randes des Sitzhöckers. Das Spatium ischiorectale ist von Fettgewebe erfüllt, welches der Pars analis recti gleichsam als weiches Ruhekissen dient. Dieses Fettgewebe wird nur schlecht
mit Blut versorgt, eine Tatsache, die im Zusammenhang mit der tiefen
Lage des Abschnittes und seines Exponiertseins, wenn der Kranke auf
feuchten kalten Sitzen etc. sitzt, häufig Abszesse in dieser Gegend
verursachen (ischiorektaler Abszeß). Diese Abszesse werden nach allen
Seiten hin abgeschlossen, erfüllen bald das ganze Spatium und suchen
alsdann nach zwei Richtungen hin sich zu entleeren, wo ihnen am
wenigsten Widerstand entgegengesetzt wird, d. i. durch die Haut oder
die Pars analis recti. Ist ein derartiger Abszeß nach diesen beiden
Richtungen hin durchgebrochen, so hat sich eine vollständige **Fistula
in ano** entwickelt. Es sei darauf aufmerksam gemacht, daß derartige
Mastdarmfisteln fast stets 1—2 cm vom Anus entfernt im Darme ihre
Ausmündung haben. Ein Durchbruch in den Darm höher oben ist

seltener und eine ernstere Sache. Hat eine derartige Fistel nur eine
Mündung, so nennt man sie unvollkommene Mastdarmfistel und unterscheidet je nachdem die Mündung im Darme oder in der Haut liegt,
innere unvollkommene oder äußere unvollkommene Fistel.

Anmerkung des Übersetzers: Unmittelbar oberhalb des Spatium ischiorectale liegt nicht das Peritoneum, vielmehr findet sich hier ein zweiter
pyramidenförmiger, mit der Spitze nach unten gekehrter Raum (Spatium
pelvis subperitoneale) (Abb. 102), welcher medial von der Pars analis
recti und der sie überziehenden Fascia endopelvina, lateral von der
Fascia diaphragmatis pelvis superior und dem unter ihm liegenden Musculus levator ani und oben vom Peritoneum begrenzt wird. In ihm
liegen die Samenbläschen und die Ampullen der Samenleiter. Der Musculus levator ani mit seinen beiden Faszienblättern, den schon wieder-

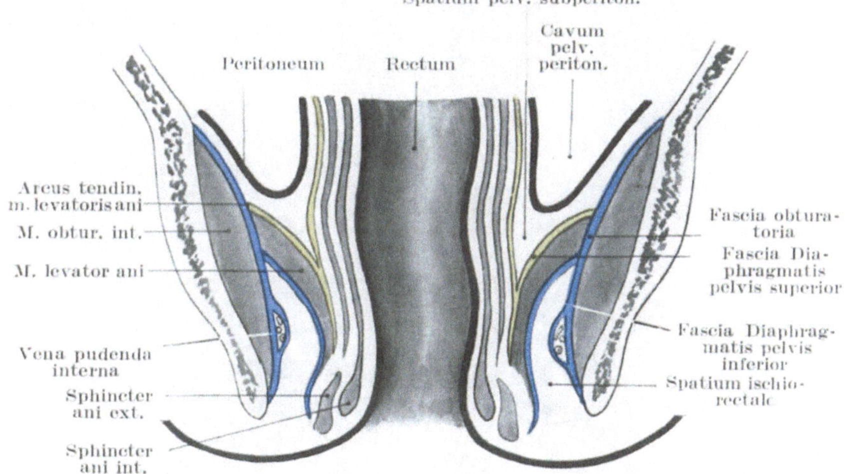

Abb. 102. Faszien des Beckens. (Modif. nach Corning.)

holt genannten Fasciae diaphragmatis pelvis superior und inferior (also
das Diaphragma pelvis oder der Beckenboden) trennt demnach unter
dem Peritoneum den gemeinsamen großen extraperitonealen Raum in
einen größeren oberen (Spatium pelvis subperitoneale) und einen kleineren
unteren (Spatium ischiorectale). In schweren Fällen von Mastdarmfisteln
wird nun dieses Diaphragma pelvis durchbrochen, die innere Fistelmün-
dung liegt alsdann oberhalb des Musculus sphincter ani internus. Es ist
leicht verständlich, daß ein Abszeß, der zu einer derartig hoch endenden
Fistel Veranlassung gibt, unschwer in das Peritoneum durchbrechen
und eine eitrige Peritonitis bewirken kann. Unter „Hufeisenmastdarm-
fistel" versteht man eine in der Regel hinten um den Anus herumziehende
Fistel, deren Ausmündungsstellen relativ nahe aneinander liegen und
deren Gang entweder oberhalb oder unterhalb des Musculus sphincter
ani externus verläuft.

Schräg von hinten her gegen den Anus ziehend kreuzt die Arteria haemorrhoidalis inferior aus der Arteria pudenda mit den Nervi haemorrhoidales inferiores des Nervus pudendus das Spatium ischiorectale (Abb. 103); weiter nach vorne durchzieht diesen Raum ein weiterer Ast der Arteria pudenda, die Arteria perinei mit dem Nervus perineus. In der Nach-

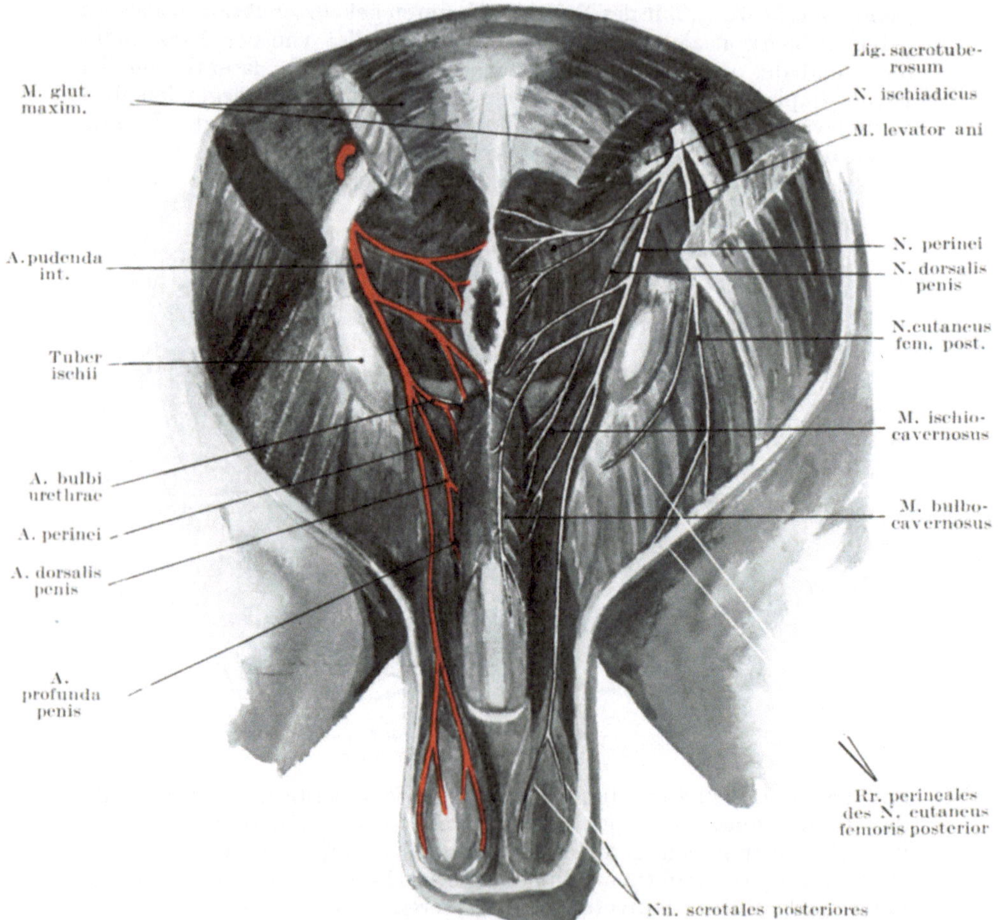

Abb. 103.
Nerven und Gefäße des männlichen Dammes.

barschaft des hinteren Rands der Grube trifft man auf den vierten Sakralnerven, sowie auf einige Äste des Nervus cutaneus femoris posterior. Es ist daher leicht verständlich, daß Abszesse des Spatium ischio-rectale in der Regel mit großen Schmerzen verbunden sind, solange der Eiter keinen Abfluß hat. Die intensiven Schmerzen sind wahrscheinlich durch die reiche Nervenversorgung der Haut und der Mastdarmschleimhaut bedingt, außerdem wohl auch noch durch die Zerrung der Nervi haemorrhoidales inferiores durch den nach der Oberfläche zu wandernden Abszeß. Bei der Eröffnung eines Abszesses dieses Raums müssen vor allem die Arteria pudenda und ihre Äste sowie der Nervus pudendus mit seinen Ästen geschont werden.

Das Trigonum urethrale (Abb. 103). Die Haut des Damms zwischen Anus und Skrotum ist dünn und läßt sehr bald unter ihr stattgehabte Blutaustritte erkennen. Die oberflächliche Faszie hat zwei Blätter; das äußere Blatt ist gänzlich unwichtig und bedeckt das wenige an dieser Stelle vorhandene Fettgewebe.

Das tiefe Blatt dieser Faszie, die eigentliche **Fascia perinealis superficialis,** ist auf beiden Seiten an den Ästen des Scham- und Sitzbeins und hinten an der Basis des Trigonum urogenitale befestigt. Vorne geht sie in die Tunica dartos über. Diese Faszie bildet daher mit ihren Ansatzstellen zusammen mit dem Trigonum urogenitale einen gut abgeschlossenen Raum, welcher den Bulbus corporis cavernosi urethrae mit allen denjenigen Teilen der Schwellkörper enthält, welche zwischen dem Trigonum und der Anheftungsstelle des Skrotums liegen, ferner die Penismuskeln (Musculi ischiocavernosi und bulbocavernosi), die Musculi transversi perinei superficiales, ferner die Arteria perinei mit dem Nervus perineus. Folgt auf eine Zerreißung des oben genannten Teils der Harnröhre ein Austritt von Urin, so wird der Weg der Flüssigkeit von der Fascia perinealis superficialis bestimmt. Die Flüssigkeit füllt diesen Raum aus. Sie kann wegen der Befestigung der Faszie am Diaphragma urogenitale nicht in das Spatium ischiorectale gelangen. Die seitliche Befestigung dieser Membran verhindert den Urin, in den Oberschenkel zu gelangen. Er muß deshalb seinen Weg ins Skrotum nehmen und sammelt sich dort unter der Tunica dartos an. Der ausgetretene Urin infiltriert das ganze Skrotalgewebe (Harninfiltration) und nimmt seinen Weg durch den Spalt zwischen der Symphyse und dem Tuberculum pubicum am Bauche nach aufwärts. Man muß sich daran erinnern, daß die Fascia perinei superficialis, die Tunica dartos und das tiefe Blatt der oberflächlichen Bauchfaszie ineinander übergehen und nur verschiedene Teile derselben Struktur darstellen. Eine Eiteroder Blutansammlung in diesem Trigonum urethrale würde, wenn ausgedehnt, genau denselben Weg nehmen, wie eine Harninfiltration. Der bei einem derartigen Flüssigkeitsaustritt bestehende heftige Schmerz wird verständlich, wenn man bedenkt, daß die hauptsächlichsten sensiblen Nerven dieser Gegend die Nervi scrotales posteriores des Nervus perinei und die ebenfalls zum Damm ziehenden Rami perineales des Nervus cutaneus femoris posterior in diesem Raume verlaufen.

Das **Diaphragma urogenitale** (Abb. 101) (Trigonum urogenitale, Ligamentum triangulare) liegt in der Mittellinie in einer Tiefe von etwa 4 cm und besteht aus zwei Blättern, von denen das hintere dünn und schlecht entwickelt aus der Faszie an der Unterfläche der Schambeinfasern des Musculus levator ani gebildet wird. Die Pars membranacea urethrae

mit ihrem Schließmuskel liegt zwischen den beiden Blättern und verläuft
ungefähr 2,5 cm unterhalb der Symphyse sowie 2 cm oberhalb der Mitte
des Perineums (Abb. 104). Die Arteria bulbi urethrae zieht zwischen
den beiden Blättern nach einwärts etwa $1\frac{1}{4}$ cm oberhalb der Basis des
Diaphragma und durchbohrt das vordere Blatt des Diaphragma (Fascia
trigoni urogenitalis inferior) etwa $1\frac{1}{4}$ cm unterhalb der Symphyse. Die
Vena dorsalis penis mit der Arteria und dem Nervus dorsalis penis liegt
zwischen dem Ligamentum arcuatum pubis und dem als Ligamentum
transversum pelvis bezeichneten oberen Abschnitt des Diaphragma.
Bei unkomplizierten Rupturen der Pars membranacea urethrae würde
der ausgetretene Urin solange zwischen den Blättern des Diaphragma,
in welchem ja der nur 1 cm lange membranöse Teil der Harnröhre liegt,
angesammelt werden, bis eine sich anschließende Verjauchung oder
Vereiterung einen Durchbruch bewirkt hätte. Tritt eine Harninfiltration
hinter dem Diaphragma ein, so kann bei gleichzeitiger Ruptur der Prostatakapsel der Harn in den hinter dem Schambogen gelegenen Raume
sich ergießen (Deanesley) oder er kann an den Seiten des Mastdarms
nach rückwärts fließen und sich in dem Beckenbindegewebe ansammeln.

Unmittelbar hinter dem Diaphragma urogenitale liegt die Prostata,
von ihrer Kapsel eingeschlossen und von dem venösen Plexus prostaticus
umgeben (Abb. 101). Um die Prostata vom Damme aus zu erreichen,
begegnen wir, wie Cunningham sehr treffend bemerkt, abwechselnd
Faszien und Muskelschichten, die zusammen sieben Lagen bilden, nämlich: 1. der Haut mit der inkonstanten oberflächlichen Faszie, 2. den
oberflächlichen Dammmuskeln (Musculi transversus perinei superficialis,
ischiocavernosus und bulbocavernosus), 3. der vorderen Fläche des
Diaphragma urogenitale, 4. dem Musculus sphincter urethrae membranaceae, 5. der hinteren Fläche des Diaphragma, 6. dem Musculus levator
ani, 7. der Kapsel der Prostata.

Anmerkung des Übersetzers: Waldeyer hat in neuerer Zeit einige
neue Bezeichnungen hinsichtlich der Anatomie des Beckens eingeführt
(vgl. Das Becken, Bonn 1899). So nennt er die Stelle, an welcher der
Musculus sphincter ani mit dem Musculus bulbocavernosus zusammen-
stößt, das Centrum perineale. Der Musculus transversus perinei superficialis heißt einfach Musculus transversus perinei. Unter Musculus
transversus perinei superficialis versteht Waldeyer die keineswegs
konstanten Muskelbündel, welche hautwärts vom Tuber ischiadicum
liegen und Ausläufer der am Centrum perineale zusammenstoßenden
Muskeln darstellen. Die Pars membranacea urethrae heißt Pars triangularis. Der Musculus transversus perinei profundus wird Musculus trigoni
urogenitalis genannt. Da die Muskulatur des Diaphragma außer dem
oben genannten Muskel den, wenigstens beim Erwachsenen innig mit
ihm verschmolzenen Musculus sphincter urethrae membranaceae enthält,
so kann man unter dem Musculus trigoni urogenitalis auch beide Muskeln
zusammenfassen. Dieselben komprimieren die Pars membranacea
urethrae. Ihre reflektorische Kontraktion erschwert mitunter das
Einführen des Katheters in hohem Maße. (S. Atlas der topographischen
Anatomie von Bardeleben, Häckel und Frohse.)

Blasensteine. Steine, die früher vom Damm aus entfernt wurden, werden jetzt in der Regel entweder in der Blase zerquetscht und durch die Urethra ausgespült oder aber, namentlich wenn sie groß sind, durch die Sectio alta, d. h. von oben her entfernt. Wenngleich die perinealen

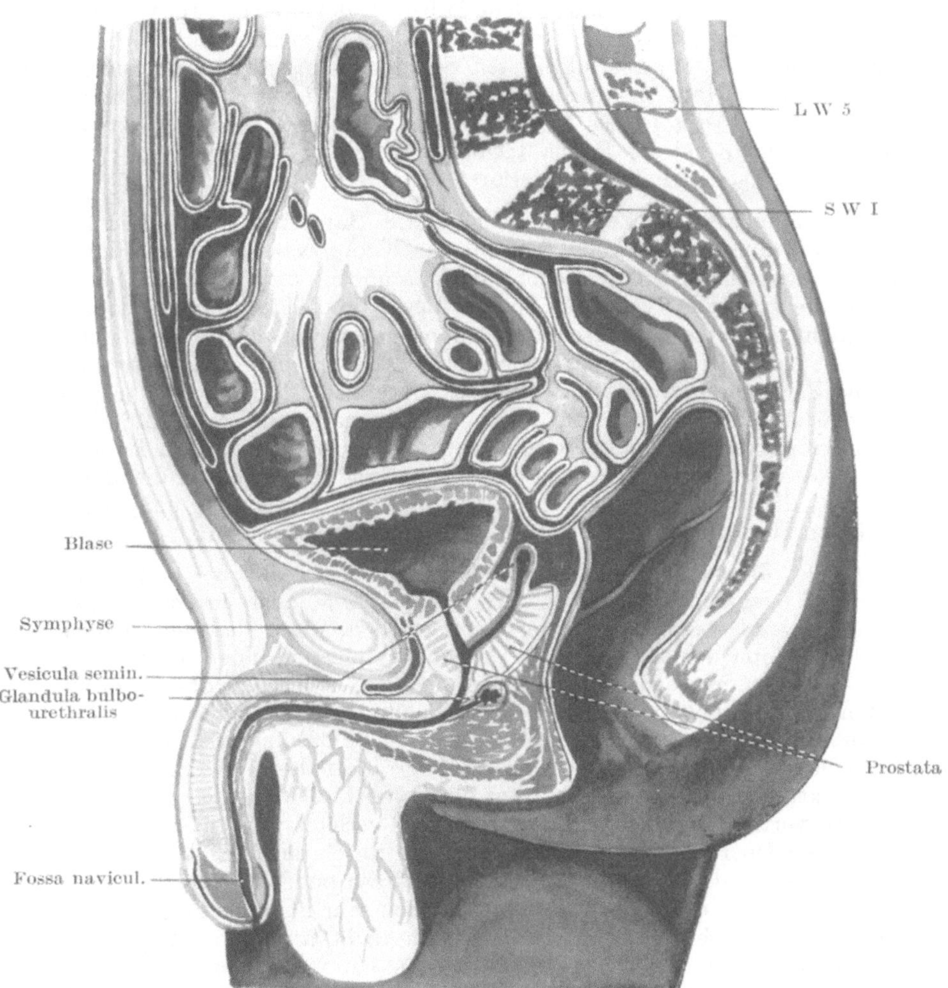

Abb. 104. Sagittalschnitt durch das männliche Becken.

Methoden jetzt nur noch selten ausgeführt werden, so dient doch eine Beschreibung der in Betracht kommenden Teile dazu, ein richtiges Verständnis ihrer wichtigen anatomischen gegenseitigen Beziehungen zu erlangen.

Cystotomia perinealis lateralis. Die erste Inzision, 5—7,5 cm lang, beginnt unmittelbar links von der Mittellinie und dicht hinter dem Mittelpunkte des Damms, i. e. ca. 3 cm vor dem Anus. Der Schnitt wird nach abwärts und auswärts in das linke Spatium ischiorectale geführt und endet zwischen dem Tuber ischii und dem hinteren Teile des Anus, um ein Drittel näher dem Tuber als dem Darm. Im vorderen Teile des Schnitts kann die in der Harnröhre gelegene Rinnsonde eben berührt werden. Die bei der ersten Schnittführung durchtrennten Gewebe sind: 1. Haut mit der oberflächlichen Faszie, 2. Musculus transversus perinei superficialis mit der Arteria und dem Nervus perineus, 3. der untere Rand der Fascia trigoni urogenitalis inferior, 4. die Vasa und Nervi haemorrhoidales inferiores.

Alsdann wird der Zeigefinger der linken Hand in die Wunde eingeführt und durch eine zweite Inzision das Knopfmesser auf dem Finger hinter das Diaphragma urogenitale geschoben und auf der Rinne der in der Harnröhre liegenden Sonde langsam in die Blase vorgeschoben, nachdem man die Messerschneide zuvor gegen das linke Tuber ischii gedreht hat. Bei dieser Inzision werden folgende Schichten durchtrennt: 1. die Pars membranacea und prostatica urethrae, 2. die Fascia trigoni urogenitalis superior mit dem Musculus transversus perinei profundus, 3. die vordere Faszie des Musculus levator ani mit dem linken Lappen der Prostata. Der Finger wird alsdann entlang der Sonde in die Blase geführt, die Sonde entfernt, die Steinzange auf dem Finger eingeführt und der Stein in der Richtung der Beckenachse extrahiert.

Teile, die dabei verwundet werden können. a) Bei der ersten Inzision: 1. der Bulbus corporis cavernosi urethrae oder dessen Arterie. Diese beiden Gebilde können verschont werden, wenn man den Schnitt reichlich hinter dem Zentrum des Damms beginnt und indem man durch den Griff der Sonde das Centrum perinei, den Penis und das Skrotum gut nach oben ziehen läßt. Die Sonde sollte dabei so nahe als möglich unter dem Schambogen gehalten werden. Der Bulbus ist sehr klein bei Kindern, größer bei Erwachsenen, sehr groß bei alten Leuten. 2. Wenn das Rektum stark erweitert ist oder der Schnitt zu weit nach rückwärts oder zu vertikal geführt wird, kann ersteres verletzt werden. Vor jeder derartigen Operation muß daher der Darm durch einen Einlauf gründlich entleert und gereinigt werden. 3. Die Vasa pudenda können kaum verletzt werden, es sei denn, daß die Inzision sehr unvorsichtig gemacht wird und das Messer beim Zurückziehen dicht am Knochen vorbeigeführt wird. b) Bei der zweiten Inzision kann das Messer über die Prostata hinaus geführt werden und so die Fascia endopelvina mit dem Peritoneum durchtrennen und die Beckenhöhle eröffnen. Es ist klar, daß der seitliche Prostatalappen gut durchtrennt werden kann, ohne daß die Höhle Gefahr läuft, eröffnet zu werden. Die Drüse ist von der Fascia endopelvina umgeben, allein die Inzision liegt ein gutes Stück unterhalb der oberen Umschlagstelle desselben. Die Inzision in den Blasenhals muß deshalb strikte auf die Prostata beschränkt sein. Der venöse Plexus prostaticus kann hierbei nicht verschont werden.

Führt man die Prostatainzision zu weit nach rückwärts, so durchtrennt man den linken Ductus ejaculatorius.

Bei **Kindern** ist das Becken relativ enger als wie bei Erwachsenen, die Harnblase ist mehr ein Bauch- wie ein Beckenorgan und der Blasenhals liegt deshalb sehr hoch oben. Außerdem ist das Organ sehr beweglich und hat viel weniger ausgebildete Befestigungen als die Blase des Erwachsenen. So kann es sich ereignen, daß, wenn man nach der zweiten Inzision den Finger in die Blase zwängt, die Harnblase tatsächlich von der Harnröhre abgerissen wird. Die kindliche Prostata ist noch klein, so daß der eigentliche Blasenhals in größerer Ausdehnung inzidiert werden muß. Wegen der Kleinheit der kindlichen Prostata kann es auch passieren, daß man das Messer zu weit über die Drüse hinausführt und so die Fascia endopelvina durchtrennt. Außerdem steigt beim Kinde das Peritoneum an der hinteren Fläche der Blase tiefer herab und kann von einem ungeschickten Operateur eröffnet werden.

Cystotomia perinealis medialis. Bei dieser Operation wird das Messer in der Raphe perinei unmittelbar von dem Anus angesetzt. Die Rinnsonde wird in die Harnröhre eingeführt, die Spitze des Messers trifft die Sonde möglichst nahe an der Spitze der Prostata, das Messer wird zurückgezogen und dabei die ganze Pars membranacea urethrae inzidiert und so eine ca. 3 cm lange Dammwunde angelegt.

Die durchtrennten Teile sind: 1. Haut mit oberflächlicher Faszie, 2. Musculus sphincter ani externus, 3. das Centrum perinei, 4. der untere Rand des Diaphragma urogenitale, 5. die Pars membranacea urethrae in ihrer ganzen Länge, 6. der Musculus transversus perinei profundus.

Bei der Cystotomie und bei anderen Operationen, durch welche man den Blasenhals vom Damm aus zu erreichen beabsichtigt, muß man sich daran erinnern, daß die Harnblase bei der Steinschnittlage 6,5—8 cm tief unter der Oberfläche liegt (Abb. 104). Ist die Harnblase leer, das Rektum dagegen voll, so wird die Prostata, das Diaphragma und die Umschlagstelle des Peritoneums nach aufwärts und vorwärts geschoben; ist die Blase voll und das Rektum leer, so tritt eine entgegengesetzte Verlagerung auf. Bei fetten Individuen liegt die Blase und das Peritoneum weit weg vom Damm, bei mageren Personen näher an demselben.

Cystotomia alta (suprapubica). Diese schon im Jahre 1556 von Franco angegebene auch Sectio alta genannte Operation ist in den letzten Jahrzehnten wieder allgemein zur Geltung gekommen und hat die beiden ebengenannten Methoden fast ganz verdrängt. Um den Blasenfundus gut über die Symphyse zu bringen, können Rektum und Blase erweitert werden. Die Blase wird mit lauwarmem sterilem Wasser oder $3^0/_0$iger Borsäurelösung angefüllt und zwar genügen beim Erwachsenen 200—300 ccm Flüssigkeit, um die gewünschte Ausdehnung zu erreichen. Das Rektum kann man mittelst eines Eurynters aufblähen, er schiebt alsdann die Blase etwas nach vorne und bietet ihr eine relativ feste Unterlage. Man legt unmittelbar oberhalb der Symphyse in der Medianlinie eine etwa 7,5 cm lange Inzision an. Die Harnblase wird unterhalb der Umschlagstelle des Peritoneums bloßgelegt, mittelst eines Häkchens nach oben gezogen und eröffnet.

Die **Harnblase** (Vesica urinaria) (Abb. 104, 105, 106, 111). Die leere Blase ist abgeflacht, dreiseitig und liegt der vorderen Beckenwand an. Wie Hart an der erwachsenen weiblichen Harnblase gezeigt hat, kann sie in leerem Zustand in zwei verschiedenen Formen angetroffen werden. Sie kann klein, oval und fest sein, mit ihrem konvexen Scheitel gegen die Bauchhöhle gerichtet. Auf einem vertikalen Medianschnitt bildet die Harnröhre mit dem Blasenlumen einen gekrümmten Schlitz (die sog. systolisch leere Blase). Eine zweite Form ist die weite schlaffe Blase; mit ihrem konkaven Scheitel gegen die Bauchhöhle gerichtet und in den ebenfalls konkaven Fundus hineinpassend. Hierbei bildet die Urethra in der gleichen Vertikalebene wie oben mit der Harnblase eine Yförmige Figur, wobei die Gabel des Y der ebengenannten Konkavität entspricht (diastolische leere Blase). Die mäßig ausgedehnte Blase, welche mit einer trüben Flüssigkeit erfüllt und mit Röntgenstrahlen untersucht wird, ist konisch, ihr Hals liegt hinter der Symphyse, ihr Scheitel ist durch den Druck der Bauchorgane dellenförmig eingedrückt (Abb. 99). Mit zunehmender Ausdehnung der Blase kommt ihr Scheitel immer mehr mit der vorderen Bauchwand in Berührung, das Organ selbst wird an seiner Hinterfläche stärker gekrümmt als an der Vorderfläche; dieses Bestreben der erweiterten Blase sich mit ihrem Scheitel der vorderen Bauchwand anzupressen, erweist sich bei der Punktion derselben oberhalb der Symphyse oder bei der Cystotomie an dieser Stelle sehr nützlich. Bei maximaler Erweiterung kann sie bis zum Nabel, ja selbst bis zum Zwerchfell reichen. Das gewöhnliche Fassungsvermögen der Blase beträgt $\frac{1}{2}$ l, sie kann aber in gefülltem Zustande einige Liter enthalten. Bei leerer Blase und leerem Rektum liegt der Blasenscheitel und die prävesikale Umschlagstelle des Bauchfells etwas unterhalb des oberen Randes der Symphyse. Durch das Höherrücken der sich erweiternden Blase wird das Peritoneum von der Bauchwand weg nach oben geschoben, wodurch zwischen dem oberen Teile der Blasenvorderfläche und der Bauchwand eine Peritonealfalte oder eine Art ,,Cul de Sac" entsteht. Liegt der Blasenscheitel 5 cm oberhalb der Symphyse, so findet sich die Umschlagstelle des Peritoneums knapp 2 cm oberhalb desselben Knochenpunktes; liegt der Blasenscheitel in der Mitte zwischen Symphyse und Nabel, so liegen in der Mittellinie etwa 5 cm der vorderen Bauchwand von der Symphyse nach oben gerechnet, vom Bauchfell entblößt vor. So kann also die stark gefüllte Harnblase oberhalb der Schambeinfuge punktiert werden, ohne das Peritoneum zu verletzen. Mit zunehmender Ausdehnung der Blase steigt sie nicht noch weiter in die Bauchhöhle empor, sondern dehnt sich auch gegen den Damm hin aus und verkleinert so die Länge der Pars prostatica und membranacea urethrae.

Zwischen Blasenvorderfläche und Symphyse liegt nach oben hin durch das Bauchfell abgeschlossen ein von lockerem Bindegewebe erfüllter Raum, der als Spatium praevesicale bezeichnet wird. Er grenzt an das oberhalb der Schambeinfuge gelegene ebenfalls von lockerem

Bindegewebe ausgefüllte Spatium supravesicale (Retzii). Die lockere Beschaffenheit dieses Gewebes gestattet der Harnblase bei ihrer Füllung ein ungehindertes Emporsteigen. Bei Verletzungen des Beckens an der Vorderfläche der Harnblase kann sich hier eine diffuse Eiterung entwickeln, die lebensgefährliche Ausdehnung erreichen kann. Eine nach Blasenpunktion oder hohem Steinschnitt an dieser Stelle sich entwickelnde Eiterung kann zum Tode führen. Ein Übergreifen einer solchen Eiterung auf den Damm wird durch die Umschlagstelle der Faszie vereitelt, welche als Ligamenta puboprostaticum und vesicale laterale sich an dieser Stelle finden.

Wenngleich die Harnblase in ausreichender Weise befestigt ist, so kann sie sich doch als Inhalt eines Leisten-, Schenkel- oder Dammbruches finden. Bei aufrechter Körperhaltung liegt der Blasenhals beim Manne auf einer horizontalen Linie, welche man sich von vorne nach hinten durch einen Punkt gezogen denkt, der etwas unterhalb der Symphyse liegt. Die Entfernung zwischen der Symphyse und dem Blasenhals beträgt 3 cm (Tilleau).

Die Beziehungen der Harnblase zum Bauchfell (Abb. 104, 111). Die Vorderfläche ist frei von Peritoneum, der Scheitel ist vollständig von ihm überzogen. Seitlich fehlt das Peritoneum vorne oder unterhalb der Ligamenta umbilicalia lateralia. An der Hinterfläche der Blase erstreckt sich das Peritoneum so weit nach abwärts, daß die oberen Enden der Samenbläschen noch von ihm überzogen werden. Diese Excavatio rectovesicalis reicht beim Erwachsenen bis zu einer Stelle, die vom Anus 7,5 cm entfernt ist, überschreitet aber nicht eine Linie, welche 2,5 cm oberhalb der Basis der Prostata liegt. Cripps gibt als Entfernung dieser Peritonealtasche vom Anus bei leerer Blase und leerem Rektum 6,5 cm in gefülltem Zustande beider Organe 9 cm an.

Punktion der Blase durchs Rektum (Abb. 111). Der Fundus der Harnblase liegt dem Rektum an und ist nur durch das „als Fascia rectovesicalis" bezeichnete lockere Bindegewebe von ihm getrennt. Die gegenseitige Berührungsfläche ist dreieckig, die Spitze derselben ist die Prostata, die Seiten die beiden divergierenden Samenbläschen, die Basis die Umschlagstelle des Bauchfells in der Excavatio rectovesicalis. Dieses Dreieck ist annähernd gleichseitig, die Länge jeder Seite beträgt ca. 4 cm. Es entspricht dem Trigonum vesicae der Blaseninnenfläche. In diesem Dreieck wird die Blase vom Rektum aus möglichst nahe an der Prostata punktiert. Bei gefüllter Blase ist, wie schon oben erwähnt, die Umschlagstelle des Peritoneums in der Excavatio rectovesicalis 9 cm vom Anus entfernt.

Blasenruptur. Die Harnblase kann ohne Beckenbruch oder äußere sichtbare Zeichen einer Verletzung bersten. Allerdings kaum in leerem Zustand, sondern nur wenn sie gefüllt oder sonstwie gebläht ist. Sehr selten verläuft der Riß nur an der Oberfläche; in der Regel sitzt er am Blasenscheitel und das Peritoneum ist mitverletzt. Eine derartige Verletzung verläuft deshalb sehr häufig tödlich (fünf Genesungen bei

78 Fällen). In solchen Fällen muß der Chirurge den Leib öffnen und den Blasenriß nähen. Bei Beckenbrüchen kann die Blase durch Knochenfragmente verletzt werden. Selten sind Verletzungen vom Rektum und der Vagina aus. Ein Fall ist z. B. von Holmes beschrieben, in dem es sich um eine sog. Pfählungsverletzung handelte. Der Pfahl, auf welchen der Mann mit dem Gesäß fiel, drang in den Anus ein, durchbohrte das Rektum und die Blase nahe an der Prostata. Der Mann genas, die Wunde fand sich in dem eben beschriebenen Dreieck am Blasengrunde, also außerhalb des Peritoneums. Das Organ kann bei Retentio urinae bersten, sei es, daß sich ein angeborener Verschluß der Urethra findet oder daß der Urinabfluß anderweitig gehemmt oder ganz aufgehoben ist. In vernachlässigten Fällen von Harnröhrenstrikturen beim Manne gibt eher die Urethra nach als die Harnblase, so daß eine Harninfiltration am Perineum entsteht. Eine kleine Stichverletzung der Blase, wie z. B. mittelst eines kleinen Troakars, schließt sich alsbald durch die Muskelkontraktion der Blasenwand.

Die **Schleimhaut** der Blase ist sehr locker, da sie sich den dauernden Größenschwankungen des Organs anzupassen hat. Nur über dem Trigonum vesicae ist sie fester mit der Wand in Verbindung; wäre dem nicht so, so würde die lockere Schleimhaut während des Urinierens dauernd in die Harnröhrenmündung prolabieren und den Blasenhals blockieren. Untersucht man die Blasenschleimhaut mittelst des Kystoskops, so erscheint sie bei leerer Blase rot und gestaut, bei voller Blase anämisch und blaß (Newmann). Das Trigonum wird von drei Mündungen begrenzt, zwei für die Ureteren, eine für die Urethra; es bildet ein gleichseitiges Dreieck, dessen einzelne Seiten ca. 4 cm lang sind. An dieser Stelle vor allem sind die Wirkungen einer Zystitis am deutlichsten und die Unnachgiebigkeit der Schleimhaut an dieser Stelle erklärt zum Teil die heftigen Erscheinungen, welche bei einem akuten Blasenkatarrh auftreten. Da das Orificium urethrae internum bei aufrechter Körperhaltung die tiefste Stelle der Blase bezeichnet, so liegen die Blasensteine wegen ihrer Schwere ganz an dieser Stelle und reizen ihrerseits diesen Pol der Blasenschleimhaut. Dasselbe gilt von Fremdkörpern in der Blase. Die Schleimhaut des Trigonums und des Blasenhalses ist außerordentlich empfindlich, ganz im Gegensatz zu der übrigen Schleimhaut, welche so gut wie empfindungslos ist. Davon kann man sich bei dem Einführen von Kathetern und Sonden überzeugen.

Die **sensiblen Nerven der Blase** kommen hauptsächlich vom 12. Dorsal- und ersten Lumbal-, sowie vom zweiten bis vierten Sakralsegment des Rückenmarks. Aus der ersten Quelle kommen durch den Plexus hypogastricus die sensiblen Fasern zum oberen Teile der Blase und die motorischen Fasern, welche den als inneren Schließmuskel bezeichneten Annulus urethralis der Ringfaserschicht reizen und die übrige Blasenmuskulatur hemmen; aus der zweiten Quelle kommen durch die Nervi erigentes die motorischen Fasern, welche den Musculus sphincter vesicae erschlaffen und die übrige Muskulatur zu Kontraktionen anregen. Da das Trigonum von denselben Nerven versorgt wird, wie Penis und Skrotum, so gibt dessen Erkrankung zu Schmerzen Veranlassung, welche entlang den Nervi perineales nach außen verlegt werden.

In der **Muskelschicht** der Harnblase liegen die einzelnen Muskelbündel wirr durcheinander. Ist das Organ hypertrophisch, so werden diese Muskelbündel sehr deutlich; eine solche Blase wird auch Balkenblase genannt. Mit dieser Bezeichnung ist nichts weiter gesagt, als daß die Blasenmuskulatur unverhältnismäßig stark in Anspruch genommen wurde, um irgendwelche Hindernisse, die dem Urinabflusse im Wege stehen, zu überwinden, daß sie dadurch an Volumen zunahm, wie es bei anderen stark angestrengten Muskeln auch der Fall ist und daß diese Volumzunahme die Anordnung der einzelnen Muskelbündel deutlich zur Anschauung bringt. Bei der Blasenerweiterung kann die Schleimhaut zwischen den unnachgiebigen Muskelbündeln sich nach außen vorwölben und die sog. falschen Divertikel bilden. Unter Umständen gibt auch die ganze Blasenwand an einer umschriebenen Stelle nach, es bildet sich ein großes sog. echtes Divertikel. Auf diese Weise kann sich mit der Zeit ein Sack bilden, der so groß ist, wie die Blase selbst. Derartige Ausbuchtungen sind irrtümlicherweise als doppelte Harnblase beschrieben worden.

Die **Harnleiter** (Ureteres) (Abb. 94, 96, 97, 98, 99) verlaufen etwa 2 cm in der Blasenwand; ihr schräger Verlauf, sowie die Tätigkeit der ihnen benachbarten Teile der Blasenmuskulatur verhindern einen Rückfluß des Urines. Um die Uretermündung herum findet sich keine zirkulär angeordnete Muskulatur, die als Schließmuskel die Mündung schützen könnte. Bei einer kystoskopischen Untersuchung kann man erkennen, daß jeder Ureter ein- oder zweimal in der Minute sich kontrahiert und einen Urinstrahl in die Blase spritzt; zwischendurch wird die Uretermündung durch den in der Blase herrschenden Druck verschlossen. Verkürzt sich der Ureter, wie z. B. bei einer tuberkulösen Erkrankung seiner Wand, so wird seine Blasenmündung nach auswärts gezogen (Fenwick). Die Schleimhaut ist nur locker an der Muskularis befestigt und kann als gestielter Körper aus dem Orificium ureteris in die Blase prolabieren. In Fällen von Retentio urinae erweitern sich die Ureteren; allein eine derartige Erweiterung ist wohl eher auf die Ansammlung von Urin in ihnen selbst zurückzuführen, als auf Rückfluß aus der Blase. In Fällen von hochgradiger Erweiterung der Blase wird auch der Blasenhals durch den von innen her auf ihn wirkenden Druck mehr oder weniger stark erweitert, wodurch es zum unfreiwilligen Abgang von Urin, zum Harnträufeln kommt. Ein Muskelzug erstreckt sich von der Ureteraußenseite nach der Uretermündung entlang den beiden Schenkeln des Trigonum (Bellscher Muskel), während ein zweiter Muskelzug die beiden Uretermündungen untereinander verbindet und eine Querfalte an der Basis des Dreiecks bildet (Mercier). Diese Muskelzüge erhalten die Uretermündungen in ihrer gegenseitigen Lagebeziehung, wenn die Blase stark gefüllt ist und schützen ihren Klappenmechanismus (Wright und Benians).

Die Kapazität der **weiblichen Blase** ist geringer als die der männlichen; der Blasenhals liegt ein klein wenig näher an der Symphyse als beim Manne und in einer horizontalen Linie, die vom unteren Rande der Symphyse nach hinten gezogen wird. Da der weiblichen Blase keine Prostata anliegt, so ist der Blasenhals sehr ausdehnungsfähig; dieser Umstand, in Verbindung mit der Kürze und Erweiterungsfähigkeit der Harnröhre gestattet es, die meisten Blasensteine mit der Zange ohne Schnitt zu entfernen. Durch einfache Erweiterung der Harnröhre kann man auf diese Weise Steine von 2 cm Durchmesser entfernen. Durch die erweiterte Urethra kann man die Uretermündungen sehen und untersuchen. Die nahe Beziehung der Harnblase zur Vagina gestattet von letzterer aus eine Abtastung der Blasenwand, wie auch bei der relativen Dünne des dazwischen liegenden lockeren Bindegewebes (Septum vesicovaginale) die Häufigkeit von Blasenscheidenfisteln verständlich wird. Fremdkörper der merkwürdigsten Art und Gestalt wurden durch die Harnröhre in die Blase eingeführt, wie z. B. Haarnadeln, Häkelnadeln, Siegelwachs, Federhalter u. dgl.

Das Orificium ureteris liegt 3 cm von der Cervix uteri und 4 cm von dem Orificium urethrae internum entfernt. Seine nahe Lage an der Zervix bringt es mit sich, daß der Ureter bei supravaginaler Amputation und anderen Operationen am Corpus uteri leicht verletzt werden kann.

Die **kindliche Blase** ist eiförmig, ihre vertikale Achse relativ viel größer als die beim Erwachsenen. Das breitere Ende der eiförmigen Höhle ist nach abwärts und rückwärts gerichtet. Der Blasengrund und die Lage der Organe im kleinen Becken bilden sich etwa im vierten Lebensjahr aus (Birmingham). Bis dahin liegt die Blase größtenteils in der Bauchhöhle, da das Becken ganz klein und sehr flach ist. Bei der Geburt liegt die innere Harnröhrenmündung in einer Höhe mit dem oberen Rande der Symphyse. Obgleich sich die Blase so stark in die Bauchhöhle vorwölbt, hat ihre Vorderfläche doch keinen peritonealen Überzug. An der Hinterfläche reicht das Peritoneum tiefer herab als beim Erwachsenen, es erreicht die Höhe der Urethralmündung zur Zeit der Geburt, das Niveau der Prostata in den ersten Lebensjahren. Die Prostata selbst ist bei Kindern außerordentlich klein. Thompson gibt an, daß sie in einem Alter von sieben Jahren nur 2 g wiegt, während sie zwischen dem 18. und 20. Lebensjahre ca. 18 g wiegt. Die Wand der kindlichen Blase ist so dünn, daß bei dem Einführen einer Sonde ein klickendes Geräusch erzeugt werden könne, wenn man durch die Blasenwand hindurch mit dem Instrument an das knöcherne Becken anstößt.

Die **Vorsteherdrüse** (Prostata) (Abb. 101, 104, 105, 106, 111). Die Drüse liegt ca. 2 cm unterhalb der Symphyse auf dem Rektum dicht oberhalb dessen Pars analis. Sie liegt deshalb 4—5 cm vom Anus entfernt und kann von letzterem aus bequem palpiert werden. Sie besteht aus zwei seitlichen Lappen, die vor der Urethra in der Commissura pubica, hinten in zwei Kommissuren, einer oberhalb der Ductus ejaculatorii gelegenen Commissura mediana und einer unterhalb dieser Gänge gelegenen Commissura rectalis verschmelzen. Der hier als Commissura mediana bezeichnete Abschnitt war früher als Mittellappen bekannt, eine Bezeichnung, die sehr irreführend ist, da es kein getrennter Lappen ist, sondern, wie eben auseinander gesetzt wurde, nur eine Verschmelzung der beiden seitlichen Lappen darstellt. Das Organ besteht aus zahlreichen verzweigten tubulösen Drüsen (Corpus glandulae prostatae), die von reichlich glatter Muskulatur (Musculus prostaticus) und Bindegewebe umgeben und eingebettet sind. Die Ausführungsgänge (Ductus prostatici) münden in die Pars prostatica urethrae, hauptsächlich an beiden Seiten des Colliculus seminalis aus. Der Zweck des von ihnen ausgeschiedenen Sekrets ist unbekannt. Dieselben sind sehr eng und lang. Bei gewissen Formen von Prostataentzündungen finden sich kleine weißliche Fäden, die sehr an Baumwollfasern erinnern, im Urin; sie stellen Ausgüsse dieser Ausführungsgänge dar.

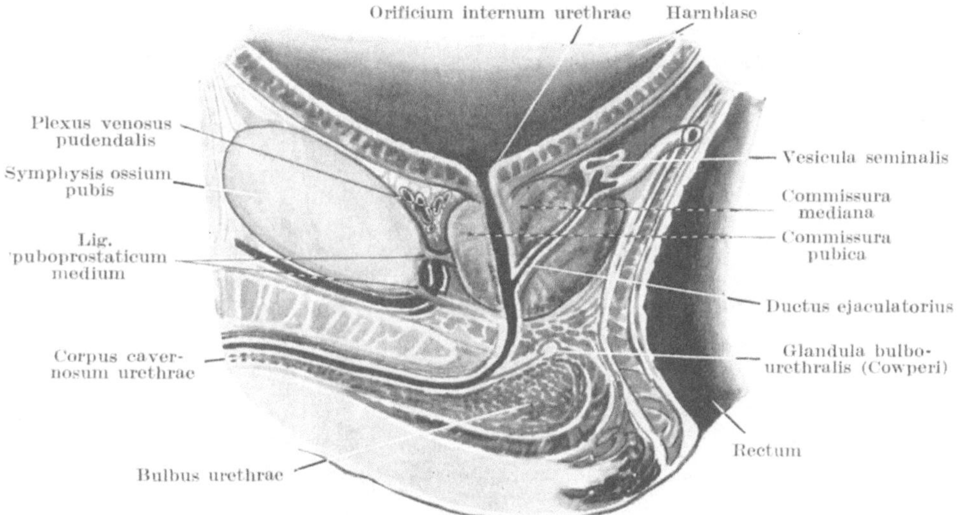

Abb. 105. Normale Prostata.

Die Kapsel der Prostata. Auf Grund der guten Erfolge, welche bei der Vergrößerung der Prostata mit der Ausschälung der ganzen Drüse erzielt werden, ist auch wieder viel über diese umhüllenden Strukturen gesprochen und geschrieben worden. Die Bezeichnung „Kapsel" wurde für die oberflächliche fibromuskuläre Schicht der Drüse vorgeschlagen, während man als „Hülle" den von der Beckenfaszie auf sie übergehenden Faszienabschnitt bezeichnete. Bei der Enukleation der Drüse wird alles entfernt, was innerhalb dieses Faszienüberzugs liegt. Nur an einer Stelle ist die Faszie fest mit der Kapsel verwachsen, nämlich an ihrer Vorderfläche. An allen anderen Stellen lassen sich beide Gebilde leicht voneinander trennen. Da die Basis der Drüse an die Harnblase angewachsen ist und so nicht von der Faszie bedeckt wird, während sie sonst überall von ihr überzogen wird, so ergibt sich daraus, daß man am leichtesten von der Blase aus unter diese Faszie gelangt und die Drüse ausschälen kann. Die Faszie bestimmt das Umsichgreifen eines Prostataabszesses. Die abgerundete Spitze (Apex) der Drüse stößt an den Musculus trigoni; ihre seitlichen Abschnitte hängen mit den vorderen Fasern des Musculus levator ani zusammen; die Prostatakapsel verschmilzt daher mit den Faszien beider Muskel. Der venöse Plexus prostaticus, in welchen die Venae vesicales, die Äste und Kommunikationen der Vena dorsalis penis, die Venae pudendae internae und obturatoriae einmünden, liegt in dem Bindegewebe zwischen Prostata und Musculus levator ani. Das an der Außenseite der Venen gelegene Gewebe wird zur Kapsel gerechnet, das an der Innenseite liegende Gewebe zur Faszie. Hinten wird die Prostatakapsel von dem Septum rectovesicale gebildet.

Prostataabszesse perforieren in der Regel in die Harnröhre, da in

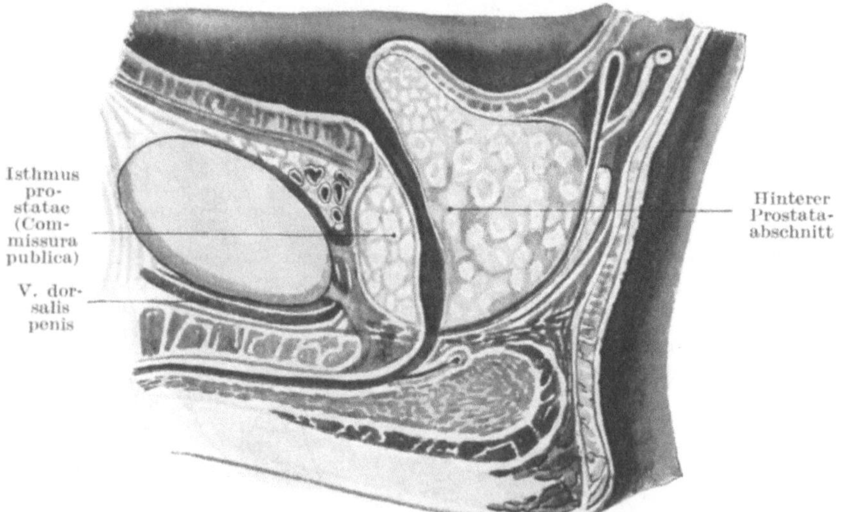

Abb. 106. Prostatahypertrophie (nach Albarran).

dieser Richtung der geringste Widerstand besteht. Tun sie das nicht, so brechen sie möglicherweise nach dem Rektum durch, da hier zwischen beiden Organen sich nur eine Schicht der Beckenfaszie findet und diese selbst nicht dick ist. Diese Einschachtelung der Drüse in eine sehr unnachgiebige Membran erklärt auch zum Teil die heftigen Schmerzen bei der akuten Prostatitis. Hierbei werden die Schmerzen nicht selten in die Gegend der freien Enden der 12. Rippen (10. Dorsalnerv), der Spina iliaca posterior (11. Dorsalnerv), ja selbst in die Fußsohlen verlegt (dritter Sakralnerv). Die Prostata erhält ihre Nerven von den zwei unteren Dorsal- und drei oberen Sakralsegmenten; daher auch der ausgebreitete Bezirk der Schmerzausstrahlung (Head).

Prostatahypertrophie (Abb. 106). Die ungefähren Maße der normalen Prostata sind 4 cm in der Breite, 3 cm in der Dicke (d. h. von der Basis zur

Spitze). Nach dem 53. Lebensjahr hypertrophiert die Drüse häufig; nach den Angaben von H. Thompson ist eine Drüse vergrößert, wenn sie 5 cm und darüber breit ist oder wenn ihr Gewicht 30 g und darüber beträgt. Das Durchschnittsgewicht der Prostata beträgt 18—20 g. Findet die Vergrößerung hauptsächlich in den seitlichen Lappen statt, so ist es verständlich, daß eine derartige Vergrößerung sehr beträchtlich sein kann, ehe Urinverhaltung auftritt. Auf der anderen Seite kann eine kaum nennenswerte Vergrößerung der Commissura mediana die Harnröhrenmündung so gut wie vollständig verschließen. Mit zunehmender Vergrößerung schiebt sich dieser Teil der Drüse durch die Urethralmündung in die Blase vor, erweitert und lähmt den Blasenschließmuskel und bildet ein mechanisches Hindernis für den Abfluß des Urins. Ist die Drüse in allen ihren Teilen gleichmäßig vergrößert, so wird die Pars prostatica urethrae in die Länge gezogen, vergrößert sich nun einer der Lappen besonders stark, so biegt die Harnröhre nach der gegenüberliegenden Seite aus. Findet sich eine ausgesprochene Vergrößerung der mittleren Kommissur, so hat die unter normalen Verhältnissen fast gerade Pars prostatica urethrae einen stark gekrümmten Verlauf, bisweilen eine ausgesprochene Knickung. Es ist wichtig sich darüber klar zu sein, daß eine Vergrößerung der mittleren Kommissur durch eine rektale Untersuchung kaum entdeckt werden kann. Betrachtet man eine derartig vorstehende mittlere Kommissur von der Blase aus, so erscheint sie als ein umschriebener rundlicher, manchmal selbst gestielter Tumor.

Bei der als **„Prostatektomie"** bezeichneten Operation wird diese vorspringende und so große Beschwerden verursachende Gewebsmasse durch eine Inzision oberhalb der Symphyse entfernt. Alles was sich innerhalb der Prostatahülle findet — die Drüse, Urethra, die gemeinsamen Ausführungsgänge — wird von der Blase aus vom Operateur mit dem Finger ausgeschält; es bleibt zunächst ein Hohlraum, der mit Blut und Urin erfüllt ist; derselbe zieht sich alsdann zusammen und bildet eine neue Harnröhre. Die Prostata ist ein Geschlechtsorgan, dessen Größe und Entwicklung von der Gegenwart und Tätigkeit der Hoden abhängig ist. Kastration verhindert ihre Entwicklung oder befördert ihre Rückbildung. Die Entfernung eines Testikels bewirkt eine halbseitige Atrophie, während die Durchtrennung der Vasa deferentia keinen Einfluß hat (C. Wallace). Die zahlreichen Lymphgefäße der Prostata ziehen zu einer Gruppe von Lymphknoten, die zwischen den Vasa iliaca externa und hypogastrica an der Beckenwand liegen.

Die **männliche Harnröhre** (Abb. 104) ist ca. 21 cm lang, die Pars prostatica 3 cm, die Pars membranacea 1 cm, während die Pars cavernosa urethrae somit 17 cm lang ist. Zwischen dem vierten und sechsten Lebensjahr beträgt ihre Gesamtlänge 8—9 cm, zwischen dem 10. und 13. Jahre 10—11 cm. Man kann den Kanal in eine Pars fixa und Pars pendula einteilen; die Pars fixa reicht vom Blasenhals bis zu der Ansatzstelle des Ligamentum suspensorium an der Vorderfläche der Symphyse. Diese Pars fixa beschreibt eine einfache Kurve, die der Krümmung eines

Metallkatheters entspricht. Die beiden Enden der Kurve liegen ungefähr
auf einer Linie, die man quer über das untere Ende der Symphyse senkrecht zu der Vertikalachse des Gelenkes gezogen denkt. Die Kurve
verläuft entlang dieser Linie, ihr am höchsten gelegener Mittelpunkt
entspricht einer Verlängerung der Vertikalachse der Symphyse sowie
der Mitte der Pars membranacea. Dieser Teil der Röhre liegt ca. 2,5 cm
unterhalb des Schambogens. Der pendelnde Teil der Harnröhre bildet
bei nicht erigiertem Penis eine zweite in entgegengesetzter Richtung
verlaufende Kurve, so daß der Kanal etwa die Form eines S hat.

Die Pars prostatica verläuft nahezu senkrecht; sie ist von einer
Ringmuskulatur umgeben, die zu einer spasmodischen Striktur Veranlassung geben kann. Der Utriculus prostaticus (der rudimentäre
Uterus masculinus) liegt am Boden dieses Harnröhrenabschnitts; er
rspräsentiert bekanntlich die Vereinigungsstelle der kaudalen Enden
der Müllerschen Gänge (der Rest des kranialen Endes dieses Ganges
soll die Appendix testis sein).

Die Pars cavernosa urethrae ist von dem erektilen Gewebe des
Corpus cavernosum urethrae umgeben, welches auf der Unterseite der
Harnröhre am dicksten ist. Ein sehr dünnes Lager erektilen Gewebes
umgibt den häutigen Teil der Harnröhre im Diaphragma uro-genitale.

Bei der Einführung eines Katheters (Abb. 104) muß man sich merken,
daß die Pars pendula sich dem Instrumente anpaßt, während in der Pars
fixa das Instrument sich dem unnachgiebigen Kanal anpassen muß.
Beim Einführen des Instruments in Rückenlage wird der Penis mit der
linken Hand senkrecht in die Höhe gezogen, wodurch die Krümmung
der Pars pendula ausgeglichen wird. Der Katheter wird zunächst dicht
am Leibe gehalten, entweder in der Mittellinie oder in der linken Leistenbeuge. Erreicht die Spitze des Instruments die Pars fixa, dann muß
der Handgriff genau in der Medianebene bleiben, der Katheter wird
vorsichtig etwas nach abwärts gedrückt und das Ende langsam hoch-
gehoben, so daß die Spitze der natürlichen Kurve des Kanals folgt.
Die größte Schwierigkeit beim Einführen besteht an dem Übergang
der Pars mobilis in die Pars fixa oder für praktische Zwecke eher an einer
Stelle etwas weiter hinten, d. h. an der Unterfläche des Diaphragma
urogenitale. An dieser Stelle wird die Harnröhre nicht nur plötzlich
sehr unbeweglich, sondern auch sehr eng, außerdem findet sich hier
sehr reichlich Muskulatur, die sich leicht krampfartig zusammenziehen
kann.

Wenn daher in einem Falle, in welchem sich keine Striktur findet,
die eine absolute Undurchgängigkeit der Stelle bewirkt, durch den
Katheter ein falscher Weg gemacht wird, so verläßt das Instrument
die Harnröhre unmittelbar vor dem Diaphragma urogenitale.

Einige andere Punkte im Zusammenhang mit der Katheterisation
sollen weiter unten erörtert werden.

Die **Harnröhre** ist keine offene Röhre wie etwa das Rohr einer Gas-
leitung. Außer beim Urinieren oder beim Einführen eines Instruments
erscheint dieselbe auf einem Durchschnitt ein querer Schlitz, da die

obere und untere Wand einander berühren; in der Fossa navicularis
steht der Schlitz dagegen senkrecht. Bei der **Amputation** des Penis
mit der galvanokaustischen Schlinge, eine Methode, die früher wegen
der Infektionsgefahr viel geübt wurde, muß man sich an diese Tatsache
erinnern.

Die Pars prostatica ist der weiteste Teil der Harnröhre, der auch
am stärksten dilatiert werden kann. Die größte Weite findet sich hier
genau in der Mitte dieses Teils, sie beträgt annähernd $1^1/_4$ cm; am Blasen-
ende beträgt sie 1 cm, am distalen Ende dieses Abschnitts noch etwas
weniger. Führt man dünne Katheter ein, so können deren Spitzen sich
in der Mündung des Utriculus prostaticus verfangen, wenn man nicht
die Spitze des Instruments fest am Dache des Kanals entlang führt.
Die Ductus ejaculatorii münden in die Pars prostatica, so daß eine Entzündung dieses Abschnitts durch diese Kanäle auf die Samenbläschen
übergreifen kann und von hier aus auf dem Wege durch die Vasa deferentia auf den Nebenhoden übergeht (Abb. 105). Auf diesem Wege entsteht bei der Gonorrhoë, die die hinteren Abschnitte der Harnröhre befallen hat, die Entzündung der Hoden und es ist verständlich, daß eine
Hodenentzündung auch bei Prostataabszessen, in der Pars prostatica eingeklemmten Harnröhrensteinen oder nach lateraler Cystotomie entstehen
kann. Eine Striktur entsteht niemals in der Pars prostatica.

Die **Pars membranacea** ist mit Ausnahme des Orificium externum
urethrae die engste Stelle des ganzen Rohres. Ihr Durchmesser beträgt
ca. 8 mm. Sie ist zwischen den beiden Faszienblättern des Diaphragma
urogenitale befestigt und ist der muskulöse Abschnitt des Kanals. Deshalb findet sich gerade an dieser Stelle für gewöhnlich die sog. „spasmodische Striktur". In jedem Falle bietet die Kontraktion des Musculus
trigoni dem eingeführten Katheter oder Sonde oft einen hohen Grad
von Widerstand (Abb. 105).

Die **Pars cavernosa** ist an ihren beiden Enden, d. h. am Bulbus und
an der Glans etwas erweitert. Der Durchmesser der Harnröhre am Bulbus
liegt in der Mitte zwischen dem des Prostata- und des häutigen Abschnitts, während derjenige des übrigen Teils der Pars cavernosa in
der Mitte zwischen dem des Bulbus und dem der Pars membranacea
liegt. An der Stelle des Bulbus corporis cavernosi ist der Lieblingssitz
der organischen Harnröhrenstrikturen. Das Orificium urethrae externum
ist 0,5—0,6 cm weit, so daß ein Katheter, der die Harnröhrenmündung
passieren kann, auch jede andere Stelle der normalen Harnröhre über-
windet. Seine Öffnung ist sehr widerstandsfähig und muß oft inzidiert
werden, um dickere Instrumente einführen zu können.

Die **engsten Stellen** sind also: 1. das Orificium externum, 2. das
distale Ende der Pars membranacea. An diesen beiden Stellen bleiben
aus der Harnblase angeschwemmte Steine mit Vorliebe liegen. Die
weitesten Stellen auf der anderen Seite sind: 1. die Fossa navicularis
der Glans penis, 2. die Stelle des Bulbus, 3. die Mitte der Pars prostatica.

Die **Schleimhaut** der Harnröhre enthält neben zahlreichen Schleimdrüsen verschiedene rezessusähnliche Lacunae urethrales, deren Mün-

dung gegen das Orificium externum zu gerichtet sind. Diese Lakunen finden sich in reichlicher Menge am Bulbus und liegen mehr am Boden als am Dache des Kanals. Bei dem Einführen dünner Katheter sollte man deshalb die Spitze des Instruments am Dache der Harnröhre entlang führen, so daß sie sich nicht in einem der Rezessus verfängt. Die größte Lakune, die sog. Lacuna magna, findet sich am Dache der Fossa navicularis, in ihr kann sich leicht ein dünnes Instrument mit seiner Spitze verfangen.

Die Harnröhre kann **zerreißen,** wenn die Person rittlings auf einen harten Gegenstand fällt. Bei einem solchen Unfall wird sie zwischen dem Schambogen und dem betreffenden Gegenstand zerquetscht. Deshalb ist die am meisten derartigen Verletzungen ausgesetzte Stelle die Pars membranacea und die hinteren Abschnitte der Pars cavernosa. Je mehr der Körper nach vorne übergebeugt ist in dem Augenblick, in welchem der Darm verletzt wird, um so länger ist die Strecke der Urethra, welche zwischen den Schambögen zerquetscht wird.

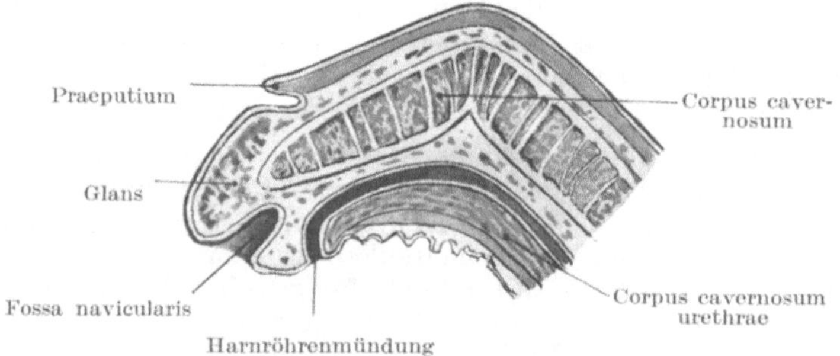

Abb. 107.   Hypospadie (Längsschnitt).

Die **weibliche Harnröhre** ist ca. 4 cm lang und hat einen Durchmesser von 0,6—0,8 cm. Sie ist sehr erweiterungsfähig. Bei aufrechter Körperhaltung verläuft dieselbe fast vertikal, bei Rückenlage fast horizontal.

Das **männliche Glied** (Penis) (Abb. 104). Die Haut ist dünn und zart, das Unterhautzellgewebe spärlich und locker. Wegen der lockeren Beschaffenheit dieses Gewebes ist die Haut sehr verschieblich und ausdehnungsfähig. Die erstere Tatsache muß man bei der **Zirkumzision** im Auge behalten, da bei der Ausführung dieser Operation die Haut leicht über die Glans penis hinausgezogen werden kann, sodaß, wenn sie möglichst weit hinten abgetragen wird, der größte Teil des Glieds seiner schützenden Hülle beraubt ist. Dies bezieht sich natürlich hauptsächlich auf Kinder. Die lockere Beschaffenheit des submukösen Gewebes bedingt bei Ödem oder bei Urininfiltration an dieser Stelle bisweilen eine enorme Schwellung des Gliedes. Über der Glans penis ist die Schleimhaut so fest auf der Unterlage befestigt, daß hier so gut wie kein subkutanes Bindegewebe vorhanden ist. Wenn sich daher an dieser Stelle ein harter Schanker entwickelt, so kann in seiner Umgebung nur eine minimale

Induration auftreten, da sich hier kein Gewebe findet, in welchem sich
eine Verdickung entwickeln könnte. An der Corona glandis andererseits ist das submuköse Gewebe locker und reichlich, so daß sich hier
eine Induration deutlich ausbilden kann, wie ja auch gerade an dieser
Stelle eine spezifische Sklerose die charakteristischste Entwicklung zeigt.
Der Blutreichtum des Penis sowie die rasche Blutanschoppung, welche
sich ausbildet, sobald der Rückfluß des venösen Bluts gehindert ist,
macht die schnelle und ausgedehnte Schwellung des Organs verständlich, sobald es umschnürt wird. Daran muß man denken, wenn man
einen Verweilkatheder dadurch befestigt, daß man ihn mit Bändern

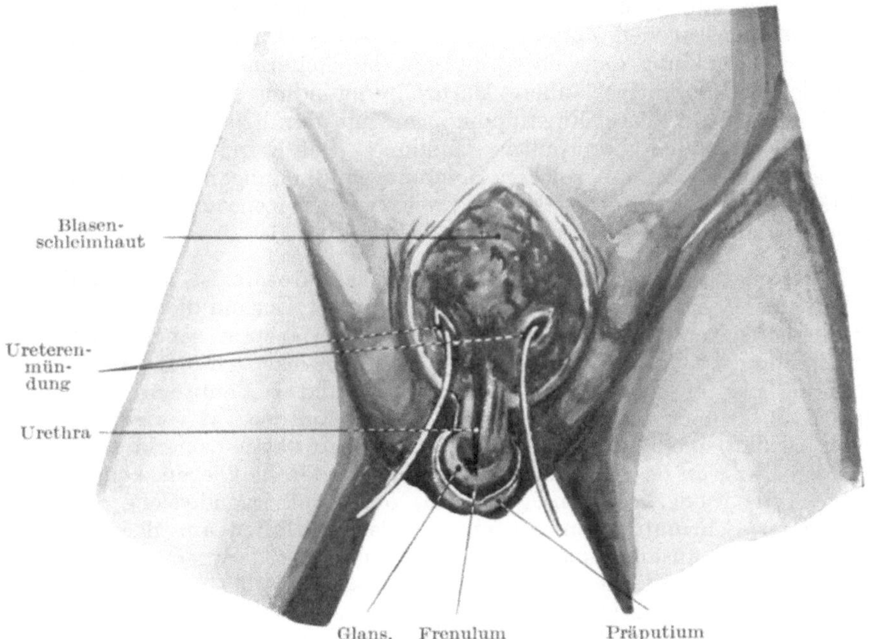

Abb. 108.   Blasenspalte.

an den Penis festbindet. Die Blutsinusse in dem Corpus cavernosum
urethrae können durch gonorrhoische Infektion sich in starre, unnachgiebige Höhlen umwandeln, während die Corpora cavernosa penis unverändert bleiben. Der Schwellkörper der Harnröhre wirkt alsdann bei der
Erektion des Penis wie die Sehne eines Bogens (Abb. 107). Durch die oberflächlichen Lymphgefäße kann eine Erkrankung der Haut und des Orificium externum in die Inguinallymphknoten fortgeleitet werden. Tiefer
gelegene Lymphgefäße ziehen mit den Venae prostaticae zu den Lymphoglandulae hypogastricae an der Seitenwand des Beckens. Einige Lymphbahnen ziehen direkt durch den Schenkelring zu den Lymphoglandulae
iliacae. Am Penis finden sich häufig angeborene Mißbildungen. Der-

artige Hemmungsbildungen sind die **Hypospadie** (Abb. 107), bei welcher die untere Harnröhrenwand mit dem entsprechenden Teile des Corpus cavernosum fehlt und die **Epispadie** (Abb. 108), bei welcher das Dach der Harnröhre mit dem entsprechenden Teile der Corpora cavernosa penis mangelhaft entwickelt ist. Bei der Hypospadie finden sich zwei Harnröhrenmündungen, eine an der Glans, die blind endet und die Fossa navicularis darstellt und eine zweite Öffnung dahinter, welche in die eigentliche Urethra einmündet. Man erkennt hieran den doppelten Ursprung der männlichen Urethra, der im Bereiche der Eichel liegende Teil entsteht durch eine Einstülpung des Epithels von der Oberfläche der Glans, während der übrige Teil der Harnröhre sich aus der Kloake entwickelt. Im frühen Stadium der Entwicklung mündet die urethrale Kloake in einer eigenen Mündung aus (primitives Orifizium), während der Weiterentwicklung dagegen stülpt sich die Epidermis der Eichel ein und bildet die definitive äußere Harnröhrenmündung und die Fossa navicularis; sobald diese Einstülpung sich mit der Kloakenharnröhre vereinigt, schließt sich die primitive Mündung. Das Frenulum praeputii bildet sich über ihm. In solchen Hemmungsmißbildungen finden sich am Präputium Talgdrüsen, welche in zwei pigmentierten ovalen Haufen angeordnet sind — Ocelli praeputiales (Shillitoe).

Der Hodensack (Skrotum). Die Haut des Skrotum ist dünn und durchscheinend, so daß bei einer Quetschung dieser Gegend die mit dem Blutaustritt unter der Haut einhergehende Verfärbung schnell und deutlich zutage tritt. Außerdem ist die Haut sehr elastisch und ausdehnungsfähig, wie es bei großen Skrotalhernien und Hodentumoren der Fall ist. Die Hautbekleidung an dieser Stelle ist in der Tat verschwenderisch, so daß eine Exzision eines Teils derselben kaum bemerkt wird. Selbst bei Gangrän des Hodens, bei der beide Hoden bloßliegen, können sich die Teile wieder vollständig erholen, ohne daß irgendwelche Störungen oder Schrumpfungen eintreten. Die **Hautfalten** am Skrotum begünstigen die Ansammlung von Schmutz und die dadurch erzeugte Reizung der Haut kann die Ursache der an dieser Stelle nicht selten auftretenden Karzinome sein. Schwitzt die Haut, so halten diese Falten die Feuchtigkeit zurück; deshalb und noch aus anderen Gründen ist das Skrotum der Lieblingssitz von Ekzemen und solchen luetischen Hautaffektionen, welche oft durch eine Reizwirkung lokalisiert werden. Die „Rugae" sind ein Zeichen der Gesundheit, da sie durch die kräftige Kontraktion der in der Tunica dartos enthaltenen Muskelfasern bedingt sind. Bei durch Krankheit geschwächten Individuen oder unter dem lähmenden Einfluß zu großer Wärme wird das Skrotum glatt und hängt herab. Bei einer einfachen Inzision, wie z. B. bei der Kastration, schlägt die Tunica dartos leicht die Hautränder nach einwärts und erschwert die Naht. In solchen Fällen bewirkt das kurze Auflegen einer in Warmwasser getauchten Kompresse eine Erschlaffung der Muskeln und erleichtert die Naht.

Das **Unterhautzellgewebe** ist locker, reichlich und ermöglicht beträchtliche Blutansammlungen unter der Haut. Es ist deshalb nicht

ratsam, Blutegel an das Skrotum selbst anzusetzen, da sie zu einer sehr
unerwünschten Nachblutung unter der Haut und zu beträchtlichen
Blutunterlaufungen der Stellen Veranlassung geben. Will man bei
Hodenaffektionen Blutegel verwenden, so muß man sie über dem Samenstrang ansetzen.

Wegen seiner hängenden Lage sowie der Lockerheit und der Menge
des Unterhautzellgewebes zeigt das Skrotum oft am frühesten bei Wassersucht eine ödematöse Schwellung, die bisweilen sehr ausgesprochen sein
kann. Auch ist dasselbe außerordentlich häufig der Sitz von Elefan-
tiasis, welche anatomisch in einer Erweiterung der Lymphgefäße und
Lymphräume des Unterhautzellgewebes besteht. Die Lebensfähigkeit

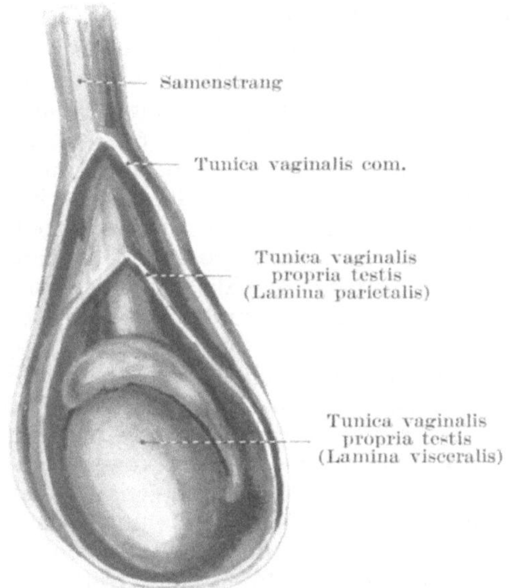

Abb. 109. Hoden eines Mannes.

der Skrotalhaut ist nicht sehr beträchtlich, so daß bei heftiger Entzündung nicht selten Teile derselben nekrotisch werden. Deshalb muß
man bei dem Anlegen fester Verbände um den Hoden sehr vorsichtig
sein, da die harte Schwellung des erkrankten Hodens bei zu festem Verband die Skrotalhaut leicht derartig komprimieren kann, daß Gangrän
auftritt. In einem derartigen Falle sah ich eine halbseitige Skrotal-
gangrän, die durch die ungeschickte Anwendung dieser so weit verbreiteten Behandlungsmethode entstanden war.

Der **Hoden** (Testis) (Abb. 109) kann in der Bauchhöhle zurückbleiben
und für kürzere oder längere Zeit, ja selbst während des ganzen Lebens im
Inguinalkanal festgehalten werden. Auf der anderen Seite kann er
über das Skrotum hinaus in den Damm gelangen oder kann den Inguinal-

kanal überhaupt verfehlen und durch den Femoralkanal in der Fossa ovalis am Oberschenkel zum Vorschein kommen. Der eigentliche Hoden wird vollständig von dem viszeralen Blatte der Tunica vaginalis propria umgeben, mit Ausnahme einer kleinen Stelle an der Hinterfläche, an welcher die Gefäße austreten. Der Nebenhoden dagegen ist seitlich ganz, vorne so ziemlich vollständig von derselben Membran überzogen, während die Hinterfläche größtenteils nicht von ihr bedeckt ist (Abb. 109). An der Hinterfläche des Nebenhodens geht das viszerale Blatt der Tunica in das parietale Blatt über. Die Hinterfläche des Hodens wie auch des Nebenhodens vom Kopf bis zum Schwanz sind am Mediastinum testis befestigt. Anstatt daß dieses Mediastinum an der ganzen Rückseite entlang zieht, kann dasselbe nur am hinteren Teile des Hodens und am Schwanz des Nebenhodens befestigt sein. An einer derartig gestielten Befestigungsstelle kann der Hoden durch die Drehung seines schmalen Aufhängebandes stranguliert werden. Ein schmales verlängertes Aufhängeband findet sich nur an Hoden, welche entweder sehr spät in den Hodensack hinabgestiegen sind, oder welche bei ihrem Deszensus aufgehalten worden sind; eine Stieldrehung des Hodens ist deshalb nur bei unvollkommen entwickelten Drüsen möglich. Die festere und ausgedehntere Verbindung der serösen Haut mit dem Hoden selbst erklärt zum Teil das häufigere Vorkommen der Hydrozele bei Entzündungen des Hodens allein, im Vergleich mit einer Entzündung des Nebenhodens allein. Wegen der Umschlagstellen der Tunica vaginalis bleibt der Hoden bei der gewöhnlichen Hydrozele an dem unteren und hinteren Teile der Schwellung fixiert, ja die Umhüllung des Organs durch die Faszie ist eine derart ausgedehnte, daß bei großen Wasserbrüchen die Lage des Hodens mitunter schwer zu bestimmen ist. In einzelnen Fällen liegt der Hoden im vorderen Abschnitte des Skrotums, die Nebenhoden vor ihm; das Vas deferens zieht an der Vorderseite des Samenstrangs herab. In diesen Fällen nimmt der Hoden eine Lage ein, wie wenn er um seine vertikale Achse gedreht worden wäre. Dieser Befund ist unter der Bezeichnung „Inversio testiculi“ bekannt; man muß bei Fällen von Hydrozele an ihn denken, da er wiederholt bei einer Punktion derselben, weil an der Vorderfläche des Skrotums gelegen, vom Troakar durchstoßen wurde.

Das eigentliche Drüsengewebe ist von einer sehr festen Membran, der **Tunica albuginea testis** umgeben. Der Nebenhoden dagegen muß eines solchen festen Überzugs entbehren. Die Unnachgiebigkeit dieser Hülle erklärt zum großen Teile den intensiven Schmerz, über welchen bei akuter Entzündung des Drüsenparenchyms geklagt wird, ein Schmerz, wie er bei einer Entzündung des Nebenhodens allein nie in dieser Stärke auftritt. Auch ist es leicht verständlich, daß bei einer Nebenhodenentzündung die Teile rasch und stark schwellen, während bei einer gleichen Erkrankung des Hodens selbst eine Vergrößerung sich verhältnismäßig langsam entwickelt. Man darf nicht vergessen, daß die Lymphbahnen des Skrotums, zu den inguinalen, die des Hodens zu den lumbalen Lymphknoten hinziehen. Bei malignen Tumoren des Hodens muß man also auf Metastasen tief im Abdomen an den Seiten der Aorta rechnen. Der Hoden entwickelt sich vor dem 10. Dorsalwirbelkörper und erhält

seine Nerven aus dem 10. Dorsalsegment. Die Nerven ziehen durch die
Nervi splanchnici minores, die Plexus coeliacus und aorticus zur Arteria
spermatica, in deren Verlauf sie zum Hoden gelangen. Der Nebenhoden
erhält seine Nerven entlang dem Vas deferens aus dem Plexus sympathicus hypogastricus.

Der Samenstrang (Funiculus spermaticus) (Abb. 110). Die Gebilde
des Samenstrangs sind: 1. der Samenleiter, 2. der Musculus cremaster,
3. die Arteria spermatica externa aus der Arteria epigastrica inferior (Ast
der Arteria iliaca externa), 4. die Arteria testicularis aus der Arteria spermatica interna (Ast der Aorta), 5. die Arteria deferentialis (entspricht der
Arteria uterina) aus der Arteria vesicalis inferior (Ast der Arteria hypogastrica), 6. der Plexus venosus pampiniformis, 7. der Nervus spermaticus

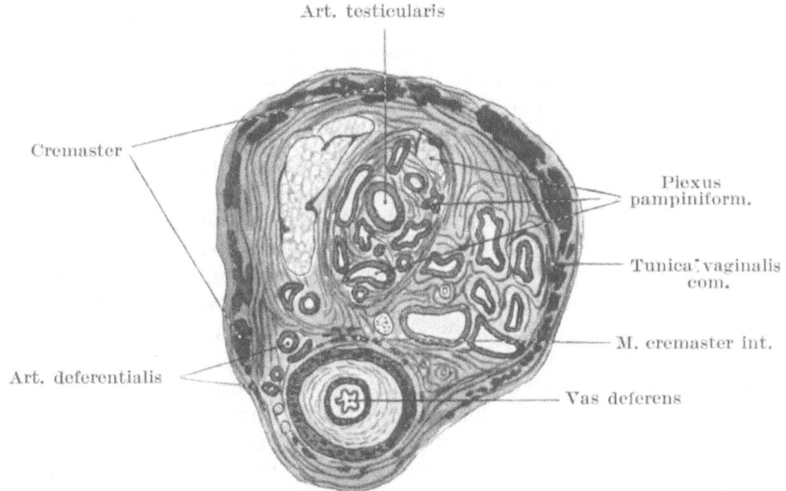

Abb. 110. Querschnitt durch den Samenstrang (Told).

externus aus dem Nervus genitofemoralis (2. Lumbalnerv), 8. Fasern des
Nervus sympathicus und 9. Lymphgefäße. Der Samenstrang reicht vom
Leistenkanal bis zum Hoden und ist 15—20 cm lang; der Samenleiter
dagegen reicht vom Nebenhoden bis zur Prostata und ist 40 cm lang.

Der **Samenleiter** (Ductus deferens) (Abb. 110) liegt an der Hinterseite
des Samenstrangs und kann von außen als fester, drehrunder Strang
palpiert werden, wenn man ihn zwischen Daumen und Zeigefinger quetscht.
Birkett beschreibt drei Fälle von Ruptur des Samenleiters während einer
heftigen und plötzlichen Anstrengung. Der Gang scheint jedesmal innerhalb der Bauchhöhle an einer Stelle nachgegeben zu haben, die zwischen
innerem Leistenring und der Ureterkreuzung liegt. Um die Prostatahypertrophie zu heilen, ist der Gang reseziert worden, jedoch ohne
wesentlichen Erfolg. Die Größe des **Musculus cremaster** ist hauptsächlich von dem Gewicht abhängig, welches an ihm aufgehängt ist. Bei

Hodenatrophie schwindet er so gut wie vollständig, während er bei Fällen von großen, langsam wachsenden Tumoren des Hodens beträchtliche Dicke erreichen kann. Wird bei Kindern oder jugendlichen Erwachsenen die Haut über der Mitte des Oberschenkels unmittelbar unterhalb des Ligamentum inguinale gekitzelt, so wird der Hoden derselben Seite für gewöhnlich nach oben gezogen. Durch das Kitzeln reizt man den sensiblen Nervus lumboinguinalis, den zweiten Endast des gemischten Nervus genitofemoralis, dessen anderer Endast der schon genannte und hauptsächlich zum Musculus cremaster ziehende ebenfalls gemischte Nervus spermaticus externus ist. Der Zwischenraum, welcher zwischen der Hautreizung und der Kontraktion des Musculus cremaster vergeht, ist dazu benutzt worden, um den Zustand des Nervensystems überhaupt und insbesondere die Geschwindigkeit zu prüfen, mit welcher Nervenimpulse fortgeleitet werden. Was die **Arterien** anlangt, so entspringt die Arteria spermatica interna wie schon oben erwähnt, aus der Aorta, die Arteria spermatica externa aus der Arteria epigastrica inferior und liegt zwischen den äußeren Hüllen des Samenstrangs in dessen lateralem Segment, während die Arteria deferentialis an der Seite des Ductus deferens liegt (Abb. 110). Das erst erwähnte Blutgefäß entspricht in seiner Größe der Arteria auricularis posterior, die beiden letzteren der Arteria supraorbitalis. Die Arteria spermatica interna teilt sich in eine Anzahl von Ästen, nachdem sie den Hoden erreicht hat; diese Äste ziehen zur medialen Seite des Nebenhodens, der entfernt werden muß ohne die Blutzufuhr zum Hoden abzuschneiden. Die drei Arterien des Samenstrangs werden bei der Kastration durchtrennt und am besten einzeln unterbunden, um nicht eine gemeinsame Ligatur um den ganzen Samenstrang legen zu müssen. Die **Venen** kann man im allgemeinen in zwei Gruppen einteilen. Die vordere Gruppe sind bei weitem die stärkeren, verlaufen mit der Arteria testicularis und bilden den Plexus pampiniformis. Die hintere Gruppe sind klein, umgeben den Ductus deferens und verlaufen mit der Arteria deferentialis. Diese Venen sind sehr häufig varikös und bilden den sog. **Krampfaderbruch** (Varikozele). Zahlreiche anatomische Ursachen bedingen die Erweiterung dieser Venen: Sie hängen gleichsam nach abwärts, ihre Hauptvene ist ziemlich lang und verläuft nahezu vertikal; die Gefäße sind im Vergleich zur Arterie sehr dick, so daß die **Vis a tergo** auf ein Minimum reduziert sein muß; sie verlaufen in einem lockeren Gewebe und entbehren der Stütze und Hilfe, welche andere Venen (wie an den Extremitäten) durch die Aktion der Muskeln erhalten; sie sind stark geschlängelt, bilden zahlreiche Anastomosen und haben nur wenige und unvollkommene Klappen; außerdem können sie leicht bei ihrem Verlauf durch den Inguinalkanal komprimiert werden. Die linken Venen sind häufiger befallen als die rechten. Spencer hat gezeigt, daß die linken Venen stets dicker sind als die rechten, auch hängt der linke Hoden tiefer als der rechte; die linke Vena spermatica mündet unter einem rechten Winkel in die Vena renalis ein, während die rechte Vene unter einem spitzen Winkel in die Vena cava inferior eintritt; ferner zieht die linke Vene unter der Flexura sigmoidea hinweg und wird so leicht von dem Darminhalt komprimiert.

Die weiblichen Geschlechtsorgane (Genitalia muliebra). Die großen **Schamlippen** (Labia maiora) entsprechen anatomisch dem Skrotum und weisen auch ähnliche pathologische Veränderungen auf. In denselben können sich ausgedehnte Blutextravasate ansammeln, bei Ödem schwellen sie hochgradig an, bei akuter Entzündung werden sie leicht nekrotisch; sie sind der gewöhnliche Sitz der Elephantiasis beim Weibe. Eine Hernie kann sich in einer der Lippen vorfinden, ihr Bruchsackhals liegt zwischen Vagina und Schambeinäste (Hernia pudendalis).

Dreht man eine kleine Schamlippe (Labium minus) nach außen um und drückt das Hymen nach einwärts, so kann man in der Regel etwas nach hinten und unten an der Vulva eine schmale rötliche Vertiefung erkennen. Dieselbe führt zur Ausführungsstelle der Glandula vestibularis maior (Bartholini). Diese paarig angelegte relativ große Vorhofsdrüse ist ein etwa $1^1/_4$ cm langer ovaler Körper, der an der hinteren Seitenwand des Orificium vaginae unter der oberflächlichen Dammfaszie liegt, von den Fasern des Musculus bulbocavernosus bedeckt. Nach dem 30. Lebensjahr atrophiert die Drüse; sie entspricht den Glandulae bulbourethrales (Cowperi) zu beiden Seiten der hinteren Abschnitte der Pars membranacea urethrae virilis (Abb. 104). Beide Drüsenpaare können der Sitz einer chronischen Gonorrhoe sein. Abszesse der Vorhofsdrüsen sowie zystische Erweiterungen ihrer Ausführungsgänge sind nicht selten.

Die **Scheide** (Vagina) liegt zwischen Harnblase und Mastdarm; das obere Viertel ihrer Hinterfläche ist von Peritoneum überzogen und steht daher in naher Beziehung zur Bauchhöhle. Daher kann durch die Nachgiebigkeit gewisser Teile ihrer Wandung die Harnblase, das Rektum oder auch Dünndarm sich in die Scheide vorwölben und so eine vaginale Zysto-, Rekto- oder Enterozele bilden.

Die vordere Wand der Scheide ist etwas über 5 cm lang, die hintere Wand dagegen 7,5 cm. Die Längsachse des Kanals bildet mit der Horizontalen einen Winkel von 60° und verläuft deshalb nahezu parallel mit dem Beckenrande. Das lockere netzförmige Bindegewebe am Grunde des Ligamentum latum liegt zu beiden Seiten des oberen Endes der Scheide. Der Ureter mündet am Dache des Scheidengewölbes in die Blase ein. Die Bauchhöhle kann von der Vagina aus eröffnet werden. Bei einer durch eine Verletzung entstandenen derartigen Wunde können die Dünndärme in beträchtlicher Länge aus der Vulva prolabieren. In einem Falle ging eine alte Frau, das Opfer einer brutalen Vergewaltigung, noch annähernd einen Kilometer weit zu Fuß mit einigen Dünndarmschlingen aus ihrem Genitale heraushängend.

Wegen der verhältnismäßig dünnen Scheidewände zwischen Vagina, Harnblase und Mastdarm sind Blasenscheiden- und Scheidenmastdarmfisteln gar nichts seltenes. Die Vagina ist sehr gefäßreich (Verletzungen derselben können durch Verblutung zum Tode führen). Sie kann hochgradig erweitert werden, woran bei der Tamponade derselben, um eine Uterusblutung zu stillen, gedacht werden muß.

Die **Gebärmutter** (Uterus) wiegt unter normalen Bedingungen ca.

30 g. Die Gebärmutterhöhle zusammen mit dem Zervikalkanal ist ca. 6,5 cm lang, woran man bei dem Einführen einer Uterussonde denken muß. Die Blutgefäße verlaufen quer zur Uteruslängsachse, so daß man um das ganze Organ eine Ligatur legen kann, ohne daß die Blutzirkulation über oder unter der Umschnürungsstelle gestört ist. Um das Wachstum von Myomen aufzuhalten, hat man die Arteria uterina unterbunden. Die Arterie entspringt aus der Arteria hypogastrica, $1^1/_4$ cm unterhalb des Beckenrandes und zieht im breiten Mutterband zum Gebärmutterhals. Sie ist 6,5 cm lang und zieht in der Mitte ihres Verlaufs über den Ureter hinweg. Man erreicht dieselbe, indem man das Ligamentum latum zwischen dem Eileiter hinten und dem runden Mutterband vorne einschneidet. In dem lockeren Bindegewebe unter der Wunde zieht sie hin.

Die **Lymphbahnen** des Fundus uteri und seiner Anhänge ziehen zu den Lymphoglandulae lumbales, einzelne wenige ziehen entlang dem Ligamentum teres zu den Lymphoglandulae inguinales. Die Lymphbahnen der Zervix, welche so häufig der Sitz eines Karzinoms ist, ziehen an der seitlichen Beckenwand zu den Lymphoglandulae hypogastricae.

Der nicht schwangere Uterus ist sehr selten Verwundungen ausgesetzt, vor allem wegen der Dicke seiner Wandung, seiner Kleinheit, Beweglichkeit und seiner Lage im knöchernen Becken.

Der **Eierstock** (Ovarium) liegt so, daß das abdominale Ende desselben sich lateral von ihm nach abwärts wendet. Die gewöhnliche Lage des Ovariums kann man sich an der Körperoberfläche dadurch bezeichnen, indem man den Verlauf der Arteria iliaca communis mit ihrer Verlängerung, der Arteria iliaca externa, also eine Linie von der Teilungsstelle der Aorta nur Mitte des Ligamentum inguinale auf die Haut zeichnet (Abb. 99). Der Eierstock liegt alsdann medial von dem Mittelpunkte dieser Linie in dem Winkel zwischen der Arteria iliaca externa und Arteria hypogastrica; derselbe kann von der Vagina aus palpiert werden. Seine Nerven kommen aus dem 10. Dorsalsegment. Die sensiblen Fasern der Zervix kommen aus den unteren Sakralsegmenten. Die Lymphgefäße des Ovariums ziehen zu den Lymphoglandulae lumbales, welche zu beiden Seiten der unteren Bauchaorta und Vena cava inferior in dem retroperitonealen Bindegewebe liegen. Die Ovarien haben einen deutlichen trophischen Einfluß auf die Brust; die Hypertrophie der Mamma zur Zeit der Pubertät und Schwangerschaft beruhen, nach Starling, auf einer inneren Sekretion der Eierstöcke. Man hoffte durch Kastration das Wachsen eines Brustkrebses aufhalten zu können, allein der Erfolg dieser Behandlung ist keineswegs ermunternd. Am Beckenrande liegen die Ovarialgefäße in einer Peritonealfalte, dem Ligamentum suspensorium ovarii, welches sowohl am Ovarium als auch am Infundibulum tubae uterinae (Tubentrichter) befestigt ist und daher auch früher als Ligamentum infundibulopelvicum bezeichnet wurde. Dieses Band bildet bei der Ovariotomie den lateralen Abschnitt des Stiels.

Der **Mastdarm** (Rektum) (Abb. 111) beginnt vor dem dritten Sakralwirbel und ist ca. 12,5 cm lang; er geht ohne scharfen Übergang aus dem

Colon sigmoideum hervor, welch letzteres vom Peritoneum überzogen und an einem Mesokolon aufgehängt ist. Dieser **seröse Bauchfellüberzug** verläßt allmählich die Hinterfläche des Darms, dann die Seiten- und zuletzt die Vorderfläche. Auf der Vorderfläche reicht also das Peri-

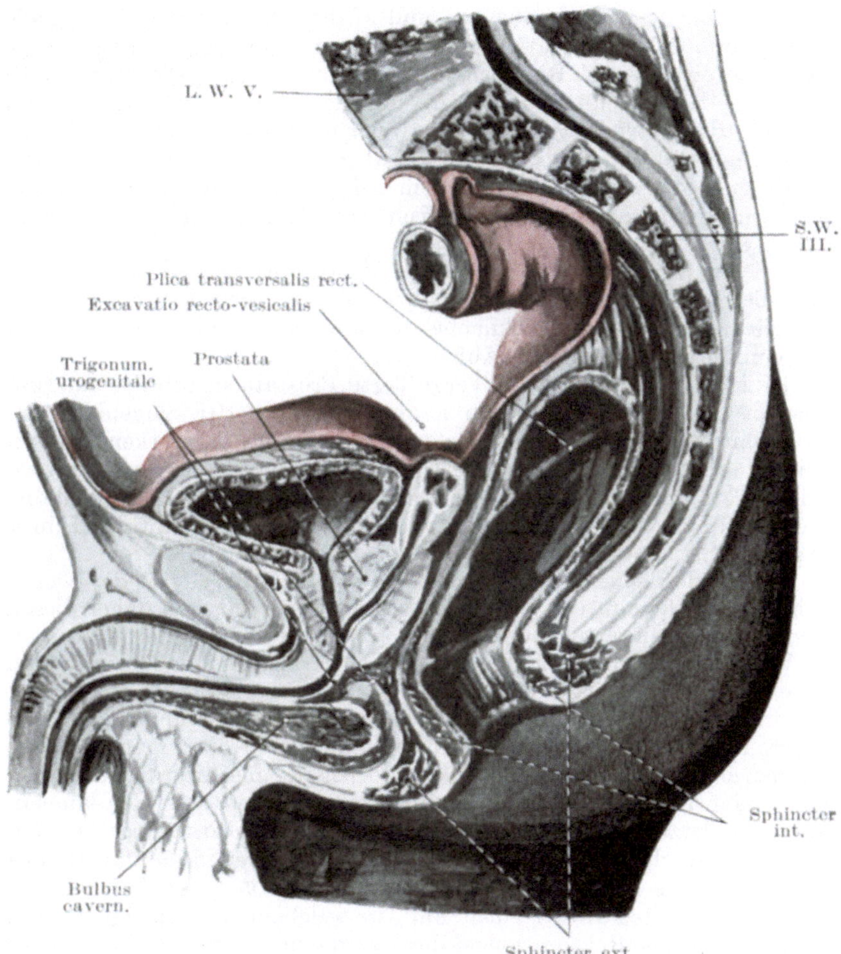

Abb. 111. Medianschnitt durch das männliche Becken.

toneum in Gestalt der Excavatio vesicorectalis (beim Manne) (Abb. 111) bis auf 7,5 cm vom Anus entfernt hinab, während an der Hinterfläche sich in einer Entfernung von 12,5 cm vom Anus kein Peritoneum findet. Deshalb kann bei der **Mastdarmresektion** an dessen Hinterfläche mehr Darm weggenommen werden als vorne, ohne das Peritoneum zu eröffnen.

Auch kann man erkennen, daß karzinomatöse und andere infiltrierende Geschwüre viel eher in die Bauchhöhle vordringen, wenn sie sich an der Vorderfläche des Darms entwickeln. Der unterste Mastdarmabschnitt (die Pars analis recti) ist vom Musculus sphincter ani internus umgeben — einem unwillkürlichen glatten Muskel, der als Verdickung der größtenteils glatten Ringmuskulatur unmerklich aus ihr hervorgeht. In leerem Zustande mißt die nach abwärts und rückwärts liegende Pars analis 4 cm, während der Defäkation und der Kotansammlung an dieser Stelle nimmt sie eine leichte Ringform an (Ampulla recti). Die Pars analis ist fest an den Musculi levatores ani und dem Darme befestigt, so daß beim Mastdarmvorfall (Prolapsus recti) der über der Pars analis gelegene Mastdarmabschnitt vorfällt. Cripps hat gezeigt, daß der hintere Rand des Musculus levator ani eine deutlich palpable freie Kante hat, welche annähernd in einer Höhe von 4,5—5 cm vom Anus entfernt das Rektum kreuzt.

Bei der digitalen Exploration des Mastdarms können die Prostata sowie die Samenbläschen deutlich palpiert und untersucht werden, ferner auch die dreieckige Blasenrückfläche, durch welche die Blase vom Rektum aus punktiert werden kann (Abb. 111).

Es ist klar, daß eine stark vergrößerte Prostata sich in das Rektum vorwölbt und es stark einengen kann. Die Lage der Samenbläschen in Beziehung auf den Darm ist eine derartige, daß sie bei starkem Pressen während der Defäkation vom Darminhalt komprimiert und so zum Teil entleert werden können, wodurch eine Art Samenfluß (Spermatorrhoë) erklärt wird. Bei entzündlichen Prozessen der Prostata und ihrer Umgebung ist die Defäkation häufig sehr schmerzhaft.

Die Vorderfläche des Rektums beim Weibe steht, soweit der Finger nach oben reicht, mit der Vagina in Verbindung; will man daher diesen Darmabschnitt untersuchen, so ist es zweckmäßig, mittelst eines in die Vagina eingeführten Fingers die Mastdarmschleimhaut durch den Anus hervorzudrücken.

Unmittelbar oberhalb des Anus ist das Rektum ampullenartig erweitert und hochgradig erweiterungsfähig. Bei Kotstauung kann es sich enorm erweitern, wie auch Fremdkörper der merkwürdigsten Form und beträchtlicher Größe in der Ampulla recti gefunden werden können. Unter den letzteren mögen erwähnt werden: Das Horn eines Ochsen, Weingläser u. dgl. Durch antiperistaltische Bewegungen des Kolons können derartige Fremdkörper bis zum Blinddarm vorgeschoben werden. So beschreibt Alexander einen Fall, in welchem der Handgriff eines Regenschirms ins Rektum eingeführt wurde und zwei Wochen später operativ aus der Flexura coli dextra entfernt werden mußte. Das Experiment hat gezeigt, daß bei der Aufblähung des Rektums beim Manne die Excavatio rectovesicalis nach oben geschoben sowie die Blase nach vorwärts und aufwärts verlagert wird. Beim Weibe wird der Fundus uteri in gleicher Weise nach oben und vorne gegen die Symphyse zu verlagert. Bei der **Cystotomia suprapubica** kann man deshalb das Rektum künstlich aufblähen, um so besser an die Blase herankommen zu können. Unter normalen Verhältnissen ist das Rektum nur während der Defäkation mit Kot erfüllt. Diesen Umstand macht man sich bei der Ectopia vesicae zu Nutzen, bei welcher man die Ureteren von der exponierten Blase abtrennen und ins Rektum einpflanzen kann.

Dehnt man den Musculus sphincter ani internus langsam und allmählich, so kann man beim Manne sowohl wie bei der Frau die **ganze Hand,** wenn dieselbe klein ist, ins Rektum einführen, allein man läuft dabei Gefahr, den Schließmuskel so sehr zu überdehnen, daß er nie mehr seine normale Tätigkeit ausführen kann. Der Umfang der Hand darf zum Zwecke dieser Manipulation 20 cm nicht übersteigen. Durch krabbelnde Bewegungen der Finger kann die Hand bis zum distalen Ende der Flexura sigmoidea vorgeschoben und wegen der Beweglichkeit dieses Darmabschnitts kann von hier aus ein großer Teil der Bauchorgane durch die Darmwand hindurchpalpiert werden. Die Gebilde, welche auf diesem Wege gut betastet werden können, sind: die Nieren, die Aorta, die Vasa iliaca, der Uterus, die Ovarien, die Harnblase mit ihrer Umgebung, der Beckenrand, die Foramina ischiadica, die Spina ischii, das Kreuzbein etc. Bei gewissen Individuen kann selbst eine kleine Hand nicht über die Bauchfellumschlagstelle im Darme hochgeschoben werden. In solchen Fällen bildet das Bauchfell an dieser Stelle einen Widerstand, ähnlich einem eng anliegenden Strumpfband und verhindert das weitere Vordringen der Hand ohne große Gefahr den Darm zu zerreißen (Walsham).

Da bei dieser Untersuchungsmethode die Hand stark eingeschnürt wird und sehr bald Krämpfe in den Fingern auftreten, ist ihr Anwendungsgebiet doch im allgemeinen sehr beschränkt.

Die **Befestigung des Rektums** mittelst seiner Faszie an der Beckenfaszie ist nicht besonders stark; diese lockere Befestigung begünstigt natürlich den schon erwähnten Mastdarmvorfall. Bei der **Resektion des Rektums** kommt allerdings diese Beweglichkeit dem Operateur sehr zu statten.

Die **Schleimhaut** ist dick, gefäßreich und nur locker mit der darunterliegenden Muskularis verwachsen. Diese lockere Anheftung, die bei Kindern besonders deutlich ist, begünstigt den Vorfall der Schleimhaut des unteren Rektums aus dem Anus. Am Übergang vom Colon sigmoideum ins Rektum findet sich eine ringförmige Falte oder Klappe der Schleimhaut, unter welcher auch die Muskulatur ringförmig verdickt ist und offenbar einen Schließmuskel (Musculus sphincter ani tertius) darstellt. Neben diesem eine Plica transversalis recti darstellenden Schließmuskel finden sich noch einige weniger deutlich ausgebildete derartige Querfalten, die besonders bei leerem Mastdarm dem Einführen eines Darmrohrs oder eines Bougies beträchtlichen Widerstand entgegensetzen können, so daß man ihre Lage an den seitlichen Wandungen des Darms berücksichtigen muß.

Die **Blutgefäße** und vor allem die Venen des unteren Rektalabschnitts werden häufig varikös und bilden die sog. Hämorrhoidalknoten. Die Neigung zu Hämorrhoiden kann zum Teil durch die abhängige Lage des Rektums, durch die Druckwirkung des harten Kots auf die das Blut

zentripetal führenden Venen sowie dadurch erklärt werden, daß ein
Teil des venösen Bluts durch den Körperkreislauf (Vena hypogastrica)
ein anderer durch den Pfortaderkreislauf (Vena mesenterica inferior)
zum Herzen zurückströmt. Diese Verbindung mit der Pfortader, wenn
sie auch nicht sehr ausgedehnt ist, kann doch bewirken, daß das Rektum
bei den zahlreichen Arten der Pfortaderstauung mitergriffen ist. Auch
kräftige Exspirationsbewegungen beeinflussen die Rektalvenen. Außerdem ist an den letzten 10 cm des Dickdarms die Anordnung der Gefäße
eigenartig und kommt der Ausbildung von Varizen sehr zu statten (Plexus
venosus haemorrhoidalis). Die Arterien treten in verschiedenen Höhen
durch die Muscularis hindurch, verlaufen in der Längsrichtung des
Darms, indem sie unter sich annähernd parallel nach abwärts ziehen.
Dabei kommunizieren sie in Zwischenräumen miteinander und stehen
nahe dem Anus in ausgedehntester Verbindung miteinander, da hier
alle Arterien durch querverlaufende kräftige Äste miteinander anastomosieren" (Quain). Die Äste der Arteriae haemorrhoidales superiores
(aus der Arteria mesenterica inferior) enden in der Submukosa der
Pars analis, in der sich Gefäßsäulen bilden, welche bis zum Anus reichen.
Die Venen bilden einen Plexus, der ebenso angeordnet ist. Die Venen
unter der Schleimhaut der Pars analis durchbohren die Muskulatur
des Rektums etwa 2,5 cm oberhalb derselben. An ihrer Durchtrittsstelle können sie leicht komprimiert werden.

Die **Lymphgefäße** des Rektums durchbohren die Muskulatur und
steigen in ihr empor; an der Hinterfläche der Darmwand finden sich bisweilen einer oder mehrere Lymphknoten. Diese stehen mit den Vasa
efferentia der Lymphknoten des Mesocolon sigmoideum in Verbindung,
wie auch mit den Lymphoglandulae hypogastricae und lumbales. Daher
finden sich bei tiefsitzenden Rektumkarzinomen die frühesten Metastasen in diesen eben genannten Lymphknoten und den zu ihnen führenden
Lymphgefäßen. Die Lymphgefäße des Colon sigmoideum münden in
die Lymphoglandulae sacrales sowie in diejenigen Lymphknoten ein,
welche zwischen den Blättern des Mesocolon sigmoideum liegen.

Der Mastdarm kann von hinten her in ausgedehnter Weise freigelegt werden. Bei der **Kraskeschen Operation** des Mastdarmkrebses
wird der Schnitt in der Mittellinie entlang dem Kreuzbein angelegt,
von der Höhe der Spina iliaca posterior inferior bis zum Anus. Nun
wird ein Lappen nach links umgeschlagen, welcher die Haut und den
Ursprung des Musculus glutaeus maximus enthält. Die Anheftestelle des
linken Ligamentum sacrotuberosum, des Musculus coccygeus und Musculus levator ani an seiner Ansatzstelle am Kreuzsteißbein und dem Steißbein selbst werden durchtrennt und nach außen umgeklappt, die Arteriae
sacrales media und lateralis, sowie die sie umgebenden venösen Plexus
werden mit dem Bindegewebe der vorderen Kreuzbeinfläche mittelst
Elevatoriums vom Periost abgehoben. Die linken Hälften der vierten
und fünften Kreuzbeinwirbel mit der linken Hälfte des Steißbeins werden
entfernt. Die vierten und fünften Sakralnerven sowie der Steißbein-
nerv werden notwendigerweise mit durchtrennt, allein der Versuch sollte

wenigstens gemacht werden, den dritten Sakralnerven wegen seiner wichtigen Funktion zu erhalten. Alsdann wird das Rektum freigelegt, zusammen mit den Vasa haemorrhoidalia und der Umschlagstelle des Peritoneum. Durch die Eröffnung der Bauchhöhle an dieser Stelle kann man einen Teil des Colon sigmoideum in die Wunde herabziehen. Nach Entfernung des erkrankten Darmabschnitts zusammen mit den Lymphoglandulae sacrales und hypogastricae wird das obere Darmende durch den Anus herausgezogen und durch Nähte fixiert. Wie der dritte Sakralnerv, sollte auch der Musculus levator ani verschont werden, um die Integrität des Beckenbodens aufrecht zu erhalten. Um Metastasen des Lymphgefäßsystems radikal mitzuentfernen, wird die Sakralmethode in der Regel mit einem Bauchschnitt kombiniert. Das Rektum wird vom zweiten, dritten und vierten Sakralsegment durch die entsprechenden Nerven mit sensiblen und motorischen Fasern versorgt. Einige motorische Nerven kommen auch aus den beiden untersten dorsalen und oberen lumbalen Segmenten. Diese Nerven gelangen durch die Plexus nervosi hypogastricus und lumbosacralis zum Rektum.

Der After (Anus) (Abb. 111). Die Haut der Analgegend enthält zahlreiche Falten, in welchen leicht Geschwüre und Tumoren entstehen. Innerhalb der Pars analis bildet die Schleimhaut eine Anzahl von vertikal gestellten Falten — Columnae rectales (Morgagni). Erweitert sich der Darm an dieser Stelle, dann verstreichen diese Falten und mit zunehmendem Alter werden sie flacher. Sie reichen nach oben bis zum Musculus sphincter ani tertius. An ihrem analen Ende finden sich kleine, als Sinus rectales bezeichnete Buchten, über welche kleine Schleimhautfalten hinwegziehen, die sog. „Valvulae anales". Ist die Pars analis recti geschlossen, so nähern sich diese Columnae und Valvulae einander und machen so die Analöffnung dicht. Beim Durchtritt von Kotmassen können diese Klappen einreißen und so kann durch einen derartigen Riß eine Fissura ani entstehen (Ball). Die enorme Schmerzhaftigkeit dieser Geschwüre ist durch das Freiliegen der Nervenfasern am Grunde der Fissur und den tonischen Krampf des Schließmuskels, der durch den Reiz ausgelöst wird, bedingt. In $90^0/_0$ der Fälle von Pruritus ani findet sich in der hinteren Darmwand, nahe der Analklappen ein kleines Geschwür (F. C. Wallis). Heilung wird erreicht, indem man die Geschwürsbasis exzidiert, wobei man den Schließmuskel auf eine kurze Strecke hin einschneidet; oder aber kann man den Anus kräftig dehnen, wobei man absichtlich die Geschwürsfläche noch weiter aufreißt und die störende Kontraktion des Schließmuskels für eine Weile beseitigt. Der Anus ist von geschichtetem Pflasterepithel ausgekleidet, das durch Einstülpung der äußeren Haut im Fötalleben hierher gelangt. Das Rektum auf der anderen Seite enthält aus dem embryonalen Nachdarm abgeleitetes Zylinderzellenepithel mit Becherzellen. Die Übergangslinie findet sich am analen Ende der Columnae rectales und ist nach oben wenigstens als deutlich weiße Linie zu erkennen.

Bei Obstipation kann der Anus während der Defäkation einreißen; ein Fall ist in der Literatur beschrieben, in welchem eine Frau während starken Pressens bei der Defäkation plötzlich fühlte, wie etwas nachgab und Darminhalt in ihrer Scheide entdeckte. Auch das Septum rectovaginale kann einreißen. Während der Geburtswehen ist schon der kindliche Kopf ins Rektum getreten und per anum entwickelt worden.

Der **Anus imperforatus** (Abb. 112) ist die häufigste Mißbildung des Rektums. Die Bildung des Anus ist ein doppelter Vorgang: Einmal findet eine Einstülpung vom Damm aus statt, zweitens ein Herabwachsen des Enddarms; die ektodermale Aftergrube und der Enddarm treffen sich am oberen Ende der Pars analis und vereinigen sich hier zu einem gemeinsamen Rohre. Bei zahlreichen Fällen von Atresie in dieser Gegend muß nur eine dünne Haut, die sog. Aftermembran, durchtrennt werden, um dem Darminhalt freien Abzug zu gestatten; in anderen Fällen dagegen ist der Defekt größer, da entweder die Pars analis oder selbst das Rektum

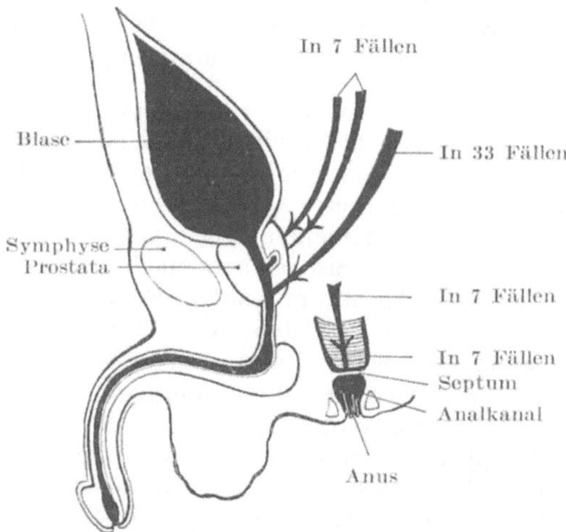

Abb. 112. Schematische Darstellung der Einmündung des Rektums bei 54 Fällen von Anus imperforatus beim männlichen Geschlecht.

ganz fehlt. Nicht selten kommuniziert das untere Darmende in solchen Fällen bei männlichen Individuen mit der Harnröhre, bei weiblichen Individuen mit dem Vestibulum vulvae. Diese Verbindung ist durch das Bestehenbleiben einer embryonalen Entwicklungsstufe bedingt, bei welcher der Darm gemeinsam mit dem Sinus urogenitalis in der Kloake ausmündet. Unter 54 Fällen von Atresie (Museumspräparate männlicher Individuen) endete das Rektum in mehr als der Hälfte der Fälle (33) in der Pars membranacea urethrae. Sieben endeten noch höher oben in der Harnröhre, weitere 14 hatten überhaupt keine Kommunikationen mit der Außenwelt, sondern endeten zur Hälfte dicht oberhalb der Pars analis (nur durch die Aftermembran vom Damme getrennt), zur anderen Hälfte noch höher oben. Beim weiblichen Geschlechte kann der Darm an irgend einer Stelle der Vagina oder im Vestibulum ausmünden. Die Aftergrube kann fehlen oder nur angedeutet sein, ein Schließmuskel ist jedoch stets entwickelt (s. Keith, Brit. med. Journ. Dez. 1908).

Die Nerven des Beckens und des Damms. Die Beckenorgane werden von den im Becken liegenden Plexus nervosi sympathici versorgt, welche mit den drei letzten Spinalnerven, i. e. zweiten bis vierten Sakralnerven sich vereinigen.

Es ist allbekannt, daß bei gewissen Erkrankungen der Harnblase, des Rektums, der Prostata etc. über Schmerzen entlang dem Damme, im Penis, am Gesäß und entlang der Oberschenkel geklagt wird. Diese Teile werden von den Nervi pudendus und cutaneus femoris posterior versorgt, deren Ursprung im Rückenmark der gleiche ist, wie der der sensiblen Nerven der Beckenorgane. Der obere Rektumabschnitt enthält nur wenig sensible Fasern, wovon man sich beim Einführen eines Instruments, der verhältnismäßigen Schmerzlosigkeit bösartiger und anderer Geschwülste hoch oben im Darme wie auch durch die geringen Beschwerden, welche Kotmassen in dem erweiterten Darme hervorrufen, überzeugen kann. Diese Gefühllosigkeit ist wahrscheinlich auch die Ursache, daß Kranke bei der Selbstapplikation eines Klystiers sich das Darmrohr durch das Rektum hindurch in die Bauchhöhle eingeführt haben. Die Pars analis dagegen ist außerordentlich empfindlich.

Die Nervenbeziehung zwischen Anus und Blasenhals ist eine sehr innige. Schmerzhafte Affektionen des Anus bedingen auch Blasenstörungen, wie ja auch eine Harnverhaltung nach der Hämorrhoidenoperation etwas sehr Gewöhnliches ist. Krankheiten des Blasenhalses auf der anderen Seite sind oft mit Tenesmus und „analem Unbehagen" verbunden. Diese Wechselbeziehungen sind hauptsächlich durch den vierten Sakralnerven aufrecht erhalten. Dieser Nerv sendet besonders Äste direkt zum Blasenhals und zieht dann zu den Analmuskeln (Musculi sphincter und levator ani) sowie zur Haut zwischen Anus und Steißbein.

Die Schleimhaut der Urethra, die Penismuskeln, sowie der größte Teil der Haut des Penis, Skrotum, Damm und Anus werden durch den Nervus pudendus vom zweiten bis vierten Sakralsegment versorgt. So wird es verständlich, daß eine Reizung der Urethralschleimhaut schmerzhafte Erektionen des Penis (wie z. B. bei der Gonorrhoë) oder Kontraktion der Harnröhrenmuskulatur (wie bei gewissen Formen der spastischen Striktur) auslösen kann. Die durch Ansammlung von Sekret unter der Vorhaut bei kleinen Kindern auftretenden Störungen können starke Reizbarkeit des Glieds bewirken, wie auch schmerzhafte Affektionen des Darms und Anus mit Priapismus verknüpft sein können. Die Nervenausbreitung des dritten Sakralsegments am Damme durch den Nervus pudendus macht die Schmerzen im Gesäß und entlang der Hinterseite des Oberschenkels verständlich, über welche bei der Entwicklung eines Dammabszesses und bei schmerzhafter Affektion des Skrotums geklagt wird. Dieser Nerv verläuft unmittelbar vor dem Tuber ischii und kann bei der Benutzung einer harten Sitzgelegenheit so heftig komprimiert werden, daß halbseitige Neuralgie des Penis und Skrotums entsteht. Auch verläuft er in nächster Nachbarschaft der Bursa ischiadica musculi glutaei maximi, die ebenfalls dicht am Tuber liegt, so daß eine Neuralgie dieser Teile auch bei Fällen von Entzündung dieses Schleimbeutels auftreten kann.

Der Hoden wird hauptsächlich vom 10. Dorsalsegment durch den Plexus spermaticus versorgt. Auch die Niere wird teilweise von diesem Segment versorgt. Dies wird deutlich illustriert durch die Schmerzen, welche bei Hodenneuralgie in der Nierengegend empfunden werden, sowie durch die Hodenschmerzen und die kräftige Retraktion dieses Organs, die bei gewissen Nierenaffektionen, wie z. B. bei akuter Nierenentzündung und beim Wandern eines Nierensteins beobachtet werden. Auf dem Wege über den Plexus renalis steht der Hoden in direkter Verbindung mit dem Plexus coeliacus, in welchen einige Endäste des Nervus vagus münden. Diese Verbindung kann den tiefen Kollaps erklären, der bisweilen bei plötzlichen Traumen des Hodens beobachtet wird und vor allem auch die ausgesprochene Brechneigung, die oft bei solchen Verletzungen sich findet. Soweit die Nerven in Betracht kommen, steht der Hoden mit den großen Nervenzentren der Bauchhöhle in genau so inniger Beziehung wie ein großer Teil des Dünndarms. Eine plötzliche Hodenquetschung löst unter Umständen so heftige Allgemeinsymptome aus, wie eine plötzliche Einklemmung des Ileums in einen Bruchsack. Davon kann man sich bei passender Gelegenheit am Krankenbett überzeugen.

V. Teil.

Die untere Extremität.

21. Die Hüftgegend.

Die Gegend der Hüfte soll unter folgenden Unterabteilungen abgehandelt werden: 1. das Gesäß, 2. Trigonum femorale (Scarpae), 3. das Hüftgelenk mit dem oberen Drittel des Oberschenkels.

a) Das Gesäß.

Oberflächenanatomie. Die knöchernen Punkte in der Gesäßgegend sind deutlich zu erkennen. Die Darmbeinschaufel sowie die Spina anterior superior heben sich sehr deutlich ab. Die Spina posterior superior ist weniger deutlich, kann jedoch ebenfalls gut palpiert werden, wenn man dem Darmbeinkamm entlang zu dessen hinterem Ende gelangt. Diese Spina liegt in einer Höhe mit der Crista sacralis media des zweiten Sakralwirbels und liegt unmittelbar hinter der Mitte der Articulatio sacroiliaca. Der Trochanter maior ist ein deutlicher Orientierungspunkt. Er wird von dem sehnigen Ansatz des Musculus glutaeus maximus bedeckt; sein oberer Rand liegt in gleicher Höhe mit dem Hüftgelenk und ist etwas undeutlich, da die Sehne des Musculus glutaeus medius über

ihn hinweg zieht. Das verhältnismäßig geringe Vorstehen des Trochanter
maior am Lebenden im Vergleich mit dem Skelett hängt hauptsächlich
davon ab, inwieweit die beiden Musculi glutaei medius und minimus die
Höhlung zwischen ihm und dem Darmbein ausfüllen. Sind diese Muskeln
atrophisch, dann ragt auch der große Rollhügel deutlich hervor. An
fetten Individuen findet sich an Stelle dieses Rollhügels eine leichte,
aber deutliche Vertiefung.

Zieht man von der Spina anterior superior eine Linie zu der
am meisten prominierenden Stelle des Tuber ischii, so verläuft dieselbe
durch die Mitte der Hüftgelenkpfanne (Acetabulum) und trifft die Spitze
des Trochanter maior. Diese, auch als Nélatonsche Linie bezeichnete
Verbindung wird bei der Diagnose gewisser Hüftverletzungen und
Erkrankungen häufig benutzt. McCurdy gibt einer Linie den Vorzug,
welche vom Tuberculum pubicum aus rechtwinklig zur Medianlinie
des Körpers gezogen wird; ist der Femur in normaler Lage, so kreuzt
diese „Linea pubica" den Oberschenkelknochen am oder unmittelbar
oberhalb des großen Rollhügels. Der Mittelpunkt dieser Linie entspricht dem Femurkopf. Die Spina anterior superior oder der Darmbeinkamm können als Puncta fixa benutzt werden, um den Grad der
Verlagerung des Trochanter maior anzugeben.

Die Tubera ischiadica sind deutlich zu fühlen; sie werden bei der
Extension der Hüfte von dem Fleisch des großen Gesäßmuskels bedeckt.
Bei der Flexion der Hüfte dagegen entfernt sich der Muskel von ihnen.
Das Gesäßfleisch wird hinten vom Musculus glutaeus maximus und
vorne von den Musculi glutaeus medius, minimus und tensor fasciae
latae gebildet. Der letztgenannte Muskel kann, wenn er sich kontrahiert,
durch die Haut hindurch erkannt werden, d. h. also bei der Abduktion
und Innenrotation des Oberschenkels.

Die Gesäßfurche (Sulcus glutaeus) kreuzt den schräg verlaufenden
unteren Rand des großen Gesäßmuskels. Bei gestrecktem Oberschenkel,
wie z. B. bei aufrechter Körperhaltung sind die Gesäßbacken rund
und vorstehend, die Gesäßfurche querverlaufend und sehr deutlich ausgebildet. Wird der Oberschenkel etwas gebeugt, dann flacht das Gesäß
ab, die Glutäalfurche verläuft schräg und verschwindet allmählich ganz.
Unter den frühesten Zeichen einer Hüftgelenkserkrankung sind das Ab-
flachen des Gesäßes und das Verschwinden der Gesäßfurche zu nennen.
Diese Symptome hängen mit der Beugung des Oberschenkels zusammen,
die in Wirklichkeit in jedem einzelnen Falle von Hüftgelenkserkrankung
vorhanden ist, ehe noch die Behandlung einsetzt. Es ist falsch zu sagen,
wie es in einigen Büchern immer noch zu lesen ist, daß diese Veränderungen auf einem Schwunde der Gesäßmuskulatur beruhen, da sie
viel früher auftreten, als daß schon eine nennenswerte Muskelatrophie
hätte auftreten können. Es ist allerdings wahr, daß diese Symptome
mit zunehmender Muskelatrophie späterhin im Verlaufe der Hüftgelenkserkrankung deutlicher werden.

Was die Blutgefäße und Nerven des Gesäßes anlangt, so entspricht
die Stelle, an welcher die Arteria glutaea superior mit dem gleichnamigen
Nerven aus dem Foramen suprapiriforme nach außen tritt, bei Einwärts-

rotation des Oberschenkels einem Punkte, welcher an der Grenze von
innerem und mittlerem Drittel einer Linie liegt, die von der Spina posterior superior zur Spitze des Trochanter maior gezogen wird. Eine
von der Spina posterior superior zum äußeren Teile des Tuber ischiadicum gezogene Linie berührt die Spina posterior inferior und Spina
ischiadica. Die erstere liegt ca. 5 cm, die letztere ca. 10 cm unterhalb
der Spina iliaca posterior superior. Die Arteria glutaea inferior erreicht
die Gesäßgegend an einem Punkte, welcher der Grenze vom mittleren
und unteren Drittel dieser Linie entspricht. Mit ihr zusammen verlassen
das Becken durch das Foramen infrapiriforme der Nervus glutaeus
inferior, die Arteria pudenda mit dem gleichnamigen Nerven, welche
sogleich wieder durch das Foramen ischiadicum minus ins Becken zu-
rückkehren, ferner der Nervus ischiadicus sowie der Nervus cutaneus
femoris lateralis. Der Verlauf der Arteria pudenda am Gesäß ist nicht
schwer zu bezeichnen, da sie auf ihrem Weg aus dem Foramen infrapiriforme zum Foramen ischiadicum minus auf dem Musculus obturator
internus über die Spina ischiadica hinwegzieht. Der Nervus ischiadicus
kann sehr leicht an der Stelle erreicht werden, an welcher er am unteren
Rande des Musculus glutaeus maximus hervorkommt. Rotiert man
den Oberschenkel nach außen, so daß der große Rollhügel dem Tuber
ischiadicum etwas genähert wird, so liegt der Nerv genau in der Mitte
zwischen diesen beiden Knochenvorsprüngen, während bei nicht rotiertem
Oberschenkel seine Lage an der Grenze zwischen innerem und mittlerem
Drittel derselben Linie zu finden ist.

Die **Haut** des Gesäßes ist dick, rauh und häufig der Sitz von Furun-
keln. Von Gefäßinjektionspräparaten des Gesäßes hat man den Eindruck, als ob die Blutversorgung nicht so ausgiebig sei, wie an vielen
anderen Stellen der Körperoberfläche.

Die **oberflächliche Hautfaszie** ist locker und enthält reichlich Fettgewebe. Dieses letztere bewirkt viel mehr die Rundung und das Hervortreten des Gesäßes als die gute Entwicklung der Muskulatur. Das
enorme Gesäß der sog. „Hottentotenvenus“, deren Modell in vielen
Museen sich findet, beruht in seinen ungewöhnlichen Dimensionen
auf dem hochgradig vermehrten subkutanen Fettgewebe. Die reichliche
Menge des hier normaliter vorhandenen Fettgewebs macht das Gesäß zu einem Lieblingssitze von Lipomen. Die lockere Beschaffenheit
der subkutanen Faszie ermöglicht die Ansammlung von großen Mengen
Bluts oder Eiters an dieser Stelle, wie auch Blutunterlaufungen hier eine
weitere Ausdehnung erlangen können als irgend sonst wo.

Die **tiefe Gesäßfaszie,** ein Teil der Fascia lata des Oberschenkels
ist ein außerordentlich wichtiges Gebilde. Diese zähe Membran ist
oben am Darmbeinkamme, sowie an dem Kreuz- und Steißbein befestigt.
Vorne über den Musculus glutaeus medius hinabziehend spaltet sie sich
am vorderen Rande des Musculus glutaeus maximus in zwei Blätter,
von denen das eine vor, das andere hinter den Gesäßmuskeln nach
abwärts zieht. Der große Gesäßmuskel ist so, wie das Fleisch eines
belegten Brötchens, zwischen zwei Faszienblättern eingeschlossen,

während die beiden kleinen Gesäßmuskeln in einem von Knochen und einer Aponeurose (der eigentlichen Fascia glutaea) gebildeten Raume liegen, welcher oben fest abgegrenzt ist und nur unten gegen den Oberschenkel und medial gegen die beiden Foramina ischiadica zu offen ist. Blutaustritte können unter dieser Faszie stattfinden, ohne daß eine Hautverfärbung auf diese Tatsache hinweist, da das Blut die derbe Faszie nicht durchdringen kann. Solche Blutergüsse können lange Zeit an dieser Stelle liegen bleiben und, da sie fluktuieren, für Abszesse gehalten werden.

In der Tiefe unter dieser Faszie sich entwickelnde entzündliche Prozesse, vor allem, wenn sie unter dem Musculus glutaeus medius entstehen, können außerordentlich schmerzhaft sein, da das entzündliche Exsudat zwischen einem Knochenwall auf der einen Seite und einer unnachgiebigen Faszie und kräftigen Muskeln auf der anderen Seite eingeschlossen ist. Derart von allen Seiten eingeschlossene Abszesse können eine beträchtliche Strecke am Oberschenkel nach abwärts wandern, ehe sie unter die Haut gelangen, wie z. B. Farabeuf einen Fall beschreibt, in welchem ein Glutäalabszeß sich bis zum Knöchel senkte, ehe er durchbrach.

In anderen Fällen kann ein derartiger Glutäalabszeß durch die Foramina ischiadica ins Becken durchbrechen oder ein Abszeß im Becken kann auf demselben Weg nach außen gelangen und als tiefer Abszeß des Gesäßes imponieren.

Der verdickte Teil der Fascia lata, welcher an der Außenseite des Oberschenkels zwischen Darmbeinkamm oben und dem Condylus lateralis tibiae und Fibulakopf unten sich erstreckt, heißt Tractus iliotibialis. Dieses sehnige Band ist zwischen Darmbeinkamm und großem Rollhügel straff angespannt; bei kräftigem Fingerdruck zwischen diesen beiden Punkten kann der Widerstand dieser Faszie bemerkt werden. Es ist einleuchtend, daß bei einer Fraktur des Femurhalses, bei welcher der Trochanter maior der Darmbeinschaufel sich nähert, dieses Band erschlafft ist, ein Befund, auf welchen Allis hinsichtlich der Diagnose eines Schenkelhalsbruchs als wertvoll hingewiesen hat.

Der untere freie Rand des **Musculus glutaeus maximus** verläuft schräg nach abwärts und endet etwas unterhalb der queren Gesäßfurche am Tractus iliotibialis.

Selbst dieser große Muskel kann gewaltsam zerreißen. Mac Donnell beschreibt den Fall eines kräftigen 63jährigen Manns, welcher in hockender Stellung einen schweren Wagen emporzuheben versuchte. Plötzlich fühlte er, wie etwas in seinem Gesäß unter einem schnappenden Geräusche nachgab. Er fiel zu Boden, wurde nach Hause gefahren und bei der Untersuchung stellte sich heraus, daß der große Gesäßmuskel nahe an seinem schrägen Ansatz durchgerissen war.

Nicht weniger als drei **Schleimbeutel** finden sich über dem großen Rollhügel, die denselben von den entsprechenden drei Gesäßmuskeln trennen (Bursae trochantericae musculi glutaei maximi, medii (anterior) und minimi. Der größte derselben ist derjenige zwischen der Insertion des großen Gesäßmuskels am Tractus iliotibialis und der Außenfläche des großen Rollhügels. Die Bursa gestattet dem Trochanter maior während der Rotation des Oberschenkels eine ungehinderte Bewegung unter dem Muskel. Ist dieser Schleimbeutel entzündet, so sind Bewegungen des Oberschenkels sehr schmerzhaft und erschwert. Letzterer ist im allgemeinen flektiert und adduziert. In dieser Stellung des Oberschenkels sind die Gesäßmuskeln vollständig ruhig gestellt, da sie durch ihre Tätigkeit die untere Extremität extendieren und abduzieren und so die empfindliche Bursa komprimieren würden.

Ein weiterer Schleimbeutel findet sich zwischen Tuber ischii und dem großen Gesäßmuskel (Bursa ischiadica musculi glutaei maximi), der häufig bei solchen Leuten entzündet ist, deren Arbeit im Sitzen ausgeführt wird. Dieser Schleimbeutel ist die anatomische Basis einer in früherer Zeit als „Webers oder Heuers Knopf" beschriebenen Krankheit. Wenn vergrößert, kann dieser Schleimbeutel auf den Nervus cutaneus femoris posterior drücken.

Die Arterien und Nerven des Gesäßes. Die Arteria glutaea superior entspricht ihrer Größe nach der Arteria ulnaris, die Arteria glutaea inferior der Arteria lingualis. Das erstere Gefäß ist bisweilen allerdings viel größer und seine Verwundung kann dann durch Verblutung rasch zum Tode führen. Verletzungen der Glutäalgefäße treffen meistens nur Äste derselben, da der größte Teil der Gefäßstämme im Becken selbst liegt. Glutäale Aneurysmen sind nicht sehr selten; hinsichtlich deren Behandlung sei erwähnt, daß die Arteria glutaea superior oder besser gesagt, deren Stamm, die Arteria hypogastrica, vom Rektum aus komprimiert werden kann. Auf diese Weise wurden Aneurysmen dieser Arterie von Sands, allerdings ohne viel Erfolg, behandelt. Aneurysmen des Anfangs dieser Arterie werden kaum je verfehlen, Nervensymptome zu erzeugen, da das Gefäß zwischen den Ästen des Truncus lumbosacralis verläuft.

Die Arteria glutaea superior sowohl wie inferior können am Gesäß durch Inzisionen, die direkt über ihrem Verlaufe gemacht werden, unterbunden werden.

Henle hat sechs Fälle gesammelt, in welchen die Arteria femoralis an der Hinterfläche des Oberschenkels, zusammen mit dem Nervus ischiadicus in die Kniekehle lief. Dieses abnorme Blutgefäß war in jedem Falle aus einer Erweiterung und Vergrößerung der Arteria comitans nervi ischiadici, eines Astes der Arteria glutaea inferior gebildet.

Der **Nervus ischiadicus** (Abb. 103, 113) ist die Verlängerung des Hauptanteils des Plexus sacralis nach abwärts. In ihm etabliert sich die als Ischias bezeichnete Neuralgie. Eine kurze Erwähnung der nahen Beziehungen dieses Nerven zu anderen Strukturen soll zeigen, daß der Nerv einer Reihe von Einwirkungen ausgesetzt ist. So kann er im Becken von den verschiedensten Tumoren komprimiert werden und so zu Ischias Veranlassung geben. Seine Vorderfläche ist in nächster Nachbarschaft von einigen der hauptsächlichsten Beckenvenen, deren Stauung und Erweiterung nach Erb eine andere Form der Ischias erzeugen kann. Aneurysmen der Äste der Arteria hypogastrica innerhalb des Beckens,

eine Hernia ischiadica, ja selbst Kotanhäufung im Rektum, sie alle
können eine Ischias verursachen. Auch der Druck des kindlichen Kopfs
bei protrahierter Geburt, sowie heftige Bewegungen im Hüftgelenk,
das dem Nerven bekanntlich ganz nahe liegt, können ihn verletzen.
Ferner liegt der Nerv nach dem Verlassen des Beckens so oberflächlich
unter der Haut, daß er durch Erkältung erkranken kann, eine Ätiologie,
die für zahlreiche Fälle von Ischias in Anspruch genommen wird. Am
unteren Rande des großen Gesäßmuskels liegt der Nerv am oberflächlichsten;
diese Tatsache wird besonders gut durch einen von Ziemssen beschrie-

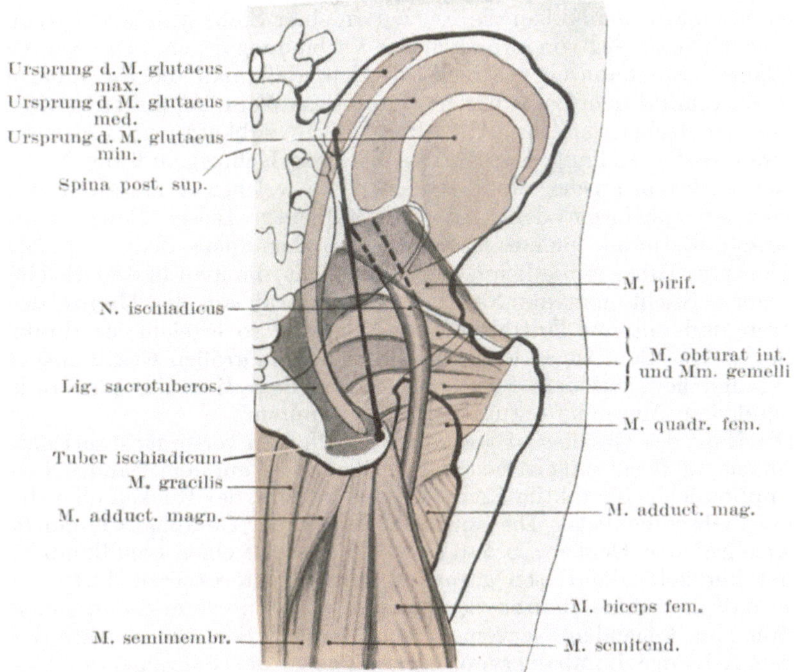

Abb. 113. Die Lagebeziehungen des oberen Teiles des Nervus ischiadicus
(die Gesäßmuskeln sind abgetragen).

benen Fall illustriert, in welchem sich eine Lähmung dieses Nerven
dadurch einstellte, daß er durch die narbige Ausheilung eines Dekubital-
geschwürs vollständig komprimiert wurde.

Nervendehnung und Nerveninjektion. Der Nervus ischiadicus wird
häufig bloßgelegt und gedehnt, um gewisse neuralgische Affektionen
der unteren Extremität zu heilen. Im Zusammenhang mit diesem Vorgehen ist es wichtig zu wissen, wieviel Belastung dieser und andere
Nerven aushalten können, ehe sie zerreißen. Trombetta, der besonders
mit dieser Materie sich beschäftigt hat, gibt die folgenden Gewichte

an, die eben imstande sind, die Nerven zu zerreißen: Nervus ischiadicus 91,5 kg, Nervus tibialis 57 kg, Nervus femoralis 41,5 kg, Nervus medianus 41,5 kg, Nervus ulnaris und Nervus radialis 29,5 kg, Plexus brachialis am Halse 24—31,5 kg, Plexus brachialis in der Achselhöhle 17,5 bis 40,5 kg (in jedem Falle wurde das Zerreißen gerade noch vermieden). Allerdings darf man nicht vergessen, worauf Symington aufmerksam gemacht hat, daß bei forcierter Dehnung des Nervus ischiadicus der Stamm des Nerven an seiner Verbindung mit dem weichen Rückenmark abreißen kann, bevor er mit soviel Kraft belastet worden ist, die den Nerven an der Stelle seiner Dehnung zerreißen würde. Dieselbe Beobachtung gilt natürlich auch für andere große Nervenstämme, wie z. B. für den Plexus brachialis, wenn eben die Nerven an einer Stelle gedehnt werden, die nicht sehr weit weg von ihrer spinalen Verbindung liegen. Der Nervus ischiadicus kann dadurch gestreckt werden, daß man die extendierte untere Extremität dem Leibe nähert. Auf diese Weise kann man gewisse Formen der Ischias heilen. Um den Nerven subkutan zu injizieren (eine weitere Behandlung gewisser Formen von Ischias) muß die Nadel den Nervenstamm an der Stelle erreichen, an welcher er unterhalb des Foramen infrapiriforme dem Knochen aufliegt. Dieser Punkt wird am besten bestimmt, indem man sich von der Spina iliaca superior posterior zum Tuber ischiadicum eine Linie zieht, die man in drei gleiche Teile teilt. Sticht man die Nadel $1^1/_4$ cm lateral von der Grenze des mittleren und unteren Drittels dieser Linie ein, so erreicht sie direkt den Nerv. Der Nerv ist an dieser Stelle noch vom großen Gesäßmuskel bedeckt und liegt auf dem Sitzbein zwischen dem Musculus piriformis oben und dem Musculus obturator internus unten.

Die Haut des Gesäßes ist ausgiebig mit Nerven versorgt; ihre Empfindlichkeit für Berührung ist fast so hochgradig wie auf dem Handrücken und empfindlicher für taktile Reize wie der Nacken, der Rücken oder die Mitte des Oberschenkels. Die sensiblen Nerven der Gesäßhaut kommen aus verschiedenen Quellen, so daß es möglicherweise einen Schulknaben, der erst kürzlich „die Hosen gespannt bekam" interessieren dürfte zu wissen, daß die schmerzhaften Sensationen sein Sensorium durch einige oder alle der folgenden Nerven erreicht haben: Seitliche Zweige der hinteren Äste der Lumbalnerven, einige Zweige der Sakralnerven, der laterale Hautast des 12. Interkostalnerven, der Ramus cutaneus lateralis nervi iliohypogastrici, seitliche Äste des Nervus cutaneus femoris lateralis und größere Äste des Nervus cutaneus femoris posterior. Diese Nerven kommen aus vier Rückenmarksabschnitten — nämlich dem 12. Dorsal-, ersten Lumbal- sowie dem zweiten und dritten Sakralsegment. Das zweite und dritte Sakralsegment versorgen auch die Geschlechtsorgane, daher die physiologischen Wirkungen, welche auf eine derartige Bestrafung folgen, wie in dem berühmten Falle von J. J. Rousseau.

Die Beckenorgane können durch die Foramina ischiadica hindurch vom Gesäß aus erreicht werden. So sah ich einmal im Londonhospital einen Mann, welcher mit einer scheinbar unbedeutenden Stichverletzung am Gesäß eingeliefert worden war und nach einigen Tagen an akuter Peritonitis starb. Die Autopsie zeigte, daß der Dolch durch das Foramen

ischiadicum maius hindurch in die Harnblase eingedrungen und daß
der Urin in die Bauchhöhle geflossen war. Auch das Rektum kann bei
Verletzungen des Gesäßes beschädigt werden. So beschreibt Anger
den Fall eines künstlichen Afters am Gesäß, der sich nach einer Schuß-
verletzung ausgebildet hatte, da das Projektil das Cökum eröffnet hatte.
Auf diesem Wege wird auch die schon erwähnte Kraskesche **Mastdarmresektion** ausgeführt, wie ja auch Rigby auf diesem Wege den
Ureter freilegte.

b) Das Trigonum femorale (Scarpae).

Oberflächenanatomie. Die wichtigsten Anhaltspunkte in der Gegend
der Leisten- und Schenkelbeuge, die Spina iliaca anterior superior, das
Tuberculum pubicum sowie das Ligamentum inguinale sind deutlich
zu erkennen. Die beiden Knochenspitzen wurden schon erwähnt. Das
Ligamentum inguinale beschreibt eine leicht nach abwärts gekrümmte
Linie, welche diese beiden Knochenvorsprünge miteinander verbindet.
Selbst bei sehr korpulenten Individuen kann das Band palpiert werden,
seine innere Hälfte deutlicher als die äußere und auch bei sehr fetten
Individuen ist sein Verlauf durch eine seichte Furche, die sog. Leisten-
furche angezeigt. Da dieses Band an der Fascia lata befestigt ist, so wird
es durch Adduktion und Flexion des Oberschenkels oder durch Einwärtsrotation desselben erschlafft und ist alsdann nicht mehr so deutlich
zu erkennen. Die Mitte einer geraden Linie, welche von der Spina anterior
superior zum Tuberculum pubicum gezogen wird, liegt über dem Femurkopfe und dem Hüftgelenk. An dieser Stelle findet sich nicht selten
eine kleine Hautfalte (Holden).

Der Schneidermuskel (Musculus sartorius) wird deutlich sichtbar,
wenn das Bein über das Knie der anderen Seite geschlagen wird, der
Musculus adductor longus, wenn der Oberschenkel abduziert und der
Versuch des Individuums den Oberschenkel zu adduzieren, vereitelt
wird. Selbst bei fetten Personen kann der Muskel palpiert werden,
wenn er sich kräftig kontrahiert, wobei die Finger dem medialen Rande
des Muskels bis zu seinem Ursprung unmittelbar unterhalb des Tuberculum pubicum am Ramus superior ossis pubis folgen können.

Die Lymphknoten dieser Gegend können, besonders bei mageren
Kindern, häufig unter der Haut gefühlt werden. Der Schenkelring
liegt unter dem Ligamentum inguinale, 2,5 cm lateral vom Tuberculum
pubicum. Die Fossa ovalis mit der Einmündungsstelle der Vena saphena magna ist bisweilen an einer leichten Einziehung der Haut kenntlich. Sie liegt unmittelbar unterhalb des Leistenbandes, ihr Mittelpunkt
ca. 4 cm unter und lateral von dem Tuberculum pubicum. An mageren
Individuen kann man oft die Vena saphena magna bis zur Fossa ovalis
verfolgen.

Zieht man von der Mitte des Leistenbandes eine Linie zum Epicondylus medialis femoris, einer der Ansatzstellen des Musculus adductor
magnus, bei leicht flektiertem und adduziertem Oberschenkel, so entspricht dieselbe in ihren oberen zwei Dritteln dem Verlaufe der Arteria

femoralis. Unmittelbar unterhalb des Leistenbandes liegt die Vena femoralis medial von der Arterie, beide zusammen in die Lacuna vasorum eingeschlossen, während der Nervus femoralis 0,75 cm lateral von der Arterie liegt, zusammen mit dem Musculus iliopsoas durch die Fascia iliopectinea in die Lacuna musculorum eingeschlossen, Die Arteria profunda femoris geht ca. 4 cm unterhalb des Ligamentum inguinale ab, während deren Äste, die Arteriae circumflexae femoris medialis und lateralis 5 cm unterhalb deren Ursprungs abzweigen.

Die Haut des Trigonum femorale ist, im Gegensatz zu dem des Gesäßes, dünn und zart. Ihre lockere Befestigung auf der Unterlage gestattet ihr eine beträchtliche Dehnung, wie man sie in Fällen von großen Schenkelhernien und bei gewissen großen Inguinaltumoren sehen kann. Sie kann sogar bei heftigem Zuge einreißen, wie ein von Berne beschriebener Fall zeigt. Der Kranke war in diesem Falle ein 11 jähriges Kind mit einer Hüftgelenksentzündung. Dem Kinde wurden die Oberschenkel auf den Leib gebeugt, alsdann, um die Deformität auszugleichen, heftig an der Extremität gezogen, wobei die Haut unmittelbar unterhalb der Schenkelbeuge auf 6,5 cm einriß. Narben in dieser Gegend können eine dauernde Flexionsstellung des Oberschenkels bewirken, eine Folgeerscheinung, die nach tiefen und ausgedehnten Verbrennungen in dieser Gegend gar nicht selten sind. Gleichzeitig sei bemerkt, daß bei horizontal verlaufenden Wunden in dieser Gegend durch eine leichte Flexionsstellung des Oberschenkels die Wundränder einander gut adjustiert werden können.

Überzählige Brustdrüsen mit gut entwickelten Brustwarzen finden sich nicht selten in dieser Gegend. Dieselben können so vollwertig sein, daß sie zur Stillung der Säuglinge ausreichen. Auch kann unter Umständen der Hoden, anstatt ins Skrotum entlang dem Schenkelkanal nach abwärts ziehen und im Trigonum femorale zum Vorschein kommen. Nach Art einer Schenkelhernie kann er von hier aus alsdann wieder über das Leistenband nach oben verlagert werden, wahrscheinlich unter dem Einflusse der Bewegungen des Oberschenkels.

Die **oberflächliche Faszie** ist nicht sehr dick und beeinflußt das Umsichgreifen oberflächlicher Abszesse wenig oder gar nicht. Diese Tatsache wird durch die häufige Vereiterung der hier gelegenen Lymphknoten bekräftigt. Trotzdem nämlich das stärkere Blatt der oberflächlichen Faszie (welche hier in zwei Lagen vorhanden ist) diese Lymphknoten bedeckt und man erwarten würde, daß dasselbe den Eiter abhält, an die Oberfläche zu kommen, so ist das meistens doch nicht der Fall, vielmehr wird der Abszeß oberflächlich. Obgleich ferner auch das subkutane Fett in dieser Gegend nicht besonders reichlich ist, so ist doch das Trigonum femorale einer der Lieblingssitze von Lipomen.

Die **Fascia lata** umhüllt die Extremität von allen Seiten; sie ist, soweit die Vorderfläche der Extremität in Betracht kommt, oben am Leistenband, sowie am Scham- und Sitzbein befestigt. Nur in Gestalt der Fossa ovalis enthält sie eine Lücke. Sie hat auf tiefgelegene Abszesse und Tumoren einen wesentlichen Einfluß. So gelangt z. B.

ein Psoasabszeß, indem er dem Verlaufe des Psoasmuskels folgt, zum Oberschenkel und liegt, wenn er das Trigonum femorale erreicht hat, unter der Fascia lata. In einer großen Anzahl von Fällen bereitet er sich am Ende des Psoasmuskels (Trochanter minor femoris) zum Durchbruch vor, allein in anderen weniger häufigen Fällen wird sein weiteres Vordringen entschieden von der Fascia lata beeinflußt und er wandert der Extremität entlang nach abwärts. So kann alsdann ein derartiger Psoasabszeß tief unten am Oberschenkel, am Knie, ja selbst an der Seite der Achillessehne durchbrechen. Ein Beispiel für die letztere Stelle gibt Erichsen; der am Knöchel durchgebrochene Abszeß nahm seinen Ursprung von der Brustwirbelsäule.

Muskeln. Der Musculus iliopsoas (aus den Musculi psoas, iliacus und dem inkonstanten psoas minor bestehend) verläuft über das Hüftgelenk hinweg und beteiligt sich an zahlreichen Bewegungen dieses Gelenkes. Derselbe ist deshalb Zerrungen besonders ausgesetzt. Zwischen ihm und dem dünnsten Teile der Hüftgelenkskapsel liegt ein nicht selten mit dem Hüftgelenk kommunizierender Schleimbeutel (Bursa iliopectinea). Bei chronischer Erkrankung kann diese Bursa an der Vorderseite des Oberschenkels einen großen Tumor bilden, der nach Nancrède selbst die Größe eines kindlichen Kopfs erreichen kann. Um diesen Schleimbeutel bei einer Entzündung zu entlasten, wird der Oberschenkel stets flektiert und eine Gruppe von Symptomen bilden sich aus, ähnlich denjenigen bei Erkrankungen des Gelenkes selbst. Der tiefe Ursprung der Muskeln liegt rechts hinter dem Cökum und der Niere an den oberen und unteren Rändern des 12. Brust- bis 4. Lendenwirbelkörpers, den Querfortsätzen aller Lendenwirbel und in der Fossa iliaca ossis ilium. Bei Erkrankungen dieser Organe kann er durch seine Kontraktionen Symptome hervorrufen.

Der **Musculus sartorius** ist ein Muskel, von dem man wegen seiner Länge, seiner eigenartigen Tätigkeit etc. kaum erwarten würde, daß er von sich aus durch kräftige Kontraktionen zerreißen würde. Und doch findet sich im Musée Dupuytren ein Präparat einer solchen Ruptur, die durch fibröses Narbengewebe wieder verheilt war. Die **Adduktorengruppe** und vor allem der Musculus adductor longus werden häufig gezerrt und reißen ein, hauptsächlich bei Reitübungen, da der feste Sitz im Sattel vor allem durch sie bewirkt wird. Die „Reitzerrung", wie man auch solche Verletzungen nennen könnte, findet sich in der Regel nahe dem Beckenursprunge der Muskeln. Dabei tritt oft eine starke Blutung auf, die mit fortschreitender Organisation so fest und hart werden kann, daß sie eine Masse bildet, welche schon fälschlicherweise für ein vom Schambein abgerissenes Knochenstück gehalten wurde (Morris). Der Ausdruck „Reitknochen" bezieht sich auf eine hauptsächlich in den Musculi adductor longus oder magnus auftretende entzündliche Myositis ossificans im Anschluß an Zerrungen oder partielle Rupturen. So können sich in diesen Muskeln 1,5 selbst 7,5 cm lange Knocheneinlagerungen finden.

Blutgefäße. Die **Arteria femoralis** liegt im Trigonum femorale so oberflächlich, daß sie nicht selten verletzt wird. Auch karzinomatöse und phagedänische Geschwüre in dieser Gegend können sie arrodieren und zu einer tödlichen Verblutung Veranlassung geben. Die Arterie wird am besten dicht unterhalb des Leistenbandes komprimiert und zwar sollte der Druck nach rückwärts einwirken, um das Gefäß gegen das Schambein und die benachbarten Teile der Gelenkkapsel anzupressen. Weiter unten muß der Druck nach rückwärts und mehr nach auswärts wirken, um das Gefäß an den Femurschaft anzudrücken, der in einiger Entfernung lateral von der Arterie liegt. Eine roh angelegte Kompressionsbinde kann durch Schädigung der Vene zu einer Phlebitis oder durch Quetschung des Nervus femoralis zu einer Neuralgie Veranlassung geben.

Da die Arterie und Vene so nahe beieinander liegen, sind arteriellvenöse Aneurysmen nach Verletzungen an dieser Stelle nicht selten. Aneurysmen der Arteria femoralis vor dem Abgange der Arteria femoralis profunda sind relativ häufig. Die Gründe hierfür sind mannigfacher Art. In der Nähe der Teilung in zwei große Äste setzt die oberflächliche Lage das Gefäß Verletzungen aus, die Bewegungen im Hüftgelenk wirken auch auf das Gefäß ein und können bei einer Gefäßwanderkrankung sehr schädlich sein.

Eine Entzündung der **Vena femoralis** im Anschluß an eine Quetschung des Gefäßes in seinem oberen mehr oberflächlichen Abschnitt ist gar nicht selten; auch übermäßige Bewegung des Oberschenkels kann dazu führen. Die Vena saphena magna (große Rosenader) ist häufig varikös; eine Ätiologie für das Zustandekommen dieser Venenerweiterung soll eine ungebührlich enge Fossa ovalis sein. Daß Varizen in der Mehrzahl der Fälle angeborenen Ursprungs sind, wird jetzt sehr allgemein angenommen.

Nerven. Der Nervus femoralis liegt auf dem Musculus iliopsoas; eine Entzündung oder ein Abszeß dieses Muskels soll zu einer Neuritis und selbst Paralyse dieses Nerven führen können. Der Nervus genitofemoralis (der mit dem Nervus spermaticus externus den Musculus cremaster versorgt) gibt in Gestalt des Nervus lumboinguinalis einen sensiblen Ast zur Haut des Oberschenkels im Trigonum femorale ab. Reizung der Haut über dem Verbreitungsbezirk dieses Nerven, lateral von der Arteria femoralis, dicht unterhalb des Leistenbandes, bewirkt bei Kindern eine plötzliche Retraktion des Hodens. Dieselbe Erscheinung kann auch beim Erwachsenen beobachtet werden, nur muß der Reiz ein etwas kräftiger sein. Auf diese Art und Weise kann man den Zustand des zweiten Lumbalsegmentes des Rückenmarkes prüfen.

Die **Lymphknoten** dieser Gegend sind zahlreich und, da sie häufig eitrig einschmelzen, so ist es wichtig zu wissen, woher sie ihre Vasa afferentia beziehen. Man teilt die Lymphknoten in eine oberflächliche und eine tiefe Gruppe ein (Lymphoglandulae subinguinales superficiales und profundae). Die oberflächliche Gruppe besteht aus 10 bis 15 einzelnen Lymphknoten und ist in zwei Reihen angelegt, in einer horizontalen Serie parallel mit und dicht unterhalb des Leistenbandes und einer vertikalen Serie parallel mit und dicht an der Vena saphena magna. Die tiefe Gruppe, ca. vier an der Zahl finden sich entlang der Vena femoralis und reichen bis zum Schenkelkanal. In diese Lymphknoten münden folgende Lymphgefäße ein: die oberflächlichen Lymphgefäße der unteren Extremität gehen zu der vertikalen Serie der oberflächlichen Gruppe. Die oberflächlichen Lymphgefäße der unteren Bauchdeckenhälfte zu den mittleren Lymphknoten der horizontalen Serie, die oberflächlichen Lymphgefäße der Außenseite des Gesäßes zu den lateralen Lymphknoten der horizontalen Serie, die Lymphbahnen der medialen Gesäßoberfläche zu den medialen Lymphknoten der horizontalen Serie (einige wenige dieser Lymphgefäße gehen auch zur vertikalen Serie), die oberflächlichen Lymphbahnen der äußeren Geschlechtsteile zu der horizontalen Serie, einige wenige zu der vertikalen Serie, die oberflächlichen Lymphgefäße des Dammes und des Anus zur vertikalen Serie, die tiefen Lymphknoten der unteren Extremität zu der tiefen Gruppe der Lymphknoten.

Die Lymphknoten, welche die Arteriae obturatoria, glutaea superior und inferior, sowie die tiefen Gefäße des Penis begleiten, ziehen zum Becken und haben keinerlei Verbindung mit diesen ebengenannten Gruppen von Lymphknoten. Die einzigen oberflächlichen Lymphbahnen der unteren Extremität, welche nicht unmittelbar in die Lymphoglandulae subinguinales einmünden, sind diejenigen, welche an dem lateralen Knöchel und der Hinterfläche des Unterschenkels entlang ziehen. Sie begleiten die kleine Rosenader (Vena saphena parva) und münden in die Lymphoglandulae popliteae. Die Vasa efferentia dieser letztgenannten Lymphknoten münden in die Lymphoglandulae subinguinales profundae ein.

Einer dieser tiefen Lymphknoten liegt in der Lacuna vasorum, in dem als Septum femorale bezeichneten Bindegewebe, medial von der Vena femoralis und lateral von dem Ligamentum laterale. Da dieser (Rosenmüllersche) Lymphknoten von unnachgiebigen Strukturen umgeben ist, so entstehen bei seiner Entzündung, namentlich bei Bewegungen im Hüftgelenk, heftige Schmerzen. Bisweilen kann ein derartig erkrankter Lymphknoten Symptome auslösen, die denen einer eingeklemmten Hernie sehr ähnlich sehen. Einige Äste des Nervus femoralis ziehen über die subinguinalen Lymphknoten hinweg; Brodie beschreibt einen Fall, in welchem diese Äste über zwei vergrößerte Lymphknoten wie die Saiten einer Violine über der Brücke ausgespannt waren und klonische Krämpfe in der unteren Extremiät auslösten.

Die Vasa efferentia der Lymphoglandulae subinguinales ziehen durch eine Kette von Lymphknoten, welche entlang den Vasa iliaca externa und communia liegen. Drei dieser Lymphknoten liegen unmittelbar oberhalb des Ligamentum inguinale. Die Vasa efferentia der Lymphoglandulae hypogastricae, in welche die Lymphgefäße des Beckens einmünden, vereinigen sich mit den Lymphoglandulae iliacae. Die Lymphoglandulae lumbales empfangen die Lymphe aus den Lymphoglandulae iliacae, ferner aus dem Colon sigmoideum, Nieren und Nebennieren und leiten sie durch die starken Truncus lumbales dexter und sinister zu dem Receptaculum chyli des Ductus thoracicus.

Die **Elephantiasis Arabum** ist an der unteren Extremität häufiger als an irgend einer anderen Körperstelle und führt zu einer enormen

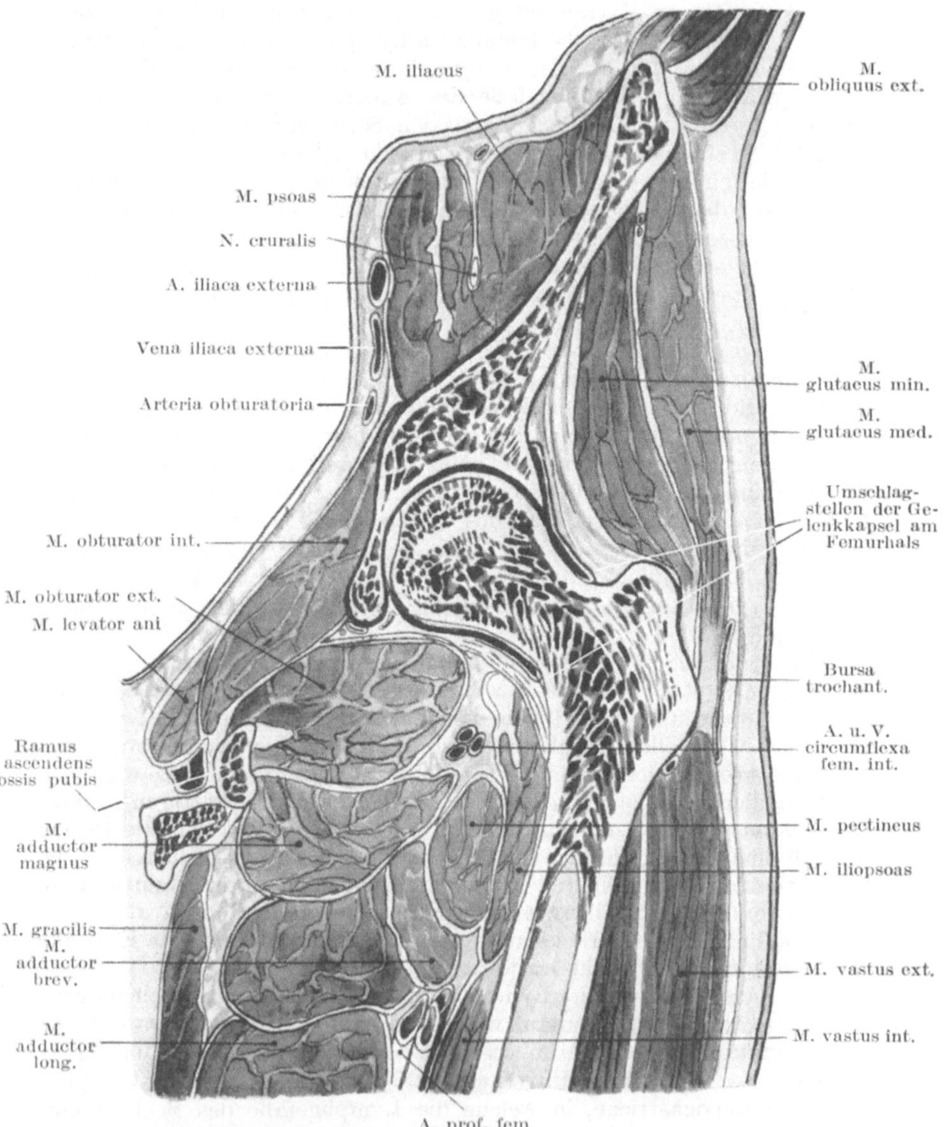

Abb. 114. Vertikaler Schnitt durch das obere Drittel des Oberschenkels, um das Hüftgelenk mit seiner Umgebung zu zeigen.

Schwellung derselben. Die pathologischen Veränderungen finden sich in dem subinguinalen Lymphgefäßsystem, das von einem kleinen Wurm, der **Filaria sanguinis hominis** angefüllt ist; die Lymphgefäße und Lymphspalten des Unterhautbindegewebes werden hochgradig erweitert, die Gewebskomponenten hypertrophieren.

c) Das Hüftgelenk (Articulatio coxae).

Das Hüftgelenk ist ein besonders starkes Gelenk und zwar nicht nur wegen der Gestalt der dasselbe zusammensetzenden Knochen, welche zur Bildung eines Kugelgelenkes oder vielmehr einer Abart desselben, des Nußgelenkes, sich zusammentun, sondern auch wegen der mächtigen Bänder, welche diese Knochen vereinigen, sowie der Muskeln, welche direkt die Gelenkkapsel verstärken. Diese Vorzüge werden allerdings bis zu einem gewissen Grade wieder ausgeglichen durch das immense Gewicht, welches der Femur zu tragen imstande ist, sowie wegen der zahlreichen Traumen etc., welchen dieses Gelenk als das einzige Verbindungsglied zwischen Rumpf und unterer Extremität ausgesetzt ist.

Die **Hüftgelenkspfanne** (Acetabulum) hat einen überknorpelten Teil, die Facies lunata, sowie einen rauhen und unebenen Abschnitt, die Fossa acetabuli. Die erstere ist hufeisenförmig, ihre Breite schwankt zwischen 1,25 und 2,5 cm. Der Knochen unmittelbar oberhalb der Gelenkfläche ist sehr fest, da durch ihn das Gewicht des Rumpfes auf die untere Extremität übertragen wird. Der von dem Hufeisen eingeschlossene nicht überknorpelte Teil ist sehr dünn. Trotzdem frakturiert diese Stelle sehr selten durch irgend eine Gewalteinwirkung, welche den Femur gegen die Beckenknochen treibt, da unter normalen Verhältnissen keine Kraft imstande ist, den Femurkopf mit diesem Segment des Hüftbeins in Berührung zu bringen.

Beckenabszesse gelangen bisweilen durch diese Fossa acetabuli hindurch in das Hüftgelenk, wie auf der anderen Seite Hüftgelenkseiterungen auf demselben Wege ins Becken gelangen können. Allein beide Möglichkeiten sind selten. Unter Umständen kann bei destruierenden Hüftgelenksentzündungen das Azetabulum in seine drei Komponenten zerfallen. Bis zur Pubertätszeit sind die drei die Pfanne bildenden Knochen durch die Yförmige Synchondrose getrennt. Dann beginnt dieser Knorpel allmählich zu verknöchern, so daß im 18. Lebensjahre nur noch eine zusammenhängende Knochenmasse besteht. Daher ist eine, durch Erkrankung der Pfanne bedingte Trennung der Knochen nur vor dem 18. Lebensjahre möglich.

Die Art und Weise, in welcher die verschiedenen Bewegungen im Hüftgelenk beschränkt sind, kann kurz etwa folgendermaßen beschrieben werden. **Flexion** bei gebeugtem Knie ist einmal durch die Berührung der Weichteile in der Schenkelbeuge sowie durch einen Teil des Ligamentum ischiocapsulare beschränkt; bei gestreckter unterer Extremität dagegen durch die Musculi biceps, semitendinosus und semimembranosus. Die **Extension** wird durch das Yförmige Ligamentum iliofemorale, **Abduktion** durch das Ligamentum pubocapsulare in Schranken gehalten. Die **Adduktion** des gebeugten Gliedes wird durch die Ligamenta teres und ischiocapsulare, Adduktion des gestreckten

Gliedes durch den oberen Teil der Kapsel und die äußeren Fasern des Ligamentum iliofemorale gehemmt. Der **Außenrotation** wird durch das Ligamentum iliofemorale Einhalt geboten und zwar bei extendierter Extremität hauptsächlich von seinem medialen Abschnitt, bei flectierter Extremität vor allem von seinem lateralen Abschnitt und auch von dem Ligamentum teres. **Einwärtsrotation** wird bei gestrecktem Oberschenkel durch das Ligamentum iliofemorale, bei gebeugtem Oberschenkel durch den medialen Kapselabschnitt und das Ligamentum ischiocapsulare gehemmt. Die Gebilde, welche die Integrität des Gelenkes aufrecht erhalten, sind aber nicht in erster Linie die Bänder, sondern die kräftigen Muskeln, welche das Gelenk umgeben und an ihm angreifen. Der atmosphärische Druck ist dabei nicht beteiligt, da das im Bereiche der Fossa acetabuli vorhandene Fett jederzeit in die Gelenkpfanne eintritt, wenn es gilt irgend einen Raum auszufüllen, der eventuell bei der physiologischen Bewegung des Gelenkes vom Femurkopf ausgespart werden sollte.

Hüftgelenksentzündung (Coxitis) (Abb. 115 u. 116). Wegen seiner tiefen Lage und der Dicke der bedeckenden Weichteile ist dieses Gelenk in hohem Maße von allen den ernsteren Traumen verschont (Abb. 114), die in anderen Gelenken akute Entzündungen hervorzurufen imstande sind. Eine akute Synovitis ist in der Tat im Hüftgelenk sehr selten, die gewöhnliche Erkrankung an dieser Stelle ist eine ausgesprochene chronisch verlaufende Entzündung. Die tiefe Lage des Gelenks bringt es ferner mit sich, daß bei Vereiterungen desselben der Eiter lange Zeit im Gelenk eingeschlossen bleibt, ehe er durchbricht und an die Oberfläche gelangt. Daher ist eine Eiterung an diesem Orte ungemein destruierend. Tritt ein Erguß in diesem Gelenke auf, so macht sich natürlich die Schwellung zuerst an den Stellen bemerkbar, an welchen die Gelenkkapsel am dünnsten ist, d. h. vorne und hinten; vorne in dem dreieckigen Zwischenraume zwischen den Ligamenta iliofemorale und pubocapsulare, hinten in dem ebenfalls dreieckigen Zwischenraume zwischen den Ligamenta ilio-femorale und ischiocapsulare. Über diesen beiden Stellen wird in Fällen von Ergüssen im Gelenk die Schwellung zuerst manifest; diese Teile sind einem auf sie ausgeübten Drucke leicht zugänglich, so daß sie demnach auch den Stellen entsprechen, an welchen eine etwaige Empfindlichkeit am ausgesprochensten ist und am frühesten sich bemerkbar macht.

Bei chronischer Hüftgelenksentzündung nimmt die erkrankte Extremität ganz bestimmte falsche Stellungen an, deren Absicht zu erkennen sehr wichtig ist. Diese Lageanomalieen sollen im folgenden so gut es geht, in der Reihenfolge, in der sie auftreten, beschrieben werden:

1. Der Oberschenkel wird flektiert, abduziert und etwas nach außen rotiert; damit verbunden ist 2. eine scheinbare Verlängerung der Extremität und 3. eine Lordose der Wirbelsäule; 4. folgt dann eine Adduktion und Einwärtsrotation des Femur mit gleichzeitiger 5. scheinbarer Verkürzung der Extremität; zum Schlusse entsteht 6. eine tatsächliche Verkürzung des Glieds.

ad 1. Die erste Stellung ist einfach die bequemste Lage und hängt hauptsächlich von dem Erguß im Gelenk ab. Injiziert man unter kräftigem Druck eine Flüssigkeit in das Gelenk, so wird der Oberschenkel flektiert, abduziert und etwas nach außen rotiert. Mit anderen Worten: Das Gelenk kann in dieser Stellung des Oberschenkels die größte Flüssigkeitsmenge fassen, der Kranke bringt seinen Oberschenkel in diese Stellung, um durch die möglichste Entspannung der Kapsel sich die Schmerzen zu erleichtern. Die Beugung ist bei dieser Stellung am ausgesprochensten; ihre Wirkung ist deutlich, sie erschlafft das Ligamentum iliofemorale, welches bei gestrecktem Oberschenkel als unnachgiebiges Band über die Vorderseite des Gelenkes hinwegzieht. Abduktion erschlafft die äußeren Teile dieses Bandes, sowie die obersten Abschnitte der Kapsel. Außenrotation erschlafft in geringem Maße die inneren Abschnitte

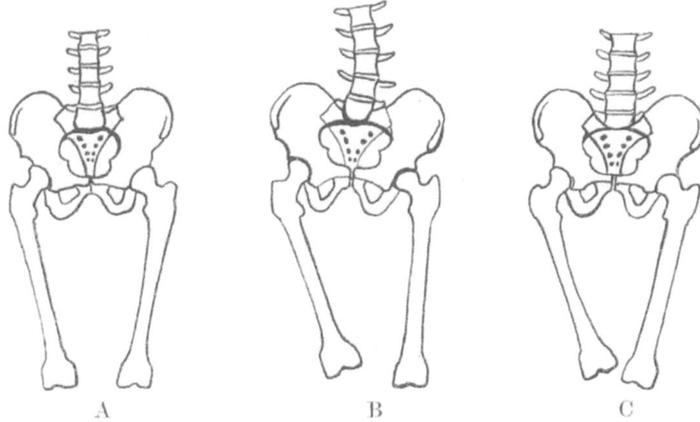

Abb. 115. Coxitis.
A Normale Stellung. B Ausgleich der Adduktion durch Schiefstellung des Beckens.
C Adduktionsstellung des r. Femurs.

des Ligamentum iliofemorale sowie das Ligamentum ischiocapsulare. Die letztgenannte Bewegung ist am undeutlichsten ausgesprochen, da selbst bei Flexion im Gelenk der Außenrotation von seiten des lateralen Abschnittes des Ligamentum iliofemorale ein Widerstand entgegengesetzt wird. Selbst ein mäßiger Grad von Abduktion würde durch das Ligamentum pubocapsulare beschränkt werden, vor allem, da dieses Band am straffsten gespannt ist, wenn Abduktion mit Flexion und Außenrotation kombiniert ist. Die Ansatzstellen des Psoasmuskels werden einander genähert und sein auf das Gelenk einwirkender Druck vermindert.

ad 2. Die scheinbare Verlängerung wird durch eine Neigung des Beckens nach der erkrankten Seite hin vorgetäuscht und ist die Folge der Bemühungen des Kranken die Wirkungen der eben beschriebenen Lage zu überwinden. Das Bein ist **durch** die Flexion und Abduktion

24*

verkürzt; um nun den Fuß wieder auf den Boden zu bringen und den natürlichen Parallelismus der Glieder wieder herzustellen, muß das Becken nach der erkrankten Seite hin geneigt werden. Dadurch entsteht diese scheinbare Verlängerung, welche deutlich wird, wenn der Kranke in Rückenlage sich befindet und die Abduktion ausgeglichen ist. Eine tatsächliche Verlängerung des Beins durch einen Gelenkerguß kann kaum entstehen. Bei Injektion in das Gelenk unter hohem Drucke gelang es Braune nur die Gelenkflächen ca. 5 mm voneinander zu trennen.

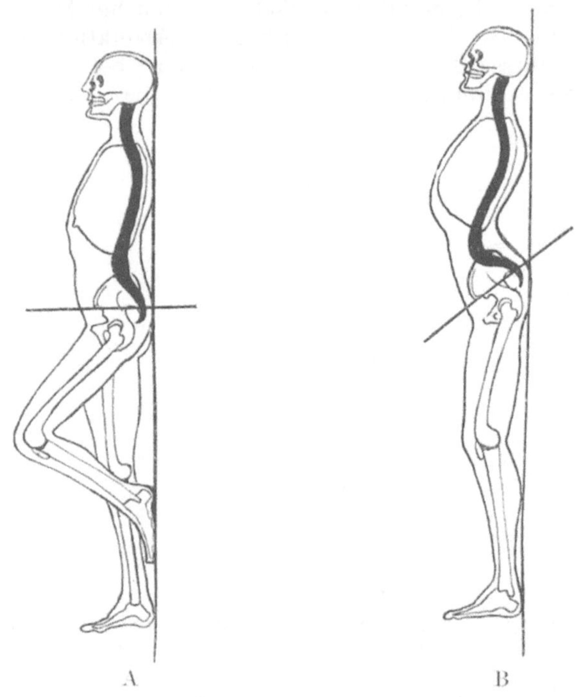

Abb. 116. Coxitis.
Schematische Darstellung der ausgleichenden Lordose bei Coxitis (B).

ad 3. Die Lordose oder Verkrümmung der Wirbelsäule nach vorwärts findet sich an der Grenze von Brust- und Lendenteil (Abb. 116). Sie ist von der Beugung des Beines abhängig und beruht auf dem Versuch des Kranken diese falsche Stellung zu verbergen oder doch wenigstens deren Unbequemlichkeiten auf ein Minimum zurückzuführen. Ist der Oberschenkel durch eine Erkrankung des Hüftgelenkes gebeugt, so kann das Bein in gestreckte Stellung gebracht werden, wenn die Wirbelsäule an der Grenze von Brust- und Lendenabschnitt einfach nach vorwärts gebeugt wird, ohne daß dabei an dem in Unordnung geratenen Gelenk die geringste Bewegung ausgeführt wird. In der Tat wird die eigentliche Bewegung der Hüfte in diesem Falle auf die Wirbelsäule übertragen. Eine Person kann mit einer durch eine Erkrankung flektierten Hüfte mit beiden scheinbar vollkommen gestreckten Beinen auf seinem Rücken im Bette liegen, wobei sie durch die Lordose die Flexion verbirgt. Korrigiert man die Lordose, so daß die Wirbelsäule wieder gerade ist, dann erscheint auch sogleich wieder die Flexion im Hüftgelenk, obgleich das Gelenk all die Zeit über vollkommen steif gewesen ist. Diese Lordose tritt im allgemeinen im späteren Verlauf der Erkrankung auf, nachdem das Bein durch die Kontraktion der umgebenden Muskeln in der falschen Stellung mehr oder weniger versteift ist.

ad 4. Früher oder später im Verlaufe der Hüftgelenksentzündung wird der Oberschenkel adduziert und nach innen rotiert, wobei die Flexion bestehen bleibt (Abb. 115). Der Femurkopf ruht alsdann auf dem oberen und hinteren Abschnitt des Azetabulum, wobei gut die Hälfte desselben außerhalb der Gelenkpfanne zu liegen kommt. Für diese Stellung wurden verschiedene Erklärungen gegeben. Nach der einen Theorie soll sie durch die Erweichung und Nachgiebigkeit einiger Teile der entzündeten Kapsel bedingt sein. Es ist jedoch wahrscheinlicher, daß diese falsche Stellung und vor allem die Adduktion auf Muskelwirkung beruht. Die das Gelenk umgebenden Muskeln befinden sich in einem Reizzustand. Sie sind reflektorisch kontrahiert, der Reflex wird in dem entzündeten Gelenk ausgelöst und da die Adduktorengruppe fast ausschließlich vom Nervus obturatorius inneviert wird, so ist es nicht unvernünftig zu erwarten, daß gerade sie besonders in Mitleidenschaft gezogen sind, wenn man bedenkt, in wie ausgedehnter Weise dieser Nerv an der Versorgung der Hüfte beteiligt ist. Die ganze Sache erfordert jedoch noch weitere gründliche Prüfung.

ad 5. Die scheinbare Verkürzung des Beines ist durch das Hochziehen des Beckens auf der erkrankten Seite bedingt (Abb. 115); sie steht zur Adduktion in derselben Beziehung wie die scheinbare Verlängerung zur Abduktion. Um die Adduktion auszugleichen und die natürliche parallele Lage der Beine wiederherzustellen, zieht der Kranke eine Beckenseite hoch. Daher kann ein Mensch mit einem durch Krankheit flektierten und adduzierten Oberschenkel mit vollständig geraden und miteinander parallelen Beinen im Bette liegen, nur daß ein Bein deutlich kürzer ist als das andere. Die Flexion ist in diesem Falle wieder durch die Lordose, die Adduktion durch das Hochziehen des Beckens verborgen. In Fällen von gleichzeitiger Erkrankung beider Hüftgelenke, die nachlässig behandelt wurde, können beide Oberschenkel in Adduktionsstellung verbleiben. Es ist natürlich nicht möglich die Beine durch die gewöhnlichen „Kunstgriffe" in die physiologische Stellung zu bringen, wenn beide Seiten erkrankt sind, ein Bein liegt deshalb schräg vor dem anderen und eine eigentümliche Art der Vorwärtsbewegung resultiert daraus.

ad 6. Die tatsächliche Verkürzung beruht auf destruierenden Prozessen im Femurkopfe selbst oder auf einer Luxation des teilweise zerstörten Kopfes auf die Hinterfläche des Darmbeins, bedingt durch das Nachgeben der erweichten Kapsel und Abbröckeln des oberen und hinteren Randes des Azetabulum.

Beginnt die Erkrankung der Hüfte im Knochen (und nicht in der Synovialschleimhaut), so involviert der Prozeß in der Regel die Epiphysenlinie, welche den Kopf des Oberschenkelknochens mit dem Hals vereinigt. Diese Linie liegt vollständig innerhalb des Hüftgelenkes; die den Kopf bildende Epiphyse vereinigt sich mit den übrigen Knochen im 18. oder 19. Lebensjahr.

Es ist allbekannt, daß Hüftgelenkskranke häufig über Schmerzen im Knie klagen. Dieser dahin verlegte Schmerz kann so ausgesprochen sein, daß er die Aufmerksamkeit von dem tatsächlichen Sitze der Erkrankung gänzlich ablenken kann. So erinnere ich mich eines Kinds, welches mit einem sorgfältig in einen Gipsverband gelegten gesunden Knie ins Hospital eingeliefert wurde, ohne daß das Hüftgelenk, welches akut entzündet war, auch nur im geringsten in den Verband mit einbegriffen worden wäre. Dieser Knieschmerz ist leicht verständlich, da beide Gelenke von demselben Rückenmarkssegmente mit Nerven versorgt werden. An der Hüfte treten 1. vorne an der Kapsel Fasern des Nervus femoralis ins Gelenk ein; 2. an der Unterfläche und Innenseite der Kapsel Äste des Nervus obturatorius; 3. an der Hinterseite Äste des Plexus sacralis und des Nervus ischiadicus maior. In das Kniegelenk treten ein: 1. an der Vorderseite der Kapsel Äste des Nervus femoralis (von den zu den Musculi vasti gehenden Rami musculares); 2. an der Hinterseite der Kapsel Äste des Nervus obturatorius; 3. an den Seiten und der Hinterfläche des Gelenkes Äste der Nervi tibialis und peronaeus aus dem Nervus ischiadicus maior.

Deshalb würden Schmerzen an der Vorderfläche des Knies, zu einer oder beiden Seiten der Patella wohl durch den Nervus femoralis, solche and er Hinterfläche des Gelenkes durch die Nervi obturatorius und ischiadicus an Ort und Stelle geleitet.

Bei hysterischen Individuen finden sich bisweilen gewisse lokale nervöse Gelenkerscheinungen, die sehr an Gelenkerkrankungen erinnern, obgleich die Gelenke sicher keine organischen Veränderungen aufweisen. Diese Affektion findet sich am häufigsten im Hüft- oder Kniegelenk, wie ja die ,,hysterische Hüfte‘‘ oder das ,,hysterische Knie‘‘ in der Symptomatologie der Hysterie eine hervorragende Stellung einnehmen. Es ist nicht ganz leicht zu verstehen, warum gerade diese beiden großen Gelenke für die Vortäuschung einer Erkrankung bestimmt sind. Hilton hat versucht, anatomische Gründe dafür zu finden, indem er die Nervenversorgung dieser Gelenke mit der des Uterus verglich. Der Uterus wird in der Hauptsache von Ästen des Plexus hypogastricus sowie vom dritten und vierten Sakralnerven versorgt. Der Plexus hypogastricus seinerseits enthält Fasern, die aus den unteren Lumbalnerven kommen; aus demselben Stamme kommen aber auch größtenteils zwei zur Hüfte und zum Knie gehende Nerven, nämlich der Nervus femoralis und der Nervus obturatorius. Der Nervus ischiadicus maior enthält auch einen großen Anteil des dritten Sakralnerven. Der gemeinsame Ursprung der Uterus- und dieser Gelenknerven bildet die Grundlage von Hiltons Erklärung der relativen Häufigkeit hysterischer Erkrankungen der großen Gelenke der unteren Extremität. Die

Erklärung ist jedoch deshalb unbefriedigend, weil der Uterus eine große Menge seiner Nerven aus dem Plexus ovaricus empfängt, wie auch diese Theorie auf der nicht bewiesenen Voraussetzung beruht, daß alle hysterischen Störungen mit einer Erkrankung des Uterus oder seiner Adnexe zusammenhängen. Neuerdings hat nun Head diese Theorie Hiltons in etwas neuerer Form vertreten. Er erklärt diese Verbindung nicht durch anatomische Nervenassoziation, sondern durch Assoziation der Zentren des Rückenmarks, aus welchen diese Nerven kommen. Die zentralen Segmente, aus welchen der Nervus obturator entspringt, nämlich, das zweite, dritte und vierte lumbale, enthalten keine viszeralen Äste und können daher nicht mit viszeralen Verhältnissen in Zusammenhang gebracht werden. Auf der anderen Seite versorgen die sakralen Segmente, aus welchen der Nervus ischiadicus maior entspringt, auch die Beckenorgane.

Frakturen des oberen Femurendes. Dieselben lassen sich einteilen in 1. intrakapsuläre Frakturen des Halses, 2. Frakturen des Schenkelhalses, die nicht ganz innerhalb der Kapsel liegen, 3. Frakturen des Schenkelhalses, welche durch den Trochanter maior gehen, 4. Epiphysentrennung. Es kann kaum möglich sein, von Schußverletzungen abgesehen, den Hals des Femur durch direkte Gewalt zu brechen, da der Knochen zu tief liegt und in ausgezeichneter Weise von den ihn umgebenden Muskeln geschützt ist. Die Gewalteinwirkung, welche diese Läsion bedingt, ist daher fast ausnahmslos eine indirekte, sei es ein Fall auf die Füße oder den großen Rollhügel, sei es eine plötzliche Verrenkung des Beins.

ad 1. Der **echte interkapsuläre Bruch** (Fractura colli femoris medialis sive proximalis) kann an jeder beliebigen Stelle des Schenkelhalses innerhalb des Gelenkes sich finden, verläuft jedoch in der Regel nahe der Grenze zwischen Kopf und Hals. Dieser Bruch findet sich sehr häufig bei alten Leuten, bei welchen er durch ganz geringe Gewalteinwirkungen entstehen kann. Daß gerade das hohe Alter für diese Verletzung prädisponiert ist, hat folgende Gründe: Der Winkel zwischen Femurhals und Schaft, welcher in der Kindheit ca. 130° beträgt, verkleinert sich mit zunehmendem Alter etwas und beträgt im hohen Alter ca. 125°. Unter Umständen aber und zwar offenbar unter dem Einfluß grober degenerativer Prozesse verkleinert er sich bis zu 90°; diese Verkleinerung des Winkels vermehrt zweifelsohne die Gefahr einer Schenkelhalsfraktur. Außerdem findet sich im Alter in der Spongiosa des Halses starke fettige Degeneration mit Verdünnung der Kompakta. Außerdem behauptet Merkel, daß derjenige Knochenvorsprung der Rinde, welcher an der Vorderseite des Halses zwischen kleinem Rollhügel und Unterfläche des Kopfes verläuft, im Alter resorbiert werde. Er nennt diesen Knochenvorsprung „Calcar femorale“ (Abb. 117) und gibt an, daß er an der Stelle liege, auf welcher bei aufrechter Körperhaltung die größte Last ruht. Diese Brüche sind nur selten eingekeilt; findet sich jedoch eine Einkeilung vor, dann ist das untere Knochenfragment, dessen Bruchende der relativ schmale und kompakte Hals darstellt, in das große und mehr spongiöse, vom Femurkopf gebildete obere Bruchstück eingetrieben. Der Bruch

kann subperiostal verlaufen oder es können die Bruchenden durch die
Zona orbicularis oder besser gesagt durch die als „Retinakula“ bezeichneten bindegewebigen Verdickungen der Kapsel zusammengehalten
werden. Diese „reflektierten Faszien“ ziehen dem Femurhals entlang
vom Kapselansatz am Femur zu einem Punkte des Femurhalses, der
dem Kopfe viel näher liegt. Diese Retinakula finden sich an drei Stellen;
eine Stelle entspricht der Lage nach der Mitte des Ligamentum iliofemorale, eine zweite dem Ligamentum pubocapsulare, eine dritte dem
oberen und hinteren Teile des Halses (H. Morris). Frakturen an dieser
Stelle heilen sehr selten knöchern. Der Femurkopf wird durch Blutgefäße
ernährt, welche im Schenkelhals, in den Retinakulis und im Ligamentum
teres verlaufen. Sind die beiden ersten Blutzuflüsse durch eine Fraktur
abgeschnitten, so scheint der dritte allein nicht zu genügen, um in dem
oberen Bruchstück genügende Reparationsvorgänge auszulösen. Die
Frakturen, welche knöchern verheilen, sind wahrscheinlich entweder ein-

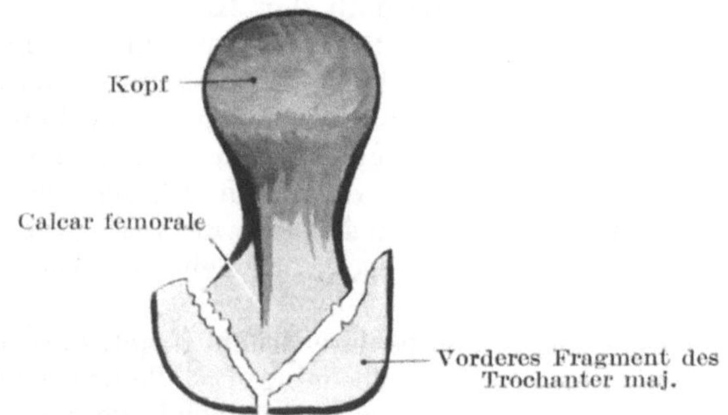

Abb. 117. Das Calcar femorale und seine Beziehungen zur eingekeilten Fraktur
des Schenkelhalses (Thompson).

gekeilt oder verlaufen subperiostal oder sie liegen gar nicht ganz intrakapsulär, sind also sog. „gemischte“ Brüche.

ad 2. In Verbindung mit den Schenkelhalsfrakturen muß man sich
daran erinnern, daß ein vollständig extrakapsulärer Bruch des Schenkelhalses eine anatomische Unmöglichkeit ist. Besteht eine gänzlich extra-
kapsuläre Fraktur, dann muß sie auch noch einen Teil des Femurschafts
mit einbegreifen und kann nicht in ihrer ganzen Länge durch den Hals
gehen. An der Vorderseite des Knochens ist die Kapsel an der Linea
intertrochanterica femoris befestigt und hält sich genau an die Verbindungslinie von Hals und Kopf. An der Hinterfläche inseriert die
Kapsel am Schenkelhals etwa 1,25 cm oberhalb der Crista intertrochanterica. Deshalb ist es möglich, daß ein Bruch hinten extrakapsulär
verläuft, aber nicht vorne und zahlreiche dieser Verletzungen am Schenkelhals haben diese Beziehung zur Kapsel, sind also sog. „gemischte“
Frakturen. Das Ligamentum iliofemorale ist so dick (ca. 7 mm an
der dicksten Stelle), daß eine Schenkelhalsfraktur zwischen dessen Fasern
an deren Ansatzstelle verlaufen kann, ohne daß die Fraktur weder extra-

noch rein intrakapsulär verläuft. Keilen sich Brüche an der Grenze von Hals und Schaft ein, so wird das obere Bruchstück, welches aus dem kompakten und relativ kleinen Schenkelhals besteht, in die Spongiosa des großen Rollhügels und des oberen Endes des Schaftes eingetrieben. Als eine Folge dieser Einkeilung kann der Trochanter gespalten werden, so daß sich die Einkeilung durch die Verbreitung des Spalts wieder lösen kann. Das eingekeilte Ende des Schenkelhalsfragmentes hat die Form eines Meißels; das Calcar femorale bildet dessen scharfe Kante (R. Tompson) (Abb. 117).

Hinsichtlich der Symptome, welche eine Schenkelhalsfraktur hervorruft, ist folgendes in Kürze zu bemerken: a) Die an der Vorderfläche des Oberschenkels dicht unterhalb des Ligamentum inguinale oft zu beobachtende Schwellung hat ihre Ursache entweder in einem Bluterguß im Gelenk oder in dem Vorstehen von Knochenfragmenten gegen die vordere Kapselfläche; b) die Verkürzung des Beines wird durch die Musculi glutaei, biceps femoris, semitendinosus, semimembranosus, tensor fasciae

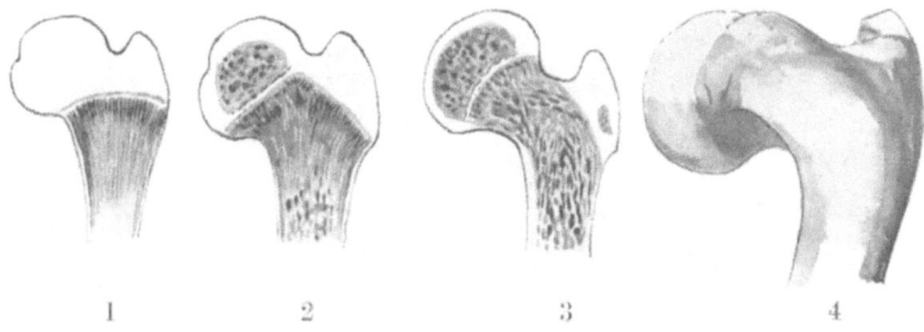

Abb. 118.   Ossifikation am Femur und Coxa vara.
1. Beim Neugeborenen.   2. Beim 2jährigen Kinde.   3. Beim 4jährigen Kinde.
4. Coxa vara.

latae, rectus, sartorius, iliopsoas, adductores, gracilis und pectineus bewirkt; c) die Außenrotation hat hauptsächlich zwei Ursachen: α) das Gewicht der Extremität, welche ein Auswärtsrollen des Beines bewirkt; wie man an schlafenden oder bewußtlosen Personen sehen kann, verläuft die Schwerkraftlinie durch den lateralen Teil des Oberschenkels; β) die Tatsache, daß die Kompakta an der Hinterfläche des Schenkelhalses viel brüchiger ist als an der Vorderfläche. So frakturiert der Schenkelhals hinten oft viel ausgedehnter als vorne oder die Fraktur kann sich hinten einkeilen, jedoch nicht vorne und in jedem Falle hat das Bein das Bestreben, sich nach auswärts zu drehen. Als dritte Ursache sei noch die Tätigkeit der Musculi iliopsoas, adductores, sowie der kleinen Auswärtsroller (Musculi obturator externus und internus, piriformis, gemellus superior und inferior, quadratus femoris) erwähnt, welche alle das Bestreben haben, den Oberschenkel nach auswärts zu drehen.

ad 3. **Frakturen des Oberschenkels** im Bereiche des großen Rollhügels. Bei dieser Verletzung ist der Kopf mit dem Schenkelhals und

einem Teile des Trochanter maior vom Schafte und dem Reste des
Rollhügels getrennt.

    ad 4. **Traumatische Epiphysentrennung.**   Am oberen Femurende
finden sich drei Epiphysen, eine für den Kopf, welche zwischen dem
18. und 19. Lebensjahr verknöchert, eine für den kleinen Rollhügel,
welche im 17. und eine für den großen Rollhügel, welche im 18. Lebensjahr
verknöchert (Abb. 118).   Der Schenkelhals entsteht durch eine Ausdehnung
der Verknöcherung vom Schaft aus.   Die Epiphyse für den Femurkopf
hat die Form einer Kappe, liegt vollständig intrakapsulär, ihre Epi-

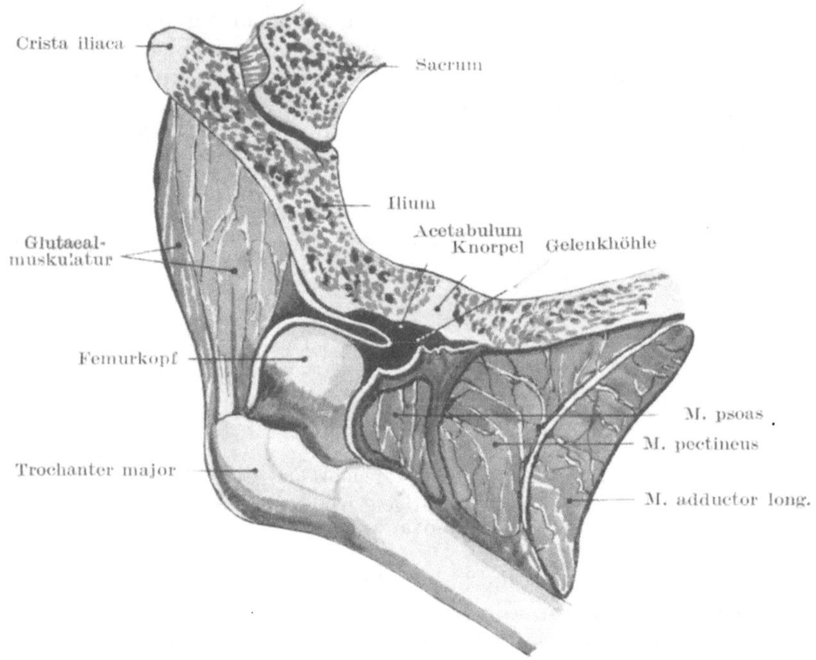

Abb. 119.   Angeborene Hüftgelenksluxation.

physenlinie verläuft schräg zur Längsachse des Oberschenkelknochens,
alles dazu angetan, eine Trennung derselben zu verhüten. Allerdings neigt
sie zu einer besonderen Art der Luxation, welche zur Entstehung der „**Coxa
vara**“ (Abb. 118) Veranlassung gibt.   Die Epiphyse neigt sich allmählich
nach abwärts, so daß es den Anschein hat, als ob der Schenkelhals unter
dem Gewichte des Körpers herabsinke, um mit dem Femurschaft einen
Winkel von 90° und noch weniger zu bilden.   Es ist eine Erkrankung
des heranwachsenden Alters.   Wegen des starken Vorspringens des
Trochanter maior und der Verkürzung des Beines, die notgedrungen
bei dieser Erkrankung auftritt, kann eine Verwechslung mit einer Schenkelhalsfraktur oder mit einer angeborenen Hüftgelenksluxation ent-

stehen. Der große Rollhügel kann allein abbrechen. Die Epiphysenlinie des Kopfes und die Apophysenlinie des Trochanter maior hängen
miteinander zusammen, solange der Schenkelhals noch nicht verknöchert ist.

Luxationen im Hüftgelenk. Diese Verletzungen sind wegen der

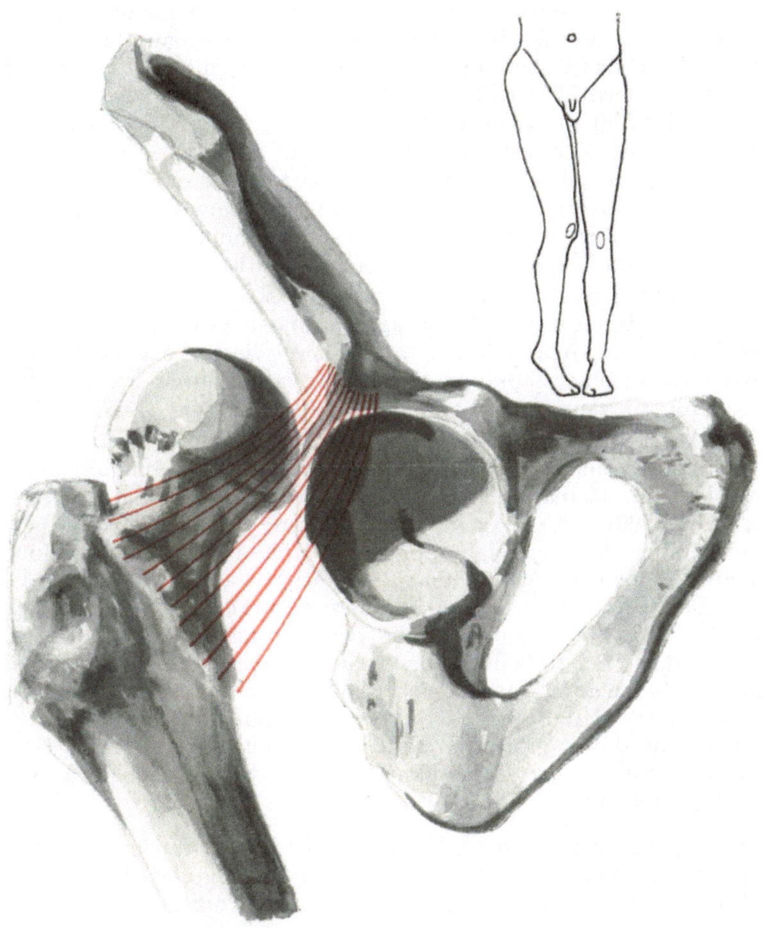

Abb. 120. Luxatio iliaca.

großen Stärke des Gelenkes verhältnismäßig selten; treten sie in einem
gesunden Gelenke auf, so sind sie stets die Folge einer sehr großen Gewalteinwirkung. Eine Hüftgelenksluxation kann angeboren sein, sie
kann spontan durch Muskelaktion hervorgerufen werden, wie einige
wenige seltene Fälle gezeigt haben oder ist die Folge einer Gelenkserkran-

kung. Eine **angeborene Hüftgelenksluxation** (Abb. 119) entsteht in den meisten Fällen durch die mangelhafte Entwicklung der Gelenkpfanne. In solchen Fällen bleibt das Azetabulum so flach, wie es im zweiten Fötalmonat ist. Das Auswachsen des Pfannenrandes, vor allem am Darmbein, bleibt aus. Die Höhlung der Gelenkspfanne wird durch eine Faltung der ungebührlich schlaffen Kapsel ausgefüllt. Das Ligamentum teres kann intakt sein oder auch fehlen. Der Femurkopf flacht sich ab, der Hals wird kürzer und der Knochen luxiert nach hinten auf das Darmbein, wenn das Kind das Gehen lernt. Das Körpergewicht wird von den Muskeln und Bändern in der Nachbarschaft des Gelenks getragen. Bringt man den Kopf in die seichte Pfanne zurück, so verläßt er sie alsbald wieder. Mit der Zeit führen osteophytische Auswüchse am Darmbein zur Bildung einer neuen Pfanne. Die Deformität steht augenscheinlich in Korrelation zu der Entwicklung der weiblichen Geschlechtsorgane, da sie bei Kindern weiblichen Geschlechts neunmal häufiger ist wie bei solchen männlichen Geschlechts (Fairbank).

Bei **traumatischen Luxationen** kann der Kopf des Femur nach vier verschiedenen Richtungen hin verlagert sein, so daß dadurch vier regelrechte Luxationes coxae entstehen. Bei zwei dieser Verrenkungen steht der Kopf hinter einer Linie, die man sich vertikal durch das Azetabulum gelegt denkt, in den beiden anderen vor dieser Linie (Luxatio postica und antica).

1. Luxation nach rückwärts und aufwärts. Der Kopf ruht auf dem Darmbein, unmittelbar hinter und oberhalb der Pfanne — **Luxatio iliaca** (Abb. 120). 2. Luxation nach hinten. Der Kopf ruht auf dem Sitzbein, in der Regel ungefähr in gleicher Höhe mit der Spina ischiadica — **Luxatio ischiadica** (Abb. 121). 3. Luxation nach vorwärts und abwärts. Der Kopf ruht auf dem Foramen obturatum — **Luxatio obturatoria** (Abb. 123). 4. Luxation nach vorwärts und aufwärts. Der Kopf ruht auf dem Schambeinkörper, nahe seiner Vereinigung mit dem Darmbein — **Luxatio suprapubica** (Abb. 122); ev. **infrapubica,** wenn der Kopf unter den Schambeinkörper zu liegen kommt.

Diese Anordnung gibt zugleich die Verrenkungen nach ihrer Häufigkeit wieder, indem Nr. 1 die häufigste, Nr. 4 die seltenste Luxation des Hüftgelenks ist.

Allgemeine Tatsachen. Bei allen diesen Hüftgelenksluxationen a) entsteht die Verrenkung bei Abduktionsstellung des Beines; b) ist der Kapselriß stets hinten unten; c) geht der Kopf stets zuerst mehr oder weniger gerade nach abwärts; d) bleibt das Ligamentum iliofemorale erhalten, während das Ligamentum teres abreißt.

ad a) Es steht fest, daß bei allen Luxationen im Hüftgelenk die Lage des Femur zur Zeit des Unfalls eine Abduktionsstellung ist. Die Richtung des Schenkelhalses und der Gelenkpfanne, sowie die Lage des Labrum glenoidale begünstigen eine Luxation in Abduktionsstellung. Der untere innere Abschnitt des Azetabulum ist sehr seicht und der untere hintere Abschnitt der Kapsel sehr dünn. Bei der Abduktion gelangt der Kopf des Femur an diese seichte Stelle der Gelenkkapsel;

er tritt mit mehr als der Hälfte seines Umfangs aus der Gelenkhöhle
aus, ist nur von dem dünnen, schwachen Teile der Kapsel gestützt,
seine weitere Bewegung im Sinne der Abduktion wird nur durch das
nicht besonders starke Ligamentum pubocapsulare begrenzt. Bei der
Abduktion ist das Ligamentum teres erschlafft, tritt zur Abduktion
noch eine Flexion hinzu, so erschlaffen auch die Ligamenta iliofemorale

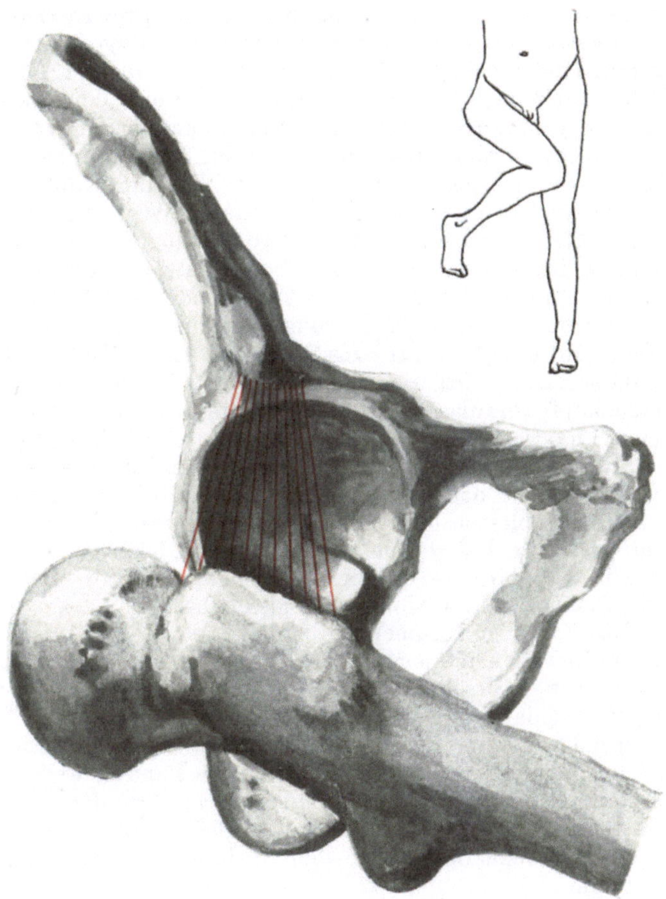

Abb. 121.   Luxatio ischiadica.

und ischiocapsulare. Daher braucht es bei dieser Stellung des Oberschenkels keines großen Kraftaufwands, um den Oberschenkelkopf durch
den unteren hinteren Kapselabschnitt zu treiben und nach abwärts zu
dislozieren.

ad b) Auf Grund des eben Gesagten ist es verständlich, daß der
Kapselriß stets unten an der Hinterseite des Gelenkes sich findet. „Im

allgemeinen ist der Riß nicht glatt, unregelmäßig und verläuft von der Nähe des seichten Randes der Pfanne mehr oder weniger direkt über die dünne Stelle der Kapsel zum Femur in die Nähe des kleinen Rollhügels und von hier nach rückwärts entlang dem Ansatze der Gelenkkapsel am Schenkelhals" (H. Morris).

ad c) Beachtet man die Lage des Oberschenkels im Augenblicke des Unfalls, so erkennt man, daß in jedem Falle der Knochen nach abwärts verlagert ist. Es gibt überhaupt nur eine primäre Dislokation, nämlich eine Luxation nach abwärts. Die vier oben aufgezählten Formen der Luxation sind sämtlich sekundär entstanden, da der Knochen in jedem Falle zuerst nach abwärts rückt, ehe er in eine der geschilderten Stellungen übergeht. Dieser Punkt ist besonders von H. Morris überzeugend dargelegt worden, dessen Beschreibung der Anatomie der Hüftgelenksluxationen eine ganz vorzügliche ist. Hat der Kopf einmal die Gelenkpfanne verlassen, so wird sein weiterer Weg von der Art der einwirkenden Gewalt vorgeschrieben. Morris sagt: „Wird der Oberschenkel im Hüftgelenk gebeugt und nach einwärts rotiert oder das Becken in entsprechender Weise im Augenblicke der Luxation dem Oberschenkel genähert, so wird der Femurkopf nach rückwärts wandern und entweder auf dem Dorsum ossis ilium oder einem Teil des Os ischii ruhen. Andererseits wird eine Extension und Auswärtsrotation den Oberschenkelkopf veranlassen, nach vorwärts aufwärts auszuweichen, so daß eine Luxatio suprapubica resultiert. Ist die Luxation weder von einer Rotation oder fixierten Flexion oder Extension begleitet, noch folgt eine solche nach, so wird der Femurkopf unterhalb der Gelenkpfanne liegen bleiben und ruht dann entweder auf dem Foramen obturatum, wenn er bei seinem Abwärtsrücken leicht nach vorwärts gleitet oder in der Nähe des Tuber ischiadicum, wenn er seine Gelenkhöhle nach rückwärts und abwärts verlassen hat."

ad d) Das Y förmige Ligamentum iliofemorale (Bertini) ist bei allen regelmäßigen Luxationen niemals zerrissen. Seine Festigkeit und der Umstand, daß es wahrscheinlich im Augenblicke der Luxation mehr oder weniger erschlafft ist, schützt es vor einer Zerreißung. Die Repositionsmethoden dieser Verrenkungen beruhen, hinsichtlich ihres Erfolges, hauptsächlich auf der Integrität dieses Bandes, welches in der Art des Fulcrums eines Hebels wirkt, dessen langer Arm der Femurschaft und dessen kurzer Arm der Schenkelhals ist. Bei den Luxationes posticae liegt der Oberschenkelkopf hinter dem Y-Band, bei den Luxationes anticae vor ihm.

Die Anatomie der einzelnen Hüftgelenksluxationen.

Nr. 1 und 2: Luxationes posticae.

Nachdem der Oberschenkelkopf in der eben geschilderten Weise seine Pfanne verlassen hat, wird er durch die Musculi glutaei, biceps femoris, semitendinosus, semimembranosus und adductores auf die Rückfläche des Darmbeins oder in die Incisura ischiadica maior geleitet. Bei dieser nach rückwärts gerichteten Bewegung hängt die Höhe, bis zu welcher er emporsteigt, hauptsächlich von der Natur der dislozierenden Kraft ab, wie auch von der Ausdehnung des Kapselrisses und der Zer-

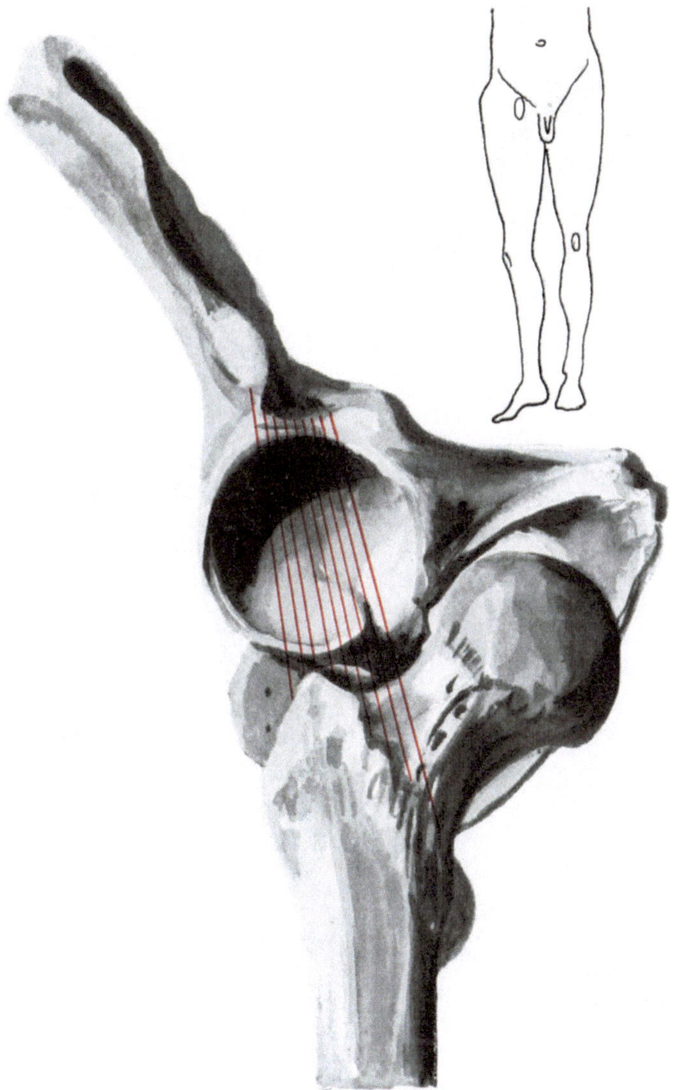

Abb. 122.   Luxatio suprapubica.

reißung des Musculus obturator internus und anderer kleiner Auswärts-roller. Die Luxatio iliaca (Abb. 120) ist daher nur ein früherer Grad der Luxa-tio ischiadica (Abb. 121). Je stärker die Flexion und Einwärtsrotation zur

Zeit des Unfalls war, desto eher entsteht eine Luxatio ischiadica. Geringe
Flexion und Einwärtsrotation erzeugt eine Luxatio iliaca. Bei letzterer Verrenkung liegt der Femurkopf oberhalb des sehnigen Ansatzes des Musculus

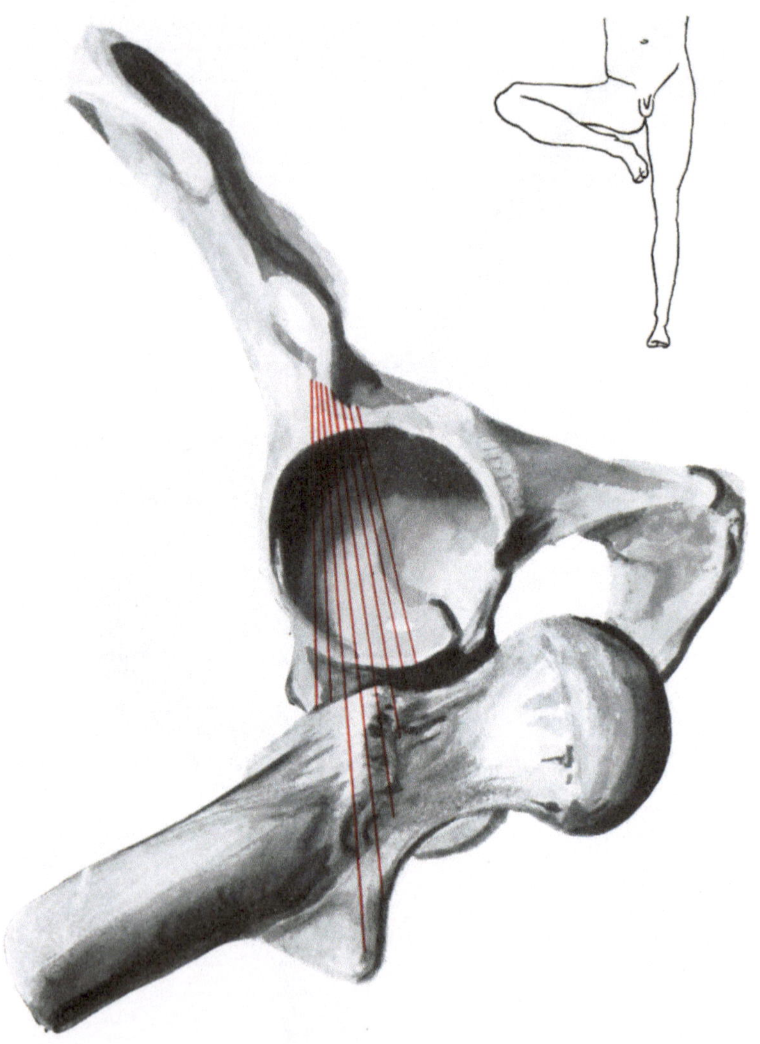

Abb. 123.   Luxatio obturatoria.

obturator internus, bei der Luxatio ischiadica unter ihm (Bigelow).
Morris gelang es nur einen einzigen Fall von direkter Luxation des
Oberschenkels nach rückwärts auf das Darmbein zu finden. In jedem
Falle geht der Kopf zuerst nach abwärts und dann erst nach rückwärts.

Bigelow behauptet, daß kein Beweis dafür vorliege, daß der Femurkopf in der Tat in die Incisura ischiadica verlagert werde.

Bei dieser Luxation nach hinten wird der Musculus iliopsoas stark gedehnt. Die Musculi quadratus femoris, obturatores, gemelli und piriformis sind mehr oder minder stark eingerissen, der Musculus pectineus häufig zerrissen und die Musculi glutaei teilweise verletzt. Der Musculus ischiadicus maior kann zwischen Schenkelhals und den Auswärtsrotatoren gequetscht werden oder aber zwischen dem Femurkopf und dem Tuber ischiadicum. Bei beiden Verrenkungen nach hinten findet sich eine Verkürzung der Extremität, weil ja die Verbindungslinie zwischen Spina anterior superior und Condylus medialis femoris kleiner ist als der Norm entspricht, da der Kopf über der Höhe der Gelenkpfanne steht. Die Adduktion und Einwärtsrotation hängt in der Hauptsache von der Stellung des Femurkopfes und Halses ab, deren Stellung durch das feste Ligamentum iliofemorale bestimmt wird. Die schwergeschädigten hauptsächlichen Auswärtsroller sind natürlich funktionsuntüchtig; die Flexion ist von der Spannung des Ligamentum iliofemorale und des Musculus iliopsoas abhängig.

Nr. 3 und 4. **Luxationes anticae** (Abb. 122 u. 123). Gleitet der Oberschenkelkopf, nachdem er die Gelenkpfanne verlassen hat, entlang der inneren Kante des Azetabulums etwas nach vorwärts, so entsteht die Luxatio obturatoria. Rückt er noch weiter nach einwärts und etwas nach aufwärts, so entsteht die Luxatio pubica (supra- oder infra). Die letztere Verrenkung ist daher nur eine vermehrte Luxatio obturatoria. Ob der Kopf auf dem Foramen obturatum liegen bleibt oder auf das Schambein hinaufgleitet, hängt davon ab, ob die Luxation von einer Extension und Außenrotation begleitet wird. Treten diese letzteren hinzu, dann entsteht die Luxatio pubica. Bei diesen Verletzungen sind die Musculi pectineus, gracilis und adductores mehr oder weniger verletzt, während die Musculi iliopsoas, glutaei und piriformis stark gedehnt sind. Der Nervus obturatorius kann stark gedehnt oder gar zerrissen sein. Bei der Luxatio pubica kann der Nervus femoralis geschädigt werden. Die bei diesen Verrenkungen beobachtete Abduktion und Außenrotation des Oberschenkels beruht teilweise auf der Stellung des Kopfes, der mehr oder weniger durch das Y förmige Band fixiert ist, teilweise auch auf der Kontraktion der Gesäßmuskeln und einiger der kleinen Auswärtsroller, welche stark angespannt sind. Die Beugung der Extremität wird hauptsächlich durch den stark gedehnten Musculus iliopsoas bewirkt.

Bei der Luxatio obturatoria soll das Bein verlängert sein. Diese Verlängerung ist jedoch nur scheinbar und wird durch eine Neigung des Beckens nach der verletzten Seite hin vorgetäuscht. Bei der Luxatio pubica besteht eine beträchtliche Verkürzung des Beines, da der Kopf oberhalb des Niveaus der Gelenkpfanne liegt.

Über die **Methoden,** durch welche **diese Luxationen eingerenkt** werden, kann hier nur weniges gesagt werden. Die gewöhnlichen Prozeduren sind kurz folgende:

Treves-Mülberger, Anatomie. 25

<table>
<tr><td>

1. Bei Luxationen nach hinten (Nr. 1 und 2) Adduktion und rechtwinklige Flexion des adduzierten Oberschenkels. Bei Luxationen nach vorne (Nr. 3 und 4) Abduktion und rechtwinklige Flexion des abduzierten Oberschenkels.

</td><td>

Um das Ligamentum iliofemorale zu entspannen.

</td></tr>
<tr><td>

2. Bei Nr. 1 und 2 Beschreiben eines Kreisbogens nach auswärts. Bei Nr. 3 und 4 Beschreiben eines Kreisbogens nach einwärts.

</td><td>

Bezweckt ein Annähern des Kopfes an den Kapselriß auf demselben Wege, auf welchem der Kopf die Gelenkpfanne verlassen hat.

</td></tr>
</table>

3. In allen Fällen extendieren, um den Kopf zu veranlassen, wieder in die Gelenkpfanne zu gleiten.

Bei der Einrenkung dieser Luxationen denke man daran, daß der Condylus medialis femoris ungefähr nach derselben Richtung deutet, wie der Kopf des Knochens.

Bei der **Resektion des Hüftgelenks** sind eine Anzahl Methoden gebräuchlich, allein insofern herrscht eine Übereinstimmung, als es allgemein für klug gehalten wird, die Operation so zu machen, daß die Oberschenkelgefäße zuerst unterbunden werden. Bei der Resektion von einem Raquetschnitt aus liegt der Teil, welcher den Griff vorstellt, über den oberen 7,5 cm der Arteria femoralis, indem er oberhalb des Ligamentum inguinale beginnt, während der Ellipsenschnitt an der medialen Seite der Extremität 10 cm unterhalb des Tuberculum pubicum herumgeführt wird und an der Außenseite unter dem großen Rollhügel hochzieht. Die Topographie der Arteria femoralis ist bereits erwähnt; die Abgangsstelle der Arteria femoralis profunda und deren Arteriae circumflexae femoris medialis und lateralis liegen ca. 4 cm unterhalb des Leistenbandes, häufig 1 cm höher oder tiefer. Die Arteria femoralis wird durch den Psoasmuskel von der Kapsel des Hüftgelenkes getrennt; die Vena femoralis liegt an ihrer medialen Seite, während der Nervus femoralis ca. $1^1/_4$ cm lateral von ihr auf dem Musculus ilio-psoas sich findet. Äste der Arteria glutaea inferior und obturatoria gelangen bis zum Oberschenkel und müssen unterbunden werden. Die bei der Operation durchtrennten **Nerven** sind die Nervi cutanei femoris lateralis und posterior, cutanei femoris anteriores, saphenus, die tiefen Muskeläste des Nervus femoralis, die Nervi obturator und ischiadicus maior. Die **durchtrennten Muskeln** sind: Musculi sartorius, quadriceps, adductores magnus und longus, gracilis, biceps, semimembranosus und semitendinosus. Die Gelenkkapsel wird durchtrennt, der Femurkopf aus der Pfanne luxiert und das Ligamentum teres durchschnitten. Die Ansatzstellen der folgenden Gebilde im oberen Drittel des Oberschenkels müssen alsdann durchtrennt werden: Die Musculi glutaeus maximus, medius und minimus, piriformis, gemelli, obturator internus und externus, quadratus femoris, adductores magnus und brevis, pectineus, psoas und iliacus mit der Kapsel.

22. Der Oberschenkel.

Unter dieser Bezeichnung soll im folgenden derjenige Teil der unteren Extremität beschrieben werden, welcher zwischen der eben beschriebenen Region und dem Knie und der Kniekehle liegt.

Oberflächenanatomie. Bei muskulösen Individuen ist die Kontur des Oberschenkels unregelmäßig, wogegen bei weniger kräftigen Personen, die eine gehörige Lage subkutanen Fettgewebes besitzen, seine Formen mehr oder weniger rundlich sind. An der Vorderfläche des Oberschenkels ist die Vorwölbung des Musculus rectus femoris, vor allem wenn derselbe kontrahiert ist, deutlich zu erkennen. Medial von diesem Gebilde findet sich in der unteren Hälfte des Oberschenkels die deutliche Vorwölbung des Musculus vastus medialis. Die Muskelmasse an der lateralen Seite des Musculus rectus femoris ist der Musculus vastus lateralis, welcher den größten Teil des Beines in dieser Gegend überzieht, wobei er aber unten deutlicher zu erkennen ist als oben.

An der medialen Seite der Vorderfläche verläuft von der Spitze des Trigonum femorale eine Furche nach abwärts, welche die Zwischenräume zwischen dem Musculus quadriceps einerseits (welcher aus den Musculi rectus femoris, vastus medialis, vastus lateralis und vastus intermedius besteht) und der Adduktorengruppe andererseits bildet. Dieser Furche entlang verläuft der Musculus sartorius. Über der Vorderfläche des Musculus vastus lateralis kann man oft eine längsgerichtete Vertiefung erkennen, welche gleichsam eine Druckfurche darstellt, entstanden durch den über ihr liegenden Tractus iliotibialis fasciae latae. Die an der Hinterfläche des Oberschenkels gelegenen Beugemuskeln können für gewöhnlich nicht voneinander oder von den Adduktoren unterschieden werden. Ihre Trennung vom Musculus vastus lateralis ist allerdings sehr deutlich, sie entspricht dem Verlaufe des Septum intermusculare laterale der Fascia lata. Der Verlauf der Vasa femoralia ist schon erwähnt. Die Vena saphena magna folgt am Oberschenkel dem Verlaufe des Schneidermuskels und kann auf die Haut projiziert werden, indem man von der Fossa ovalis zum hinteren Rande des Musculus sartorius in der Höhe des Condylus medialis femoris eine Linie zieht. Der Nervus saphenus verläuft zusammen mit der Arteria femoralis, liegt zuerst an ihrer lateralen Seite und geht allmählich nach vorne über sie hinweg. Im untersten Viertel des Oberschenkels zieht der Nerv unter dem Musculus sartorius zur medialen Seite des Knies und ist von den oberflächlichen Muskelästen der Arteria (articularis) genu suprema begleitet. Eine Linie, welche man an der Hinterfläche des Oberschenkels von der Mitte zwischen dem großen Rollhügel und dem Tuber ischiadicum nach abwärts zur Mitte der Kniekehle zieht, entspricht dem Verlaufe des Nervus ischiadicus, sowie einer seiner Verlängerungen, dem Nervus tibialis. Der große Nervenstamm des Ischiadicus teilt sich in der Regel etwas unterhalb der Mitte des Oberschenkels in seine beiden Hauptäste, den Nervus tibialis und Nervus peronaeus communis.

Die **Haut** des Oberschenkels ist an der Außenseite rauh, an der Innenseite dünn und zart und neigt sehr leicht zu Exkoriationen. Sie

25*

ist nur locker auf der Unterlage befestigt, ein Umstand, der die zirkulären Amputationen in dieser Gegend sehr begünstigt. An einer Stelle allerdings ist sie fester mit der Unterlage verwachsen, nämlich im Septum intermusculare laterale, welches den Musculus vastus lateralis vom Musculus biceps trennt. Die lockere Beschaffenheit des subkutanen Gewebes begünstigt ausgedehnte Blutextravasate unter der Haut, wie sie auch bei Verletzungen zur Bildung großer Hautlappenwunden führen kann.

Die **Oberschenkelfaszie** (Fascia lata) umhüllt das Glied an allen Seiten wie eine eng anliegende Manschette. Die dickste Stelle liegt an der lateralen Seite, wo sie den ungemein festen Maissiatschen Streifen oder Tractus iliotibialis bildet. Am dünnsten ist sie an den oberen medialen Teilen, wo sie die Adduktorenmuskeln überzieht. Gegen die Vorderfläche des Knies zu nimmt sie beträchtlich an Stärke zu und inseriert an dem Schienbein und den seitlichen Rändern der Kniescheibe. Diese Faszie setzt, vor allem in ihren lateralen Abschnitten, dem Wachstum von Geschwülsten und Abszessen einen Widerstand entgegen, wie sie auch tief gelegene Blutergüsse beschränkt. Sie kann auch durch direkte Gewalteinwirkung unter Umständen einreißen, durch den Riß kann der darunterliegende Muskel sich vorwölben und so zu der Entstehung einer Muskelhernie Veranlassung geben. Derartige „Muskelbrüche" finden sich am Quadriceps und am Adductor longus; sie sind wohl stets mit Zerreißung von Muskelfasern vergesellschaftet. Zwei in die Tiefe ziehende Fortsätze der Fascia lata inserieren am Oberschenkelknochen und bilden die schon erwähnten Septa intermuscularia mediale und laterale. Das laterale Septum trennt den Musculus vastus lateralis vom Musculus biceps femoris, das mediale den Musculus vastus medialis von den Adduktoren. Zusammen mit der Oberschenkelfaszie teilen diese Septen den Oberschenkel in zwei „aponeurotische Hohlräume", wie an einem Querschnitt durch denselben deutlich zu erkennen ist. Diese Trennung ist chirurgisch jedoch nicht wichtig, das innere Septum ist außerdem oft so dünn und zart, daß es kaum auf den Weg, den ein Abszeß zu nehmen bestrebt ist, Einfluß hat.

Bei der zirkulären **Amputation des Oberschenkels** (Abb. 124) retrahieren sich die **Muskeln** nicht gleichmäßig, da einige derselben am Femurschaft inserieren, andere weiter unten. Die am Femur ansetzenden Muskeln sind die Musculi adductores und vasti, während die Musculi sartorius, rectus femoris, biceps, semimembranosus, semitendinosus und gracilis am Unterschenkel ansetzen.

Trotz ihrer Mächtigkeit kann die Quadricepssehne durch Muskelwirkung einreißen. So beschreibt Bryant ein gutes Beispiel einer derartigen Verletzung. Ein 42jähriger Mann stolperte und fiel in eine 3 m tiefe Grube. Die Untersuchung ergab eine quere Zerreißung der Sehne, der oberhalb der Patella klaffende Spalt reichte bis zur Grenze des unteren und mittleren Drittels des Oberschenkels herauf. Ein ähnlicher, eigentlich noch bemerkenswerterer Fall ereignete sich hinsichtlich des Musculus sartorius. Dieser Muskel gibt, ehe er an der Tuberositas tibiae inseriert, einen aponeurotischen Bandstreifen zur Kniegelenkskapsel ab. In dem betreffenden Falle war dieser Bandstreifen abgerissen und der Muskel selbst infolgedessen nach rückwärts verlagert. Den Unfall erlitt ein 40 jähriger Mann, welcher nach Art der Schneider mit übergeschlagenen Beinen auf dem Boden eines Eisenbahngepäckwagens saß, als einer seiner Kollegen über ihn stolperte und quer über seine gekreuzten Kniee fiel. Er fühlte wie etwas nahe der Kniekehle nachgab und die Untersuchung stellte die eben geschilderte Verletzung fest.

Die **Arteria femoralis** (Abb. 124) kann an jeder beliebigen Stelle des Oberschenkels unterbunden werden; die verhältnismäßig oberflächliche Lage des Gefäßes setzt es Verletzungen in hohem Maße aus. Im mittleren Drittel des Oberschenkels liegt sie im Canalis adductorius (Hunteri), d. h. einem Kanal, welcher hinten von der Sehne der Musculi adductor longus und magnus gebildet und lateral von dem Musculus vastus medialis und dem Oberschenkelknochen begrenzt wird. Am Oberschenkel finden sich zahlreiche Beispiele der merkwürdigen Art und Weise, in welcher isolierte Äste der Hauptarterie allein verletzt werden. So beschreibt Langier den Fall eines Kochs, der um den Küchentisch herumlief und sich mit der Außenseite seines Oberschenkels an die Tischkante stieß. Es fand sich eine Ruptur der Arteria circumflexa femoris lateralis. Leider wurde der Bluterguß inzidiert und der Kranke starb, nachdem noch alles mögliche mit ihm angefangen worden war, an den Folgen wiederholter größerer Blutverluste. Butcher beschreibt den Fall eines Mannes, der während einer Schlägerei einen Stich in den Oberschenkel gerade über den femoralen Gefäßen erhielt. Es folgte eine profuse Blutung, das verletzte Gefäß war die Arteria circumflexa femoris medialis, dicht an ihrem Ursprung aus der Arteria femoralis profunda. Kein anderes Gefäß war verletzt. Der Mann wurde gleich richtig behandelt und genaß.

Brüche des Oberschenkels (Fracturae femoris infratrochantericae). Der Femurschaft kann an jeder beliebigen Stelle brechen, wenngleich sich die häufigste Bruchstelle im mittleren Drittel findet, wogegen Brüche im oberen Drittel am seltensten sind. Bei direkter Gewalteinwirkung entstehen in der Regel Querbrüche, bei indirekter Gewalteinwirkung Schrägbrüche. Die Möglichkeit, daß eine Fraktur durch direkte Gewalteinwirkung entsteht, verringert sich am Knochen von unten nach oben, während die Möglichkeit einer indirekten Gewalteinwirkung in derselben Richtung zunimmt. Deshalb sind die Frakturen im oberen Drittel in der Regel Schrägbrüche, während diejenigen des unteren Drittels gewöhnlich quer verlaufen. Im mittleren Drittel finden sich beide Arten von Brüchen ungefähr gleich häufig. Der Femur bricht bisweilen durch Muskelaktion, es ist jedoch zweifelhaft, ob ein solcher Bruch je an einem völlig gesunden Knochen entstanden ist. In zahlreichen dieser Fälle ist die Gewalt, welche zur Fraktur führt, sehr unbedeutend. So berichtet Vallin den Fall eines 18 jährigen Mädchens, das noch besonders als kräftig geschildert wird, welches sich eine Fraktur der Femurmitte zuzog, als sie sich anschickte, zwecks einer vaginalen Untersuchung auf den Untersuchungsstuhl zu klettern. Bei Schrägfrakturen im oberen Drittel verläuft die Bruchlinie in der Regel nach abwärts und einwärts, während bei Schrägfrakturen des mittleren Drittels die Verlaufsrichtung der Bruchlinie eine nach abwärts und vorwärts gerichtete ist, wobei sich eine leichte seitliche Abweichung findet, welche bisweilen nach auswärts, bisweilen auch nach einwärts gerichtet ist. Brüche des unteren Femurdrittels werden im nächsten Kapitel behandelt.

Was nun die Frakturen im oberen und mittleren Drittel des Oberschenkels anlangt, so hängt die Verlagerung der Bruchenden mehr oder weniger von dem schrägen Verlauf der Bruchlinie ab. In der Regel ist das untere Bruchende durch die Musculi biceps, semitendinosus und semimembranosus mit Hilfe der Musculi rectus femoris, sartorius, tensor fasciae latae und adductores hinter dem oberen Fragmente nach oben gezogen und unter dem Einfluß der letztgenannten Muskeln etwas medial verschoben. Das untere Ende des oberen Fragmentes sieht in der Regel nach vorne und etwas nach seitwärts; diese Verlagerung wird durch das untere Bruchstück erzeugt, welches das obere Bruchstück nach der genannten Richtung schiebt. Bei einem Bruche des oberen Femurdrittels wird die Verschiebung nach vorwärts noch durch den Musculus iliopsoas verstärkt. Deshalb ist die Deformität bei diesen Brüchen in der Regel winklig. Die Auswärtsrotation des Fußes, welche sich bei den Oberschenkelbrüchen findet, ist durch das Gewicht des Beines bedingt, welches das hilflose Glied veranlaßt, sich nach außen zu drehen, wobei die lateralen Auswärtsroller vielleicht etwas mithelfen.

Gewisse Spiralbrüche (Fracturae helicoidales Leriche) entstehen am unteren Femurschafte durch Torsion. Féré fand bei seinen Versuchen, daß es gelingt, an der Grenze von mittlerem und unterem Drittel des Oberschenkels eine derartige Spiralfraktur zu erzeugen, wenn man die Extremität vor dem gegenüberliegenden Knie vorbeiführt und den Fuß nach außen rotiert. Eine gleiche Fraktur in derselben Höhe, nur mit dem Unterschied, daß die Spirale in entgegengesetzter Richtung verläuft, kann man erzeugen, wenn man das Bein nach auswärts führt und nach einwärts rotiert.

Verkürzung des Beines nach Brüchen. Es ist zweifelhaft, ob eine Oberschenkelschaftfraktur bei irgend einer Behandlungsmethode geheilt werden kann, ohne daß überhaupt gar keine Verkürzung auftritt, abgesehen von ganz wenigen Ausnahmefällen. In Verbindung damit ist es wichtig sich dessen zu erinnern, daß die unteren Extremitäten schon normaliter ungleich lang sein können. Wight hat besonders darauf geachtet und kommt zu folgenden Schlüssen: 1. die größte Zahl der normalen unteren Extremitäten sind ungleich lang; 2. das linke Bein ist häufig länger als das rechte; 3. die normale Differenz beträgt ca. 0,6 cm; 4. die durchschnittliche Verkürzung einer gut behandelten Oberschenkelfraktur beträgt ca. 2 cm; 5. bei einem Falle von 10 oder 11 sind die Beine nach der Heilung der Fraktur gleichlang; 6. das eine Bein kann niemals ein sicherer Maßstab für die Länge des anderen Beines sein. Garson gibt auf Grund sorgfältiger Untersuchung von einigen 70 Skeletten an, daß beide unteren Extremitäten nur in etwa 10%

aller Fälle gleich lang seien. Zu gleicher Zeit fand er auch, daß der Femur viel häufiger Veränderungen seiner Gestalt aufweist, als die Tibia.

Amputation des Oberschenkels (Abb. 124). Wie schon erwähnt wurde, ist die ungleichmäßige Kontraktion der durchtrennten Muskeln einer zirkulären Amputation des Oberschenkels im Wege. Deshalb zieht man es vor, aus den Geweben der Oberschenkelvorderfläche einen großen Lappen zu schneiden und hinten einen dementsprechend kürzeren Lappen zu bilden. Die verschiedenen Gebilde, welche dabei durchtrennt werden, wie auch ihre gegenseitige Lagebeziehungen erkennt man am besten

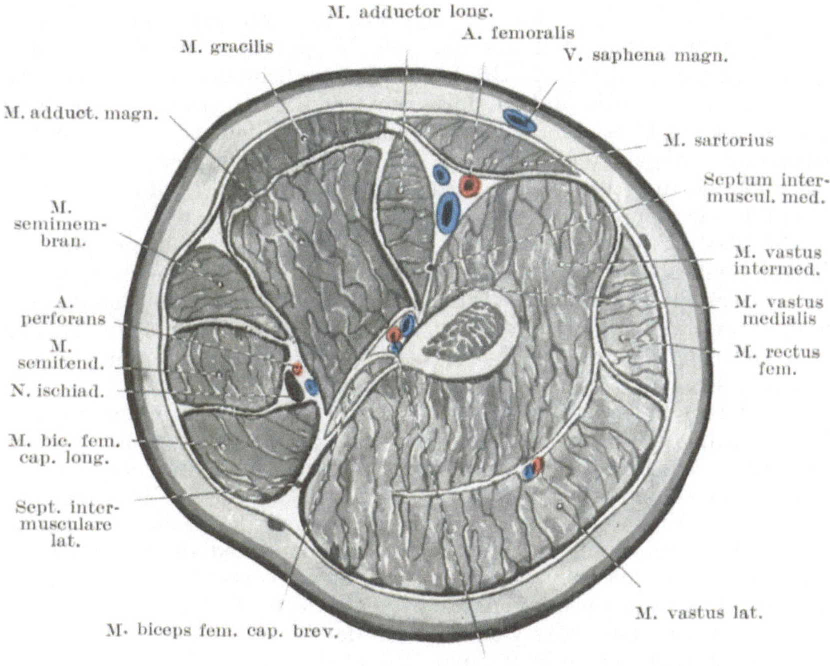

Abb. 124. Querschnitt durch die Mitte des rechten Oberschenkels.

an einem Querschnitt durch den Oberschenkel. Die durchschnittenen Teile sind die folgenden: die Musculi quadriceps femoris, sartorius, gracilis, adductores longus und magnus, biceps femoris, semitendinosus und semimembranosus; die oberflächlichen und tiefen Femoralgefäße, der Ramus descendens arteriae circumflexae femoris lateralis, die Vena saphena magna und die Arteria perforans secunda und tertia; die hauptsächlichsten Äste des Nervus femoralis (Nervi cutanei anteriores, Rami musculares, Nervus saphenus), Äste des Nervus cutaneus femoris lateralis, Ramus cutaneus nervi obturatorii, Nervus ischiadicus maior, Nervus cutaneus femoris posterior.

23. Die Gegend des Knies.

Unter der Kniegegend soll hier das Kniegelenk, die Weichteile um das Knie herum, die Kniekehle, das untere Femurende, die Kniescheibe sowie das obere Ende der Tibia und Fibula verstanden werden.

Oberflächenanatomie (Abb. 125 u. 126). Auf der Vorderfläche des Knies kann die Kniescheibe deutlich gesehen und palpiert werden. Ihr innerer Rand springt etwas mehr vor als der äußere. Ist die untere Extremität vollständig gestreckt und die Quadricepsmuskulatur erschlafft, so kann die Kniescheibe nach allen Seiten hin ausgiebig verschoben werden und scheint nur locker befestigt zu sein. Wird der Musculus quadriceps kontrahiert, so wird die Patella nach aufwärts gezogen und fest gegen den Oberschenkelknochen fixiert. Bei Beugungen des Kniegelenkes rückt die Kniescheibe in die Höhlung zwischen Schienbein und der Fossa intercondylica femoris und ist dort sehr fest fixiert. In dieser Stellung können einige Teile der Facies patellaris ossis femoris oberhalb der Kniescheibe abgetastet werden. Zu beiden Seiten der Kniescheibe liegt eine Grube, welche bei fetten Individuen vollständig von Fett angefüllt sein kann.

Ist das Bein gestreckt, so kann man das Ligamentum patellae nicht besonders deutlich abtasten. Es wird bei der Flexionsstellung des Beines deutlicher und springt am stärksten vor, wenn die Quadricepsmuskulatur stark zusammengezogen wird. Das subpatellare Fettpolster quillt zu beiden Seiten des Randes hervor und kann vom Unerfahrenen für einen Erguß im Kniegelenk gehalten werden.

An der medialen Seite des Knies können von oben nach unten folgende Gebilde palpiert und zum Teile auch mit dem Auge erkannt werden (Abb. 125): Die Ansatzstelle des Musculus adductor magnus am Epicondylus medialis femoris sowie dessen Sehne; der Condylus medialis, welcher deutlich vorspringt und hauptsächlich die rundliche Form dieser Gelenksseite bildet; unterhalb desselben der Condylus medialis ossis tibiae. Zwischen den beiden zuletzt erwähnten Knochenvorsprüngen kann man die Gelenklinie und den Meniscus medialis des Gelenkes deutlich palpieren. An der äußeren Seite des Gelenkes ist der Condylus lateralis femoris nicht so deutlich wie sein Partner der medialen Seite und unterhalb desselben findet sich der entsprechende Knochenvorsprung des Wadenbeines, das Capitulum fibulae, welches deutlich hervorspringt. Unmittelbar vor der Bizepssehne kann, bei geringer Flexion des Kniegelenkes, das Ligamentum collaterale fibulare in seinen oberen Abschnitten abgetastet werden. Zwischen dieser Sehne und der Kniescheibe kann der untere Abschnitt des Tractus iliotibialis als vorspringendes rundes Band (Retinaculum patellae laterale) erkannt werden, wie es zum Condylus lateralis tibiae zieht. Es ist am deutlichsten zu erkennen, wenn das Knie kräftig gestreckt wird; dann wölbt es oft die Haut deutlich vor. Der Condylus lateralis tibiae sowie das Capitulum fibulae sind deutlich abzutasten und liegen annähernd in gleicher Höhe.

Die Kniekehle erscheint nur als eine Grube, wenn das Kniegelenk gebeugt ist. Bei Streckung des Beines findet sich an ihrer Stelle eine gleichmäßig vorspringende Rundung. Die Hautfalte, welche quer über die Kniekehle zieht, liegt etwas oberhalb der Gelenklinie. An der lateralen Seite der Kniekehle kann die Sehne des Musculus biceps femoris sehr deutlich erkannt werden, vor allem wenn der Muskel selbst kontrahiert wird. Unmittelbar hinter ihr und an ihrem medialen Rande verläuft der Nervus peronaeus communis. Er kann an der Stelle, an welcher er über das Köpfchen des Schienbeins hinwegzieht, um unter den Musculus peronaeus longus zu gelangen, unter dem palpierenden Finger hin- und hergerollt werden. An der medialen Seite der Kniekehle kann man drei Sehnen palpieren (Abb. 125). Nahe der Mitte findet sich die lange, prominente Sehne des Musculus semitendinosus, medial von ihr die nicht sehr deutliche Sehne des Musculus semimembranosus, sowie medial von dieser die Sehne des Musculus gracilis.

Die Vasa poplitea treten an der oberen medialen Grenze der Kniekehle schräg in sie ein, von dem Musculus semimembranosus bedeckt. Der laterale Rand dieses Muskels ist der Wegweiser zum oberen Abschnitt der Arteria poplitea (Abb. 125). Die Gefäße gelangen auf ihrem Wege zur Mitte der Kniekehle und ziehen alsdann senkrecht nach abwärts. Das Ende der Arteria poplitea liegt in einer Höhe mit dem unteren Ende der Tuberositas tibiae. Bei gebeugtem Beine kann die pulsierende Arterie palpiert und an einer Stelle welche etwas unterhalb ihres Eintritts in die Kniekehle liegt, gegen den Femur angedrückt werden. Die Arteriae genu superiores medialis und lateralis verlaufen unmittelbar oberhalb der beiden Kondylen in querer Richtung nach einwärts und auswärts. Die Arteriae genu inferiores lateralis und medialis verlaufen ebenfalls in querer Richtung, das mediale Gefäß unmittelbar unterhalb des Condylus medialis tibiae, das laterale Gefäß unmittelbar oberhalb des Fibulaköpfchens. Der Ramus musculoarticularis der Arteria genu suprema zieht in der Substanz des Musculus vastus medialis, entlang der Vorderseite der Sehne des Musculus adductor magnus zum Condylus medialis femoris. Die Vena saphena magna zieht an der Hinterseite des Condylus medialis femoris nach oben und folgt dann dem Musculus sartorius am Oberschenkel. Unmittelbar unterhalb der Gelenklinie tritt der Nervus saphenus an die Vene heran. Die Vena saphena parva läuft in der Mitte der Wade nach oben und durchbohrt das tiefe Blatt der Fascia cruris an der unteren Grenze der Kniekehle. Dieses Gefäß ist lange nicht so deutlich wie die große Rosenader und schimmert selten durch die Haut hindurch, es sei denn, daß es erweitert ist.

Der Nervus tibialis verläuft in der Verlängerung des Nervus ischiadicus in der Mittellinie nach abwärts.

Unter normalen Verhältnissen sind die Lymphoglandulae popliteae nicht zu palpieren.

Über die Grenzen der Kniegelenkskapsel und die Lage der verschiedenen Schleimbeutel siehe weiter unten.

Die **Vorderseite des Knies** (Abb. 126). Die **Haut** über der Regio genu anterior ist dick und sehr beweglich; diese Beweglichkeit gewährt dem Kniegelenk einen beträchtlichen Schutz vor allem bei Stichverletzungen mit stumpfen Instrumenten und bei jeder anderen Verletzung, bei welcher diese Verschieblichkeit der Haut die Gewalt vom Gelenk ableiten kann. Diese verhältnismäßig lockere Befestigung der Haut kann man sich bei der Operation der sog. „Gelenkmäuse" zunutze machen. Sie ermöglicht eine Hautinzision an anderer Stelle als der Eröffnung des Gelenkes entspricht; während der Operation wird alsdann die Haut nach der Seite verschoben und nach Beendigung derselben entspricht die Hautwunde nicht mehr der Stelle an welcher die Gelenkkapsel eröffnet wurde. Bei der Flexion ist die Haut über der Kniescheibe straff gespannt; wie an anderen Stellen der Körperoberfläche, an welcher die Haut mehr oder weniger unmittelbar dem Knochen aufliegt, kann auch eine Kontusion des Knies über der Kniescheibe zu einer Verletzung Veranlassung geben, welche das Aussehen einer mit dem Messer gesetzten Wunde hat.

In der Literatur findet sich der Fall einer sehr fetten 57 jährigen Frau, welche auf einer harten Straße stolperte und auf ihr gebeugtes Knie fiel. Die Haut barst an der Vorderseite des Knies und die so entstandene 15 cm lange Wunde war so glattrandig wie eine Messerwunde.

Vor dem Kniegelenk findet sich nur wenig **subkutanes Fettgewebe**; deshalb ist bei der Exartikulation im Kniegelenk der vordere Lappen sehr dünn und besteht eigentlich nur aus der Haut selbst.

Da bei Kniegelenkserkrankungen häufig Schröpfköpfe u. dgl. an der Vorderseite des Knies angesetzt werden, so ist es angebracht, die Blutversorgung dieser Teile, sowie die gegenseitigen Beziehungen der oberflächlichen Gefäße und Nerven zu denen des Gelenkes selbst zu erwähnen. Die Blutgefäße, welche zur Vorderseite des Knies Äste abgeben und welche hauptsächlich die Stellen versorgen, an welchen gewöhnlich Schröpfköpfe angesetzt werden, sind die Arteriae genu suprema, superiores und inferiores laterales und mediales sowie recurrens tibialis anterior. Diese Gefäße nun, so vor allem die Arteria genu suprema und die beiden Arteriae genu superiores teilen sich kurz nach ihrem Abgang in zwei Äste oder zwei Gruppen von Ästen, von denen die eine zur Oberfläche, die anderen zum Kniegelenk selbst und den umgebenden tiefer gelegenen Weichteilen ziehen. Setzt man daher an die Vorderfläche des Knies ein Kontrairritans, so fließt mehr Blut in das oberflächliche Gefäßsystem ein, wodurch dem Sitz der Erkrankung etwas Blut entzogen wird. Die Haut an der Vorderfläche des Knies und des Kniegelenkes sowie der Quadrizepsmuskulatur werden vom dritten und vierten Lumbalsegment durch Äste der Nervi femoralis und obturatorius versorgt.

Die oberflächlichen Lymphgefäße der Kniegegend verlaufen größtenteils auf der medialen Seite des Gelenkes entlang der Vena saphena magna. Geschwüre und andere entzündliche Prozesse der Haut dieser Gegend gehen leichter mit Lymphangitis und Vergrößerung der subinguinalen Lymphknoten einher, wenn sie an der medialen Seite sich befinden als an der lateralen oder Vorderseite des Knies.

Die **Schleimbeutel** (Abb. 125 u. 126) der Vorderfläche des Knies sind: 1. die Bursa praepatellaris, ein großer, auf der Kniescheibe und dem oberen Abschnitt des Ligamentum patellare gelegener Sack, welcher diese Gebilde

von der Haut trennt (Abb. 125 u. 126). Er besteht sehr oft aus einzelnen
oberflächlichen und tiefen durch Septen getrennten Hohlräumen und findet
sich besonders häufig bei solchen Personen vergrößert, welche viel knien,
so bei Dienstmädchen, Steinhauern, Betschwestern etc. Die benachbarten
Weichteile sind reichlich mit Nerven versorgt, so daß eine akute Entzündung dieses Schleimbeutels sehr schmerzhaft ist. Er steht in innigem
Zusammenhang mit der Kniescheibe; in einem von Erichsen beschriebenen Falle führte eine Vereiterung dieses Schleimbeutels zu einer Karies
der Kniescheibe. 2. Ein weiterer Schleimbeutel findet sich zwischen dem
Ligamentum patellare und dem oberen Ende der Tibia (Bursa infrapatellaris
profunda) (Abb. 126, 127 u. 131); bei einer Entzündung desselben entstehen
noch lebhaftere Schmerzen als bei dem vorhergehenden, weil er zwischen
den beiden unnachgiebigen Strukturen (Band und Knochen) eingezwängt
ist. Er ist vom Kniegelenk selbst durch ein Fettpolster getrennt, welches
hinter der Kniescheibe liegt. 3. Der Schleimbeutel zwischen der Sehne
des Quadrizepsmuskels und dem Femur wird im Zusammenhang mit
dem Gelenk besprochen werden.

Die **Kniekehle** (Abb. 125 u. 126). Die Haut über der Fossa poplitea
ist nicht so verschieblich wie an der Vorderseite. Ist dieselbe durch Verletzungen, Brandwunden oder ausgedehnte Ulzerationen zerstört, so kann
die Kontraktion der entstandenen Narben zu einer unbeweglichen Beugestellung des Knies führen. Bei gewaltsamer Streckung eines kontrahierten
Knies kann die Haut an dieser Stelle bersten. Unter der Haut und dem
Unterhautzellgewebe liegt die **Fascia poplitea,** eine feste Membran, welche
die Fossa poplitea überzieht. Sie ist nur eine Fortsetzung der Fascia
lata des Oberschenkels und geht nach unten hin unmerklich in die Fascia
cruris über. Diese Faszie zieht, ohne Verbindungen mit den Knochen
zu besitzen, über die die Kniebeuge begrenzenden Muskeln hinweg.
Sie hemmt oft in bemerkenswerter Weise Abszesse der Kniekehle oder
in der Kniekehle sich entwickelnde Tumoren an einem Durchbruch
nach der Oberfläche. Ihre Unnachgiebigkeit ist die Hauptursache der
heftigen Schmerzen, die bei derartigen Flüssigkeitsansammlungen und
Geschwülsten auftreten. Der so am Durchbruch nach außen verhinderte
Kniekehlenabszeß sucht einen Ausweg entweder dem Oberschenkel
entlang oder abwärts zum Unterschenkel. Die Kniebeuge kann eine
sehr beträchtliche Menge Eiters fassen. Velpeau sah einen Fall, in
welcher in dieser Gegend bei einer Kranken 1 l entleert wurde, obgleich
vor der Operation an der Stelle der Eiteransammlung eine ganz unbedeutende Schwellung bestand. Duplay beschreibt zwei Fälle von Aro-
sion der Arteria poplitea durch Abszesse der Kniebeuge, während Ollier
einen Fall sah, in welchem der Abszeß, der keinen anderen Ausweg
finden konnte, schließlich ins Kniegelenk durchbrach.

Der Eiter kann vom Gesäß oder Becken aus entlang dem Nervus
ischiadicus oder vom Oberschenkel aus durch den Adduktorenschlitz
hindurch in die Kniebeuge gelangen.

In vernachlässigten Fällen von Kniegelenkerkrankungen können
die **Muskeln** an der **Hinterfläche des Oberschenkels** häufig kontrahiert

gefunden werden und so eine mehr oder minder fixierte Flexion des Kniegelenks bewirken. Ein von einer Kniegelenkserkrankung ausgelöster Reiz kann diese Muskeln in den Kontraktionszustand versetzen. Sie werden vom Nervus ischiadicus aus dem fünften Lumbalsegmente versorgt. Aus diesem Rückenmarksabschnitt erhält das Kniegelenk ebenfalls einen Teil seiner Nerven; bleibt das Kniegelenk für längere Zeit gebeugt, so entsteht eine dauernde Verkürzung dieser Muskeln.

Eine Kontraktion dieser Muskeln bei Kniegelenkserkrankungen hat nicht nur das Bestreben, das Knie zu beugen, sondern auch die Tibia nach rückwärts zu ziehen und kann unter Umständen eine partielle Luxation erzeugen.

Die Sehnen der genannten Muskeln können durch Gewalteinwirkung zerreißen, am häufigsten diejenige des Musculus biceps femoris. Wird bei gestreckten Knien der Rumpf gewaltsam nach vorwärts gebeugt, so werden diese Muskeln sehr stark gedehnt. Die Schwierigkeit, welche darin besteht mit den Fingerspitzen bei durchgedrückten Knieen die Zehen zu berühren, hängt von dem Widerstande ab, welche diese gestreckten Muskeln leisten. Bei der **Tenotomie** der Bizepssehne kann der Nervus peronaeus communis leicht verletzt werden. Es sei bemerkt, daß eine Kontraktion dieses Muskels den Raum zwischen seiner Sehne und dem eben erwähnten Nerven vergrößert und die Sehne mehr zur Oberfläche bringt. Der Nervus peronaeus kann dadurch komprimiert werden, daß man Binden oder Strumpfbänder über dem Köpfchen oder dem Halse der Fibula zu straff anzieht.

Die **Gefäße der Kniekehle** (Abb. 125 u. 126). Die Vasa poplitea werden ihrer tiefen Lage wegen nur selten verletzt. Man darf aber nicht vergessen, daß die Arterie in ihrem unteren Abschnitt von vorne her durch einen Gegenstand verletzt werden kann, der zwischen Fibula und Tibia durchdringt. So berichtet Spence über den Fall eines Farmers, welcher sich an der Vorderseite seines Unterschenkels dadurch verletzte, daß ihm sein Taschenmesser beim Zuschneiden eines Stockes entglitt. Nach dem Unfall entdeckte der Arzt, daß das Messer das Spatium interosseum durchsetzt und die Arteria poplitea an ihrer Teilungsstelle verletzt hatte. Die Arteria tibialis anterior war unmittelbar an ihrer Einmündung in die Arteria poplitea vollständig abgetrennt.

Die **Arteria poplitea** kann durch äußere Gewalteinwirkung, wie z. B. durch Überfahrenwerden, bersten. Dieses Gefäß ist viel häufiger der Sitz eines Aneurysmas, als jede andere Arterie des Körpers mit Ausnahme der Aorta thoracica. In 551 Fällen von spontan entstandenen Aneurysmen, welche Crisp sammeln konnte, war die Arteria poplitea 137 mal befallen, die Aorta thoracica 175 mal. Diese ausgesprochene Neigung zur Aneurysmenbildung hängt von verschiedenen Faktoren ab. Das Gefäß wird sehr häufig und oft sehr intensiv hin und her bewegt. Experimente an Kadavern haben gezeigt, daß die Intima und Media des Gefäßes durch extremste Beugung des Knies zerreißen können und daß dieselbe Verletzung, wenn auch nicht so häufig, durch forcierte Streckung entstehen kann. Außerdem ist das Gefäß, von der gestreckten

Stellung des Beines abgesehen, ähnlich wie die Aorta thoracica stark gekrümmt. Ferner teilt sich das Gefäß in zwei große Äste und es ist allbekannt, daß die Bifurkationsstelle eines Gefäßes der Lieblingssitz für Aneurysmen ist. Und schließlich wird die Arterie nur durch das lockere Bindegewebe der Kniekehle gestützt, wogegen die schützende Umgebung starker Muskeln, die bei so vielen großen Gefäßen an anderen Körperstellen sich findet, hier vollständig fehlt. Derartige Aneurysmen können unter Umständen dadurch geheilt werden, daß man das Kniegelenk beugt und das Bein für einige Zeit in dieser Stellung fixiert. Daß die Flexion einen direkten Einfluß auf das Lumen des Gefäßes hat, kann durch das Schwächerwerden des Pulses am inneren Malleolus bei gewaltsamer Beugung des Kniegelenkes jederzeit bestätigt werden. Die Arterie ist so fest mit der Vene verwachsen, daß es schwierig ist, beide Gefäße zu isolieren, um die Arterie zu unterbinden. Diese Verwachsungen müssen allen denen zum Bewußtsein gekommen sein, die sich je die Mühe genommen haben, auf dem Präparierboden die Arteria poplitea vollständig sauber frei zu präparieren.

Die **Vena poplitea** ist ein sehr kräftiges Gefäß, dessen Wandungen so fest und dick sind, daß sie auf dem Querschnitt mehr den Hüllen einer Arterie gleichen. Auf Grund dieser Eigentümlichkeit und wegen der engen Verwachsung mit der Arterie versichert Tilleaux, daß „sie kein Analogon in dem Gefäßsystem hat". Es ist beachtenswert, daß diese Vene, obgleich sie oberflächlicher liegt als die Arterie, sehr selten durch Gewalteinwirkung berstet. In der Regel zerriß die Arterie allein. In seltenen Fällen werden beide Gefäße verletzt; es gelang mir jedoch nicht einen Fall in der Literatur zu finden, in welchem die Vena poplitea allein geborsten war.

Wegen des engen Zusammenhanges der Arterie mit der Vene und dem am oberflächlichsten liegenden Nervus tibialis ist es verständlich, daß ein Aneurysma der Arterie sehr bald zu Ödem und zu Druckerscheinungen von seiten des Nerven Veranlassung geben wird. Mehr als einmal ist es auch durch das Ligamentum popliteum hindurch, welches der Arterie unmittelbar aufliegt in das Kniegelenk durchgebrochen.

Wie schon erwähnt, liegt der Nervus tibialis am oberflächlichsten und am weitesten lateral; medial von ihm und etwas tiefer verläuft die Vena poplitea, welche jedoch dem Nerv dicht anliegt. Medial von der Vene und noch tiefer liegt dann die Arteria poplitea.

Die kleine Rosenader (Vena saphena parva) liegt annähernd in der Mitte der Kniekehle und kann, da sie in der Regel nicht durch die Haut hindurchschimmert, bei einer Inzision im unteren Teile der Regio genu posterior verletzt werden.

Die **vier bis fünf Lymphknoten** der Kniekehle liegen in der Tiefe um die großen Gefäße herum. Wenn sie vergrößert sind, wurden sie schon irrtümlicherweise für Aneurysmen oder Neubildungen gehalten; in sie münden die tiefen Lymphgefäße des Unterschenkels ein. Ein kleiner Lymphknoten liegt oft dicht unter der Faszie an der Durchtrittsstelle der kleinen Rosenader; er nimmt die Lymphgefäße auf, welche diese Vene begleiten.

Die Zahl der **Schleimbeutel in der Kniekehle** (Abb. 125 u. 126) ist in
der Regel sieben, vier an der medialen und drei an der lateralen Seite.
An der medialen Seite finden sich: 1. Ein großer Schleimbeutel zwischen
dem Condylus internus femoris und dem medialen Gastroknemiuskopf
und dem Musculus semimembranosus (Bursa musculi semimembranosi).
Es ist der größte Schleimbeutel dieser Gegend, der beim Erwachsenen
in der Regel mit dem Kniegelenk kommuniziert. Von allen Schleimbeuteln an dieser Stelle erweitert er sich am häufigsten und kann, wenn

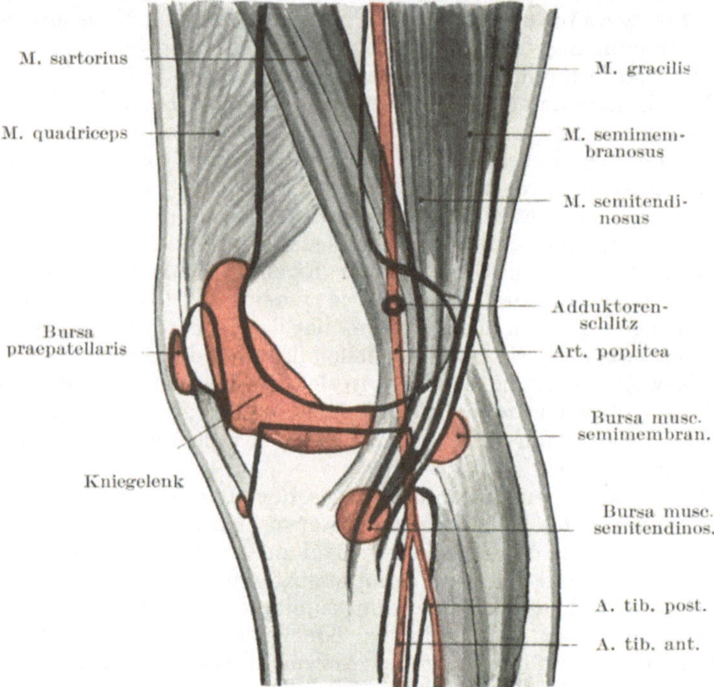

Abb. 125.   Schematische Darstellung der Innenseite des rechten Kniegelenks mit
Gelenkhöhle und Schleimbeuteln.

entzündet, außerordentlich groß werden.   In einem in der Literatur
niedergelegten Falle betrugen die Maße des Sacks 14,5 zu 9 cm.   Bei
gestrecktem Beine ist die Bursa hart und fest, bei gebeugtem Knie
dagegen schlaff (verschwindet auf Druck oft ganz).   Wahrscheinlich
wird die schlitzförmige Verbindung der Bursa mit dem Gelenke verschlossen wenn das Ligamentum popliteum obliquum bei der Streckung
des Beines sich anspannt und klafft, wenn das Band bei der Beugung
des Knies erschlafft.   Bei letzterer Stellung kann der Schleimbeutelinhalt
in die Höhle des Kniegelenkes hineingepreßt werden, wodurch die Vorwölbung verschwindet.   2. Ein kleiner Schleimbeutel zwischen der Sehne

des Musculus semimembranosus und der Tuberositas tibiae. Unterhalb der Kniegegend finden sich zwei weitere Schleimbeutel — 3. einer unter der Insertion des Musculus sartorius (Bursa musculi sartorii propria) und ein zweiter unter der Insertion der Musculi gracilis und semitendinosus (Bursa anserina). **An der lateralen Seite finden sich:** 1. Eine große Ausbuchtung der Synovialschleimhaut zwischen der Sehne des Musculus popliteus und dem Condylus lateralis tibiae (Bursa musculi poplitei). Diese Ausbuchtung stellt einen Schleimbeutel dar, welcher mit der Articulatio tibiofibularis kommunizieren kann, wodurch dieses Gelenk mit dem eigentlichen Kniegelenk in Verbindung stehen kann. 2. Ein Schleimbeutel zwischen dem lateralen Gastroknemiuskopf und dem Epicondylus lateralis femoris. Diese Bursa ist sehr inkonstant und kommuniziert nicht mit dem Gelenk. 3. Ein Schleimbeutel zwischen der Sehne des Musculus biceps femoris und dem Ligamentum collaterale fibulare (Bursa musculi bicipitis femoris inferior). Der Nervus peronaeus läuft über diesen Schleimbeutel hinweg, ein Umstand, der zum Teil die Schmerzen erklären kann, über die bei der Anschwellung dieser Bursa geklagt wird.

Verletzungen dieser Gegend, welche unter Umständen den einen oder anderen Schleimbeutel eröffnet haben, können für Gelenkverletzungen gehalten werden, zumal, wenn der Schleimbeutelinhalt für Synovia angesprochen wird.

Das **Kniegelenk** (Articulatio genu) (Abb. 125 u. 126). Dasselbe ist das größte Gelenk des ganzen Körpers. Seine Stärke beruht auf den mächtigen Bändern, welche die beiden das Gelenk bildenden Knochen verbinden, sowie hauptsächlich auf den Muskeln und Faszien, welche die Knochen umgeben. Die Form der Gelenkfläche selbst trägt zu dieser Stärke keineswegs bei, da die beiden Knochen einander nur berühren. Trotzdem das Kniegelenk Verletzungen häufig ausgesetzt ist, so sind doch Luxationen desselben sehr selten. Die Ligamenta collateralia sind verhältnismäßig schwach, werden bei Streckung des Beines angespannt und erschlaffen bei der Beugung. Die Schlaffheit dieser Bänder ist eine derartige, daß Subluxationen der Tibia möglich sind, ohne daß der Bandapparat zerreißt, vor allem in Fällen, bei welchen nach dem Unfall das Kniegelenk in leichter Flexionsstellung angetroffen wird. Die Kreuzbänder sind sehr wichtige Bänder, welche bei allen Stellungen des Gelenkes mehr oder weniger straff angespannt sind. Das Ligamentum cruciatum anterius beschränkt hauptsächlich die Streckung, die Vorwärtsverlagerung der Tibia und die Einwärtsrotation des Beines; das Ligamentum cruciatum posterius dagegen hemmt die Beugung des Knies, sowie eine etwaige Verlagerung des Schienbeines nach hinten. Bei der Streckung des Beines gleitet die Tibia etwas nach vorwärts und wird etwas nach außen gedreht. Im allgemeinen wird der Streckbewegung durch die Kreuzbänder, sowie die Ligamenta poplitea obliquum und arcuatum Einhalt geboten; der Beugebewegung dagegen durch das Ligamentum patellare, die vorderen Kapselabschnitte sowie ebenfalls durch die Kreuzbänder. Nur in der Beugestellung kann das Kniegelenk Rotationsbewegungen ausführen.

Die dünnste Stelle an der Hinterfläche der Kapsel findet sich unterhalb des Ligamentum popliteum obliquum; bricht eine Eiteransammlung im Gelenk nach der Kniekehle durch, so wird sie es aller Wahrscheinlichkeit nach an dieser Stelle tun.

Bei der mit fibröser Ankylose einhergehenden Kontraktion des Kniegelenks findet sich die stärkste Zusammenziehung, soweit die Strukturen des Gelenkes selbst in Betracht kommen, in den hinteren Teilen der Kapsel und deren Bändern, in den Seitenbändern sowie in dem Binde- und Fettgewebe zwischen den erstgenannten Gebilden und dem hinteren Kreuzband.

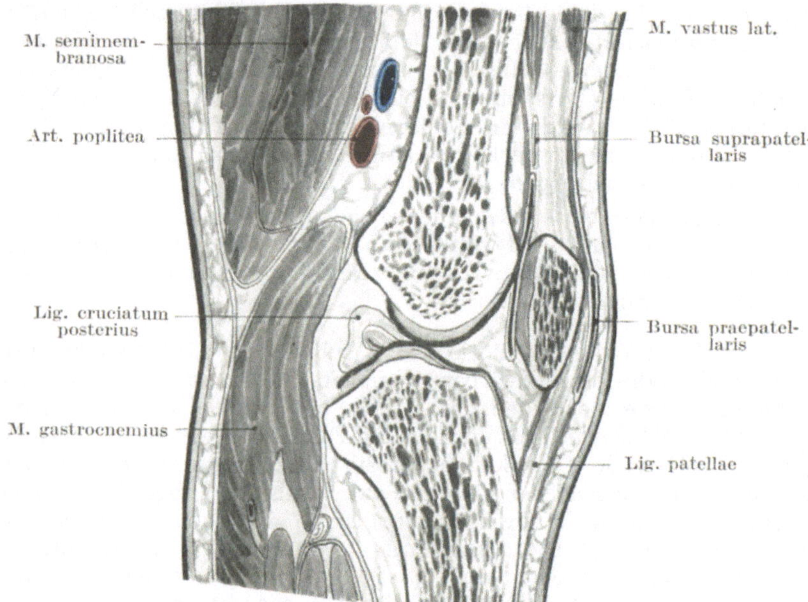

Abb. 126.   Sagittalschnitt durch das Kniegelenk.

Die **Schleimhaut** des Kniegelenkes erstreckt sich als großer Cul-de-sac unter der Sehne der Extensoren nach aufwärts über die Patella hinaus. Diese Ausbuchtung reicht 2,5 cm und höher nach aufwärts vom oberen Rande der Facies patellaris femoris und wird bei einem Erguß im Gelenk sehr deutlich (Abb. 127). Wird das Knie gebeugt, so wird diese Tasche nach abwärts gezogen, weshalb man bei Operationen am unteren Femurende das Bein in dieser Stellung lagern sollte. Dem Cavum articulare an dieser Stelle anliegend, findet sich ein weiterer Schleimbeutel (Bursa suprapatellaris), welcher zwischen der Quadrizepssehne und dem Femur liegt; sein Längsdurchmesser beträgt in der Regel mehr als 2,5 cm (Abb. 127). Bei der Untersuchung von 160 Kniegelenken fand Schwartz, daß dieser Schleimbeutel bei Kindern unter 10 Fällen

7 mal mit dem Gelenke kommunizierte, bei Erwachsenen unter 10 Fällen 8 mal.

Daraus erhellt, daß wenn bei bestehender Kommunikation eine Stichverletzung den Oberschenkel ca. 5 cm oberhalb der Facies patellaris oder in etwa der gleichen Entfernung oberhalb der Spitze der Kniescheibe in Streckstellung trifft, das Kniegelenk dabei eröffnet werden kann.

Es sind Fälle bekannt, in welchen Blutergüsse, die in diesen Schleimbeutel hinein stattfanden, obgleich sie anfangs auf die Bursa beschränkt

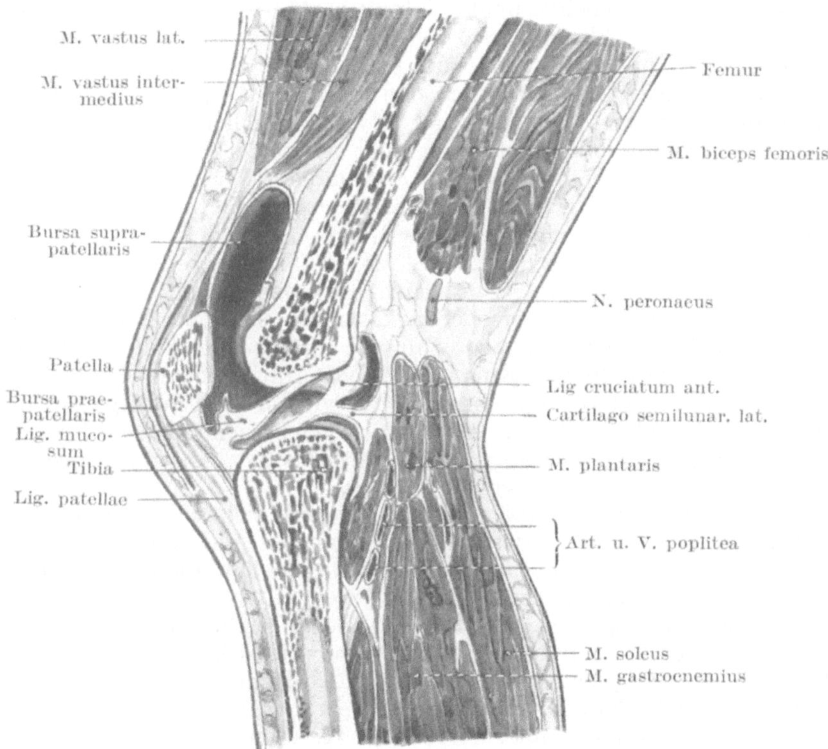

Abb. 127. Sagittalschnitt durch das Knie. (Gelenkhöhle ist durch Flüssigkeitserguß erweitert).

waren, durch rohe Manipulationen ins Kniegelenk durchbrachen, ein Befund, der zu der Annahme Veranlassung gab, daß unter Umständen die Kommunikationsöffnung sehr eng sein kann.

Obgleich die Kreuzbänder mehr oder weniger vollständig von Schleimhaut überzogen sind, so liegen sie doch vollständig außerhalb der Gelenkhöhle und teilen sie in ihren hinteren Abschnitten in einen medialen und lateralen Raum. Die hinteren Bänder sind fest mit den hinteren Kapselabschnitten verwachsen.

Treves-Mülberger, Anatomie. 26

Das obere Drittel des Ligamentum patellare ist von der Schleimhaut des Kniegelenkes nur durch ein Fettpolster getrennt. Die unteren zwei Drittel dagegen werden von der Tibia ebenfalls durch Fettgewebe sowie durch einen Schleimbeutel (Bursa subcutanea tuberositatis tibiae) getrennt. Stößt man bei gestrecktem Beine an der Spitze der Kniescheibe ein Messer wagrecht nach rückwärts ein, so würde dessen Spitze die Gelenklinie zwischen Femur und Tibia gerade noch vermeiden und den letzteren Knochen treffen (Abb. 126). Findet sich jedoch ein Erguß im Kniegelenk oder ist das Bein etwas gebeugt, so würde das Messer zwischen beiden Knochen hindurchdringen (Abb. 127). Falten der Synovialschleimhaut (Plicae alares) füllen die Räume zwischen den Gelenkflächen der Kniescheibe und des Femur aus; zottige Wucherungen derselben können sich lostrennen und als Fremdkörper im Kniegelenk ihr Unwesen treiben. Daß „solche Gewebsstückchen verknorpeln und sog. Gelenkmäuse" bilden, ist weiter nicht verwunderlich, da der Schleimhautüberzug von demselben Gewebe abstammt, welches die Gelenkfläche bildet und in Wirklichkeit eine dünn ausgebreitete Knorpelschicht darstellt, welche eine bindegewebige Membran überzieht.

Gelenkerkrankungen (Abb. 127, 128, 131, 132). Wegen seiner oberflächlichen Lage ist das Kniegelenk dasjenige Gelenk, welches am häufigsten durch Traumen oder Erkältungen sich entzündet. Ist es von Flüssigkeit ausgedehnt, so wird der Erguß sehr bald zu beiden Seiten und oberhalb der Kniescheibe bemerkbar, indem die Gelenkkapsel nach außen vorgewölbt wird; an diesen Stellen liegt sie der Oberfläche am allernächsten. Fluktuation macht sich sehr bald bemerkbar und die vom Femur abgetrennte Kniescheibe „tanzt" auf der das Gelenk ausdehnenden Flüssigkeit.

Überläßt man ein entzündetes Kniegelenk sich selbst, so wird es fast ausnahmslos eine Flexionsstellung annehmen; dies kann durch drei Annahmen erklärt werden und wahrscheinlich helfen alle drei Faktoren dazu, diese Stellung zu bewirken.

1. Das Fassungsvermögen des Kniegelenks ist in der Beugestellung vermehrt. Der Schmerz bei der akuten Synovitis ist hauptsächlich durch die Dehnung des Gelenkes durch den Erguß verursacht und es ist ganz natürlich, daß der Kranke instinktiv das Bein so legt, daß das Kniegelenk bei möglichst geringer intraartikulärer Spannung die größte Menge Flüssigkeit fassen kann. Braune fand, daß das Maximum des Fassungsvermögens erreicht war, wenn das Kniegelenk um 25⁰ gebeugt war, wogegen sich das Minimum bei vollständiger Beugung fand.

2. Bei der Flexionsstellung des Beines sind die wichtigsten Bänder (Ligamenta arcuatum und obliquum, collateralia, cruciatum posterius) erschlafft, während das Ligamentum patellare und die vorderen dünnen Kapselabschnitte angespannt sind.

3. Da die sensiblen Nerven des Kniegelenkes in Mitleidenschaft gezogen sind, so kann mit Recht eine reflektorische Kontraktion der Muskeln erwartet werden und da die mächtigen Flexoren natürlich das Übergewicht haben, und größeren Einfluß auf das Kniegelenk besitzen als die Streckmuskeln, so wird das Resultat eine Beugestellung sein.

Luxationen der Menisken (Abb. 128). Der eine oder der andere dieser knorpligen Gelenkscheiben kann von seiner Unterlage auf der Tibia losgelöst sein und sich zwischen diesem Knochen und dem Femur einzwängen. Die Folge ist ein plötzlicher Schmerz im Bein sowie eine Fixierung des Kniegelenkes in Flexionsstellung. Der Unfall entsteht in der Regel dadurch, daß das Bein bei mehr oder weniger starker Flexionsstellung gedreht wird. Bei 200 Fällen von Dérangement interne des Kniegelenkes fand Bennet, daß der Meniscus medialis 155 mal, der Meniscus lateralis dagegen nur 45 mal verletzt war. Das linke Knie war etwa dreimal öfter befallen als das rechte, die Verletzung fand sich bei Männern 9 mal häufiger als bei Frauen. In jedem der 12 von Marsh operierten Fälle war der vordere Abschnitt der medialen Gelenkscheibe gequetscht und von ihrer Ansatzstelle an der Tibia losgetrennt. Um die Neigung des vorderen Abschnittes des Meniscus medialis für Verletzungen zu ver-

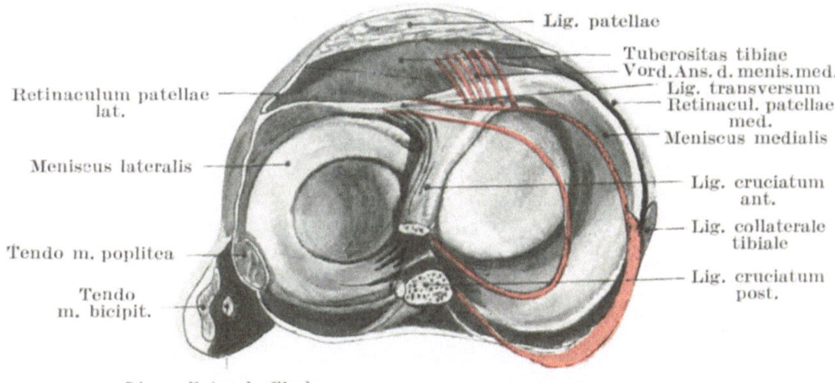

Abb. 128. Querschnitt durch das Kniegelenk. Darstellung der Menisci. Die rote Linie zeigt die Stellungsänderung des Meniscus medialis bei Auswärtsrotation der Tibia, oder Einwärtsrotation des Femur.

stehen, ist es notwendig die Art und Weise zu prüfen, in welcher er in seiner Lage gehalten wird und ferner auch die Bewegungen zu beobachten, welche er ausführt sowie die Belastung zu kennen, welche er bei Athleten — denn gerade unter ihnen findet sich diese Verletzung am häufigsten — auszuhalten hat. Bei gestrecktem Knie ist eine Dislokation unmöglich, da die Bandscheiben durch die sich berührenden Gelenkflächen unbeweglich fixiert sind, teils durch die Anspannung der Bänder, teils auch durch den Tonus der das Gelenk umgebenden Muskeln. Ist das Gelenk leicht gebeugt, so wird der mediale Meniscus in seiner Lage gehalten (Abb. 128): 1. durch sein vorderes Horn, welches an der Tibia befestigt ist oberhalb und hinter der Insertionsstelle des Ligamentum patellare und außerhalb der Gelenkhöhle; 2. durch das Ligamentum transversum genu an dem vorderen Teile des Meniscus lateralis (Abb. 127); 3. durch sein Ligamentum coronarium an die Gelenkkapsel und an das Ligamentum

26*

collaterale tibiale; die vorderen Fasern dieses Bandes sind am längsten. Wird das Gelenk noch mehr gebeugt, so gleiten die Bandscheiben, vor allem die mediale, nach rückwärts; verursacht in dieser Stellung der Musculus biceps femoris eine plötzliche Auswärtsrotation der Tibia, so wird das vordere Horn mit diesem Knochen nach vorwärts und auswärts verlagert, während das hintere Horn durch das Ligamentum collaterale tibiale fest an den Condylus medialis femoris fixiert ist; dadurch wird der vordere Abschnitt des Meniscus medialis sehr stark belastet, da er ja nach rückwärts verlagert ist. Seine schwächste Stelle ist der dünne innere sichelförmige Rand des vorderen Drittels; hier findet sich auch in der Regel die partielle Ruptur. Der heftige Schmerz entsteht durch die Zerreißung sowie durch den Umstand, daß der Knorpel zwischen Tibia und Femur eingekeilt ist, wodurch er die Knochen auseinander treibt und eine starke und nachhaltige Überdehnung der unnachgiebigen Gelenkbänder bedingt. Der laterale Meniscus ist kleiner, runder und

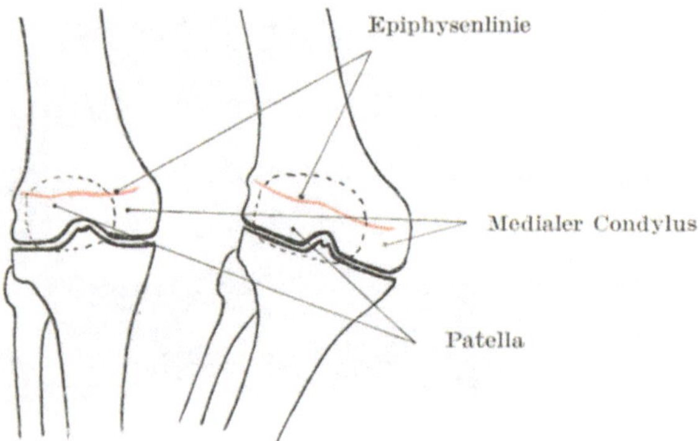

Abb. 129. Genu valgum.

beweglicher als der mediale und ist wahrscheinlich deswegen weniger in Gefahr von den beiden Knochen abgequetscht zu werden. Außerdem ist diese Gelenkscheibe teilweise am Femur durch das hintere Kreuzband befestigt und durch die Sehne des Musculus popliteus etwas ausgehöhlt, zwei Umstände, welche zu seinem Schutze beitragen (Abb. 128).

X-Bein (Genu valgum) (Abb. 129). Das Bild dieser Affektion ist uns allen geläufig. Steht eine Person mit den Füßen dicht nebeneinander aufrecht da, so verlaufen die Schienbeine so gut wie vertikal und die Oberschenkelknochen treffen sie unter einem bestimmten Winkel. Die Größe dieses Winkels ist bei normalen Individuen zu einem hohen Grade von der relativen Weite des Beckens abhängig. Beim Genu valgum dagegen stehen die Schienbeine nicht mehr vertikal; ihre unteren Enden weichen mehr und mehr von der Mittellinie ab bis die Entfernung der beiden lateralen Knöchel sehr beträchtlich wird, wenn das Individuum aufrecht steht und nicht durch eine Rotation des Beines die Deformität in einem gewissen Sinne verbirgt.

Die Entwicklung eines Genu valgum kann in drei Phasen eingeteilt werden. In der **ersten** Phase besteht eine Nachgiebigkeit oder Verlängerung des Ligamentum collaterale tibiale sowie der Faszien an der medialen Seite des Gelenkes. Daß das Nachgeben des eben erwähnten Bandes allein eine Neigung des Gelenkes ermöglichen kann, wird durch Fälle von Zerrungen des Kniegelenkes bewiesen, in welchen dieses Band zerrissen war und bei welchen infolge des Traumas eine starke laterale Biegung auftrat. Wahrscheinlich geben auch die Kreuzbänder etwas nach, wie auch die hinteren Kapselabschnitte mit den dort verlaufenden Bändern, welche am medialen Kondylus befestigt sind, vielleicht zu allererst eine Mehrbelastung erfahren. In der **zweiten** Phase tritt jene Kontraktion der Gebilde an der lateralen Gelenkseite auf, die durch die neue Stellung des Gelenkes erschlafft worden waren. Diese Strukturen sind der Tractus iliotibialis der Fascia lata, das Ligamentum collaterale fibulare und die Sehne des Musculus biceps femoris. Durch diese Kontraktion bleibt die Deformität dauernd bestehen. In der **dritten** Phase ändern die Knochen ihre Gestalt. An der Außenseite des Gelenkes werden die Condyli laterales femoris und tibiae zusammengedrückt und durch sie der größte Teil des Körpergewichts übertragen. Als Folge dieser fortgesetzten Belastung schwinden diese Teile etwas, ihre Atrophie trägt nicht nur zum Grade der Verunstaltung sondern auch zu deren dauerndem Bestehenbleiben etwas bei. An der Innenseite entfernt sich der Condylus medialis mehr und mehr von der Tibia, so daß der Zwischenraum mit zunehmender Deformität immer größer wird. In Wirklichkeit wird aber dieser Zwischenraum wieder dadurch ausgeglichen, daß der Condylus femoris medialis sich vergrößert und so mit der Tibia in Berührung bleibt. Mikulicz hat darauf aufmerksam gemacht, daß „die Änderung der Länge an der medialen Seite des Femur nicht durch die Veränderung der Epiphyse bedingt sei, sondern auf die untersten Abschnitte der Diaphyse zurückgeführt werden müßte.“ Dieser Befund gilt auch für die Tibia. Wie die nebenstehende Figur zeigt, ist die Vergrößerung des Condylus medialis fast ganz durch das vermehrte Wachstum der Diaphyse bedingt (Abb. 129). Dieses vermehrte Wachstum hat jedoch auf den anteroposterioren Durchmesser der Kondylen gar keinen Einfluß. Daher verschwindet bei der Beugung des Knies jede Spur einer derartigen Deformität.

Brüche der Kniescheibe (Abb. 130). Dieser Knochen wird unter Beteiligung von Muskelkontraktionen häufiger indirekt gebrochen als jeder andere Knochen des Skeletts. Wenngleich sie auch durch direkte Gewalteinwirkung in die Brüche gehen kann, so ist doch die erstere Entstehungsart die häufigere. So kommt Hamilton bei der Besprechung von 127 Fällen von einfachem Querbruch der Patella zur Überzeugung, daß 106 mal die Wirkung von Muskelkontraktionen für die Brüche verantwortlich gemacht werden mußte. Die Art des durch Muskelwirkung entstandenen Bruches ist ziemlich gleichmäßig. Die Bruchlinie verläuft fast stets quer, ist einfach und geht durch die Mitte des Knochens, bisweilen auch etwas ober- oder unterhalb derselben. Durch direkte Gewalt entstandene Brüche können zwar gerade so verlaufen, viel häufiger

sind sie aber sternförmig, schräg oder selbst in der Längsrichtung verlaufend. Versuche an der Leiche zeigen, daß eine einfache Querfraktur
durch die Mitte des Knochens durch eine direkte Gewalt (Schlag) nicht
mit einer einigermaßen regelmäßigen Sicherheit erzeugt werden kann.
Die Stellung des Knies, bei welcher am ehesten indirekte Frakturen
der Kniescheibe entstehen, ist die Flexionsstellung. Bei gebeugtem
Knie ruht die Patella einzig und allein mit ihrer Querachse auf den beiden
Kondylen des Oberschenkelknochens. Fast die ganze obere Hälfte
der Scheibe ist an der Hinterfläche nicht gestützt und die Extensoren-
muskeln greifen fast rechtwinklig zur Vertikalachse des Knochens an.
So kann die Kniescheibe bei sehr starker Kontraktion des Quadrizepsmuskels über den Kondylen abgebrochen werden, wie ein Stock über dem
Knie (Abb. 130). Da eine derartige Fraktur in der Regel den Verletzten
zu Fall bringt, wurde angenommen, daß die Berührung mit dem Boden
mehr als jede vorhergehende Muskelkontraktion diese Verletzungen erzeugt. Allein wenn eine Person auf
das verletzte Knie fällt, wenn das
Bein noch außerdem im Hüftgelenk
gebeugt ist, so ist derjenige Teil,
welcher den Boden berührt, gar nicht
die Patella sondern (wie Hamilton
gezeigt hat) die Tuberositas tibiae.

In der überwiegenden Mehrzahl
der Fälle betrifft die Verletzung nicht
den Knochen allein, sondern auch
die bindegewebigen und knorpligen
Strukturen seiner Umgebung; die
Schleimhaut des Gelenkes ist dabei zerrissen und die Bursa praepatellaris eröffnet. So kann die Gelenkschmiere
direkt mit der Unterfläche der Haut
in Berührung kommen. „Es ist

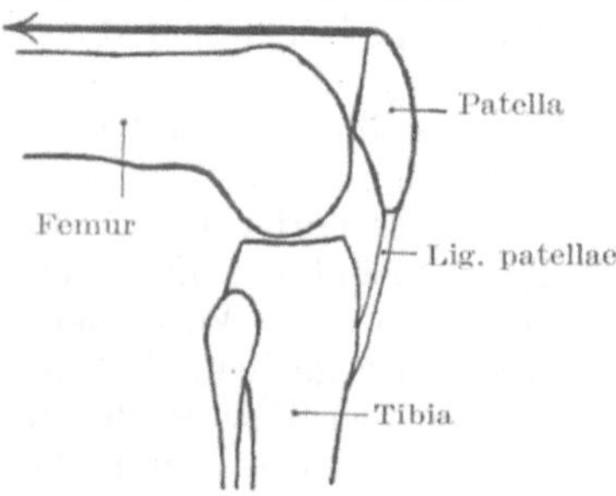

Abb. 130. Schematische Darstellung
des Mechanismus der Patellarfraktur
durch Muskelzug.

anatomisch möglich, wenn die Fraktur nur den untersten nicht mit dem
Gelenk in Verbindung stehenden Teil der Kniescheibe betrifft, und wenn
die Diastase der Bruchstücke nur klein ist, daß das Fettgewebe, von
welchem die Synovialschleimhaut hinter der Spitze der Kniescheibe
bedeckt ist, letztere vor einer Verletzung schützt (H. Morris). In allen
Fällen, in welchen die Diastase sehr groß ist, müssen die aponeurotischen
Bindegwebszüge zu beiden Seiten der Patella mit zerrissen werden. In
der Tat ist nur eine geringe Diastase möglich, solange diese seitlichen
aponeurotischen Lagen nicht eingerissen sind. Braune hat dies durch
das Experiment bewiesen, indem er unter Schonung der seitlichen band-
artigen Bindegewebszüge die Kniescheibe durchsägte und dadurch
ein kaum nennenswertes Klaffen der Knochenränder erzeugen konnte,
wenn er nicht diese Gebilde mitdurchtrennte. Bei den durch direkte
Gewalt erzeugten Sternbrüchen können diese bindegewebigen Lagen unverletzt bleiben, so daß keine größeren Zwischenräume zwischen den
einzelnen Knochenfragmenten entstehen.

Die Kniescheibe bricht durch die indirekte Gewalt der Muskelkontraktionen eher als daß die Quadrizepssehne oder das Ligamentum patellare zerreißt. Bei der Flexionsstellung kann man erkennen, daß der Knochen im Vergleich zu den beiden anderen Gebilden sehr unvorteilhaft gelagert ist (Abb. 130). Richet beschreibt einen Fall, in welchem durch Kontraktion der Quadrizepsmuskulatur die Tuberositas tibiae abriß, ohne daß irgend eine Nebenverletzung sich vorfand.

Die Patella kann schon bei der Geburt fehlen. Sie entwickelt sich als eine Art Sesambein in der Sehne des Quadrizepsmuskels und bleibt

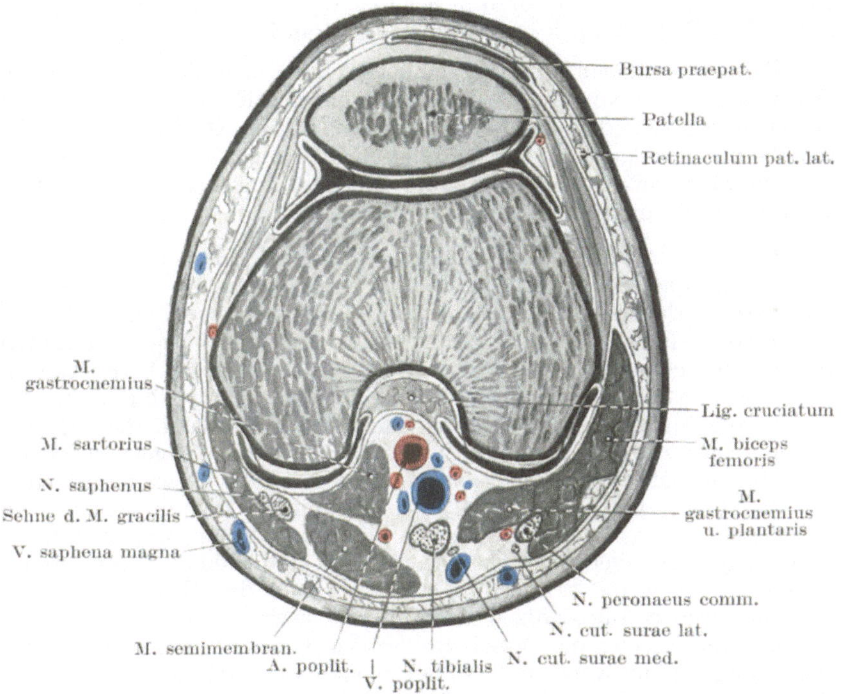

Abb. 131. Querschnitt durch das rechte Knie.

bis zum Ende des zweiten Lebensjahrs knorplig. Ihre „sesamoide“ Natur zeigt sich in ihrem Bestreben nach Brüchen eher fibrös zu verheilen als knöchern; sie wird von fast allen den **Arterien** versorgt, welche um das Gelenk herum verlaufen.

Verrenkungen der Kniescheibe. Dieser Knochen kann nach außen oder einwärts luxiert oder so auf die Kante gestellt sein, daß die Vorder- und Rückflächen seitlich gelegen sind. Die Verschiebung nach außen ist meistens die häufigste Verletzung. Dies hat seinen Grund darin, daß der Quadrizeps, die Kniescheibe und das Ligamentum patellare bei der Kontraktion dieses Muskels nicht den Linien von Tibia und Femur folgen. Sie liegen mehr in einer geraden Linie, welche zur Außenseite des Winkels zieht, der am Kniegelenk vom Oberschenkel mit dem Unterschenkel gebildet wird. Eine Muskelkontraktion wird also die Kniescheibe nach auswärts ziehen, ein Bestreben, welches unter normalen Verhältnissen durch das starke Vorspringen des Condylus lateralis ausgeglichen wird. Auch soll der Musculus vastus lateralis kräftiger sein als der Musculus vastus medialis. Der Musculus tensor fasciae latae ist durch den Tractus iliotibialis an der Patella befestigt. Bei der plötzlichen Kontraktion dieses Muskels konnte ein Patient von Rigby eine freiwillige Auswärtsluxation der Kniescheibe willkürlich erzeugen. Derartige Verrenkungen treten in der Regel bei Streckstellung des Beines auf und sind gewöhnlich durch Muskelkontraktion verursacht.

Bei der vertikalen Luxation der Kniescheibe sieht der mediale Rand in der Regel nach vorwärts, während die laterale Kante um 90° gedreht zwischen den Kondylen des Femurs liegt. Eine Drehung der Kniescheibe um 180° (also eine vollständige Umdrehung) ist nur eine Steigerung der eben erwähnten Verrenkung. Der Mechanismus dieser Luxation ist noch wenig geklärt.

Bei den **Luxationen im Kniegelenk,** welche übrigens sehr selten sind, kann das Schienbein nach auswärts, einwärts, vorwärts und rückwärts verlagert sein. Die beiden seitlichen Verrenkungen (Luxationes genu laterales) sind häufiger als die nach vorne und hinten (Luxationes genu antica und postica). Die seitlichen Verrenkungen sind meistens unvollständig, die nach vorne und hinten in der Regel vollständig. Es gehört eine enorme Gewalt dazu, diese Luxationen hervorzubringen, da die Muskeln und Bänder ungemein kräftig und die Knochen sehr dick sind. Eine direkte Gewalteinwirkung auf die Tibia oder den Femur, oft mit einer Drehung des ersten Knochens vergesellschaftet, ist die hauptsächlichste Ursache dieser Verletzung. Bei allen Kniegelenksluxationen sind wohl die Kreuzbänder zerrissen. Auch die seitlichen Bänder sind in der Regel eingerissen und nur bei unvollständigen Luxationen bisweilen unversehrt. Die sehnige Ausbreitung der Vasti an der Vorderfläche des Knies bleibt selten dabei ganz verschont, selbst nicht bei partiellen Luxationen. Die zwischen den Kondylen des Femur vorspringenden Tubercula intercondyloidea laterale und mediale tibiae stehen einer seitlichen Luxation im Wege. F. S. Mackenzie fand durch Versuche an der Leiche, daß eine Durchtrennung der Kreuzbänder in kaum nennenswerter Weise die Kraft beeinflußte, welche nötig war, um eine Luxation im Kniegelenk zu erzeugen. Außerdem stellte er fest, daß in sieben Versuchen von acht eine Luxation entstand und keine Fraktur, während am Lebenden ein Bruch ein viel häufigeres Ereignis ist. Deshalb kommt er zu dem Schlusse, daß die Stärke des Gelenkes mehr auf den umgebenden Muskeln, als auf den umgebenden Bandapparaten beruht. Die Gefäße und Nerven der Kniekehle werden bei dieser Luxation sehr stark gedrückt und scheinen bei der Luxatio genu antica durch den Femur mehr geschädigt zu werden, als durch die Tibia bei der Luxatio genu postica.

Das untere Femurende (Abb. 132). Die Extremitas inferior femoris besteht fast ganz aus Spongiosa, die nur von einer dünnen Lage Compacta umgeben ist. Sie ist so porös, daß sie von einem Geschoß durchbohrt werden kann, ohne daß der Knochen splittert oder das Gelenk beschädigt wird (Legouest). Die **Brüche,** welche man am unteren Ende des Knochens antreffen kann, sind folgende: 1. Brüche des Schaftes oberhalb der Kondylen (Fractura supracondylica); 2. traumatische Epiphysentrennung; 3. Schrägbrüche der Kondylen; 4. T-Brüche der Kondylen i. e. Querfrakturen oberhalb der Kondylen mit Längsfrakturen zwischen ihnen. Diese Verletzungen entstehen in der Regel durch eng umschriebene direkte Gewalteinwirkung. Brüche Nr. 1 und 4 können auch auf indirekte Weise entstehen, wie z. B. durch einen Sturz auf die Füße aus großer Höhe. H. Morris gibt an, daß seitliche Beugung oder eine in seitlicher Richtung einwirkende Gewalt am ehesten (bei jugendlichen Individuen) eine wahre Epiphysenlösung bewirkt. Hamilton beschreibt den merkwürdigen Fall eines 21 jährigen Menschen, dessen lateraler Epikondylus durch eine Verdrehung des Beines brach, ein Unfall, der sich ereignete, während er sich auszog um ein Bad zu nehmen. Die einzige Fraktur, welche an dieser Stelle besonders erwähnenswert ist, ist die Fractura supracondylica. Die Verletzung findet sich in der Regel ca. 5 cm oberhalb der Epiphysenlinie und entspricht der Stelle, an welcher der kompakte Schaft in das weichere und spongiöse Gewebe des unteren Femurendes übergeht. Ganz in der Nähe kreuzt die Arteria femoralis den Knochen um in die Kniekehle zu gelangen; so kann es sich ereignen, daß das Gefäß bei dieser Fraktur verletzt wird. Die Bruchlinie verläuft in der Regel schräg von hinten oben nach vorne unten. Das untere Knochenfragment wird durch dieselben Muskeln nach aufwärts gezogen, welche die Verkürzung bei anderen Brüchen des Schaftes bewirken; sein scharfes oberes Ende kann sehr leicht durch den Musculus gastrocnemius in die Kniekehle herabgezogen werden. Eine derartige Verlagerung ist schwer zu beheben. Extendiert man nämlich das Bein, so wird dieses letztere Bruchstück noch mehr in die Kniekehle herabgezogen, wodurch das Bein gerade erscheinen kann, obgleich das Kniegelenk stark gebeugt ist. In verschiedenen derartigen Fällen habe ich die Achillessehne durchtrennt und die Extremität in Extensionsstellung in einen festen Verband gelegt, ein Vorgehen, wie es von Bryant vorgeschlagen wurde. Das Resultat hinsichtlich der Stellung der Bruchstücke war in jedem Falle sehr befriedigend (Brit. med. Journ. 1883). Das untere Bruchstück kann dadurch an Ort und Stelle zurückgebracht werden, daß man den Unterschenkel im Kniegelenk vollständig beugt und dem Oberschenkel so weit als möglich nähert (Hutchinson und Barnard).

Das **obere Ende der Tibia** (Abb. 132) ist selten der Sitz einer **Fraktur.** Der eine oder andere Condylus tibiae kann abbrechen, es kann sich am oberen Ende des Schaftes ein Quer- oder Längsbruch finden, der mit einer Längsfraktur zwischen beiden Kondylen, die bis ins Gelenk hinein verlaufen, vergesellschaftet sein kann. Solche Verletzungen entstehen fast immer durch starke direkte Gewalteinwirkung. Madame Lachapelle

beschreibt den Fall einer traumatischen Lösung der oberen Epiphyse
der Tibia beim Zuge während der Entbindung; außer dieser Ursache
kenne ich keinen anderen Fall von Epiphysenlösung, der unter anderen
Verhältnissen oder durch direkte Gewalteinwirkung entstanden sein
könnte. Makins beschreibt drei Fälle von Abriß der Tuberositas
tibiae bei Jünglingen (Apophysenlösung). Diese Rauhigkeit verknöchert
in der Regel vom Knochenkern der Epiphyse aus, kann aber auch einen
eigenen Knochenkern haben (Schlatter).

Die Spongiosa der Extremitas superior dieses Knochens, wie auch
das untere Femurende sind der „Lieblingssitz par excellence" der so-
genannte Myeloidsarkome d. h. Neubildungen, die wahrscheinlich den
infektiösen Granulomen zuzurechnen sind (Mülberger).

Bei der **Resektion des Kniegelenkes** durch einen Schnitt, welcher
an der Hinterseite eines Kondylus beginnt und über das Gelenk oberhalb
der Insertion des Ligamentum patellae zur Hinterfläche des anderen
Kondylus gezogen wird, werden die folgenden Gebilde durchtrennt:
Haut, Faszie, das patellare Nervennetz (gebildet von den Nervi cutaneus
femoris lateralis, cutanei femoris anteriores, saphenus), die Bursa praepatellaris, die Gelenkkapsel, die seitlichen und die Kreuzbänder, die
oberen und unteren Gelenkarterien, die Arteria genu suprema und die
Arteria recurrens tibialis anterior.

Die Inzision über dem Condylus medialis braucht nicht so weit nach
hinten zu reichen, um die Vena saphena magna und den Nervus saphenus
zu durchtrennen. Beim Durchsägen des Femur ist es außerordentlich
wichtig, daß die richtige Neigung der Gelenkfläche des Knochens wieder
vorhanden ist. Wenn die Sägefläche nicht richtig angelegt wird, so be-
kommt der Kranke entweder O- oder X-Beine. Deshalb gilt die Regel,
daß die Säge parallel zur Gelenkfläche und rechtwinklig zum Knochen-
schaft angesetzt wird. Bei jungen Individuen muß man Sorge tragen,
daß die Säge nicht über die Epiphysenlinie hinausgeführt wird. Die
obere Grenze der **unteren Femurepiphyse** (Abb. 132) liegt in einer Höhe
mit der Ansatzstelle des Musculus adductor magnus am Epicondylus
medialis femoris. Wird daher die ganze Facies patellaris bei der Resektion entfernt, so ist damit die gesamte Epiphyse weggenommen. Ein
einzelner Knochenkern tritt kurz vor der Geburt in dieser Epiphyse auf
und vereinigt sich mit dem Schaft im 20. Lebensjahr. Die Grenzen der
oberen **Tibiaepiphyse** (Abb. 132) werden hinten und an den Seiten durch
eine horizontale Linie dargestellt, welche gerade noch die beiden Kondylen
vom Schafte trennt. Sie begreift deshalb die Vertiefung für die Insertion
des Musculus semimembranosus sowie die Facies articularis fibularis mit
ein. Auf der Vorderfläche zieht die Epiphysenlinie von beiden Seiten
aus nach abwärts zur Mitte, so daß sie die ganze Tuberositas tibiae
noch mit einschließt. Die Verschmelzung mit dem Tibiaschaft tritt
zwischen dem 20. und 22. Lebensjahr auf. Bei der Resektion des Kniegelenkes kann die Arteria poplitea verletzt werden. Das Gefäß verläuft
allerdings etwas entfernt vom Planum popliteum femoris (Abb. 131),
allein sie liegt der Tibia dicht an, da am oberen Ende des Knochens
nur die hinteren Kapselabschnitte zwischen ihr und dem Knochen liegen.

Deshalb wird die Arterie eher beim Durchsägen der Tibia verletzt, als wenn das untere Femurende entfernt wird.

Die Resektion des Kniegelenkes wird bis zu einem hohen Grade durch die **Arthrektomie** ersetzt. In der Tat muß eine Resektion des Kniegelenkes, die in der eben beschriebenen vollständigen Art und Weise ausgeführt wird, unter die ganz seltenen Operationen gerechnet werden.

Exartikulation im Kniegelenk. Um die Topographie der Teile zu beschreiben, soll ein einzelner vorderer Lappen gebildet werden. Beim Zuschneiden des vorderen (nur aus Haut bestehenden) Lappens und bei der Eröffnung des Gelenkes wird das kutane Nervengeflecht, die oberflächlichen Äste des arteriellen Netzwerks, das Ligamentum patellare

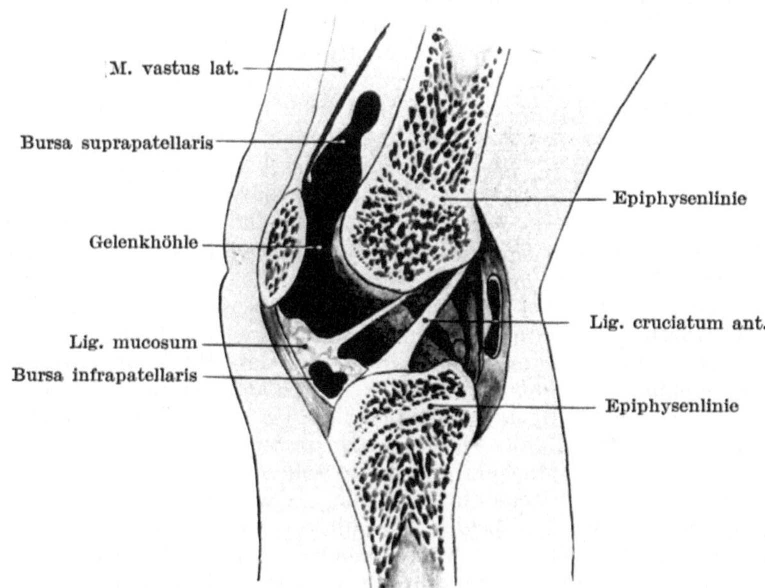

Abb. 132. Längsschnitt durch das Kniegelenk eines Neugeborenen. Beziehungen zwischen Epiphysenlinien und Gelenkkapsel. Die Gelenkkapsel ist aufgebläht.

und der vordere Abschnitt der Gelenkkapsel durchtrennt. Nahe den Femurkondylen müssen die Arteria genu suprema und die beiden Arteriae genu superiores medialis und lateralis durchschnitten werden. Die Vena saphena magna mit dem Nervus saphenus wird am inneren Wundwinkel des Lappens durchtrennt. Auf der Schnittfläche der hinteren Inzision werden die Musculi sartorius, gracilis und semitendinosus, der Musculus semimembranosus, beide Köpfe des Musculus gastrocnemius, die Musculi popliteus, plantaris und biceps durchtrennt. Die Vasa poplitea, Arteria suralis, Vena saphena parva, Nervi tibialis und peronaeus communis, Nervi cutaneus femoris posterior und cutaneus surae medialis kommen dabei ebenfalls unter das Messer.

Die bequemste Methode der Kniegelenksexartikulation ist die von
St. Smith angegebene Bildung zweier gleicher seitlicher Lappen. Diese
Methode ergibt ausgezeichnete Resultate, so daß in der Praxis des
Chirurgen die eben beschriebene Methode mit Bildung eines vorderen
Lappens nur noch sehr selten angewandt wird.

24. Der Unterschenkel.

Oberflächenanatomie. Der vordere Rand der Tibia (Crista anterior)
kann seiner ganzen Länge nach abgetastet werden. Man sollte sich daran
erinnern, daß dieser Rand einen etwas gekrümmten Verlauf hat, indem
er oben nach auswärts und unten nach einwärts gebogen ist. Die breite
Facies medialis liegt unter der Haut, der innere Rand des Knochens
kann vom Malleolus medialis aus nach oben verfolgt werden. Das
Köpfchen der Fibula kann sehr deutlich palpiert werden, die obere Hälfte
des Schaftes des Wadenbeines dagegen ist von der lateralen Unterschenkel-
muskulatur bedeckt. Die untere Hälfte der Fibula ihrerseits kann wiederum abgetastet werden, der Knochen liegt in dem Raume zwischen dem
Musculus peronaeus tertius und den Sehnen der beiden anderen Musculi
peronaei (longus und brevis). Die Fibula liegt so weit hinter der Linie
der Tibia, daß ein Messer, welches von der medialen Seite aus hinter
der Tibia quer durch den Unterschenkel gestoßen wird, an der lateralen
Seite vor der Fibula zum Vorschein kommt (Abb. 134). Zwischen Schien-
und Wadenbein können bei Kontraktionen des Musculus tibialis anterior
dessen Konturen gut erkannt werden. Lateral von ihm findet sich die
undeutlichere und schmälere Hervorwölbung des Musculus extensor
digitorum longus. Bei gut entwickelter Muskulatur ist die Vertiefung
zwischen diesen beiden Muskeln sehr deutlich; sie ist der beste Anhaltspunkt für die Arteria tibialis anterior. Im unteren Drittel des Unterschenkels werden diese Muskeln sehnig, zwischen ihnen kann der Musculus extensor hallucis longus an der Stelle, an welcher er oberflächlich
wird, palpiert werden. Die beiden Musculi peronaei longus und brevis
können ebenfalls abgetastet und ihre Sehnen hinter den Malleolus lateralis
verfolgt werden. Sind diese Muskeln kontrahiert, so kann der zwischen
ihnen vorhandene Raum oft deutlich erkannt werden. Stellt man sich
auf die Zehenspitzen, so kann der Musculus gastrocnemius mit den
oberflächlichen Lagen des Musculus soleus gut zu Gesicht gebracht werden.
Die beiden Köpfe des erstgenannten Muskels treten alsdann ganz deutlich hervor und man kann erkennen, daß der mediale Kopf desselben
breiter ist und weiter am Beine nach abwärts reicht.

Die Arteria poplitea teilt sich in der Höhe des unteren Teils der
Tuberositas tibiae (Abb. 125). Der Verlauf der Arteria tibialis posterior
mit den sie begleitenden Venen entspricht einer Linie, die von der Mitte des
unteren Abschnittes der Kniekehle zur Mitte zwischen Malleolus medialis
und Calcaneus gezogen wird. Im untersten Viertel des Unterschenkels
wird die Arterie oberflächlich, ihre Pulsation kann zwischen der Achillessehne und der Tibia gefühlt werden. Die Arteria peronaea entspringt
etwa 7,5 cm unterhalb des Knies und läuft an der Hinterfläche der Fibula

nach abwärts, um hinter dem Malleolus lateralis zu enden. Der Verlauf der Arteria tibialis anterior entspricht einer Linie, welche man von der Mitte zwischen Condylus lateralis tibiae und Capitulum fibulae zur Mitte der Vorderfläche des Fußgelenkes zieht. Beide Rosenadern können oft am Unterschenkel erkannt werden. Die Vena saphena magna zieht vor dem Malleolus medialis vorbei hinter dem medialen Rande der Tibia nach oben, mit ihr der Nervus saphenus (der Endast des Nervus peronaeus). Die Vena saphena parva liegt hinter dem lateralen Knöchel, zieht in der Mitte der Wade nach oben und endet in der Kniekehle. Mit ihr läuft der Nervus cutaneus surae medialis aus dem Nervus tibialis.

Die **Haut** hängt am Unterschenkel fester mit den tieferen Teilen zusammen als am Oberschenkel. Die Verschiedenheit dieses Zusammenhangs kommt einem zum Bewußtsein, wenn man zum Zwecke einer Amputation an beiden Teilen die Hautlappen bildet. Über der medialen Fläche der Tibia und dem größten Teile der Vorderfläche des Unterschenkels liegt die Haut unmittelbar dem Periost und dem Knochen auf, da außer einer spärlichen subkutanen Faszie nichts dazwischen liegt. Deshalb gehen Schläge und Stöße auf diese Stelle nicht nur mit viel Schmerzen, sondern auch mit starken Quetschungen und Zerreißungen der Haut einher. Eine Quetschwunde am Schienbein ist eine der gewöhnlichsten Verletzungen und entsteht durch eine so geringe Gewalt, daß sie an anderen gut bedeckten Stellen der Körperoberfläche nur geringe oder gar keine Spuren hinterlassen würde. Es ist klar, daß Geschwüre an dieser Stelle, wenn sie in die Tiefe gehen, den Knochen freilegen und zu einer Erkrankung desselben führen oder doch wenigstens eine Entzündung des Periosts erzeugen. Narben nach derartigen Geschwüren oder nach Verbrennungen sind häufig fest mit dem Knochen verwachsen.

Die **Fascia cruris** umhüllt den Unterschenkel wie eine eng anliegende Gamasche, die nur über den der Haut unmittelbar anliegenden Knochenflächen fehlt. Sie ist am proximalen Ende der Tibia, sowie an deren vorderem und medialem Rande, am Köpfchen der Fibula und an den beiden Knöcheln befestigt. Oben geht sie in die Fascia lata, unten in die Fascia pedis über. Vorne ist sie stärker als hinten, am dicksten unmittelbar unterhalb des Knies. Hier setzt die Faszie dem Wachstum von Tumoren, welche in dem oberen Tibiaende sich entwickeln, großen Widerstand entgegen. Von der Unterfläche der Faszie dringen zwei Septen zur Crista anterior und posterior fibulae. Diese Septen isolieren die beiden größeren Musculi peronaei von den übrigen Muskeln des Unterschenkels und bilden einen in sich abgeschlossenen Raum, welcher unter Umständen eine vorzügliche Stätte für die Ansammlung von Eiter abgibt. Unter den Musculi gastrocnemius und soleus verläuft ein Faszienblatt von einem Knochen zum anderen und bedeckt die tiefe Muskelschicht; oben ist es dünn, unten kräftiger und kann die Richtung des Weiterumsichgreifens eines tief liegenden Abszesses wohl beeinflussen.

Im oberen Drittel des Unterschenkels findet sich zwischen den Musculi tibialis anticus und extensor digitorum longus ein Septum, das bei der Unterbindung der Arteria tibialis anterior in ihrem oberen Drittel aufgefunden werden muß. Ich war nie so glücklich, die sehr deutliche „weiße Linie" zu sehen, welche in zahlreichen Lehrbüchern die Lage dieses Septums anzeigen soll. In der Substanz des Soleusmuskels findet sich eine mit dem medialen Tibiarande verwachsene sehnige Einlagerung; durchtrennt man den Soleus, um die Arteria tibialis posterior zu unterbinden, so darf man diesen Sehnenstreifen nicht mit der Membrana interossea verwechseln. Bei starker Anspannung des Musculus gastrocnemius kann er teilweise einreißen. Auch die Achillessehne kann unter gleichen Umständen zerreissen. Diesen Unfall zog sich der berühmte John Hunter beim Tanzen zu. Auch die Sehne des Musculus plantaris soll nicht selten abreißen, wobei plötzlich ein stechender Schmerz in der Wadenmuskulatur auftritt, den die Franzosen mit der Bezeichnung „Coup de fouet" belegen.

Blutgefäße. Die großen Arterien des Unterschenkels verlaufen sämtlich in nächster Nachbarschaft der Knochen und können deshalb bei Frakturen durch Knochensplitter verletzt werden. Dies trifft vor allem für die Arteria peronaea zu, welche in einem fibrösen Kanal an der Hinterfläche der Fibula entlang läuft und bei Frakturen in der Mitte dieses Knochens stark gefährdet ist. An der Bifurkation der Arteria poplitea bleiben Emboli mit Vorliebe stecken. Sie verstopfen das Gefäß und damit in der Tat alle drei großen Arterien des Unterschenkels. Deshalb tritt nicht selten nach einer derartigen Embolie Gangrän auf. Billroth sagt, daß in allen Fällen von Gangrän des Unterschenkels, welche auf einer Embolie beruhend ihm zu Gesichte kamen, die Verstopfung an der Teilungsstelle der Arteria poplitea lag. Nach der Angabe einiger französischer Chirurgen sind Aneurysmen am Anfange der Arteria tibialis posterior häufiger mit Brand des Unterschenkels vergesellschaftet, als solche der Arteria poplitea. Der Grund, den sie dafür angeben, ist folgender: Das Aneurysma der Arteria tibialis posterior stört nicht nur die Blutzufuhr in die Arteria tibialis posterior und Arteria peronaea, sondern komprimiert auch die Arteria tibialis anterior und mit ihr die Arteria recurrens tibialis anterior, eine Arterie, welche für das Zustandekommen des Kollateralkreislaufes ungemein wichtig ist.

Varizen finden sich am Unterschenkel häufiger als an irgend einer anderen Körperstelle, vielleicht mit Ausnahme der Venae spermaticae und haemorrhoidales. Dies ist bedingt durch die beträchtliche Länge der Venen der unteren Extremität, die hohe Blutsäule, welche ihre Klappen zu tragen haben, ihre vertikale Lage, die Möglichkeit für die großen Blutgefäßstämme (Vena iliaca), in welche zum Schluß das Blut abfließt, komprimiert zu werden und durch den Umstand, daß die oberflächlichen Venen, die ja außerhalb der Faszie liegen, der Unterstützung von seiten der sich kontrahierenden Muskeln entbehren. In physikalischer Hinsicht gleicht dieses Gefäßsystem der unteren Extremität einer vertikalen Flüssigkeitssäule. Je weiter man nach abwärts geht, desto größer ist der Druck auf die Wandung. Die Venae saphenae sind dünnwandige, leicht dehnbare Röhren, welche außerhalb des starrwandigen von den

Fasciae lata und cruris gebildeten Zylinder verlaufen, tief unten an der
Körperoberfläche, wo die Schwerkraft am größten ist (Hill). Die Benutzung von Strumpfbändern schädigt hauptsächlich die große Rosenader, welche an der Stelle, an welcher die Bänder für gewöhnlich angelegt
werden, dem Knochen dicht anliegt. Zwischen den oberflächlichen
und tiefen Muskellagen der Wade beschreibt Verneuil einen venösen
Plexus, der nach seiner Ansicht häufiger der Sitz von Varizen ist, als
die Gefäße der Oberfläche. Eine Varizenbildung an diesen Gefäßen
kann die Schmerzen in den Waden erklären, über die von denjenigen
häufig geklagt wird, welche viel stehen müssen. Die in den Muskeln
verlaufenden Venen sind sehr dick. Callender zeigte, daß sechs große
Venen, welche den Musculus soleus verlassend in die Venae tibiales
posteriores und peroneae einmünden, zusammen einen Durchmesser
von nicht weniger als 2,5 cm hatten. Die Varizen scheinen oft zuerst
an den Stellen aufzutreten, an welchen die tiefen Venen in die oberflächlichen einmünden. Dafür gibt es eine gute Erklärung, da an diesen
Stellen drei Kräfte zusammentreffen, deren Richtung in der nebenstehen-
den Zeichnung angegeben sind (Abb. 133). Das Gewicht der
darüber liegenden Blutsäule a) wirkt von oben nach unten,
b) der von der Venenklappe, welche nach der Einmündung der tiefen Venen die nächstliegende ist, ausgehende
Widerstand wirkt von unten nach oben; c) die Kraft,
mit welcher die sich kontrahierenden Muskeln das Blut
aus der tiefen Vene in das oberflächliche Gefäß treiben,
wirkt auf diese beiden Kraftrichtungen von der Seite her
ein. Zum Nachteil für den Träger von Varizen verlaufen
mit den beiden hauptsächlichsten Venen (den Rosenadern)
auch sensible Nerven und es besteht kein Zweifel, daß
ein großer Teil des Schmerzes, der von diesen Varizen
ausgeht, auf dem Drucke beruht, welchen diese Nerven
durch die erweiterten Venen erfahren.

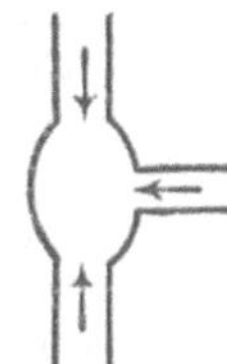

Abb. 133.
Schematische
Darstellung
der Varizen-
bildung.

Was die **Schmerzen** im **Beine** anlangt, so muß man sich daran erinnern, daß die Nerven, welche die Empfindung zu diesen Teilen bringen,
eine große Strecke entfernt von ihrem Ende entspringen und daß die
Ursachen für Schmerzen im Beine sich weit weg von dem eigentlichen
Sitze der Erkrankung finden können. So beschreibt B. Brodie den
Fall eines Mannes, der über heftige Schmerzen in seinem linken Unterschenkel vom Fuß bis zum Knie klagte und zwar im Verlaufe des Nervus
peronaeus. Keine Ursache dafür konnte gefunden werden. Nach dem
Tode des Mannes fand sich vor der Lendenwirbelsäule ein großer Tumor,
welcher offenbar den Nervus ischiadicus komprimiert hatte. Schwerer
ist es für Fälle, wie sie W. Bennett beschrieb, auf anatomischer Grundlage beruhende Erklärungen zu geben. So verschwanden Schmerzen
in der Schenkelbeuge das eine Mal bei der Entfernung eines Hühner-
auges aus der Fußsohle, das andere Mal bei Exstirpation eines Tumors
am Unterschenkel.

Im ersten Augenblick könnte man glauben, daß kaum ein Zusammenhang zwischen einer Erkrankung des Rektums und Schmerzen

im Unterschenkel vorhanden sei und doch war wenigstens in einem
Falle der Zusammenhang ein deutlicher. „Erst kürzlich", so schreibt
Hilton, „sah ich einen Kranken, der eine karzinomatöse Striktur des
Rektums hatte. Er klagte über Schmerzen im Kniegelenk und in der
Wade. Dadurch schöpfte ich Verdacht und die sorgfältige anschließende
Untersuchung bestätigte ihn, daß das Karzinom die Nerven an der Vorderfläche des Kreuzbeines und also zweifelsohne den Nervus obturatorius
befallen hatte". Ralfe erwähnt Fälle von Nierensteinen, bei welchen
über heftige Schmerzen in der Fußsohle geklagt wurde und ich selbst
habe in zahlreichen Fällen dasselbe beobachtet; der Schmerz findet sich
in der Regel in der Ferse.

Brüche des Unterschenkels. Von den Knochen des Unterschenkels
brechen beide zusammen öfter als einer allein; bei Einzelfrakturen
ist die Fibula häufiger verletzt als die kräftige Tibia.

1. Tibia und Fibula. Was den Widerstand anlangt, welchen die
Fibula der auf sie einwirkenden Gewalt entgegensetzt, so ist derselbe
mit Ausnahme des Köpfchens und des Malleolus lateralis an allen Stellen
der gleiche. Ihre große Länge und die Art ihrer Befestigung an der Tibia
(beide Enden befestigt, der Hauptabschnitt jedoch nicht gestützt)
machen die Fibula zu einem schlanken Knochen, welcher zweifellos
viel häufiger brechen würde, wenn nicht ein so dickes Muskellager ihn
umgeben würde, um so mehr, als der Knochen sich an der für Traumen
mehr exponierten Stelle des Beines findet.

Der Tibiaschaft seinerseits ist in seinem oberen, mittleren und unteren
Drittel ungleich stark. Nach Leriche beträgt der ungefähre Durch-
messer der erwachsenen Tibia dicht unterhalb der Tuberositas tibiae
ca. 4,5 cm, an der Basis des Malleolus knapp 4,5 cm und an der schmalsten
Stelle des Schafts 2,5 cm. Diese schmalste Stelle findet sich an der
Grenze von mittlerem und unterem Drittel; hier ist die schwächste
Stelle des Knochens.

Das Verhältnis der Substantia compacta zur Spongiosa ist an allen
Stellen des Schaftes ungefähr dasselbe; allein nach Fayel und Duret
ist die Substantia spongiosa in zwei voneinander unabhängigen vertikalen
Säulen angeordnet, von denen die eine die oberen zwei Drittel des
Knochens, die andere das untere Drittel umfaßt. Der geringste Widerstand findet sich nach Angabe dieser Autoren an der Stelle, an welcher
diese beiden Systeme aneinanderstoßen. Deshalb ist der häufigste Sitz
einer Fraktur des Tibiaschaftes an der Grenze von mittlerem und unterem Drittel. Hier gibt der Knochen nach, wenn er durch indirekte
Gewalt frakturiert, während die durch direkte Gewalt entstandenen Verletzungen natürlich an jeder beliebigen Stelle des Knochens sich finden
können. Wegen der Dünne der bedeckenden Weichteile sind die Frakturen des Unterschenkels viel häufiger kompliziert und multipel, als
an jedem anderen Extremitätenknochen. Handelt es sich um eine
Schrägfraktur, wie es in der Regel der Fall ist, wenn eine Gewalt indirekt
einwirkt, so verläuft die Bruchlinie in der Regel von hinten oben nach
vorne abwärts und etwas einwärts. Das untere Bruchstück mit dem Fuße

wird durch die Muskeln der Wade hinter dem oberen Fragment nach
oben gezogen und ist wegen des schrägen Verlaufs der Bruchlinie meist
auch etwas nach auswärts verlagert. Oft ist auch das untere Fragment
durch das Eigengewicht des nach auswärts sich umlegenden Fußes
etwas nach außen rotiert. Liegt eine reine Querfraktur vor, so kann die
Verlagerung der Bruchenden sehr gering, ja bisweilen Null sein. Die
Fibula bricht in der Regel höher oben als die Tibia und ihr unteres Bruchende richtet sich natürlich ganz nach dem der kräftigen Tibia. Eine

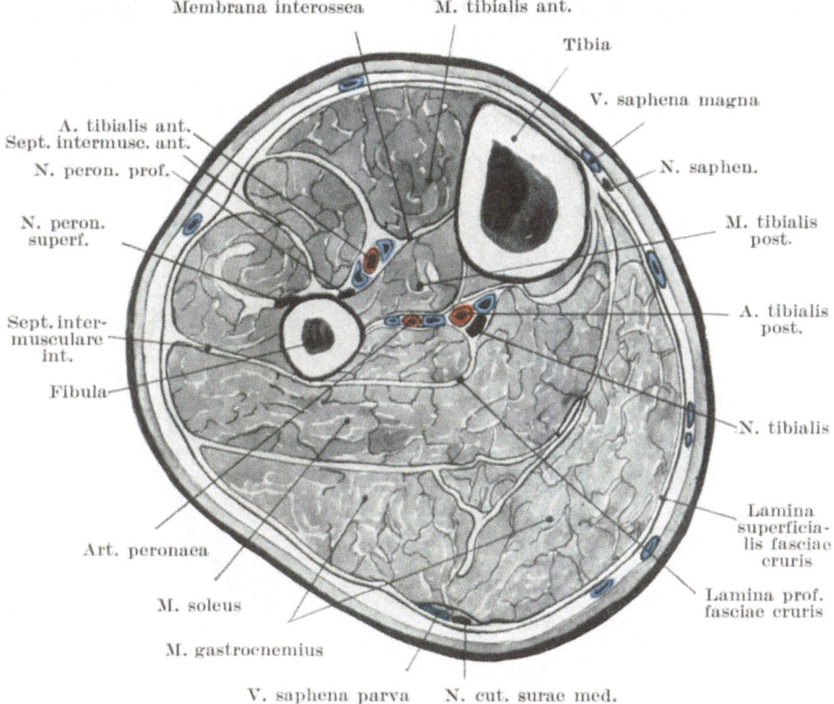

Abb. 134. Querschnitt durch das obere Drittel des linken Unterschenkels.

eigentümliche Spiralfraktur der Tibia am unteren Ende des Knochens
wird von französischen Chirurgen beschrieben. Sie ist mit einem mehr
oder weniger vertikalen Bruche vergesellschaftet, welcher sich bis ins
Sprunggelenk erstreckt, sowie mit einer Fraktur der Fibula hoch oben.
Leriche und Tilleaux haben gezeigt, daß es sich um einen Torsions-
bruch handelt, der vor allem entsteht, wenn das Bein bei fixiertem Fuße
gedreht wird.

2. Die Fibula allein. Brüche dieses Knochens in seinem unteren
Viertel sind in der Regel indirekt entstanden und sollen im Zusammenhang mit dem Sprunggelenk abgehandelt werden. Brüche an jeder an-

deren Stelle sind in der Regel direkt, die Bruchlinie verläuft quer, die
Verlagerung der Bruchstücke ist gering oder überhaupt kaum bemerkbar.
Die Tibia versieht die Stelle einer sehr wirksamen Schiene.

3. Die Tibia allein. Der Malleolus kann durch einen Schlag abgerissen werden oder aber trennt sich die untere Epiphyse ab. Die letztere
umfaßt den medialen Knöchel und die Gelenkfläche für die Fibula.
Sie verknöchert zwischen dem 18. und 19. Lebensjahr. Brüche der
Tibia allein sind fast immer direkte Brüche und werden, während sie im
unteren Drittel des Knochens häufig sind, nach oben hin immer seltener.
Handelt es sich um reine Querbrüche, so braucht keine sichtbare Ver-

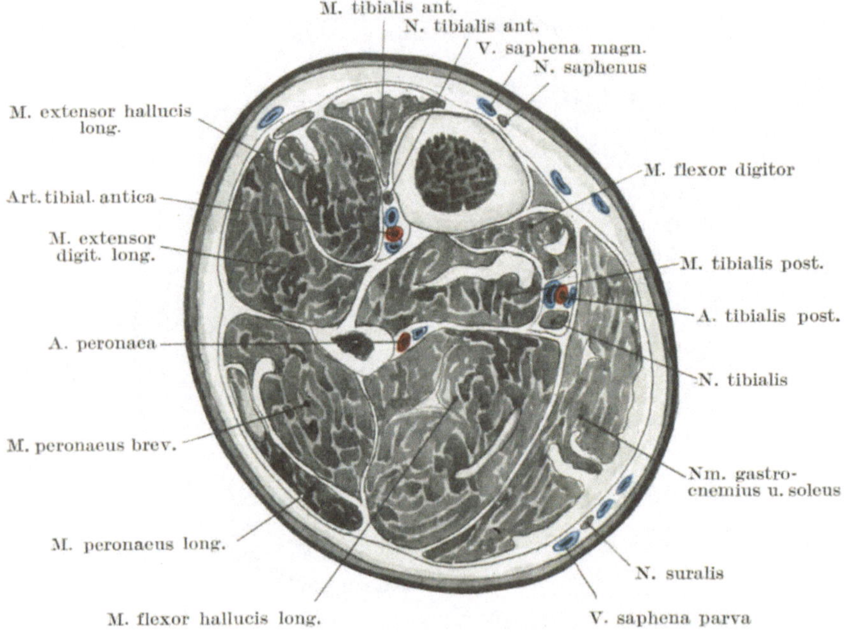

Abb. 135.   Querschnitt durch das untere Drittel des linken Unterschenkels.

lagerung der Bruchstücke vorhanden zu sein, da in diesem Falle die
Fibula als Schiene dient. So erwähnt H. Morris den Fall einer Frau,
die mit einer Querfraktur der Tibia zu Fuß ins Krankenhaus kam und
es auch wieder verließ, da der Bruch bei der Untersuchung nicht
erkannt und erst zwei Tage nach dem Unfalle entdeckt wurde. Liegt
die Fraktur dicht oberhalb des Knöchels, so kann das untere Bruchstück
nach jeder beliebigen Richtung, nach welcher der Fuß gedreht wird,
verlagert werden, wobei eine solche Verlagerung durch die Ligamenta
malleoli lateralia gehemmt wird.

Bei der Rachitis krümmt sich die Tibia von allen Extremitätenknochen am häufigsten. Sie gibt an ihrer schwächsten Stelle (dem

unteren Drittel) nach, wobei die Biegung nach vorwärts und etwas nach
auswärts verläuft.

Eine **Amputation des Unterschenkels** (Abb. 134 u. 135) an der Grenze
von oberem und mittlerem Drittel mittelst zweier ungleich großer Lappen
gibt einen guten Überblick über die zu durchtrennenden Strukturen. Im
vorderen Lappen werden folgende Gebilde durchschnitten: Haut mit den
oberflächlichen Nerven, die Faszie, Musculi tibialis anticus und extensor
digitorum longus sowie ein kleiner Teil des Musculus extensor hallucis
longus, der Musculus peronaeus longus und ein kleiner Teil des Musculus
peronaeus brevis, die Vasa und der Nervus tibialis anterior sowie der
Nervus peronaeus superficialis. Im hinteren Lappen müssen folgende
Teile durchtrennt werden: Haut, die beiden Venae saphenae mit den
Nervi saphenus und cutaneus surae medialis, Fascia cruris, Musculi
gastrocnemius, plantaris, soleus, tibialis posterior, flexor digitorum longus,
ein kleiner Teil des Ursprungs des Musculus flexor hallucis longus, die
Vasa tibialia posteriora mit dem Nervus tibialis sowie die Vasa peronaea.
Eine ausgezeichnete Methode der Absetzung des Unterschenkels in
seinem oberen Abschnitt ist ein einzelner seitlicher Lappen, welcher die
Arteria tibialis anterior in ihrem ganzen Verlaufe enthält.

25. Knöchel und Fuß.

Oberflächenanatomie. Knochenpunkte. Die Konturen der beiden
Knöchel können genau bestimmt werden. Der Malleolus lateralis springt
nicht so deutlich vor, reicht weiter nach abwärts und liegt weiter nach
rückwärts als der mediale. Die Spitze des äußeren Knöchels liegt 1,25 cm
hinter und unterhalb des entsprechenden medialen Knochenvorsprungs.
Der antero-posteriore Durchmesser des medialen Knöchels ist jedoch
derart, daß dessen hinterer Rand in der gleichen Höhe liegt wie der entsprechende Rand des lateralen Knöchels.

Am Fußrücken können die einzelnen Knochen des Tarsus nicht unterschieden werden, wenngleich der Talus eine deutliche Vorwölbung
am Fußrücken bedingt, wenn der Fuß invertiert wird.

An dem medialen Fußrande kann am weitesten hinten der Processus
medialis tuberis calcanei palpiert werden. Vor ihm und ungefähr 2,5 cm
senkrecht nach abwärts vom Malleolus internus findet sich die Vorwölbung des Sustentaculum tali ossis calcanei. 3 cm vor dem Malleolus
findet sich die deutliche Tuberositas ossis navicularis (Abb. 139). In dem
Raume zwischen ihr und dem Sustentaculum liegt die Sehne des Musculus
tibialis posticus. Weiter nach vorne kann die von der Basis des Os metatarsale I gebildete Hervorwölbung palpiert werden. Zwischen ihr und
der Tuberositas ossis navicularis liegt das Os cuneiforme I. Schließlich
kann man noch das Corpus ossis metatarsi I, dessen verdicktes Köpfchen
und die Sesambeine, die an der Plantarseite der Articulatio metatarsophalangea I liegen, mehr oder weniger deutlich erkennen. Am lateralen
Fußrande liegt die äußere Fläche des Calcaneus annähernd in ganzer
Ausdehnung dicht unter der Haut. Knapp 2,5 cm unter und vor ihm
liegt der Processus trochlearis calcanei, mit der Sehne des Musculus

peronaeus brevis über ihm und der des Musculus peronaeus longus
unter ihm. 6,5 cm vor dem Malleolus lateralis ist die Vorwölbung der
Tuberositas ossis metatarsi V sehr deutlich und hinter ihr liegt in einer
ungefähren Ausdehnung von 2,5 cm das Os cuboideum.

Gelenklinien. Die Articulatio talocruralis liegt ungefähr in gleicher
Höhe mit einem Punkte, der 1,25 cm oberhalb der Spitze des Malleolus
medialis sich befindet. Unmittelbar hinter der Tuberositas ossis navicularis liegt die Articulatio talonavicularis, während eine Linie, welche
man unmittelbar hinter der Tuberositas ossis navicularis quer über den
Fußrücken zieht, der Articulatio tarsi transversa entspricht. Dieses,
auch Chopartsches Gelenk genannt, besteht aus zwei getrennten Gelenken, 1. der Articulatio talonavicularis und 2. der Articulatio calcaneocuboidea. Geht man von der lateralen Seite aus an das letzte Gelenk
heran, so liegt es in der Mitte zwischen dem Malleolus lateralis und der
Tuberositas ossis metatarsi V. Die Gelenklinie zwischen dem ersten
und fünften Metatarsalknochen einerseits und den Ossea cuneiformia
I—III und Os cuboideum andererseits (Articulationes tarsometatarseae,
auch Lisfrancsches Gelenk genannt) sind leicht zu finden, da sie unmittelbar proximal von den Basen der Metatarsalknochen liegen. Die Articulationes metatarsophalangeae liegen 2,5 cm hinter den Hautfalten der
entsprechenden Zehen. Die proximalen Phalangen und ein Teil der
mittleren Phalangen sind in den Hautfalten begraben.

Sehnen. Die Achillessehne (Tendo calcaneus), die gemeinsame
Sehne der Musculi gastrocnemius und soleus ragt an der Hinterseite
der Knöchelgegend stark hervor; zwischen ihr und den beiden Knöcheln
finden sich zwei Vertiefungen, die selbst bei sehr fetten Individuen
noch deutlich zu erkennen sind. Auf der Vorderseite der Knöchelgegend
sind vor allem bei der Flexionsstellung des Fußes die Sehnen der Streckmuskeln leicht voneinander zu unterscheiden. Von innen nach außen
finden sich: Die Sehnen der Musculi tibialis anterior, extensor hallucis
longus, extensor digitorum longus, und peronaeus tertius. Unter den
Sehnen der Extensoren findet sich an der lateralen Seite des Fußrückens
die vorquellende Fleischmasse des Musculus extensor digitorum brevis,
die bei der Kontraktion des Muskels noch deutlicher wird. Oberhalb
und hinter dem medialen Knöchel liegen die Sehnen der Musculi tibialis
posterior und flexor digitorum longus, letztere näher am Knochen verlaufend. Zwischen medialem Knöchel und Achillessehne verläuft die
Sehne des Musculus flexor hallucis longus. Hinter dem lateralen Knöchel
fühlt man die Sehnen der Musculi peronaeus longus und brevis, dicht
an der Kante der Fibula verlaufend und zwar liegt die Sehne des kürzeren Muskels näher am Knochen. In der Mitte der Fußsohle kann die
straff gespannte Aponeurosis plantaris und bei emporgezogenen Zehen
auch einige ihrer gegen die Zehen hin gerichteten Zipfel abgetastet
werden. Die fleischige Masse am medialen Fußrande besteht aus den
Musculi abductor und flexor hallucis, diejenige am lateralen Fußrande
aus den Musculi abductor und flexor digiti V.

Blutgefäße. Die Arteria tibialis anterior mit dem Nervus peronaeus profundus liegen gegenüber dem „oberen" Sprunggelenk zwischen den Sehnen der Musculi extensor hallucis longus und extensor digitorum communis. Die Arteria dorsalis pedis, die direkte Fortsetzung der Arteria tibialis anterior verläuft von der Mitte der Knöchelgegend dem Fußrücken entlang zum Zwischenraum zwischen dem ersten und zweiten Metatarsalknochen. An der lateralen Seite der Sehne des Musculus extensor hallucis, welcher der beste Wegweiser zu ihr ist, kann man die Pulsation der Arterie fühlen. Die Arteriae plantares (medialis und lateralis) beginnen in der Mitte zwischen der Spitze des medialen Knöchels und dem Zentrum der Fußwölbung. Die Arteria plantaris medialis mit dem gleichnamigen Nerv zieht zur Mitte der Unterfläche der großen Zehe. Die Arteria plantaris lateralis mit dem gleichnamigen Nerv (beide Nerven sind die Endäste des Nervus tibialis) zieht schräg durch die Fußsohle zum Kleinzehenballen, an dessen medialer Seite sie in den Arcus plantaris übergeht, dessen zweite Arterie der Ramus plantaris profundus der Arteria dorsalis pedis ist. Am Fußrücken bilden die Hautvenen oft einen nach den Zehen zu konvexen Bogen (Arcus venosus dorsalis pedis), dessen beide Enden in die Venae saphenae einmünden.

Die **Haut** des Knöchels und des Fußrückens ist dünn und nur locker an den unterliegenden Weichteilen befestigt. Sie neigt zu Excoriationen, die bei unrichtigem Anlegen von Verbänden oder Instrumenten häufig entstehen. Da die Haut über den Malleolen den Knochen unmittelbar anliegt, während das Integument des Fußrückens nur wenig vom Tarsus getrennt ist, so folgt daraus, daß die Haut in dieser Gegend leicht gequetscht und schon durch einen so geringen Druck gangränös werden kann, der an anderen Stellen kaum irgend welche Erscheinungen hervorrufen würde. An der Fußsohle ist die Haut an allen den Stellen, welche mit dem Boden in Berührung kommen, derb und dick. Bei normaler Wölbung des Fußes drücken sich die Ferse, der laterale Fußrand sowie der Ballen am Boden ab, wenn der Fuß flach aufgestellt wird (Abb. 140).

Das **Unterhautzellgewebe** der Knöchel und des Fußes schwankt hinsichtlich Menge und Beschaffenheit sehr. An der Vorderseite der Knöchel und am Fußrücken ist es sehr locker, fettarm und wird bei allgemeiner Körperwassersucht zuerst ödematös. An der Fußsohle ist es derb und fest, von reichlichem Fettgewebe durchwachsen. Über der Ferse ist es 2 cm dick. Die Haut des Fußes ist allenthalben reichlich mit Nerven versorgt, woran sich nicht weniger als sechs Nervenstämme beteiligen, nämlich die Nervi musculocutaneus, peronaeus profundus, saphenus und suralis, plantares lateralis und medialis. An diesen Hautästen finden sich zahlreiche Tastkörperchen, sowie Endknospen, namentlich an der Fußsohle. Auf Schmerz-, Druck-, Temperatureindrücke, sowie andere ungewollte Reize wie Kitzeln reagiert die Haut prompt. Die taktile Empfindsamkeit, wie sie mittelst des Ästhesiometers gemessen wird, ist nicht besonders gut entwickelt und ist am Fußrücken nicht besser als z. B. an der Gesäßhaut.

An der Fußsohle und vor allem unter dem Großzehenballen, findet sich häufig das „Malum perforans pedis". Dieses Geschwür findet sich als gelegentliches Symptom gewisser Rückenmarkserkrankungen, so vor allem der Tabes.

Faszien des Fußes und Sehnen am Sprunggelenk. Die Faszie am Fußrücken bildet zwei Blätter, ein oberflächliches, welches vom Ligamentum cruciatum nach abwärts zieht, sowie ein tiefes, welches die Musculi extensor digitorum brevis und interossii bedeckt. Diese Häute sind beide dünn und unbedeutend und vom chirurgischen Standpunkte aus belanglos. Die Aponeurose der Fußsohle wird in drei Teile eingeteilt, eine außerordentlich derbe und mächtige Eminentia plantaris media und zwei seitliche Ausbreitungen, die Eminentiae plantares lateralis und medialis; letztere beiden sind dünn und chirurgisch nicht wichtig. Die laterale Eminentia jedoch ist etwas dicker und bildet zwischen dem Calcaneus und dem fünften Metatarsalknochen ein dickes Band, welches bei gewissen Formen von Talipes sich straff kontrahiert. Die zentrale Ausbreitung der Aponeurose trägt viel zur Wölbung der Fußsohle bei, welche sie in gleicher Weise aufrecht erhält, wie die Sehne eines Bogens dessen Krümmung.

Das Einsinken des Fußgewölbes beim „Plattfuß" ist mit einer deutlichen Nachgiebigkeit dieser Aponeurose verknüpft. Ferner ist sie (in der Regel sekundär) bei gewissen Formen des Klumpfußes, wie beim Talipes equinus und beim angeborenen Talipes varus stark geschrumpft. Der Ausdruck „Talipes varus" wird für eine Deformität gebraucht, welche hauptsächlich oder ganz auf einer Kontraktion der Plantaraponeurose beruht. Die beste Stelle, um diese Faszie zu durchtrennen, liegt 2,5 cm vor ihrem Ursprung am Calcaneus. Hier ist ihre schmalste Stelle und das von der medialen Seite aus eingeführte Messer liegt hinter der Arteria plantaris lateralis, welche unter der Faszie dahinzieht. Ein unter dieser Faszie sich entwickelnder Abszeß ist von allen Seiten eingeschlossen und kann sich nach allen Seiten hin einen Ausweg suchen, nur wird er nicht durch die Aponeurose durchzudringen imstande sein. Solche tiefe Eiteransammlungen sind ungemein schmerzhaft und wirken häufig auf die Umgebung in hohem Maße zerstörend ein, ehe sie entleert werden; sie können am Fußrücken durchbrechen oder den Sehnen entlang zur Knöchelgegend fortkriechen. In der Substanz dieser Aponeurose finden sich bestimmte für gewöhnlich von Fett ausgefüllte Löcher oder Hohlräume; in seltenen Fällen findet ein Abszeß seinen Weg durch eine oder mehrere dieser präformierten Öffnungen und wird so an der Fußsohle durchbrechen. Ein solcher Abszeß besteht demnach aus zwei miteinander durch eine kleine Öffnung kommunizierenden Hohlräumen und wird von den Franzosen „Abcès en bissac oder en bouton de chemise" genannt. Nahe den Zehenwurzeln teilt sich die Aponeurose in einige Zipfel, welche durch bogenförmige Querbänder (Fasciculi transversi) miteinander verbunden sind; unter diesen Querbändern ziehen die Sehnen, Gefäße und Nerven zu den Zehen. Zwei mit der Aponeurose verbundene Septa intermuscularia trennen den in der Mitte der Fußsohle liegenden Musculus flexor digitorum brevis medial vom Musculus abductor hallucis, lateral vom Musculus abductor digiti quinti. Es sind allerdings so unbedeutende Faszien, daß sie auf das Umsichgreifen eines tief liegenden Fußsohlenabszesses keinen Einfluß haben.

An der Vorderseite des Knöchels finden sich zwei Bänder (Abb. 136): Ein oberes vor der Tibia und Fibula gelegenes Band, welches als Ligamentum transversum cruris bezeichnet wird, sowie ein unteres Band am proximalen Ende des Tarsus, auch Ligamentum cruciatum genannt. Unter dem ersteren Band findet sich nur die Schleimscheide für den Musculus tibialis anterior, welche allerdings nach abwärts über das

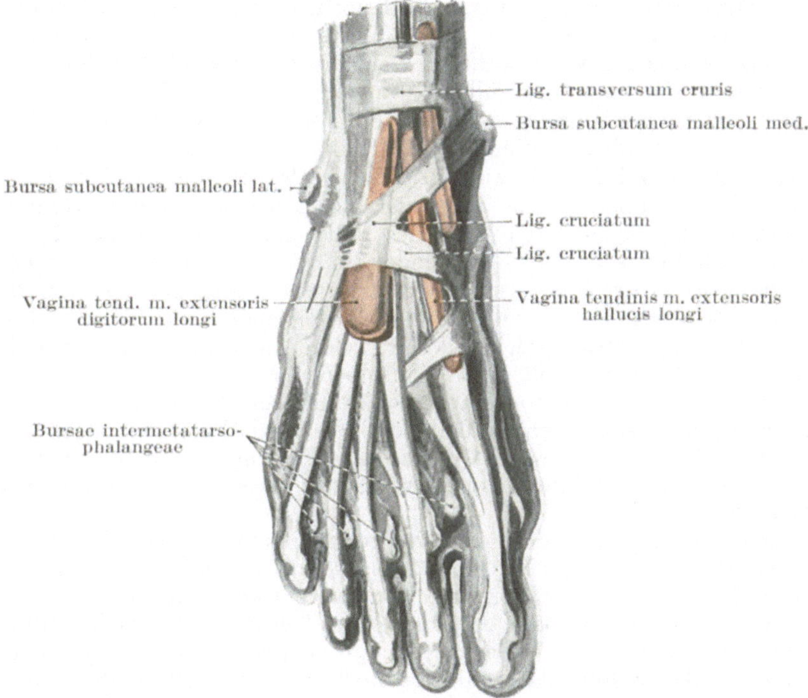

Abb. 136. Sehnenscheiden des rechten Fußrückens. (Nach Spalteholz).

zweite Band hinaus sich bis zum Fußrücken erstreckt; unter dem letzteren Bande finden sich außerdem noch zwei Schleimscheiden, eine für die Musculi extensor digitorum longus und peronaeus tertius, sowie eine für den Musculus extensor hallucis longus (Abb. 136).

Nach Holden findet sich zwischen den Sehnen des Musculus extensor digitorum longus und den vorspringenden Enden des Talus oft ein großer, unregelmäßig gestalteter Schleimbeutel, welcher bisweilen am Kopfe des Talus mit der Articulatio talocalcaneonavicularis kommuniziert (Bursa sinus tarsi).

Unter dem Ligamentum laciniatum, welches vom medialen Knöchel teils zum Calcaneus, teils zur Plantarfläche des Fußes bis zum Os naviculare hinzieht, finden sich drei Schleimscheiden für die Sehnen der Musculi tibialis posterior, flexor digitorum longus und flexor hallucis longus (Abb. 136). Eine Entzündung der Scheide für den Musculus tibialis posterior, die dem oberen Sprunggelenke eng anliegt, kann auf letzteres übergreifen. Am lateralen Fußrande findet sich unter dem als Retinaculum peronaerum superius und inferius von der Fibula und vom Ligamentum cruciatum aus zum Calcaneus ziehenden Bandapparat die einzelne Schleimscheide für die Sehnen der Musculi peronaeus brevis und longus.

Bei heftigen Verstauchungen des Knöchels sind nicht nur die Bänder um die Gelenke herum mehr oder weniger stark zerrissen, sondern es können auch die eben erwähnten verschiedenen Schleimscheiden einreißen und sich mit Blut füllen. Die nach schweren Verstauchungen dieser Gegend oft lange anhaltenden Beschwerden sind in hohem Maße durch den Schaden bedingt, welche diese Schleimscheiden erlitten haben, sowie durch den Blutaustritt, welcher als „entzündliches Material" sich in ihnen findet. Diese Scheiden sind länger als man gewöhnlich glaubt; die an der medialen Seite des Fußes gelegenen beginnen 2,5 bis 5 cm oberhalb des Knöchels und enden an der Fußsohle an einer Stelle, welche der Tuberositas ossis navicularis gegenüberliegt. Die an der Außenseite gelegene Scheide ist noch länger, indem sie bis zur Basis des ersten Metatarsale reichen kann; gelegentlich allerdings kann der plantare und der malleolare Teil derselben am äußeren Rande des Os cuboideum vollständig voneinander getrennt sein. Wegen der Länge dieser Scheide ist es verständlich, daß die nach Verstauchungen und Knöchelbrüchen entstehenden Adhäsionen sehr ausgedehnt sein müssen, wenn nicht deren Bildung durch frühzeitige passive Bewegungen vereitelt wird.

Am Fuße finden sich nur wenige **Schleimbeutel** von namhafter Größe, mit Ausnahme eines, der zwischen dem Tendo calcaneus und dem Calcaneus selbst liegt (Bursa tendinis calcanei) und eines zweiten über dem Metatarsophalangealgelenk der großen Zehe. Der ersterwähnte Schleimbeutel steigt am Tuber calcanei gut $1\frac{1}{4}$ cm nach oben und wölbt sich zu beiden Seiten der Achillessehne vor. Seine Entzündung kann eine Erkrankung des Sprunggelenkes vortäuschen, seine Vereiterung kann zur Karies des Fersenbeines führen. Die Vergrößerung des Schleimbeutels über der Articulatio metatarsea der großen Zehe entsteht hauptsächlich durch das Tragen unzweckmäßigen Schuhzeuges, welches die große Zehe nach der lateralen Seite hin subluxiert, so schräg zur Längsachse des Fußes stellt und das Gelenk stark vorwölbt. Allmählich verschwindet der Knorpel, welcher das Köpfchen des Metatarsalknochens übergleitet, die Bursa kommuniziert mit dem Gelenk, es kommt eventuell zur Fistelbildung und so zur Kommunikation des Gelenkes mit der Außenwelt. Die Folge dieser Deformität ist eine große Schwäche in der großen Zehe und den umliegenden Teilen des Fußes, eine Verlängerung der unter dem Namen des Ligamentum deltoideum zusammengefaßten Ligamenta talotibiale anterius und posterius, calcaneofibulare und tibionaviculare und eine laterale Verlagerung der Sehne des Musculus extensor hallucis longus. Häufig entwickeln sich über den Knöcheln, so vor allem über dem lateralen Knöchel, Schleimbeutel bei Schneidern, da diese Teile beim Sitzen mit gekreuzten Beinen am meisten gedrückt werden. Beim Klumpfuß finden sich Schleimbeutel an jeder beliebigen, ungehörigem Drucke ausgesetzten Stelle.

Die **Sehnen** in der Gegend der Knöchel werden nicht selten durch Gewalt zerrissen. So vor allem der Tendo calcaneus und die Sehne des Musculus tibialis posterior, sowie diejenige des langen und kurzen Peronaeusmuskels. Die Achillessehne zerreißt in der Regel 4 cm oberhalb ihrer Insertion, wo sie am schmalsten ist. Bei einigen Arten von Gewalteinwirkungen können die Schleim- und fibrösen Scheiden, welche die Sehne niederhalten, zerreißen und so die Sehne zur Luxation bringen, so vor allem an den Musculi tibialis posterior und peronaei. In jedem Falle gleitet die luxierte Sehne auf oder selbst vor den Knöchel. Keine Sehne des Körpers wird so häufig luxiert, wie die des Musculus peronaeus longus.

Häufig werden die Sehnen an der Knöchelgegend operativ durchtrennt. Die Achillessehne wird in der Regel ca. 2,5 cm oberhalb ihres Ansatzes durchschnitten, wobei man das Messer von der medialen Seite aus einsticht, um die Vasa tibialia posteriora zu schonen. Die Sehne des Musculus tibialis posterior wird für gewöhnlich unmittelbar oberhalb der Basis des medialen Knöchels durchtrennt. Es findet sich jedoch zwischen dem Ligamentum cruciatum und dem Os naviculare genügend Raum, um die Sehne an der Seite des Fußes freizulegen. Die Sehne des Musculus tibialis anterior kann leicht entweder auf der Vorderseite der Knöchelgegend oder an ihrer Insertion an der Plantarfläche des Os cuneiforme I durchtrennt werden. Durchschneidet man eine Sehne, so entsteht durch die Retraktion des Muskels eine Lücke; die durchtrennten Enden sind allerdings noch durch das sie umgebende Bindegewebe, welches die ernährenden Blutgefäße ihnen zuführt, miteinander in Verbindung. Wird eine Sehne innerhalb ihrer Schleimscheide durchtrennt, so bildet die Schleimhaut eine lockere Verbindungsbrücke. Schließlich entwickelt sich zwischen den durchtrennten Enden ein fibröser Strang, welcher sich aus dem in die Lücke ergossenen flüssigen Material bildet. Das neue Band ist fest mit den Hüllen, in welchen es liegt, verwachsen und beschränkt zunächst die Bewegungen der Sehne.

Ein Teil der Sehne eines gesunden Muskels kann mit der eines gelähmten Muskels vereinigt werden, wodurch gewisse Bewegungen des Fußes wiederhergestellt werden können.

Blutgefäße. Der Verlauf der einzelnen Arterien ist schon beschrieben worden. Verletzungen des Arcus plantaris sind ernster Natur, wegen der Tiefe, in welcher die Arteria plantaris lateralis verläuft und der Unmöglichkeit das Gefäß zu erreichen, ohne an der Fußsohle eine große Wunde anzulegen; dabei ist es nicht zu vermeiden, wichtige Bindegewebsterritorien zu erschließen und Sehnen und Nerven zu schädigen. Der Arcus plantaris wird, wie schon oben erwähnt, von der Arteria plantaris lateralis und dem Ramus plantaris profundus arteriae dorsalis pedis gebildet. Bei Blutungen aus diesem Bogen ist eine Unterbindung der Arteriae tibialis anterior und posterior nicht imstande, die Blutung zu stillen, da die Arteria peronaea den Bogen alsdann mit Blut versorgt. Durch ihren Ramus perforans (der durch die Membrana interossea auf die Vorderfläche geht) kommuniziert die Arteria peronaea mit der Arteria malleolaris anterior lateralis der Arteria tibialis anterior und der Arteria tarsea lateralis der Arteria dorsalis pedis. Durch ihre Endäste kommuniziert sie mit den beiden letztgenannten Gefäßen, wie auch mit kleinen Ästen der Arteria plantaris lateralis. Für das praktische Handeln genügt es aber das Bein hoch zu legen, die Wunde zu komprimieren und auf die Hauptarterie einen Druck auszuüben, um die meisten Blutungen aus dem Bogen zu stillen.

Die Arteria dorsalis pedis wird wegen ihrer oberflächlichen Lage sowie ihrer Berührung mit den Knochen des Fußes bei Verletzungen häufig durchtrennt oder berstet bei heftigen Kontusionen. Die Arteria tibialis posterior ist durch den überragenden Malleolus medialis, durch das feste Ligamentum laciniatum und die neben ihr verlaufenden Sehnen gut geschützt.

Die oberflächlichen Venen des Fußes liegen, wie diejenigen der Hand, hauptsächlich auf dem Rücken des Gliedes. Die Fußsohle, als der Teil, welcher dauernd einem gewissen Drucke ausgesetzt ist, enthält so gut wie keine Saugadern. An den Knöcheln und vor allem am medialen Knöchel, bilden die Venen starke Plexus. Daher verursachen Verbände, welche um die Knöchel herum zu eng sind, Ödem und Schmerzen im Fuß. Der dumpfe Schmerz in den Füßen, welcher oft durch enge Zugstiefel verursacht wird, hat wohl dieselbe Ursache.

Die **Lymphgefäße** bilden an der Fußsohle einen weit verzweigten feinmaschigen Plexus, von welchem aus weitere Lymphgefäße zu den Fußrändern und zum Fußrücken, vor allem zum medialen Fußrand laufen. Die Hauptlymphgefäße finden sich jedoch auf dem Rücken in der Umgebung der Wurzeln der beiden Rosenadern. Die am medialen Teile des Fußrückens sind bei weitem die zahlreicheren; sie begleiten im großen und ganzen die Vena saphena magna und enden in den Lymphoglandulae subinguinales. Die lateralen Lymphgefäße ziehen am äußeren Knöchel und der Außenseite des Unterschenkels nach oben. Die meisten derselben ziehen quer über die Kniekehle, um sich mit den medial verlaufenden Gefäßen zu vereinigen; andere kreuzen die Vorderfläche der Tibia, um ebenfalls in die medialen Lymphgefäße einzumünden, während einige wenige die Vena saphena parva begleiten und in den Lymphoglandulae popliteae enden.

Das obere **Sprunggelenk** (Articulatio talocruralis) ist ein sehr kräftiges Gelenk; seine Kraft resultiert einmal aus der Form der in Betracht kommenden Knochen, aus der Unnachgiebigkeit der Bänder und aus den zahlreichen Sehnen, welche wie elastische Züge um dasselbe befestigt sind. Was die Bänder anlangt, so sind das Ligamentum deltoideum an der medialen Seite, sowie die entsprechenden Ligamenta talofibulare

anterius und posterius, sowie calcaneofibulare an der lateralen Seite
die kräftigsten und stützen den Fuß in ausgedehnter Weise. Vorne
und hinten ist die Gelenkkapsel dünn, obgleich an letzterer Stelle die
Sehne des Musculus flexor hallucis longus über die Kapsel hinwegzieht.
Tritt im Gelenk ein Erguß auf, so macht er sich zuerst am Fußrücken
unter den Extensorensehnen und dem sie überziehenden Ligamentum
cruciatum bemerkbar. Der Grund dafür ist neben der Schwäche der
Gelenkkapsel an dieser Stelle die Ausdehnung und lockere Verbindung
derselben mit den vor ihr liegenden Bandmassen. Größere Ergüsse
bewirken eine Ausbuchtung des hinteren Kapselabschnittes, wodurch zu
beiden Seiten der Achillessehne eine Fluktuation auftritt. Für gewöhnlich kann unter den seitlichen Bändern keine Fluktuation nachgewiesen
werden. Außerdem wölbt sich die lockere Gelenkkapsel vorne und
hinten über die Gelenkfläche hinaus, während sie sich an den Seiten
strikte an die mediale und laterale Seite des Gelenkes hält. Das Talocruralgelenk ist ein sog. Scharniergelenk, welches nur Beugung und
Streckung des Fußes ermöglicht. Bei stärkster Streckung ist auch eine
sehr geringe Seitwärtsbewegung möglich, wenn der schmälste oder hintere
Teil des Talus mit dem breiteren vorderen Teil des Tibiofibularbogens
in Berührung kommt. Findet sich an diesem Gelenk eine deutliche
Seitwärtsbewegung, so muß dasselbe entweder verletzt oder erkrankt
sein; dabei ist es wichtig die seitlichen Bewegungen, welche zwischen
einzelnen Tarsalknochen möglich sind, nicht irrtümlicherweise für
solche des Talokruralgelenkes zu halten. Die Extension (Dorsalflexion)
wird durch die vorderen und mittleren Abschnitte des Ligamentum
deltoideum, durch die hinteren lateralen Bänder, durch die hinteren
Teile der Gelenkkapsel, sowie durch die Berührung des Talus mit der
Tibia gehemmt, Plantarflexion dagegen durch die vorderen Fasern des
Ligamentum deltoideum, die vorderen und mittleren lateralen Bänder,
die vorderen Teile der Kapsel und ebenfalls durch das Anstoßen des
Talus an die Tibia.

Wegen seiner exponierten Lage entzündet sich dieses Gelenk sehr
leicht bei Traumen oder aus anderen äußeren Ursachen. Bei einer Entzündung entsteht in der Regel keine abnorme Stellung, vielmehr bleibt der
Fuß rechtwinklig mit dem Unterschenkel. Es hat den Anschein, als ob in
dieser Stellung die Beuge- und Streckmuskeln einander die Wage halten,
da die Lage des Fußes auf das Fassungsvermögen des Gelenkes offenbar
keinen Einfluß hat. Die Gelenkhöhle steht mit der Syndesmosis tibiofibularis in Verbindung.

Im Zusammenhang mit der „Schmerzirradiation" sei daran erinnert,
daß das Sprunggelenk durch die dasselbe versorgenden Nerven auf
der Bahn des Nervus saphenus mit den Lumbalsegmenten des Rückenmarkes und auf der Bahn des Nervus peronaeus profundus mit den Sakralsegmenten in Verbindung steht.

Luxationen im Talocruralgelenk. Der Fuß kann im Sprunggelenk
nach fünf verschiedenen Richtungen hin ausgerenkt werden; dieselben
sind der Häufigkeit nach aufgezählt: nach auswärts, einwärts, rück-

wärts, vorwärts und aufwärts zwischen Tibia und Fibula. Diese Luxationen sind allerdings fast stets mit Brüchen der Fibula oder Tibia allein oder beider Knochen zusammen vergesellschaftet.

1. Luxationen nach der Seite: Auswärts, einwärts. Diese Verrenkungen unterscheiden sich in gewisser Beziehung von denjenigen anderer Gelenke. In der großen Mehrzahl der Fälle bestehen sie aus einer seitlichen Verdrehung des Fußes in der Weise, daß der Talus unter dem Tibiofibularbogen rotiert ist. Dabei steht die obere Gelenkfläche des Talus nicht weit von der Tibia entfernt, da immer noch die eine oder andere Kante desselben mit der horizontalen Gelenkfläche der letzteren in Berührung bleibt. Obgleich eine deutliche Verunstaltung des Fußes besteht, ist die tatsächliche Trennung des Fußes vom Unter-

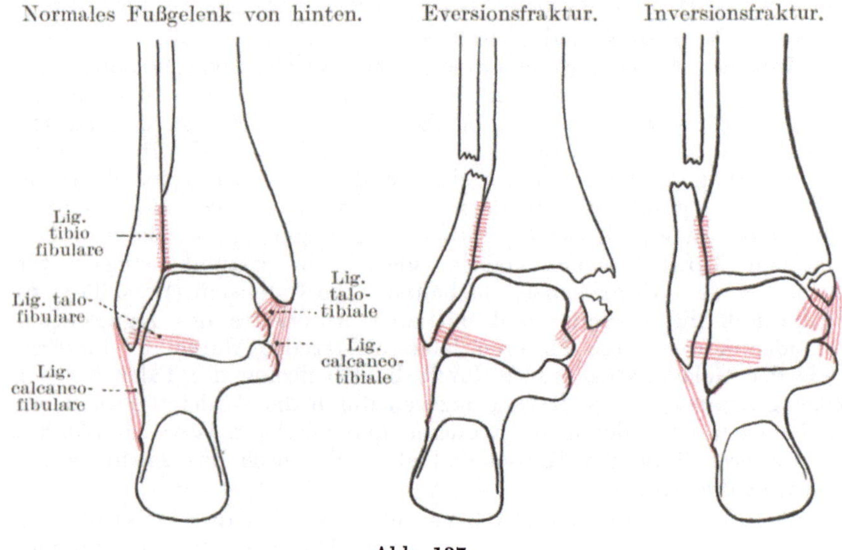

Abb. 137.

schenkel sehr unbedeutend. In sehr seltenen Fällen kann eine echte seitliche Luxation in horizontaler Richtung entstehen.

Diese Verletzungen werden durch plötzliche und heftige Verdrehungen des Fußes erzeugt und sind fast regelmäßig mit Brüchen der Unterschenkelknochen verbunden. Die Luxation nach außen entsteht durch gewaltsame Eversion (Drehen der Fußspitze nach auswärts), die Luxation nach einwärts durch übermäßige Inversion (Drehung der Fußspitze nach einwärts) (Abb. 137).

Es ist interessant in erster Linie die Beziehung der **Fibula** zu Verletzungen am Sprunggelenk zu beachten, vor allem da sich ein Bruch des unteren Schaftendes dieses Knochens sowohl bei der Eversion als auch Inversion des Fußes einstellen kann. Die unteren 5,0—7,5 cm der Fibula können als der lange Arm eines ungleicharmigen Hebels betrachtet werden, dessen Fulcrum die Syndesmosis tibiofibularis ist, während der kurze Arm von dem unter dem Gelenk gelegenen Knöchel gebildet wird (Abb. 137). Die unteren Enden der Tibia und Fibula sind nur durch sehr feste Bänder (Ligamenta malleoli lateralia anterius und posterius, membrana interossea) vereinigt. Ich wage es mit besonderem Nachdruck zu behaupten, daß bei keiner der gewöhnlichen Verletzungen der Knöchel, seien es nun Frakturen oder Luxationen, diese Bandapparate nachgeben. Tun sie es, dann entsteht eine atypische Fraktur oder Luxation. Bei gewaltsamer Eversion des Fußes wird das Ligamentum deltoideum gedehnt und zerreißt, der Talus wird seitlich unter den Tibiofibularbogen rotiert und stößt heftig mit dem Ende des lateralen Knöchels zusammen. Dieser Knochenvorsprung wird nach vorwärts geschoben und bildet ein Ende des Hebels. Das Fulkrum wird durch die unnachgiebigen Bandmassen des unteren Tibiofibulargelenks geschützt und das Wadenbein bricht am anderen Ende des Hebels an einer Stelle 5,0—7,5 cm oberhalb seines unteren Endes. Bei gewaltsamer Inversion des Fußes macht der Talus eine kleine seitliche Drehung nach der entgegengesetzten Seite; die lateralen seitlichen Bänder werden stark gezerrt und haben das Bestreben, das Ende des Malleolus lateralis nach einwärts zu ziehen. Geben diese Bänder nach, so wird die Folge eine Knöchelzerrung sein, eventuell kommt es zu einer medialen Luxation. Geben sie jedoch nicht nach, so wird das Ende des fibularen Hebelarms (die Spitze des Malleolus) nach der Mitte gezogen, das Fulkrum ist wieder wie oben geschützt und der Schaft bricht wiederum am anderen Ende des Hebelarms 5—7 cm oberhalb des unteren Knochenendes. Man erkennt, daß bei einer Eversionsfraktur das obere Ende des unteren Bruchstücks nach der Tibia zu verlagert ist, während es bei einer Inversionsfraktur von ihr abrückt. Auf Grund einer genauen Prüfung aller Fälle von Brüchen des unteren Endes der Fibula, die ins London-Hospital kamen, solange ich die Liste der chirurgischen Fälle führte, kam ich zu der Überzeugung, daß diese Verletzung häufiger durch Eversion des Fußes als durch Inversion entsteht. Ich glaube man kann sagen, daß ein Bruch des unteren Fibulaendes, der durch einfache Inversion des Fußes entsteht, nicht möglich ist, es sei denn, die lateralen seitlichen Bänder bleiben erhalten.

Bei der Luxation nach außen (auch Fractura Potti genannt) liegen die Verhältnisse, wie sie eben in Verbindung mit den Wirkungen der Eversion des Fußes auf die Fibula beschrieben worden sind. Dieser letzte Knochen bricht stets 5,0—7,5 cm oberhalb des Malleolus, das Ligamentum deltoideum zerreißt oder die Spitze des medialen Knöchels wird abgerissen. Der Talus wird so sehr nach der Seite verdreht, daß der Fuß sehr stark evertiert wird, der äußere Fußrand steht in die Höhe, während der innere auf dem Boden ruht. Die Bänder am unteren Tibiofibulargelenk sind unversehrt. Geben sie nach, so entsteht, wie eben schon erwähnt wurde, eine atypische Fraktur oder Luxation. Boyer beschreibt einen Fall, der einzigartig zu sein scheint, in welchem der Fuß nach außen luxiert war, ohne Fraktur der Fibula. Allein dieser Knochen war in seiner ganzen Länge nach aufwärts verschoben, wobei sein Köpfchen die Gelenksverbindung mit der Tibia gesprengt hatte. Eine horizontale Luxation nach auswärts, ohne Rotation des Fußes und ohne Bruch des Schienbeines ist möglich, wenn die Bandapparate am unteren Ende der Tibia und Fibula vollständig zerrissen sind.

Bei der sehr seltenen Dupuytrenschen Fraktur ist die Fibula 2,5—7,5 cm oberhalb des Malleolus gebrochen, die unteren tibiofibularen Bandmassen sind vollständig zerrissen oder der Teil der Tibia, an welchem sie inserieren, ist abgerissen und mit dem unteren Bruchstück der Fibula im Zusammenhang. Der Fuß ist wagrecht nach außen luxiert und nach aufwärts gezogen, wobei die Höhe, bis zu welcher er nach aufwärts verlagert wird, von der Höhe abhängt, an welcher die Fibula bricht.

Bei der Luxation nach einwärts sind die seitlichen Bänder zerrissen oder die Spitze des äußeren Knöchels abgerissen, das Ligamentum deltoideum ist unversehrt, während der innere Knöchel für gewöhnlich durch die Gewalt abgesprengt wird, mit welcher der Talus auf ihn stößt. Der Talus selbst kann gebrochen sein und ist jedenfalls seitlich rotiert, so daß der Fuß invertiert ist und sein innerer Rand in die Höhe steht. Bei allen diesen Formen der Luxation, seien sie nun einfach oder kompliziert, bleiben die Bandapparate am unteren Ende des Schien- und Wadenbeines unversehrt.

2. Die Luxationen nach rückwärts und vorwärts. Diese Verletzungen entstehen durch große Gewalteinwirkungen auf den Fuß bei fixiertem Beine oder noch häufiger durch plötzliche Hemmung des Fußes während eines kräftigen Impulses, den der Körper erlitten hat, so z. B. durch Abspringen von einem in Bewegung befindlichen Wagen. Bei der Luxation nach rückwärts kommt der Talus hinter die Tibia zu liegen, während die Gelenkfläche der letzteren auf dem Os naviculare und den Ossa cuneiformia ruht. Die Kapsel ist vorne und hinten vollständig zerrissen, ebenso größtenteils die beiden seitlichen Bänder. Die Fibula bricht 5—7 cm oberhalb des Malleolus und gewöhnlich findet sich außerdem noch eine Fraktur des inneren Knöchels.

Die Luxation nach vorne ist ungemein selten. In den wenigen beschriebenen Fällen waren einer oder beide Knöchel gebrochen. R. W. Smith ist der Ansicht, daß derartige Verrenkungen nie komplette Luxationen sind.

3. Die Luxation nach aufwärts. Bei diesen seltenen Verletzungen zerreißen die Bandapparate des unteren Tibiofibulargelenkes, die beiden Knochen weichen an ihren unteren Enden stark auseinander und der Talus wird zwischen ihnen in die Höhe getrieben. Die Kapsel ist vorne und hinten vollständig zerrissen, die seitlichen Bänder dagegen bleiben in der Regel, mit Ausnahme einzelner kleinerer Einrisse verschont. Der Unfall scheint in der Regel durch einen Fall zu entstehen, bei dem der Verunglückte flach mit den Fußsohlen auf dem Boden ankommt. Bryant beschreibt einen Fall, in welchem sich an beiden Füßen dieselbe Luxation nach aufwärts fand.

Der Fuß (Abb. 138). Am Fuße finden sich zwei Wölbungen, eine von vorn nach hinten und eine in querer Richtung.

1. Die höchste Stelle der von **vorne nach hinten** gerichteten Wölbung ist der Talus. Die Wölbung kann man sich als aus zwei Pfeilern bestehend denken. Der hintere Pfeiler besteht aus dem Calcaneus, der vordere aus dem Naviculare, Cuneiforme und den Metatarsalknochen. Der Talus bildet das Mittelstück dieses Gewölbes, vor allem der Kopf desselben (Abb. 138). Der Fuß ruht auf der Sohle, den Köpfchen der Metatarsalknochen und dem äußeren Fußrande (Abb. 140). Der hintere Pfeiler ist solide, besteht aus einem kräftigen Knochen und enthält nur ein Gelenk. Er trägt das Hauptgewicht des Körpers und gewährt der Wadenmuskulatur eine feste Ansatzstelle. Der vordere Abschnitt

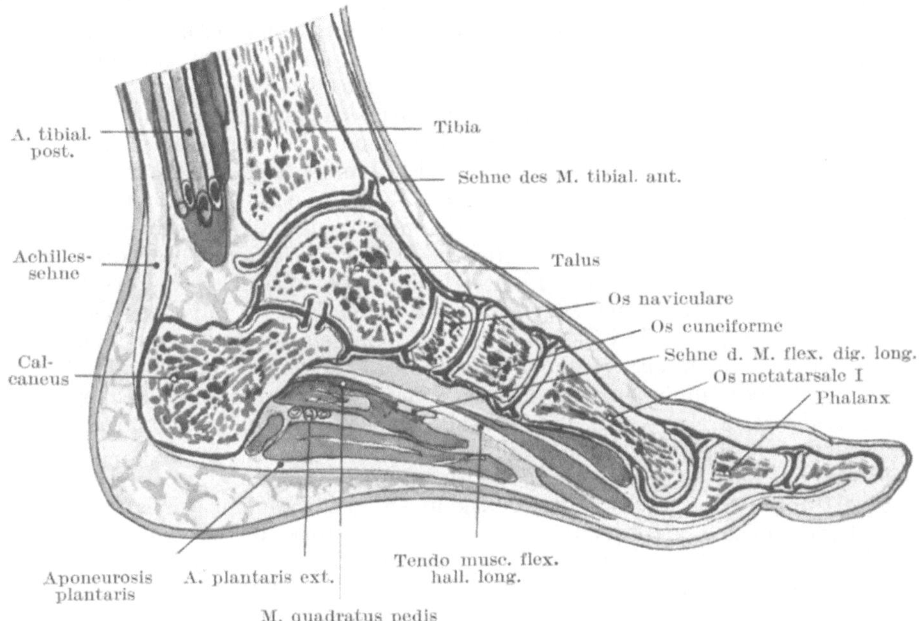

Abb. 138. Sagittalschnitt durch den Fuß (gr. Zehe).

des Gewölbes dagegen auf der anderen Seite enthält zahlreiche kleine Knochen und eine Anzahl vielgestaltiger Gelenke. Er verleiht dem Fuße die nötige Elastizität und schwächt die Erschütterungen, welche die Fußsohle treffen, ab. Den vergleichsweisen Wert der beiden Pfeiler der Wölbung in dieser letzteren Hinsicht kann man am besten selbst dadurch beurteilen, daß man aus geringer Höhe einmal auf die Zehenballen, das andere Mal auf die Fersen springt. Der innere Teil der Wölbung ist stärker gekrümmt als der äußere und bildet den Reihen.

2. Die **quere Wölbung** ist über den Ossa cuneiformia am deutlichsten. Auch sie macht den Fuß sehr elastisch und schützt die Blutgefäße der Fußsohle.

Diese beiden Wölbungen entstehen durch die Form der sie zusammensetzenden Knöchel und werden durch die zahlreichen Bänder und Muskeln in ihrer Form erhalten. Die Sehne des Musculus peronaeus longus sowie fast alle Bänder, welche die erste und zweite Reihe der Tarsalknochen sowohl am Fußrücken als auch an der Sohle zusammenhalten, sind nach vorwärts und einwärts geneigt und durch diese Anordnung vorzüglich dazu angetan die Unversehrtheit beider Wölbungen aufrechtzuerhalten.

Die Inversions- und Eversionsbewegungen, bei welcher der Fuß sich der Fläche, auf welche er tritt, anpaßt, werden in den Gelenken vor dem Talus ausgeführt. Es sind zwei Gelenke: 1. das vordere Sprunggelenk (Articulatio talocalcaneonavicularis), 2. das hintere Sprunggelenk (Articulatio talocalcanea). Das hintere Sprunggelenk ist vom vorderen durch das Ligamentum talocalcaneum interosseum getrennt. Ein drittes Gelenk kommt bei diesen wichtigen Bewegungen ebenfalls noch in Betracht, nämlich die Articulatio calcaneocuboidea. Die Muskeln, welche die Inversion bewirken, sind: 1. Musculus tibialis posterior, 2. Musculus tibialis anterior. Ersterer erzeugt Eversion mit Plantarflexion, letzterer mit Dorsalflexion. Eversion wird bewirkt durch: 1. Musculus peronaeus longus, 2. Musculus peronaeus brevis, 3. Musculus peronaeus tertius, 4. Musculus extensor digitorum longus. Der erste Muskel erzeugt Eversion mit Plantarflexion, die übrigen mit Dorsalflexion. Daher haben vier Muskelgruppen einen Einfluß auf diese Gelenke; sie bestimmen und gleichen die Bewegungen des Fußes aus und können den Fuß in vier Stellungen fixieren: 1. Inversion mit Plantarflexion (Talipes equinovarus), 2. Eversion mit Plantarflexion (Talipes equinovalgus), 3. Inversion mit Dorsalflexion (Talipes calcaneovarus), 4. Eversion mit Dorsalflexion (Talipes calcaneovalgus). Die sich ausbildende pathologische Stellung hängt von der Gruppe oder den Gruppen der gelähmten oder geschwächten Muskeln ab. Die Eversion wird durch das Ligamentum calcaneonaviculare plantare, sowie die Gebilde am medialen Fußrande — Musculus adductor hallucis, Eminentia plantaris medialis aponeurosis plantaris, Musculi tibiales beschränkt. Die Inversion dagegen wird durch die gegenseitige Berührung des Sustentaculum tali calcanei, die Musculi peronaei und die Bänder am lateralen Fußrand gehemmt. Die Inversions- und Eversionsbewegungen entsprechen der Supination und Pronation, allein an der oberen Extremität werden sie vom Radius und der Ulna ausgeführt, während sie an der unteren Extremität fast ausschließlich zwischen Talus und dem übrigen Fuße stattfinden.

Luxatio tali. Dieser Knochen luxiert bisweilen allein, wobei er aus seinen Verbindungen mit dem Kalkaneus, der Tibia, Fibula und dem Os naviculare gelöst wird. Die Verlagerung kann nach vorwärts, rückwärts und seitwärts geschehen. Die Verrenkung nach vorwärts ist bei weitem die häufigste, ihr folgen der Häufigkeit nach Verrenkungen nach auswärts und nach rückwärts. Bei diesen Verletzungen reißt das Ligamentum talocalcaneum interosseum vollständig durch, ebenso wie der größere Teil der seitlichen Bänder des Knöchels und die verschiedenen

Ligamente, welche den Talus mit dem Calcaneus und Naviculare verbinden. In allen Fällen nähern sich die Malleolen der Fußsohle. Radiogramme derartiger Verletzungen belehren uns, daß neben der Luxation sich häufig auch ein Bruch des Knochens findet. Wenn man sich daran erinnert, daß der Talus die Mitte des Fußgewölbes darstellt und bei allen Unfällen, welche das Körpergewicht in die Füße verlegen, die Hauptbelastung auszuhalten hat, so sind Brüche seines Halses und Körpers verständlich.

Luxatio calcanei. Obgleich dieser Knochen häufig bricht, luxiert er doch sehr selten. Er wird bei einer Verrenkung in der Regel nach aufwärts verlagert und ist aus seinen Verbindungen mit dem Talus und dem Cuboid oder nur dem ersteren allein losgerissen.

Die **Luxation im Talotarsalgelenk** (Luxatio sub talo). Bei diesen Verletzungen, welche nicht so sehr selten sind, bleibt der Talus an seinem Platze, während der übrige Fuß unter diesen Knochen luxiert ist. Die Luxation betrifft also das vordere und hintere Sprunggelenk. Der Fuß kann nach vorwärts, rückwärts oder nach den Seiten hin verlagert sein. Die Luxation nach vorne ist sehr selten, die seitlichen Verrenkungen verlaufen in der Regel schräg. Bei der häufigsten derartigen Luxation ist der Fuß nach auswärts oder einwärts disloziert und gleichzeitig etwas nach rückwärts verlagert. Es handelt sich häufig hierbei, namentlich bei den seitlichen Verrenkungen, um komplizierte Luxationen. Was das vordere Sprunggelenk anlangt, so sind sie in der Regel unvollständig, während im Hinblick auf das hintere Sprunggelenk in fast jedem Falle die Luxation eine vollständige ist. In allen Fällen muß das Ligamentum talocalcaneum interosseum zerreißen, wie auch die Bänder, welche den Talus mit dem Naviculare und den Malleolen verbinden, mehr oder minder beschädigt sind. Sehr häufig sind die Knöchel dabei gebrochen.

Es ist nur nötig die beiden seitlichen Luxationen näher zu beschreiben, da nur sie allein relativ häufig vorkommen. Bei der Luxation nach einwärts ist der Fuß invertiert, der innere Fußrand steht in die Höhe, ist verkürzt und zeigt eine konkave Krümmung, während der äußere Fußrand verlängert ist und eine konvexe Krümmung aufweist. Die Verhältnisse erinnern sehr an den Talipes varus. Der Taluskopf mit dem lateralen Knöchel bildet an der Außenseite des Fußes eine Vorwölbung, während unterhalb derselben ein tiefes Loch vorhanden ist. Der mediale Rand des Calcaneus springt an der Innenseite des Fußes deutlich vor, während der mediale Knöchel in der durch die Luxation entstandenen Vertiefung begraben liegt. Der Calcaneus und das Naviculare sind einander genähert. Bei der Luxation nach außen ist der Fuß abduziert, sein äußerer Rand steht in die Höhe, die veränderte Form des Fußes erinnert sehr an einen Talipes valgus. Der äußere Malleolus verschwindet in der Vertiefung, die durch die Eversion des Fußes entsteht, während der innere Knöchel und der Kopf des Talus an der Innenseite des Fußes sich vorwölben.

Die **Articulatio tarsi transversa** (Chopartsches Gelenk) liegt an

der medialen Seite des Fußes zwischen dem Kopf des Talus und dem
Naviculare, an der lateralen Seite des Fußes zwischen Calcaneus und
Cuboid, sie besteht also aus zwei Gelenken, der medial gelegenen Articulatio talonavicularis und der lateral liegenden Articulatio calcaneocuboidea. Das innere Gelenk ist ein Teil des vorderen Sprunggelenkes,
während das äußere Gelenk seine eigene Gelenkhöhle hat. Man beachte,
daß das Einwärts- oder Auswärtsdrehen der Zehen hauptsächlich vom
Hüftgelenk besorgt wird, während das Heben und Senken der Fuß-
ränder hauptsächlich in den Talocruralgelenken stattfindet.

Die Verkrümmung des Fußes. In der Regel teilt man die verschiedenen Formen derselben in vier Klassen ein, nämlich: 1. Talipes
equinus, 2. Talipes calcaneus, 3. Talipes varus, 4. Talipes valgus. Aus
der Kombination dieser vier Haupttypen entstehen vier weitere Varie-
täten nämlich: Talipes equinovarus, Talipes equinovalgus, Talipes calcaneovarus und Talipes calcaneovalgus, entsprechend den vier Stellungen, welche der Fuß im Talotarsalgelenk einnimmt.

1. Talipes equinus (Spitzfuß, Pferdefuß). Bei dieser Mißbildung ist
die Ferse in die Höhe gezogen und der Kranke geht auf den Zehenballen.
Die in Kontraktionszustand befindlichen Muskeln sind diejenigen der
Waden, welche an der Achillessehne ansetzen. Die gelähmten Muskeln
sind die Extensoren des Fußes. Es findet sich hierbei eine Plantarflexion und deutliche Inversion des Fußes. In einem ausgesprochenen
derartigen Falle steht der Calcaneus stark in die Höhe, ja er kann unter
Umständen die Tibia berühren. Der Talus ist nach abwärts verlagert
und wölbt sich am Fußrücken hervor. Der Fuß nimmt immer mehr
eine Inversionsstellung an, bis zum Schlusse das Naviculare selbst das
Sustentaculum tali berühren kann. Die Ränder der Fußsohle sind in
der Regel stark kontrahiert.

2. Talipes calcaneus (Hackenfuß). Bei dieser Mißbildung sind
die Zehen in die Höhe gezogen, der Kranke läuft auf seiner Ferse. Die
in Kontraktionsstellung verharrenden Muskeln sind die Extensoren
am Unterschenkel. Der Calcaneus steht mehr vertikal, der Talus
nimmt eine so schräge Stellung ein, daß ein Teil seiner oberen Gelenkfläche nach rückwärts über die Tibia hinausragen kann.

3. Talipes varus (Klumpfuß). Diese Mißbildung ist sehr häufig.
Gewisse Charakteristika des fötalen Fußes werden in übertriebenem
Maße beibehalten. In einem hochgradigen Falle von angeborenem
Talipes varus finden sich dreierlei Deformitäten: 1. die Ferse ist durch
die an der Achillessehne inserierenden Muskeln in die Höhe gezogen;
2. durch die Kontraktion der Musculi tibiales anterior und posterior
ist der Fuß invertiert; 3. die Fußsohle hat sich durch das Schrumpfen
der Plantaraponeurose sowie der plantaren Bänder und durch die Kontraktionen des Musculus flexor digitorum longus zusammengezogen.
Der Hals des Talus ist verlängert und in stärkerem Maße nach ab- und
einwärts deflektiert, als der Norm entspricht. Beim Erwachsenen
steht das Collum tali unter einem Winkel von 10° nach einwärts von
der Achse des Körpers, beim Neugeborenen beträgt dieser Winkel 25°,

beim Talipes varus 50°. Das Navciulare ist nach auf- und einwärts verlagert, bis sein innerer Rand nicht selten den medialen Knöchel berührt. Die drei Ossa cuneiformia folgen dem Os naviculare, so daß das Os cuboideum im Tarsus am tiefsten liegt. Der äußere Rand des Os cuboideum bildet mit dem Calcaneus einen Winkel, die Sehne des Musculus peronaeus longus gleitet aus der Grube des Os cuboideum

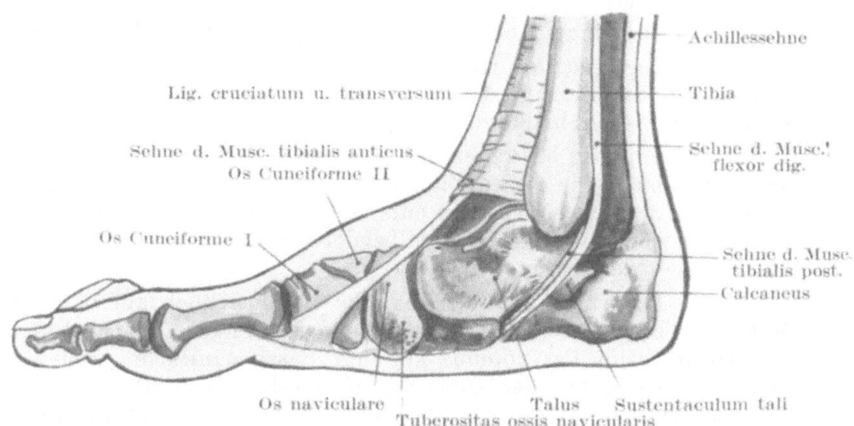

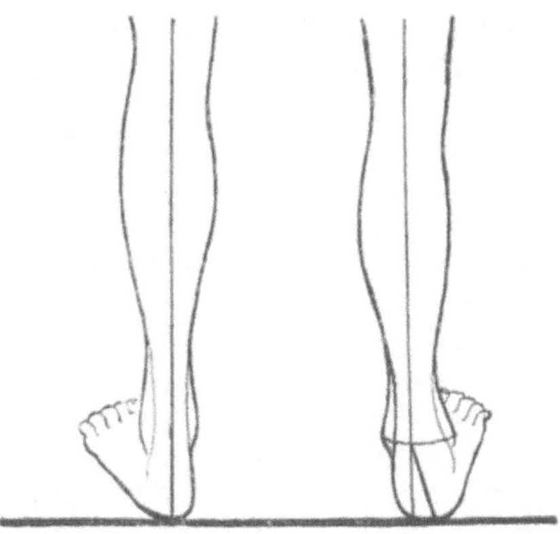

Abb. 139. Knickungswinkel an der Achillessehne bei Plattfuß nach Hübscher.

nach rückwärts und kommt auf den Calcaneus zu liegen. Der vordere Abschnitt des Ligamentum deltoideum ist stark kontrahiert und vorspringend, es besteht somit eine sehr deutliche Inversionsstellung.

4. Beim Talipes valgus (Plattfuß) (Abb. 139) steht der Fuß dauernd in Eversionsstellung. Die im Kontraktionszustand befindlichen Muskeln sind die beiden Musculi peronaei longus und brevis. In einem ausge-

28*

sprochenen Falle von angeborenem Plattfuß ist der Calcaneus etwas in die Höhe gehoben und der Talus etwas nach vorwärts und abwärts verlagert. Das Os naviculare ist derart gedreht, daß sein innerer Abschnitt nach abwärts, sein äußerer nach aufwärts sieht. Seine mediale Hälfte bildet einen der deutlichen Vorsprünge an der medialen Seite des Fußes, während der andere Vorsprung dem Talus entspricht. Das Os cuboideum ist etwas nach auswärts rotiert. Die Fußwölbung ist verstrichen und alle die Bandmassen sind gedehnt, welche das Fußgewölbe unterstützen und dessen Konturen erhalten sollten (Abb. 139).

Über die gemischten oder sekundären Formen dieser Verkrümmungen braucht nichts weiter gesagt zu werden. Sie entstehen aus einer Kombination der eben beschriebenen Formen.

Da sehr häufig bei diesen Mißbildungen durch die Belastung, welche auf einem nicht für diesen Zweck besonders geeigneten Teile der Fußsohle ruht, ernste Beschwerden entstehen, so muß man besonders darauf achten, welche Teile der Fußsohle bei den verschiedenen Verkrümmungen beim Gehen den Boden berühren.

Beim Pes varus geht der Kranke hauptsächlich auf dem fünften Metatarsalknochen; beim Pes valgus auf dem inneren Knöchel und dem Schiffbein; beim Pes equinus auf den Basen sämtlicher Zehen; beim Pes equinovarus auf der Basis der Kleinzehe; beim Pes equinovalgus auf der Basis der Großzehe; bei allen Formen des Pes calcaneus auf der Ferse. In Fällen von hochgradigen und besonders hartnäckigen Verkrümmungen des Fußes kann man Knochenkeile aus der Ferse herausmeißeln (Tarsektomie). So würde beim Pes equinovarus die Basis des Keils am lateralen Fußrande liegen und hauptsächlich aus dem Os cuboideum bestehen, seine Spitze dagegen am Os naviculare sich befinden.

Unter dem erworbenen Plattfuß versteht man eine Verkrümmung des Fußes, welche wahrscheinlich auf dem Nachgeben gewisser Bänder beruht, wobei die Wölbung des Fußes verloren geht und die Fußsohle mehr oder weniger flach ist. Dabei ist der Fuß gleichzeitig abduziert und sein äußerer Rand oft etwas in die Höhe gezogen, so daß der Kranke hauptsächlich auf der medialen Kante des Fußes geht. Diese Deformität findet sich bei solchen Personen, welche viel stehen müssen und ist die unmittelbare Folge einer Nachgiebigkeit derjenigen Muskeln, welche den Fuß in der Inversionsstellung halten — vor allem der Musculi tibiales anterior und posterior. Nur wenn diese Muskeln erschöpft sind und deshalb erschlaffen, werden die Bänder überlastet und geben nach, da es gleichsam als ein Gesetz gelten kann, daß die normale Belastung eines Gelenkes von den Muskeln getragen wird, während die Bänder nur dazu dienen, die Exkursionen der Bewegungen in Schranken zu halten. Das Ligamentum calcaneonaviculare plantare ist beim Stehen erschlafft; das Gewicht des Taluskopfes wird von dem Musculus tibialis posterior unterstützt (Abb. 139).

Wie allgemein bekannt ist, ermüden die Muskeln am Unterschenkel und Fuß viel schneller beim Stehen als beim Gehen, da beim Stehen die Muskeln, welche den Fuß invertieren, in einer Art tonischer Kontraktion sich befinden, während sie sich beim Gehen abwechselnd kontrahieren und wieder ausruhen. Deshalb ermüden bei solchen Personen, welche lange zu stehen genötigt sind, die Muskeln, welche die Inversion des Fußes bewirken, so vor allem der Musculus tibialis posterior; sie geben allmählich nach, das auf ihnen ruhende Körpergewicht lastet auf denjenigen Strukturen, welche die Eversion beschränken, so vor allem auf dem Ligamentum calcaneonaviculare plantare, auf welchem alsdann der Taluskopf ruht. Hat dieses Band das Körpergewicht zu tragen, so gibt es nach; der Taluskopf wird nach vorwärts, abwärts und einwärts gedrückt und die Folge davon ist, daß der Fuß unterhalb dieses Knochens hyperextendiert und nach außen gedreht wird. Der Kalkaneus gleitet nach einwärts, sein vorderes Ende ist nach abwärts gedrückt. Das Sustentaculum tali, der Taluskopf und die Tuberositas ossis navicularis wölben sich am inneren Fußrande hervor (Abb. 139) und können den Boden

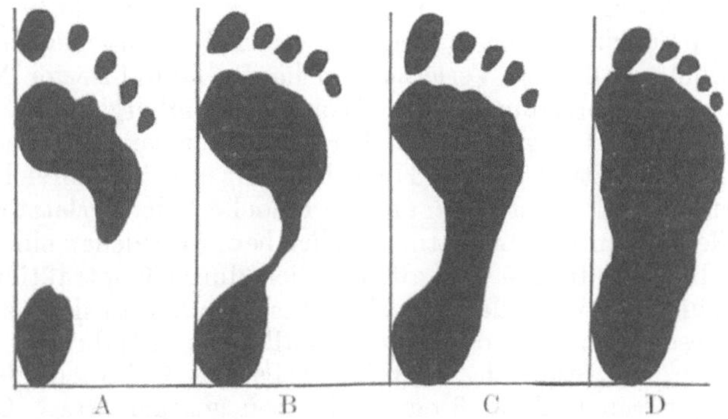

Abb. 140. Verschiedene Formen von Fußabdrücken.
A Normaler Fuß mit hoher Wölbung. B Normaler Fuß ebenfalls mit hoher Wölbung. C Normaler Fuß mit niedriger Wölbung. D Plattfuß.

berühren. Die langen und kurzen Bänder an der Fußsohle, die soviel zur Aufrechterhaltung des Fußgewölbes beitragen, geben mit der Zeit nach und ermöglichen so eine noch stärkere Abflachung. Auch das Ligamentum deltoideum wird gedehnt. Bei vernachlässigten Fällen von Plattfuß bleibt wegen der Gestaltsveränderung der Tarsalknochen und der Kontraktion der Bänder, welche durch die Verkrümmung erschlaffen, eine mehr oder weniger dauernde Distorsion bestehen. Die Ossa naviculare und cuneiforme I werden deutlich keilförmig mit ihren Spitzen gegen den Fußrücken gerichtet. Da der Fuß abduziert und der äußere Fußrand etwas vom Boden absteht, so erschlaffen und verkürzen sich die Musculi peronaei und tragen auch ihrerseits noch zu dem bleibenden Zustand der Verkrümmung bei. Ferner besteht bisweilen an der Achillessehne, wie an der Abb. 139 unten zu erkennen ist, eine deutliche Abknickung der Fußachse. Es ist natürlich leicht verständlich, daß diese abnorme Belastung der tarsalen Knochen und Gelenke häufig genug beträchtliche Schmerzen verursacht. Die Wadenmuskulatur atrophiert, da das Fußgewölbe seine Spannung verloren hat und das Körpergewicht nicht länger zu tragen imstande ist.

Abdrücke normaler Füße haben sehr verschiedene Formen. Lovett ist der Ansicht, daß diejenigen Füße, welche nur mit zwei Stellen der Sohle den Boden berühren — hinten mit der Ferse und vorne mit dem Zehenballen — am ehesten unter der Last des Körpers nachgeben. Beim Plattfuß berührt auch der mediale Fußrand den Boden, so daß der Bezirk zwischen Ferse, Ballen und äußerem Fußrand, welcher bei einem normalen Abdruck frei bleibt, teilweise oder ganz ausgefüllt wird (Abb. 140).

Es sei bemerkt, daß die Articulatio tarsi transversa, welche bei dieser Deformität so besonders in Mitleidenschaft gezogen ist, von den Nervi peronaeus profundus, musculo-cutaneus und plantaris lateralis versorgt wird.

Die **Knochen des Tarsus** frakturieren wegen ihrer spongiösen Struktur bei direkter Gewalteinwirkung leicht. Da die Weichteile, welche diese Knochen am Fußrücken bedecken, nur spärlich vorhanden sind, so ist es verständlich, daß diese Verletzungen häufig komplizierter Natur sind und mit starken Zerreißungen der Weichteile einhergehen.

Der am häufigsten gebrochene Tarsalknochen ist der Calcaneus. Er kann durch einen Sturz auf die Ferse brechen und in zahlreichen Fällen eines derartigen Unfalls ist er der einzige Knochen, der verletzt ist. Einige wenige Fälle sind in der Literatur beschrieben, in welchen ein Bruch des Calcaneus durch indirekte Gewalt, nämlich durch Kontraktion der mittelst der Achillessehne an den Knochen ansetzenden Muskeln entstanden war. So beschreibt A. Cooper den Fall einer 42 jährigen Frau, bei welcher ein großes Stück des hinteren Teils des Calcaneus durch diese Muskeln abgerissen und ca. 6 cm nach oben gezogen war. Der Unfall ereignete sich, als die Frau sich den Fuß übertrat. Abel hat drei Fälle von Fraktur des Sustentaculum tali gesammelt. Er ist der Ansicht, daß diese Verletzung durch einen Sturz auf die Fußsohle oder durch extremste Inversion des Fußes entstehen kann, wobei der Talus kräftig gegen diesen Knochenvorsprung angepreßt wird.

Der Talus allein kann durch einen Fall auf die Füße brechen, meistens bricht der Calcaneus aber dabei ebenfalls. Jedoch muß bemerkt werden, daß bei einem Fall auf die Füße die Unterschenkelknochen viel häufiger frakturieren, als die Knochen des Tarsus, die auf diese beiden ersten Knochen das Körpergewicht direkt übertragen, während dieses Gewicht stark verteilt wird, wenn es durch den Fuß mit seinen zahlreichen Knochen und Gelenken geht.

Die Metatarsalknochen und Phalangen werden fast stets durch direkte Gewalt gebrochen. Ich hatte jedoch im London-Hospital einen Mann in Behandlung, welcher durch einfaches Heruntergleiten vom Rande des Bürgersteigs die Diaphysen der drei lateralen Metatarsalknochen gebrochen hatte. Seit der Einführung der Röntgenstrahlen als einem diagnostischen Hilfsmittel, ergab sich jedoch, daß Brüche der Metatarsalknochen und vor allem des fünften sowie solche der Phalangen, sich nicht selten finden und oft durch eine Bewegung oder einen Unfall bedingt sind, welcher als gänzlich ungenügend erscheint, um solche Verletzungen zu bewirken, wie z. B. die sog. Fußgeschwulst der Soldaten, die unter anderem durch Marschieren auf unebenem Boden entstehen kann.

Was die noch nicht besprochenen Luxationen des Fußes anlangt, so sei erwähnt, daß das **Os cuboideum** allein nie luxiert ist. Walker beschreibt eine isolierte Luxation des **Os naviculare,** wobei dieser Knochen vollständig aus dem Zusammenhang mit dem Talus und den Ossa cuneiformia losgelöst wurde. Der Unfall entstand durch das Aufspringen auf den Zehenballen beim Seilspringen und der kleine Knochen wölbte sich am Fußrücken vor. Bryant erwähnt einen Fall von Luxation des Os naviculare nach einwärts. In der Regel ist dieser Knochen aber im Zusammenhang mit dem Talus disloziert.

Von den Ossa cuneiformia ist das mediale allein am häufigsten luxiert. Die Ansatzstelle der Sehnen der Musculi tibialis anticus und peronaeus longus am Os cuneiforme I und am Metatarsalknochen veranlassen den letzten Knochen häufig, bei einer Luxation des tarsalen Knochens ihm zu folgen. Luke hat einen Fall von unvollständiger Luxation aller drei Ossa cuneiformia nach oben beschrieben; auch sind wenigstens drei Fälle von Luxation des medialen Os cuneiforme nach aufwärts und rückwärts zusammen mit einer gleichen Luxation sämtlicher Metatarsalknochen bekannt.

Die **Verknöcherung des Tarsus.** Bei der Geburt ist der Tarsus im großen und ganzen knorplig. Die Verknöcherung beginnt im Calcaneus im sechsten Monat und im Talus im siebenten Monat des Fötallebens. Der Knochenkern für das Os cuboideum erscheint mit der Geburt, für das Os naviculare, den Knochen, welcher am spätesten ossifiziert, im dritten Lebensjahr. Jedoch ist die Verknöcherung vor den Pubertätsjahren nicht abgeschlossen. Wie die Epiphysen der langen Röhrenknochen, so sind auch die Tarsalknochen vollständig knorplig vorgebildet, ohne daß das Periost zur Knochenbildung herangezogen wird. Daher ist es möglich, wie Oxton gezeigt hat, die Kerne der Tarsalknochen bei Kindern, welche an Klumpfuß leiden, auszuschälen und durch erneute Modellierung der zurückbleibenden knorpligen Kapsel neue Verknöcherungen von normaler Form zu erhalten.

Eine **Luxation der proximalen Phalanx der großen Zehe** ist oft sehr schwer zu reponieren, geradeso wie die gleiche Verletzung des Daumens. Handelt es sich um eine Luxation nach dem Fußrücken zu, so hängt die Schwierigkeit der Reposition wohl mit den Sesambeinen zusammen, welche an der plantaren Seite in die Gelenkkapsel der Articulatio metatarsophalangea I eingebettet sind. „Wie die Bandscheiben, so sind auch die Sesambeine mit der Phalanx in viel engerer Verbindung, als mit dem Metatarsale und werden deshalb abgerissen und hinter den Kopf des Metatarsalknochens verlagert; oder aber können die Sesambeinchen ihre Verbindungen mit den seitlichen Gelenksbändern wie auch mit den Sehnen der kurzen Beuger behalten, werden aber voneinander gedrängt und geben auf diese Weise dem Kopf des Metatarsale

Gelegenheit, nach vorwärts zu wandern und so in einem Knopfloch zwischen ihnen festgeklemmt zu werden" (H. Morris).

Eine partielle Luxation der proximalen Phalanx der großen Zehe nach auswärts auf den Kopf des entsprechenden Os metatarsale ist unter dem Namen „Hallux valgus" bekannt. Der mediale Abschnitt der Gelenkkapsel ist dabei verlängert, der laterale verkürzt. Beim „Hallux rigidus" ist dieses Gelenk leicht flektiert und wahrscheinlich auf Grund einer reflektorischen Kontraktion des M. flexor hallucis brevis fixiert.

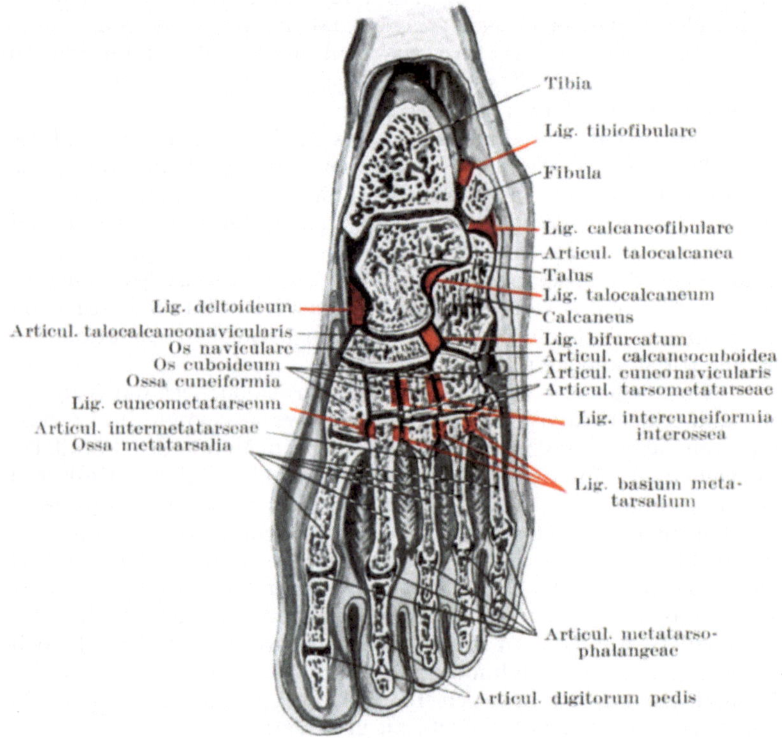

Abb. 141. Fußgelenke. Die Bänder sind rot eingezeichnet.

Die zweite Zehe ist in der Regel länger als die übrigen und ist der Lieblingssitz der sogenannten Hammerzehe. Hierbei ist die proximale Phalanx extendiert, die Mittelphalanx kräftig flektiert. Diese Hammerzehe ist in der Regel eine angeborene Mißbildung und wahrscheinlich durch die Schrumpfung des seitlichen Kapselabschnittes und des Gelenkknorpels des proximalen Interphalangealgelenkes bedingt. Die Extensorensehne ist dabei ebenfalls geschrumpft.

Das obere Sprunggelenk ausgenommen, finden sich am Fuße 6 Gelenkhöhlen und zwar: Die Articulationes talocalcanea, talonaviculasir, calcaneocuboidea, intertarseae, tarsometatarseae und inter-

metatarseae des Os naviculare einerseits, sowie der Ossa cuneiformia I,
2, 3 des Os cuboideum und der Ossa metatarsea 2 und 3 andererseits,
ferner die Articulationes tarsometatarseae 4 und 5, sowie die Articulatio
tarsometatarsea 1 (Abb. 141). Diese Gelenkhöhlen tragen sehr dazu
bei, die Erkrankung eines Knochens auf die anderen Knochen zu
übertragen. Die am wenigsten gefährliche Stelle für eine Knochen-

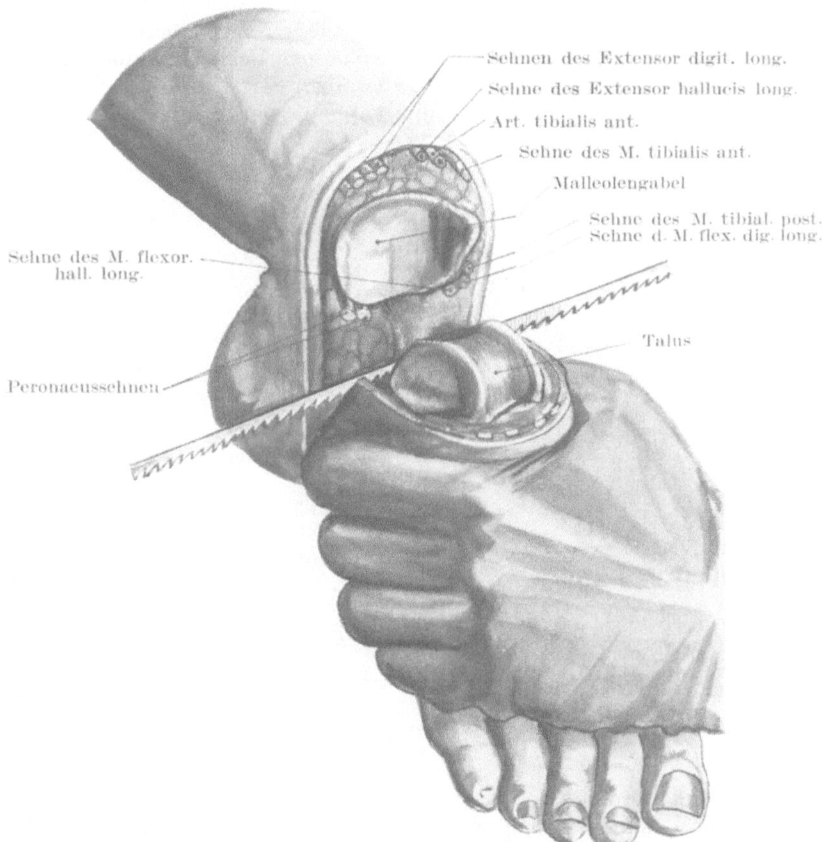

Abb. 142. Pirogoffsche Operation. I. Durchsägung des Calcaneus.

erkrankung, soweit ihre weitere Ausbreitung in Betracht kommt, sind
demnach die hinteren Abschnitte des Kalkaneus oder Talus, während
die gefährlichste Stelle das Os naviculare ist.

Die Exarticulatio pedis (Syme). Dieselbe wird heutzutage
in ihrer ursprünglichen Form kaum mehr ausgeführt. An Stelle des von
Syme gebildeten Fersenlappens empfiehlt es sich, entweder mittelst
des Rakettschnittes von Faraboeuf einen Plantarlappen zu bilden

oder den Wellenschnitt von Guyon anzuwenden. Der Symeschen Exartikulation weit vorzuziehen ist aber die Amputatio pedis osteoplastica nach Pirogoff (Abb. 142 u. 143).

Bei der Amputatio pedis osteoplastica, von welcher Pirogoff selbst sagte, daß sie die beste Modifikation der Pirogoffschen Operation sei, werden im vorderen Hautlappen dieselben Gebilde durchtrennt, wie bei der Symeschen Operation, nämlich: Haut, Mm. tibialis anterior, extensor digitorum longus, extensor hallucis longus, peronaeus tertius, Vasa tibialia anteriora mit dem Nervus peronaeus profundus, Nervi musculocutaneus und saphenus, Vena saphena magna. Im Fußsohlenlappen werden ebenfalls dieselben Strukturen durchtrennt, wie beim Syme, nämlich: Haut, Vena saphena parva mit dem Nervus

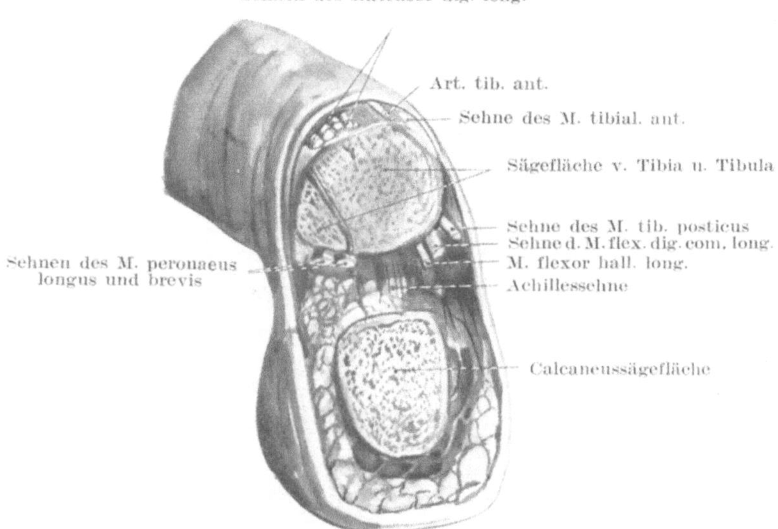

Abb. **143.** Pirogoffsche Operation II.

suralis, Musculi peronaei longus und brevis, flexor hallucis longus mit Ausnahme der Achillessehne, welche nicht durchtrennt wird. Ferner werden die Musculi flexor digitorum brevis, abductor hallucis, abductor digiti V, sowie quadratus plantae ausgiebig durchschnitten und die Plantargefäße weiter von der Teilungsstelle entfernt durchtrennt.

Die **Exarticulatio intertarsea posterior** (Abb. 144) (Chopartsche Operation) ist eine Exartikulation in der Articulatio tarsi transversa. Im dorsalen Lappen werden durchtrennt: Haut, Musculi extensor digitorum longus und brevis, extensor hallucis longus und brevis, tibialis anterior, peronaeus tertius und brevis, Nervi musculocutaneus, peronaeus profundus, saphenus, suralis, Arteria dorsalis pedis mit dem Arcus venosus dorsalis pedis. Im Plantarlappen werden durchschnitten: Haut, Aponeurosis plantaris, Musculi flexor digitorum brevis, adductores hallucis und digiti V, quadratus plantae, sowie die Sehne des Musculus tibialis posterior. Wird der Lappen gut freipräpariert, so liegen in demselben Teile der Musculi flexores breves hallucis und digiti V, die Musculi abductor hallucis und quadratus plantae, ferner die Sehnen der Musculi flexor digitorum longus und hallucis longus, peronaeus longus, sowie die Vasa plantaria und Nervi plantares medialis und lateralis. Die Sehnen der Extensoren (Musculi tibialis anterior, peronaeus tertius, extensor digitorum longus) werden nach Beendigung der Exartikulation bei rechtwinkliger Stellung des Fußes auf dem Fußrücken an dem Periostkapsel-

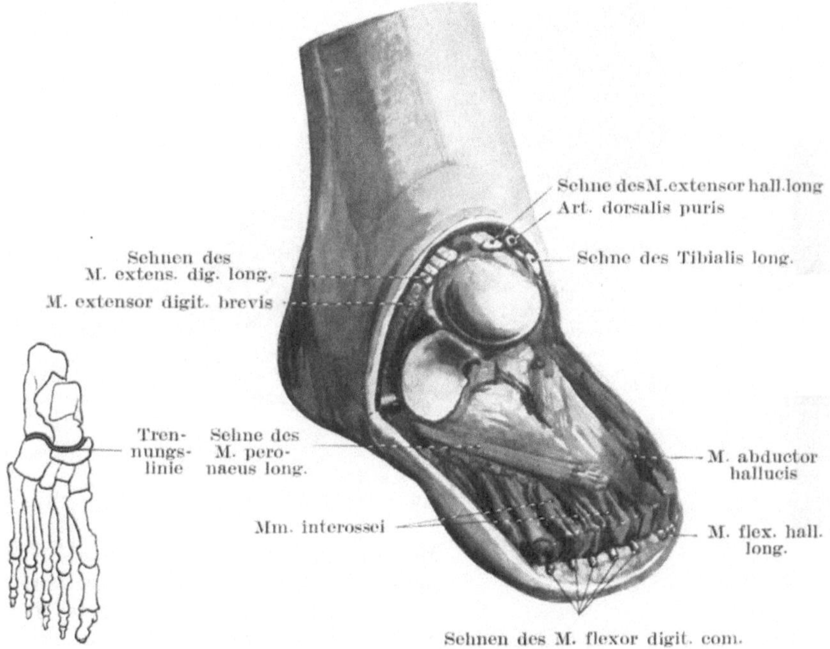

Abb. 144. Chopartsche Operation.

lappen angenäht, um dadurch einer Equinusstellung des Fußes sowie Dekubitalgeschwüren am vorderen unteren Umfang des Calcaneus vorzubeugen (Kocher).

Exarticulatio tarsometatarsea (Lisfranc) (Abb. 145). Im Dorsallappen werden dieselben Gebilde durchtrennt, wie bei der Chopartschen Absetzung des Fußes, ebenso im Plantarlappen mit der Ausnahme, daß der Musculus quadratus plantae und die Sehne des Musculus tibialis posterior verschont bleiben. Die Gelenklinien zwischen den drei lateralen Metatarsalknochen und den ihnen gegenüberliegenden Tarsalknochen (Cuboid, Cuneiformia III und II) bilden eine hinlänglich gerade Linie, die durch

das Messer in einem Schnitte durchtrennt werden kann, wenn die Klinge
einmal ins Gelenk eingedrungen ist. Auch das Gelenk zwischen erstem

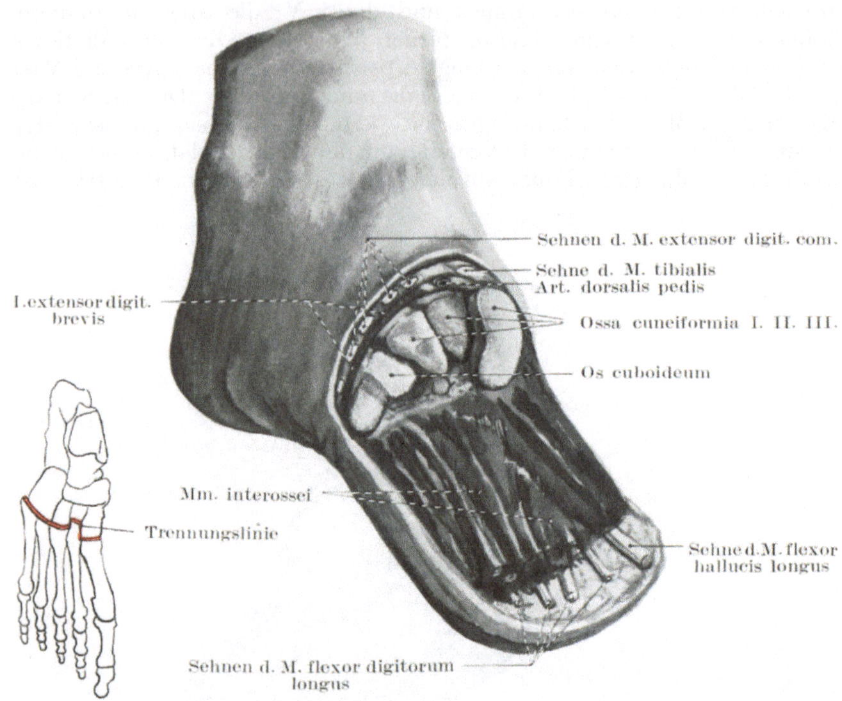

Abb. 145.   Lisfrancsche Operation.

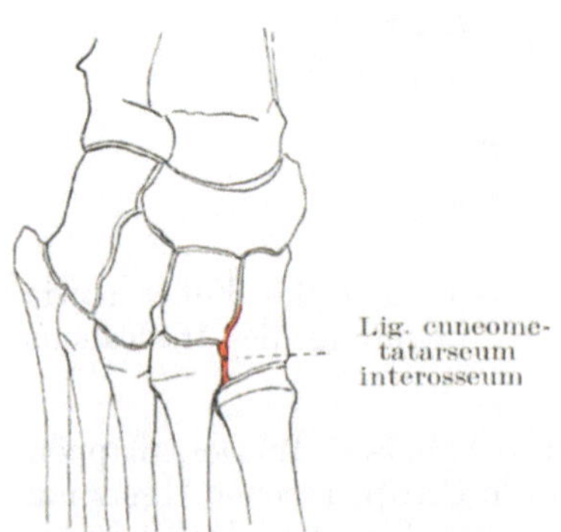

Abb. 146.   Lisfrancsches Band.

Metatarsale und erstem Cuneiforme
bildet eine gerade Linie und ist leicht
zu eröffnen. Der schwierigste Teil
der Exartikulation betrifft die Trennung des zweiten Metatarsalknochens,
welcher tief zwischen Cuneiforme
I und III liegt. Die stärkste Verbindung dieses Metatarsalknochens
mit den Tarsalknochen besteht in
einem festen Bande, welches zwischen
ihm und dem medialen Cuneiforme
liegt (Ligamentum cuneo-metatar-
seum interosseum)(Abb.146). Um dieses
Band zu durchtrennen, muß das Messer
in schräger Richtung von der late-
ralen Seite her am Fußrücken zwischen Os metatarsale II und Cuneiforme I eingestoßen werden.

Bei der **Exarticulatio sub talo** wird der Fuß in den Articulationes talo-navicularis und talo-calcanea abgesetzt, so daß nur der Talus zurückbleibt, welcher als Spitze des (vorzüglich tragfähigen) Stumpfes dient.

Die **Nervenversorgung der unteren Extremität** (Abb. 147 u. 148). Lähmungen der unteren Extremitäten sind häufig; ihre Ursachen liegen häufiger in dem Rückenmark selbst als in irgend einem einzelnen Nerven. Allein es gibt genügend Fälle, in welchen nur ein einzelner Nervenstamm

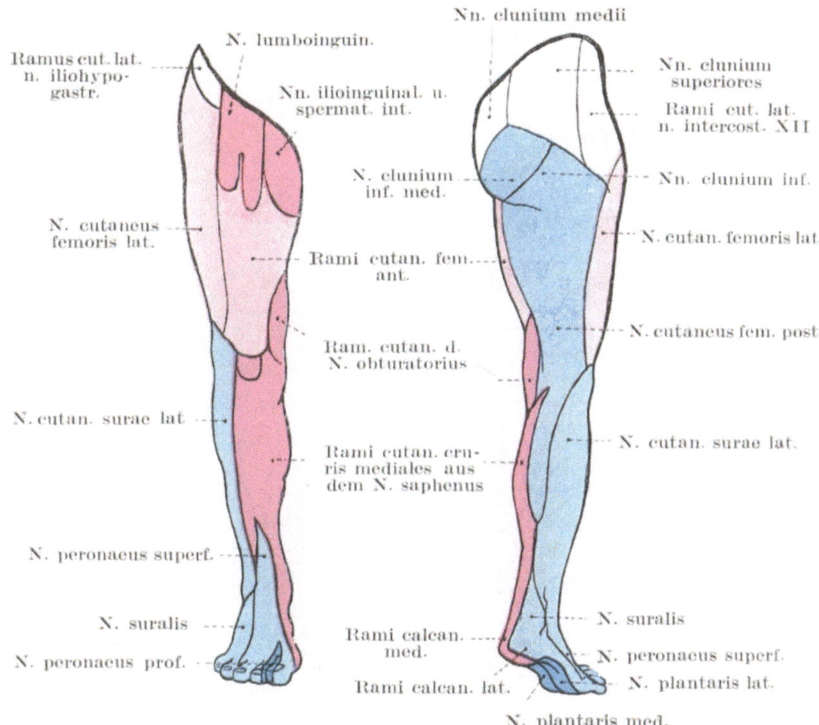

Abb. 147.   Hautnervenausbreitung am Bein.

verletzt oder erkrankt ist und wo sich demzufolge nur eine partielle Lähmung findet.

Eine **Lähmung des Nervus femoralis** entsteht durch Verletzungen des untersten Abschnittes der Wirbelsäule, welche die Cauda equina mitbetreffen, durch Beckenfrakturen, Beckenabszesse, Psoasabszesse, Frakturen und Luxationen des Femur, sowie Stichverletzungen in der Schenkelbeuge. Bei dieser Lähmung ist der Kranke außerstande, das Hüftgelenk zu beugen oder sich aus der Rückenlage ohne Hilfe aufzurichten (Musculus iliopsoas). Die Adduktoren des Oberschenkels können eine Wirkung der Flexoren vortäuschen, sieht man aber genauer

zu, so flektieren sie nicht nur den Oberschenkel, sondern adduzieren
und rotieren ihn vor allem. Die Fähigkeit das Bein im Knie zu strecken
ist verloren gegangen (Musculus quadriceps); die Tätigkeit des Musculus
sartorius ist erloschen, die des Musculus pectineus gestört. Die Sensibilität ist in den Teilen gestört, welche von den Rami cutanei femoris anteriores
(Haut der Vorderfläche und den medialen Flächen des Oberschenkels
bis zum Knie), vom Ramus infrapatellaris des Nervus saphenus (Haut
an der medialen Seite des Knies und der angrenzenden Hautabschnitte
des Unterschenkels) und von den Nervi cutanei cruris mediales des Nervus
saphenus (Haut der medialen und vorderen Fläche des Unterschenkels,
sowie des medialen Abschnittes der Wade) versorgt werden.

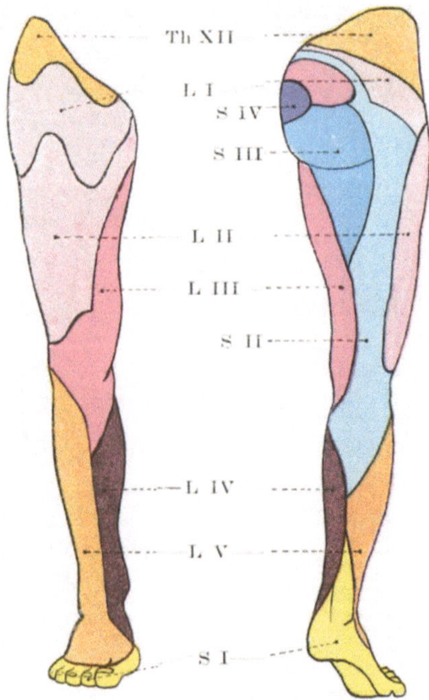

Abb. 148. Hautnerven auf die Rückenmarkssegmente bezogen.

Eine **Lähmung des Nervus obturatorius** allein ist ein seltener Befund,
gewöhnlich findet sich dabei noch eine Lähmung des Nervus femoralis.
Sie kann durch den Druck einer Hernia obturatoria, sowie durch Einwirkung des kindlichen Schädels während seines Durchtritts durch das
Becken entstehen. Die gelähmten Muskeln sind die Musculi adductores,
gracilis, obturator externus. Der Kranke kann bei einer solchen Lähmung die Knie nicht aneinander pressen oder die Beine kreuzen, die
Auswärtsrotation ist erschwert, die Sensibilität ist nur in der Haut,
der medialen Seite des Oberschenkels gestört, soweit sie vom Ramus
cutaneus dieses Nerven versorgt wird.

Die **Lähmung des Nervus tibialis.** Der Knöchel und die Zehen können nicht gebeugt werden (Musculi flexor digitorum longus, flexor hallucis longus, tibialis posterior, gastrocnemius und soleus). Der Kranke kann nicht auf den Zehen stehen, da die beiden letztgenannten Muskeln funktionsuntüchtig sind. Die Inversion des Fußes (Musculus tibialis posterior) sowie die Seitwärtsbewegung der Zehen kann nicht ausgeführt werden, da alle kleine Muskeln der Fußsohle gelähmt sind. Sensibilitätsstörungen finden sich vor allem an der Fußsohle, der plantaren Seite der Zehen und teilweise an der unteren Hälfte der Haut der Waden. Der Nervus plantaris medialis entspricht dem Nervus medianus an der Hand, der Nervus plantaris lateralis dem Nervus ulnaris.

Bei einer **Lähmung des Nervus peronaeus communis** sind die Muskeln an der Vorderseite des Unterschenkels außer Funktion. Der Fuß hängt schlaff herab, beim Gehen streifen die Zehen den Boden. Der Fuß kann weder dorsoflektiert noch evertiert werden (Musculus extensor digitorum longus, extensor hallucis longus, peronaei). Die Adduktion ist mangelhaft, da der Musculus tibialis anterior gelähmt ist. Eine Streckung ist nur in geringem Grade durch die Nervi interossei möglich. Das Fußgewölbe flacht sich ab, da der Musculus peronaeus longus nicht mehr als dessen Stütze wirkt. Anästhetische Hautbezirke finden sich an der Vorderseite und Außenseite des Unterschenkels und auf dem Fußrücken (Nervus peronaeus superficialis), sowie in der Haut der Wade (Ramus anastomoticus peronaeus des Nervus cutaneus surae lateralis + Nervus cutaneus surae medialis des Nervus tibialis; sie bilden zusammen den Nervus suralis).

Die zu einem bestimmten Muskel ziehenden Nervenfasern verlaufen nicht in einem einzigen Nervenstrang, abgesehen von der Stelle, an welcher sie den Hauptstamm verlassen; so kann ein Nervenstrang, wie z. B. der Nervus tibialis teilweise durchtrennt sein, ohne eine äußerlich sichtbare Wirkung. Diesen Umstand macht man sich in Fällen von Kinderlähmung vorteilhafterweise zunutze. In einem solchen Falle, in welchem z. B. der Nervus peronaeus communis gelähmt ist, kann die Tätigkeit der Extensoren wiederhergestellt werden, indem man diesen Nerven mit einem vom Nervus tibialis teilweise abgetrennten Nervenstückchen vernäht.

Ist der **Nervus ischiadicus gelähmt,** so besteht außer dem Funktionsausfalle der beiden letzten vorhergehenden Muskeln die Unmöglichkeit das Kniegelenk zu beugen (Lähmung der Musculi biceps femoris, semitendinosus, semimembranosus), während die Rotation des Beins durch die Schwäche der Musculi quadriceps und adductor internus erschwert ist. Sherren hat gezeigt, daß in solchen Fällen das Knie doch noch mit Hilfe des Musculus gracilis (vom Nervus obturatorius versorgt) gebeugt werden kann und daß die Fußsohle nur teilweise anästhetisch ist.

Eine Kenntnis der **Rückenmarkssegmente, aus welchen die Nerven der unteren Extremität** entspringen, setzt häufig den Chirurgen in die Lage, gewisse Läsionen mehr oder weniger genau lokalisieren zu können. Die Ausschaltung einer Nervenwurzel, wie sie bei einer Fraktur der

Wirbelsäule oder durch Zerstörung ihres spinalen Zentrums entstehen kann, verursacht eine Lähmung einer bestimmten Muskelgruppe, sowie eine Anästhesie gewisser Hautbezirke. Die lumbalen und sakralen Rückenmarkssegmente, welche die Haut der unteren Extremität versorgen, innervieren nach Kocher auch folgende Muskelgruppen (Abb. 148): drittes Lumbalsegment: Musculi psoas, iliacus, pectineus, sartorius und adductores; viertes Lumbalsegment: Musculus quadriceps femoris; fünftes Lumbalsegment: Musculi glutaeus medius und minimus, tensor fasciae latae, biceps femoris, semitendinosus und semimembranosus, gracilis; erstes Sakralsegment: Musculi glutaeus maximus, die kurzen Auswärtsroller des Hüftgelenks, peronaei, die Extensoren der Zehen und Flexoren am Unterschenkel; zweites Sakralsegment: Musculi gastrocnemius, soleus, die langen Flexoren der Zehen und Extensoren am Unterschenkel, sowie die Muskeln der Fußsohle.

VI. Teil.

Die Wirbelsäule und das Rückenmark.

26. Die Wirbelsäule.

Die Wirbelsäule (Columna vertebralis) vereinigt in einer merkwürdigen Weise sehr verschiedene und komplizierte Funktionen. Sie dient dem Körper als der zentrale Pfeiler, welcher das Gewicht des Schädels trägt. Sie vereinigt die oberen Segmente des Körpers mit den unteren; an ihr setzen die Rippen an. Sie hat die Fähigkeit Schockwirkungen, welche von den verschiedensten Stellen des Körpers auf sie übertragen werden, abzuschwächen. Sie ermöglicht in einer wundervollen Art und Weise eine Anzahl der kompliziertesten Bewegungen und bildet schließlich ein solides Rohr, in welchem das Rückenmark sich findet.

Einen großen Teil ihrer Elastizität und ihrer Fähigkeit, die verschiedensten auf sie einwirkenden Kräfte zu zersplittern, verdankt sie ihren **Krümmungen.** Von den vier Krümmungen der Wirbelsäule sind zwei, die dorsale und sakrale primär und durch die Bildung der Brust- und Beckenhöhle bedingt, deren Form hauptsächlich von der Gestalt der Knochen abhängt. Die beiden anderen Krümmungen, die zervikale und lumbale sind kompensatorisch entstanden und hauptsächlich durch die Gestalt der Zwischenwirbelscheiben bedingt. Die dorsale und sakrale Biegung treten während des Fötallebens auf, die lumbale und zervikale dagegen nach der Geburt, sobald die aufrechte Körperhaltung angenommen wird. Die kindliche Wirbelsäule erscheint gerade. Die einzige deutliche Krümmung am Rücken eines kleinen Kindes ist eine gleichmäßige Biegung nach rückwärts, eine Kyphose. Wird das Kind zum ersten Male ermutigt, aufrecht zu sitzen, so ist dies die Kontur der Wirbelsäule; bei schwächlichen und hauptsächlich bei rachitischen Kindern ist diese Krümmung oft besonders deutlich. Die Fibrocartilagines intervertebrales bilden in einer Anzahl von 23 fast $^1/_4$ der Gesamtlänge der Wirbelsäule. Entfernt man diese Bandscheiben und setzt die getrockneten Wirbelkörper wieder zur Wirbelsäule zusammen, so verschwindet die zervikale und lumbale Krümmung so gut wie vollständig und die Wirbelsäule zeigt eine einzige große Krümmung, deren Konkavität nach vorwärts liegt und deren am meisten vorspringende Stelle einem Punkte entspricht, welcher unmittelbar unter der Mitte des Dorsalteils derselben sich befindet. Ähnlich ist die Krümmung der Wirbelsäule im Alter, wahrscheinlich zum nicht geringsten Teile durch das Schrumpfen der Bandscheiben bedingt.

Durch diese Zwischenwirbelscheiben ist in der Hauptsache die **Beweglichkeit der Wirbelsäule** ermöglicht; wie man sich davon überzeugen kann, sind die faserknorpligen Scheiben an den Stellen am kräftigsten entwickelt, welchen die größte Beweglichkeit eigen ist. Auch dienen sie als Federn, welche der Wirbelsäule ihre Elastizität verleihen, während sie gleichzeitig als Puffer dienen, um die Wirkungen auf die Wirbelsäule übertragener Erschütterungen abzuschwächen.

Obgleich die zwischen zwei einzelnen Wirbeln mögliche Bewegung keineswegs groß ist, so ist doch die Beweglichkeit der Wirbelsäule in ihrer Gesamtheit eine erstaunliche. Während seitliche Bewegungen, sowie Flexion und Extension in der Dorsalgegend beschränkt sind, sind Rotationsbewegungen in hohem Grade möglich; deshalb ist eine Skoliose der Wirbelsäule in dieser Gegend am ausgesprochensten. Vor- und Rückwärts- sowie Seitwärtsbewegungen können am ungehindertsten in der Zervikal-, Dorsolumbal- und Lumbalgegend ausgeführt werden. Vom chirurgischen Standpunkte aus liegt die schwächste Stelle der Wirbelsäule zwischen dem neunten Brust- und dritten Lendenwirbel. Hier sind die seitlichen Bewegungen, wie auch Flexion und Extension am ausgiebigsten; oberhalb dieser Stelle wird die Wirbelsäule vom Thorax gestützt; unterhalb derselben sind die Bandscheiben größer und kräftiger, die stützenden Bänder und Muskeln stärker entwickelt.

Man kann nicht oft genug und nicht deutlich genug darauf hinweisen, daß die Muskeln des Rückens und des Rumpfes die einzigen Faktoren sind, welche die **Wirbelsäule in ihrer aufrechten Lage halten.** In dem Augenblick, in welchem sie außer Funktion treten, verliert die Wirbelsäule ihre relative Starrheit und kollabiert. Alle vier Muskelgruppen, welche auf die Wirbelsäule einwirken, kommen in Betracht: Die Extensoren (Musculus sacrospinalis); die Flexoren (Musculi rectus abdominis, longus colli, psoas); die Seitwärtsbeuger (Musculi sacrospinalis, quadratus lumborum, obliquus abdominis externus und internus, intercostales, levatores costarum); die Rotatoren (Musculi obliquus abdominis externus und internus, multifidus, semispinalis, intercostales und levatores costarum). Durch diese Muskeln werden die Wirbelkörper auf ihren Intervertebralscheiben, einer über dem anderen, im Gleichgewicht gehalten. Die Bandapparate sind erschlafft und die Flächen der Gelenkvorsprünge berühren sich nur leicht. Ermüden die Muskeln allmählich, so kann man sich eine geringe Erholung dadurch verschaffen, daß man die Wirbelsäule etwas rotiert und nach der Seite biegt. Dadurch kommen die Gelenkfortsätze in enge Berührung miteinander, die Bänder spannen sich etwas an und ein gewisser Grad von passiver Unterstützung wird dadurch erreicht. Schulkinder z. B., welche eine Zeitlang aufrecht dagesessen sind, legen einen Arm auf den Schultisch und drehen den Körper, bis die Wirbelkörper teilweise eng miteinander in Berührung sind. In dieser Stellung ruhen die Muskeln aus, allein „gewöhnt man sich zu sehr an diese Stellung", dann verlieren die Muskeln ihre Kraft und die Wirbelsäule kann dauernd eine teilweise Skoliose-stellung einnehmen.

Skoliosis. Nur bei sehr wenigen Menschen liegen die Dornfortsätze der einzelnen Wirbel am Rücken in einer vollständig geraden vertikalen Linie. In der Regel findet sich ein leichter Grad von seitlicher Verkrümmung. Steht das Becken in seitlicher Neigung, wie z. B. bei ungleich langen Beinen, so entsteht eine kompensatorische seitliche Krümmung. Bei der Skoliose ist die seitliche Krümmung mit einer Drehung der Wirbelkörper in der Weise kombiniert, daß die Dornfortsätze nach der einen, die Wirbelkörper nach der anderen Seite des Körpers sich drehen. Es handelt sich hierbei um eine Erkrankung des heranwachsenden Alters, deren Ursache in einer Schwäche der Rückenmuskulatur liegt, welche nicht imstande ist, die Wirbelkörper in der für die aufrechte Haltung notwendigen Lage zu halten. Jeder Wirbelkörper besitzt drei Hebel, einen hinteren (Processus spinosus) und zwei seitliche (Processus laterales und die entsprechenden Rippen). Der Musculus sacrospinalis greift an den seitlichen Hebeln an, der Musculus multifidus sowie die Muskeln für die obere Extremität am hinteren Hebel. Durch geeignete Übungen können die Muskeln so trainiert werden, daß sie die Wirbelkörper in ihrer normalen Lage halten oder zur normalen Lage zurückbringen können. Die Rippen dienen als die mächtigsten Hebel an der Wirbelsäule; bei gymnastischen Übungen zum Zwecke der Ausgleichung von Wirbelsäulenverkrümmungen muß man dies im Auge behalten. Alle Atemmuskeln greifen indirekt durch die costalen Hebelarme an der Wirbelsäule an; daher sind Atembewegungen für die Behandlung derartiger Wirbelsäulendeformitäten sehr angezeigt. Halls Dally hat gezeigt, daß bei allen Arten von Atembewegungen und vor allem bei forcierter Atmung die Wirbelsäule sich stets mitbewegt.

Zerrungen der Wirbelsäule. Die zahlreichen Gelenke und Bänder und die verschiedenartigsten, zum Teil sehr ausgedehnten Bewegungen, welche die Wirbelsäule auszuführen hat, bewirken nicht selten Zerrungen derselben. Diese Verletzungen können jedoch nicht sehr ausgedehnte sein, da die einzelnen Wirbel so eng miteinander artikulieren, daß jede Gewalt, die groß genug ist, um andere als leichte Zerrungen der Bänder zu verursachen, am ehesten eine Fraktur oder Luxation der Knochen bewirkt.

Zerrungen finden sich am häufigsten in den zervikalen und lumbalen Abschnitten der Wirbelsäule. Diese Lokalisation hängt von der Beweglichkeit dieser Teile, sowie deren Bestreben ab, jede auf sie übertragene Gewalt aufzuteilen und zu zerstreuen. Denn, das sei bemerkt, je umschriebener ein Trauma einwirkt, um so eher entsteht eine Fraktur oder Luxation und keine Zerrung.

In der Zervikalgegend ist durch die nahe Gelenkverbindung der Wirbelsäule mit dem Schädel und der daraus resultierenden Möglichkeit, daß jede auf den Schädel einwirkende Gewalt auf die Wirbelsäule übertragen wird, die Disposition zu Zerrungen eine größere. Seit der Einführung der Röntgenstrahlen erkannte man, daß zahlreiche Verletzungen, die früher nur für Wirbelsäulenzerrungen gehalten wurden, in Wirklichkeit Frakturen der Wirbelkörper oder des neuralen Bogens sind (Sherren).

Zerrungen der Wirbelsäule verlaufen nicht mit den äußeren Zeichen von Ekchymosen, da zwischen Haut und Columna vertebralis nicht nur zahlreiche Muskelschichten, sondern auch derbe Faszienausbreitungen sich finden.

Es ist schon bei der Beschreibung der Nieren darauf aufmerksam gemacht worden, daß Zerrungen in der Lendengegend, welche durch übermäßige Vorwärtsbeugung der Wirbelsäule entstehen, mit einer Schädigung der Nieren und einer sich anschließenden Hämaturie vergesellschaftet sein können.

Eine Rückenzerrung geht oft mit heftigen Schmerzen und einer beträchtlichen Steifigkeit einher, welche noch lange Zeit nach dem ursprünglichen Trauma sich bemerkbar·machen. Dies ist verständlich, wenn man bedenkt, daß die Wirbelsäule eine große Zahl getrennter Gelenke vorstellt, von denen jedes einen Gelenkknorpel, einen Schleimhautüberzug und Kapselbänder besitzt. Diese Gelenke haben keinerlei Eigenschaften, welche sie vor den gewöhnlichen Folgen von Zerrungen mehr oberflächlicher gelegener Gelenke schützen; es besteht deshalb wenig Zweifel, daß der lang anhaltende Schmerz und das Unbehagen häufig auf einer Entzündung der Wirbelsäulengelenke beruht. In seltenen Fällen kann aus einer serösen Synovitis sich eine eitrige Gelenkentzündung entwickeln, die unter Umständen in den Wirbelkanal durchbrechen und das Rückenmark schädigen kann.

Frakturen und Luxationen der Wirbelsäule. Die allgemeine Elastizität der Wirbelsäule, ihre Kurven sowie der Umstand, daß sie aus einer Anzahl getrennter Segmente zusammengesetzt ist, schwächen die Wirkungen eines auf sie einwirkenden Traumas stark ab. Jeder einzelne Wirbel berührt den nächst höher und tiefer gelegenen an drei Stellen, dem Körper und den beiden Gelenkfortsätzen. Die Wirbelkörper sind durch die Fibrocartilagines intervertebrales, welche als ausgezeichnete Puffer dienen und die Wirkung eines etwaigen Traumas abschwächen, voneinander getrennt. Die gelenkigen Fortsätze sind mehr oder minder keilförmig, die Schneide des einen Keils liegt der Basis des anderen Keils an. Wirkt eine Gewalt auf die Wirbelsäule ein, welche die Wirbelkörper zusammenzupressen das Bestreben hat, so berühren sich die Flächen der Keile noch inniger und bieten der komprimierenden Gewalt einen großen Widerstand.

Die Abschnitte der Wirbelsäule, welche am ehesten verletzt werden können, sind: 1. das Gelenk zwischen Atlas und Epistropheus, 2. die Grenze zwischen zervikalem und dorsalem Abschnitt der Wirbelsäule, 3. die Grenze zwischen Dorsal- und Lumbalwirbelsäule. Zwischen Atlas und Epistropheus sind nicht nur ausgedehnte Bewegungen möglich, sondern beide Wirbel werden auch durch zahlreiche Arten von Gewalteinwirkungen, welche den Schädel treffen, direkt beeinflußt. An den beiden anderen Stellen trifft ein beweglicher Abschnitt der Wirbelsäule auf ein verhältnismäßig steifes Segment, so daß eine an dieser Stelle auf die Wirbelsäule einwirkende Gewalt eher konzentriert als zerstreut wird. Das Brustbein und die Rippen dienen der Dorsalwirbelsäule als Stütze. Der Mechanismus ist demjenigen einer Fischangel ähnlich, deren Bambusstange, wenn sie abknickt, in der Regel in der Nähe eines Gelenkes abbricht, d. h. an einer Stelle, wo ein biegsamer Abschnitt der Fischrute an eine weniger elastische Partie sich anschließt. Außerdem sind die Wirbelkörper in der Dorsolumbalgegend, obgleich sie ein fast ebenso großes Gewicht zu tragen haben, wie in der eigentlichen Lendenwirbelsäule, doch unverhältnismäßig klein. Da sie außerdem der Mitte der Säule zunächst liegen, können von allen Seiten her sehr starke Hebelkräfte auf sie einwirken. Der Ernst aller Wirbelsäulenverletzungen hängt von der Gefährdung des in der Säule eingeschlossenen Rückenmarks ab. Von dieser Komplikation abgesehen, ist die Prognose der Frakturen und Luxationen im allgemeinen nicht ungünstig, vor allem heilen die ersteren Verletzungen, wenn sie der Kranke übersteht, fast stets gut aus.

Die Lage des Rückenmarks in dem Vertebralkanal sowie die Anordnung seiner Häute ist eine derartige, daß es vor Verletzungen in vieler Hinsicht geschützt ist. Davon im nächsten Kapitel. Jedoch sei hier soviel gesagt, daß der Aufbau der Wirbel und ihre gegenseitigen Beziehungen derart sind, daß selbst in Fällen, in welchen sie selbst in hohem Grade geschädigt sind, das Rückenmark dennoch unversehrt ist. „In der Mitte der Wirbelsäule gelegen, liegt das Rückenmark hinsichtlich Gewalten, welche eine Fraktur bedingen können, auf neutralem Boden. Denn es ist ein physikalisches Gesetz, daß, wenn z. B. ein hölzerner Balken einem Bruche ausgesetzt ist und die einwirkende Kraft die Grenzen der Tragfähigkeit des Balkens nicht überschreitet, der eine Teil der Kompression, der andere der Splitterung widersteht, während der dritte zwischen den beiden sich rein passiv verhält (Jacobson)." Nun ereignet es sich, daß Frakturen der Wirbelsäule am häufigsten durch eine Gewalt entstehen, welche dieselbe nach vorwärts umbiegt. In einem solchen Falle wird der vordere Abschnitt unter einer Kompression, der hintere unter einer Zersplitterung zu leiden haben, während der mittlere Teil in einer neutralen Lage verharren wird. Untersucht man eine Wirbelsäule genau, so findet man, daß ihr vorderer Abschnitt, welcher aus den großen spongiösen Wirbelkörpern besteht, in wunderbarer Weise darauf eingerichtet ist, den Wirkungen einer etwaigen Kompression Widerstand zu leisten, während deren hintere Teile, welche aus schlankeren und kompakteren Knochen bestehen und von zahlreichen festen Bandmassen umgeben sind, in vorzüglicher Weise aufgebaut sind, um die Wirkungen eines Zugs zu paralysieren. Das Rückenmark, welches zwischen diesen beiden Teilen liegt, hat eine Lage inne, die der der geringsten Gefahr entspricht.

Die Wirbel können frakturieren, ohne daß sie luxieren, eine Verrenkung ohne einen Bruch ist jedoch kaum möglich.

Es hat in der Tat den Anschein, daß eine Luxation ohne Fraktur eines Wirbels weder in der dorsalen noch in der lumbalen Wirbelsäule auftreten kann. Jacobson schreibt: „Ich glaube mit Recht sagen zu können, daß in den letzten Jahren kein Fall beschrieben und genau untersucht worden ist, in welchem eine Luxation von lumbalen oder dorsalen Wirbeln bestand, ohne daß die betreffenden Wirbelkörper, die Querfortsätze oder die Gelenkfortsätze gebrochen waren". Eine Luxation ohne einen Bruch kommt in der Halswirbelsäule vor und zwar betrifft dieselbe am häufigsten den fünften Halswirbel, welcher mit den übrigen über ihm liegenden Wirbeln nach vorwärts und abwärts luxiert ist. Luxationen nach anderen Richtungen hin sind beobachtet worden, allein sie sind sehr selten. Die Möglichkeit einer Luxation in der Halswirbelsäule ohne gleichzeitigen Bruch wird verständlich, wenn man die Kleinheit der Wirbelkörper, die schräge Stellung ihrer Gelenkfortsätze und das relativ geringe Gegengewicht bedenkt, welches sie einer Luxation entgegenzusetzen imstande sind, im Vergleich mit denselben Fortsätzen an den übrigen Teilen der Wirbelkörper. Die Verrenkung ist gewöhnlich doppelseitig und unvollständig und entsteht durch forciertes Beugen des Kopfes und oberen Teiles der Wirbelsäule nach vorwärts und abwärts. Liegt die Verrenkung hoch oben, so kann man sie erkennen, indem man die Wirbelsäule vom Rachen aus abtastet. Der Grad der Deformität kann sehr gering sein, so daß die Verletzung der Wirbelsäule übersehen wird. Die Lähmung unterhalb des Niveaus der Luxation kann unvollständig sein, so daß die Diagnose auf Verletzung des Plexus brachialis gestellt wird, wenn es sich in Wirklichkeit um eine solche der Wirbelsäule und des Rückenmarks handelt (Sherren). Bei einer vollständigen bilateralen Luxation ist die Wirbelsäule in der Regel hoffnungslos zermalmt. Diese Luxationen können durch forcierte Extensionen reduziert werden, wenngleich die Umstände, unter welchen eine solche Prozedur ratsam ist, weder häufig noch sehr deutlich ausgesprochen sind.

Da bei ernsten Verletzungen eine Verrenkung und ein Bruch sich in der Regel zusammen vorfinden, so beschreibt man diese Verletzungen gewöhnlich unter der Bezeichnung „Frakturluxation". Eine solche kann entstehen: 1. durch indirekte oder 2. durch direkte Gewalt. 1. Die durch indirekte Gewalt entstandenen Verletzungen sind bei weitem die häufigsten. Sie entstehen durch eine gewaltsame Beugung des Kopfes oder der oberhalb der Stelle der Verletzung liegenden Wirbelsäule nach vorwärts und abwärts. So ist die Halswirbelsäule mehr als einmal bei einem „Kopfsprung" in niederes Wasser gebrochen, während die dorsalen Wirbel durch eine plötzliche Beugung der Wirbelsäule, die z. B. dadurch entsteht, daß ein schwerer Sack auf den Nacken fällt, gebrochen und luxiert werden können.

Diese Art einer Verletzung findet sich am häufigsten in dem zervikalen und oberen dorsalen Abschnitt. Diese Teile der Wirbelsäule sind sehr beweglich, die Wirbelkörper sind nicht besonders groß und werden von einer auf den Kopf einwirkenden Gewalt beeinflußt. In einem ausgesprochenen Falle besteht eine mehr oder minder starke Zermalmung der betreffenden Wirbelkörper und die gewöhnliche Lageanomalie besteht aus einem Abwärts- und Vorwärtsgleiten des oberen Zentrums auf dem unteren. Eine vollständige Luxation zweier beliebiger Wirbel wird durch das gegenseitige Verhacken der Processus posteriores verhindert. In einzelnen Fällen ist die Luxation allerdings eine vollständige, ein Befund, der sich am seltensten in der Lumbalgegend findet.

In der Zervikal- oder Dorsalgegend können nach einer Luxation die Teile oft wieder in ihre normale Lage zurückgebracht werden, in der Lendengegend ist diese Reposition in der Regel unmöglich, da die großen und mächtigen Gelenkfortsätze zu fest ineinander verhackt sind. Am Hals können die Bögen sowie die Dorn- und Querfortsätze frakturieren, während die Gelenkfortsätze, welche breit sind und annähernd horizontal liegen, in der Regel verschont bleiben, selbst wenn eine bedeutende Verlagerung der Teile stattgefunden hat. Bei Luxationen der Dorsalwirbelsäule sind die Bögen und Gelenkfortsätze gebrochen. In der Lumbalwirbelsäule bleiben die Gelenkfortsätze in der Regel unversehrt, wenngleich sie auch gewaltsam auseinander gezogen werden. In allen Fällen findet sich eine mehr oder minder starke Zerreißung der Zwischenwirbelscheiben wie auch der Ligamenta supraspinalia, intertransversaria, flava, sowie der Gelenkkapseln. Sind die Wirbelkörper stark gequetscht und verlagert, so sind die Ligamenta longitudinalia anterius und posterius in der Regel zerrissen.

2. Bei einer Frakturluxation, die durch **direkte Gewalt** entsteht, findet sich die Verletzung an jeder beliebigen Stelle der Wirbelsäule. Irgend eine direkte Gewalt trifft den Rücken und die Wirbelsäule hat das Bestreben an der Stelle der Verletzung nach rückwärts gebeugt zu werden. Bei den vorhergehenden Verletzungen erleiden die vorderen Abschnitte der Wirbel eine Kompression, während die hinteren Abschnitte zersplittern und aus ihrem Zusammenhange gerissen werden. Bei den durch direkte Gewalt entstandenen Verletzungen ist es gerade umgekehrt. Die hinteren Abschnitte werden zusammengedrückt, während die Wirbelkörper auseinander weichen.

Eine starke Verlagerung findet sich bei dieser Art von Unfällen selten. Um die Wirbelkörper voneinander zu trennen, gehört eine enorme Kraft dazu und in der Regel erschöpft sich die Kraft selbst durch die Zermalmung der hinteren Abschnitte der Wirbel. Daraus folgt, daß eine Verletzung des Rückenmarks bei Traumen, die durch direkte Gewalt entstehen, seltener und weniger ausgedehnt ist, als bei den durch indirekte Gewalt entstandenen Verletzungen. In der obersten Halswirbelsäule können der Atlas und das Hinterhauptsbein durch eine direkte Gewalt aufeinander luxiert sein, wenngleich aber die häufigste Verletzung eine Luxation des Atlas auf dem Epistropheus nach vorne ist, eine Verletzung, die in der Regel wenn auch nicht immer mit einem Abriß des Zahns des zweiten Halswirbels vergesellschaftet ist. Der Querfortsatz des Atlas kann, wenn er an normaler Stelle liegt, zwischen dem Warzenfortsatz und dem Unterkiefer palpiert werden (E. Corner).

Als Folge von gut lokalisierten Schlägen können die Processus spinosi abbrechen. Die vorspringenden Dornfortsätze in der unteren Halsgegend und an der Dorsalwirbelsäule sind diejenigen, welche in der Regel Schaden erleiden. Die Dornfortsätze der Lumbalwirbel sind seltener gebrochen, da sie verhältnismäßig klein und durch die großen Rückenmuskeln gut geschützt sind.

Die Querfortsätze und die Wirbelbögen können allein kaum brechen. Bei starken körperlichen Anstrengungen, wie z. B. beim Heben und Tragen schwerer Gewichte auf dem Rücken, können die Musculi psoas und quadratus lumborum die Querfortsätze derjenigen Lumbalwirbel abreißen, an welchen sie inserieren.

Bei diesen Frakturluxationen und bei Frakturen allein kann man die Wirbelsäule **trepanieren** oder vielmehr Teile der Wirbelbögen und Fortsätze resezieren (**Laminektomie**). Dabei wird der Wirbelkanal ausgiebig eröffnet, das in ihm angesammelte Blut wird entfernt und so das Rückenmark von dem auf ihm lastenden Drucke befreit. Die Wirbelbögen werden möglichst nahe an den Querfortsätzen durchtrennt, die zähen Ligamenta flava bedürfen einer sorgfältigen Durchschneidung.

Die Wirbelsäule wird durch eine mediane Inzision erreicht, die großen Muskelmassen werden von den Dornfortsätzen und den Wirbelbögen auf beiden Seiten abgetrennt. Da die Wunde annähernd in der Mittellinie verläuft, so ist die Blutung nicht übermäßig. Ein dorsaler Venenplexus liegt entlang den Fortsätzen und Bögen. An der Innenfläche der Wirbelbögen verlaufen die Venae spinales externae posteriores.

Diese Operation kann auch mit Erfolg in allen Fällen von Lähmung des Rückenmarks ausgeführt werden, in welchen die Wirbelsäule durch verlagerte Knochen oder entzündliche Exsudationen bei Wirbelkaries (Malum Pottii) komprimiert ist. Hinsichtlich der letztgenannten Klasse von Fällen sei darauf hingewiesen, daß bei ihnen eine Tendenz zu spontaner Heilung besteht.

27. Das Rückenmark.

Das Rückenmark (Medulla spinalis) ist beim Erwachsenen ca. 45 cm lang und reicht vom unteren Rande des Foramen magnum zur unteren Kante des ersten Lendenwirbels. In einigen Fällen endet es am zweiten Lendenwirbel, in wieder anderen Fällen am 12. Brustwirbel. Bei der Beugung der Wirbelsäule wird das Rückenmark etwas in die Höhe gehoben. Wird der Körper gebeugt und die Arme dabei ausgestreckt, so hebt sich der Lumbalteil des Rückenmarks um 10 mm. In den ersten Monaten des Fötallebens füllt es die ganze Länge des Rückenmarkskanals aus, allein nach dem dritten Monat wachsen der knöcherne Kanal sowie die Lumbal- und Sakralnerven viel rascher als das Rückenmark selbst, so daß es zur Zeit der Geburt nicht weiter reicht als bis zum dritten Lendenwirbel. Es ist selbstverständlich bei Traumen ein großer Vorzug, daß das Rückenmark

nicht bis zu demjenigen Stützpfeiler der Wirbel reicht, welcher an die
Basis der Säule anstößt und welcher nicht nur beträchtliche Bewegungen
gestattet, sondern auch häufigen Zerrungen und Kontusionen ausgesetzt
ist. Es ist wichtig sich daran zu erinnern, daß obgleich das Rückenmark an der erwähnten Stelle endet, die harte und weiche Hirnhaut
sowie die Zerebrospinalflüssigkeit bis zum dritten Sakralwirbel herab-
reicht. Deshalb können Verletzungen der Wirbelsäule, welche der
letztgenannten Stelle entsprechen, durch das Entstehen einer Hirnhaut-
entzündung tödlich verlaufen. Das Rückenmark mißt in der Dorsalgegend etwa 10 mm von Seite zu Seite und 8 mm von vorne nach hinten.
Die Halsanschwellung ist gegenüber dem fünften oder sechsten Halswirbel am stärksten, wo der seitliche Durchmesser ca. 13 mm beträgt.

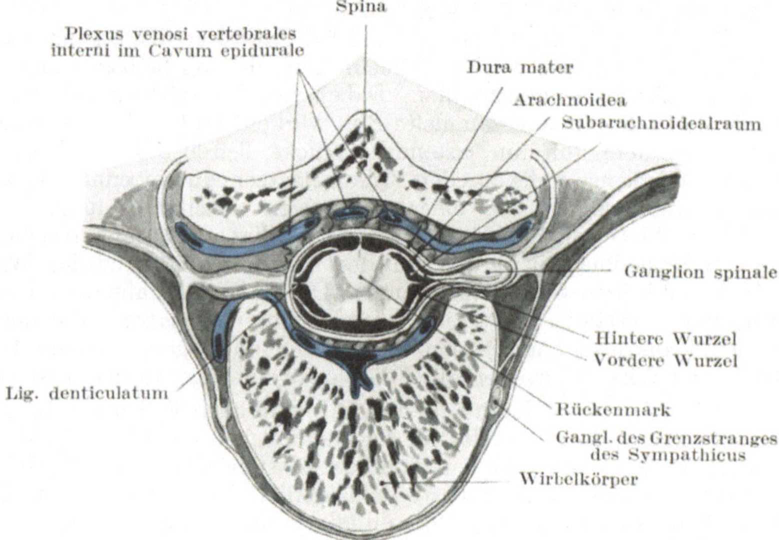

Abb. 149. Querschnitt durch die Brust-Wirbelsäule und das Rückenmark.
(Nach Spalteholz.)

Der größte Teil der Lumbalanschwellung liegt gegenüber dem 12. Brustwirbel, wo der seitliche Durchmesser 12 mm beträgt.

Die harte Rückenmarkshaut (Dura mater spinalis) (Abb. 149) ist eine
kräftige dicke Membran; zwischen ihr und der Wandung des Wirbelkanals
besteht ein beträchtlicher Hohlraum, welcher von lockerem Bindegewebe
und Venenplexus ausgefüllt ist. Die Haut ist so zähe, daß sie unter
Umständen unbeschädigt sein kann, wenn das Rückenmark durch eine
Zermalmung vollständig durchtrennt ist. Es ist begreiflich, daß Verletzungen und Entzündungen der Rückenmarkshäute als Folge von
Traumen der Wirbelsäule viel seltener sind als ähnliche Komplikationen
nach Schädeltraumen. Die lockere Lage der spinalen Dura mater,
ihre nur gelegentliche und geringe Befestigung am Wirbelkanal und

der sie umgebende Hohlraum, in welchem sich Ergüsse irgendwelcher
Art nach allen Seiten hin ausbreiten können, macht es verständlich,
daß alle diejenigen Komplikationen, welche innerhalb des Schädels
als Folge von Knochendepressionen, sowie Blut- und Eiteransammlungen
in Verbindung mit der harten Hirnhaut auftreten, hier selten sind. Die
Plexus der dünnwandigen Venen, welche in dem Raume zwischen harter
Hirnhaut und Wirbelkanal verlaufen, können bei Traumen der Wirbelsäule zu ausgedehnten Blutungen Veranlassung geben. Das so aus-
strömende Blut senkt sich der Schwere nach nach abwärts und kann,

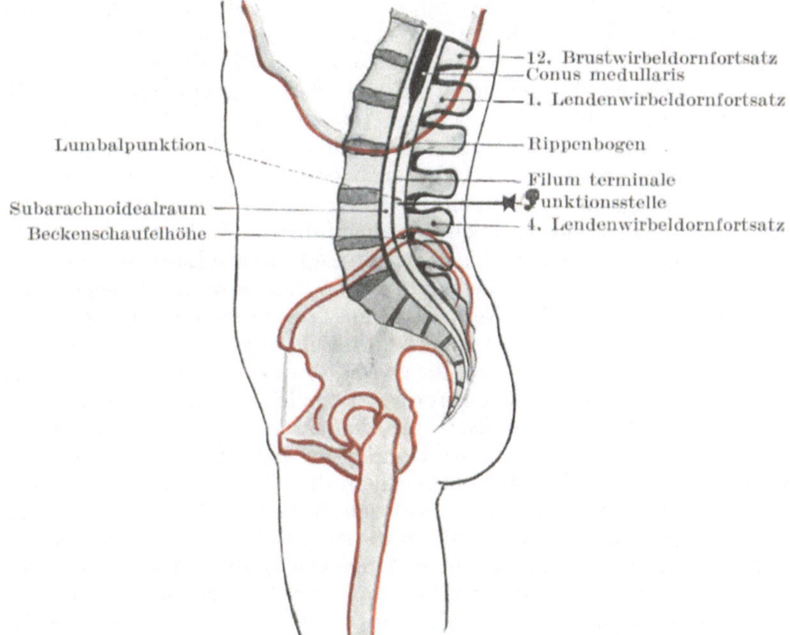

Abb. 150. Schematische Darstellung der Wirbelsäule. Lumbalpunktion.

wenn seine Menge sehr beträchtlich ist, Druckerscheinungen am Rückenmark auslösen.

Über den Bögen der Hinterfläche der Wirbel liegen ebenfalls venöse
Plexus (Plexus spinales posteriores), welche ihr Blut aus den Rückenmuskeln
und der Rückenhaut erhalten. Diese Venen kommunizieren durch die
Ligamenta flava hindurch mit den Venenplexus innerhalb des Wirbelkanals und auf diesem Wege können Entzündungen der Außenseite
auf die Rückenmarkshäute fortgeleitet werden. So kann sich an tief-
gehende Dekubitalgeschwüre sowie eitrige Prozesse in der unmittel-
baren Nachbarschaft der Wirbelbögen eine Spinalmeningitis anschließen.

Innerhalb der Dura mater finden sich zwei Hohlräume, ein **subduraler**
und ein **subarachnoidealer,** wie beim Schädel (Abb. 149). Die Arachnoidea

liegt der Dura eng an, der Subduralraum ist also kein wirklicher Hohlraum, während das Spatium subarachnoideale sehr ausgedehnt ist und Spinalflüssigkeit enthält, welche das Rückenmark von allen Seiten umgibt (Abb. 149 u. 150). Der spinale Subarachnoidealraum geht direkt in die gleichnamigen zerebralen Hohlräume über. Durch diese offene Kommunikation können entzündliche Prozesse vom Rückenmark auf das Gehirn übergehen. Bei Verletzungen kann es in diese Hohlräume hinein bluten. Es sind Fälle bekannt, in welchen diese Hülle durch eine Stichverletzung eröffnet wurde, so daß große Mengen Spinalflüssigkeit ausliefen. Die Flüssigkeit enthält normaliter $0,05\,\%$ Eiweiß, bei Entzündungen der Häute kann der Eiweißgehalt aber doppelt so groß sein. Unter gewissen Umständen kann der Druck der Flüssigkeit so sehr steigen, daß der Tod eintritt. Unter normalen Verhältnissen wird die Flüssigkeit bei jedem Druck resorbiert, der höher ist, als der der umgebenden Venen (Hill). In Rückenlage soll der Druck einer Wassersäule von 5 cm entsprechen. Bei Erkrankungen kann er zehnmal größer sein. Der Druck kann durch eine **Lumbalpunktion** (Abb. 150) herabgesetzt werden. Dieselbe wird in der Weise ausgeführt, daß eine 8—10 cm lange Nadel in den Subarachnoidealraum der Lendenwirbelsäule eingeführt wird. Man wählt eine Stelle zwischen den Dornfortsätzen des dritten und vierten Lumbalwirbels, genau in der Mittellinie, da hier die Wirbelbögen weit auseinanderliegen und die Gefahr Blutgefäße oder Nervenstämme zu verletzen, viel geringer ist, als wenn man eine seitliche Einstichöffnung wählt. Bei Vorwärtsbeugen der Wirbelsäule wird der Raum zwischen den einzelnen Wirbelkörpern stark verbreitert. Die Nadel durchbohrt das Ligamentum flavum zwischen den Wirbelbögen. Vermindert man den Druck weit unter die Norm, so treten Krämpfe auf. In dieser Höhe kann das Rückenmark selbst nicht verletzt werden (Abb. 150 u. 152), allein die Nadel kann eine der unteren Nervenwurzeln durchstechen, wodurch fibrilläre Zuckungen in einigen Muskeln der unteren Extremitäten auftreten. Die **Injektion von Stovain oder verwandter Substanzen in den Subarachnoidealraum,** um eine sog. spinale Anästhesie zu erzeugen, wird an derselben Stelle wie die Lumbalpunktion ausgeführt. Die Injektion sollte nicht gemacht werden, solange nicht nach Zurückziehen des Stiftes die Spinalflüssigkeit gut durch die Kanüle abfließt, denn solange dies nicht der Fall ist, liegt die Nadel nicht im Subarachnoidealraum (Abb. 151). Barker hat darauf aufmerksam gemacht, daß bei Rückenlage die tiefste Stelle des Subarachnoidealraums in der Mitte der Dorsalwirbelsäule liegt, daß also eine Flüssigkeit, welche ein höheres spezifisches Gewicht hat, als die Spinalflüssigkeit (1007), wenn in der Lumbalgegend injiziert, das Bestreben hat, sich der Schwere nach an diese Stelle zu senken. Durch Aufsetzen und Flacherlegen des Kranken kann man die Schnelligkeit der Diffusion in hohem Grade regulieren. Auch im oberen Dorsalteil sowie im Halsabschnitt der Wirbelsäule hat man schon diese Injektionen gemacht, wobei die Wirbelsäule so stark als möglich nach vorne gebeugt wird.

Die Lage des Rückenmarks ist derart, daß es bei **Stichverletzungen** nicht leicht erreicht wird. Die einzigen Stellen, an welchen man es relativ leicht erreichen kann, sind die Stellen zwischen Hinterhaupt und Atlas, sowie zwischen Atlas und Epistropheus. Zahlreiche Fälle von tödlichen Verletzungen des Rückenmarks an diesen Stellen sind veröffentlicht worden. Weiter unten an der Wirbelsäule kann die Medulla spinalis getroffen werden, wenn die Wunde in einer bestimmten Richtung verläuft. So findet sich in der Literatur ein Fall, in welchem ein spitzer Gegenstand zwischen neunten und zehnten Brustwirbel eingedrungen war, der von unten nach aufwärts eingestoßen worden war.

Verschiedene Beispiele von Schwert- und Bajonettverletzungen des Rückenmarks sind beschrieben worden, dabei fand sich aber in den meisten Fällen auch eine Fraktur der schützenden Knochen.

Die weiche Rückenmarkshaut (Pia mater spinalis) bildet für das Rückenmark gleichsam eine verstärkende Hülle. In ihr verästeln sich die Arterien, ehe sie in die Rückenmarkssubstanz eintreten. Die Arteriae vertebrales, intercostales, lumbales, iliolumbales und sacrales laterales senden entlang den Nervenwurzeln Äste zum Rückenmark.

Rückenmarkserschütterung (Concussio medullae spinalis). Nach gewissen Verletzungen des Rückens findet sich oft ein in der Regel ernster und komplizierter Symptomenkomplex, welcher mit einer Erschütterung des Rückenmarks in Zusammenhang gebracht wird.

Bei diesen Verletzungen wird angenommen, daß sich im Rückenmark als Folge eines plötzlichen Schocks molekulare Veränderungen einstellen, welche zu einer mehr oder

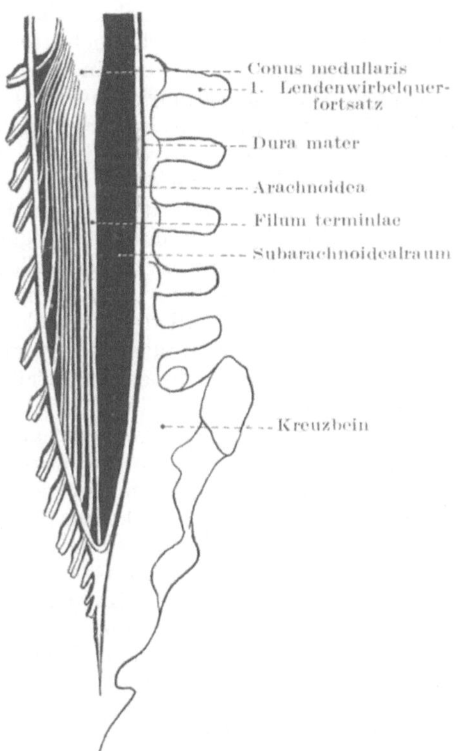

Abb. 151. Schematische Darstellung der Cauda equina. (Auf der linken Seite ist die Cauda equina gezeichnet.)

weniger heftigen Störung seiner Funktionen führen; der Befund ist mit den Erscheinungen der Gehirnerschütterung verglichen worden, obgleich zugegeben werden muß, daß die einer Rückenmarkserschütterung zugeschriebenen Symptome viel komplizierterer Natur sind, als diejenigen, welche bei gleichen Läsionen des komplizierteren Gehirns auftreten.

Eine große Anzahl von Chirurgen sind geneigt, das Vorhandensein einer derartigen Läsion zu bestreiten, oder vielmehr lehnen es ab, einen

Zusammenhang zwischen einem gewissen Symptomenkomplex und einer einfachen molekularen Störung des Rückenmarks anzunehmen. Es ist sehr wahrscheinlich, daß in zahlreichen der in Betracht kommenden Fällen von Rückenmarkserschütterungen die Symptome (wenn wir von denjenigen Erscheinungen absehen, die auf Veränderungen des Gehirns beruhen oder wenigstens für solche verantwortlich gemacht werden) die Folge einer ausgesprochenen Schädigung der Medulla spinalis sind, wie z. B. von Blutungen, Druckerscheinungen oder anderen groben Verletzungen. Ohne weiter auf die Diskussion dieses Themas mich einzulassen, beschränke ich mich darauf hinsichtlich der gewöhnlichen Auffassung einer Rückenmarkserschütterung auf einige anatomische Beobachtungen hinzuweisen, die einer derartigen Annahme zu widersprechen scheinen. Das Rückenmark schwingt oder ist im Wirbelkanal aufgehängt und auf allen Seiten durch beträchtliche Zwischenräume von der Wand des Kanals getrennt. Es wird in der Tat nur durch die aus ihm durch die Foramina intervertebralia austretenden Nervenwurzeln und durch seine Verbindungen mit der harten Rückenmarkshaut in seiner Lage gehalten. Oben steht es mit demjenigen Gehirnabschnitt in Verbindung, welcher der größten intrakranialen Flüssigkeitsansammlung aufliegt und es hat den Anschein, als ob die ausgedehntesten Bewegungen des Gehirns, soweit dieselben innerhalb des Schädels möglich sind, nur in ganz geringem Grade auf das Rückenmark fortgeleitet werden können. Außerdem ist die Medulla spinalis innerhalb ihrer Häute allseitig von einem Raume umgeben, welcher von Spinalflüssigkeit erfüllt ist, deshalb ist es sehr schwer zu begreifen, wie ein derart gut geschütztes Gebilde durch einen vom Körper auf dasselbe fortgeleiteten Schock so heftig gestört werden kann, daß eine schwere und fortschreitende Abnahme der Funktion auftreten kann. Das Rückenmark befindet sich in einer ähnlichen Situation wie eine Larve, welche in einem mit Wasser gefüllten Glase an einem Faden aufgehängt ist. Es ist aller Wahrscheinlichkeit nach sehr schwer, den inneren Haushalt eines derartigen Insekts (selbst wenn sein Aufbau so zart und fein wäre, wie der des Rückenmarks) dauernd zu stören, es sei denn durch eine Gewalt, die verhältnismäßig ganz außergewöhnlich groß sein müßte.

Kontusionen und Quetschungen des Rückenmarks. Wie bereits erwähnt wurde, ist die Schwere von Brüchen und Luxationen der Wirbelsäule von der Ausdehnung der Beschädigung des Rückenmarks abhängig. Bei diesen Unfällen stehen in der Regel Teile der verletzten Wirbel in den Wirbelkanal vor, drücken auf die zarten Nervenzentren des Rückenmarks oder zerquetschen sie gar.

Es braucht nicht besonders erwähnt zu werden, daß das Rückenmark außerordentlich weich ist, wodurch die Möglichkeit gegeben ist, daß es gänzlich zerquetscht sein kann, ohne daß seine Häute einen sichtbaren Schaden erlitten haben. In der Tat ist bei Frakturluxationen eine Zerrung der Rückenmarkshäute die Ausnahme und es ist sehr wohl möglich, daß das Rückenmark an einer bestimmten Stelle zerquetscht ist, ohne daß seine Hüllen irgendwie zerrissen sind. Die Ausdehnung der Rückenmarksschädigung hängt natürlich von der Schwere des Unfalls ab; allein ceteris paribus ist dasselbe bei Frakturluxationen in den zervikalen und dorsalen Anschnitten der Wirbelsäule schwerer verletzt, als bei solchen der Lumbalwirbelsäule. In der Gegend des Atlas und Epistropheus ist der Grad der Verschiebung der Knochen nach einer Luxation ein derartiger, daß das Rückenmark in der Regel vollständig zerquetscht wird und der Tod sofort eintritt, wie man es beim Hängen beobachten kann. In der Hals- und oberen Brustgegend sind die Wirbelkörper klein, die Wirbelsäule beweglich, die Frakturen an dieser Stelle meist auf indirekte Weise entstanden und mit starker Dislokation verbunden. Im unteren Brustabschnitt hinwiederum bedingt die größere Steifigkeit der Wirbelsäule eine beträchtliche Verlagerung der Knochen, wenn schon einmal eine Luxation auftritt. Im Lumbalteil auf der anderen Seite reicht das Rückenmark nur bis zum unteren Rande des ersten Lendenwirbels. Auch sind die Wirbelkörper in dieser

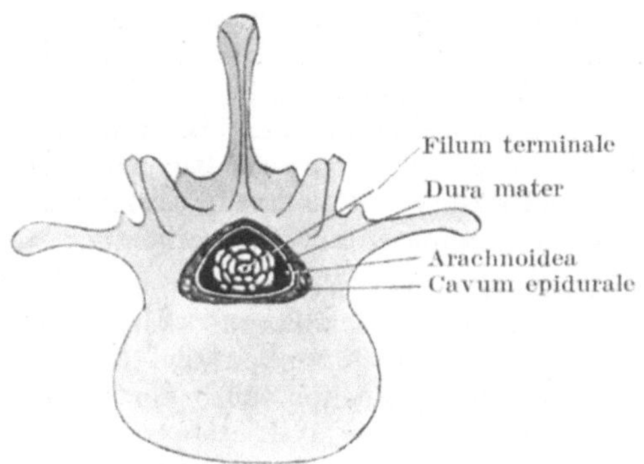

Abb. 152. Querschnitt durch die Cauda equina.

Gegend sehr groß und spongiös und können einen hohen Grad von Quetschung vertragen, ohne daß die gegenseitige Stellung der Knochen zueinander in entsprechender Weise alteriert wird. Außerdem geben hier die breiten Bandscheiben, sowie die kolossalen Muskelmassen, welche die Lendenwirbelsäule umgeben, einen genügenden Schutz ab. Die untersten Abschnitte des Rückenmarks werden außerdem zweifellos auch durch die zahlreichen Nervenwurzeln des Pferdeschweifs (Abb. 151 u. 152) geschützt, welche dank ihres lockeren Zusammenhangs und ihrer verhältnismäßigen Zähigkeit die Wirkung einer Gewalt auf ein Minimum zu reduzieren bestrebt sind.

Der Grad der Knochenverschiebung, welcher nötig ist, um Druckerscheinungen von seiten des Rückenmarks auszulösen, ist oft stärker als man anzunehmen geneigt ist. Bei Obduktionen kann man unter Umständen finden, daß Teile verletzter Wirbel in ausgedehnter Weise den Wirbelkanal verengt haben, ohne daß während des Lebens Symptome einer Rückenmarksbeschädigung nachgewiesen werden konnten.

Ogle beschreibt z. B. den Fall eines Mannes, welcher in den ersten Tagen nach einem am Nacken durch einen Sturz entstandenen Unfall, keinerlei spinale Erscheinungen zeigte. Schließlich wurde er jedoch gelähmt und starb 32 Tage nach dem Unfall. Die Autopsie ergab eine Luxation des sechsten Halswirbels nach vorwärts und zwar in einer solchen Ausdehnung, daß der Körper des darunterliegenden Wirbels wenigstens 1,5 cm in den Wirbelkanal vorstand.

Die erstaunlichste Art und Weise, in welcher das Rückenmark sich einem langsam entstehenden Drucke anpaßt, ist oft in den Fällen von chronischer Erkrankung der Wirbelsäule deutlich zu erkennen.

Die Erscheinungen, welche bei einer Verletzung des Rückenmarks sowie der im Wirbelkanal verlaufenden Nervenwurzeln auftreten, hängen natürlich von der Lage und Ausdehnung der Verletzungen ab. Die Segmentdiagnose der Verletzung ist erschwert durch die Beziehung, welche die Nerven zu den einzelnen Wirbeln haben, sowie durch die Tatsache, daß die Mehrzahl der großen Nervenstämme an einer Stelle des Rückenmarks entspringen, welche höher liegt als die Stelle, an welcher sie den Wirbelkanal verlassen. Die beiden obersten Nerven (Nervi cervicales I und II) verlaufen annähernd horizontal von dem Rückenmark zu ihrer Austrittsstelle aus dem Wirbelkanal. Die übrigen Nerven verlaufen mehr und mehr in schräger Richtung, bis zuletzt die untersten Nervenstränge nahezu vertikal nach abwärts ziehen, um durch ihre entsprechenden Foramina intervertebralia nach außen zu gelangen.

Die Austrittsstellen der Nerven aus dem Wirbelkanal. Der erste Zervikalnerv verläßt den Wirbelkanal oberhalb des ersten Halswirbels. Die übrigen Halsnerven treten ebenfalls oberhalb der Wirbel heraus, nach denen sie benannt sind, der achte Zervikalnerv verläßt den Kanal zwischen dem letzten Hals- und ersten Brustwirbel. Die dorsalen, lumbalen und sakralen Nerven verlassen den Wirbelkanal unterhalb der Wirbel, nach welchen sie benannt werden. So tritt also der erste Dorsalnerv durch das Zwischenwirbelloch zwischen dem ersten und zweiten Brustwirbel usw.

Die Ursprungsstellen im Rückenmark.

Der erste Zervikalnerv entspringt aus dem Rückenmark gegenüber dem Raume zwischen Okziput und Atlas.

Der zweite und dritte Zervikalnerv gegenüber dem Epistropheus.

Der vierte, fünfte, sechste, siebente, achte Zervikalnerv gegenüber den dritten, vierten fünften, sechsten, und siebenten Halswirbeln.

Die ersten vier Dorsalnerven verlassen das Rückenmark gegenüber den Bandscheiben unterhalb des siebenten Hals-, sowie des ersten, zweiten und dritten Brustwirbels.

Der fünfte und sechste Dorsalnerv entspringen an dem Rückenmark gegenüber dem unteren Rande des vierten und fünften Brustwirbels.

Die übrigen sechs Dorsalnerven nehmen ihren Ursprung gegenüber den Körpern des sechsten bis elften Brustwirbels.

Die ersten drei Lumbalnerven verlassen das Rückenmark gegenüber dem 12. Brustwirbel.

Der vierte Lumbalnerv gegenüber der Bandscheibe zwischen 12. Brust- und ersten Lendenwirbel, der letzte Lumbalnerv zusammen mit den Sakral- und Kokzygealnerven gegenüber dem ersten Lendenwirbel.

Daraus kann man erkennen, daß man bei der Würdigung der Symptome, welche nach einer Quetschung des Inhalts des Wirbelkanals an einer bestimmten Stelle auftreten, sich überlegen muß, inwieweit die Schädigung der Medulla an dieser Stelle in Betracht kommt, sowie auch inwieweit die hier austretenden Nervenstämme geschädigt sind, obgleich ihr Ursprung aus dem Rückenmark höher oben liegt. Die Medulla spinalis ist außerdem sehr häufig nur teilweise beschädigt oder kann ganz verschont sein, obgleich ein oder mehrere Nerven durch Knochensplitter durchtrennt oder durch die gebrochenen Wirbel zerquetscht sein können.

Bei Frakturluxationen gleitet, wie schon oben erwähnt wurde, der Körper des oberen Wirbels in der Regel nach vorwärts, mit dem Resultate, daß die vorderen und die vorderen seitlichen Abschnitte des Rückenmarks stark gegen den vorspringenden Rand des unterhalb der Verletzung liegenden Nerven gedrückt werden.

In diesen Teilen des Rückenmarks verlaufen die hauptsächlichsten motorischen Bahnen; deshalb findet sich unterhalb der Läsionsstelle häufiger eine motorische Lähmung als eine (sensible) Anästhesie. Findet sich eine teilweise Lähmung und eine teilweise Anästhesie, so ist erstere Störung in der Regel ausgedehnter als letztere. In keinem Falle findet sich ein Verlust der Sensibilität ohne gleichzeitige Störung der Motilität. Ist die graue Substanz des Rückenmarks nicht ernsthaft beschädigt, so können in den gelähmten Teilen bei richtiger Reizung in der Regel noch die dem geschädigten Segment entsprechenden Reflexbewegungen ausgelöst werden. Sind diese Reflexbewegungen erloschen, so kann man daraus schließen, daß auch die graue Substanz zerstört ist und daß die ganze Medulla spinalis an dieser Stelle zerquetscht ist.

Je höher oben an der Wirbelsäule die Fraktur sitzt, um so eher finden sich **Störungen der Respiration.** Liegt die Läsion am oberen Ende der Brustwirbelsäule, dann sind nicht nur die gesamten Bauchmuskeln sondern auch alle Interkostalmuskeln gelähmt. Ein mit einer Verletzung des Rückenmarks oberhalb des vierten Zervikalwirbels einhergehender Bruch verläuft in der Regel sofort tödlich. Die Nervi phrenici entspringen hauptsächlich vom vierten Zervikalnerven, empfangen allerdings auch Äste vom dritten und fünften. Der vierte Zervikalnerv verläßt den Wirbelkanal unmittelbar oberhalb des vierten Halswirbels. Ist das Rückenmark unmittelbar unterhalb dieser Stelle geschädigt, dann kann der Kranke nur noch mit Hilfe des Zwerchfells atmen; sitzt die Verletzung jedoch so hoch oben, daß auch die Hauptäste des Nervus phrenicus zerstört sind, dann ist jegliche Atmung unmöglich.

Gewisse **Blasenstörungen** sind bei der Verletzung des Rückenmarks häufig. Das Reflexzentrum für die Entleerung der Blase findet sich in der Intumescentia lumbalis. Die durch die wachsende Ausdehnung der Harnblase auf die Blasenwandung ausgeübten Reize geben den nötigen sensiblen Impuls für die Entleerung der Blase. Dieser Impuls wird zu den Nerven übergeleitet, welche die Blasenmuskulatur beeinflussen und vor allem zu der Muskulatur, welche durch ihre Zusammenziehung die Blase entleert. Dieser Vorgang kann jedoch bis zu einem gewissen Grade durch Einflüsse aufgehalten werden, welche vom Gehirn zu dem lumbalen Zentrum hinabgeschickt werden und die Neigung zu häufigem Urinieren wird durch den Musculus sphincter vesicae unterdrückt. Ist daher irgend eine Stelle des Rückenmarks zwischen diesem lumbalen Zentrum und dem Gehirn verletzt, so haben diese Hemmungen keinen Einfluß mehr. Unmittelbar nach dem Unfall entsteht durch die zeitweilige Aufhebung der Reflextätigkeit auf Grund der Schockwirkung eine Urinverhaltung, alsdann entleert sich die Blase in häufigen Zwischenräumen, wobei der Kranke von dem ganzen Vorgang keine Empfindung hat und ihn auch in keiner Weise beeinflussen kann.

Ist das in dem Lendenteil gelegene Zentrum selbst zerstört, so leidet der Kranke nach einer kurzen Zeit der Retention an vollständiger Inkontinenz; dasselbe Resultat entsteht, wenn die Nervenstränge zwischen Rückenmark und Blase unterhalb des spinalen Zentrum zerstört sind. Die hauptsächlichsten Nerven, welche von der Medulla spinalis zur Blase ziehen, sind die dritten und vierten Sakralnerven.

Auch der Vorgang der **Defäkation** kann auf die gleiche Weise gestört sein. Hier findet sich, ebenfalls wie im vorhergehenden Falle ein Reflexzentrum in der Lendenanschwellung, von der motorische und sensible Fasern zum Rektum und zu dessen Muskulatur ziehen; ferner finden sich ebenfalls zwischen diesem Zentrum und dem Gehirn Bahnen, auf denen hemmende Einflüsse sich bemerkbar machen können. Diese Bahnen sind noch wenig bekannt.

Ist das Zentrum selbst zerstört oder die Bahnen durchtrennt, welche es mit dem Rektum verbinden, so leidet der Kranke unter einer Inkontinentia alvi und kann den Vorgang der Defäkation in keiner Weise beeinflussen. Ist das Rückenmark an irgend einer Stelle zwischen diesem lumbalen Zentrum und dem Gehirne beschädigt, so geht die Defäkation in regelmäßigen Zwischenräumen vor sich, ohne daß der Kranke dessen gewahr wird oder in der Lage ist, dieselbe aufzuhalten.

Bei gewissen Verletzungen des Halsteils des Rückenmarks kann der Verletzte noch eine Zeitlang nach dem Unfalle an **heftigem Erbrechen** leiden oder die Zeichen einer stark gestörten Herztätigkeit aufweisen. So beschreibt z. B. Erichsen den Fall eines Mannes, der nach einem heftigen Schlag auf die Halswirbelsäule verschiedene Monate lang täglich erbrach. Was die Herzaktion anlangt, so sind Fälle bekannt, in welchen der Puls nach Verletzungen der Halswirbelsäule auf 48, 46, ja selbst 20 Pulsschläge in der Minute sank.

Diese Veränderungen werden auf Störungen des Nervus vagus zurückgeführt, ferner wird angenommen, daß der Nervus vagus diese störenden Reize auf der Bahn des mit ihm in ausgedehnter Weise anastomosierenden Nervus accessorius erhalte.

Man muß sich daran erinnern, daß der Nervus accessorius an Stellen des Rückenmarks entspringt, die bis zum sechsten und siebenten Zervikalnerven nach abwärts reichen. Einzelheiten hinsichtlich der Lage der Zentren im Rückenmark, welche mit Hautbezirken, Muskelgruppen und Eingeweiden in Verbindung stehen, wurden aus Anlaß der Nervenversorgung der Extremitäten und des Bauches schon erwähnt.

Spina bifida. Darunter versteht man angeborene Mißbildungen des Wirbelkanals mit Vorwölbung einiger Bestandteile seines Inhalts in Gestalt von fluktuierenden Tumoren. Die Mißbildung besteht in der Regel in einem Fehlen der Bögen und Fortsätze gewisser Wirbel, weshalb der Tumor sich nach rückwärts vorwölbt. Am häufigsten finden sich die Spina bifida in der Lumbo-sakralgegend, wobei die Bögen des letzten Sakralwirbels sowie sämtliche Sakralwirbel fehlen. Bei der Entwicklung dieser Bögen verschließen sich dieselben zuerst in der Dorsal- und zuletzt in der Lumbo-sakralgegend. Der nächsthäufige Sitz ist die Sakralgegend allein. An anderen Stellen ist diese Mißbildung selten. 1. Die Rückenmarkshäute allein können sich vorwölben (Meningocele spinalis), 2. die Häute können sich mit dem Rückenmark und seinen Nerven vorwölben (Meningo-myelocoele), 3. die Häute können mit dem Rückenmark, dessen Canalis centralis so erweitert ist, daß er eine sackartige Höhle bildet, sich vorwölben (Syringo-myelocoele) (Abb. 150 u. 151).

Die **Meningo-myelocoele** ist der häufigste Befund. Die erstgenannte Varietät ist selten, die letztgenannte außerordentlich selten. Liegt das Rückenmark in dem sich vorwölbenden Sack, so liegt es in der Regel der Hinterwand des Sacks an, wobei die Nerven quer über den Sack ziehen, um ihre Foramina intervertebralia zu erreichen. Komprimiert man den Tumor, so wird die Spinalflüssigkeit in die subarachnoidealen Hohlräume an der Basis des Gehirns getrieben, welch letzteres seinerseits gegen die große Fontanelle angepreßt wird, wovon man sich durch die Betastung der Fontanelle überzeugen kann. Der Tumor wird größer und hart, wenn das Kind schreit. Die Erweiterung zerebraler und spinaler Venen treiben die Flüssigkeit nach der Stelle des geringsten Widerstandes.

Wie zu erwarten ist, finden sich bei der Spina bifida sehr häufig Anzeichen von Störungen gewisser Nerven, die vom unteren Teile des Rückenmarks entspringen. Da der Defekt in einem sehr frühen Entwicklungsstadium auftritt, so können Teile des Rückenmarks und der Nerven in der Gegend des Tumor fehlen oder mangelhaft entwickelt sein. Unter Umständen manifestiert sich die Nervenaffektion durch einen Klumpfuß höheren Grades. In anderen Fällen findet sich eine mehr oder weniger vollständige Lähmung der unteren Extremitäten, der Harnblase und des Mastdarms.

In sehr seltenen Fällen wölbt sich eine derartige Meningozele nicht am Rücken, sondern an der Vorderfläche des Kreuzbeins hervor und ist schon von der Scheide aus punktiert worden unter der irrtümlichen Diagnose einer Ovarialzyste (Mülberger).

Operationen am Rückenmark. Viktor Horsley und nach ihm andere Chirurgen haben das Rückenmark freigelegt und mit vollständigem Erfolge Tumoren im Wirbelkanal und der Rückenmarkshäute entfernt, wodurch die Symptome, an denen die Kranken litten, verschwanden. Auch bei Kallusbildung im Wirbelkanal nach Frakturen oder bei Knochentumoren, die den Wirbelkanal verengen und wie der Kallus das Rückenmark komprimieren, kann der Wirbelkanal freigelegt werden.

Sachregister.

Druck der Königl. Universitätsdruckerei H. Stürtz A. G., Würzburg.

Grundzüge der pathologisch-histologischen Technik. Von Dr. **Arthur Mülberger,** M.R.C.S. (England), S.R.C.P. (London). Mit 3 in den Text gedruckten Abbildungen. 1912.

Preis M. 2.—; in Leinwand gebunden Preis M. 2.60.

Anatomische Grundlagen wichtiger Krankheiten. Fortbildungsvorträge aus dem Gebiet der pathologischen Anatomie und allgemeinen Pathologie für Ärzte und Medizinalpraktikanten von Dr. **Leonhard Jores,** Professor der pathol. Anatomie an der Kölner Akademie für praktische Medizin. Mit 250 Abbildungen im Text. 1913.

Preis M. 15.—; in Leinwand gebunden M. 16.60.

Lehrbuch der Muskel- und Gelenkmechanik. Von Professor Dr. **H. Straßer,** Direktor des anatomischen Instituts der Universität Bern.

I. Band: Allgemeiner Teil. Mit 100 Textfiguren. 1908. Preis M. 7.—.
II. Band: Spezieller Teil. Erste Hälfte. Mit 231 zum Teil farbigen Textfiguren. 1913. Preis M 28.—.
III. Band: Spezieller Teil. Zweite Hälfte. *In Vorbereitung.*

Jahrbuch für orthopädische Chirurgie. Bearbeitet von Dr. **Paul Glaeßner,** orthopädischer Assistent der chirurgischen Universitätspoliklinik in der Kgl. Charité zu Berlin.

Erster Band: 1909. Mit einem Vorwort von Prof. Dr. Pels-Leusden.
In Leinwand gebunden Preis M. 6.—.
Zweiter Band: 1910. In Leinwand gebunden Preis M. 6.—.
I. und II. Band zusammen in 1 Band broschiert Preis M. 10.—.
Dritter Band: 1911. Preis M. 6.—; in Leinwand gebunden Preis M. 6.80.
Vierter Band: 1912. Preis M. 6.—; in Leinwand gebunden Preis M 6.80.

Technik der Thoraxchirurgie. Von Dr. **F. Sauerbruch,** o. ö. Professor, Direktor der Chirurg. Universitätsklinik Zürich, und Dr. **E. D. Schumacher,** Privatdozent, 1. Assistent an der Chirurg. Universitätsklinik Zürich. Mit 55 Textfiguren und 18 mehrfarbigen Tafeln. 1911.

In Leinwand gebunden Preis M. 24.—.

Zeitschrift für angewandte Anatomie und Konstitutionslehre. Herausgegeben unter Mitwirkung von A. Freiherr von Eiselsberg-Wien, A. Kolisko-Wien, F. Martius-Rostock, von **J. Tandler**-Wien.

Erscheint seit Juni 1913 in zwanglosen Heften von je 6 bis 7 Druckbogen, die zu Bänden von je 30—40 Bogen vereinigt werden. Der Preis jedes Bandes beträgt M. 28.—.

Die Harnsteine. Ihre Physiographie und Pathogenese. Von Dr. **Otto Kleinschmidt,** Volontärassistenten der Chirurgischen Universitätsklinik zu Königsberg i. Pr., ehem. Assistenten des Pathologischen Instituts zu Freiburg i. Br. Mit einem Vorwort von L. Aschoff-Freiburg i. Br. Mit 3 Textabbildungen und 16 vielfarbigen Tafeln. 1911.

Preis M. 20.—; in Leinwand gebunden M. 22.—.

Beiträge zur Frage nach der Beziehung zwischen klinischem Verlauf und anatomischem Befund bei Nerven- und Geisteskrankheiten. Bearbeitet und herausgegeben von **Franz Nissl,** Heidelberg.

Erster Band. Heft 1. Mit 34 Figuren. 1913. Preis M. 2.40.
Erster Band. Heft 2. Zwei Fälle von Katatonie mit Hirnschwellung. Mit 48 Figuren. 1914. Preis M. 2.80.
Erscheinen zwanglos in Heften, die zu Bänden von 30—40 Bogen vereinigt werden. Jedes Heft ist in sich abgeschlossen und einzeln käuflich.

Die Therapie des praktischen Arztes. Unter Mitwirkung von hervorragenden Ärzten herausgegeben von Prof. Dr. **Eduard Müller,** Direktor der Medizin. Universitätspoliklinik in Marburg. In 3 Bänden.

  I. Band: Therapeutische Fortbildung 1914. Mit 183 z. T. farbigen Abbildungen. 1914.   Preis gebunden M. 10.50.

  II. Band: Rezepttaschenbuch (mit Anhang). 1914. Preis geb. M. 6.40.

  III. Band: Diagnostisch-therapeutisches Taschenbuch. Preis geb. ca. M. 9.— bis M. 10.—. (Erscheint im Frühjahr 1914.)

Differentialdiagnose. Anhand von 385 genau besprochenen Krankheitsfällen lehrbuchmäßig dargestellt von Dr. **Richard C. Cabot,** a. o. Professor der klinischen Medizin an der medizinischen Klinik der Harvard-Universität, Boston. Deutsche Bearbeitung nach der zweiten Auflage des Originals von Dr. **H. Ziesché,** Primärarzt der inneren Abteilung des Josef-Krankenhauses zu Breslau. Mit 199 Abbildungen. 1914. Preis M. 20.—; in Leinw. geb. M. 21.60.

Enzyklopädie der klinischen Medizin. Herausgegeben von Prof. Dr. **L. Langstein**-Berlin, Prof. Dr. **C. von Noorden**-Frankfurt a. M., Prof. Dr. **C. Freih. v. Pirquet**-Wien, Prof. Dr. **A. Schittenhelm**-Königsberg i. Pr. — Bis April 1914 erschienen:

Vom Allgemeinen Teil:

Konstitution und Vererbung in ihren Beziehungen zur Pathologie. Von Prof. Dr. **Friedrich Martius,** Geh. Medizinalrat, Direktor der Medizinischen Klinik an der Universität Rostock. Mit 13 Textabbildungen. 1914. Preis M. 12.—; in Halbleder gebunden M. 14.50.

Pädagogische Therapie für praktische Ärzte. Von Dr. phil. **Theodor Heller,** Direktor der Heilpädagogischen Anstalt Wien-Grinzing. Mit 3 Textabbildungen. 1914. — Preis M. 8.—; in Halbleder geb. M. 10.50.

Vom Speziellen Teil:

Die Nasen-, Rachen- und Ohrenerkrankungen des Kindes in der täglichen Praxis. Von Prof. Dr. **F. Göppert,** Direktor der Universitäts-Kinderklinik zu Göttingen. Mit 21 meist farbigen Abbildungen. 1914.   Preis M. 9.—; in Halbleder gebunden M. 11.50.

Die Krankheiten des Neugeborenen. Von Dr. **August Ritter von Reuß,** Assistent an der Universitäts-Kinderklinik, Leiter der Neugeborenen Station an der 1. Universitäts-Frauenklinik zu Wien. Mit 90 Textabbildungen. 1914. Preis M. 22.—; in Halbleder gebunden M. 24.60.

Ergebnisse der Chirurgie und Orthopädie. Herausgegeben von Prof. Dr. **E. Payr,** Geh. Med.-Rat, Direktor der Chir. Universitätsklinik in Leipzig und Prof. Dr. **H. Küttner,** Geh. Med.-Rat, Direktor der Chir. Universitätsklinik in Breslau.

Jährlich erscheinen zwei Bände. Erschienen sind bisher Band I—VII.

Ergebnisse der inneren Medizin und Kinderheilkunde. Herausgegeben von Proff. DDr. **F. Kraus**-Berlin, **O. Minkowski**-Breslau, **Fr. Müller**-München, **H. Sahli**-Bern, **A. Czerny**-Berlin, **O. Heubner**-Dresden. Redigiert von Proff. DD. **Th. Brugsch**-Berlin, **L. Langstein**-Berlin, **Erich Meyer**-Straßburg, **A. Schittenhelm**-Königsberg.

Jährlich erscheinen 2 Bände. Erschienen sind bisher Band I—XII.